“十三五”国家重点出版物出版规划项目

中国矿山开发利用水平调查报告

有色金属矿山

主编　冯安生　许大纯　吕振福

北　京
冶　金　工　业　出　版　社
2023

内 容 提 要

本书是“中国矿山开发利用水平调查报告”系列丛书之一。该丛书全面介绍了我国煤炭、铁矿、锰矿、铜矿、铅锌矿、铝土矿、钨矿、锡矿、锑矿、钼矿、镍矿、金矿、磷矿、硫铁矿、石墨矿、钾盐等不同矿种300余座典型矿山的地质、开采、选矿、矿产资源综合利用等情况，总结了典型矿山和先进技术。丛书共分为5册，分别为《煤炭矿山》《黑色金属矿山》《有色金属矿山》《黄金矿山》《非金属矿山》。该系列丛书可为编制矿产开发利用规划，制定矿产开发利用政策提供重要依据，还可为矿山企业、研究院所指引矿产资源节约与综合利用的方向，是一套具备指导性、基础性和实用性的专业丛书。

本书主要介绍了我国铜矿、铅锌矿、铝土矿、镍矿、钨矿、锡矿、锑矿、钼矿、稀土矿等有色金属矿山的开发利用水平调查情况，可供高等院校、科研设计院所等从事矿产资源开发利用规划编制、政策研究、矿山设计、技术改造等领域的人员阅读参考。

图书在版编目(CIP)数据

有色金属矿山/冯安生，许大纯，吕振福主编.—北京：冶金工业出版社，2020.12（2023.10重印）
（中国矿山开发利用水平调查报告）
ISBN 978-7-5024-7600-7

Ⅰ.①有… Ⅱ.①冯… ②许… ③吕… Ⅲ.①有色金属矿山—矿山开发—调查报告—中国 Ⅳ.①TD862

中国版本图书馆CIP数据核字(2020)第266348号

有色金属矿山

出版发行 冶金工业出版社 **电　话** (010)64027926
地　　址 北京市东城区嵩祝院北巷39号 **邮　编** 100009
网　　址 www.mip1953.com **电子信箱** service@mip1953.com

责任编辑 杨 敏 徐银河 美术编辑 彭子赫 版式设计 郑小利
责任校对 王永欣 李 娜 责任印制 禹 蕊
三河市双峰印刷装订有限公司印刷
2020年12月第1版，2023年10月第2次印刷
787mm×1092mm 1/16；40印张；968千字；628页
定价 136.00 元

投稿电话 (010)64027932 投稿信箱 tougao@cnmip.com.cn
营销中心电话 (010)64044283
冶金工业出版社天猫旗舰店 yjgycbs.tmall.com
（本书如有印装质量问题，本社营销中心负责退换）

中国矿山开发利用水平调查报告
编　委　会

前　言

2012年国土资源部印发《关于开展重要矿产资源“三率”调查与评价工作的通知》，要求在全国范围内部署开展煤、石油、天然气、铁、锰、铜、铅、锌、铝、镍、钨、锡、锑、钼、稀土、金、磷、硫铁矿、钾盐、石墨、高铝黏土、萤石等22个重要矿种“三率”调查与评价。中国地质调查局随即启动了“全国重要矿产资源‘三率’调查与评价”（以下简称“三率”调查）工作，中国地质科学院郑州矿产综合利用研究所负责“三率”调查与评价技术业务支撑，经过3年多的努力，在各级国土资源主管部门和技术支撑单位、行业协会的共同努力下，圆满完成了既定的“全国重要矿产资源‘三率’调查与评价”工作目标任务。

本次调查了全国22个矿种19432座矿山（油气田），基本查明了煤、石油、天然气、铁、锰、铜等22种重要矿产资源“三率”现状，对我国矿产资源利用水平有了初步认识和基本判断。建成了全国22种重要矿产矿山数据库；收集分析了国外249座典型矿山采选数据；发布了煤炭、石油、天然气、铁、萤石等33种重要矿产资源开发“三率”最低指标要求；提出实行矿产资源差别化管理和加强尾矿等固体废弃物合理利用等多项技术管理建议。

为了向开展矿产资源开发利用评价、试验研究、工业设计、生产实践和矿产资源管理的科研人员、设计人员以及高校师生、矿山规划和矿政管理人员等介绍我国典型矿山开发利用工艺、技术和水平，中国地质科学院郑州矿产综合利用研究所根据“三率”调查掌握的资料和数据组织编写了“中国矿山开发利用水平调查报告”系列丛书。该丛书共分为5册，分别为《煤炭矿山》《黑色金属矿山》《有色金属矿山》《黄金矿山》《非金属矿山》。

本书为《有色金属矿山》分册，涉及100余座有色金属矿山开发利用水平调查情况，共分10篇：第1篇我国有色金属矿开发利用水平、第2篇铜矿、第3篇铅锌矿、第4篇铝土矿、第5篇镍矿、第6篇钨矿、第7篇锡矿、第8篇锑矿、第9篇钼矿和第10篇稀土矿。

本书的出版得到了自然资源部矿产资源保护监督司及参与“三率”调查研究的有关单位的大力支持，在此一并致谢！

囿于水平，恳请广大读者对书中的不足之处批评指正。

编　者

2019年4月

目　　录

第1篇　我国有色金属矿开发利用水平

第2篇　铜　　矿

第3篇　铅　锌　矿

第4篇　铝　土　矿

第5篇　镍　　矿

第6篇　钨　　矿

第7篇　锡　　矿

第8篇　锑　　矿

第9篇　钼　　矿

第10篇　稀　土　矿

第 1 篇 我国有色金属矿开发利用水平

WOGUO YOUSE JINSHU KUANG KAIFA LIYONG SHUIPING

1 有色金属矿工业类型及资源特征

1.1 铜矿

中国是世界上铜矿较多的国家之一。铜矿资源主要分布在江西、内蒙古、云南、山西、黑龙江、新疆、湖北、安徽等省（区）。

铜矿分布极不均匀，超大规模铜矿数量少，储量和产量集中在少数矿山中，如德兴铜矿、玉龙铜矿。

矿石品位偏低，但伴生多种金属可综合回收。

江西省、内蒙古自治区铜矿石产量最高；云南省、湖北省、安徽省铜矿山最多。

预测成矿远景区域主要分布在西南三江地区、东天山地区、西藏一江两河地区、藏东地区、青海东昆仑—可可西里等地区，如近几年勘探开发的西藏玉龙铜矿床，青海赛什塘和德尔尼铜矿床，新疆阿舍勒铜矿床等。

我国常见的铜矿床类型有斑岩型、层状、黄铁矿型、矽卡岩型、脉状、砂岩型、铜镍硫化矿以及安山玄武岩铜矿床。斑岩型铜矿分布于陕西、江西、河北等省，层状铜矿分布于云南、内蒙古、山西等省（区），黄铁矿型铜矿分布于甘肃、青海、河南等省，矽卡岩型铜矿分布于安徽、湖北及东北地区，脉状铜矿各省均有分布，砂岩型铜矿分布于云南、贵州、四川、湖南等省，铜镍硫化矿分布于甘肃、四川、山东等省，安山玄武岩铜矿分布于云南、贵州、四川。

1.2 铅锌矿

我国铅锌矿资源丰富，总体呈现西部多东部少、小矿多大矿少、共伴生矿产多单一矿产资源少、适宜地下开采的特点。

（1）铅矿资源地理分布极不均衡：中国铅矿资源在中国华南及中西部相对集中分布，主要包括南岭湘粤桂地区、滇黔川地区、青海昆仑山地区、内蒙古狼山-渣尔泰山地区等。湖南、内蒙古、云南、青海这4省（区）保有资源储量占全国的78.16%。锌矿主要分布在西北与西南地区，其中，甘肃省的锌矿保有储量最多，占全国保有储量的70.28%；其次为云南省、内蒙古自治区，其保有储量分别占全国的12.65%、6.55%。

（2）铅矿资源普遍埋藏较深：我国数量占比99.26%的铅矿山都采用地下开采，采矿量占比为95.95%。仅有个别矿山采用露天开采。我国数量占比94.92%的锌矿山都采用地下开采，采矿量占比为77.97%。仅有少数矿山采用露天开采。

（3）小型矿床多，大中型矿床少：大中型矿山仅占全国矿山总数的12.06%，绝大多数为小型矿山。

（4）矿石类型多，共伴生组分多：我国铅锌矿石有混合铅锌矿石、硫化铅锌矿石等，大部分矿山都含有伴生矿产，如铁、锑、金、钼、银等。含有共伴生矿产资源的矿山占比为72.22%。

1.3 铝土矿

铝土矿是指工业上能利用的，以三水铝石、一水软铝石或一水硬铝石为主要矿物所组成的矿石的统称。我国铝土矿资源具有以下特点：

（1）资源分布高度集中。已开发铝土矿山中，保有资源储量主要分布在河南、广西、山西、贵州、重庆五省市区，其资源储量占全国的99.91%，其中河南占35.55%、广西占22.01%、山西占17.51%、贵州占13.94%、重庆占10.91%。

（2）大、中型矿床储量大。储量大于2000万吨的大型矿山共有5个，其储量占全国总储量的43.50%；储量在2000万~500万吨之间的中型矿床共有17个，其拥有的储量占全国总储量的37.54%，大、中型矿床合计占全国总储量的81.04%。

（3）一水硬铝石型铝土矿多。氧化铝和氧化铁含量高，铝硅比低。矿石质量差，加工困难、耗能大，其储量占全国总储量的98%以上。在保有储量中，一级矿石（Al_2O_3 60%~70%，Al/Si(质量比)≥12）只占1.5%，二级矿石（Al_2O_3 51%~71%，Al/Si≥9）占17%，三级矿石（Al_2O_3 62%~69%，Al/Si≥7）占11.3%，四级矿石（Al_2O_3>62%，Al/Si≥5）占27.9%，五级矿石（Al_2O_3>58%，Al/Si≥4）占18%，六级矿石（Al_2O_3>54%，Al/Si≥3）占8.3%，七级矿石（Al_2O_3>48%，Al/Si≥6）占1.5%。

（4）矿床为风化壳型铝土矿床。主要包括碳酸盐岩古风化壳异地堆积亚型铝土矿矿床，以贵州修文县小山坝铝土矿矿床较为典型；碳酸盐岩古风化壳原地堆积亚型铝土矿床，以河南新安张窑院铝土矿床较为典型；碳酸盐古风化壳原地堆积-近代喀斯特堆积亚型铝土矿床；铝硅酸盐古风化壳原地堆积亚型铝土矿床。

（5）适合露天开采的铝土矿矿床少。适宜于露天开采的铝土矿储量只占全国总储量的34%。目前开采铝土矿山以开采露天矿床为主。

1.4 镍矿

镍是一种十分重要的有色金属原料。全球镍矿资源分布极不平衡，全球近60%的镍资源集中在澳大利亚、新喀里多尼亚、巴西、俄罗斯四国，我国镍矿资源储量仅占全球总量的3.70%，镍矿资源储备严重不足。近年我国镍矿资源对外依存程度达到了80%左右。

我国镍矿资源具有分布集中、成因类型较少、矿石品位较富、开采难度较大的特点。储量分布高度集中，主要分布在西北、西南和东北，三个区域的保有储量占总储量的比例分别为76.8%、12.1%、4.9%。甘肃、新疆、云南、吉林、湖北和四川六省区的总储量占到我国的93.66%。其中，甘肃金川镍矿其储量占总储量的63.9%，新疆喀拉通克、黄山和黄山东铜镍矿储量也占到总保有储量的12.2%。

我国镍矿成因类型主要是硫化镍矿，占总保有储量的86%，其次是红土镍矿，占总保有储量的9.6%。

我国镍矿石品位较富，平均镍大于1%的硫化镍富矿石约占总保有储量的44.1%。

我国镍矿地下开采比重较大，占总保有储量的68%，适合露采的仅占13%。

1.5 钨矿

我国钨矿具有以下特点：

（1）钨矿分布广泛，但又相对集中。全国有11个省区有钨矿开采。90%以上钨矿保有储量集中分布在湖南、江西、河南、广西、福建、广东、甘肃、云南等8省区。上述8省区中钨矿资源主要集中在湖南（柿竹园）、江西（赣南）和河南（栾川）等地。湖南省钨矿保有资源储量位居全国第一。

（2）共伴生矿床多，综合利用价值大。中国许多钨矿床共伴生有益组分多达30多种。主要有锡、钼、铋、铜、铅、锌、金、银等；其次为硫、铍、锂、铌、钽、稀土、镉、铟、镓、钪、铼、砷、萤石等。

（3）其他矿产共伴生产出的钨储量可观。已查明伴生钨（WO_3）储量约占总储量的20%，主要伴生在钼矿、铅锌矿和铜矿中，其中钼矿伴生的钨（WO_3）占一半以上。

（4）富矿少，贫矿多。在保有储量中，钨品位（WO_3）大于0.5%的仅占25%；而在白钨矿的工业储量中，钨品位（WO_3）大于0.5%的仅占28%左右。

（5）以开发利用黑钨矿为主，白钨矿次之。

1.6 锡矿

目前世界上有20多个国家开采锡矿，我国是世界上第一大锡矿生产国，自1993年以来锡精矿产量一直居世界第一。

我国是世界上锡资源最丰富的国家，集中分布在湖南、广西、云南、内蒙古和江西等地。我国锡矿资源品位较低。我国锡矿资源品位主要集中在0.1%~1%之间，占总查明储量的84.3%；查明资源储量品位介于0.1%~0.5%之间的占总量的55.3%，而品位介于0.5%~1%之间的占61.3%。

我国锡矿山矿体稳固程度较好、矿脉较薄，开采条件及水文地质条件较好。

1.7 锑矿

锑矿应用十分广泛，锑多用作其他合金的组元，可增加其韧性和强度，被称为战略金属。从消费行业看，阻燃剂仍然是锑的主要应用领域，约占世界锑总消耗的70%，同时锑在导电粉（膜）、导电浆料、丝绸金黄染料、磁性材料等战略高科技领域的应用将不断开发和扩大。

2011年锑被英国地质调查局列为全球第一紧缺矿种。全球锑矿资源主要分布于环太平洋成矿带、地中海成矿带和中亚成矿带。环太平洋成矿带是最大的成矿带，锑储量占全球锑总储量77%左右。世界锑矿资源分布不均匀，主要集中于中国、俄罗斯、吉尔吉斯斯坦、塔吉克斯坦、土耳其、南非、玻利维亚等国。我国锑储量和产量位居世界首位。

我国锑矿勘查程度很高。全国累计查明资源储量中有57%达到了勘探程度，26%处于详查阶段，而处于普查阶段的资源储量仅占17%。湖南、广西和贵州三省（区）中达到勘探程度的累计查明资源储量均超过本省总量的57%。我国锑矿开发利用程度较高，累计查明锑资源储量中63%的锑资源已经被消耗，尤其是易采易选的辉锑矿消耗较快。

我国锑矿分布广泛，11个省、区、市均有分布。湖南省16座锑矿山，数量居全国首位，陕西省6座矿山次之。湖南的锑矿生产能力也居全国首位，实际生产能力为78.03万吨，占全国的52.15%，采矿能力超过10万吨的省区还有广西、云南、陕西和甘肃，实际采矿能力分别为11.39万吨、12.83万吨、18.15万吨、14.24万吨，这五省（区）的采矿能力占全国的90.18%。

1.8 钼矿

我国钼矿具有以下特点：

（1）我国钼矿资源分布相对集中。河南省钼矿资源最丰富，累计查明的钼（金属）储量占全国总储量的43.80%，陕西、吉林次之，以上3省钼储量占全国90%以上。

（2）大型矿床多，多适合露天开采。陕西金堆城、河南栾川、辽宁杨家杖子、吉林大黑山钼矿均属世界级规模的大矿。储量大于10万吨的大型钼矿储量占全国总储量的76%，储量在1万~10万吨的中型矿床储量占全国总储量的20%。适合露采的钼矿床储量占全国总储量的64%。

（3）低品位矿床多。平均品位小于0.1%的低品位矿床储量占总储量的72%。中等品位（0.1%~0.2%）矿床的储量占总储量的21%，品位较丰富的（0.2%~0.3%）矿床的储量仅占总储量的1%，而品位大于0.3%的富矿储量不足总储量的5%。

（4）共伴生矿床多。钼作为单一矿产的矿床储量只占全国总储量的21%。伴生有其他有用组分的钼矿床储量占全国储量的79%。与铜、钨、锡等金属共伴生的钼储量占全国钼储量的20%。

1.9 稀土矿

我国稀土矿具有以下特点：

（1）储量分布相对集中。中国稀土矿产虽然在华北、东北、华东、中南、西南、西北等地区均有分布，但主要集中在华北地区的内蒙古白云鄂博铁-铌、稀土矿区，其稀土储量占全国稀土总储量的90%以上，是中国轻稀土主要生产基地。

（2）北轻南重。轻稀土主要分布在北方地区和西南地区；重稀土则主要分布在南方地区，南岭地区离子吸附型稀土矿是重稀土矿的主要生产基地。南方地区还有风化壳型和海滨沉积型砂矿，有的富含磷钇矿。

（3）稀土品种全、共伴生稀土矿床多。17种稀土元素除钷尚未发现天然矿物，其余16种稀土元素均已发现矿物、矿石。在已发现的数百处矿产地中，2/3以上为共伴生矿产。

2　有色金属矿主要开采矿石类型

有色金属矿主要开采矿石类型包括：

（1）铜矿。按照铜矿矿物组成，我国铜矿石工业类型分为混合铜矿石、硫化铜矿石、其他类型铜矿石、氧化铜矿石四类。硫化铜矿石储量占我国铜矿储量的83.25%。开发利用的铜矿中，消耗资源储量也以硫化铜矿石为主，占消耗铜矿资源储量的63.70%。

（2）铅矿。我国铅矿资源矿石工业类型分为混合铅锌矿石、混合铅矿石、硫化铅矿石、硫化铅锌矿石、氧化铅矿石、氧化铅锌矿石、其他类型等7种。我国主要以混合铅锌矿石和硫化铅锌矿石为主，该两种矿石的储量分别占全国储量的27.38%、55.27%。我国开发利用的铅矿山中，消耗资源储量以硫化铅锌矿石为主，占铅矿资源储量消耗的57.90%。

（3）锌矿。我国锌矿石工业类型分为混合锌矿石、混合铅锌矿石、硫化锌矿石、硫化铅锌矿石、氧化锌矿石、氧化铅锌矿、其他类型七种。我国锌矿资源储量以硫化铅锌矿石为主，硫化铅锌矿石储量占锌矿储量的67.42%。我国开发利用的锌矿山中，消耗资源储量也以硫化铅锌矿石为主，占消耗锌矿资源储量的50.58%。

（4）铝土矿。我国铝土矿石工业类型分为一水型铝土矿石、混合型铝土矿石、其他类型铝土矿石。我国铝土矿的质量比较差，以一水型铝土矿石为主，占我国铝土矿资源储量的98%以上。我国开发利用的铝土矿山中，消耗资源储量也以一水型铝土矿石为主，占铝土矿资源储量消耗的98.07%。

（5）镍矿。我国镍矿石工业类型分为硫化镍矿石和氧化镍-硅酸镍矿石两种。我国镍矿资源储量以硫化镍为主，硫化镍储量占镍矿储量的99.43%。我国开发利用的镍矿山中，消耗资源储量也以硫化镍为主，占消耗镍矿资源储量的97.55%。

（6）钨矿。我国钨矿石工业类型按照钨矿矿物组成分为黑钨矿、白钨矿、混合钨矿。混合钨矿储量占我国钨矿保有储量的46.65%。我国开发利用的钨矿山中，以上矿石均有消耗，其中混合钨矿石消耗量稍大（占消耗钨资源储量的36.03%），其次是黑钨矿石、白钨矿石。

（7）锡矿。我国锡矿石工业类型按照锡矿矿物组成不同分为三类：原生锡矿、砂锡矿和其他类型锡矿石，其中砂锡矿中包括原生砂锡矿和砂矿。

原生锡矿主要分布在广西和云南，这两省区的原生锡矿累计查明储量分别为8123.93万吨、8333.83万吨，占原生锡矿总累计查明储量的41%、42.06%。砂矿的累计查明储量为481.41万立方米，主要分布在我国的湖南、广西和云南3个省区。

（8）锑矿。我国锑矿石工业类型按照锑矿矿物组成不同分为三类，混合型锑矿石、硫化锑矿石和氧化锑矿石。保有储量中硫化锑矿石最多，占我国锑矿储量的96.90%。我国开发利用的锑矿山中，消耗资源储量也以硫化锑为主，占锑矿资源储量消耗的84.38%。

（9）钼矿。我国钼矿石工业类型按照钼矿矿物组成不同分为三类，包括：硫化钼矿、氧化钼矿和混合钼矿。硫化钼矿储量占我国钼矿保有储量的90%以上。我国开发利用的钼矿山中，消耗资源储量以硫化钼矿为主，占当年消耗资源量的90%以上。

（10）稀土矿。我国稀土矿石工业类型分为磷钇矿、褐钇铌矿、独居石、易解石（铌易解石）、黑稀土矿、氟碳铈镧矿、硅钛铈钇矿、褐帘石、硅铍钇矿、其他类型稀土矿石。

按矿石量统计，离子型稀土储量位居全国首位，占我国稀土矿储量的48.08%。按金属量统计，氟碳铈镧矿中稀土氧化物储量最多，占我国稀土氧化物储量的96.20%。按矿石量统计，我国开发利用的稀土矿山中，消耗资源储量（矿石量）以离子型稀土为主，占稀土资源储量消耗的48.08%；其次是氟碳铈镧矿，消耗资源储量（矿石量）占稀土资源储量消耗的46.21%。按稀土氧化物金属量统计，我国开发利用的稀土矿山中，消耗资源储量（稀土氧化物金属量）以氟碳铈镧矿为主，占稀土资源储量消耗的96.20%。

3　矿山规模结构

依据国土资发〔2012〕208号《国土资源部关于调整部分矿种矿山生产建设规模标准的通知》，有色金属矿山规模划分见表3-1。我国有色金属矿山2011年矿山规模结构见表3-2。我国有色金属矿产矿山数量以小型及以下为主。

表3-1　有色金属矿山规模划分

矿种类别	矿石计量单位	大型	中型	小型
铜矿	万吨/a	≥100	100~50	<50
铅锌矿	万吨/a	≥20	20~10	<10
铝土矿	万吨/a	≥50	50~30	<30
镍矿	万吨/a	≥20	20~10	<10
钨矿	万吨/a	≥10	10~5	<5
锡矿	万吨/a	≥50	50~20	<20
锑矿	万吨/a	≥30	30~10	<10
钼矿	万吨/a	≥100	100~30	<30
稀土矿	万吨/a	≥30	30~10	<10

表3-2　有色金属矿山规模结构

矿种	矿山数/座			
	大型	中型	小型及以下	合计
铜矿	20	51	782	853
铅矿	5	19	478	886
锌矿	6	42	749	797
铝土矿	6	23	234	263
镍矿	4	10	51	65
钨矿	4	22	129	155
锡矿	4	13	142	159
锑矿	2	3	93	98
钼矿	12	30	158	200
稀土矿	0	8	102	110

4　有色金属矿主要采选技术方法

4.1　铜矿

4.1.1　采矿技术

当前采矿更多地依赖高级技术人才和智能技术装备的投入，实现安全、高效大规模开采和生产的智能化实时监控与管理决策的信息化。当前露天铜矿日生产记录为 98.3 万吨，全球年采选能力超过 700 万吨的矿山有 100 多座；国外地下铜矿山中半数矿山矿石生产能力都在 100 万吨/a 以上，更有特尼恩特铜矿等一批年产矿石 4000 万～1000 万吨的“露天化”地下矿山。露天矿开采以大型牙轮钻、大型电铲、大型运矿卡车三大件为发展趋势，代表露天矿的开采水平。

我国大中型地下矿山所选用的采矿方法代表了当今世界的高效采矿方法，如安庆铜矿的阶段大孔空场嗣后充填采矿法，铜矿峪铜矿矿块崩落法，易门狮凤山铜矿的阶段强制崩落法等。我国大中型矿山的开采回采率与国外先进水平相比也差距不大。但是我国大部分铜矿企业的采矿设备、采矿工人劳动生产率与国外先进国家相比还有一定差距。

我国最大的露天有色矿山德兴铜矿规模在世界铜矿山中仅列第 11 位；地下矿山最大的山西省北方铜业股份有限公司铜矿峪铜矿规模仅有 600 万吨/a；多数矿山主要是依靠人员密集作业的中小矿山。少数大中型矿山实现了无轨采矿。

湖北鸡笼山金矿采用分段凿岩阶段矿房嗣后废石与尾砂联合充填采矿方法，使用新型充填材料（尾砂泡沫混凝土）充填，提高了生产能力，减少了采矿贫化率和损失率，实现了安全、高效、经济开采。

安庆铜矿采用高阶段大直径深孔采矿法回采矿柱。通过一套强采、强出、强充的成熟工艺技术，实现了对 1 号矿体西部矿段-510～-400m 中段的矿柱高阶段强化开采，简化了矿柱回采工艺，开采回采率平均提高 1.89%。

4.1.2　选矿技术

SABC 选矿工艺流程。SA 代表半自磨机，B 代表球磨机，C 代表顽石破碎机。SABC 是半自磨+球磨+顽石破碎的简称，该流程具有设备数量少、流程简单，处理量大、生产率高，运转率较高、维修量较小，占地面积少、投资节约等优点。

我国许多选厂开始应用 SABC 流程进行生产，如乌山铜钼矿一期选厂采用 SABC 碎磨流程，设备包括 8.8m × 4.8m 半自磨机、6.2m × 9.5m 溢流型球磨机、160m^3浮选机等国产大型选矿设备。该工艺流程短，先进可靠，而且大大降低了占地面积、减少了粉尘污染、降低了维修强度，其稳定有效的运行为国内其他大型矿山碎磨流程的建设提供了借鉴。选矿厂整体采用粗碎—SABC 碎磨—铜钼混合浮选—铜钼分离浮选工艺流程。

系统生产能力为2.25万吨/d的SABC工艺流程已在江铜集团德兴铜矿大山选矿厂应用，该系统采用了国内最大的ϕ10.37m×5.19m半自磨机。

我国铜矿在难选氧化矿的选矿工艺方面与国际发达国家的差距明显。投资省、建设快、回收率高的湿法浸出—萃取电积工艺，在国外应用较多，我国还缺乏生产成本低廉的成熟湿法浸出技术，使一些难选氧化铜矿难以得到经济有效的开发。

4.2 铅矿

4.2.1 采矿技术

充填采矿方法的理论已经非常成熟，但是在实践中，由于矿山的地质条件、成本控制等各不相同，在采矿工艺上普遍存在差异。云南兰坪铅锌矿根据当地工程地质条件，经过多年实践总结，形成了独具特色的下向进路式全尾砂胶结充填采矿工艺，其严格的假底制作工艺能确保充填体的整体性和稳定性，从而达到充填体零冒顶或零失稳事故，并且比传统人工混凝土假底更为高效，能够满足隔三采一的采充平衡要求。充填接顶的关键工艺及严格的流程控制保证了进路一次充填即可接顶，达到95%以上的充填接顶率。该下向进路式充填采矿工艺从采场到中段运输水平的采矿充填的吨矿成本为146元，盘区平均生产能力超过450t/d，损失率3%~5%，贫化率6%~8%，充填体冒顶事故为零。

4.2.2 选矿技术

我国在铅锌矿选矿技术及浮选药剂研究方面为世界铅锌选矿做出了表率：基本实现了硫化铅锌矿选矿无氰工艺、硫化铅锌矿电位控制浮选技术国际领先。

难选富银铅锌矿选矿技术采用先铅后锌优先浮选工艺，采用选择性较好的高效捕收剂及组合调整剂选铅，在澜沧铅矿高硫铁含砷难选富银铅锌矿石选矿厂中应用，表现出分选指标好、矿物分选速度快、中矿循环量少、药剂费用低、生产操作稳定及适应矿石性质变化等优点。

铅尾矿回收磁黄铁矿进而采用焙烧技术制备硫酸，可获得国标98标准并联产含铁大于63%、含硫小于0.5%的铁精矿；采用选择性较好的高效捕收剂及组合调整剂解决了高硫铁含砷难选富银铅锌矿选矿铅锌分选难题。

4.3 锌矿

4.3.1 采矿技术

凡口铅锌矿矿山目前采用上向分层充填法采矿。2011年实际开采回采率98.53%，主矿种实际出矿品位7.64%，实际采矿贫化率11.06%，采矿损失率1.47%。盘区上向分层充填采矿法主要用来回采形态复杂、矿量集中、厚大的矿体或多条平行展布的中厚矿体，凡口矿运用该采矿方法进行回采。其通过采用高效无轨配套设备对厚大矿体进行强化开采，提高了采场生产能力和综合效率。近年来，凡口铅锌矿随着高产量的持续开采，矿房采场日趋减少，间柱采场、边角矿体居多，而该采矿法在矿体产状复杂，厚度小的孤立小矿体和矿柱的开采中使用较普遍，将成为凡口矿未来的主要采矿方法之一。

膏体充填采矿技术在驰宏锌锗麒麟厂与矿山厂两座矿山成功应用。自 2007 年膏体充填技术的成功应用以来，采矿技术经济指标贫损指标得到有效提升与控制，按 28.07%～30.02%（Pb+Zn）年均正常出矿品位计算，共计增加采出金属量 619.12t。采场顶板垮塌率明显下降，采场掘进渣综合利用率达 93%以上，选矿尾砂利用率达 100%，有效解决了地表尾砂堆存带来的尾矿坝改扩建、维护成本高、安全环保事故等难题，为无废绿色矿山的建设与发展提供了条件。

4.3.2 选矿技术

凡口铅锌矿选矿采用具有世界先进水平的高碱快速浮选电位调控优化工艺和新四产品选矿工艺。该工艺继承、集成了凡口选矿工艺细磨、高碱、快速、异步、组合用药、电位调控等技术要点，将好选的粗粒矿物优先浮选，生产高品位的单一铅、锌精矿，细粒单体解离度差难分离部分的中矿集中再磨进入混合浮选，生产混合精矿，使凡口铅锌矿的选矿工艺技术跻身于世界先进行列。

栖霞山铅锌矿开发应用铅锌多金属矿分流分速高浓度分步调控浮选等资源高效开发与综合利用关键新技术，显著提高了选矿回收率和伴生有价元素综合利用率。针对同一种矿物存在不同可浮性特点和传统强拉强压影响回收效果的问题，发明了铅锌硫化矿快速选铅选锌工艺，通过分流分速增设快选、分步“对症下药”，将药剂条件与矿物特性更紧密匹配，解决了同一种矿物不同浮选速度问题，实现了铅、锌、硫铁、脉石间的高效分离。

4.4 镍矿

4.4.1 复杂难采特大型水平矿柱开采关键技术

基于等效参数和突变理论的水平矿柱开采稳定性预测技术，为特大型水平矿柱安全回采提供了依据。金川首创开发的阶梯式推进卸压开采技术，调整了围岩应力状态，改善了充填体的应力分布，避免了应力集中，保证了安全高效生产。开发了降低膏体料浆沿程阻力损失充填法，提高了充填接顶率及质量。开发了分布式光纤传感变形监测技术，确保了安全生产。

4.4.2 矿山粗骨料高浓度流态管输充填关键技术

金川公司通过适宜的粒级配比，开发了戈壁粗骨料高浓度、高流态、自密实管输自流充填新技术以及破碎废石管输自流（或泵送）充填新技术。适应于管道输送胶结充填采矿。

4.5 钨矿

4.5.1 白钨矿选别工艺

我国的白钨矿资源常与钼、铋等多种有色金属伴生或共生，有用矿物嵌布粒度较细，白钨矿选矿工艺流程以浮选为主。白钨矿浮选一般分为硫化矿浮选、钨粗选和精选。硫化矿浮选的原则流程与普通硫化矿浮选相似，因含硫化矿的组分不同稍有差异。白钨矿粗选一般采用碳酸钠和水玻璃做调整剂，用脂肪酸类捕收剂浮选，也有部分选矿厂用螯合捕收剂；白钨矿精选工艺目前主要有两类，一类为加温浮选（彼得罗夫法），一类为常温浮选。大部分白钨矿精选采用的是彼得罗夫法。白钨精选采用常温法主要有荡坪钨矿宝山矿区和香炉山钨矿等。

洛阳栾川钼业集团股份有限公司对低品位的钨钼伴生矿进行了综合利用，其储量为24664.4万吨。选钼尾矿浮选回收钨，入选 WO_3 品位为0.12%，年入选钼尾矿量为1646.15万吨，精矿 WO_3 品位为28%，回收率为69.95%。采用机柱联合流程，浮选脱硫和钨粗选段采用浮选柱，钨精选段采用浮选机。

4.5.2 混合钨矿石选别工艺

黑白钨矿共生矿属难选矿石，湖南柿竹园钨钼铋多金属矿、湖南有色锡田和福建行洛坑含钼黑白钨矿都属于此类矿石。其特点是钨品位低、嵌布粒度细、黑白钨与多种有用矿物密切共生，脉石矿物组成复杂，通常需要复杂的工艺流程进行处理。黑白钨混合矿选别的关键问题是黑白钨矿物的充分回收并综合回收共伴生组分。目前黑白钨混合矿的选别采用硫化矿浮选—黑白钨混浮—白钨粗精矿加温精选—黑钨细泥浮选的主干全浮流程，例如柿竹园有色金属公司；也有采用重选—浮选原则流程，例如福建行洛坑钨矿。

柿竹园多金属矿是特大型钨钼铋矿床，矿石综合利用价值高，具有极高的经济价值和战略意义。柿竹园多金属矿有用矿物品种多，共生关系十分密切，矿石物质组分复杂，属难选矿石。主要体现在矿石中含有钼、铋、铁的硫化矿物、氧化矿物和黑白钨矿物及萤石，矿物嵌布粒度粗细不均且偏细，原矿中钨、钼、铋、萤石的品位低，达到合格产品并获得较高回收率难度大；矿石中硫化物与钨矿物共生，白钨矿与黑钨矿共生交代蚀变严重；矿石中含有与白钨矿可浮性极其相似的含钙矿物萤石、方解石和石榴石，含钙矿物的浮选分离难。由于矿石选矿难度大，长期以来柿竹园多金属矿选矿指标低。现在该矿选矿厂采用“改良柿竹园法”进行选矿。其主要特点是：用强磁选分流黑白钨，磁性产品及非磁性产品分别进行黑钨浮选和白钨浮选，新工艺的应用使得柿竹园钨的总回收率提高了4个百分点以上，效益显著。

4.6 锡矿

锡矿选矿多采用单一重选、单一浮选、浮—重—浮选矿法等选矿法。我国粗粒锡石的回收技术处于国际领先水平，微细粒锡石的回收主要用重选法，中南大学通过“药剂调节”和“粒度调节”，研究出细粒铜铅锌锡矿浮选新技术，即利用浮选体系中同类矿粒的粗粒效应与载体作用，用常规粗粒浮选设备实现了细粒锡石的回收，解决了复杂锡矿泥浮选分离的难题，提高了浮选分离的选择性。

4.7 锑矿

锑矿选矿主要采用浮选法，个别矿山采用手选、洗选、重选等工艺，平均选矿回收率88.90%。东安锑矿采用“分级—跳汰—摇床—浮选”工艺流程进行氧化锑选矿，获得精矿回收率达89.06%。

4.8 钼矿

中金集团河南地区多个钼矿富含滑石，矿石类型属矽卡岩斑岩混合矿，钼矿物以辉钼矿为主，伴生磁铁矿，矿石中富含滑石、蛇纹石等层状硅酸盐矿物；钼矿物嵌布粒度细、脉石组成复杂，滑石与辉钼矿自然可浮性极为相近，采用浮选法直接分离困难。中国地质科学院郑州矿产综合利用研究所采用磁选—分级方法分离滑石和辉钼矿取得较好的分离效果。矿石经碎矿、粗磨后，粗粒滑石主要与磁铁矿呈条带、包裹状共生，而钼矿物与铁矿物共生关系不密切，可在粗磨后根据滑石与辉钼矿两矿物的比磁化系数差异采用磁选法分离，磨矿产品经磁选粗选，再磨精选后得到铁精矿，并同时将滑石分离到铁精选尾矿中，实现滑石与钼矿物初步分离；因滑石硬度极低，大部分滑石在-0.030mm矿泥中富集，与辉钼矿基本单体解离，采用分级工艺实现了滑石与辉钼矿再分离。分离滑石后钼选矿试验指标为：原矿钼品位0.17%，滑石13.2%，最终可获得品位为45.61%的高品位钼精矿和品位为10.12%的低品位钼精矿，钼总回收率80.14%，伴生磁铁矿精矿品位65.45%，回收率64.38%，该研究成果为该类型难选钼矿石开发利用指明了新的方向。

4.9 稀土矿

离子型稀土以原地浸出采矿法为主，在不破坏矿区表面植被，不开挖表土和矿石的情况下，将电解质溶液（又称“溶浸液”“工作液”“浸矿液”）注入矿层，通过化学浸出和水动力作用，溶浸液中的阳离子把吸附在黏土矿物表面的稀土离子交换解析出来，将矿层中的有用矿物从固态转化为流动液态，形成含有稀土的母液，浸出的稀土母液沿矿层底板由集液孔组成的封底收液面集中，并汇入集液沟或集液巷，最后汇集到集液池，再输送到水冶车间进行处理，得到稀土精矿，该工艺无尾矿排放。

原地浸出采矿法以注液井的开挖为开拓方式；直接作用于矿体的回采手段是电解质溶液；回采过程是通过控制溶浸液的压力、流量、流速和浓度等参数，以及合理布置注、采（集液）点来实现回采过程；矿层的分布与地表地形的变化等因素，决定了开采的范围、注液井的井型和井深、集液设施（孔、沟、井、巷）的方式与布置；矿床既是开采对象，也是浸出工艺中化学提纯的场地。实现了原地加工、有用矿物提取，其他物质原地留下的选矿效果；采出矿物的搬运方式是流体的自流或泵送方式。原地浸出流程根据最终稀土产品的生产方式可分为水冶工艺和灼烧工艺。

5　开采回采率及其影响因素

5.1　铜矿

我国铜矿生产以露天开采铜矿为主。露天开采矿山设计采矿能力7072.50万吨，实际采出矿石量7124.60万吨，处于超负荷生产状态，产能利用率为100.74%；地下开采矿山设计采矿能力5528.95万吨，实际采出矿石量4176.57万吨，产能利用率75.54%；露天-地下联合开采铜矿设计采矿能力1013.80万吨，实际采出矿石量804.79万吨，产能利用率79.38%。我国大型铜矿山以露天开采为主。

我国铜矿开采矿山中以地下开采矿山为主，共计282座，此外还有21座露天-地下联合开采铜矿、26座露天开采铜矿，分别占总数量的85.71%、6.38%和7.90%。地下开采和露天-地下联合开采铜矿山主要以中小型矿山为主。

我国铜矿大型、中型、小型矿山及小矿的产能利用率分别为94.22%、72.03%、80.51%、28.09%，其设计采矿能力分别为9982.30万吨、1832.30万吨、1669.55万吨和131.10万吨，总体上呈现大中型铜矿产能利用率高、小矿停产半停产状态。

影响铜矿开采回采率的因素有：

（1）开采回采率与矿体赋存条件的关系。影响开采回采率的主要因素是矿体形态的复杂程度、围岩稳固程度、矿床开采方式、采矿方法以及矿山规模等。铜矿采矿方法取决于围岩稳固程度、矿体倾角等开采技术条件及矿山技术水平。

一般情况下，根据矿体赋存条件分类，围岩越稳定，回采率越高；矿体倾角越大，越有利于开采，回采率越高。就铜矿而言，我国铜矿山开采回采率与围岩稳固性的关系并不密切。调查表明，我国铜矿稳固矿体的平均开采回采率为92.24%、不稳固围岩矿体回采率为92.04%、极不稳固矿体平均开采回采率为93.08%，这主要与充填采矿法广泛应用、露天产能占比较大有关。铜矿矿体倾角从0°到90°均有分布，缓倾斜矿体的开采回采率明显低于倾斜和急倾斜矿体。

（2）开采回采率与开采方式的关系。我国铜矿开采回采率以露天开采最高，其次是露天-地下联合开采，地下开采矿山回采率最低。露天开采铜矿平均开采回采率97.68%，地下开采铜矿平均开采回采率为84.95%，露天-地下联合开采矿山平均开采回采率为90.89%。

（3）开采回采率与采矿方法的关系。地下开采矿山中，主流的采矿方法是空场采矿法，其平均开采回采率为86.27%。我国已有40座铜矿山采用充填采矿法，其优点是开采回采率高，贫化率低，作业较安全，能利用工业废料，保护地表等；其缺点是工艺复杂，成本高，劳动生产率和矿块生产能力都较低；充填采矿法平均开采回采率为90.28%，显著高于空场采矿法开采回采率。露天开采矿山中，组合台阶采矿法开采回采率最高

(97.69%)，横采掘带采矿法开采回采率最低（93%）。

（4）开采回采率与矿山规模的关系。我国铜矿开采回采率与矿山规模呈显著相关关系，矿山规模越大开采回采率越高，其原因是我国铜矿开采大型矿山以露天开采为主。大型露天开采矿山的开采回采率最高可达 97.75%，普遍采用地下开采的小矿开采回采率仅为 83.33%。我国铜矿大型矿山实际采出矿石量占全国的 77.69%，有力保证了铜矿整体的开采回采率达到了 92.45%的较高水平。

5.2　铅矿

我国铅矿埋藏深度一般为 300~800m，因此我国铅矿绝大多数矿山采用地下开采，地下开采矿山采矿量占全部采矿量的 95.95%。从矿山数量上统计，我国铅矿开采矿山中地下开采矿山 268 座、露天开采矿山 1 座、露天-地下联合开采矿山 1 座，分别占总数量的 99.26%、0.37%和 0.37%。

我国铅矿设计采矿能力 1475.48 万吨/a，实际采矿量 894.67 万吨，产能利用率 60.64%。其中，地下开采矿山设计采矿能力 1412.48 万吨/a，实际采矿量 858.41 万吨，产能利用率 60.77%；露天开采矿山设计采矿能力 18 万吨，实际采矿量 17.70 万吨，产能利用率 98.33%；露天-地下联合开采铅矿设计采矿能力 45 万吨，实际采矿量 18.56 万吨，产能利用率 41.24%。

影响铅矿开采回采率的因素有：

（1）开采回采率与矿体赋存条件的关系。根据统计数据分析，围岩越稳定，回采率越高。按围岩稳固性，平均开采回采率由高到低依次为稳固性围岩（87.16%）、不稳固性围岩（84.43%）、极不稳固围岩（82%）。

（2）开采回采率与开采方式的关系。我国铅矿山开采方式包括露天开采、地下开采、露天-地下联合开采三种。铅矿开采回采率以露天开采最高，其次是露天-地下联合开采，地下开采回采率最低。露天开采铅矿平均开采回采率 99.53%，地下开采铅矿平均开采回采率为 86.35%，露天-地下联合开采矿山平均开采回采率为 97.53%。

（3）开采回采率与采矿方法的关系。我国铅矿主要采矿方法包括空场采矿法、崩落采矿法、充填采矿法、组合台阶采矿法等方法。地下开采矿山中，空场采矿法是地下采矿的主流采矿方法，共有 190 处铅矿山采区（占采区总数的 70.37%）采用该法，平均开采回采率为 86.38%。仅有 23 座铅矿山采区采用充填采矿法，充填采矿法平均开采回采率为 91.01%，显著高于空场采矿法开采回采率。

（4）开采回采率与矿山生产规模的关系。大型矿山平均开采回采率 86.97%，两座大型矿山中，1 座采用崩落采矿法开采回采率 91.03%，1 座采用空场采矿法开采回采率 86.22%。

中型铅矿平均开采回采率为 94.40%，7 座中型矿山中高于平均值的矿山 2 座（采用充填采矿法），低于平均值的 5 座（采用空场采矿法）。中型铅矿平均开采回采率明显高于小型及以下铅矿平均开采回采率。

小型铅矿及铅矿小矿的平均开采回采率为 85.18%。261 座小型铅矿及小矿中高于平均值的矿山 137 座；低于平均值的矿山 124 座，采矿方法主要以空场采矿法为主。

5.3 锌矿

我国锌矿产能以地下开采为主，其中77.97%为地下开采、12.51%为露天开采、9.52%为联合开采。315座锌矿山中，299座锌矿山为地下开采，7座矿山为露天开采，9座矿山为露天-地下联合开采。

露天开采锌矿山规模较大，而且处于超负荷生产状态：露天开采矿山设计采矿能力143.15万吨，实际采矿量377.1万吨，产能利用率高达263.43%。多数锌矿埋藏较深，适宜地下开采，但是地下开采矿山产能利用率普遍不高。地下开采矿山设计采矿能力3090.84万吨，实际采矿量2350.42万吨，产能利用率76.05%；露天-地下联合开采矿山设计采矿能力374.80万吨，实际采矿量286.97万吨，产能利用率76.57%。

影响锌矿开采回采率的因素有：

（1）开采回采率与矿体赋存条件的关系。稳固矿体的平均开采回采率为89.08%，不稳固矿体的平均开采回采率略高（89.70%）。我国铅矿山中稳固性围岩占大多数，94.36%的矿山为稳固性围岩。稳固性围岩矿山如锡铁山铅锌矿，围岩为稳固围岩或中等稳固围岩。矿体倾角在70°~80°之间。矿体厚度为3~10m，矿体赋存深度为2600~2900m。年实际采矿量256.5万吨，回采率86.40%。采矿方法为分段矿房法和留矿采矿法。

（2）开采回采率与开采方式的关系。我国锌矿山开采回采率以露天开采最高，其次是露天-地下联合开采，地下开采矿山回采率最低。露天开采锌矿平均开采回采率94.92%，地下开采锌矿平均开采回采率为87.84%，露天-地下联合开采矿山平均开采回采率为92.61%。在影响开采回采率的诸多因素中，开采方式可能是最主要的因素。

（3）开采回采率与采矿方法的关系。我国锌矿主要采矿方法包括空场采矿法、崩落采矿法、充填采矿法、组合台阶采矿法等方法。

地下开采矿山中，空场采矿法是地下采矿的主流采矿方法，共有251处锌矿采区（占采区总数的76.06%）采用该法，平均开采回采率为87.16%。20处锌矿采区采用充填采矿法，平均开采回采率为93.87%，显著高于空场采矿法开采回采率。大中型矿山一般采用崩落法和充填法，单矿山产能较大。

（4）开采回采率与矿山生产规模的关系。影响锌矿山开采回采率的主要因素是开采方式，其次是矿山规模。矿山规模影响开采回采率的原因可能与矿山的技术投入强度、质量管理体系有关。大中型锌矿山开采回采率（89.78%）明显高于小型及以下锌矿山开采回采率（87.67%），中型锌矿山开采回采率（90.21%）略高于大型矿山开采回采率，原因是中型矿山中露采产能占比高于大型锌矿。

5.4 铝土矿

依生产能力统计结果，我国铝土矿以露天开采为主。露天开采矿山设计采矿能力1852.00万吨，实际采出矿石量1712.42万吨，露天矿山采出矿石量占全国总矿石产量的93.02%，露天开采矿山产能利用率92.46%；地下开采矿山设计采矿能力174.4万吨，实际采出矿石量75.93万吨，产能利用率43.54%；露天-地下联合开采铝土矿设计采矿能力

110万吨，实际采出矿石量52.60万吨，产能利用率47.82%。

依采矿方式统计结果，我国铝土矿以露天开采矿山为主，共65座，占铝土矿山总数的75.58%。此外地下开采铝土矿有19座、露天-地下联合开采铝土矿2座，分别占总数的22.09%和2.33%。地下开采矿山铝土矿原矿中A/S较高，如三门峡地区有关矿山的铝土矿A/S可达20，而我国露天开采铝土矿A/S普遍在3.5~5之间。

影响铝土矿开采回采率的因素有：

（1）开采回采率与开采方式的关系。从开采方式来看，我国铝土矿开采回采率以露天-地下联合开采矿山最高，其次是露天开采矿山，地下开采矿山回采率最低。露天-地下联合开采矿山平均开采回采率为92.89%，露天开采铝土矿平均开采回采率83.99%，地下开采铝土矿平均开采回采率为76.87%。

（2）开采回采率与采矿方法的关系。我国铝土矿地下采矿主要采用空场采矿法、崩落采矿法，露天采矿主要采用组合台阶采矿法等方法。

露天开采的铝土矿山中主流的采矿方法是组合台阶采矿法，应用于52处采区，平均开采回采率92.18%；分区分期采矿法应用也较为广泛，应用数量为12家，平均开采回采率为84.07%。

地下开采矿山中，空场采矿法因技术简单、适用性广被广泛采用，是地下采矿的主流采矿方法，共有15处铝土矿山采区（占采区总数的17.44%）采用该法，平均开采回采率为78.83%。

（3）开采回采率与矿山生产规模的关系。依矿山规模划分，大型铝土矿山开采回采率（88.22%）高于中型（83.39%）、小型（83.66%）铝土矿山。

5.5　镍矿

依生产能力统计结果，我国镍矿以地下开采为主。地下开采矿山设计采矿能力1198.2万吨，实际采出矿石量1214.78万吨；露天开采矿山设计采矿能力57.5万吨，实际采出矿石量44.05万吨；我国镍矿无露天-地下联合开采矿山。

依采矿方式统计结果，我国镍矿也以地下开采矿山为主，地下开采矿山共31座，占镍矿山总数的88.57%。此外露天开采镍矿有4座，占总数的11.43%。

我国地下开采矿山数量多且产量高、露天开采矿山数量少且产量低。多数地下矿山处于满负荷生产状态，全国地下镍矿山产能利用率高达101.38%；与此相对照，4座露天开采镍矿矿山3座实际产能未达到设计产能，全国露天开采镍矿山产能利用率仅76.61%。

大型矿山设计采矿能力666万吨，产能利用率高达127.32%，超负荷生产。中型镍矿山设计采矿能力327万吨，产能利用率仅48.11%，说明实际生产能力距离设计生产能力缺口较大，7座中型矿山中有6座不达产，且大部分矿山实际产能远远小于设计产能。小型镍矿山设计采矿能力257.7万吨，产能利用率达到98.08%，接近满负荷生产。镍矿小矿山设计采矿能力5万吨，产能利用率仅为16.8%，3座小矿全部不达产，且矿山实际产能远远小于设计产能。

影响镍矿开采回采率的因素有：

（1）开采回采率与矿体赋存条件的关系。不稳固矿体的平均开采回采率最高为

94.33%，极不稳固围岩矿体回采率次之，稳固矿体平均开采回采率最低，仅为87.09%。分析原因，因为镍矿价值较高，应用充填法的产能较大。在不稳固和极不稳固的矿体进行开采时，均采用充填技术提高回采率。特别是甘肃金川矿体围岩不稳固，但回采率高达94%。

我国镍矿矿体倾角为0°~85°，矿体倾角大有利于开采，相应的开采回采率也较高，急倾斜矿体平均开采回采率最高为93.31%，缓倾斜矿体平均开采回采率最低，为82.38%。

（2）开采回采率与开采方式的关系。我国镍矿山采用地下开采的数量最多，产出的矿石也最多。我国镍矿平均开采回采率92.37%。其中，露天开采镍矿平均开采回采率88.77%，地下开采镍矿平均开采回采率为92.51%。

（3）开采回采率与采矿方法的关系。我国镍矿地下矿山中共有17处镍矿山采区（占采区总数的45.95%）采用空场采矿法，平均开采回采率为84.02%。其中留矿采矿法应用矿山也较多，应用数量为13处采区，平均开采回采率分别为83.83%。而技术要求较高、回采率较高的充填采矿法仅有8处采区应用此法，但是此法采出矿石量935.63万吨，实现了全国74.33%的产能，且平均回采率为94.97%。

露天开采使用最多的采矿方法是组合台阶采矿法，回采率为94.76%。

5.6 钨矿

我国钨矿地下开采矿山数量和产量都居主要地位。112座钨矿山中，地下开采钨矿105座、露天-地下联合开采钨矿4座、露天开采钨矿3座，分别占总数的93.75%、3.57%和2.68%。

地下开采钨矿设计采矿能力1362.19万吨，实际采出矿石量779.65万吨，占全国的61.35%；露天开采矿山设计采矿能力126.30万吨，实际采出矿石量116.29万吨，占全国的9.15%；露天-地下联合开采钨矿设计采矿能力391.50万吨，实际采出矿石量374.93万吨，占全国的29.5%。

我国当年钨矿产能利用率为67.6%，其中地下开采钨矿产能利用率57.24%、露天开采钨矿产能利用率92.07%、露天-地下联合开采钨矿产能利用率95.77%。

影响钨矿开采回采率的因素有：

（1）开采回采率与矿体赋存条件的关系。我国92.40%的钨矿产能来自于稳固矿体，稳固矿体平均开采回采率达89.54%；其余钨矿产能来自于不稳固矿体，不稳固矿体平均开采回采率达83.57%。

我国钨矿矿体倾角为10°~90°，24%的钨矿产能来自于缓倾斜矿体，缓倾斜矿体平均开采回采率达92.28%；15.40%的钨矿产能来自于倾斜矿体，倾斜矿体平均开采回采率达92.28%；60.60%的钨矿产能来自于急倾斜矿体，急倾斜矿体平均开采回采率达88.51%。

（2）开采回采率与开采方式的关系。我国钨矿开采回采率以露天开采最高，其次是露天-地下联合开采矿山，地下开采矿山回采率最低。我国钨矿露天开采矿山较少，平均开采回采率94.68%；地下开采钨矿数量最多、采出矿石量占比最大，平均开采回采率为88.02%；露天-地下联合开采矿山平均开采回采率为91.78%。

（3）开采回采率与采矿方法的关系。我国钨矿共有地下开采采区115处，其中92处（占地下采区总数的80%）采用空场采矿法，空场采矿法平均开采回采率为87.54%。充填法在钨矿中尚未大规模普及，仅有4座钨矿山采用充填采矿法，平均开采回采率为84.66%。

（4）开采回采率与矿山生产规模的关系。我国钨矿以中小型矿山为主，112座矿山中大型矿山仅有柿竹园和宁化行洛坑钨矿2座，合计实际采出矿石量283.00万吨，占全国采出矿石量的22.27%，平均开采回采率94.51%。而其余110座矿山全部为中小型矿山，合计实际采出矿石量987.87万吨，占2011年我国钨矿实际采出矿石量的77.73%，同时112座矿山中有105座为地下开采，数量占比达93.75%，使得我国钨矿整体的开采回采率不高。

5.7 锡矿

我国锡矿产能以地下开采为主。地下开采矿山设计采矿能力606.00万吨，实际采出矿石量607.11万吨；露天开采矿山设计采矿能力107.20万吨，实际采出矿石量81.65万吨；露天-地下联合开采矿山设计采矿能力299.50万吨，实际采出矿石量248.82万吨。

51座锡矿中地下开采矿山42座，此外还有7座露天开采矿山和2座露天-地下联合开采矿山，分别占总数量的82.35%、13.73%和3.92%。

我国锡矿地下开采矿山数量多且产量高、露天和联合开采矿山数量少且产量低。42座地下锡矿山产能利用率高达100.18%，处于超负荷生产状态；与此相对照，7座露天开采锡矿山中6座实际产能未达到设计产能，全国露天开采锡矿山产能利用率仅76.17%；2座露天-地下联合开采矿山全部未达产，产能利用率为83.08%。

大型矿山设计采矿能力480.60万吨，产能利用率高达92.43%，未达产。8座中型锡矿山设计采矿能力291.47万吨，由于2座位于云南红河的锡矿山产能利用率高达200%~300%，使得中型锡矿山整体产能利用率达到116.78%。小型锡矿山设计采矿能力224.2万吨，产能利用率仅62.89%，因为37座小型矿山中仅7座达产，其余30家实际产能与设计产能均有不同程度的差距。锡矿小矿山设计采矿能力9.5万吨，产能利用率仅为68.42%，4座小矿中3座不达产，且矿山实际产能远远小于设计产能。

影响锡矿开采回采率的因素有：

（1）开采回采率与矿体赋存条件的关系。我国锡矿稳固矿体实现了全国96.31%的产能，由于采矿技术较为简单，回采率达到了91.01%。仅有古山锡矿1座矿山矿体极不稳固，由于采用露天开采，回采率为94.7%。仅云南锡业卡房锡矿1座矿山开采不稳固矿体，回采率为91%。

我国锡矿缓倾斜矿体实现了67.27%的产能，平均开采回采率为91.34%；倾斜矿体实现了20.79%的产能，平均回采率91.78%；急倾斜矿体实现了12.24%的产能，回采率为90.03%。由于我国锡矿矿体稳固性较高，且矿脉较薄，易采，整体回采率水平偏高。

（2）开采回采率与开采方式的关系。我国锡矿山的开采回采率与开采方式密切，露天开采矿山回采率最高，联合开采矿山回采率次之，地下开采矿山回采率最低。

我国锡矿山三种开采方式中地下开采的矿山数量最多，产出的矿石也最多。我国锡矿平均开采回采率91.03%。其中，7座露天开采锡矿平均开采回采率93.65%，42座地下开采锡矿平均开采回采率为89.45%，2座联合开采锡矿回采率为93.59%。

（3）开采回采率与采矿方法的关系。我国锡矿地下矿山中共有30处采区（占采区总数的56.60%）采用空场采矿法，平均开采回采率为89.50%。由于我国锡矿山矿床开采条件较好，稳固性较高，充填采矿法应用较少，但是平均回采率最高为94.97%。崩落法的单矿山采矿能力最大，但是损失率最高，平均回采率只有87.92%。

露天开采使用最多的采矿方法是组合台阶采矿法，回采率为93.59%。

5.8　锑矿

我国锑矿地下开采的生产能力最大。地下开采矿山设计采矿能力196.51万吨，实际采出矿石量149.3万吨；露天-地下联合开采矿山设计采矿能力3万吨，实际采出矿石量0.39万吨；我国锑矿无露天开采矿山。

我国锑矿地下开采矿山的数量也最多，共39座，占锑矿山总数的97.5%。露天-地下联合开采锑矿有1座，占总数的2.5%。

我国地下开采矿山数量多且产量高。我国地下开采锑矿仅有1座中型矿山，其余均为小型及以下矿山，地下锑矿山产能利用率仅为75.98%；1座联合开采锑矿为小型矿山，产能利用率仅13%。

唯一一座中型矿山设计采矿能力45万吨，产能利用率高达137.29%，超负荷生产。小型锑矿山设计采矿能力129.9万吨，产能利用率仅62.87%，28座小型矿山中仅有6座达产，且大部分矿山实际产能远远小于设计产能。锑矿小矿设计采矿能力27.61万吨，产能利用率仅为25.57%，11座小矿全部不达产，且矿山实际产能远远小于设计产能。

影响锑矿开采回采率的因素有：

（1）开采回采率与矿体赋存条件的关系。我国正在开发的锑矿床中，开采技术条件较好，无极不稳固矿体。稳固矿体提供了85.26%的产能，回采率达到88.39%；不稳固矿体的矿山仅4座，回采率为84.74%。

我国锑矿矿体倾角为14°~84°。在急倾斜矿体中，位于甘肃的一座小型矿山生产能力较大，且采用留矿法，余留矿柱较多，放矿损失较大，造成回采率偏低，仅有81%。倾斜矿体中，产能占比达到80%的唯一的中型矿山大部分产能采用充填法，回采率高达91%，造成整体回采率偏高。缓倾斜矿体仅实现了16万吨的产能，其中一半的产能采用上向进路充填法采出，回采率高达95%，因此回采率整体水平偏高。

（2）开采回采率与开采方式的关系。我国锑矿山开采方式有地下开采、露天-地下开采两种。采用地下开采的矿山数量最多，产出的矿石也最多。我国锑矿平均开采回采率87.92%。其中，地下开采锑矿平均开采回采率87.92%，联合开采锑矿平均开采回采率为88%。

（3）开采回采率与采矿方法的关系。我国锑矿地下矿山中共有26处采区（占采区总数的55%）采用空场采矿法，平均开采回采率为84.64%；其中留矿采矿法应用矿山最多，16处采区应用该法。而技术要求较高、回采率较高的充填采矿法仅有9处采区应用，但是应用此法采出矿石量74.75万吨，实现了全国49.94%的产能，且平均回采率高达93.85%。

（4）开采回采率与矿山生产规模的关系。中型锑矿平均回采率为90.92%，为地下充填开采。28座小型锑矿平均回采率为86.12%，其中唯一的露天-地下联合开采矿山回采率为88.00%，地下开采矿山平均回采率为86.11%。小矿平均回采率为82.24%，全部为地下开采。

5.9 钼矿

从生产能力来看，我国钼矿产能以露天开采为主，设计采矿能力5056.50万吨，实际采出矿石量6380.79万吨；地下开采矿山设计采矿能力1050.90万吨，实际采出矿石量584.73万吨。

从矿山数量来看，我国钼矿以地下开采矿山为主，共计52座；有18座露天开采钼矿，分别占总数量的74.29%和25.71%。地下开采矿山主要为小型矿山。大型矿山主要以露天开采为主。

我国钼矿山总体产能利用率114.05%，整体超设计生产能力。其中露天开采钼矿产能利用率高达126.19%，露天矿山超负荷生产；地下开采钼矿产能利用率55.64%。2011年国内钼矿价格持续低迷，钼精矿价格徘徊在2000元/吨度上下，中小型地下开采矿山经营困难、开工严重不足，而大型、露采矿山更具有规模和成本优势，开工充足，甚至大幅度超负荷开采。

我国钼矿平均开采回采率96.74%。影响开采回采率的主要因素是矿体形态的复杂程度、围岩稳固程度、矿床开采方式、采矿方法以及矿山规模等。

（1）开采回采率与矿体赋存条件的关系。钼矿采矿方法取决于围岩稳固程度、矿体倾角等开采技术条件及矿山技术水平。一般情况下，根据矿床赋存条件分类，围岩越稳定，回采率越高，不同稳固性钼矿的开采回采率变化符合该规律。

82.94%的钼矿产能来自于稳固矿体，稳固矿体平均开采回采率达96.76%；17.01%的钼矿产能来自于不稳固矿体，不稳固矿体平均开采回采率达96.67%；其余少量钼矿产能来自于极不稳固矿体，极不稳固矿体平均开采回采率为89.52%。我国钼矿矿体倾角为5°~88°。60.22%的钼矿产能来自于缓倾斜矿体，缓倾斜矿体平均开采回采率达97.70%；12.56%的钼矿产能来自于倾斜矿体，倾斜矿体平均开采回采率达94.45%；缓倾斜矿体的开采回采率比倾斜和急倾斜矿体略高。22%的钼矿产能来自于急倾斜矿体，急倾斜矿体平均开采回采率达95.62%。

（2）开采回采率与开采方式的关系。我国露天开采钼矿平均开采回采率高达97.61%，地下开采矿山平均开采回采率低于露天开采矿山10个百分点，为87.61%。但由于我国钼矿露天开采矿山产量占比达90%以上，使得钼矿整体的回采率高达96.74%。

（3）开采回采率与采矿方法的关系。我国钼矿产能以露天开采为主，大型矿山均采用露天开采，露天开采钼矿平均开采回采率97.10%。

我国钼矿山主流的地下采矿方法是空场采矿法，全国共有36处钼矿采区（占采区总数的50%）采用空场采矿法，空场采矿法平均开采回采率为92.62%。充填采矿法在钼矿山中尚未普及，仅有5处钼矿采区采用，充填采矿法平均开采回采率92.65%。

（4）开采回采率与矿山规模的关系。钼矿开采回采率随着矿山规模的提高而提高，大型钼矿平均开采回采率97.31%、中型钼矿平均开采回采率94.44%、小型钼矿平均开采回采率87.13%、小矿山平均开采回采率87.42%。其原因是我国大型钼矿均为露天开采，而小型及以下钼矿多采用地下开采。

5.10　稀土矿

我国独立稀土矿生产以离子型稀土矿的原地浸出为主，其矿山数量和采矿能力均居主导地位。原地浸出矿山设计采矿能力550.53万吨，实际抽取浸出液1089.32万吨。

我国露天开采稀土矿山设计采矿能力203万吨，实际采出氟碳铈镧矿矿石117.43万吨；地下开采稀土矿设计采矿能力6万吨，实际采出氟碳铈镧矿矿石5.29万吨。

5.10.1　离子型稀土开采回采率

53座连续正常生产稀土矿山中，有47座矿山采用原地浸出法开采离子型稀土，设计采矿能力550.53万吨，2011年抽取浸出液1095.52万吨，浸出液REO总量0.13%，消耗资源储量1245.14万吨，生产稀土碳酸盐产品12264.98t，平均品位91.47%，浸出液中稀土回收率84.48%。

全国有离子型稀土矿产出的省（区）有福建、广东、广西、江西、云南，江西省稀土碳酸盐产量11508.32t，居全国首位，约占全国稀土碳酸盐产量的94.56%。

5.10.2　其他稀土矿开采回采率

除离子型稀土外，我国还有5座稀土矿山开采氟碳铈镧矿，设计采矿能力184万吨/a，当年采出矿石量116.52万吨。我国氟碳铈镧矿稀土平均开采回采率91.62%。调查矿山中非离子型稀土矿开采能力最大的省份是四川省，实际采出矿石量111.23万吨。

6 选矿回收率及其影响因素

6.1 铜矿

330座连续正常生产铜矿山中共有270座连续正常生产选矿厂，设计选矿生产能力1.61亿吨/a，实际入选矿石1.66亿吨，产能利用率103.06%，平均入选原矿品位0.48%，平均选矿回收率89.10%，平均精矿品位21.66%。

影响铜矿选矿回收率的因素有：

（1）选矿回收率与矿石类型的关系。矿石工业类型与铜矿选矿回收率关系十分密切，统计数据表明，我国铜矿石按照选别难易程度由易到难分别为硫化铜矿石、其他类型铜矿石、混合型铜矿石和氧化铜矿石。

（2）选矿回收率与选矿方法的关系。矿石工业类型不同，采用的选矿处理流程也不相同。对于硫化铜矿石的处理，国内大多采用单一浮选法，其中以优先浮选和混合—优先浮选流程为主。我国氧化铜矿的浮选以硫化浮选法为主。对于某些结构和组成极为复杂的氧化铜矿石，通过浮选难以实现铜的合理有效回收，通常采用化学浸出的方法处理。多数矿山采用单一浮选流程，约占选矿厂数量的91.97%，平均回收率88.53%。其他矿山采用湿法浸出或选冶联合工艺流程，平均回收率分别为61.83%、61.73%。

矿石入选品位与选矿方法的关系如下：选冶联合工艺的平均入选品位最高0.78%，其次是浮选法平均矿石入选品位0.55%，湿法浸出工艺平均入选品位0.45%。

（3）选矿回收率与选矿厂规模的关系。从选矿回收率来看，大型选矿厂平均选矿回收率89.53%、中型选矿厂平均选矿回收率86.26%、小型选矿厂平均选矿回收率88.09%。我国中型选矿厂选矿回收率相对略低。

6.2 铅矿

调查矿山设计选矿生产能力1123.67万吨/a，实际入选矿石687.22万吨，产能利用率61.16%，平均入选原矿品位3.64%，平均选矿回收率84.69%，精矿平均品位52.89%。

影响铅矿选矿回收率的因素有：

（1）选矿回收率与矿石类型的关系。矿石工业类型影响铅矿选矿回收率，统计数据表明，我国硫化铅矿石可选性明显优于混合铅锌矿石、其他类型铅矿石、硫化铅锌矿石，氧化铅锌矿石和混合铅矿石可选性最差。不同类型矿石的选矿回收率平均值差异较大，平均值较高的类型为硫化铅锌矿，说明硫化铅锌矿表面疏水性好、可浮性好。平均值较低的类型为氧化铅锌矿，在实际生产中，氧化铅锌矿易泥化选别难度较大。

（2）选矿回收率与选矿方法的关系。因矿石工业类型不同，嵌布粒度有差异，采用的选矿处理流程也不相同。铅矿山选矿流程可归纳为：一般浮选法（优先浮选、混合浮选等），特殊浮选法（沉淀浮选法、吸附浮选法）、浮选-重选联合选别方法。铅矿选厂主流的选矿方法为一般浮选法，如优先浮选、混合浮选等，占选矿厂总数的91.80%。

从选矿回收率来看，特殊浮选平均选矿回收率最高，为87.77%；一般浮选平均选矿回收率84.51%、浮选+重选联合选别平均选矿回收率78.60%。

（3）选矿回收率与选矿厂规模的关系。从选矿回收率来看，大型选矿厂平均选矿回收率91.00%、小型选矿厂平均选矿回收率84.00%、中型选矿厂平均选矿回收率81.21%。大型选厂的选矿回收率较高，中型与小型选厂的选矿回收率较低。小型选厂由于矿石性质、工艺水平等因素，选矿回收率差异较大。

6.3 锌矿

调查的315座连续正常生产锌矿山中共有208座连续正常生产选矿厂，设计选矿生产能力3437.20万吨/a，实际入选矿石2497.85万吨，产能利用率72.67%，平均入选原矿品位4.53%，平均选矿回收率为88.75%，平均精矿品位为49.75%。

影响锌矿选矿回收率的因素有：

（1）选矿回收率与矿石类型的关系。统计数据表明，我国锌矿石按照选别难易程度由易到难分别为氧化锌矿石、其他类型锌矿石、硫化铅锌矿石、硫化锌矿石、混合铅锌矿石、混合锌矿石、氧化铅锌矿石。除氧化矿外，选矿回收率均在87%~91%之间。

（2）选矿回收率与选矿方法的关系。硫化铅锌矿石的分选，目前仍以浮选法为主，其他选矿方法为辅。浮选流程有优先浮选流程、部分混合浮选流程、全混合浮选流程及等可浮浮选流程等。根据矿石的可浮性差异及嵌布特征而选择的流程不同。如水口铅锌矿采用等可浮浮选流程，凡口铅锌矿采用异步混合浮选流程。氧化铅锌矿物一般采用硫化—浮选流程，如湖南万寿坪铅锌矿。

此次统计时，将锌矿山选矿流程归纳为：一般浮选法（优先浮选、混合浮选等），特殊浮选法（沉淀浮选法、吸附浮选法）、浮选-重选联合选别方法，锌选厂主流的选矿方法为一般浮选法，如优先浮选、混合浮选等，占选厂总数的95.68%，其平均选矿回收率88.91%。特殊浮选法、浮选-重选平均选矿回收率为86.90%、81.47%。

（3）不同规模选矿厂选矿回收率。我国锌矿大中型选矿厂选矿回收率相对较高，且高于小型及以下选矿厂选矿回收率。大型选矿厂平均选矿回收率90.37%、中型选矿厂平均选矿回收率90.01%、小型及以下选矿厂平均选矿回收率83.57%。

锡铁山铅锌矿是我国最大的铅锌矿，矿石中主要金属矿物为黄铁矿、铁闪锌矿、方铅矿，矿石中有用矿物以交代结构为主，嵌布粒度较粗，属易选矿石类型。目前选厂确定了Ⅰ、Ⅱ、Ⅲ系列采用铅优先浮选—锌硫混合浮选—锌硫分离工艺流程，锌精矿锌品位47.33%、锌回收率93.17%。Ⅳ系列采用电位调控浮选流程，锌精矿锌品位47.54%、锌回收率93.17%。

6.4　铝土矿

我国铝土矿资源以一水硬铝石为主，除部分企业使用进口三水铝石为原料外，多数氧化铝产能仍然依赖一水硬铝石。一水硬铝石铝含量高，一般大于 57%，但铝硅比低，用于生产氧化铝能耗、碱耗均高于国外以三水铝石为原料的氧化铝厂。随着我国铝工业发展，铝矿石铝硅比连年下降，为了降低成本，我国部分矿山在全球率先开展了铝土矿选矿工作，但多数矿山无铝土矿选矿厂。主要原因是国内各铝厂根据当地原矿品位和性质确定不同的氧化铝生产工艺。原矿铝硅比（A/S）在 3~4 采用烧结法，原矿 A/S 在 8~10 以上采用拜耳法（平果铝厂），若处理部分高铝（A/S>10）矿石同时又处理低铝（A/S<7）矿石则采用混联法（郑州铝厂）。2011 年共有连续正常生产选矿厂 2 座，其中大型选矿厂为中国铝业重庆分公司洗选厂，中型选厂为中铝河南分公司氧化铝选矿车间。设计选矿生产能力合计 213 万吨，实际入选矿石 75.94 万吨，产能利用率 35.65%，平均选矿回收率 84.99%。

6.5　镍矿

35 座正常生产矿山共有 27 座连续正常生产镍矿选矿厂，设计选矿生产能力 1631.50 万吨/a，实际入选矿石 1266.95 万吨，产能利用率 86.26%，平均入选原矿品位 0.92%，平均选矿回收率 80.82%，平均精矿品位 7.12%。

镍矿入选矿石以硫化镍为主，处理量 1236.35 万吨，回收率为 82.16%。主要采用一般浮选法进行选矿。还有一小部分镍矿入选矿石为氧化镍-硅酸镍矿石，处理量仅 30.6 万吨，回收率 56%，仅云南 2 座选厂处理该类矿石，采用化学选矿法处理。

影响镍矿选矿回收率的因素有：

（1）选矿回收率与矿石类型的关系。矿石工业类型是影响镍矿选矿回收率的主要因素，统计数据表明，硫化镍矿石的选别难度要远远低于氧化镍-硅酸镍矿石，其选矿回收率（82.16%）远高于氧化镍-硅酸镍矿石的选矿回收率（56.70%）。

（2）选矿回收率与选矿方法的关系。矿石工业类型不同，采用的选矿处理流程也不相同。我国镍矿主要采用单一浮选流程，其平均选矿回收率为 80.36%。此外，云南南庄铁钴镍矿矿石性质为氧化镍-硅酸镍矿石，采用常压还原酸浸-硫化沉淀法进行选矿，选矿回收率为 80.5%。云南安定镍矿矿石性质也为氧化镍-硅酸镍矿石，采用化学选矿法进行选矿，选矿回收率为 54.36%。吉林大岭山镍矿矿石性质为硫化镍矿石，选用浮重联合工艺进行选矿，回收率较高，达到了 86.19%。

（3）选矿回收率与选矿厂规模的关系。我国有镍矿大型选矿厂 1 座，回收率高达 83.29%，处理的为硫化镍矿石。中型选矿厂选矿回收率为 77.17%，处理的全部为硫化镍矿石。小型选矿厂回收率仅 62.29%，除了云南 2 座选厂处理的为氧化镍-硅酸镍矿石，其余均处理的为硫化镍矿石。

6.6　钨矿

调查的153座连续正常生产矿山共有112座连续正常生产选矿厂，设计选矿生产能力2024.11万吨/a，实际入选矿石1390.35万吨，产能利用率68.69%，平均入选原矿品位0.36%（WO_3），平均选矿回收率75.80%，平均精矿品位62.42%（WO_3）。

影响钨矿选矿回收率的因素有：

（1）选矿回收率与矿石类型的关系。矿石工业类型是影响钨矿选矿回收率的主要因素，统计数据表明，黑钨矿最容易分选，白钨矿和混合钨矿较难分选，因为白钨一般采用彼得罗夫法选矿，回收率相对较低；黑钨矿原生粒度较粗，比重较大，可用重选方法回收。

我国的黑钨矿多为石英大脉型或细脉型钨矿床，属气化高温热液型矿床，黑钨矿呈粗大板状或细脉状晶体在石英内富集，嵌布粒度较粗，易于分离，采用重选回收，选矿回收率较高。

独立钨矿山中，选矿处理的矿石以黑钨矿石最高，其次为混合钨矿和白钨矿。但入选原矿品位以白钨矿最高，其次为混合钨矿石和黑钨矿石。我国每年从其他矿种回收的钨所占的比例已达20%以上，其中白钨矿占比较大，如果考虑伴生产出钨资源的回收，我国钨矿产能中白钨矿已经超过黑钨矿。

（2）选矿回收率与选矿方法的关系。黑钨矿矿石嵌布粒度粗、密度大，并具有弱磁性，因此多采用重选法粗选，采用磁选、浮选、枱浮和电选方法精选。与黑钨矿比重大、以重选为主不同，白钨矿嵌布粒度一般较细、密度比黑钨矿小，其选矿特点是：可浮性好、富集比高，一般需要先浮硫化矿、经过粗选作业后通过加温的方法进行精选。多数矿山采用单一选别流程，其中单一重选流程约占选矿厂数量的一半以上，单一浮选流程约占总数的四分之一，其余选厂基本采用重—浮—磁选/电选联合工艺流程，说明我国钨矿黑钨矿山数量超过白钨矿山数量，但平均黑钨矿山单体产能小于白钨矿山单体产能。

（3）选矿回收率与选矿厂规模的关系。从选矿回收率来看，小型选矿厂平均选矿回收率72.94%、大型选矿厂平均选矿回收率70.00%、中型选矿厂平均选矿回收率79.08%。我国大中型选矿厂选矿回收率相对较低，且低于小型选矿厂选矿回收率，这是因为大型选矿厂多处理复杂难选钨矿石。如，柿竹园多金属矿石中矿物组分复杂，有用矿物粒度细、含量低，各矿物之间共生密切，嵌镶关系复杂。通过技术攻关，先后研发出了“钨钼铋复杂多金属矿综合选矿新技术——柿竹园法”及“改良柿竹园法”，实现了黑白钨矿物分别选别，选矿回收率达到70%。

6.7　锡矿

调查的51座矿山共有51座连续正常生产选矿厂，设计选矿生产能力762.24万吨/a，实际入选矿石646.25万吨，产能利用率84.78%，平均入选原矿品位0.58%，平均选矿回收率68.41%，平均精矿品位46.32%。

影响锡矿选矿回收率的因素有：

（1）选矿回收率与矿石类型的关系。锡矿入选矿石以原生锡矿为主，处理量568.61万吨，回收率为70.06%，主要采用重选工艺；部分锡矿入选矿石为砂锡矿，处理量仅35.5万吨，主要采用的也是重选工艺，其中个旧云锡古山锡矿处理量为26.45万吨，采用摇床和溜槽选别矿石，回收率73.91%；部分锡矿入选矿石为其他类型锡矿，处理量为42.14万吨，回收率为63.62%。

（2）选矿回收率与选矿厂规模的关系。锡矿大型选矿厂1座（华锡铜坑矿车河选厂），回收率为69.33%，处理的为原生锡矿石。中型选矿厂选矿回收率为67.02%，仅古山锡矿二车间处理的为砂锡矿，其余均处理的为原生锡矿石。42座小型选矿厂回收率69.07%。

（3）选矿回收率与选矿方法的关系。我国锡矿选厂处理矿石的方法共有7种，分别为重选、单一浮选、浮—重—浮、浮选—磁选—重选、重—浮—重、重选—磁选—浮选、重选—浮选。重选法处理矿石量最多；单一浮选法处理的原矿品位最高。广西高峰矿业巴力选厂使用重—浮—重工艺回收率高达73.91%。会理县仓六选厂使用重选—浮选，回收率达到70.48%。云锡郴州矿冶屋场坪选矿车间使用浮选—磁选—重选工艺，回收率仅为53.24%。

6.8 锑矿

2011年共有25座连续正常生产选矿厂，设计选矿生产能力167.80万吨/a，实际入选矿石136.82万吨，产能利用率81.54%，平均入选原矿品位1.77%，平均选矿回收率88.90%，平均精矿品位30.74%。

锑矿入选矿石以硫化锑为主，处理量达到124.4万吨，回收率87.96%，主要采用一般浮选法进行选矿。还有一小部分入选矿石为混合锑矿石和氧化锑矿石，处理量分别为11.58万吨和0.84万吨，回收率分别为82.11%和96.62%。

影响锑矿选矿回收率的因素有：

（1）选矿回收率与矿石类型的关系。锑矿三类工业类型矿石中混合锑矿石和硫化锑矿石的选矿回收率分别为82.11%、89.32%。处理混合锑矿石的选厂共3座，其中武宁县华源锑业有限公司回收率仅有78%；云南木利锑业有限公司木利锑矿回收率也仅有84%。只有陕西辰州蔡凹锡矿一座矿山处理氧化锑矿石，其回收率为96.62%。

（2）选矿回收率与选矿方法的关系。我国锑矿绝大多数采用单一浮选流程，平均选矿回收率89.21%；仅有广西百色2家选厂和云南木利锑矿采用重力选矿，平均选矿回收率86.19%。

（3）选矿回收率与选矿厂规模的关系。锑矿无大型选矿厂。仅有2座中型选矿厂选矿回收率为90.23%，处理的全部为硫化锑矿石。小型选矿厂回收率仅87.02%。

小型选矿厂23座，占锑矿选矿厂数量的92%，处理全国70.76%的锑矿石，平均选矿回收率为87.02%；中型选矿厂2座，占锑矿选矿厂数量的8%，处理全国29.24%的锑矿石，平均选矿回收率为90.23%。

6.9　钼矿

70座连续正常生产钼矿中共有59座连续正常生产选矿厂。59座选矿厂年设计选矿生产能力5430.32万吨，实际入选钼矿石5718.58万吨，产能利用率105.31%，平均入选原矿品位0.11%，平均选矿回收率86.93%，平均精矿品位45.25%。

影响钼矿选矿回收率的因素有：

（1）选矿回收率与矿石工业类型的关系。我国钼矿选矿以硫化钼矿选矿为主，辉钼矿可浮性好，适宜用浮选回收得到钼精矿；硫化钼矿石可选性优于混合钼矿石。

（2）选矿回收率与选矿厂规模的关系。大型选矿厂平均选矿回收率88.11%、中型选矿厂平均选矿回收率83.06%、小型选矿厂平均选矿回收率85.57%。我国大中型选矿厂选矿回收率相对较高，这是因为我国大型选矿厂以处理硫化钼矿为主、技术水平先进，多采用大型、先进设备，自动化水平也较高。

6.10　稀土矿

53座连续正常生产稀土矿山中共有5座氟碳铈镧矿选矿厂。设计选矿生产能力214万吨，实际入选矿石108.33万吨，得到精矿产品3.03万吨，平均选矿回收率82.68%，平均入选原矿品位2.16%，平均精矿品位63.71%。

我国稀土矿选矿厂主要分布在四川省、山东省，其中四川省稀土矿选矿厂设计生产能力199万吨，占稀土矿选矿生产能力的92.99%。

7 开发集约化程度

矿业开发利用集中度是矿业开发利用集约化水平的重要指标，目前评价集约化程度还没有统一的公认的方法。为简便起见，我们以某矿种大型矿山的实际产能占比代表该矿种开发利用集约化程度。矿山规模划分标准依据国土资发〔2012〕208号《国土资源部关于调整部分矿种矿山生产建设规模标准的通知》。另外，我们以某矿种大型矿山数占其矿山总数的百分比反映矿山集中情况。集约化程度高且大型矿山占比小，说明矿山规模很不均衡，大型矿少但是规模巨大；集约化程度高且大型矿山占比高，说明大型矿床多采矿规模大；集约化程度低且大型矿山占比低，说明该矿种以小型矿床为主。依照上述方法取得的2011年矿业集约化程度调查结果见表7-1。

表7-1 重要矿产资源大型矿山数量及生产能力

矿种	矿山数量		实际采矿量		资源特征
	座	占比/%	万吨	集中度/%	
钼矿	13	18.57	6030.33	86.57	大型矿床多采矿规模大
铜矿	25	7.60	9405.27	77.69	集约化程度高，矿山规模不均衡，超大规模铜矿数量少，但储量和产量集中在少数矿山中
镍矿	3	8.57	847.93	67.36	矿山规模不均衡，大型矿少，规模巨大
铝土矿	4	4.08	833.91	46.26	集约化程度一般，以小型矿床为主，大、中型矿床储量大
锡矿	2	3.92	433.01	46.18	以小型矿床为主
锑矿	1	2.5	61.78	41.27	无大型矿山，以小型矿床为主
钨矿	2	1.79	283.00	22.27	以小型矿床为主
铅矿	2	0.74	173.67	19.41	集约化程度低，小型矿床多，大中型矿床少
锌矿	10	3.17	510.84	16.95	集约化程度低，小型矿山多、大中型矿山少
稀土	1	1.89	4.80	0.40	集约化程度低，以小型矿床为主

(1) 铜矿。在我国重要矿产资源中，铜矿集约化程度高，数量占比7.6%的大型矿山实现了77.69%的采矿产能。

我国铜矿以小型矿山为主，但铜矿石产量主要依赖大型矿山。正常生产矿山中，大型矿山25座，占总铜矿数量的7.60%，设计采矿能力9982.30万吨；当年大型铜矿实际采矿9405.27万吨，占全国实际采矿量的77.69%。中型矿山35座，占总铜矿数量的10.64%，设计采矿能力1832.30万吨；当年中型矿山实际采矿1319.74万吨，占全国实际采矿量的10.90%。小型矿山232座，占总铜矿数量的70.52%，设计采矿能力1669.55万吨；当年小型矿山实际采矿1344.12万吨，占全国实际采矿量的11.10%。小矿37座，设计采矿能力131.10万吨，当年小矿山实际采矿36.83万吨。

（2）铅矿。在我国重要矿产资源中，铅矿集约化程度低，数量占比0.74%的大型矿山仅实现了19.41%的采矿产能；数量占比3.33%的大中型矿山仅实现了34.62%的采矿产能。

我国铅矿以小型矿山为主。小型矿山共261座，占铅矿山总数的96.67%；中型矿山7座，占铅矿山总数的2.59%；大型矿山仅2座，占铅矿山总数的0.74%。从矿石产量来看，我国铅矿石生产也以小型矿山为主。小型矿山设计采矿能力1031.98万吨，实际采矿584.92万吨，占全国实际采矿量的65.38%；中型矿山设计采矿能力193.5万吨，实际采矿136.08万吨，占全国实际采矿量的15.21%；大型矿山设计采矿能力250万吨，实际采矿173.67万吨，占全国实际采矿量的19.41%。

（3）锌矿。在我国重要矿产资源中，锌矿集约化程度低，数量占比3.17%的大型矿山仅实现了16.95%的采矿产能。

我国锌矿以小型矿山为主。小型矿山共277座，占锌矿山总数的87.94%；中型矿山28座，占锌矿山总数的8.89%；大型矿山仅10座，占锌矿山总数的3.17%。

（4）铝土矿。在我国重要矿产资源中，铝土矿集约化程度一般，数量占比4.08%的大型矿山仅实现了46.26%的采矿产能。

从矿山规模来看，我国铝土矿以小型矿山为主。小型矿山共60座，占铝土矿山总数的69.77%；中型矿山14座，占铝土矿山总数的16.28%；小矿8座，占铝土矿山总数的9.30%；大型矿山仅4座，占铝土矿山总数的4.08%。

（5）镍矿。从矿山规模来看，我国镍矿以小型矿山为主。小型矿山共22座，占镍矿山总数的62.86%；中型矿山7座，占镍矿山总数的20%；小矿3座，占镍矿山总数的8.57%；大型矿山3座，占镍矿山总数的8.57%。

从矿石产量来看，我国镍矿石生产以大型矿山为主。大型矿山设计采矿能力666万吨，实际采矿847.93万吨，占全国实际采矿量的67.36%；中型矿山设计采矿能力327万吨，实际采矿157.32万吨，占全国实际采矿量的12.50%；小型及以下矿山设计采矿能力262.7万吨，实际采矿253.58万吨，占全国实际采矿量的20.14%。

（6）钨矿。在我国重要矿产资源中，钨矿集约化程度低，数量占比1.79%的大型矿山仅实现了22.27%的采矿产能；数量占比19.65%的大、中型矿山实现了72.49%的采矿产能。

从矿山数量来看，我国钨矿以小型矿山为主。大型矿山2座，占总钨矿数量的1.79%；中型矿山20座，占钨矿山总数的17.86%；小型矿山共79座，占钨矿山总数的70.54%；小矿11座，占总钨矿数量的9.81%。

我国钨矿石生产以中型矿山为主。大型矿山设计采矿能力305.00万吨，实际采矿283.00万吨，占全国采出矿石量的22.27%；中型矿山设计采矿能力934.95万吨，实际采矿638.18万吨，占全国采出矿石量的50.22%；小型矿山设计采矿能力619.06万吨，实际采矿336.32万吨，占全国采出矿石量的26.46%；小矿设计采矿能力20.98万吨，实际采矿13.37万吨，占全国采出矿石量的1.05%。

（7）锡矿。我国锡矿集约化程度有限，集约化利用水平一般。51座锡矿中，小型矿山共37座，占锡矿山总数的72.55%；中型矿山8座，占锡矿山总数的15.69%；小矿4座，占锡矿山总数的7.84%；大型矿山仅2座，占锡矿山总数的3.92%。

从矿石产量来看，我国锡矿石生产以大型矿山为主。大型矿山设计采矿能力487.60万吨，实际采矿450.67万吨，占全国实际采矿量的48.07%；中型矿山设计采矿能力291.40万吨，实际采矿340.31万吨，占全国实际采矿量的36.29%；小型矿山设计采矿能力224.2万吨，实际采矿141万吨，占全国实际采矿量的15.04%；小矿设计采矿能力9.5万吨，实际采矿5.6万吨，占全国实际采矿量的0.6%。

（8）锑矿。我国锑矿集中度较为有限，集约化利用水平一般，由于我国锑矿无大型矿山，仅有1座中型矿山，数量占比仅为2.5%的中型矿山实现了41.27%的产能。

从矿石产量来看，我国锑矿石生产以小型矿山为主。小型矿山设计采矿能力126.9万吨，实际采矿79.78万吨，占全国实际采矿量的53.30%；中型矿山设计采矿能力45万吨，实际采矿61.78万吨，占全国实际采矿量的41.27%；小矿设计采矿能力27.61万吨，实际采矿7.06万吨，占全国实际采矿量的5.43%。

我国锑矿小型矿山数量居多，我国锑矿石产量主要依靠小型和中型矿山。

（9）钼矿。我国钼矿集约化程度高，占钼矿总数18.57%的大型矿山实现了86.57%的采矿产能，占钼矿总数37.14%的大、中型矿山实现了97.72%的采矿产能。

从钼矿山数量来看，我国钼矿山以小型矿山为主。小型矿山共40座，占钼矿山总数的57.14%；中型矿山13座，占钼矿山总数的18.57%；小矿4座，占总钼矿数量的5.71%；大型矿山13座，占总钼矿数量的18.57%。

从钼矿石产量来看，我国钼矿石生产以大型矿山为主。大型矿山设计采矿能力4685.7万吨，实际采出矿石量6030.33万吨，占全国的86.57%；中型矿山设计采矿能力1149.00万吨，实际采出矿石量776.94万吨，占全国的11.15%；小型矿山设计采矿能力262.2万吨，实际采出矿石量153.16万吨，占全国的2.20%；小矿设计采矿能力10.50万吨，实际采出矿石量5.09万吨，占全国的0.07%。

（10）稀土矿。稀土矿无独立大型矿山，集约化程度低。数量占比9.43%的中型矿山实现了3.38%的采矿产能。

从矿山规模来看，我国稀土矿以小型矿山为主。小型矿山共41座，占稀土矿山总数的77.36%；中型矿山5座，占稀土矿山总数的9.43%；小矿7座，占稀土矿山总数的13.21%。

8 选矿集约化程度

我们以某矿种大型选矿厂实际产能占该矿种产能的百分比代表该矿种选矿集约化程度。选矿厂规范划分依据为我国有色金属、黑色金属选矿厂工艺设计规范（2012），化工矿山选矿厂工艺设计规范（2016），集约化程度高并且大型选矿厂占比小，说明选矿厂规模很不均衡，大型选矿厂少但规模巨大；集约化程度高并且大型选矿厂占比高，说明大型矿床多，选矿厂规模大；集约化程度低并且大型选矿厂占比低，说明该矿种以小型矿床为主。

选矿集约化程度调查结果见表 8-1。铝土矿、钼矿大型选矿厂数量占比分别为 33.33%、23.73%，产能占比分别为 40.18%、78.78%；大型稀土、铜矿选矿厂数量占比 16.67%、10.37%，产能占比分别为 65.12%、74.07%。

表 8-1 重要矿产资源大型选矿厂数量及生产能力占比

矿种	数量		设计生产能力		入选矿石量		选矿厂特征
	座	占比/%	万吨/a	占比/%	万吨/a	占比/%	
钼矿	14	23.73	4079.10	75.12	4504.97	78.78	大型矿床多，选矿厂规模也大
铜矿	28	10.37	12112.8	75.28	12281.96	74.07	集约化程度高，大型矿床多，选矿厂规模也大
稀土矿	2	16.67	262.32	64.96	88.65	65.12	大型矿床多，选矿厂规模也大
镍矿	1	3.7	854.12	52.35	803.12	63.39	大型选矿厂少，但规模巨大
铝土矿	1	33.33	165.00	77.46	30.51	40.18	小型选矿厂为主
锡矿	1	1.96	240.00	31.49	216.36	33.48	小型选矿厂为主
锑矿	2	8.00	50.00	29.80	40.00	29.24	小型选矿厂为主
铅矿	1	0.82	123.00	10.95	123.30	17.94	集约化程度低，小型选矿厂为主
钨矿	1	0.83	108.00	5.34	155.60	11.19	小型选矿厂为主
锌矿	2	0.96	318.00	9.25	277.80	11.12	集约化程度一般，小型选矿厂数量众多，中型选矿厂产能占比高

（1）铜矿。在我国重要矿产资源中，铜矿选矿集约化程度高，数量占比 10.37%的大型选矿厂实现了 74.07%的选矿产能。

我国小型铜矿选矿厂共 183 座，占选矿厂总数的 67.78%；大型铜矿选矿厂仅 28 座，占选矿厂总数的 10.37%。28 座大型选矿厂年处理原矿 12281.96 万吨，占总数的 74.07%；小型选矿厂处理量仅占总数的 12.93%。

（2）铅矿。我国铅矿选矿集约化程度低，数量占比 0.82%的大型选矿厂实现了

17. 94%的选矿产能；数量占比 10. 66%的大中型选矿厂实现了 52. 28%的选矿产能。

我国铅矿选矿厂数量上以小型选矿厂为主，产能上以大中型选矿厂为主。小型铅矿选矿厂共 109 座，占选矿厂总数的 89. 34%；大型铅矿选矿厂仅 1 座，占选矿厂总数的 0. 82%；中型选矿厂 12 座，占选矿厂总数的 9. 84%。按生产能力统计，我国铅矿选矿以大中型选矿厂为主，13 家大中型选矿厂年处理原矿 359. 27 万吨，占总数的 52. 28%；小型选矿厂处理量占总数的 47. 82%。

（3）锌矿。我国锌矿选矿集约化程度一般，数量占比 0. 96%的大型选矿厂实现了 11. 12%的选矿产能；数量占比 20. 19%的中型选矿厂实现了 49. 18%的选矿产能。说明我国锌矿大型矿床较少，但中大型锌矿床的资源及产能均相对集中。42 家中型选矿厂年处理原矿 1228. 52 万吨，2 家大型选矿厂处理原矿 277. 8 万吨。

我国锌矿选矿厂数量上以小型选矿厂为主。小型锌矿选矿厂共 164 座，占选矿厂总数的 78. 85%；中型锌矿选矿厂 42 座，占选矿厂总数的 20. 19%；大型锌矿选矿厂仅 2 座，占选矿厂总数的 0. 96%。

（4）镍矿。从数量上看，我国镍矿选矿厂以中小型为主，中型选矿厂 12 座，小型选矿厂 14 座，合计占选矿厂总数的 96. 30%；大型选矿厂仅 1 座。

从生产能力上来看，我国唯一一家大型镍矿选矿厂处理原矿 803. 12 万吨，实现了 63. 39%的选矿产能；中型选矿厂处理原矿 384. 97 万吨；小型选矿厂处理原矿 140. 04 万吨。

（5）钨矿。我国钨矿选矿集约化程度低，数量占比 0. 83%的大型选矿厂实现了 11. 19%的选矿产能；数量占比 29. 75%的大、中型选矿厂实现了 79. 43%的选矿产能。

我国钨矿选矿厂以小型选矿厂为主。小型选矿厂共 85 座，占选矿厂总数的 70. 25%；中型选矿厂 35 座，占选矿厂总数的 28. 92%；大型钨矿选矿厂仅 1 座，占选矿厂总数的 0. 83%。

我国钨矿选矿产能以中型选矿厂为主。35 家中型选矿厂年处理原矿 948. 81 万吨，占全国的 68. 24%；大型选矿厂年处理原矿 155. 6 万吨，占全国的 11. 19%。

（6）锡矿。我国锡矿选矿集约化程度并未得到显著改善，集约化利用水平较差，数量占比 1. 96%的大型选矿厂实现了 33. 48%的选矿产能。

从数量上看，我国锡矿选矿厂以小型选矿厂为主，共 42 座，占选矿厂总数的 82. 35%；大型矿选矿厂仅 1 座，占选矿厂总数的 1. 96%；中型选矿厂 8 座，占选矿厂总数的 15. 69%。

从生产能力上来看，我国唯一一家大型锡矿选矿厂处理原矿 216. 36 万吨；中型选矿厂处理原矿 266. 13 万吨；小型选矿厂处理原矿 163. 76 万吨。

（7）锑矿。我国锑矿选矿集中度较低，集约化利用水平比较差，由于锑矿无大型选矿厂，仅有 2 座中型选矿厂，因此数量占比仅为 8%的中型矿山实现了 29. 24%的产能。

从数量上看，我国锑矿选矿厂以小型为主，小型选矿厂 23 座，占选矿厂总数的 92%。

从生产能力上来看，我国锑矿选矿厂也以小型为主，处理矿石量 96. 82 万吨，占选矿厂总数的 70. 76%。

（8）钼矿。在我国重要矿产资源中，钼矿选矿集约化程度高，数量占比 23. 73%的大型选矿厂实现了 78. 78%的选矿产能。

我国钼矿以大中型选矿厂为主。大型钼矿选矿厂 14 座，占选矿厂总数的 23. 73%；中型钼矿选矿厂 17 座，占选矿厂总数的 28. 81%；小型选矿厂共 28 座，占选矿厂总数的 47. 46%。说明我国钼矿资源集中，选矿产能集中。14 座大型选矿厂年处理钼矿 4504. 97 万吨，占全国的 78. 78%；17 座中型选矿厂年处理钼矿 1135. 15 万吨，占全国的 19. 85%；28 座小型选矿厂年处理钼矿 78. 45 万吨，仅占全国的 1. 37%。

9　固废排放及循环利用情况

9.1　废石排放及循环利用

不同矿种生产 1t 精矿排放废石的数据统计结果见表 9-1。其中，废石排放强度较高的有钼矿、钨矿、铜矿、铝土矿、锡矿，废石排放强度分别达到 835.71t/t、185.22t/t、158.63t/t、129.09t/t、112.66t/t；相当于每生产 1t 钼精矿排出采矿废石 835.71t，每生产 1t 钨精矿排出采矿废石 185.22t，每生产 1t 铜精矿排出采矿废石 158.63t，每生产 1t 铅精矿排出废石 112.66t；全国铝土矿多直接进入铝厂生产氧化铝，选矿厂较少，全国铝土矿废石排放强度相对较高，为 129.09t。

表 9-1　不同矿种废石排放强度　(t/t)

矿种	钼矿	钨矿	铜矿	铝土矿	锡矿
废石排放强度	835.71	185.22	158.63	129.09	93.93
矿种	锌矿	稀土	铅矿	锑矿	镍矿
废石排放强度	30.41	16.78	10.94	6.56	3.01

2011 年，我国有色金属各矿种废石排放利用情况见表 9-2。我国 10 个有色金属矿种共计排放废石 86833.55 万吨，截至 2011 年底，调查矿山废石累计积存量 481152.71 万吨；2011 年度利用废石 6193.42 万吨，废石利用率 7.13%。

废石主要用作矿山地下开采采空区的充填料，其次用作修筑公路、路面材料、防滑材料、海岸造田、建筑材料的原料，个别矿山用来再选有用组分。

表 9-2　各矿种废石排放与利用

矿种	废石/万吨			利用率/%
	年排放	累计积存	年利用	
铜矿	57195.94	294444.57	905.74	1.58
铅矿	354.89	42006.74	48.12	13.56
锌矿	6230.72	21909.35	3801.36	61.01
铝土矿	11578.09	41827.89	395.83	3.42
镍矿	405.21	6711.92	44.60	11.01
钨矿	1070.93	7968.00	404.20	37.74
锡矿	427.89	4726.13	151.82	35.48
锑矿	66.31	956.32	30.56	46.09
钼矿	9452.91	60336.05	312.82	3.31
稀土矿	50.66	265.74	98.37	194.18
合计	86833.55	481152.71	6193.42	7.13

9.2 尾矿排放及循环利用

我国不同矿种的尾矿排放强度见表9-3。我国当前不同矿种尾矿排放强度分别为钼矿496.10t/t、钨矿238.06t/t、锡矿119.89t/t、稀土矿43.95t/t、铜矿43.18t/t。相当于以精尾比（生产单位质量精矿排出的尾矿质量）计算，每生产1t钼精矿排出496.10t尾矿，每生产1t钨精矿排出238.06t尾矿，每生产1t锡精矿排出119.89t尾矿，每生产1t稀土精矿排出43.95t尾矿，每生产1t铜精矿排出43.18t尾矿。从表9-3可见，多数有色金属矿的尾矿排放强度远大于1t/t，说明有色金属尾矿量远远高于精矿量。

表9-3 不同矿种尾矿排放强度 (t/t)

矿种	钼矿	钨矿	锡矿	稀土矿	铜矿
尾矿排放强度	496.10	238.06	119.89	43.95	43.18
矿种	铅矿	锑矿	锌矿	镍矿	铝土矿
尾矿排放强度	18.59	11.92	9.74	8.40	0.36

2011年，我国各有色金属矿山共计排放尾矿27140.74万吨（见表9-4），截至2011年底，调查矿山尾矿累计积存量541046.43万吨；2011年度利用尾矿2375.66万吨，尾矿利用率8.75%。

尾矿主要用作矿山地下开采采空区的充填料，其次用作修筑公路、路面材料、防滑材料、海岸造田、建筑材料的原料，个别矿山用来再选有用组分。

表9-4 各矿种尾矿废石排放与利用

矿种	尾矿量/万吨			利用率/%
	年排放	累计积存	年利用	
铜矿	15568.50	278974.35	1427.92	9.18
铅矿	602.74	10366.45	43.72	7.25
锌矿	1995.11	22498.60	261.54	13.11
铝土矿	55.68	33270.49	0.00	0.00
镍矿	1131.54	25219.71	33.40	2.95
钨矿	1376.44	11070.32	178.70	13.14
锡矿	546.15	10279.55	71.31	13.06
锑矿	120.47	1102.07	38.79	29.80
钼矿	5611.44	148184.29	313.26	5.55
稀土矿	132.67	80.60	7.02	5.29
合计	27140.74	541046.43	2375.66	8.75

第2篇 铜 矿

TONG KUANG

10 安庆铜矿

10.1 基本情况

安庆铜矿为主要开采铜、铁矿的大型矿山，共伴生有益元素主要有硫、金、银等，是国家级绿色矿山。矿山 1977 年开始筹建，1979 年底因国民经济调整被列为缓建项目，缓建期间与日本一起共同进行精密探矿工程，1987 年底开始一期工程建设，1991 年 3 月投产。矿山位于安徽省安庆市怀宁县，距合肥至安庆国道和铁路都只有 2.5km，距安庆市 18km，矿区公路纵横分布，并有主干线与合肥—安庆公路相连，西南距安庆长江港码头 30 多千米，地理环境优越，交通十分便利。矿山开发利用简表详见表 10-1。

表 10-1 安庆铜矿开发利用简表

基本情况	矿山名称	安庆铜矿	地理位置	安徽省安庆市怀宁县
	矿山特征	国家级绿色矿山	矿床工业类型	接触交代矽卡岩型铜（铁）矿床
地质资源	开采矿种	铜矿、铁矿	地质储量/万吨	铜金属量 53.3682 铁矿石量 4175.42
	矿石工业类型	单铜矿石、铁铜矿石	地质品位/%	Cu 1.305 TFe 45.23
开采情况	矿山规模/万吨 · a^{-1}	115.5，大型	开采方式	地下开采
	开拓方式	底盘主副井和斜坡道联合开拓	主要采矿方法	大直径深孔嗣后充填、分段空场嗣后充填法
	采矿量/万吨	117.2	出矿品位/%	Cu 0.952
	废石产生量/万吨	16.77	开采回采率/%	85.26
	贫化率/%	21.32	掘采比/m · 万吨$^{-1}$	123.87
选矿情况	选矿厂规模/万吨 · a^{-1}	115.5	选矿回收率/%	Cu 91.66 Fe 70.71 Au 36.83 Ag 46.68 S 51.2
	主要选矿方法	三段一闭路破碎—浮选—磁选		
	入选矿石量/万吨	117.2	原矿品位	Cu 0.952% Fe 35.27% Au 0.1g/t Ag 4.03g/t S 3.61%

续表 10-1

选矿情况	Cu 精矿产量/万吨	4.41	精矿品位	Cu 23.18% Au 0.127g/t Ag 5.244g/t
	Fe 精矿产量/万吨	1143.99	精矿品位/%	TFe 66.45
	尾矿产生量/万吨	69.01	尾矿品位/%	Cu 0.134
综合利用情况	综合利用率/%	76.08		
	废石排放强度/$t \cdot t^{-1}$	9.07	废石处置方式	排土场堆存
	尾矿排放强度/$t \cdot t^{-1}$	15.65	尾矿处置方式	尾矿库堆存
	废石利用率/%	0	尾矿利用率/%	73.08
	废水利用率/%	100		

10.2　地质资源

10.2.1　矿床地质特征

10.2.1.1　矿体特征

安庆铜（铁）矿床为接触交代矽卡岩型铜（铁）矿床，矿床规模为大型。该矿床共有5个主矿体，分别编号为：西马鞍山矿段1号、2号和3号，东马鞍山矿段E_2号，马头山矿段Ⅰ号，小矿体共计97个。1号矿体规模最大，铜金属量39.93万吨，占全矿区的74.06%。位于矿区的北部与东部，F_1断层下盘，西高东低，随接触带向东侧伏，侧伏角为20°~30°，西自13线之西16.28m，东至36线，东西长约1116m，南北宽约110~345m，平均209m。延伸最大528m，最小127m，平均410m。厚度最大为125.91m，最小为1.09m，平均21.40m，厚度变化系数为96.54%，属较稳定类型。矿体赋存标高为-190~-935m，主要部分赋存在-280~-820m之间。

2号矿体铜金属量4.35万吨，占全矿区的8.07%。位于F_1断层上盘，西自ⅩⅣ线之西31.95m，东至I_1线之东23.36m，被F_1断层所截，东西长约405m，南北宽约41~212m，平均135m。延伸最大337m，最小48m，平均216m。厚度最大为72.99m，最小为1.08m，平均16.24m，厚度变化系数为92.06%，属较稳定类型。矿体赋存标高为-239~-586m，主要部分赋存在-280~-520m之间。矿体形态不甚复杂，变化较1号矿体小，从形态对比可以看出，矿体中心厚度较大，上部则渐趋变薄、尖灭，下部矿体转弯，紧绕大理岩发育，呈弯曲的透镜状。

E_2矿体铜金属量1.86万吨，约占全矿区的3.45%。位于矿区的东部，矽卡岩成矿带中部及近内带靠闪长岩一侧，西起20线东至36线，位于1号矿体底部，上下叠置，走向和倾向上与1号矿体相近，也是西高东低，向东侧伏、倾伏角较小，仅在10°以内。矿体总长440m，工程控制长度410m，南北宽约33~266m，平均129m。延伸最大363m，最小50m，平均178m。矿体厚度最大55.19m，最小1.17m，平均9.72m，厚度变化系数为117.13%。厚度较稳定。矿体赋存标高为-652~-928m。矿体形态不甚复杂，变化不大。

矿体走向近东西向，倾向南，总体产状与1号矿体东部叠置部分一致。

马头山矿段Ⅰ号矿体铜金属量4.54万吨，占全矿区的8.41%。Ⅰ号矿体位于月山闪长岩体东枝南接触带大理岩“舌状体”前缘，受“舌状体”构造控制，与“舌状体”同步起伏。矿体分布东高西低，向北西西侧伏。矿体侧伏角沿走向有一定的变化，侧伏角度变化范围为10°~45°。东起F_6断层，西止马头山050线，总长1250m，南北宽约41~168m，平均95m。矿体延伸最大159m，最小50m，平均97m。矿体厚度最大116.24m，最小1.18m，平均18.62m，厚度变化系数为109.14%。厚度较稳定。矿体赋存标高为-282~-930m，东高西低，相对高差648m，F_6断层~W_{10}线，矿体近于水平，矿体主要部分赋存在-400m左右，W_{10}线以西，矿体往北西西陡降，至050线矿体赋存标高降到-900m以下。矿体形态不甚复杂，矿体连续，沿走向有分叉复合现象。矿体总体走向275°~279°，矿体倾向变化较大，随走向变化而变化，倾角不等。

10.2.1.2 *矿石类型*

安庆铜（铁）矿床矿石自然类型有：含铜矽卡岩、含铜闪长岩、含铜磁铁矿及磁铁矿，少量含铜角砾岩和含铜大理岩。矿石工业类型有单铜矿石、铁铜矿石及单铁矿石。

共查明矿物种类33种，其中金属矿物12种，主要有黄铜矿、磁铁矿、磁黄铁矿、黄铁矿、胶黄铁矿、闪锌矿、辉钼矿；脉石矿物21种，主要有透辉石、石榴子石、斜长石、方柱石、金云母、蛇纹石、方解石、绿泥石、辉石、角闪石等。

10.2.1.3 *矿石结构、构造*

矿石结构主要有自形-半自形晶结构、它形晶结构、包含结构、充填结构、星状结构、浸蚀结构、交代残余结构、交代穿孔结构。矿石构造主要有块状构造、浸染状构造、团块状构造、条带状构造、斑点状构造、脉状及网脉状构造、角砾状构造。

10.2.1.4 *伴生有益组分*

伴生有益组分包括：

（1）硫。硫在本区各矿体各类型矿石中分布普遍，含量不均匀。含铜矽卡岩及含铜闪长岩中含量较高，平均4.66%，含铜磁铁矿中次之，平均3.91%，磁铁矿中最低，平均1.59%。全区主矿体平均3.35%，E_2号矿体最高，平均4.89%，1号矿体次之，平均3.97%，2号矿体平均2.55%，Ⅰ号矿体最低，平均1.13%。因含量低，仅局部达工业要求，且分布零星不稳定，故不能圈出矿体。

硫的分布规律：硫主要以金属硫化物形式出现，含硫矿物为磁黄铁矿、黄铁矿和黄铜矿。而金属硫化物与矿石类型关系密切，各类型矿石带状分布规律性较强，因此硫在一定部位富集，一般在含铜磁铁矿或在矽卡岩带内凹外凸部位的含铜矽卡岩中呈脉状或条带状分布。

（2）金、银。本区金银含量低。金在1、2号矿体各类型矿石中含量不低于0.1g/t，E_2、Ⅰ号矿体单铜矿石含量不低于0.1g/t，其他地段金含量极低，不能达到综合回收利用指标，银尽管含量低，但分布范围广，于各主矿体及小铜矿体的各类型矿石中均有分布。

10.2.2　资源储量

安庆铜（铁）矿床矿石工业类型有单铜矿石、铁铜矿石及单铁矿石。截至2011年，全矿床范围内累计查明主矿产铜资源储量为（单铜矿石+铁铜矿石）：矿石量4089.90万吨，金属量533682t，平均品位1.305%。累计查明共生矿产铁资源储量为（单铁矿石+铁铜矿石）：矿石量4175.42万吨，平均品位45.23%。

10.3　开采情况

10.3.1　矿山采矿基本情况

安庆铜矿为地下开采的大型矿山，采用竖井-斜坡道联合开拓，使用的采矿方法为无底柱分段崩落法。矿山设计生产能力115.5万吨/a，设计开采回采率为84%，设计贫化率为14%，设计出矿品位（Cu）0.756%，最低工业品位（Cu）为0.3%。

10.3.2　矿山实际生产情况

2011年，矿山采矿量117.2万吨，排放废石16.77万吨。矿山开采深度为78～-580m标高。具体生产指标见表10-2。

表10-2　矿山实际生产情况

采矿量/万吨	开采回采率/%	出矿品位/%	贫化率/%	掘采比/m·万吨$^{-1}$
117.2	85.26	0.952	21.32	123.87

10.3.3　采矿技术

矿山采用底盘主副井和斜坡道联合开拓方式，主井净直径ϕ4.5m，井深778m，井中配置20t底卸式箕斗和平衡锤，采用钢绳罐道，地面安装1台JKMD-4×4落地摩擦式卷扬机，在井下-616.5m设破碎站，破碎后矿石溜放至-651.5m集中提升到地表矿仓。副井净直径ϕ5.5m，从地表+51～-580m，装备4000×2000双层罐笼，刚性罐道，选用JKMD3.25×4落地式多绳提升机，主要承担人员、材料、设备等提升任务。

矿山已开拓中段从上到下有-180m、-220m、-280m、-340m、-385m、-400m、-460m、-510m、-560m、-580m和-619m中段。-400m和-580m为有轨主运输中段，用10t电机车双轨牵引10辆4m^{3}底侧卸式矿车运输。

排水：主排水泵房设置在-400m和-580m，副井车场附近，-400m泵房安装1050kW水泵4台，是该矿主排水泵房，承担全矿坑下涌水排到地表。-580m泵房安装4台300kW水泵，将涌水排至-400m水仓，由-400m泵房转排到地表。

通风：矿山采用对角式通风方式，即新鲜风流由副井和斜坡道进入各中段需风点，污风经倒段风井西风井抽出地表。

供风：全矿生产耗风量 340m^3/min。在地面副井旁设压风机站。站内安装 5 台 100m^3/min 压风机，压风经 ϕ426mm 供风管送至各中段用气点。

供水：矿区供水由安庆二水厂供给，矿区建有 3000t 和 2000t 生产水池，1000t 生活水池 1 座，以回收井下涌水和选矿废水，经澄清后用于生产。

供电：由安庆市十里乡和月山变电所双回路供电，矿区变电所设 12500kV · A 和 8000kV · A 变压器供矿区生产、生活用电。

充填站：充填站设有容积 1176m^3 立式砂仓 3 座，160t 水泥仓 3 座，并设置了 3 个配套设施，充填站还有 1 套黄砂上料系统。充填站有 3 个充填钻孔与井下 ϕ100mm 充填管连接，充填能力可满足生产要求。输送浓度可达 70%~72%。

采矿方法：矿山主要采用大直径深孔嗣后充填采矿法和分段空场嗣后充填法。对于厚大矿体采用大直径深孔嗣后充填采矿法，采场垂直矿体走向布置，采场回采顺序是隔一采一，先期回采的采场（矿房）采用尾胶充填，灰砂比为 1∶10~1∶4；二步骤回采的采场（矿柱）用尾砂充填，矿房矿柱宽为 15m，高为阶段高度（60~120m），长为矿体的水平厚度。凿岩采用 Simba-261 潜孔钻机，孔径 165mm，出矿采用 ST-1020 柴油铲运机。

10.4 选矿情况

10.4.1 选矿厂概况

安庆铜矿拥有选矿厂 1 座，设计年入选矿石量为 115.5 万吨。入选品位 0.88%。设计选矿回收率为 91.65%。主要方法为原矿经过粗、中、细碎至 14mm，后经球磨至一次粗选、精选、二次粗选，一方面再经混一精、混精扫、铜硫分粗形成铜、硫精砂；另一方面再经二次扫选、磁粗选、磁精选、脱硫形成铁精矿。

原矿性质：安庆铜矿入选矿石类型分为闪长岩型铜矿、矽卡岩型铜矿（二者合占铜含量的 46%）、磁铁矿型铜矿（占铜金属含量的 54%）以及矽卡岩型铁矿 4 类。矿石的组成矿物几乎皆为内生矿物。其中主要金属矿石为磁铁矿、黄铜矿、磁黄铁矿及黄铁矿矿物等；主要脉石矿物为透辉石~次透辉石、钙铁柘榴石、方柱石、斜长石、蛇纹石及金云母等。

10.4.2 选矿工艺流程

10.4.2.1 *破碎筛分流程*

安庆铜矿把粗碎设置在井下，采用 2 台 C110 颚式破碎机，进料粒度为-750mm，排料粒度为-300mm。矿石由箕斗提升至地表，进入粗矿仓。矿石由粗矿仓通过下料口到皮带给料机，再到中碎前预先筛分机。筛分机采用 2YA1548 型双层振动筛。上层筛孔为 75mm 圆孔，下层筛孔为 22mm×24mm，下层筛筛下物料进入细矿仓。筛上物料进入中碎圆锥破碎机，中碎圆锥破碎机采用 PYT-B2235 标准弹簧圆锥破碎机 1 台。破碎后的矿石进入中矿仓。细碎采用 3 台 PYD-1750 短头弹簧圆锥破碎机，每台细碎圆锥破碎机前设置 1 台 YA1848 单层振动筛，筛孔尺寸为 16mm 方孔。筛下物料进入细矿仓。进入细矿仓的物料粒度为-12mm（75%~85%）。流程图如图 10-1 所示。

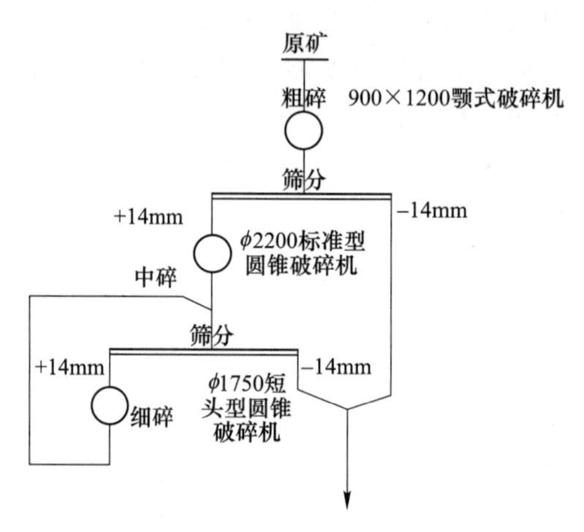

图 10-1　破碎筛分流程

10.4.2.2　*磨矿选别流程*

合格的破碎产品进入一段球磨机，磨矿细度-0.074mm 含量占 65%，分级机溢流经一次粗选，把易选且单体解离度高的铜矿物浮出。二次粗选产品进入铜再磨球磨机，磨矿细度-0.074mm 含量占 90%，再磨产品经两次精选后与一段粗选产品合并，矿石性质较好时直接作为铜精矿产出，铜品位不够时经过第三次精选，产出铜精矿。铜扫选尾矿进入磁选机选铁，粗精矿进入铁再磨球磨机，再磨细度-0.074mm 含量约 80%，磨矿产品经一次磁精选后进入脱硫浮选机，取得铁精矿和脱硫产品。脱硫产品硫品位低质量差，因为含有约 30%的铁，经处理后可作为重介质产品销售。

10.4.2.3　*脱水流程*

两种精矿均采用浓缩—过滤两段机械脱水流程，由于精矿采用管道输送至安庆市码头区装船外运，故精矿的浓缩部分在厂区，过滤部分设在码头区。最终铜精矿含水 12%，铁精矿含水为 11%。

图 10-2 为安庆铜矿生产流程图。

10.5　矿产资源综合利用情况

安庆铜矿是一座大型铜、铁矿山，矿产资源综合利用率 76.08%，尾矿品位 Cu 0.134%。

废石集中堆存在排土场，2011 年排放量为 16.77 万吨。废石排放强度为 9.07t/t。

尾矿堆存在尾矿库，还用作建筑材料的原料，截至 2011 年底，尾矿库累计堆存尾矿 461.32 万吨，2011 年产生量为 69.01 万吨。尾矿利用率为 73.08%，尾矿排放强度为 15.65t/t。

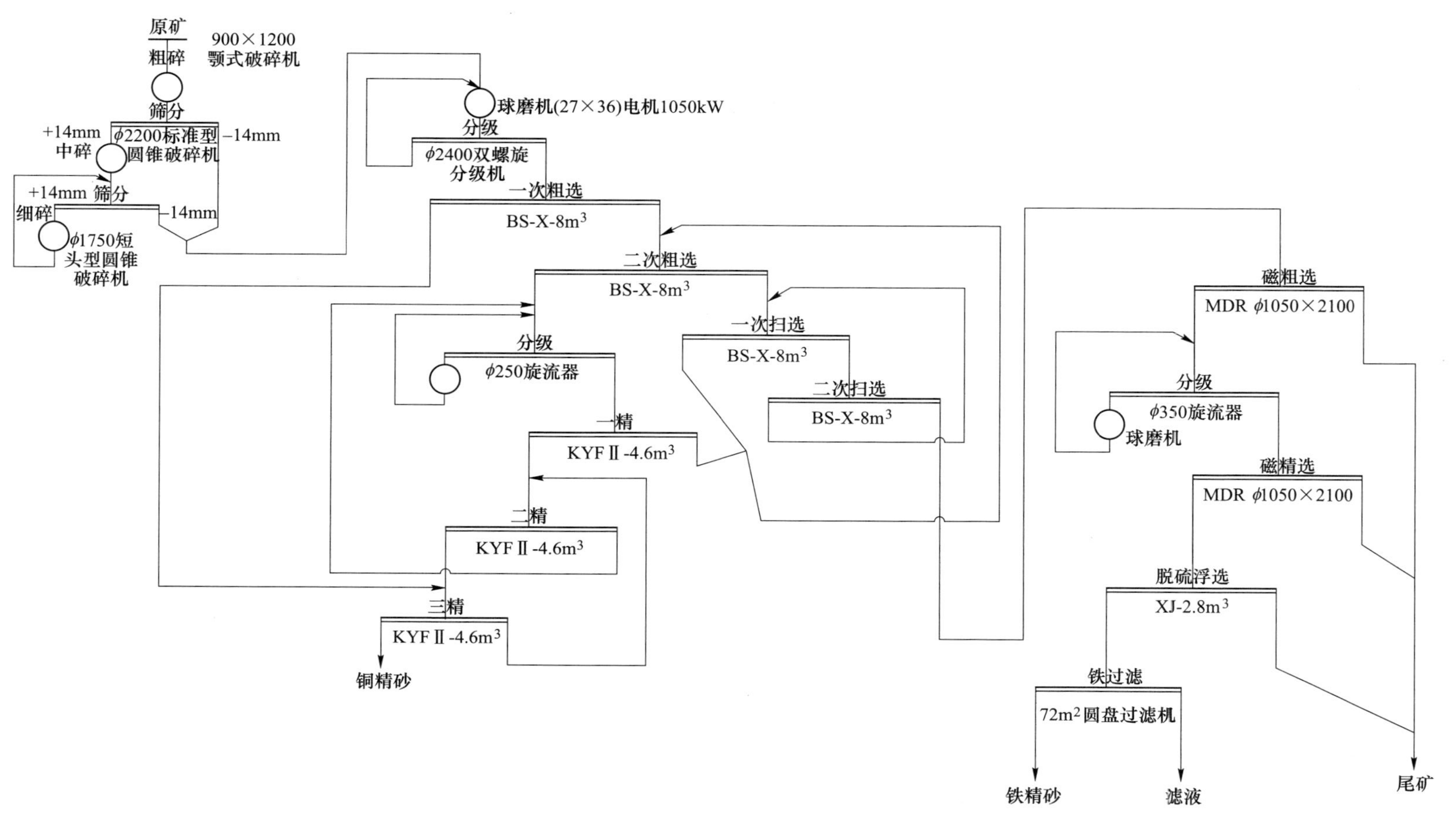

图 10-2 安庆铜矿生产流程

11　陈家庙铁铜矿

11.1　基本情况

陈家庙铁铜矿为主要开采铁、铜矿的中型矿山，共伴生元素主要为硫。矿山始建于 2001 年 12 月，2005 年 1 月正式投产。矿山位于甘肃省天水市张家川回族自治县，距天水市 116km，距天水至平凉的 315 省道 2km，距天水至平凉铁路恭门车站仅 10km，交通较便利。矿山开发利用简表详见表 11-1。

表 11-1　陈家庙铁铜矿开发利用简表

基本情况	矿山名称	陈家庙铁铜矿	地理位置	甘肃省天水市张家川回族自治县
	矿山特征	—	矿床工业类型	矽卡岩型铁铜矿床
地质资源	开采矿种	铜矿、铁矿	地质储量/万吨	矿石量 366.97
	矿石工业类型	黄铜矿、磁铁矿	地质品位/%	Cu 0.3 TFe 20
开采情况	矿山规模/万吨 · a^{-1}	18，中型	开采方式	露天-地下开采
	开拓方式	竖井-斜井联合开拓	主要采矿方法	浅孔留矿法
	采出矿石量/万吨	3	出矿品位/%	0.68
	废石产生量/万吨	0.8	开采回采率/%	88
	贫化率/%	8.7	开采深度/m	78～-580 标高
	掘采比/m · 万吨$^{-1}$	180		
选矿情况	选矿厂规模/万吨 · a^{-1}	40	选矿回收率/%	88
	主要选矿方法	三段一闭路破碎，一段闭路磨矿后优先		
	入选矿石量/万吨	5	原矿品位/%	0.7(Cu)
	精矿产量/t	1705	精矿品位/%	18(Cu)
	尾矿产生量/万吨	4.83	尾矿品位/%	0.1(Cu)
综合利用情况	综合利用率/%	77.44		
	废石排放强度/t · t^{-1}	4.69	废石处置方式	排土场堆存
	尾矿排放强度/t · t^{-1}	28.33	尾矿处置方式	尾矿库堆存
	废石利用率/%	100	尾矿利用率/%	100
	废水利用率/%			

11.2 地质资源

11.2.1 矿床地质特征

陈家庙铁铜矿矿床规模为中型，矿床类型为矽卡岩型铁铜矿。处于秦祁加里东地槽北缘，即祁吕—贺兰山字型构造前弧西侧，属多种构造体系的结合部位。区内大面积被第四系覆盖，主要为黄土及河床砂砾石层。第三系紫红色砂砾岩广泛分布。矿区内出露的下古生界牛头河群下中统地层，多呈北西西向展布。矿区内断裂发育，F_1 断裂为区内主干断裂构造，破碎带宽数米至数十米，中部见有含黄铁、黄铜矿的石英片岩砾块；位于 F_1 断裂西侧的 F_5 断裂为 F_1 断裂的派生断裂。上述断裂均属成矿后断裂，对矿体有破坏作用。区内岩浆活动频繁，侵入体广布，岩脉发育。燕山期角闪正长岩分布于矿区东部，呈岩株产出；海西期石英闪长岩呈岩基产出，并包围吞蚀下古生界地层，使该层呈近南北向展布的大捕掳体。岩脉主要有云斜煌岩、角闪岩、花岗细晶岩等，均切割破坏矿体。铁铜矿体产于捕掳体中，成群出现，成带展布，由东向西，平行斜列，有分枝复合现象，呈似层状透镜体、扁豆体产出。矿体与含矿围岩界限不清，且与围岩有交角，深部交角变大。铜矿体为似层状，由北向南有侧伏，位于铁矿下部，从水平切面上看位于铁矿体北西侧。

11.2.2 资源储量

陈家庙铁铜矿矿石矿物主要为磁铁矿和黄铜矿，主要矿种为铁和铜，矿山累计查明资源储量 366.97 万吨，铜矿平均地质品位为 0.3%，铁矿平均地质品位为 20%。

11.3 开采情况

11.3.1 矿山采矿基本情况

陈家庙铁铜矿为露天-地下联合开采的中型矿山，采用竖井-斜井联合开拓，使用的采矿方法为潜孔留矿法。矿山设计生产能力 18 万吨/a，设计开采回采率为 85%，设计贫化率为 8%，设计出矿品位（Cu）0.3%，铜矿最低工业品位（Cu）为 0.3%。

11.3.2 矿山实际生产情况

2013 年，矿山实际采出矿量 3 万吨，无废石排放。矿山开采深度为 78～-580m 标高。具体生产指标见表 11-2。

表 11-2 矿山实际生产情况

采矿量/万吨	开采回采率/%	出矿品位/%	贫化率/%	掘采比/m·万吨$^{-1}$
3	88	0.68	8.7	180

11.4 选矿情况

11.4.1 选矿厂概况

陈家庙铁铜矿有处理单一铁矿石，设计年选矿能力为 30 万吨的铁选厂和设计年选矿能力为 10 万吨的铜矿石选矿厂各一个。铁矿石采用重-磁选联合工艺选别，产出铁精矿；铜矿石采用浮选工艺选别，产出铜精矿和硫精矿。

工艺流程图如图 11-1 所示。

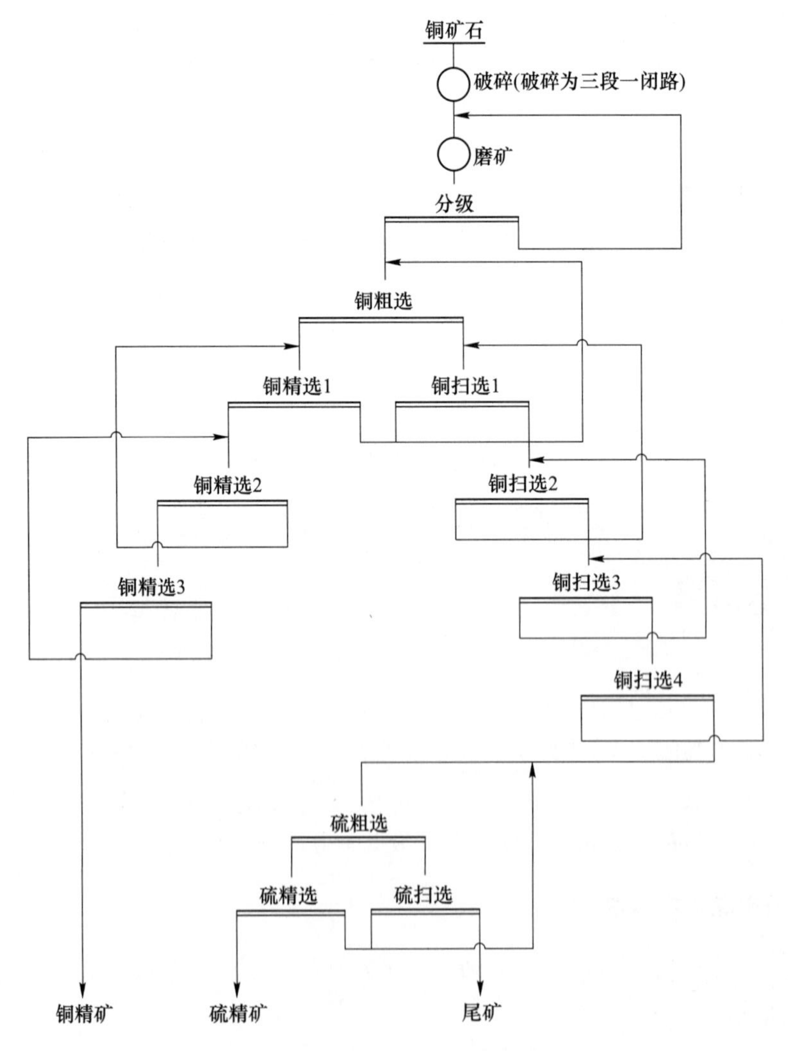

图 11-1 铜矿石选矿工艺流程

11.4.2 选矿工艺流程

选矿工艺流程分为：

（1）破碎工艺。铜矿石破碎流程采用三段一闭路破碎，粗碎最大给矿粒度350mm，破碎产品粒度0~15mm。

（2）磨浮工艺。破碎产品经一段闭路磨矿后优先浮选回收铜，铜尾矿浮选回收硫。铜浮选流程为一粗四扫三精，硫浮选流程为一粗三扫二精。

11.5　矿产资源综合利用情况

陈家庙铁铜矿，矿产资源综合利用率77.44%，尾矿品位0.1%(Cu)。

废石集中堆存在废石场，截至2018年底，废石场累计堆存废石0万吨，2018年废石产生量为0.8万吨，废石利用率为100%，废石排放强度为4.69t/t。

尾矿集中堆存在尾矿库，截至2018年底，尾矿库累计堆存尾矿39万吨，2018年产生量为4.83万吨。尾矿利用率为100%，尾矿排放强度为28.33t/t。

12　城门山铜矿

12.1　基本情况

城门山铜矿为主要开采铜矿的大型露天矿山，共伴生矿产主要有金、银、钼、铁等；1995 年底开工建设，2002 年初正式投产。矿山位于江西省九江市九江县，直距九江市区 18km，进矿公路直通九江县城，矿区与九江—瑞昌公路隔湖相对，距长江南岸 6.5km，南距京九铁路线九里珑站 7.7km，交通位置优越。矿山开发利用简表详见表 12-1。

表 12-1　城门山铜矿开发利用简表

基本情况	矿山名称	城门山铜矿	地理位置	江西省九江市九江县
	矿山特征	—	矿床工业类型	共生钼、铁的砂卡岩和斑岩型矿床
地质资源	开采矿种	铜矿	地质储量/亿吨	矿石量 2.3
	矿石工业类型	硫化铜矿石	地质品位/%	0.67
开采情况	矿山规模/万吨 · a^{-1}	231，大型	开采方式	露天开采
	开拓方式	汽车运输开拓	主要采矿方法	组合台阶采矿法
	采出矿石量/万吨	278.46	出矿品位/%	0.714
	废石产生量/万吨	1300.28	开采回采率/%	97.94
	贫化率/%	2.35	开采深度/m	140~-600 标高
	剥采比/t · t^{-1}	4.67		
选矿情况	选矿厂规模/万吨 · a^{-1}	231	选矿回收率/%	Cu 80.10 S 38.62 Au 36.06 Ag 59.60
	主要选矿方法	半自磨-球磨，优先选铜，粗精矿再磨再选		
	入选矿石量/万吨	203.48	原矿品位	Cu 0.841% S 5.17% Au 0.073g/t Ag 6.3g/t
	Cu 精矿产量/万吨	5.66	精矿品位	Cu 24.35% Au 0.949g/t Ag 135.66g/t
	S 精矿产量/万吨	10.91	精矿品位/%	37.23
	尾矿产生量/万吨	192.47	尾矿品位/%	0.164

续表 12-1

综合利用情况	综合利用率/%	69.76		
	废石排放强度/t · t⁻¹	229.73	废石处置方式	排土场堆存
	尾矿排放强度/t · t⁻¹	34.01	尾矿处置方式	尾矿库堆存
	废石利用率/%	0	尾矿利用率/%	0
	废水利用率/%	80.75		

12.2 地质资源

12.2.1 矿床地质特征

城门山铜矿矿床规模为大型，矿床为以铜硫为主，共生钼、铁的砂卡岩和斑岩型矿床。按矿种和矿体空间分布规律，以岩体为中心，自下而上，由内到外形成3个矿带，即岩体内带、正接触带和外接触带，构成“三位一体”（以铜、硫为主的砂卡岩型、块状硫化物型、斑岩型）的复合矿床。

矿区内矿石性质复杂，类型繁多，主要金属矿有黄铁矿、黄铜矿、辉铜矿、兰辉铜矿、斑铜矿、铜蓝、硫砷铜矿、砷黝铜矿、闪锌矿、方铅矿、辉钼矿、毒砂、孔雀石、蓝铜矿、磁铁矿、赤铁矿、自然铜等。脉石矿物主要有石英、石榴子石、方解石、长石和高岭石等。矿石结构按其形成方式可分为5种类型、16种结构。其中以结晶粒状结构为主，假象、次文象、文象蠕虫状结构少见。矿石构造以块状、浸染状、细脉浸染状3种为主要类型。次要矿石构造类型有松散状、角砾状、条带及似条带状、环状构造等。主要有用元素为铜、硫，共生钼、铁。伴生有益元素有金、银（表内矿平均品位 Au：0.24g/t，Ag：9.69g/t）。主要有害元素为砷（全区铜矿体中的平均含量0.027%，钼矿体中的平均含量为0.008%）。

金属矿物主要为辉铜矿（含铜品位1%~20%，氧化率随所处环境变化）、含铜黄铁矿（0~6%，氧化率一般较高），低品位矿石以含铜斑岩为主，一般含铜0.4%，氧化率3%~5%，偶见黄铜矿、蓝铜矿等。脉石矿物主要为石英、云母、方解石、高岭土等，矿石中还伴有少量稀有贵金属，主要为金、银、钼等。

12.2.2 资源储量

城门山铜矿矿石类型为硫化矿，主要矿种为铁、铜、钼等，矿山累计查明资源储量2.3亿吨，铜矿平均地质品位为0.67%。

12.3 开采情况

12.3.1 矿山采矿基本情况

城门山铜矿为露天开采的大型矿山，采用汽车运输，使用的采矿方法为组合台阶法。矿山设计生产能力231万吨/a，设计开采回采率为95%，设计贫化率为5%，设计出矿品位（Cu）0.75%，铜矿最低工业品位（Cu）为0.4%。

12.3.2 矿山实际生产情况

2015年，矿山采矿量278.46万吨，排放废石1300.28万吨。矿山开采深度为140~-600m标高。具体生产指标见表12-2。

表12-2 矿山实际生产情况

采矿量/万吨	开采回采率/%	出矿品位/%	贫化率/%	剥采比/t·t^{-1}
278.46	97.94	0.714	2.35	4.67

12.3.3 采矿技术

为了减少基建剥离量，均衡生产剥采比，矿山采用组合台阶陡帮剥岩。组合台阶一般以3~4个台阶为一组，其中设一个40m宽的工作平台，其余为15m宽的临时非工作平台。一年内同时剥岩组合台阶数一般为3~4个。强风化松软岩（包括湖区淤泥物），可用$4m^3$液压挖掘机直接挖掘，对于半坚硬和坚硬岩石，则采用ϕ150mm孔径的液压潜孔钻穿孔，以乳化炸药混装车将乳化油炸药装入炮孔后爆破，然后由$4m^3$液压挖掘机配载重37t铰接式卡车进行装运。

采矿作业主要在缓工作帮上进行，最小工作平台宽度为40m，一般主要采矿台阶数为2~3个，另有部分矿石随剥岩中采出。炮孔以乳化炸药混药车装药，采用非电导爆微差爆破。

矿石块度尺寸大于1.0m的大块发生率取1%。大块用液压碎石机破碎。

采剥工作面主要参数为：

工作台阶高度：12m。

工作台阶坡面角：湖泥边坡25°；松散岩边坡38°；岩石边坡65°。

最终边坡角：湖泥边坡区段21°；岩石边坡21°45′~45°17′。

最小工作平台宽度：≥45m。

矿山采矿设备见表12-3。

表12-3 矿山采矿设备明细表

序号	设备名称	规格型号	数量	备注
1	VOLVO卡车	A40D	3	
2	VOLVO液压挖掘机	$4m^3$	2	
3	叉车	CPCD50Y3	2	
4	叉车	CPCD50-WX3X（内燃平衡重式叉车）	1	
5	露天潜孔钻机	ZGYX-460	4	

续表 12-3

序号	设备名称	规格型号	数量	备注
6	轮式装载机	CLG856 轮式	1	
7	平地机	14M	1	
8	平地机（卡特）	CAT140H	1	
9	破碎锤	TR220 泰石克	1	
10	破碎机		1	
11	汽车起重机	XZJ5100JQZ8D	1	
12	汽车起重机	QY16D	1	
13	潜孔钻机	CS165D/7	2	
14	推土机	SD32W	1	
15	推土机	TY320B	1	
16	推土机		1	
17	推土机（彭浦）	PD410Y-1（带松土器）	1	
18	推土机（山推）	SD32W	2	
19	推土机（小松）	D275A-5R	2	
20	挖掘机		1	
21	挖掘机（VOLVO）	VOLVO　EC700B	3	
22	挖掘机（大禹）	DH215-7（带破碎锤）	1	
23	压路机（山推）	SR20M	1	
24	液压挖掘机	DH215-9	1	
25	运输车（厢式）	JX5043XXYXSGA2	2	
26	装载机	988H	1	
27	装载机（柳工）	CLG856	1	
28	自卸卡车	A40E	10	
合计			50	

12.4　选矿情况

12.4.1　选矿厂概况

采用半自磨加球磨的碎磨工艺，优先选铜，粗精矿再磨再选得铜精矿，铜粗选尾矿选硫后丢尾。尾矿浆经厂前浓缩回水后泵扬至城门湖西侧尾矿库。粗矿采用浓密、压滤一般脱水工艺。选矿工艺流程图如图 12-1 所示，生产指标见表 12-4。

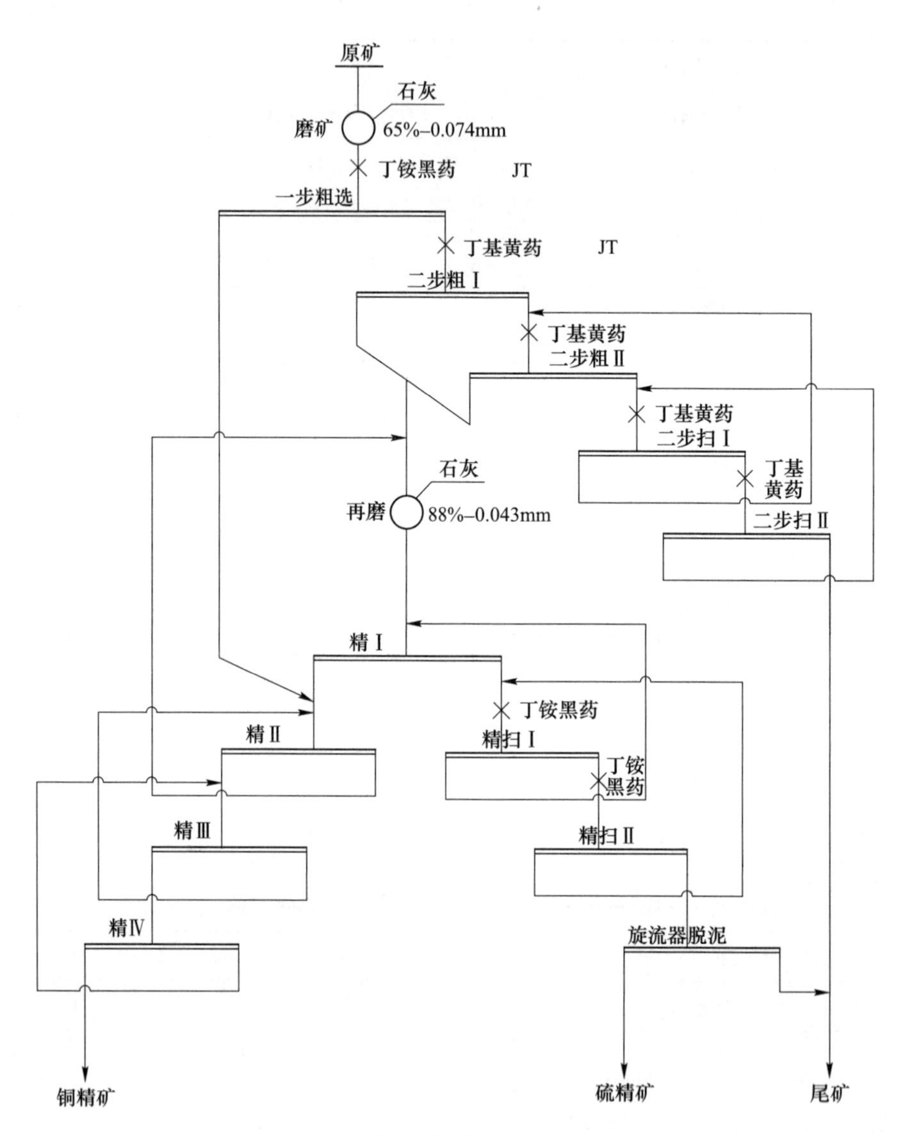

图 12-1　选矿工艺流程

表 12-4　生产指标

产品	产率	品位				回收率			
		Cu	S	Au	Ag	Cu	S	Au	Ag
	%	%	%	g/t	g/t	%	%	%	%
铜精矿	2. 72	21. 44	34. 81	1. 15	116. 81	81. 02	15. 03	34. 82	59. 66
硫精矿	8. 10	0. 20	37. 47	0. 62	15. 75	2. 25	48. 18	55. 51	23. 95
尾矿	89. 18	0. 14	2. 60	0. 01	0. 98	16. 73	36. 79	9. 67	16. 39
原矿	100. 00	0. 72	6. 30	0. 09	5. 33	100. 00	100. 00	100. 00	100. 00

12.4.2　选矿工艺流程

12.4.2.1　碎磨流程

采用"粗碎+半自磨+球磨"的流程（磨矿产品细度-0.074mm含量占65%）；块度小于1000mm的原矿经汽车运至选矿厂粗碎车间原矿仓，经重型板式给料机给入颚式破碎机粗碎，其排矿（350~0mm）经胶带输送机运到中间矿堆，再经其下部的地下通廊里的振动给料机卸至胶带输送机给入半自磨机。半自磨机的排矿经双层直线振动筛筛分，筛上产品通过胶带输送机返回半自磨机，筛下产品进入泵池，进旋流器分级后底流进入球磨机，球磨机排矿入同一泵池，旋流器与球磨机构成闭路。流程如图12-2所示。

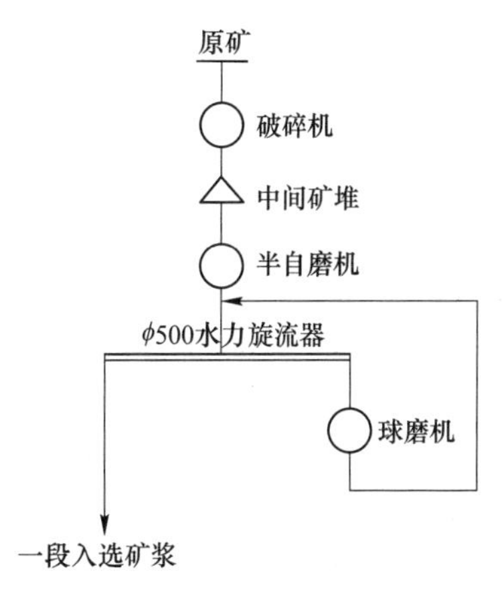

图12-2　碎磨工艺流程

12.4.2.2　选矿工艺

采用"优先—混合分步浮选"选别流程，磨矿后的产品采用三次粗选二次扫选丢弃尾矿，粗选二和粗选三的精矿再磨、分选，其精矿与粗一精矿合并，经三次精选，分出铜精矿和硫精矿。

旋流器溢流（-0.074mm含量占65%）经调浆（pH>11）后进入浮选。先选铜，铜尾再选硫。

选铜流程为：原矿经三次粗选和一次精选后得到铜粗精矿，铜粗精矿再磨（-0.045mm含量占85%）后经三次精选得铜最终精矿。铜扫选尾矿选硫前需先流至浓缩机脱水降pH值（pH=8~9），再入选硫系统。选硫采用二粗一精一扫流程，得到硫精矿和最终尾矿。

采用二段脱水流程，一段采用浓密，二段采用陶瓷过滤，获得含水11%的铜精矿和含水11%的硫精矿。

12.5　矿产资源综合利用情况

城门山铜矿，矿产资源综合利用率69.76%，尾矿品位0.164%。

废石集中堆存在排土场，截至2013年底，废石场累计堆存废石5863万吨，2013年产生量为1300.28万吨。废石利用率为0，废石排放强度为229.73t/t。

尾矿集中堆存在尾矿库，截至2013年底，尾矿库累计堆存尾矿619万吨，2013年产生量为192.47万吨。尾矿利用率为0，尾矿排放强度为34.01t/t。

13　大红山铜矿

13.1　基本情况

大红山铜矿为主要开采铜矿的大型矿山，共伴生矿产主要有铁、金、银等；1985年开工建设，1997年7月正式投产。矿山位于云南省玉溪市新平县，直距新平县37km，矿区有乡村柏油公路与S218、S306省道和213国道相连，距昆明市260km，至玉溪市红塔区170km。从矿区至新平县戛洒镇15km，从戛洒经S306省道至新平县城，再由大新（大开门—新平）二级公路即可进入玉元高速，里程100km。此外，矿区尚有戛洒—双柏县—楚雄市S218省道，里程165km，交通十分便捷。矿山开发利用简表详见表13-1。

表13-1　大红山铜矿开发利用简表

基本情况	矿山名称	大红山铜矿	地理位置	云南省玉溪市新平县
	矿山特征	—	矿床工业类型	海底火山喷发沉积-热液改造型矿床
地质资源	开采矿种	铜矿	地质储量/亿吨	矿石量1.3
	矿石工业类型	含铁铜矿石	地质品位/%	0.481
开采情况	矿山规模/万吨·a^{-1}	200，大型	开采方式	地下开采
	开拓方式	双斜井开拓	主要采矿方法	空场嗣后充填采矿法
	采出矿石量/万吨	461.17	出矿品位/%	0.481
	废石产生量/万吨	117.5	开采回采率/%	77.28
	贫化率/%	29.76	开采深度/m	1000~-300标高
	掘采比/m·万吨$^{-1}$	77.42		
选矿情况	选矿厂规模/万吨·a^{-1}	一选厂：351 二选厂：99	选矿回收率/%	Cu 93.35 TFe 27.58
	主要选矿方法	三段一闭路破碎，两段一闭路磨矿，浮选-磁选		
	入选矿石量/万吨	519.16	原矿品位/%	Cu 0.395 TFe 18.21
	Cu精矿产量/万吨	11.67	Cu精矿品位/%	Cu 20.15
	Fe精矿产量/万吨	63.54	Fe精矿品位/%	TFe 62.02
	尾矿产生量/万吨	443.95	尾矿品位/%	Cu 0.03

续表 13-1

综合利用情况	综合利用率/%	25.80		
	废石排放强度/t·t^{-1}	10.07	废石处置方式	井下充填采空区、建筑材料，剩余部分堆存在排土场
	尾矿排放强度/t·t^{-1}	38.04	尾矿处置方式	采空区充填，剩余部分堆存在尾矿库
	废石利用率/%	42.70	尾矿利用率/%	52.41
	废水利用率/%	85（回水） 100（坑涌）		

13.2　地质资源

13.2.1　矿床地质特征

大红山铜矿矿床类型为海底火山喷发沉积-热液改造型矿床，矿床规模为大型，矿区范围内出露有基底和盖层两套地层。基底为早元古代大红山群，由一套富含铁、铜的浅-中等变质程度的钠质火山岩系组成，属古海相火山喷发-沉积变质岩，主要出露曼岗河组（Pt_1dm）、红山组（Pt_1dh）、肥味河组（Pt_1df）；盖层为一套晚三叠系干海子组（T_3g）及舍资组（T_3s）的陆源碎屑岩。

大红山铜矿以 F3 断层为界分为东、西两矿段，两矿段的矿床特征基本相似。F3 断层以东称为东矿段，也称首采区，是目前矿山采矿的区域。Ⅰ号矿带为铁铜矿带，是矿区的主要铜矿带，产于曼岗河组中上部的石榴黑云角闪片岩夹变钠质凝灰岩段（Pt_1dm_3）中。Ⅰ号矿带中，铜铁矿体呈交互分布，自上而下分为Ⅰc 含铜菱铁磁铁矿体→Ⅰ3 含铁铜矿体→Ⅰb 含铜磁铁矿体→Ⅰ2 含铁铜矿体→Ⅰa 含铜磁铁矿体→Ⅰ1 含铜磁铁矿体→Ⅰo 含铜磁铁矿体七个铁铜共生的矿体群。其中，Ⅰ3、Ⅰ2 为主要含铁铜矿体，Ⅰb、Ⅰc 为主要含铜铁矿体。

Ⅰ号矿带中，Ⅰ3、Ⅰ2、Ⅰ1 矿体为含铁铜矿石，矿石为粒状结构、固溶体分离结构，以条痕状、条带状构造为主，次为散点状、浸染状、脉状及团块状构造。富铜矿石中铜矿物多呈层纹状分布，并有不规则穿层细脉及团块。黄铜矿呈微-细粒分布于钠长石和白云石中。铜以硫化物存在，金属矿物主要为黄铜矿、磁铁矿，次为斑铜矿、菱铁矿、黄铁矿。Ⅰc、Ⅰb、Ⅰa、Ⅰo 矿体为含铜铁矿石，矿石为中细粒半自形粒状变晶结构，浸染状、条纹条带状构造。磁铁矿、菱铁矿呈细-中粒状均匀嵌布或条带状不均匀嵌布。铁以氧化物和碳酸铁赋存，金属矿物主要为磁铁矿、菱铁矿，次要矿物为黄铜矿、斑铜矿、黄铁矿。矿山共伴生矿产包括铁、铜、金、银。其中，共生矿产主要是铁；伴生矿产包括铜伴铁、金、银，铁伴铜、金银。

13.2.2　资源储量

大红山铜矿矿石工业类型属含铁铜矿石工业类型，主要矿种为铜，共伴生矿产有铁、金、银等。矿山查明资源储量131230kt，金属量923056t，平均品位为0.70%。其中，工业矿石（$w(Cu)\geq 0.5\%$）79917kt，占比60.90%，金属量724305t，平均品位0.91%；低品位矿石（$0.3\%\leq w(Cu)<0.5\%$）51313kt，占比39.10%，金属量198751t，平均品位0.39%。累计查明共生铁矿资源储量67039kt；查明铜伴生铁131230kt，金126742kt，银126742kt；查明铁伴生铜矿石60381kt，金25739kt（矿石量），银9881kt（矿石量）。

13.3　开采情况

13.3.1　矿山采矿基本情况

大红山铜矿为地下开采的大型矿山，采用双斜井开拓，使用的采矿方法为空场嗣后充填采矿法。矿山设计生产能力200万吨/a，设计开采回采率为77.51%，设计贫化率为13.56%，设计出矿品位（Cu）0.57%，铜矿最低工业品位（Cu）为0.5%。

13.3.2　矿山实际生产情况

2013年，矿山采出矿量461.17万吨，排放废石117.5万吨。矿山开采深度为1000~-300m标高。具体生产指标见表13-2。

表13-2　矿山实际生产情况

采矿量/万吨	开采回采率/%	出矿品位/%	贫化率/%	掘采比/m·万吨$^{-1}$
461.17	77.28	0.481	29.76	77.42

13.3.3　采矿技术

矿山一期上部区段主要采用小中段底盘漏斗空场法出矿、嗣后尾砂充填的采矿方法开采厚度大于或等于7m的矿体，辅以房柱法和全面法开采厚度小于7m的矿体。

二期采用铲运机出矿的空场采矿法，空场法为主，中深孔落矿，房柱法为辅。开采顺序，先采上层Ⅰ3矿体，再采下层Ⅰ2、Ⅰ1矿体，采矿结束后运用尾砂及坑内废石充填。大红山铜矿目前以标高划分为720m、680m、660m、640m、600m、575m、550m、535m、485m、435m、385m等11个中段进行生产作业，其中535m标高以上为一期作业模式，535m标高以下为二期作业模式。

一期工程开采上部区段，采用双斜井开拓，在矿床西侧分别设胶带斜井（主井）及与之平行相距30m的双轨串车斜井（副井），构成了主、副斜井提升系统。两斜井的倾角均为14°，井口标高803m，井筒斜长分别为主井1386.881m（计入468采1号胶带道1488.968m）和副井1251.570m。在标高500m处的辅助斜井底部设有井下矿石粗碎设施，安装有PXZ900/130型旋回破碎机一台。粗碎处理能力600~700t/h。主斜井自井底标高468m处将粗碎后的矿石用胶带机运输机运出地表。胶带宽1.0m，胶带机运输能力520t/h。

二期充分利用一期已建成的工程。结合一期已建成投入生产的系统并充分发挥利用其井巷的潜能，大红山铜矿二期中部区段（开采矿体标高400~550m）采用盲箕斗斜井提运矿石，盲辅助斜井提升废石，中段高度 50m，中段上采用穿脉装车，环形运输，铺设 30kg/m 钢轨，762mm 轨距。无轨斜坡道的双盲斜井与一期的已建系统构成有机结合，共同构成胶带斜井、盲箕斗斜井的联合开拓方式。辅助系统由一期辅助斜井，二期盲辅助斜井和无轨斜坡道共同联合构成。

盲箕斗斜井，井口及提升机室设于 535m 标高，双轨双箕斗提升。中段上的采出矿石经机车运输于溜井车场卸入设在箕斗斜井井筒上部的中段矿石溜井，定点集中装入箕斗。提升至上部卸矿点，卸入二期中部区段铜矿石溜井，下放至一期已建成的井下破碎硐室，经粗碎后由已建成的胶带运输机运出地表。500m 中段装矿溜井储矿段容积 393m^3，计入上部溜井后，有效容积 710m^3，可容存 1300t。450m、400m 中段矿仓有效容积 493m^3，可存矿石 900t。

辅助提升系统，井下采掘废石在中段运输水平由 2m^3 侧卸式矿车运输卸入辅助斜井废石溜井（500m 中段亦可由废石充填斜井提升至上部充填水平充入采空区），经辅助斜井提升至 500m 水平后，转运到中部区段水平充填，或运至二期废石溜井破碎后，下放至 468m 水平由胶带斜井运出地表。无轨设备经无轨斜坡道入坑后可自行到井下各采掘工作面。作业人员、采掘材料大部分由无轨人车和材料车送入井下，部分零星材料和人员可从一期副井下到 500m 水平后，再由二期辅助斜井转运到各运输水平。中部区段 762mm 轨距运输设备由充填进风斜井下放。

大红山铜矿主要采矿设备见表 13-3。

表 13-3 采矿主要设备型号及数量

设备名称	规格型号	单位	数量
凿岩机		台	13
电铲	1400E	台	4
柴油铲	1400D	台	1
铲运机	st3. 5	台	8
铲运机	st1010	台	1
电机车	10t	台	16
电机车	20t	台	8
皮带运输机		台	48
推土机	PD320Y-1	台	2
推土机	PD220Y-1	台	1
液压深孔凿岩台车		台	6
液压平巷凿岩台车		台	7
装载机	CLG862、CLG856	台	2
提升机	JKMD2. 8-4	台	1
提升机	JKMD4. 5-4	台	1
坑下矿主扇		台	17
坑下矿辅扇		台	23

13.4　选矿情况

13.4.1　选矿厂概况

大红山铜矿建设有两个选厂。一选厂设计年选矿能力为351万吨，设计Cu入选品位0.436%，最大入磨粒度为66mm，磨矿细度为-0.074mm含量占68%；二选厂设计年选矿能力99万吨，设计Cu入选品位0.317%，最大入磨粒度为73mm，磨矿细度为-0.074mm含量占70%。

两选厂的选矿方法一致，选矿顺序为先浮选铜，再磁选铁。碎矿工艺采用三段一闭路流程，最终粒度为-6mm占70%；磨矿采用两段一闭路磨矿至-0.074mm含量占70%的磨矿细度；铜选矿采用浮选流程经过一次粗选、一次扫选、二次精选获得铜精矿；铁选矿采用磁选流程经过一次粗脱泥，一次磁粗选，粗磁精矿再磨至-0.074mm含量占92%的细度，再经过两次磁精选获得铁精矿；精矿脱水工艺采用浓密、过滤两段脱水作业，最终铜铁精矿含水10%。

2013年，一选厂、二选厂处理矿石量494.14万吨（包括外购矿石60.56万吨）。其中，一选厂处理矿石量326.93万吨，矿石入选品位0.505%，生产精矿量7.50万吨，精矿品位20.57%；二选厂处理矿石量167.21万吨，矿石入选品位0.404%，生产精矿量3.15万吨，精矿品位20.06%。

2015年入选矿石519.16万吨，矿石含铜0.395%，含铁18.21%，选矿产品为铜精矿、铁精矿，铜精矿铜品位20.15%，铜回收率93.35%，铁精矿中全铁含量62.02%，铁回收率27.58%。2015年矿山选矿情况见表13-4。

表13-4　2015年矿山选矿情况

入选量/万吨	入选品位 /g·t^{-1}	选矿回收率 /%	选矿耗水量 /t·t^{-1}	选矿耗新水量 /t·t^{-1}	选矿耗电量 /kW·h·t^{-1}	磨矿介质损耗 /kg·t^{-1}
519.16	0.395	93.35	4.80	0.83	23.799	0.72

13.4.2　选矿工艺流程

13.4.2.1　*破碎筛分流程*

一选厂碎矿工艺设计采用三段一闭路流程。矿石在井下粗碎后输送至碎矿车间储矿仓，然后经过中碎、细碎、筛分得到粒度为-12mm的最终碎矿产品，用输送机送往磨选车间粉矿仓。

2006年实施“万吨技改”项目，将原用的液压弹簧圆锥破碎机更新为HP500型液压破碎机，并缩小了圆锥振动筛筛面的筛孔尺寸，使碎矿最终产品粒度从-12mm减小为-10mm，为磨矿作业实现1万吨/d生产能力创造了条件。

二选厂碎矿工艺同一选厂一样，采用三段一闭路流程。矿石由汽车运矿至原矿堆场经粗碎后输送至碎矿车间的中间储矿仓，然后经过中碎、细碎、筛分，得到粒度为-6mm含量占73%以上的最终碎矿产品，经胶带输送机送往磨选车间粉矿仓。表13-5为一选厂主要设备情况，表13-6为二选厂主要设备情况。

表13-5　一选厂主要设备

序号	名称	数量	规格型号
1	选2号胶带机	1	$B=1200$，$L=38.4$
2	中间仓	6	3m×6m×8m
3	惯性振动给料机	3	GZG1256
4	选3号胶带机	1	$B=1000$，$L=84.25$
5	选4号胶带机	1	$B=1000$，$L=25$
6	加4号胶带机	1	TD75-6550
7	中碎机	1	HP500标准粗腔型圆锥碎矿机
8	选5号胶带机	1	$B=1400$，$L=147.8$
9	选6号胶带机	1	$B=1200$，$L=140$
10	缓冲仓	5	
11	选7号胶带机	1	$B=1000$，$L=7.5$
12	选8号胶带机	1	$B=1000$，$L=7.5$
13	细碎机	2	HP500短头型圆锥碎矿机
14	振筛给料皮带机	3	TD75-10063 $B=100$，$L=6$
15	圆振动筛	3	YAH2460 2400×6000
16	选9号胶带机	1	$B=1000$，$L=27.15$
17	选10号胶带机	1	$B=1000$，$L=35.25$
18	桥式吊钩起重机	1	DQ型 $Q=20/5$t $H=18$m　$L_k=13.5$m
19	电磁除铁器	1	MC01-110L

表13-6　二选厂主要设备

序号	名称	数量	规格型号/备注
1	选3号胶带机	1	$B=1000$，$L=108.28$
2	中间仓	8	7.7m×7.7m×6m
3	惯性振动给料机	8	GZG1256
4	选4号胶带机	1	$B=1000$，$L=93.31$
5	选5号胶带机	1	$B=1000$，$L=48.95$
6	二选厂无加4号皮带 粗碎前设缓冲仓和6号皮带		
7	中碎机	1	HP500标准粗腔型圆锥碎矿机
8	选7号胶带机	1	$B=1400$，$L=135.767$
9	选8号胶带机	1	$B=1200$，$L=124.617$
10	缓冲仓	6	包括中细碎和筛分流程
11	选9-(2)号胶带机	1	$B=1000$，$L=11$
12	选9-(1)号胶带机	1	$B=1000$，$L=11$
13	细碎机	2	HP500短头型圆锥碎矿机
14	振筛给料皮带机	3	TDⅡ　$B=1000$，$L=7$
15	圆振动筛	3	YAH2460　2400×6000
16	选11号胶带机	1	$B=1000$，$L=21.65$
17	选12号胶带机	1	$B=1000$，$L=44.05$
18	桥式吊钩起重机	1	DQ型　$Q=20/5$t/10.5-12/14-A5
19	电磁除铁器	1	LJK-4510

13.4.2.2 磨选工艺流程

A 一选厂 1 号、2 号系列

原一期建设的磨矿选别工艺，2400t/d 的规模是按两个 1200t/d 系列的方案设计。因为 1 号系列选用了闲置的 2 台 3200×3100 球磨机（MQG、MQY 各一台），实际生产能力可达 1400t/d，比选用 2700×3600 球磨机（MQG、MQY 各一台）的 2 号系列高出 200t/d。所以一期建成时球磨机处理能力可达到 2600t/d。为了同磨矿能力相匹配，1 号系列选铜回路的浮选机比 2 号系列多 4 台，其中粗扫选 2 台、精选 2 台。2006 年为了提高铜精矿品位，1 号系列又增加了一次精选作业，将原来两次精选改为三次精选。为了进一步提高铁精矿品位，又在选铁回路新增了立式脉冲振动磁场磁选机（LMC-2570 型）和高频振动细筛（GYX31-1207 型）。一选厂 1 号、2 号系列磨选工艺流程如图 13-1 所示，一选厂 1 号、2 号系列磨选设备见表 13-7。

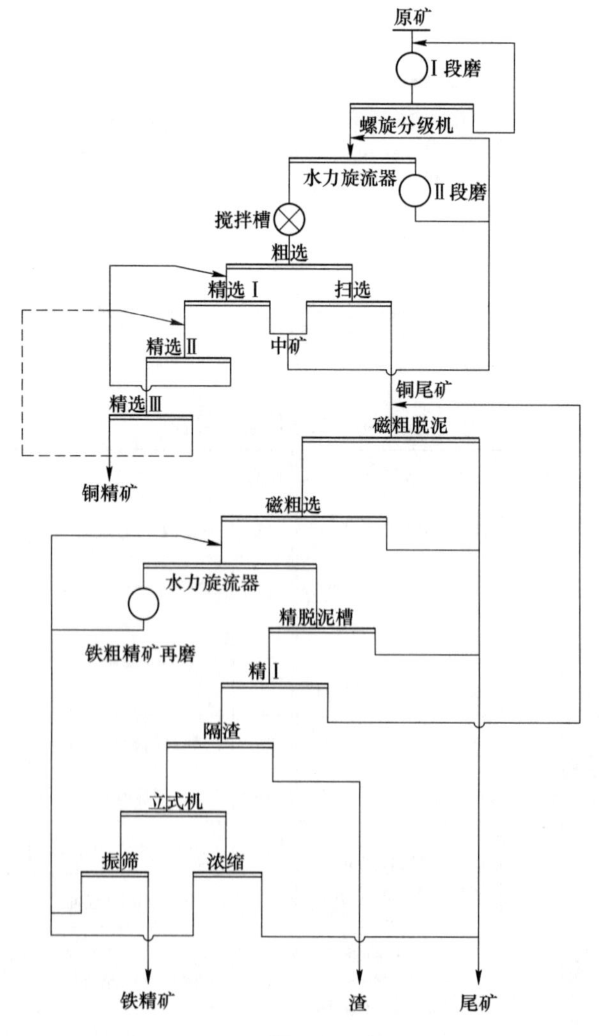

图 13-1 1 号、2 号系列磨选工艺流程
（虚线部分为 1 号系列，二选厂与 2 号系列相同）

表 13-7 一选厂 1 号、2 号系列磨选设备

序号	名称	数量	规格型号	序号	名称	数量	规格型号
1	选 11 号胶带机	1	$B=1000$，$L=35.28$	17	水力旋流器	8	FX-250
2	粉矿仓	1		18	溢流型球磨机	2	MQY2100×4500（1 号 8 号）
3	胶带运输机	5	$B=650$				
4	带式给料机	4	620×530	19	磁精选机	2	CTB-1015（Ⅰ、Ⅱ系列磁精Ⅰ）
5	格子型球磨机	1	MQG3200×3100	20	隔渣机	4	Y112M-6 2.2kW
6	螺旋分级机	1	2FG-24	21	缓冲泵池	2	
7	泵池	6		22	立式磁选机	5	LMC-2570
8	水力旋流器		2 台 FX-600，4 台 FX-500	23	斜管浓缩机	3	FNX-3
				24	高频振动细筛	6	GYX31-1207
9	溢流型球磨机	1	MQY3200×3100	25	格子型球磨机	1	MQG2700×3600
10	高效搅拌机	2	GT2500×2500，GT3000×3000	26	螺旋分级机	1	2FG-20
11	浮选机	30	JJF-8	27	水力旋流器		2 台 FX-600，4 台 FX-500
12	浮选机	9	SF-2.8	28	溢流型球磨机	1	MQY2700×3600
13	磁力脱泥槽	4	CS-3 ￠3000	29	浮选机	9	SP-1.2
14	磁粗选机	2	CTB-1015，CTB-1024 永磁筒式磁选机	30	磁粗选机	1	CTB-1024
				31	水力旋流器	4	FX-250
15	砂泵			32	电动桥式起重机	1	$Q=32/5\text{t}$ $H=18\text{m}$ $L_k=18.5\text{m}$
16	高位槽	4					

B 一选厂 3 号系列

一选厂 3 号系列为二期建设，磨矿工艺设计采用一段闭路流程，选用 2 台 MQY3600×4500 球磨机，设计处理能力 3000t/d。2003 年 12 月 26 日二期建成以后，一选厂设计生产能力为 5600t/d。一、二期投产以后，通过生产优化、技改，碎矿机设备更新等扩产措施，生产能力又逐年提高至 1 万吨/d 的水平。

为了提高铁精矿品位，3 号系列除增加了立式脉冲振动磁选机和高频振动细筛之外，又增加了 1 台 MQY2100×3000 溢流型球磨机，用于高频振动筛筛上产物的进一步细磨。这些技术措施使铁精矿品位从原先的 61%提高到 63%以上。一选厂 3 号系列工艺流程如图 13-2 所示。一选厂 3 号系列磨选设备见表 13-8。

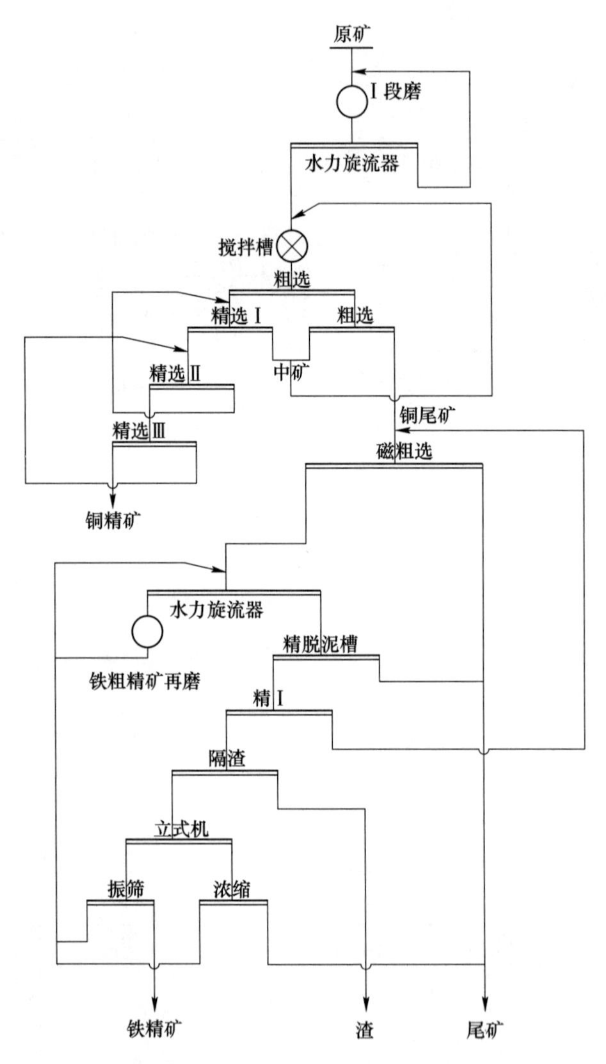

图13-2　一选厂3号系列工艺流程

表13-8　一选厂3号系列磨选设备

序号	名称	数量	规格型号	序号	名称	数量	规格型号
1	溢流型球磨机	2	MQY3600×4500	9	溢流型球磨机	1	MQY2700×3600
2	水力旋流器	8	FX-600	10	磁力脱泥槽	3	CS-3　直径3000
3	高效搅拌机	1	GT3000×3000	11	隔渣机	2	Y112M-6　2. 2kW
4	浮选机	12	JJF-16	12	缓冲泵池		
5	浮选机	13	SF-2. 8	13	立式磁选机	6	LMC-2570
6	磁选机	5	CTB-1024	14	高效浓缩机	2	FNX-3
7	高位槽	2		15	高频振动筛	6	GYX31-1207
8	水力旋流器	4	FX-350	16	溢流型球磨机	1	MQY2100×3000

C 二选厂磨选工艺流程

二选厂一期建设规模按照4000t/d 设计，选用2 台 3200×3600 球磨机（MQG、MQY 各一台），通过使用科学合理的精确化装补球技术、工艺技术改造等科技项目，投入生产后1 个月即达到设计处理能力，3 个月后二选厂处理能力突破 5200t/d，达到设计能力的 130%。

经过对二选厂碎矿车间设备的技术改造及磨矿分级工艺参数的优化，2008 年 11 月，二选厂处理能力突破 5300t/d。浮选设备上，二选厂粗扫选浮选机选用国内比较先进的 KYF-40 型大型浮选机，在实际运用中取得了较好的浮选指标。

根据几年来一选厂的成功经验，二选厂在设计中采用了立式脉冲振动磁场磁选机（LMC-2570 型）和高频振动筛（GYX31-1207 型）作为提高铁精矿品位的工艺方法。二选厂磨选工艺流程与一选厂 2 号系列相同，参见图 13-1。表 13-9 为二选厂主要设备。

表 13-9 二选厂主要设备

序号	名称	数量	规格型号	序号	名称	数量	规格型号
1	选 13 号胶带机	1	$B=1000$ $L=119.6$	13	浮选机	10	KYF-40
2	粉矿仓	9	5.5m×6m×8m	14	搅拌桶	1	BCF-T3500
3	选 14 号胶带机	1	TD75 $B=650$ $L=54.35$	15	浮选机	10	CJF-4
				16	磁力脱泥槽	2	CS-30
4	选 15 号胶带机	1	TD75 $B=650$ $L=24.5$	17	磁粗选机	3	CTB-1024
				18	立式磁选机	6	LMC-2570
5	格子型球磨机	1	MQG3600×4500	19	斜管浓密机	2	FNX-10
6	螺旋分级机	1	2FG-3.0	20	高频振动筛	6	GYX31-1207
7	泵池	3		21	缓冲泵池		
8	水力旋流器	8	FX-500-GX×8	22	隔渣筛	1	SL-ϕ200×1950
9	溢流型球磨机	1	MQY3600×4500	23	磁精选机	2	CTB-1024
10	水力旋流器	8	FX-350-GX×8	24	吊钩桥式起重机	1	QD30/5t-22，5-18/20-A5
11	溢流型球磨机	1	270×450				
12	砂泵	2	6/4X-HH				

D 精矿脱水

一选厂铜精矿和铁精矿的脱水都采用两段脱水工艺。第一段采用周边传动式浓密机；第二段铜精矿采用折带式真空过滤机，铁精矿采用内滤式圆筒真空过滤机。

二选厂铜精矿和铁精矿的脱水都采用两段脱水工艺。第一段脱水采用中心传动高效浓缩机；第二段脱水采用 TT 系列特种陶瓷过滤机。

E 尾矿回水

提高尾矿回水利用率是选厂降低生产水耗和选矿成本的主要措施。由于龙都尾矿库距离选厂较远，从尾矿库回水不现实，因此，一、二选厂均采用了厂前回水方案，即在生产厂区通过浓密机脱去大量溢流水，返回生产使用以降低“新水”消耗量。脱去了大量水分的高浓度尾矿，从浓密机底部的排矿口流往尾矿输送泵站，再用水隔离泵加压，通过尾矿输送管道、沟渠送往尾矿库或井下充填制备站。尾矿回水工艺流程如图 13-3 所示。

选矿主要设备型号及数量见表 13-10。

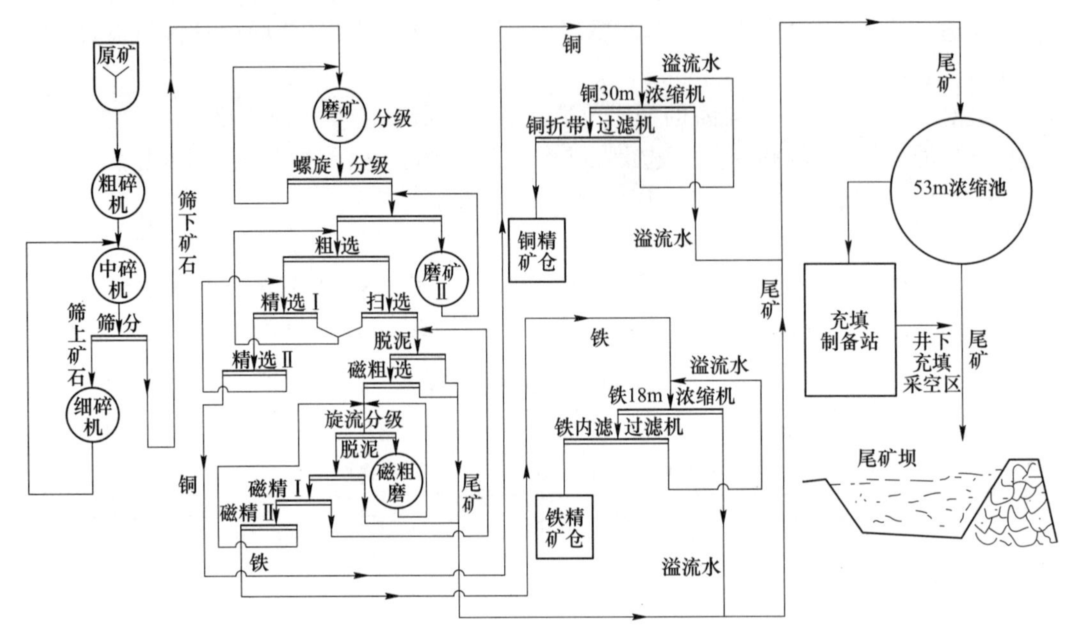

图 13-3　大红山选矿工艺流程

表 13-10　大红山铜矿选矿厂主要设备型号及数量

序号	名称	规格	数量/台
1	液压旋回破碎机	PXZ-900/130-A	1
2	颚式破碎机	PEWA-750×1060	2
3	中碎机	HP500 标准型	1
4	细碎机	HP500 短头型	2
5	圆振动筛	YAH2460　2400×6000	2
6	圆振动筛	2YAH2460　2400×6000	1
7	颚式破碎机	PEF400×600	1
8	颚式破碎机	PEWA-600×900	1
9	溢流型球磨机（2 号）	MQY3200×3100	1
10	格子型球磨机（3 号）	MQG3200×3100	1
11	格子型球磨机（4 号）	MQG2700×3600	1
12	溢流型球磨机（5 号）	MQY2700×3600	1
13	双螺旋分级机	2FG-2000	1
14	双螺旋分级机	2FG-2400	1
15	扫选浮选机	JJF-8　SF8	10

续表 13-10

序号	名称	规格	数量/台
16	精选浮选机	SF2. 8	9
17	电动葫芦	CD1-2t	1
18	粗选浮选机	JJF-8　SF8	6
19	精选浮选机	SF1. 2	9
20	粗选浮选机	JJF-16	7
21	扫选浮选机	JJFⅡ-16　SF8	5
22	精选浮选机	XF2. 8　XGK2. 8	13
23	永磁筒式磁选机	CTB-1010	2
24	永磁筒式磁选机	CTB-1015	2
25	永磁筒式磁选机	CTB-1024	3
26	脉冲谐合波式脱磁器	GMT	2

13. 5 矿产资源综合利用情况

大红山铜矿，矿产资源综合利用率 25. 80%，尾矿品位 Cu 0. 03%。

废石用于井下充填采空区、建筑材料，剩余部分堆存在排土场，截至 2013 年底，废石场累计堆存废石 187. 78 万吨，2013 年产生量为 117. 5 万吨。废石利用率为 42. 70%，废石排放强度为 10. 07t/t。

尾矿用于采空区充填，剩余部分堆存在尾矿库，截至 2013 年底，尾矿库累计堆存尾矿 3611. 46 万吨，2013 年产生量为 443. 95 万吨。尾矿利用率为 52. 41%，尾矿排放强度为 38. 04t/t。

回水利用率为 85%，矿坑涌水利用率为 100%。

14　德兴铜矿

14.1　基本情况

德兴铜矿为主要开采铜矿的特大型露天矿山，为全国最大的有色金属采选联合企业，共伴生矿产主要有金、银、硫、钼、铼、碲、硒、钴等十多种，是国家级绿色矿山，国家级矿产资源节约和综合利用示范基地。矿山成立于 1958 年 8 月，1965 年正式投产。矿山位于江西省上饶市德兴市，直距德兴市约 18km，矿区有公路直通德兴市，行程 25km；与省会南昌市、上饶市等均有二级公路和高速公路相通，有铁路与皖赣铁路乐平站相通，行程 68km，交通方便。矿山开发利用简表详见表 14-1。

表 14-1　德兴铜矿开发利用简表

基本情况	矿山名称	德兴铜矿	地理位置	江西省上饶市德兴市
	矿山特征	国家级绿色矿山	矿床工业类型	大型斑岩型铜矿床
地质资源	开采矿种	铜矿	地质储量/t	金属量 5365476
	矿石工业类型	细脉-浸染型铜矿石	地质品位/%	0.465（Cu）
开采情况	矿山规模/万吨 · a^{-1}	2970，大型	开采方式	露天开采
	开拓方式	电铲-汽车-半固定式破碎站-胶带运输开拓	主要采矿方法	组合台阶采矿法
	采出矿石量/万吨	1643	出矿品位/%	0.463
	废石产生量/万吨	3411	开采回采率/%	98.97
	贫化率/%	28.82	开采深度/m	705～25 标高
	剥采比/t · t^{-1}	2.08		
选矿情况	选矿厂规模/万吨 · d^{-1}	泗洲选厂 3， 大山选厂 6	选矿回收率/%	Cu 85.63 Au 66.9 Ag 67.08 S 14.28 Mo 46.14
	主要选矿方法	三段一闭路破碎，优先—混合分步浮选		
	入选矿石量/万吨	4425.14	原矿品位	Cu 0.404% Au 0.2g/t Ag 0.94g/t S 1.91% Mo 0.12%
	Cu 精矿产量/万吨	63.72	精矿品位	Cu 24% Au 9.31g/t Ag 44g/t

续表 14-1

选矿情况	S 精矿产量/万吨	34.52	精矿品位/%	S 35
	Mo 精矿产量/万吨	0.58	精矿品位/%	Mo 43
	尾矿产生量/万吨	4327	尾矿品位/%	Cu 0.058
综合利用情况	综合利用率/%	48.62		
	废石排放强度/$t \cdot t^{-1}$	53.53	废石处置方式	排土场堆存
	尾矿排放强度/$t \cdot t^{-1}$	67.91	尾矿处置方式	尾矿库堆存
	废石利用率/%	0	尾矿利用率/%	0
	废水利用率/%	85.52		

14.2 地质资源

14.2.1 矿床地质特征

德兴铜矿属大型斑岩型铜矿床，矿石以细脉-浸染型矿石为主。主要开采矿种为铜矿，有铜厂、富家坞和朱砂红三个矿区，其中铜厂矿区开采规模巨大。德兴地区的矿床主要是在赣东北深一个大断裂的西北方向。在新远古时期，九岭地体和怀玉地体经过碰撞的拼合带形成了赣东北深大断裂带。拼贴以后，板内的活动成为了德兴地区主要经历的构造活动。从南华纪到二叠纪，可能出现地质热事件的叠加，受到太平洋板块的影响，构造活动主要为大规模的花岗岩浆活动。随着地质构造的演化，各种矿物质元素含量增加，是德兴铜矿成矿的重要原因及特征。

德兴铜矿是目前我国开采铜矿最大的斑岩型铜矿，它主要包括朱砂红、铜厂和富家坞三个矿床，与铜矿成矿主要是花岗闪长斑岩侵入体。在矿田内呈三个大小不等的岩株及一系列小岩脉产出，并沿北西西方向侧分布，单个岩体均向北西深部倾伏，呈大小不等的三个区域，德兴铜矿床又叫斑岩铜矿床，是中国东部的大陆环境中重要的斑岩铜矿床之一，也是中国铜储量最大的矿床。

德兴铜矿的组成包含三种含矿斑岩体，主要有朱砂红、富家坞以及铜厂，这些成矿斑岩沿 NWW 分布，呈串珠状，单个岩体沿 NE 倾伏，呈岩筒状。岩体主要类型为花岗闪长斑岩、闪长玢岩或石英闪长玢岩。和成矿相关的，具有富集亲石大离子元素、高低场强元素，重稀土亏损、轻稀土亏损等特点。在成矿作用阶段，出溶的岩浆成为矿流体的主要来源。矿体在斑岩体与围岩中分布的比例约为 1∶2，赋矿围岩为中元古界灰绿色、深灰色凝灰质板岩、凝灰质千枚岩夹千枚岩和变质凝灰岩，局部地段见有含碳板岩和变质中性-中酸性熔岩。金属硫化物在矿石中含量一般为 4%~5%，以黄铁矿和黄铜矿最多，辉钼矿次之，再其次为砷黝铜矿、斑铜矿等。脉石矿物占矿石总量的 95%左右，以石英、绢云母、伊利石、绿泥石等为主，其次为碳酸盐（方解石、铁白云石、白云石）、硫酸盐（硬石膏、石膏）、绿帘石，以及钾长石等。

14.2.2 资源储量

德兴铜矿主要矿种为 Cu，伴生有 Mo、Au、Ag、Re、Te、Se、Co、S 等十余种有益组分可供综合利用，尤其是 Au 和 Ag 的回收已成为炼铜的主要副产品。矿山查明资源储量 11550.8kt，金属量 5365476t，平均品位为 0.465%。

14.3 开采情况

14.3.1 矿山采矿基本情况

德兴铜矿铜厂矿区为露天开采的大型矿山，采用电铲-汽车-半固定式破碎站-胶带运输，使用的采矿方法为组合台阶法。矿山设计生产能力 2970 万吨/a，设计开采回采率为 97%，设计贫化率为 3%，设计出矿品位（Cu）0.75%，铜矿最低工业品位（Cu）为 0.4%。

14.3.2 矿山实际生产情况

2015 年，矿山实际采矿量 1643 万吨，排放废石 3411 万吨。矿山开采深度为 705~25m 标高。具体生产指标见表 14-2。

表 14-2 矿山实际生产情况

采矿量/万吨	开采回采率/%	出矿品位/%	贫化率/%	露天剥采比/$t \cdot t^{-1}$
1643	98.97	0.463	28.82	2.08

14.3.3 采矿技术

露天采区生产工艺：采用独立式间断开采工艺系统（电铲-汽车运输），到深部开采时，将采用半连续开采工艺系统（电铲-汽车-半固定式破碎站-胶带运输）。

露天开采最终境界参数如下：

采场上口尺寸，长 2300m×宽 2400m；

采场底标高，南山-160m，北山-220m；

采场台阶最高标高，水龙山 391m，黄牛前 440m，西源岭 470m；

最终边坡角，北山黄牛前 46°，西源岭 44°；南山水龙山 40°，家门前 36°；

最终台阶高，30m（二合一）；

安全平台宽，10m。

矿山采矿设备见表 14-3。

表 14-3 矿山采矿设备明细表

序号	设备名称	规格型号	数量/台	备注
1	牙轮钻机	YZ-35	15	
2	牙轮钻机	CM659D	1	
3	挖掘机	2100BL	1	
4	挖掘机	2300XP	5	
5	挖掘机	2300XPA	1	

续表 14-3

序号	设备名称	规格型号	数量/台	备注
6	挖掘机	2300XPC	3	
7	挖掘机	WK-35	3	
8	推土机	D-10R	7	
9	推土机	D-10T	8	
10	推土机	D355A	3	
11	推土机	D375A	16	
12	露天矿汽车	EH3500	5	
13	露天矿汽车	R190	6	
14	露天矿汽车	630E	4	
15	露天矿汽车	730E	25	
16	露天矿汽车	830E	10	
17	露天矿汽车	MCC400A	2	
18	露天矿汽车	MT3700	1	
19	平地机	SD-180D	1	
20	平地机	SD200	8	
21	矿车	$10m^3$	262	
合计			387	

14.4 选矿情况

14.4.1 选矿厂概况

德兴铜矿所属两个选厂为泗洲选厂和大山选厂。泗洲选厂规模 3 万吨/d，大山选厂 6 万吨/d。两厂选矿工艺流程有些小差异，但基本流程是一致的。选矿工艺流程如图 14-1 所示。

大山选矿厂是德兴铜矿三期工程兴建的现代化大型选矿厂，设计日处理矿石 6 万吨。按照“一次设计、一次开建、分期投产”的建设方式，1987 年 10 月开工建设，1991 年第一个 3 万吨/d 系统（以下简称“前三万”）建成投产，1994 年又建成另一个 3 万吨/d 系统（以下简称“后三万”）并投产，经过对外引进设备的消化吸收和大量的技术改造，于 2002 年实现 6 万吨/d 的生产能力。2008 年，大山选矿厂启动了 3 万吨/d 扩建项目，预计选厂规模将增至 9.2 万吨/d，从而达到世界一流选矿厂水平。

14.4.2 选矿工艺流程

14.4.2.1 破碎筛分工艺

破碎筛分采用三段一闭路的流程。原矿经粗碎后进行一次筛分，筛上部分进入中碎后

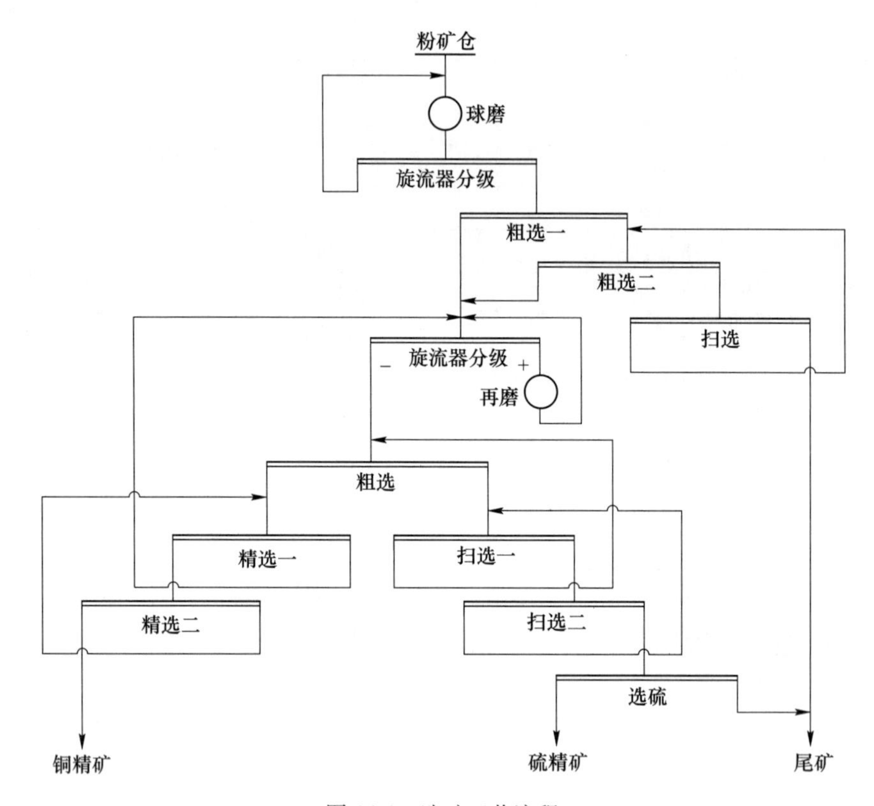

图 14-1　选矿工艺流程

二次筛分，两次筛分的筛下部分直接进入球磨机，二次筛分的筛上部分进入细碎闭路流程。

中碎采用振动放矿机。中碎圆锥破碎机选用 H8000 型标准圆锥破碎机，排矿的粒度为 -12. 7mm 大于 45%。细碎选用 H8000 型短头圆锥破碎机，排矿粒度-12. 7mm 大于 71%。双层振动筛选用 Multi-Flo 双层振动筛，筛孔尺寸上层 40mm，下层 12mm，筛子尺寸 6000mm×2400mm，生产率大于 450t/h，筛分效率为 85%。

14. 4. 2. 2　磨浮工艺

磨浮段采用优先—混合分步浮选工艺方案。粗选段先用少量高选择性的铜矿物捕收剂，优先浮出单体铜矿物及富铜连生体，再用强捕收剂回收贫连生体、大部分硫及其他有用矿物。粗一精矿直接进入精选；粗二精矿预先分级溢流与精选一尾矿在低碱度环境中浮选，经一次粗选、两次扫选，抛弃大量脉石，精矿与预先分级沉砂再磨后进行铜硫分离。

14. 4. 2. 3　产品脱水

德兴铜矿的两个选矿厂（大山和泗洲）生产出的精矿都送至精尾综合厂进行集中处理。精尾综合厂有 2 台陶瓷过滤机和 33 台压滤机，能够有效地对两个选矿厂的精矿产品进行脱水处理。

14. 4. 2. 4　尾矿处理

尾矿送至精尾综合厂处理后运至尾矿库。共有 4 个尾矿库，其中 1 号尾矿库已经实现完全复垦。

14.5 矿产资源综合利用情况

德兴铜矿，矿产资源综合利用率48.62%，尾矿品位Cu 0.058%。

废石集中堆存在排土场，截至2013年底，废石场累计堆存废石93577万吨，2013年产生量为3411万吨。废石利用率为0，废石排放强度为53.53t/t。

尾矿集中堆存在尾矿库，截至2013年底，尾矿库累计堆存尾矿52856.6万吨，2013年产生量为4327万吨。尾矿利用率为0，尾矿排放强度为67.91t/t。

15　冬瓜山铜矿

15.1　基本情况

冬瓜山铜矿为主要开采铜矿的大型地下矿山，共伴生矿产主要有金、银、硫等，是国家级绿色矿山。矿山成立于 1958 年 4 月，1966 年 7 月正式投产。矿山位于安徽省铜陵市狮子山区，是距铜陵市区最近的工矿点之一，约 12km 路程，矿区北面 2km 是宁（南京）—铜（铜陵）铁路狮子山车站和铜（铜陵）—芜（芜湖）公路，东接芜大高速公路，西临铜陵长江大桥和长航铜陵港约 20km，有市区公路汽车直达，地理位置优越，交通十分便捷。矿山开发利用简表详见表 15-1。

表 15-1　冬瓜山铜矿开发利用简表

基本情况	矿山名称	冬瓜山铜矿	地理位置	安徽省铜陵市狮子山区
	矿山特征	国家级绿色矿山	矿床工业类型	层控矽卡岩型矿床
地质资源	开采矿种	铜矿	地质储量/万吨	金属量 93.7
	矿石工业类型	硫化铜矿石	地质品位/%	1.01（Cu）
开采情况	矿山规模/万吨 · a^{-1}	420，大型	开采方式	地下开采
	开拓方式	竖井开拓	主要采矿方法	空场嗣后充填采矿法
	采出矿石量/万吨	410.54	出矿品位/%	0.851
	废石产生量/万吨	70.73	开采回采率/%	88.08
	贫化率/%	17.76	开采深度/m	245～-800 标高
	掘采比/m · 万吨$^{-1}$	67.48		
选矿情况	选矿厂规模/万吨 · a^{-1}	429	选矿回收率/%	Cu 87.68 S 74.22 Au 51.02 Ag 59.02
	主要选矿方法	粗碎—半自磨—球磨—浮选		
	入选矿石量/万吨	408.567	原矿品位	Cu 0.951% S 10.61% Au 0.642g/t Ag 9.074g/t
	Cu 精矿产率/%	4.74	精矿品位	Cu 17.587% S 24.75% Au 3.88g/t Ag 76.324g/t
	S 精矿产率/%	9.056	精矿品位/%	S 0.874
	尾矿产生量/万吨	267.74	尾矿品位/%	0.093

续表 15-1

综合利用情况	综合利用率/%	64.58		
	废石排放强度/t·t^{-1}	3.65	废石处置方式	全部利用
	尾矿排放强度/t·t^{-1}	13.83	尾矿处置方式	尾矿库堆存
	废石利用率/%	100	尾矿利用率/%	41.57
	废水利用率/%	100（回水） 84.27（坑涌）		

15.2　地质资源

15.2.1　矿床地质特征

冬瓜山铜矿床为一大型矿床，矿床类型为层控矽卡岩型矿床，位于扬子准地台东北部下扬子台坳繁昌—贵池断褶束带中部，顺安—大通复向斜次一级褶皱青山背斜的北东段。矿区地块处于不同构造体系的复合部位，由于多期次构造运动，使得区内长江两岸古生代与新生代的地层产生了一系列浅状褶皱和断裂带。西北侧为位于长江北岸，北东向展布的下扬子断裂带；北部为东西向展布的铜陵—南陵隐伏深断裂；南侧为木镇—南陵断陷盆地。区内出露地层有下、中三叠统，深部经工程揭露可见上泥盆统-上二叠统。

冬瓜山铜矿床矿石为热液蚀变强烈的变质原生硫化铜矿，主要金属矿物有黄铜矿、黄铁矿、磁黄铁矿及磁铁矿等；次要的有白铁矿、方黄铜矿及墨铜矿等；少量的有辉钼矿、毒砂、方铅矿及闪锌矿等。主要脉石矿物有石榴石、石英、滑石、蛇纹石及粒硅镁石等；次要的有钙铁辉石、黑云母、方解石、白云石及硬石膏等。矿石的结构主要为结晶结构，其次为固溶体分离结构的交代结构，局部见有重结晶结构、压力结构和晶粒内部结构。

矿石的构造主要有块状构造、浸染状构造、条纹（条带）状构造、脉状构造等。

15.2.2　资源储量

冬瓜山矿床矿种主要为铜，主要矿石类型为硫化矿，金属量 93.7 万吨，平均品位 1.01%，平均含硫为 20.11%，平均含金 0.33g/t。

15.3　开采情况

15.3.1　矿山采矿基本情况

冬瓜山铜矿为地下开采的大型矿山，采用竖井开拓，使用的采矿方法为阶段矿房法。矿山设计生产能力 420 万吨/a，设计开采回采率为 85%，设计贫化率为 15%，设计出矿品位（Cu）1.047%，铜矿最低工业品位（Cu）为 0.5%。

15.3.2　矿山实际生产情况

2013 年，矿山实际采出矿量 410.54 万吨，排放废石 70.73 万吨。矿山开采深度为 245～-800m 标高。具体生产指标见表 15-2。

表 15-2　矿山实际生产情况

采矿量/万吨	开采回采率/%	出矿品位/%	贫化率/%	掘采比/m · 万吨$^{-1}$
410.54	88.08	0.851	17.76	67.48

15.3.3　采矿技术

冬瓜山工程建设狮子山铜矿于 2004 年 5 月更名为冬瓜山铜矿。原狮子山铜矿生产区域统称为老区，新建的冬瓜山矿床区域为新区。

15.3.3.1　新区开采

冬瓜山矿床采用竖井开拓，主要开拓中段-670m、-730m、-790m、-850m 和-875m，中段之间有辅助斜坡道相通，主要开拓竖井有冬瓜山主井、副井、辅助井、进风井、回风井和团山副井，其中冬瓜山副井、辅助井和进风井分别是由原老区混合井、副井和进风井改造、延伸而成。通风采用侧翼对角式通风系统，多级机站通风方式。新鲜风流主要是由位于矿床东南端的专用进风井和副井进入，由位于矿床西北端的出风井排出。全矿风机站分为三级。冬瓜山主运输水平设在-875m，采用有轨环形运输集中破碎、集中提升。井下水仓设在-875m 中段，采用一段式直排至地表。矿石从采场用铲运机运到盘区溜井，经-875m 振动放矿机装车后，用 ZK20-9/550-C 型架线式电机车双机牵引 10 辆 10m^{3}底侧卸式矿车运至卸矿站，在-920m 水平通过美卓 4265 型旋回破碎机集中破碎后，再通过-962m 水平的 TD75-120100 型胶带机送到箕斗计量硐室，然后经主井 4.5×6 多绳摩擦式提升机、30t 双箕斗提至地表矿仓，后转入选矿处理系统。掘进废石直接用于井下采场充填，或从各个中段倒运至冬瓜山辅助井废石仓，在-910m 水平通过皮带进入箕斗，然后通过冬瓜山辅助井提升至地表。

冬瓜山矿床为我国现有为数不多埋藏深的大型铜矿床。矿体厚度较大，倾角缓、矿体平面范围大。目前冬瓜山矿床采用的是大直径深孔阶段空场嗣后充填采矿法和扇形中深孔阶段空场嗣后充填采矿法。采用盘区开采方式，盘区长为矿体水平宽度，宽为 100m，盘区间暂留有 18m 宽矿柱。盘区内划为若干个长为 80m，宽为 18m 的矿房与房柱采场。一步骤先采矿房采场，采后进行全尾胶结充填，二步骤回采矿柱采场，采后尾砂充填。矿房及矿柱采场宽均为 18m。一、二步骤回采共用出矿进路。采用堑沟受矿，1400E 电动力铲运机出矿。一、二步骤采场全部回采结束后再回采三步骤的盘区间柱。

15.3.3.2　老区开采

老区采用竖井开拓，-460~-670m 中段之间有辅助斜坡道相通，并与冬瓜山斜坡道相连通。通风系统采用中央对角抽出式通风，冬瓜山副井、团山副井、老鸦岭措施井进风，团山倒断风井和老鸦岭风井出风。老区矿石从-390m、-460m、-520m、-580m、-670m 水平进入矿石溜井后，在-875m 水平通过电机车运输、卸载进入冬瓜山矿石提升系统。老区废石从-390m、-460m、-520m、-580m、-670m 水平进入废石溜井后，在-790m 水平通过卡车运输、卸载进入冬瓜山废石提升系统，或充填冬瓜山二步骤采场。

老区包括东狮子山、西狮子山、大团山、桦树坡、老鸦岭和胡村后 6 个矿床。东狮子山和西狮子山分别于 2001 年 7 月和 2002 年上半年回采结束，形成的数百万立方米的特大空区已用全尾砂充填结束。老鸦岭-310m以上、大团山-460m以上已回采结束，目前正在老区深部回采。大团山矿床和桦树坡矿床的主要矿体较为厚大，主要采用大直径深孔盘区开采嗣后充填采矿法和中深孔落矿盘区开采嗣后充填采矿法开采，一步骤开采整个盘区，堑沟受矿，EJC145E电动铲运机出矿；老鸦岭矿床为缓倾斜至倾斜薄矿体，采用房柱法浅孔采矿；胡村后矿床为急倾斜薄至中厚矿体，主要采用中深孔落矿阶段空场法和浅孔留矿法开采，电耙在电耙道内出矿。

老鸦岭矿床-390～-520m区域主矿体赋存于大隆组底部，含矿岩为透辉石、石榴子石、矽卡岩，岩性致密坚硬$f=20$，矿体顶板为硅质岩，岩性致密、性脆，容易垮落$f=7～10$，矿体产状较缓，倾角30°～45°，矿体平均厚度3.5m。采用主副井开拓方案，即主井为冬瓜山主井（提升矿石），副井为大团山副井（提升人员和材料设备）；通风由大团山副井进风，由老鸦岭风井将污风排至地表；地下水由各中段的放水孔，下放至-875m总水泵房排至地表；矸石经溜井，出矿平台分别由-460m、-520m中段运至相应中段矿石、废石仓。采矿方法为留规则点柱的全面空场，矿块沿走向布置，阶段高度30(40)m，矿房长50m，矿房宽为12m，间柱宽2m，顶、底柱宽2m。点柱规格2m×4m，点柱间距7m×12m。采用YT-24打浅孔，孔深2m，孔距0.9m，排距0.75m。

15.4　选矿情况

15.4.1　选矿厂概况

冬瓜山铜矿选矿厂2004年10月建成投产。设计规模为13000t/d，设计的选矿工艺流程为：先浮滑石、浮出的滑石再选铜；部分铜优先浮选；铜硫混合浮选、混合粗精矿再磨分离、分离尾矿选硫、分离精矿与部分铜优先浮选粗精矿及滑石选铜所得的精矿合并进行铜精选；混合浮选尾矿进行磁选—脱硫浮选，最终产品为铜精矿、硫精矿和铁精矿。

15.4.2　选矿工艺流程

15.4.2.1　碎磨工艺流程

井下-920m破碎站安装1台进口的42-65旋回破碎机，生产能力1000t/h。

井下出窿的矿石粒度为-250mm，提升至地表后送至选矿厂粗矿仓，选矿厂碎磨系统采用半自磨+球磨和旋流器控制分级工艺，粗矿仓下部采用8台电振放矿机放矿，通过皮带给入一台半自磨机，半自磨机排矿端设有圆筒筛，筛上产物通过皮带再返回半自磨机。粗磨球磨机为2台MQY5.03m×8.3m溢流型球磨机，半自磨机筛下产物和球磨机的排矿给入2组ϕ660mm的旋流器组进行分级，旋流器溢流进入浮选，沉砂给入粗磨球磨机再磨，半自磨机给料粒度为-250mm，设计排料粒度为-2.5mm。旋流器最终溢流浓度为30%～35%，磨矿细度-0.074mm含量占70%～75%。磨矿流程图如图15-1所示。

15.4.2.2　选矿工艺流程

冬瓜山铜矿设计选矿工艺流程为滑石浮选、铜优先浮选、铜硫混合浮选、铜硫分离浮选、铜硫混合浮选尾矿采用磁选—浮选选硫铁、铜硫分离浮选尾矿选硫，原则流程及药剂制度如图15-2所示。

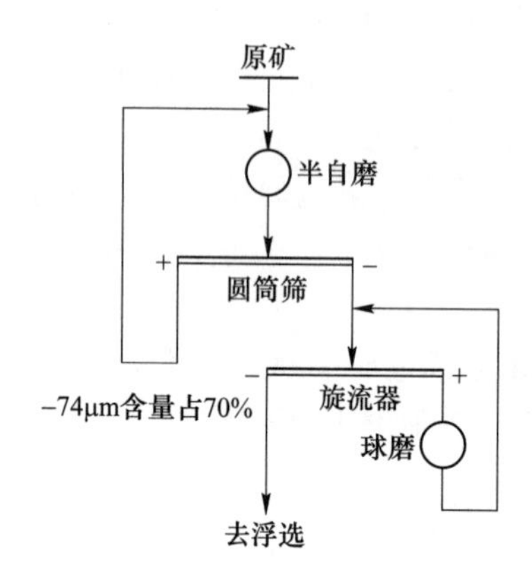

图 15-1　冬瓜山铜矿磨矿流程

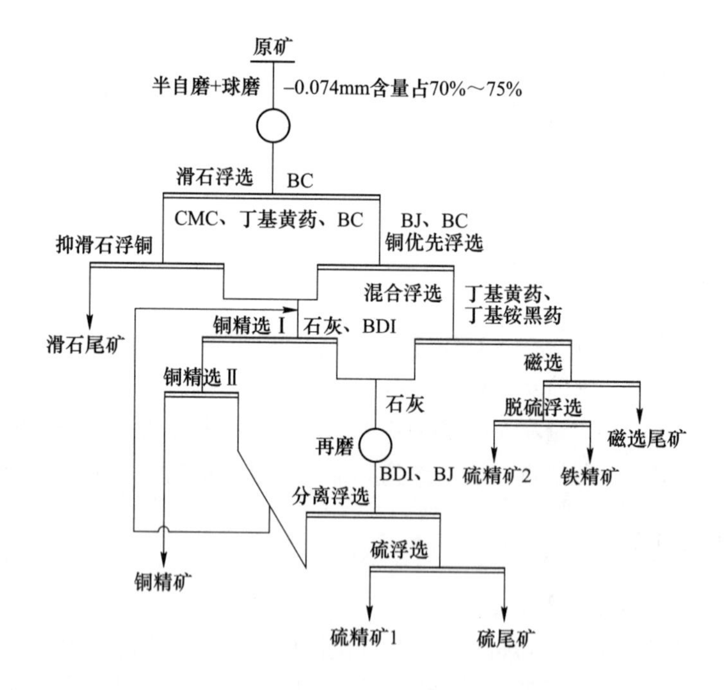

图 15-2　冬瓜山铜矿原则流程

设计工艺流程及工艺条件是充分利用冬瓜山矿石各种矿物的天然可浮性，在自然pH 值下，首先采用少量起泡剂选别可浮性较好的易浮脉石矿物（主要为滑石和蛇纹石），再用选择性较好的捕收剂选别可浮性较好的铜矿物，然后用捕收性较强的丁基黄药和丁基铵黑药回收可浮性略差的铜矿物和硫矿物。设计选矿指标为：铜精矿含铜20%、铜回收率 88%；硫精矿含硫 37%、硫回收率 7%，其中硫精矿 1 含硫 38. 17%、硫回收率 59. 49%，硫精矿 2 含硫 31. 51%、硫回收率 0. 51%；铁精矿含铁 64%、铁回收率 9%、含硫 0. 45%。

图 15-3 为冬瓜山铜矿生产流程图。

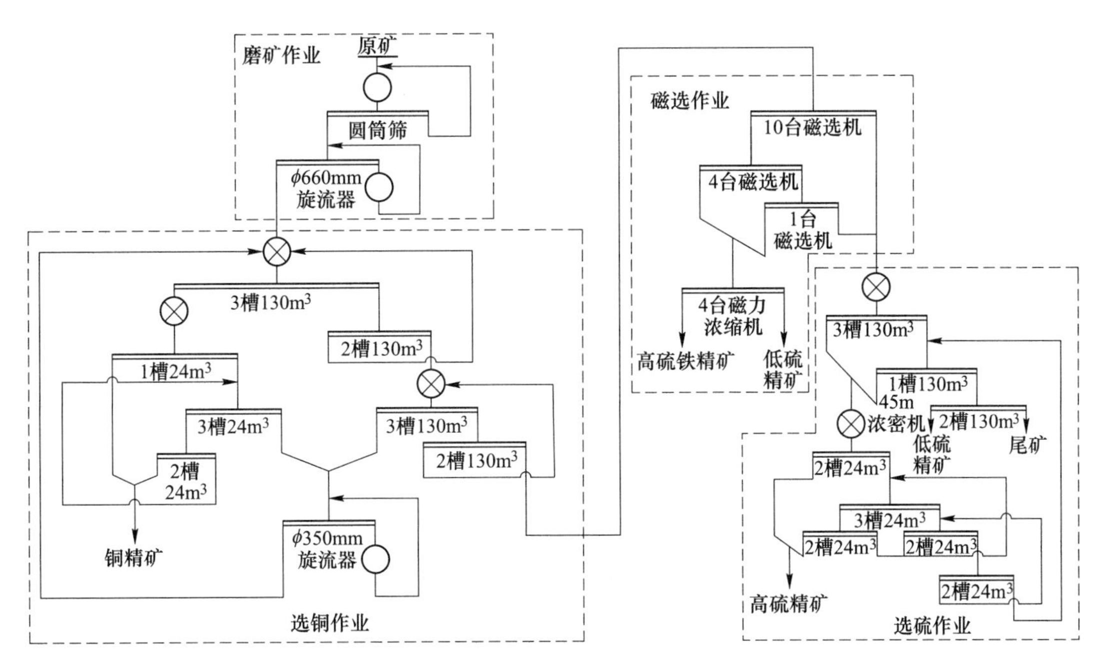

图 15-3　冬瓜山铜矿生产流程

15.5　矿产资源综合利用情况

冬瓜山铜矿，矿产资源综合利用率 64.58%，尾矿品位 0.093%。

废石全部利用，截至 2013 年底，废石场累计堆存废石为 0，2013 年产生量为 70.73 万吨。废石利用率为 100%，废石排放强度为 3.65t/t。

尾矿集中堆存在尾矿库，还用作矿山地下开采采空区的充填料。截至 2013 年底，尾矿库累计堆存尾矿 412.528 万吨，2013 年产生量为 267.74 万吨。尾矿利用率为 41.57%，尾矿排放强度为 13.83t/t。

16　多宝山铜（钼）矿

16.1　矿山基本情况

多宝山铜（钼）矿为主要开采铜、钼矿的大型露天矿山，共伴生矿产主要有金、银等。矿山建矿时间为2006年1月5日，投产时间为2010年6月19日。矿山位于黑龙江省黑河市嫩江县北部，东距黑河市约160km，南距嫩江县城约152km，均有公路相通，距矿区最近的火车站仅有12km，交通较为方便。矿山开发利用简表详见表16-1。

表16-1　多宝山铜（钼）矿开发利用简表

基本情况	矿山名称	多宝山铜（钼）矿	地理位置	黑龙江省黑河市嫩江县
	矿山特征	—	矿床工业类型	斑岩型铜矿床
地质资源	开采矿种	铜矿、钼矿	地质储量/亿吨	矿石量4.92
	矿石工业类型	硫化铜矿石、氧化铜矿石	地质品位/%	0.414
开采情况	矿山规模/万吨·a^{-1}	750，大型	开采方式	露天开采
	开拓方式	公路运输开拓	主要采矿方法	组合台阶采矿法
	采出矿石量/万吨	1054.45	出矿品位/%	0.357
	废石产生量/万吨	261.69	开采回采率/%	98.56
	贫化率/%	3.94	开采深度/m	540～-600标高
	剥采比/t·t^{-1}	0.25		
选矿情况	选矿厂规模/万吨·a^{-1}	原生矿750 氧化矿124	选矿回收率/%	Cu 84.79 Au 64.01 Ag 59.33 Mo 53.20
	主要选矿方法	原生矿：三段一闭路、中碎前强化预先筛分，一段闭路磨矿，钼铜等可浮再分离—强化选铜工艺 氧化矿：采用破碎—筑堆—喷灌浸出—萃取—电积工艺		
	入选矿石量/万吨	806.18	原矿品位	Cu 0.41% Mo 0.012% Au 0.11g/t Ag 1.79g/t
	Cu精矿产量/万吨	14.23	Cu精矿品位	Cu 19.70% Au 3.98g/t Ag 59.14g/t
	Mo精矿产量/万吨	0.11	Mo精矿品位/%	Mo 47.55
	尾矿产生量/万吨	791.85	尾矿品位/%	Cu 0.06

续表 16-1

综合利用情况	综合利用率/%	78.13		
	废石排放强度/$t \cdot t^{-1}$	18.39	废石处置方式	堆存在废石场
	尾矿排放强度/$t \cdot t^{-1}$	55.65	尾矿处置方式	原地堆浸
	废石利用率/%	0	尾矿利用率/%	0
	废水利用率/%	100		

16.2　地质资源

16.2.1　矿床地质特征

16.2.1.1　*矿体特征*

多宝山铜矿是一个大型的铜、钼等多金属矿床，除铜、钼外，还含有金、银等多种有用元素，属低品位大型斑岩铜矿。多宝山铜矿共有四个矿带，包括200多个矿体，其中以3号矿带X号矿体规模最大，储量最多，最具开采价值，其次是1号矿带Ⅳ号矿体。

矿石工业类型大致可分为浸染型矿石、细脉浸染型矿石和细脉型矿石三类，其中前二者为最重要的矿石类型，不仅数量多而且分布广。

矿石自然类型可分为原生硫化矿和表生矿石两类，前者构成了矿床的主体；后者仅分布在地表浅部，即氧化矿石和混合矿石。

矿石按岩性之不同，可分为蚀变花岗闪长岩矿石和蚀变安山岩质火山岩矿石两类，其中后者数量很少，仅分布在3号矿带顶部。

由于矿区地处寒温带，年均降雨量少，冰冻期长，加之地下水不丰富，所以地表矿石氧化带发育深度不大，混合带零星分布。氧化带和混合带的总深度一般在25~50m之间。

16.2.1.2　*矿物赋存状态*

Cu的赋存状态主要以斑铜矿、黄铜矿形式存在，Fe的赋存状态主要以黄铁矿及少量磁铁矿形式存在，Mo的赋存状态主要以辉钼矿形式存在。

（1）斑铜矿：斑铜矿是矿石中主要的铜矿物，在矿石中主要嵌布特征形式包括：

1）与黄铜矿的嵌布关系较为复杂，斑铜矿呈格子状、聚片状等固溶体形式与黄铜矿交生在一起；斑铜矿中可见有黄铜矿、石英等矿物包裹体。

2）与石英的镶嵌关系主要为线形接触和包裹关系，可见有斑铜矿以包裹体形式存在于石英颗粒之中。

3）在斑铜矿中可见包裹有少量的赤铜矿，斑铜矿与赤铜矿呈条带状分布；斑铜矿与赤铜矿接触关系主要为直线状、港湾状关系。

4）斑铜矿表面可见有微量的风化氧化产物，诸如赤铜矿、铜蓝等矿物。

5）斑铜矿粒度大小可分为几个粒级存在，从0.005mm至1.5mm不等。

（2）黄铜矿：黄铜矿是矿石中主要的铜矿物，在矿石中主要嵌布特征形式包括：

1）呈微细粒星点状和点线状分布于岩石中，自形和半自形晶形式，大小可分为几个粒级存在，一般为0.002~0.015mm，大者可见2.4mm。

2）黄铜矿细脉呈雁状分布于矿石中，细脉一般宽 0.002mm，长 0.005～0.020mm。

3）黄铜矿与斑铜矿镶嵌关系较为复杂，黄铜矿呈格子状、聚片状等固溶体形式与斑铜矿交生在一起；黄铜矿呈包裹形式包裹于斑铜矿之中；黄铜矿中可见有斑铜矿、石英等包裹体，包裹体大小不一，一般为小于 20μm。

4）黄铜矿与斑铜矿呈直线状、港湾状镶嵌关系，与石英的接触关系为线形。

（3）赤铜矿：赤铜矿是矿石中有用矿物，与斑铜矿呈港湾状、直线状接触关系，可见呈包裹体形式存在于斑铜矿之中，同时在斑铜矿和黄铜矿表面可见有微量的赤铜矿。

（4）辉钼矿：辉钼矿是矿石中最主要的含钼矿物，主要呈粒状、叶片状或鳞片状分布于岩石的裂隙之中，或呈细脉状充填于岩石之中，以半自形至它形形式存在，其大小一般为 0.001mm×0.005mm 至 0.04mm×0.65mm。

（5）黄铁矿：主要以粒状分布于岩石之中，它形晶形式存在，一般大小为 0.002～0.075mm，大者可达 1mm，可见有许多空洞存在，具有港湾状边缘，与石英呈锯齿状、港湾状接触关系，可见有黄铁矿呈包裹体形式存在于辉钼矿之中。

（6）磁铁矿：主要呈粒状、纤维状分布于岩石之中，其边缘或内部有少量赤铁矿存在，一般粒度大小为 0.005～1mm。

16.2.1.3 *矿石的结构和构造*

多宝山铜矿矿石样品的主要显微结构为半自形粒状结构、脉状结构两类。

半自形粒状结构：为矿石的主要结构，矿物颗粒的大小变化较大，一般为 0.4mm×1mm，大者可见数厘米。岩石绢云母化和绿泥石化现象比较明显，含铜矿物和含钼矿物主要分布于绢云母化带和绿泥石化带之中。

脉状结构：后生的石英及方解石呈脉状充填在矿石中，脉宽大小不一，镜下可见脉宽一般为 0.03mm 左右，大者可达数毫米，在石英脉和方解石脉中少见金属矿物，与围岩接触部位较多见金属矿物。

矿石构造以浸染状构造和细脉浸染状构造分布最广泛，其次为交错构造以及少量的块状构造和角砾状构造等。地表氧化带矿石为土状构造及皮壳状构造。

16.2.2 资源储量

多宝山铜矿矿石工业类型主要为硫化铜矿石。矿山累计查明铜矿石资源储量为 492390.15kt，查明铜金属量为 2038495.221t，铜矿的平均地质品位（Cu）为 0.414%；共生矿产钼矿平均地质品位（Mo）为 0.0143%；伴生矿产金矿平均地质品位（Au）为 0.145g/t；伴生矿产银矿平均地质品位（Ag）为 1.93g/t。

16.3 开采情况

16.3.1 矿山采矿基本情况

多宝山铜钼矿为露天开采的大型矿山，采用公路运输，使用的采矿方法为分期陡帮采矿法。矿山设计生产能力 750 万吨/a，设计开采回采率为 97%，设计贫化率为 3%，设计出矿品位（Cu）0.456%，铜矿最低工业品位（Cu）为 0.4%。

16.3.2 矿山实际生产情况

2015 年，矿山实际采出矿量 1054.45 万吨，排放废石 261.69 万吨。矿山开采深度为 540~-600m 标高。具体生产指标见表 16-2。

表 16-2 矿山实际生产情况

采矿量/万吨	开采回采率/%	出矿品位/%	贫化率/%	露天剥采比/$t \cdot t^{-1}$
1054.45	98.56	0.357	3.94	0.25

16.3.3 采矿技术

16.3.3.1 多宝山开拓情况介绍

多宝山铜矿区设计选取最终边坡要素如下：

（1）最终台阶高度，30m（最终并段）。

（2）最终台阶坡面角，55°（近地表 20~30m 以内），
65°（地表 20~30m 以下）。

（3）安全、清扫平台宽度，10~15m。

（4）运输平台宽度，20m。

（5）最终边坡角，42°~44°。

多宝山露天开采境界上口：长 1540m，宽 1320m；境界底长 230m，宽 30~130m；开采深度 510m。境界底标高-35m，封闭圈标高 490m。

多宝山铜矿区位于小兴安岭西北部偏南的低山丘陵区。矿区地势北高南低，地形平缓，高差较小。

选矿厂位于露天采场西南约 1.0km，矿石粗碎站位于露天采场西南约 200m，粗碎站卸矿平台标高 513m。废石场位于露天采场南侧，紧邻露天采场，废石场排土标高 490~550m。

由于露天采场周边地形比较平缓，矿石粗碎站卸矿标高 513m，废石场排土标高 600m 左右，封闭圈标高 490m，因此，露天采场总出入口设在露天采场南部边界的最低处，标高 490m。

根据最终露天开采境界的形状，沿最终境界布置的永久性运输公路采用螺旋式布置，以减少扩帮剥离量。为方便分期境界的扩帮开采，分期境界内的临时及半永久性公路采用折返式布置。

16.3.3.2 采剥工作介绍

根据矿体的赋存条件，设计台阶高度 15m。为确保露天采场持续稳定出矿，设计采矿采用单台阶缓帮作业，剥离采用组合台阶陡帮作业。为降低矿石的损失、贫化指标，根据矿体的赋存条件，设计开段沟纵向布置在矿中或矿体上盘，垂直矿体走向推进。

采矿作业工作面主要参数如下：

台阶高度，15m。

工作台阶坡面角，70°~75°。

最小工作平盘宽度，45m。

最小工作线长度，120m。

采矿作业帮坡角，小于10°。

剥离作业工作面主要参数如下：

台阶高度，15m。

工作台阶及缓采台阶坡面角，70°~75°。

最小工作平盘宽度，45m。

最小工作线长度，120m。

缓采台阶平台宽度，25m。

组合台阶数（最多），4个。

剥离作业帮坡面角，小于23°。

根据矿体赋存条件及选择的开采工艺，设计损失、贫化指标如下：

矿石损失率，3%。

矿石贫化率，3%。

选用穿孔直径250mm的牙轮钻机穿孔。

台阶爆破采用大区中深孔微差爆破，以改善爆破质量，提高装载效率。爆破炸药主要使用铵油炸药，水孔使用乳化炸药。起爆使用非电导爆管及非电微差雷管。为保证起爆效果，非电雷管先引爆起爆体，再由起爆体引爆铵油炸药。起爆体布置在孔底。台阶爆破采用装药车装药。大块二次爆破破碎选用2号岩石炸药，火雷管起爆。

矿岩铲装选用斗容10m^{3}电铲。

矿岩经爆破松动后，由电铲直接铲挖，装入载重90t的自卸汽车。

铲装作业应尽可能使台阶保持平整，爆堆清理干净，以便为后续穿孔工作创造有利条件，提高穿孔设备效率。

选用载重90t的自卸汽车，采用选别式开采，原生矿、氧化矿、低品位矿及废石分采、分运，分别堆放。原生矿石运到矿石粗碎站，氧化矿运到堆浸场，低品位矿石运到废石场专门的堆放区域堆存，废石直接在废石场排弃。

为保证矿山主要生产设备效率的充分发挥，配备一定数量的辅助生产设备，负责清理工作面、清理爆破及运输过程中散落的岩块、修筑及维护道路。选用的辅助设备包括：Cat D10R，580马力推土机3台，Cat 834G，480马力推土机3台，Cat 990H，斗容9m^{3}前装机2台，水箱容积30t洒水车2台，载重5t的材料车4台，生产、维修用工具车5台，生产指挥车4台，炸药制备系统1套。

另外，矿山设专业道路养护队，负责道路修筑和维护工作。

16.4　选矿情况

16.4.1　选矿厂概况

多宝山铜矿一期工程于2006年开始筹建，2012年6月建成开始试生产，2013年达到设计产能。包括2.5万吨/d硫化矿采选工程和氧化矿堆浸湿法冶炼厂等。原生矿设计选矿规模750万吨/a、产铜精矿11.76万吨/a、钼精矿0.14万吨/a，氧化矿堆浸矿石处理规模124万吨/a、产阴极铜3000t/a。选矿厂2015年度指标见表16-3。

表16-3　选矿能耗与水耗概况

选矿量/万吨	入选品位/%	选矿回收率/%	精矿品位/%	选矿耗水量/t·t^{-1}	选矿耗新水量/t·t^{-1}	磨矿介质损耗/kg·t^{-1}
806.18	Cu 0.41	Cu 84.79	Cu 19.70	0.53	0.15	0.79
	Mo 0.012	Mo 53.20	Mo 47.55			

16.4.2　选矿工艺流程

16.4.2.1　原生矿浮选工艺

A　破碎筛分流程

碎矿采用三段一闭路、中碎前强化预先筛分的流程。来自采场经过ϕ1400/170旋回破碎机破碎到-250mm的矿石，先通过2400mm×6000mm重型双层振动筛进行强力筛分，筛下粉矿直接进入粉矿仓。筛上矿石采用H8800液压圆锥破碎机进行中细碎，并与3000mm×7300mm香蕉型振动筛形成闭路。最终碎矿产品粒度为-12mm。

B　磨矿流程

磨矿采用ϕ5.5m×8.8m球磨机，与ϕ660mm水力旋流器组成一段闭路磨矿，磨矿产品细度为-0.074mm含量占67.8%，矿浆浓度为30%。

C　浮选流程

2015年1~9月选矿厂采用钼铜等可浮再分离—强化选铜工艺流程。水力旋流器组溢流经搅拌槽搅拌调浆后，经130m^{3}浮选机依次进行钼铜等可浮、铜粗扫选后分别得到铜钼混合粗精矿和铜粗精矿，其尾矿为选矿厂最终尾矿并排至尾矿坝。铜钼混合粗精矿经浮选机进行精选后，得到的铜钼混合精矿先经球磨机与水力旋流器组成的闭路磨矿磨至-0.045mm含量占98%，经搅拌调浆后进行铜钼分离，并得到最终钼精矿和一部分铜精矿。铜粗精矿经球磨机与水力旋流器组成的闭路磨矿磨至-0.045mm含量占96%，经搅拌调浆后进行铜精选，并与铜钼分离所得到的铜精矿合并作为最终铜精矿。伴生的金、银随铜精矿富集。

铜钼等可浮阶段使用石灰做调整剂、CSU31做捕收剂、2号油做起泡剂，铜钼分离流程使用硫化钠抑制铜，六偏磷酸钠做分散剂、煤油做捕收剂实现铜钼分离。钼粗精矿通过重选，去除杂质含碳矿物，得到最终钼精矿。铜粗选阶段使用丁基黄药+丁铵黑药加强对铜的捕收，得到铜精矿2。

D　精矿脱水

铜精矿采用浓缩—过滤两段脱水流程，过滤采用陶瓷过滤机，精矿含水13%。铜精矿中铜品位19.70%，金品位3.98g/t，银品位59.14g/t；铜回收率84.79%，金回收率64.01%，银回收率59.33%。

钼精矿采用浓缩—过滤—干燥三段脱水流程，过滤采用板框压滤机，干燥采用蒸汽加热干燥机，精矿水分 4%，钼品位 47. 55%，钼回收率 53. 20%。

2015 年 10~12 月由于钼精矿价格低，铜钼分离成本高，经经济核算后，选矿厂取消铜钼分离流程，改为铜一段粗选、两段扫选、两段精选的工艺流程。2015 年多宝山铜矿选矿流程如图 16-1 和图 16-2 所示。

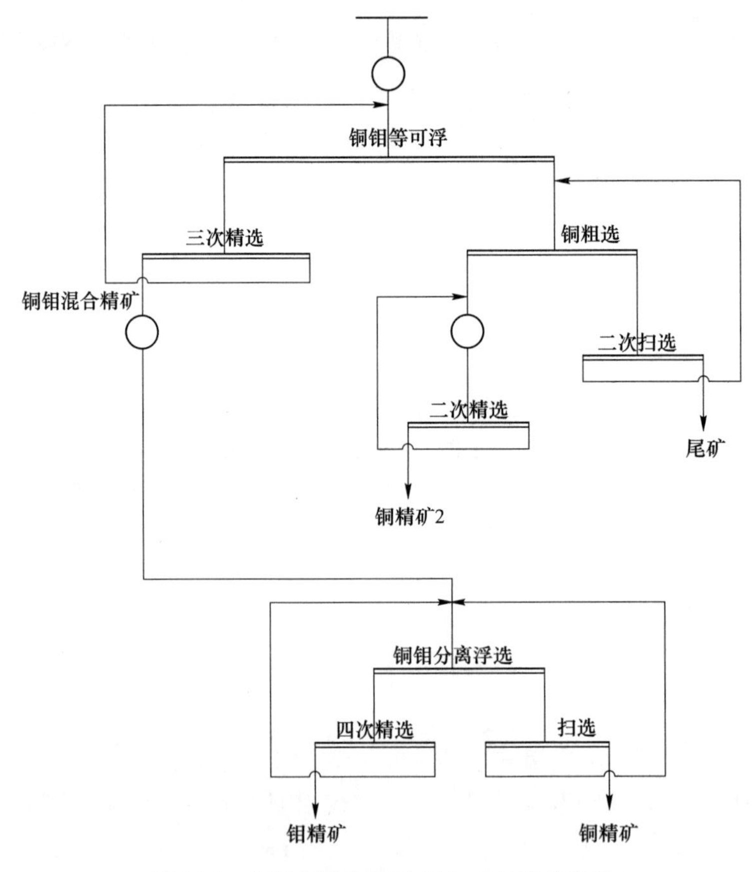

图 16-1　多宝山铜矿 2015 年 1~9 月选矿流程

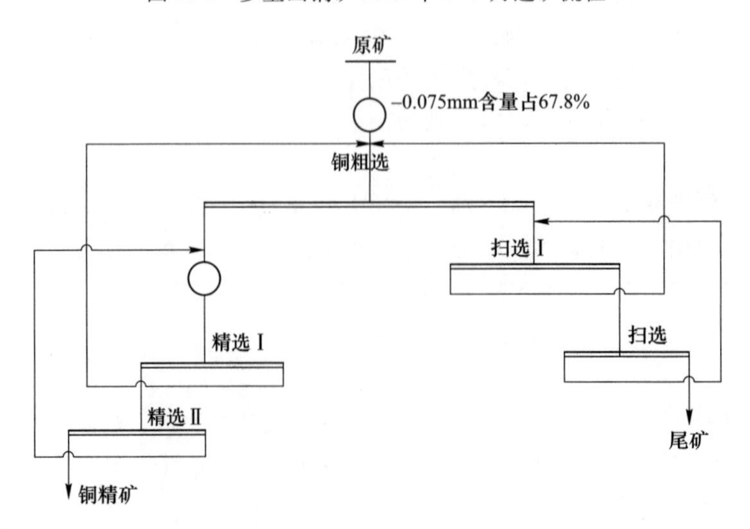

图 16-2　多宝山铜矿 2015 年 10~12 月选矿流程

16.4.2.2　湿法冶炼工艺（氧化矿）

氧化矿采用破碎—筑堆—喷灌浸出—萃取—电积工艺流程处理，工艺流程图如图 16-3 所示。

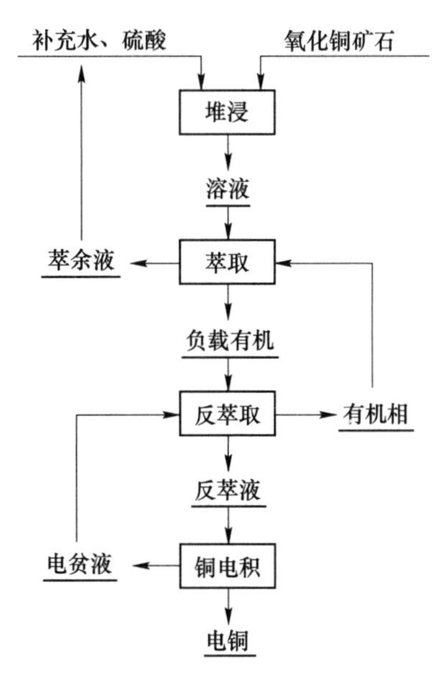

图 16-3　湿法冶炼工艺流程

A　矿石堆浸

堆浸场地上平整坡度向集液池方向 2%~3%，压实，铺黏土层 200mm，再压实，铺 2mm 高密度聚乙烯软垫层防止溶液渗滤。聚乙烯软垫层上铺垫破碎粒度小于 50mm 的浸出矿石层，厚度大于 300mm，堆放浸出矿石。

矿石采用二段开路破碎流程，碎矿产品粒度为 50mm，用汽车运至堆浸场，矿堆层高 8m。被运矿车压实了的表层，用带犁钩的推土机钩松 1.2~1.5m 深，其上铺设管网，管网可采用滴灌式，冬季为防止结冻，在喷淋管网上覆盖 1~2m 的矿石，布液量 7~8L/(m^2·h)，周期约 108d。一层矿石浸出完后，将其表面犁松 1.2~1.5m，再在其上堆第二层矿石。

浸出集液池有效容积 30000m^3，萃余液池的有效容积 20000m^3，两个池均采用地坑衬高密度聚乙烯薄膜。堆场与集液池之间采用沟渠连通。浸出液经泵打至萃取厂房萃取，萃余液自流至萃余液池，同时补充硫酸至萃余液池，萃余液用泵打至堆场喷淋。浸出液的铜浓度 3g/L，pH=2.5。

B　萃取

萃取设备采用混合—澄清型萃取箱，箱体为砼衬 FRP，2 级萃取 1 级反萃。萃取剂选用 Lix984N。萃取在常温下进行。萃余液经澄清池回收有机相后，自流到萃余液池供再浸出。负载有机相用含铜 35g/L、H_2SO_4 175g/L 的电解贫液反萃，反萃后液含铜 45g/L、H_2SO_4 160g/L，送往电解车间。

C　电积

电积采用始极片法。

设计电解槽48个，每槽阴极32片，材质为钛板；每槽阳极26片，材质为Pb-Ca-Sn合金。一套硅整流器供电。最大输出电流12000A。

由萃取工段来的反萃后液，经除油装置和双介质过滤器分离有机相后，用泵送经板式换热器加温后，经电解液高位槽流到电解槽进行电积，电解贫液返回反萃取段作反萃剂。电解槽内温度控制41~43℃，电解槽液面加聚丙烯颗粒覆盖，以减少酸雾挥发。电解液内添加硫酸钴保护阳极。电积周期8d，种板槽生产的种板经剪裁、压纹、钉耳得到阴极始极片。

为防止电解液中的铁积累，每日开路一部分电解贫液到浸出液中，其量视铁的积累情况而定。

多宝山铜（钼）矿浮选法选矿主要设备型号及数量见表16-4。

表16-4 多宝山铜（钼）矿浮选厂主要设备型号及数量

序号	设备名称	设备型号	台数
1	溢流型球磨机	ϕ5.5m×8.8m	4
2	水力旋流器组	6-ϕ660	4
3	渣浆泵	16/14TU-AH $Q=1900m^3/h$	6
4	浮选机	KYF-130，130m^3	1
5	浮选机	XCFⅡ-8m^3	1
6	浮选机	KYFⅡ-8m^3	1
7	浮选机	BF-6.0，6m^3	1
8	浮选机	BF-2.0，2m^3	1
9	溢流型球磨机	ϕ3.6m×6.0m	1
10	水力旋流器组	6-ϕ250	1
11	溢流型球磨机	ϕ2.7m×4.0m	1
12	水力旋流器组	4-ϕ250	1
13	盘式真空过滤机	DL-5	1

16.5 矿产资源综合利用情况

多宝山铜矿，矿产资源综合利用率78.13%，尾矿品位Cu 0.06%。

废石集中堆存在废石场，截至2013年底，废石场累计堆存废石4583.94万吨，2013年产生量为261.69万吨。废石利用率为0，废石排放强度为18.39t/t。

尾矿在原地继续堆浸，截至2013年底，尾矿库累计堆存尾矿1057.33万吨，2013年产生量为791.85万吨。尾矿利用率为0，尾矿排放强度为55.65t/t。

选矿回水利用率为100%。

17 丰山铜矿

17.1 矿山基本情况

丰山铜矿为主要开采铜矿的中型矿山，共伴生矿产主要有钼、金、银、硫等，是国家级绿色矿山。矿山始建于1965年，投产时间为1971年。矿山位于湖北省黄石市阳新县，距阳新县城25km，距黄石市约60km，处长江中游南岸，隔长江与武穴市田镇相望，西距武九铁路38km，京九铁路30km，交通较为方便。矿山开发利用简表详见表17-1。

表17-1 丰山铜矿开发利用简表

基本情况	矿山名称	丰山铜矿	地理位置	湖北省黄石市阳新县
	矿山特征	国家级绿色矿山	矿床工业类型	岩浆期后高-中温热液接触交代型铜矿床
地质资源	开采矿种	铜矿	地质储量/万吨	矿石量4570.5
	矿石工业类型	原生硫化矿石	地质品位/%	0.98
开采情况	矿山规模/万吨·a^{-1}	66，中型	开采方式	露天-地下联合开采
	开拓方式	露天：公路运输开拓 地下：竖井-斜坡道联合开拓	主要采矿方法	露天：组合台阶采矿法 地下：胶结充填采矿法
	采出矿石量/万吨	90.2	出矿品位/%	0.663
	废石产生量/万吨	1.6	开采回采率/%	83.22
	贫化率/%	14.66	开采深度/m	65~-550标高
	掘采比/m·万吨$^{-1}$	146		
选矿情况	选矿厂规模/万吨·a^{-1}	115.5	选矿回收率/%	Cu 90.2 Mo 46.82 Au 67.20 Ag 72 S 75.9
	主要选矿方法	三段一闭路破碎，铜钼硫混合浮选—粗精矿再磨精选—铜硫分离		
	入选矿石量/万吨	90.2	原矿品位	Cu 0.663% Mo 0.021% Au 0.27g/t Ag 8.07g/t S 0.98%

续表 17-1

选矿情况	Cu 精矿产量/万吨	2.57	精矿品位	Cu 21.6% Au 6.38g/t Ag 204.2g/t S 26.8%
	Mo 精矿产量/t	95.28	精矿品位/%	Mo 38
	尾矿产生量/万吨	87.64	尾矿品位/%	Cu 0.056
综合利用情况	综合利用率/%	40.53		
	废石排放强度/$t \cdot t^{-1}$	0.62	废石处置方式	回填
	尾矿排放强度/$t \cdot t^{-1}$	32.93	尾矿处置方式	井下采空区充填
	废石利用率/%	100	尾矿利用率/%	25
	废水利用率/%	95		

17.2　地质资源

17.2.1　矿床地质特征

丰山铜矿床属中等规模，矿床类型为岩浆期后高-中温热液接触交代型铜矿床。矿床主要赋存于花岗闪长斑岩与三叠系下统大冶群碳酸盐岩的接触带上。矿体的形态、产状、规模严格受接触带的控制。矿床广泛发育接触变质交代作用和热液蚀变作用。矿石结构以交代结构为主。成矿作用方式以接触交代作用为主，矿物组合特点表明，主要金属矿物形成于中-高温热液阶段。

矿石主要为原生硫化矿石（97%），按矿物成分主要分为：矽卡岩型铜矿石、大理岩型黄铜矿矿石、花岗闪长斑岩黄铜矿矿石三大类。其他尚有少量磁铁矿型矿石，黄铁矿型矿石。矽卡岩型铜矿石占 75%以上。矿石常见的金属矿物主要有黄铜矿、斑铜矿、黄铁矿、辉钼矿等，脉石矿物主要有石榴石、透辉石、硅灰石、绿泥石、蛇纹石等。矿石中主要有益组分有金、银、硫、钼等，有害组分有铅、锌、砷，有害元素含量均大大低于允许规定要求。矿石均属易选矿石。

矿区水文地质属于裂隙岩溶为主，顶底板直接进水，水文地质条件中等的岩溶充水矿床。矿区工程地质属以块状岩类为主，工程地质条件中等的矿床。矿区所在区域属地壳基本稳定的地区。矿区地质环境质量属中等类型。综合矿区水文地质、工程地质和环境地质条件，开采技术条件勘查类型属于复合问题的中等矿床。

17.2.2　资源储量

丰山铜矿矿石主要为原生硫化矿石，主矿种为铜，共伴生矿种为金、银、硫、钼等。矿床截至 2013 年 12 月底，丰山铜矿累计查明铜矿石资源储量 45705kt、铜金属量 448941t，铜平均品位 0.98%；钼矿石资源储量 1052kt、钼金属量 1770t；伴生铜矿石资源储量 368kt、铜金属量 730t，铜平均品位 0.2%；伴生钼矿石资源储量 1035kt、钼金属量 138t，钼平均品位 0.013%；伴生金资源储量 46084t，金金属量 16789kg，金平均品位 0.36g/t；伴生银资源储量 46084t，银金属量 883375kg，银平均品位 19.17%。

17.3 开采情况

17.3.1 矿山采矿基本情况

丰山铜矿为露天-地下开采的中型矿山，露天部分采用公路运输开拓，地下部分采用竖井-斜坡道联合开拓，地下采矿方法主要为上向水平分层尾砂胶结充填法和上向分段碎石胶结充填采矿法，露天采用组合台阶采矿法。矿山设计生产能力 66 万吨/a，设计开采回采率为 73%，设计贫化率为 15%，设计出矿品位（Cu）0.74%，铜矿最低工业品位（Cu）为 0.5%。

17.3.2 矿山实际生产情况

2013 年，矿山实际采出矿量 90.2 万吨，排放废石 1.6 万吨。矿山开采深度为 65～-550m 标高。具体生产指标见表 17-2。

表 17-2 矿山实际生产情况

采矿量/万吨	开采回采率/%	出矿品位/%	贫化率/%	露天剥采比/$t \cdot t^{-1}$	掘采比/m·万吨$^{-1}$
90.2	83.22	0.663	14.66	2.63	146

17.3.3 采矿技术

丰山铜矿于 1971 年正式投产，经过 40 多年的开采，至 2013 年底，丰山铜矿累计开采消耗铜矿石量 3079.3 万吨、铜金属量 322591t。2013 年度开采矿石量 90.2 万吨，其中露采低品位矿石 8.34 万吨，平均地质品位 0.76%，设计综合开采品位 0.65%，矿石出矿品位为 0.663%。核定开采回采率 80%，实际开采回采率 83.22%，核定采矿贫化率 15%，实际采矿贫化率 14.66%，掘采比 146m/万吨，剥采比 2.63t/t。

丰山铜矿开采方式为露天-地下联合开采，井下采矿方法主要为上向水平分层尾砂胶结充填法和上向分段碎石胶结充填采矿法，露天采用组合台阶采矿法。采矿设备主要有掘进台车，深孔凿岩台车，天井钻机，遥控柴油铲运机，电动铲运机，挖掘机等。

17.4 选矿情况

17.4.1 选矿厂概况

选矿厂设计规模 3500t/d，采用浮选法生产铜精矿、钼精矿，伴生金银在选铜过程中富集到铜精矿中回收。选厂采用的是三段一闭路破碎，铜钼硫混合浮选—粗精矿再磨精选—铜硫分离流程。

丰山选矿厂所产铜精矿 Cu 品位 21.5%左右，出厂水分控制在 14%以下，铜精矿经精矿仓短暂缓冲储存后由公路运输至大冶有色公司冶炼厂。钼精矿 Mo 品位 38%左右，包装水分控制在 8%以下，钼精矿烘干后包装储存，经大冶有色公司统一招标后直接在矿装车销售。2013 年通过选矿回收了铜精矿含金 163.61kg，铜精矿含银 5241.344kg，铜精矿含金 5865.537t；通过铜钼分离选矿流程，生产了钼精矿 95.276t。

17.4.2　选矿工艺流程

17.4.2.1　破碎筛分流程

井下矿石通过-351m 破碎站粗碎后由主井提升至中矿仓进入选矿厂，八线采区矿石通过斜井提升至地表，八线采区矿石和露采低品位矿石由汽车运输至地表粗矿仓，经粗碎后进入选矿厂。碎矿流程为典型的“三段一闭路”流程。0～17mm 的筛下产品为合格破碎产品，由皮带输送机送到粉矿仓，供磨浮工序生产。图 17-1 为丰山铜矿选矿工艺流程。

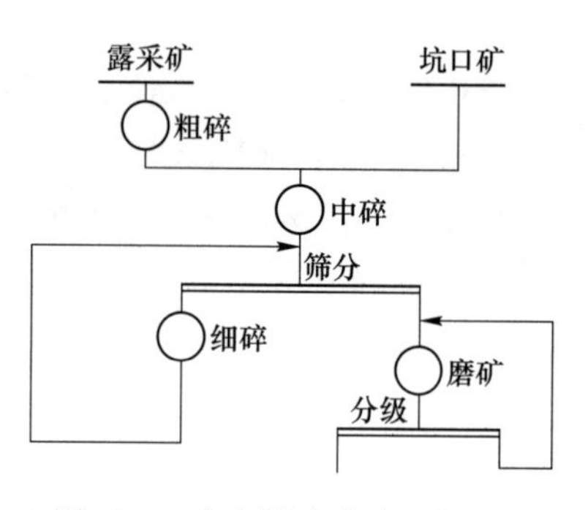

图 17-1　丰山铜矿选矿工艺流程

中碎采用 1 台 PYBϕ1750 弹簧圆锥破碎机，细碎采用 2 台 PYDϕ1750 弹簧圆锥破碎机，筛分采用 3 台 SZZ1800×3600 型自定中心振动筛。

17.4.2.2　浮选工艺

丰山铜矿浮选工艺为铜钼硫混合浮选—粗精矿再磨精选—铜硫分离。生产流程如图 17-2 所示。

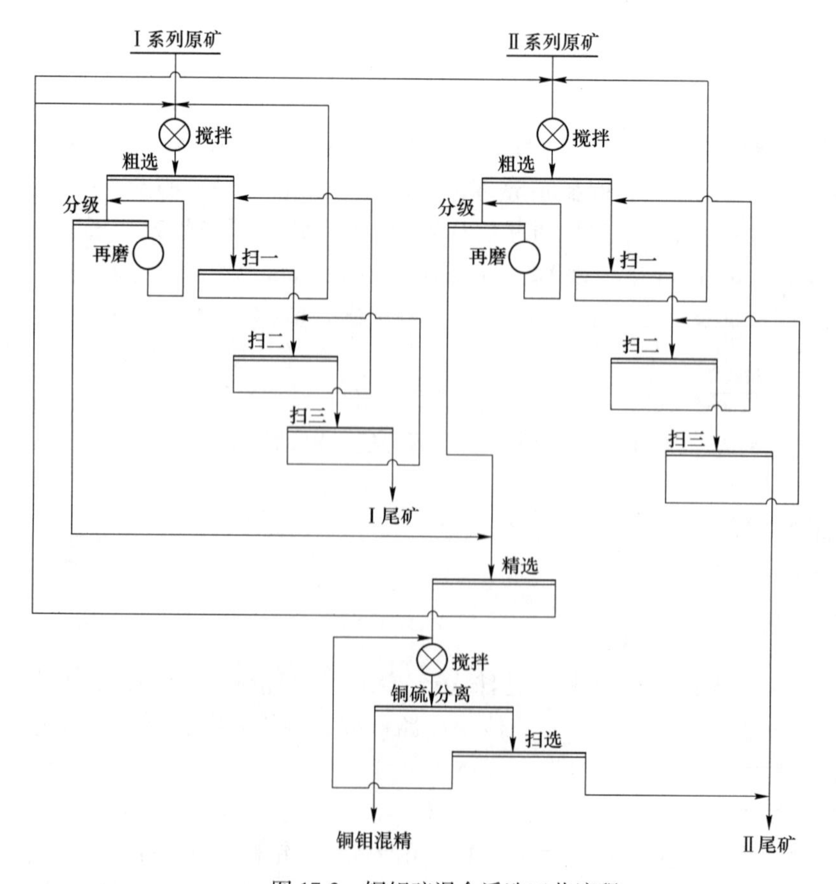

图 17-2　铜钼硫混合浮选工艺流程

17.4.2.3　铜钼分离工艺

自2005年铜钼分离项目建设成功，铜钼分离的工艺和设备也进行了不断的完善和改造。现在的主要工艺是铜钼混合精矿经脱药、搅拌、一粗七精，二次精选精矿再磨流程。2013年至今的铜钼分离工艺流程如图17-3所示，选矿厂主要设备见表17-3。

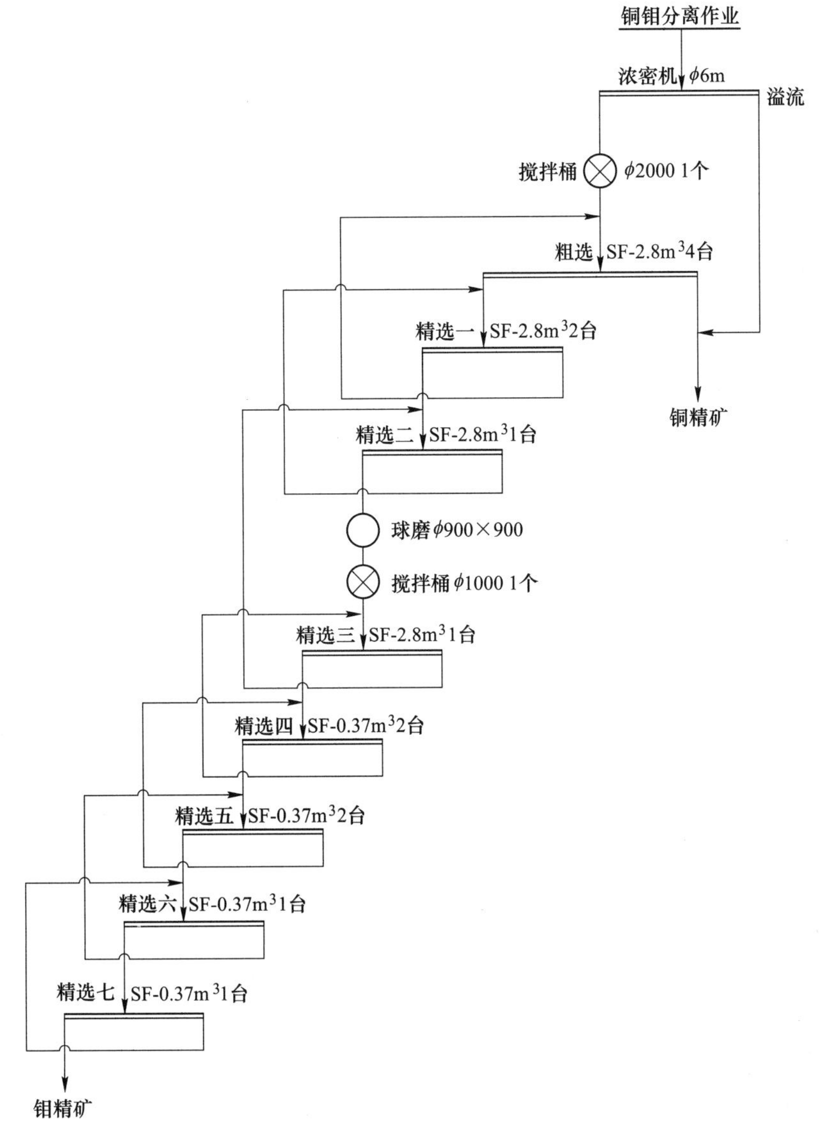

图17-3　铜钼分离工艺流程

表17-3　选矿厂主要设备

序号	设备名称	规格（型号）	数量/台
1	重型板式给矿机	1500×8000	1
2	重型板式给矿机	1800×10000	1
3	颚式破碎机	1200×1500	1

续表 17-3

序号	设备名称	规格（型号）	数量/台
4	圆锥破碎机	PYBϕ1750	1
5	圆锥破碎机	PYDϕ1750	2
6	振动筛	SZZ1800×3600	3
7	球磨机	MQG2700×3600	4
8	球磨机	MQY1500×3000	2
9	球磨机	MQY1200×1800	1
10	螺旋分级机	2FGϕ2400	4
11	水力旋流器	ϕ350	2
12	浮选机	KYF-8	45
13	浓密机	ϕ18m	1
14	浓密机	GZNϕ24m	1
15	陶瓷过滤机	TM-21	1
16	球磨机	ϕ900×900	1
17	浓密机	ϕ6m	1

17.4.3　选矿技术改造

17.4.3.1　破碎系统

1970 年投产时，井下有部分泥矿，为了尽可能消除原矿矿泥对整个采选流程产生的不利影响，在中碎之前有洗矿作业（含重型筛、双层筛、分级机、洗矿泵等）。由于洗矿作业设备设施旧、工艺复杂等原因，生产过程极不稳定，设备故障率高，管道堵塞频繁。

2010 年以来，丰山铜矿通过对井下碎矿系统、溜矿系统、给矿系统和选矿碎矿系统的技术改造，实现了全流程畅通程度大幅度提高和进入到选矿碎矿流程的矿石水分含量较低的目标。

17.4.3.2　除尘系统

降低供矿水分后，碎矿流程的灰尘量会显著增加，为了预防、控制和消除职业病危害，保护劳动者健康及相关权益，进一步整治现场操作环境，对选矿破碎系统振动筛和圆锥破碎机的防尘系统进行了改造。重新制作密封罩，加强密封效果；加大风管直径，优化管线布置，保障气体流动顺畅、阻力小；加大风机风量，由原每台风机风量 15000m^3/h 增加到 20000m^3/h；在风机进口前增加一台高效湿式除尘器预先湿法除尘，使得风机叶片不粘灰，平稳运转，提高除尘效率；采用三开一备用方案，保证系统开动率 100%。通过改造，开车过程中厂房空气含尘浓度由之前的 400mg/m^3 下降到 10mg/m^3 以下，达到国家环保部门大气污染物综合排放标准。

17.4.3.3　浮选系统

通过浮选设备的大型化、高效化、自动化和浮选流程的简单优化来实现矿产资源的综合回收利用是近年来浮选技术发展的趋势。丰山铜矿通过将选铜浮选工艺的设备全部更新为 KYF-8m^{3}浮选机、精选及铜硫分离流程优化改造、增设第三次扫选尾矿选铜作业、铜钼分离部分设备更新及流程优化等技术改造实践，有效地提升了选矿两项技术经济指标。

选矿厂工艺进行过几次工艺设备改造，先后使用过浮选柱、棒型浮选机、CHF-4m^{3}充气式浮选机、K-1. 1m^{3}浮选机等设备。1991 年后稳定为两个系列，粗扫选为 CHF-4m^{3}浮选机，精选及铜硫分离为 SF-1. 2m^{3}浮选机，2007 年将粗扫选改为 KYF-8m^{3}浮选机，二次扫选尾矿后增加了闪速式浮选机单独再选流程。2010 年后将所有作业浮选机改为 KYF-8m^{3}浮选机。技术经济指标提升明显，在原矿性质基本不变的情况下，生产铜精矿品位达到 21. 6%，铜回收率达到 92. 8%。因原矿含硫较低，铜硫分离得到的硫精矿含硫低于 20%，不能作为产品销售，直接并入Ⅱ系列尾矿。

2013 年，丰山铜矿投资 50 万元对选矿工艺参数进行优化，通过加强分级机溢流浓细度、药剂用量、钢球充填率、浮选机充气量等工艺参数检测，将粗选矿浆浓度由(27±2)%提高到（32±2)%，球磨充填率由 40%提高到 42%，全年选铜综合回收率实际完成为 91. 12%，比考核计划提高 0. 42%，比上一年度提高 0. 4%，创造了良好的经济效益和社会效益。

17. 4. 3. 4　陶瓷过滤机应用

丰山铜矿引进了目前国内先进的 TM-21 陶瓷过滤机替换 GW-20 外滤式过滤机。该过滤机有耐腐蚀性，集机电、微孔陶瓷、超声技术于一体，采用吸浆、淋洗、干燥、卸料、反冲洗的工作原理，它的高自动化控制程度使得过滤作业操作变得轻松。应用后铜精矿的水分含量由过去的 21%降到了 15%左右，有效满足了运输要求，年减少矿山铜途损近 50t，减少损失 200 多万元。

17. 4. 3. 5　石灰乳制备工艺

配套使用球磨机与螺旋分级机，整个制备过程实现全自动化，寸口石无流失，全部制成石灰乳，每年可节约成本 28 万元，同时保障了石灰乳细度（颗粒小于 1mm)，增强添加效果。重新归置石灰乳添加管道线路，选用耐腐蚀、防结料材质的输送管道，设置备用管道，基本杜绝了添加“断灰”现象。粗选搅拌桶设置矿浆 pH 自动检测计，工艺参数直观体现，劳动强度明显降低，工艺标准执行更有保障，为技术经济指标提升打下基础。

17. 5　矿产资源综合利用情况

丰山铜矿，矿产资源综合利用率 40. 53%，尾矿品位 Cu 0. 056%。

废石一部分被直接回填到附近的采空区，一部分排至露天采坑回填。截至 2013 年底，废石场累计堆存废石 5008. 5 万吨，2013 年产生量为 1. 6 万吨。废石利用率为 100%，废石排放强度为 0. 62t/t。

尾矿用于井下采空区的充填，截至 2013 年底，尾矿库累计堆存尾矿 2017. 4 万吨，2013 年产生量为 87. 64 万吨。尾矿利用率为 25%，尾矿排放强度为 32. 93t/t。

利用废水 286. 8 万吨/a。废水利用率 95%。

18　红透山铜多金属矿

18.1　矿山基本情况

红透山铜多金属矿为主要开采铜、锌矿的中型矿山，共伴生矿产主要有金、银、硫等，是国家级绿色矿山。矿山建矿时间为 1958 年 9 月 1 日，投产时间为 1959 年 10 月 1 日。矿区位于辽宁省抚顺市清原满族自治县，东距清原县城直距约 34km，西距抚顺市直距约 63km，沈吉铁路、202 国道与沈吉高速公路从矿区南部通过，交通条件十分便利。矿山开发利用简表详见表 18-1。

表 18-1　红透山铜多金属矿开发利用简表

基本情况	矿山名称	红透山铜多金属矿	地理位置	辽宁省抚顺市清原满族自治县
	矿山特征	国家级绿色矿山	矿床工业类型	热液交代块状硫化物多金属矿床
地质资源	开采矿种	铜矿、锌矿	地质储量/万吨	矿石量 3644
	矿石工业类型	硫化铜矿石	地质品位/%	1.656
开采情况	矿山规模/万吨 · a^{-1}	55，中型	开采方式	地下开采
	开拓方式	竖井－平硐联合开拓	主要采矿方法	留矿采矿法、上向分层充填采矿法
	采出矿石量/万吨	66.7	出矿品位/%	1.295
	废石产生量/万吨	0	开采回采率/%	93.7
	贫化率/%	19.03	开采深度/m	430～－1220 标高
	掘采比/m · 万吨$^{-1}$	152.9		
选矿情况	选矿厂规模/万吨 · a^{-1}	60	选矿回收率/%	Cu 92.38 Zn 76.73 S 70.86 Au 63.28 Ag 64.88
	主要选矿方法	二段一闭路破碎—两段全闭路磨矿—优先浮选		
	入选矿石量/万吨	60.4	原矿品位	Cu 1.29% Zn 2.0% S 17.41% Au 0.47g/t Ag 28.85g/t
	Cu 精矿产量/万吨	3.52	精矿品位	Cu 20.56%～20.75% Au 4.87～5.06g/t Ag 293.5～315.67g/t

续表 18-1

选矿情况	Zn 精矿产量/万吨	2.48	精矿品位/%	Zn 49.09~49.26
	S 精矿产量/万吨	19.91	精矿品位/%	S 37.43~39.21
	尾矿产生量/万吨	34.50	尾矿品位/%	Cu 0.13
综合利用情况	综合利用率/%	68.19		
	废石排放强度/t·t^{-1}	0	废石处置方式	井下填采空区
	尾矿排放强度/t·t^{-1}	9.80	尾矿处置方式	地下开采采空区的充填
	废石利用率/%	0	尾矿利用率/%	66.49
	废水利用率/%	100		

18.2　地质资源

18.2.1　矿床地质特征

红透山矿床规模为大型，矿床工业类型为热液交代块状硫化物多金属矿床。矿床累计发现有 30 余条矿（化）体，除 1、3、7、30 号矿体规模较大外，其余矿体一般规模较小，分布分散，且多为矿化体。矿体总体呈似层状或脉状产出，走向近东西，厚度在 1~100m 之间，其分枝复合现象发育。目前矿床矿体控制地表长度约 550m，深部控制延长 2800m，矿体宽 1~100m，倾斜延深 1500m，矿体呈似层状，倾向 150°~210°，局部反倾，倾角为 70°~85°。矿体属中等稳固矿岩，围岩属中等稳固岩石，水文地质条件简单。

矿石自然类型可分为两类：氧化矿与原生矿，地表以氧化矿为主，深部为原生矿。矿石工业类型为块状硫化物型，矿石品级属需选铜锌矿石。

矿石中存在着多种变质变形结构：变斑状结构、中粗粒花岗变晶结构、变嵌晶结构、固熔体分离结构、边缘溶蚀结构、碎裂结构等。矿石构造以致密块状为主，浸染状次之。

矿石中的金属矿物主要有黄铁矿（占金属硫化物 65%~80%）、磁黄铁矿（20%~30%）、闪锌矿（5%~10%）、黄铜矿（0~10%）。其次有少量的方铅矿、磁铁矿、赤铁矿、方黄铜矿、银金矿，罕见辉钼矿。脉石矿物有石英、斜长石、黑云母、直闪石、锌尖晶石、方解石、石榴子石、矽线石、蓝晶石、十字石、堇青石等。

4 种硫化物，常共生在一起组成致密块状矿石，在空间上沿矿体走向、倾向没有多大变化。在矿柱内有时可见黄铜矿-闪锌矿组合、黄铁矿-磁黄铁矿-黄铜矿组合、黄铁矿-磁黄铁矿组合。在矿体边部可见细粒黄铁矿-石英-方解石组合。细脉状黄铜矿或细脉状黄铁矿穿入矿体内部。辉钼矿仅见于石英脉中。

18.2.2　资源储量

红透山矿床矿石工业类型主要为硫化铜矿石。截至 2013 年底，矿山累计查明铜矿石资源储量为 36440kt，查明铜金属量为 607455t，铜矿平均地质品位为 1.656%；共生矿产锌矿平均地质品位为 2.323%；共生矿产硫铁矿中硫的平均地质品位为 23.352%；伴生矿产金矿的平均地质品位为 0.46g/t；伴生矿产银矿的平均地质品位为 40.466g/t。

18.3 开采情况

18.3.1 矿山采矿基本情况

红透山铜多金属矿为地下开采的中型矿山，采用竖井-平硐联合开拓，采矿方法主要为上向分层充填采矿法和阶段矿房法。矿山设计生产能力 55 万吨/a，设计开采回采率为 82%，设计贫化率为 25%，设计出矿品位（Cu）1.35%，铜矿最低工业品位（Cu）为 0.5%。

18.3.2 矿山实际生产情况

2013 年，矿山实际采出矿量 66.7 万吨，无废石排放。矿山开采深度为 430 ~ -1220m 标高。具体生产指标见表 18-2。

表 18-2　矿山实际生产情况

采矿量/万吨	开采回采率/%	出矿品位/%	贫化率/%	掘采比/m · 万吨$^{-1}$
66.7	93.7	1.295	19.03	152.9

18.3.3 采矿技术

红透山矿床成矿模式复杂，在漫长的地质成矿过程中叠加多种控矿因素，致使矿体赋存形态复杂，矿体无论沿走向或倾向变化都很大。针对矿体的复杂性，多数采场采用上向分层充填采矿法采矿，目前该类采场数量已占到采场总数的 88%，采用上向分层充填采矿法采矿能够有效防止采场顶板及帮壁的冒落，降低因地压而带来的危害，并且灵活性较大，可实现选择性开采，较好地控制贫化损失。回采方式采用水平分层自下而上逐分层开采，每分层上采结束后，及时对分层进行充填，以控制采空区地压平衡，并作为下一分层采矿工作循环的作业平台。

出矿方式根据矿体的脉幅宽度、规模大小采用铲车或电耙子出矿。采场采准工程由斜坡道、联络道、通风天井、充填管路井、脱水井、矿石溜井等工程组成。

矿山采矿设备见表 18-3。

表 18-3　红透山铜多金属矿采矿主要设备型号及数量

序号	设备名称	规格型号	使用数量/台（套）
1	电动铲运机	WJD-2	17
2	电动铲运机	CYE2A	2
3	电动铲运机	CTE-2	3
4	柴油机铲运机	1m^3	1
5	柴油机铲运机	CY-1.5	1
6	凿岩机	YSP45	32
7	凿岩机	7655	45

续表 18-3

序号	设备名称	规格型号	使用数量/台（套）
8	凿岩机	YG-90	8
9	凿岩机	YT28	20
10	电耙子	PDJ-13	20
11	电耙子	PDJ-28	55
12	电耙子	PDJ-55	10
13	装岩机	Z-17AW	35
14	梭式矿车	ST-8	22
15	曲轨侧卸式矿车	$1.7m^3$	70
16	电动车	ZK7-600/250	35
17	颚式破碎机	900×1200	2
18	空压机	$LU560W100m^3$	5
19	卷扬机	JKM2. 25×4	6
20	风机	DK45-6-17	2
合计			391

18.4 选矿情况

18.4.1 选矿厂概况

红透山铜多金属矿选矿厂设计年选矿能力为 60 万吨，设计铜入选品位为 1.482%，最大入磨粒度为 14mm，磨矿细度为-0.074mm 含量占 70%，选矿方法为浮选法。选矿产品为铜精矿、锌精矿、硫精矿，金、银赋存于铜精矿中。铜精矿品位（Cu）为 20.56%～20.75%，赋存在铜精矿中的金品位为 4.87～5.06g/t，银品位为 293.5～315.67g/t；锌精矿（Zn）品位为 49.09%～49.26%；硫精矿（S）品位为 37.43%～39.21%。2011 年、2013 年红透山铜多金属矿选矿情况见表 18-4。

表 18-4 红透山铜多金属矿选矿情况

年份	入选矿石量/万吨	入选品位/%	铜矿选矿回收率/%	选矿耗水量/$t \cdot t^{-1}$	选矿耗新水量/$t \cdot t^{-1}$	选矿耗电量/$kW \cdot h \cdot t^{-1}$	磨矿介质损耗/$kg \cdot t^{-1}$	选矿产品产率/%
2011	58.73	1.32	93.05	5.29	1.058	47.64	1.83	5.94
2013	60.4	1.30	92.38	5.39	1.088	47.65	1.85	5.82

2011 年，选矿厂铜矿选矿回收率为 93.05%；锌矿入选品位为 1.96%，选矿回收率为 77.12%；硫铁矿中硫的入选品位为 17.18%，选矿回收率为 68.34%；金矿入选品位为

0.53g/t，选矿回收率为54.69%；银矿入选品位为28.14g/t，选矿回收率为61.94%。

2013年，选矿厂铜矿选矿回收率为92.38%；锌矿入选品位为2.00%，选矿回收率为76.73%；硫铁矿中硫的入选品位为17.41%，选矿回收率为70.86%；金矿入选品位为0.47g/t，选矿回收率为63.28%；银矿入选品位为28.85g/t，选矿回收率为64.88%。

18.4.2　选矿工艺流程

矿石从坑口经过索道运输到选矿厂原矿仓，在碎矿工序进行破碎，然后进入磨矿作业，达到工艺要求的磨矿细度后，进入浮选作业，依次选别出铜锌硫三种精矿，选出的精矿进入脱水作业，进行浓缩和过滤，产品进入精矿库临时储存。铜精矿由火车运至红透山冶炼厂冶炼，锌、硫精矿分别装入火车外销。选出精矿后剩余的尾矿浆用泵扬送至尾矿库澄清净化，尾砂沉淀储存在尾矿库内，尾矿废水返回厂内循环使用。

18.4.2.1　*碎矿筛分*

红透山选矿厂碎矿工艺流程为二段一闭路流程，即中碎和细碎两段破碎，用振动筛做预先和检查筛分，进行闭路控制。矿石先给入中碎设备进行破碎，破碎机排矿通过运输带给入筛子，筛下产品进入粉矿仓储存。筛上矿石通过运输带进入细碎设备进行进一步破碎，细碎产品返回筛子，如此循环。最终碎矿产品粒度小于14mm占90%以上。

18.4.2.2　*磨矿*

选矿厂磨矿工序为两段全闭路磨矿流程，粉矿仓中矿石通过皮带运输机给入一段球磨机进行一段磨矿，一段排矿进入分级机。一段分级返砂返回一段球磨机再磨，分级溢流中-0.074mm含量占55%，一段溢流、二段溢流和铜一精尾进入旋流器二次分级后，返砂进入二段球磨机进行二段磨矿，旋流器溢流中-0.074mm含量占70%，溢流进入浮选作业。

18.4.2.3　*浮选*

经过两段磨矿后的矿浆首先进行选铜，矿浆由旋流器溢流给入搅拌槽，铜浮选采用一次粗选、二次扫选、三次精选，添加石灰、黄药、黑药和二号油，矿浆经过搅拌、充气，有用矿物被刮出成为铜精矿。选铜尾矿进入锌浮选，锌浮选采用一次粗选、二次扫选、一次粗精选、一次集中精选、三次精选，添加石灰、硫酸铜、黄药、二号油，矿浆经过搅拌、充气，有用矿物被刮出成为锌精矿。选锌尾矿进入硫浮选，硫浮选采用一次粗选、二次扫选，添加黄药和11号油，矿浆经过搅拌、充气，有用矿物被刮出成为硫精矿，选硫尾矿成为最终尾矿，经过二选和坑口使用后，剩余物进入尾矿库。

18.4.2.4　*脱水*

选矿厂脱水工艺采用两段脱水，第一段采用浓缩机脱水，第二段采用陶瓷过滤机。

经过浮选选出的三种精矿分别进入各自的浓缩机中进行一段脱水，浓缩机溢流进入尾矿库，底流自流或用泵打入陶瓷过滤机进行二段脱水，经过两段脱水后的最终精矿含水10%左右，进入精矿库。

红透山选矿厂选矿生产工艺流程图如图18-1所示，选矿厂主要设备型号及数量见表18-5。

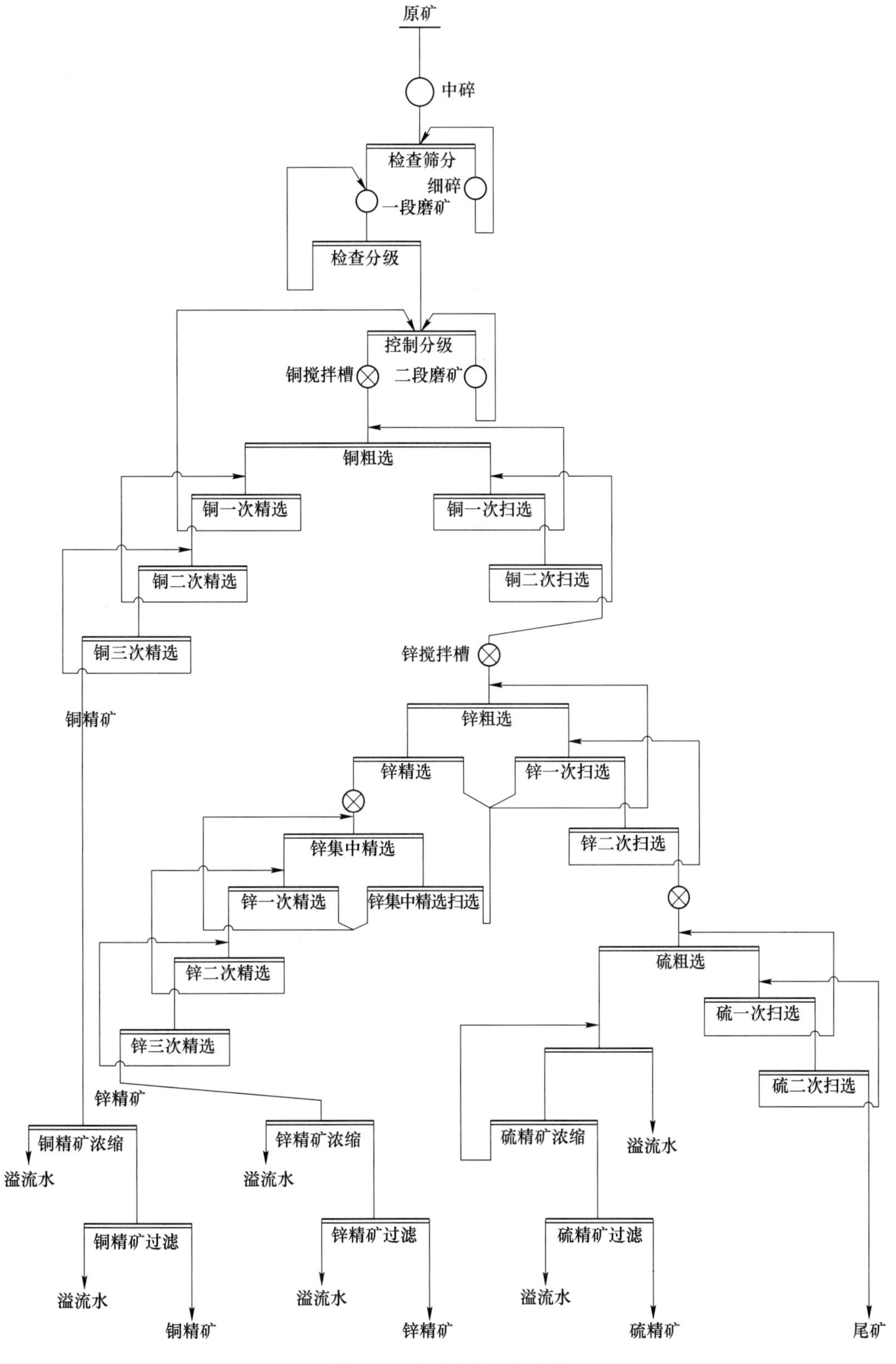

图 18-1　选矿生产工艺流程

表 18-5　红透山选矿厂主要设备型号及数量

序号	设备名称	设备型号	台数
1	中间型圆锥破碎机	PYZ1650	2
2	短头圆锥破碎机	PYD1650	1
3	短头圆锥破碎机	PYD1750	1
4	圆振动筛	ZKX1836	2
5	湿式格子型球磨机	MQG2736	1
6	湿式格子型球磨机	MQG2721	2
7	溢流型球磨机	MQY2736	1
8	高堰式双螺旋分级机	2FG-20≤2000	3
9	水力旋流器	ϕ500	4
10	充气搅拌式浮选机	XCF-10	10
11	充气搅拌式浮选机	XCF-4	12
12	充气搅拌式浮选机	XCF-8	2
13	充气搅拌式浮选机	KYF-10	34
14	充气搅拌式浮选机	KYF-4	10
15	充气搅拌式浮选机	KYF-8	4
16	再磨泵	6PNJ	2
17	再磨泵	4PNJ	2
18	铜浓缩机	NZ-16	1
19	铜陶瓷过滤机	TM-30	2
20	锌浓缩机	NZS-6	1
21	锌陶瓷过滤机	TM-15	1
22	硫浓缩机	NZS-12、NG-24、NG-30	3
23	硫陶瓷过滤机	TM-45	2

18.5　矿产资源综合利用情况

红透山铜多金属矿，矿产资源综合利用率 68.19%，尾矿品位 Cu 0.13%。

废石全部留在井下填采空区，不排放到地表上。截至 2013 年底，废石场累计堆存废石 46.2 万吨，2013 年产生量为 0。废石利用率为 0，废石排放强度为 0t/t。

尾矿用作矿山地下开采采空区的充填料。截至 2013 年底，尾矿库累计堆存 600.65 万吨，2013 年产生量为 34.50 万吨。尾矿利用率为 66.49%，尾矿排放强度为 9.80t/t。

选矿回水利用率为 100%，矿坑涌水利用率为 100%。

19 九顶山铜钼矿

19.1 矿山基本情况

九顶山铜钼矿为主要开采铜、钼矿的大型矿山，共伴生矿产主要有铜、钼等。矿山1992年组建，为县办国有企业；1999年承包给民营企业以小坑民采方式经营开发，2006年4月由云南铜业（集团）有限公司组建新公司进行开发和经营管理，2008年初新组建的九顶山铜钼矿矿山建成投产。矿区位于云南省大理市弥渡县，直距弥渡县城约20km，杭州—瑞丽高速（G56）楚雄—大理段、320国道和广通—大理铁路从矿区南侧通过，矿区距下关公路里程为26km，距昆明公路里程为300km，交通方便。矿山开发利用简表详见表19-1。

表19-1 九顶山铜钼矿开发利用简表

基本情况	矿山名称	九顶山铜钼矿	地理位置	云南省大理市弥渡县
	矿山特征	—	矿床工业类型	斑岩型铜钼矿床
地质资源	开采矿种	铜矿、钼矿	地质储量/万吨	矿石量 2218.1
	矿石工业类型	硫化铜矿石、混合铜矿石、氧化铜矿石	地质品位/%	0.36
开采情况	矿山规模/万吨·a^{-1}	140，大型	开采方式	地下开采
	开拓方式	平硐开拓	主要采矿方法	自然崩落采矿法
	采出矿石量/万吨	铜矿石 52.7 钼矿石 4.62	出矿品位/%	铜矿石 Cu 0.36 钼矿石 Mo 0.077
	废石产生量/万吨	2	开采回采率/%	72.13
	贫化率/%	18.41	开采深度/m	2700~2200 标高
	掘采比/m·万吨$^{-1}$	88.09		
选矿情况	选矿厂规模/万吨·a^{-1}	一选厂 1.8 二选厂 99	选矿回收率/%	Cu 59.36 Mo 86.29
	主要选矿方法	二段闭路破碎，二段闭路磨矿，铜钼混合浮选—粗精矿再磨—铜钼分离		
	入选矿石量/万吨	Cu 矿石 51.07 Mo 矿石 9.61	原矿品位/%	Cu 0.39 Mo 0.068
	Cu 精矿产量/t	7100	Cu 精矿品位/%	Cu 15.37
	Mo 精矿产量/t	170.10	Mo 精矿品位/%	Mo 37.05
	尾矿产生量/万吨	59.95	尾矿品位/%	Cu 0.12

续表 19-1

综合利用情况	综合利用率/%	45.43		
	废石排放强度/t · t^{-1}	2.82	废石处置方式	充填井下采空区、堆存在废石场
	尾矿排放强度/t · t^{-1}	84.44	尾矿处置方式	堆存
	废石利用率/%	75	尾矿利用率/%	0
	废水利用率/%	100		

19.2 地质资源

19.2.1 矿床地质特征

九顶山铜钼矿矿床规模为大型，矿床工业类型划分为斑岩型铜钼矿。出露地层主要有下奥陶统向阳组，下泥盆统康郎组、青山组及第四系。其中，下奥陶统向阳组第四段上亚段是铜矿体赋存的主要部位，上部为灰色薄层状石英长石细砂岩与薄层状灰岩互层，中下部为紫红色、深灰色薄-厚层状石英长石粉砂岩、黑色炭泥质细砂岩夹灰岩条带或泥质白云岩透镜体，厚度大于 700m。

矿区内铜、钼矿矿体均赋存于花岗斑岩接触带两侧岩体及角岩中，明显受岩体控制。矿区主矿体为①号矿体，其余小矿体有④、⑤、⑥、⑨、⑩号矿体。

①号矿体：铜、钼共生矿体，分布于大岩体的内外接触带，倾角 20°~80°，走向长度 1350m，倾向延深 100~600m。矿体厚度变化较大，30~140m，平均厚度 83m，矿体由一些彼此相连的复脉群组成，形态较复杂，主要呈似层状，其次有透镜状、囊状及其组合形状。④号矿体：铜、钼矿体，铜矿体分布于大岩体外接触带角岩中，钼矿体分布倾角 20°，呈似层状、透镜状，矿体较小，分布有限。⑤号矿体：铜钼共生矿体、钼矿体，矿体分布于大岩体外小岩枝之内外接触带，倾角 10°，呈透镜状、似层状，矿体较小。⑥号矿体：铜、钼矿体，矿体分布于小岩枝之外接触带中，呈似层状、透镜状，倾角 5°，呈透镜状、似层状，矿体较小。⑨号矿体：铜矿体，矿体分布于大岩体外接触带中，厚 6m，倾角 55°，呈似层状。⑩号矿体：钼矿体，矿体分布于大岩体内，为呈雁行状排列的脉状或透镜状，与①号主矿体平行。矿体长 100~200m，厚 3~8m，倾角 50°~70°。

矿石自然工业类型有硫化矿石、混合矿石、氧化矿石三类。按有用矿物所赋存的岩石条件，区内矿石工业类型主要分为三种：斑岩钼矿石，辉钼矿呈细脉浸染状产于斑状花岗岩中。角岩铜矿石，以黄铜矿为主的铜矿物呈细脉浸染状产于角岩中，往往伴生钼。矽卡岩铜矿石，黄铜矿、黄铁矿、磁铁矿及辉钼矿呈脉状、条带状，少数成块状分布于矽卡岩中。矿石结构主要有叶片状粒状、半自形它形粒状、不等粒粒状、乳浊状、围边、交代残余、碎裂、角砾状等，以角砾状结构为主。矿石构造主要有细脉状、网脉状、浸染状、条带状和块状构造。

19.2.2 资源储量

九顶山铜钼矿生产矿种主要为铜矿、钼矿，铜为主矿种。矿石类型主要为斑岩钼矿石、角岩铜矿石、矽卡岩铜矿石。矿山查明铜矿石资源储量22181kt，平均品位0.40%，其中工业矿石量7418kt，平均品位0.62%，低品位矿石量14763kt，平均品位0.29%。累计查明共伴生钼矿资源储量137357kt，金属量132579t。

19.3 开采情况

19.3.1 矿山采矿基本情况

九顶山铜钼矿为地下开采的大型矿山，采用平硐开拓，使用的采矿方法为自然崩落法。矿山设计生产能力140万吨/a，设计开采回采率为83.5%，设计贫化率为11.4%，设计出矿品位（Cu）0.51%，铜矿最低工业品位（Cu）为0.5%。

19.3.2 矿山实际生产情况

2013年，矿山实际采出矿量52.7万吨，废石产生量2万吨。矿山开采深度为2700~2200m标高。具体生产指标见表19-2。

表19-2　矿山实际生产情况

采矿量/万吨	开采回采率/%	出矿品位/%	贫化率/%	掘采比/m·万吨$^{-1}$
52.7	72.13	0.41	18.41	88.09

19.3.3 采矿技术

目前，矿山采用地下开采，平硐开拓，自上而下分中段开采，有底柱自然崩落采矿法。

矿块底部水平大面积拉开和回采边界切帮后，借助矿体自重与地压作用和必要的工程切割矿块自然崩落成碎块，矿石经底部装矿巷道放出。随着矿石大量的放出，上部覆盖岩层将自然崩落充填空区。

19.4 选矿情况

19.4.1 选矿厂概况

矿山现有两个选厂，一选厂日处理矿石600t，以处理铜钼混合矿石为主；二选厂日处理矿石3000t，处理铜钼混合矿和纯钼矿。目前，矿山开采矿石由二选厂处理。

2011年，二选厂处理铜矿石32.33万吨，原矿石铜品位0.39%，生产铜精矿0.6496万吨，铜精矿品位14.39%；处理钼矿石31.84万吨，原矿石钼品位0.068%，钼精矿产率0.145%，钼精矿品位40.97%，钼选矿回收率为87.36%。

2013年，二选厂处理铜矿石51.07万吨，原矿石铜品位0.36%，生产铜精矿0.7100万吨，铜精矿品位15.37%；处理钼矿石9.61万吨，原矿石钼品位0.076%，钼精矿产率0.177%，钼精矿品位37.05%，钼选矿回收率为86.29%。表19-3为九顶山铜钼矿选矿回收简表。

表 19-3　九顶山铜钼矿选矿回收简表

年份	入选量/万吨	入选品位/%	精矿量/t	精矿品位/%	选矿回收率/%
2011	32.33	Cu 0.39	6496	Cu 14.39	74.16
	31.84	Mo 0.068	461.68	Mo 40.97	87.36
2013	51.07	Cu 0.36	7100	Cu 15.37	59.36
	9.61	Mo 0.076	170.10	Mo 37.05	86.29

19.4.2　选矿工艺流程

矿山两个选厂均采用浮选工艺，最终产品是铜精矿、钼精矿。选矿工艺流程具体如图 19-1 和图 19-2 所示。

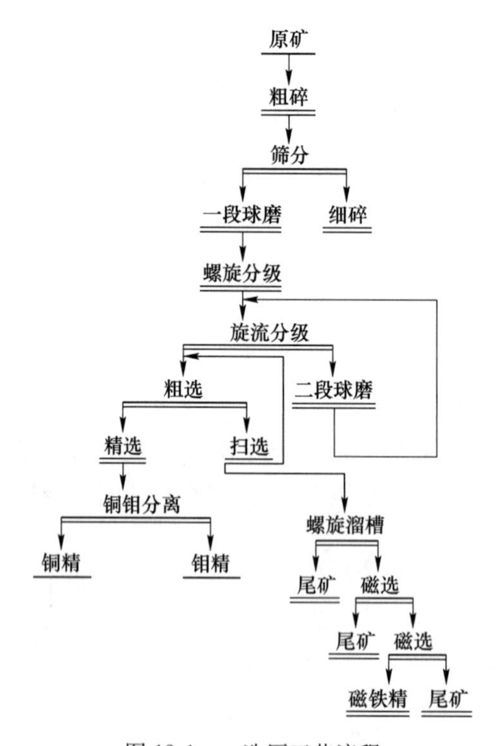

图 19-1　一选厂工艺流程

（1）碎矿流程：采用二段闭路碎矿流程，碎矿产品粒度为-15mm。

（2）磨矿选别流程：磨矿采用二段闭路磨矿流程，产品细度为-0.074mm 含量占 80%，粗精矿再磨产品细度为-0.074mm 含量占 95%。

混浮工艺：采用一粗、二扫工艺流程，产出铜钼混合粗精矿。

铜钼混合粗精矿经再磨后，通过三次精选一次精扫选后进入铜钼分离流程，经一次分离粗选、二次扫选、五次精选分别产出铜精矿和钼精矿。

（3）精矿脱水流程：铜精矿采用浓缩过滤两段脱水流程，精矿含水 12%，钼精矿采用简易沉淀、电热烘干。

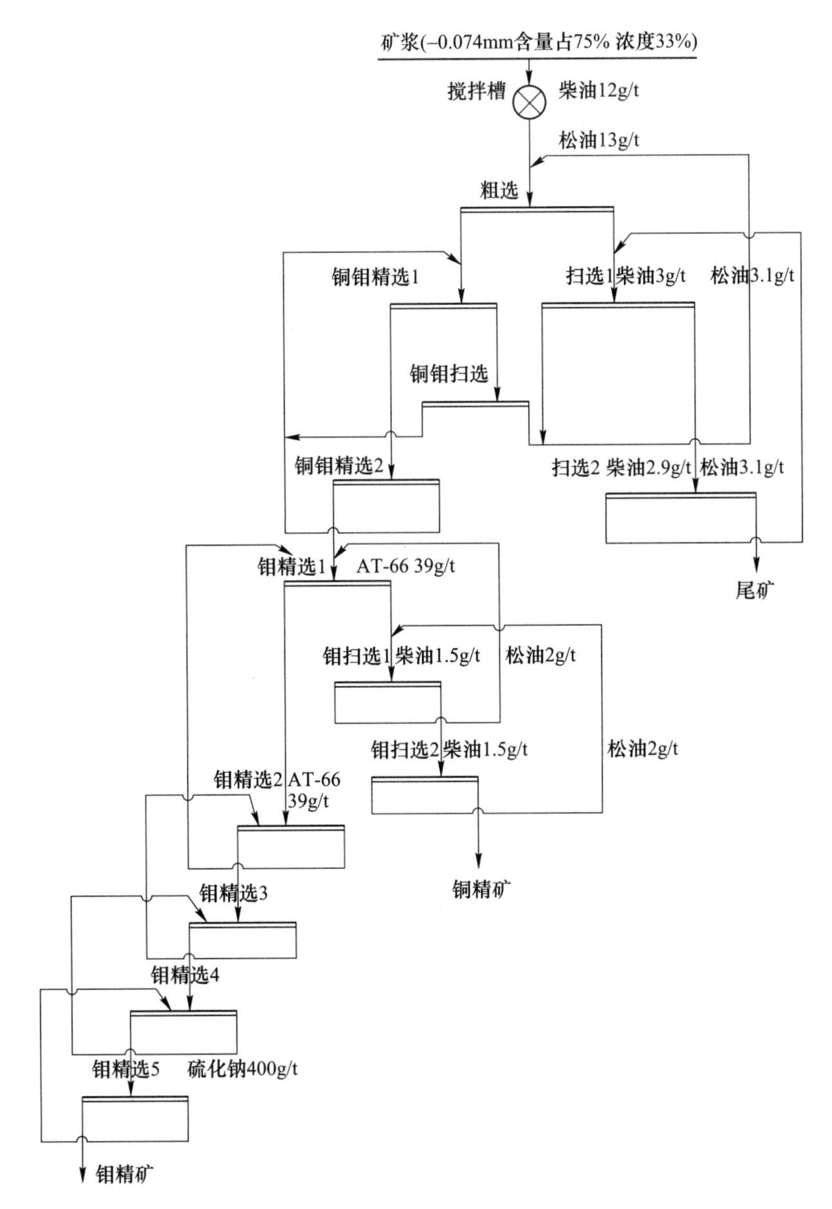

图 19-2　二选厂工艺流程

19.5　矿产资源综合利用情况

九顶山铜钼矿，矿产资源综合利用率 45.43%，尾矿品位 Cu 0.12%。

废石一部分用于充填井下采空区，一部分集中堆存在废石场。截至 2013 年底，废石场累计堆存废石 7 万吨，2013 年产生量为 2 万吨。废石利用率为 75%，废石排放强度为 2.82t/t。

尾矿堆存未利用。截至 2013 年底，尾矿库累计堆存 284 万吨，2013 年产生量为 59.95 万吨。尾矿利用率为 0%，尾矿排放强度为 84.44t/t。

20　卡 房 分 矿

20.1　矿山基本情况

卡房分矿为主要开采铜、钨矿的大型矿山，共伴生矿产主要有钨、硫、铜、锡、银、金、铋、钼等。矿山1958年建矿，2009年经采矿权整合后由云南锡业集团（控股）有限责任公司经营。矿区位于云南省红河哈尼族彝族自治州个旧市，东接蒙自，南邻元阳，北与老厂、锡城镇相连，西与保和镇接壤，距个旧市区23km，距昆明341km，省道个旧—金平二级公路纵贯区内，交通较为方便。矿山开发利用简表详见表20-1。

表20-1　卡房分矿开发利用简表

基本情况	矿山名称	卡房分矿	地理位置	云南省红河州个旧市
	矿山特征	—	矿床工业类型	花岗岩接触带铜锡多金属矿床
地质资源	开采矿种	铜矿、钨矿	地质储量/万吨	矿石量902.2
	矿石工业类型	硫化铜矿石	地质品位/%	1.58
开采情况	矿山规模/万吨·a^{-1}	150，大型	开采方式	地下开采
	开拓方式	平硐-斜坡道-辅助溜井联合开拓	主要采矿方法	全面法、切顶房柱法和浅孔留矿采矿法
	采出矿石量/万吨	132.45	出矿品位/%	0.768
	废石产生量/万吨	30	开采回采率/%	93.20
	贫化率/%	8	开采深度/m	2383~1000标高
	掘采比/m·万吨$^{-1}$	180		
选矿情况	选矿厂规模/万吨·a^{-1}	铜选厂60 铜钨选厂90	选矿回收率/%	Cu 83.55 WO_3 60.50
	主要选矿方法	三段闭路破碎，混选铜硫—铜粗精矿再磨分离—混选尾矿再选硫		
	入选矿石量/万吨	铜矿：93.57 钨矿：46.48	原矿品位/%	Cu 0.732 WO_3 0.238
	Cu精矿1产率/%	3.29	精矿品位/%	18.59
	Cu精矿2产率/%	0.27	精矿品位/%	13.82
	W精矿产率/%	0.28	精矿品位/%	52.28
	Cu尾矿产生量/万吨	90.49	尾矿品位/%	Cu 0.12
	W尾矿产生量/万吨	46.22	尾矿品位/%	WO_3 0.09

续表 20-1

综合利用情况	综合利用率/%	74.88		
	废石排放强度/t·t^{-1}	9.75	废石处置方式	井下充填采空区，废石场堆存
	尾矿排放强度/t·t^{-1}	29.39	尾矿处置方式	尾矿库堆存
	废石利用率/%	96.50	尾矿利用率/%	0

20.2 地质资源

20.2.1 矿床地质特征

卡房分矿矿床规模为大型矿床，矿床类型为花岗岩接触带铜锡多金属矿床、矽卡岩钨矿床与变质火山岩铜矿床，其中以花岗岩接触带铜锡多金属矿床为主。区内地层主要为三叠系中统个旧组（T_2g）碳酸盐岩地层，其次为第四系（Q）地层在山间残留。含矿地层为三叠系中统个旧组卡房段，全区出露，可细分为6个岩性段从东至西由新至老分布。

矿区矿体主要有7-5、Ⅰ-26-1、Ⅰ-15-1及Ⅰ-9矿群。

7-5矿体赋存于T_2g^1层与花岗岩的接触带上。矿体呈似层状透镜状，赋存标高1820~1750m，长度70m，宽50~60m，厚度1.2~33.63m，平均厚18.75m，铜品位0.44%~12.54%，平均品位1.572%。

Ⅰ-26-1矿体产于花岗岩接触带上的矽卡岩型钨矿，矿体呈似层状、透镜状、条带状、脉状；产状受花岗岩形态所控制，赋存标高2000~1712m，沿倾向长350~580m，平均445m，倾角10°~5°，厚度1.2~50m，平均厚度13.98m，品位0.06%~1.244%，平均0.261%。

Ⅰ-15-1矿体为一受花岗岩舌控制、依附于花岗岩接触带形态产出透镜状铜钨共生矿体。长度400m，宽100~160m，厚度3.07~10.45m，平均厚度6.76m，Cu品位0.152%~11.450%，平均6.361%。

Ⅰ-9矿群呈多层矿产出于变质火山岩的不同部位。Ⅰ-9-1矿体位于变质火山岩顶部，由于矿化较不均匀，矿体极不连续，呈似层状产出于火山岩顶部，倾角5°~15°，矿体长800m，宽50~780m，平均厚度3.39m，铜品位1.249%。Ⅰ-9-2矿体位于变质火山岩中第一层大理岩夹层上盘，呈似层状产出，倾角10°~20°，矿体长800m，宽0~356m，平均厚度3.21m，铜品位1.155%。Ⅰ-9-3矿体位于变质火山岩中第一层大理岩夹层的下盘，矿体呈似层状产出，倾角10°~15°，矿体长1000m，宽0~770m，平均厚度4.34m，铜品位0.789%。Ⅰ-9-4矿体位于变质火山岩的中下部，呈似层状产出，倾角8°~15°，矿体长600m，宽110~460m，平均厚度1.94m，铜品位1.028%。

矿床矿石氧化程度较弱，均为原生含铜硫化矿，矿石的结构构造均保持了原生特点。结构构造的不同点在于矿石赋存位置及围岩类型不同，其组成矿石的成分及结构构造有所差异。花岗岩接触带含铜矽卡岩硫化矿主要产于花岗岩接触带及大理岩层间及节理裂隙构造内，金属矿物主要有黄铁矿、磁黄铁矿，矿石结构主要有填隙结构、残余结构、自形粒状、半自形粒状结构，矿石构造以充填交代为主。含铜变质火山岩硫化矿产于火山岩上下界面及火山岩内大理岩夹层上下界面或过渡带，金属矿物以磁黄铁矿为主。矿石结构主要有残余变晶结构、鳞片变晶结构、自形、半自形、它形粒状变晶结构、填隙结构。构造主要有致密块状构造、斑杂状构造、交错脉状构造、浸染状构造、纹层条带状构造、角砾状构造等。花岗岩接触带含钨矽卡岩产于花岗岩接触主元素为钨，伴生有钼、铋、金、银、硫。

20.2.2　资源储量

卡房分矿矿区内主矿种为铜矿，共伴生矿产有钨、硫、铜、锡、银、金、铋、钼，其中以钨矿为主。矿石类型主要有花岗岩接触带矽卡岩型铜锡多金属硫化矿、矽卡岩钨铜矿与变质火山岩型硫化矿。矿山查明铜资源储量9022kt，金属量142232t，平均品位1.58%；累计查明共伴生钨矿石量10862kt，金属量25561t；查明伴生硫矿石量6328kt，金属量412304t；查明伴生锡矿石量855kt，金属量1489t；查明伴生银矿石量7183kt，金属量89t；查明伴生金矿石量1768kt，金属量0.203t；查明伴生铜矿石量8763kt，金属量5258t；查明伴生铋矿石量8763kt，金属量2629t；查明伴生钼矿石量8763kt，金属量1314t。

20.3　开采情况

20.3.1　矿山采矿基本情况

卡房分矿为地下开采的大型矿山，采用平硐-斜坡道-辅助溜井联合开拓，使用的采矿方法为全面法、切顶房柱法和浅孔留矿采矿法。矿山设计生产能力150万吨/a，设计开采回采率为92%，设计贫化率为8%，设计出矿品位（Cu）1.49%，铜矿最低工业品位（Cu）为0.4%。

20.3.2　矿山实际生产情况

2013年，矿山实际采出矿量132.45万吨，排放废石30万吨。矿山开采深度为2383~1000m标高。具体生产指标见表20-2。

表20-2　矿山实际生产情况

采矿量/万吨	开采回采率/%	出矿品位/%	贫化率/%	掘采比/m·万吨$^{-1}$
132.45	93.20	0.768	8	180

20.3.3　采矿技术

20.3.3.1　开拓系统

矿山采用平硐-斜井-斜坡道联合开拓。

坑内开拓运输系统采用中段电机车运输-主斜井+辅助斜井提升的方式。主要运输中段分别为1800m、1700m 2个中段。

Ⅰ-26-1矿体的矿块开采运输方式为无轨出矿有轨运输的联合方式：（1）采场底部及顶部凿岩巷道施工的矿、岩采用无轨设备运输；（2）1800m中段主平巷采用有轨设备运输。采场底部崩落矿、岩，选用 $4m^3$ 铲运机沿出矿巷道运输分别放入矿、岩溜井；采场切顶崩落的矿石，选用 $2m^3$ 铲运机沿凿岩巷道运输放入溜矿井。矿、岩通过溜井下放至1800m 主运输平巷装车，采用10t 电机车牵引 $2m^3$ 侧卸式矿车分别运至地表选厂矿仓和废石场排放。

Ⅰ-9、Ⅰ-15-1 、7-5 矿体1800m 中段以下生产的矿石均用电机车牵引矿车运至中段溜井，下放装入主斜井内的箕斗中，用绞车提升至1800m 运输到地表矿仓。废石则采用电机车牵引矿车运至辅助斜井脚或甩车道脚，通过辅助斜井提升至1700m、1800m 中段，然后再用充填材料箕斗提升斜井提升到1900m 充填平巷，充填Ⅰ-26-1 矿体的采空区，或用电机车牵引矿车转运至地表废石场排放。

坑口工业场地设于1800m 主平硐口，人员、材料和设备等均由1800m 主平硐入坑，通过人车或材料运入坑内。

运输设备选择根据运量及运距，矿山设备相统一的准则，各中段的矿石、废石均选用ZK7-600/250 型架线式电机车，牵引 YCC1. 2-6 侧卸式矿车运输，卸载采用 YCC1. 2-6 卸载曲轨。箕斗斜井采用 FZC-22. 8/1. 4-5. 5 型振机给矿装入箕斗中。

坑内矿石用矿车经1800m 运输中段运至坑口的选厂矿仓。

单铜矿石和多金属矿石采取分采分运的措施。分别设置21 号、23 号溜井系统群出多金属矿石和1 号、2 号溜井系统出单铜矿石。

坑内废石用矿车运至1820m、1700m 各坑口废石场排放。或用充填材料箕斗提升斜井提升到1900m 充填平巷，充填Ⅰ-26-1 矿体的采空区。

开采1750m、1700m、1650m 及1600m 中段时，一条竖井负责坑下人员、材料的提升及进风；另一条箕斗斜井负责坑下废石和矿石的提升。采用2JK-3/30 型提升机。

通风系统采用多级机站的对角抽出通风方式，系统设置2 级机站共3 台风机，均设置在回风侧，一级机站1 号风机安装在1700m 总回风巷口，二级机站2 号风机安装在1800m 总回风巷西翼，三级机站3 号风机初期安装在2000m 中段西翼回风井联道内。矿山风机选择为 K40-6-№20 型风机。采场内采用（JK55-2N04）局扇进行辅助通风。

20. 3. 3. 2 采矿方法

A 浅孔留矿采矿法

矿体厚度小于5m、矿体倾角大于50°采用浅孔留矿采矿法。

采场沿矿体走向布置于两个装矿穿脉之间，装矿脉外沿矿体走向布置，采场长度为42m，矿柱宽度6m，采场高度等于中段高度50m，底柱高度6m，顶柱高度2. 5m，每隔42m 布置间柱，宽为6m，漏斗间距6~7m。采准天井从装矿穿脉一侧往上开凿在采场房间矿柱中，作为人行、通风和材料上下通道，在天井中由拉底平巷往上每隔4~5m 开凿联道，与矿房相联，作为进入矿房采矿作业的通道。采场放矿小溜井亦从装矿穿脉一侧往上开凿在矿体下盘围岩中，在放矿小溜井上方沿矿体下盘围岩开凿电耙道，沿电耙道每隔6~7m 向矿体开凿漏斗进路，并向上开凿漏斗颈，漏斗颈上口需扩大成喇叭口，以利于顺利放矿。

在漏斗颈上方沿矿体走向开凿拉底平巷作为矿房回采的自由面。

矿房回采自拉底水平开始由下而上分层回采，分层高度2~2. 5m。回采工作面成梯段式布置。凿岩采用 YTP-28 型气腿式浅孔凿岩机，孔深 1.8~2.2m，孔径 ϕ38~42mm，最小抵抗线 0.8~1.0m，爆破采用非电雷管起爆；放矿分局部放矿和集中大量放矿。局部放矿通常是放出每次崩落矿石的 30%左右，以保持矿房中 2~2.5m 的工作空间。局部放矿后经清理浮石和平场工作后，就可进行下一循环作业。矿房回采结束后进行大量放矿。采场出矿采用 2DPJ-30kW 电耙，将矿石耙入放矿小溜井。

为保证采场顶板的稳定，在回采过程中尽量将回采作业面顶板控制成拱形，并在顶板稳固性差的地段辅以临时支护，以确保回采作业的安全。

矿房回采结束后，及时对部分矿柱进行回采。然后采用毛石混凝土封闭采场所有通道，以防止空区垮塌时产生的冲击波对人员和设备的危害和破坏。

B 全面采矿法

矿体厚度小于 4m、倾角较小、矿岩中等以上稳固的层状矿块采用全面采矿法。采场沿矿体倾向布置，采场斜长一般为 40~60m，采场宽为 39m，高为矿体厚度，采场间距 3m，顶柱 3m，底柱 2m，采场中留规格为 ϕ3~4m 的不规则矿柱。在运输平巷中每隔 12m 布置出矿井，井间用电耙联道连通，形成通风人行通道。沿矿体底板布置上山，形成回风通路和向上的安全出口。

采场采用浅孔落矿方式，爆破参数为：孔径 ϕ42mm、孔深 1.5~2.0m、排距 1.0~1.2m，炮孔为平行或梅花形布置。崩落矿石用电耙耙至放矿井，用电机车运输。凿岩设备为 YT-28 型气腿式凿岩机，出矿设备选用 2DPJ-55 型电耙。

采场内除留盘区间柱外，视矿体顶板稳固程度及矿石品位留不规则矿柱或人工矿柱，并在顶板稳固性差的地段进行锚杆支护。回采结束后，将通往空区的通口封闭。采场回采结束后，若采场顶板稳定性好，可适当回采部分间柱。

C 切顶房柱采矿法

切顶房柱采矿法适用于卡房Ⅰ-26-1 号矿体，平均厚度为 20m、倾角 10°~45°，围岩中等以上稳固的矿块。

采场沿矿体走向布置，在矿块中部沿倾斜方向设置隔离矿柱，将矿块划分为东西两个盘区，沿矿体走向分别布置充填采场和空场采场，充填采场长 112.5m、宽 15m、高为矿体厚度；空场采场长 112.5m、宽 40m、高为矿体厚度；隔离矿柱长根据矿体倾斜长度而定、宽 20m、高为矿体厚度。

在脉外铲运机斜坡道内，沿走向在矿体底板内布置出矿主进路和 V 型受矿凿岩进路平巷，在出矿主进路内每隔 15m 布置出矿进路；在采场 V 型堑沟凿岩平巷中靠端部布置底部结构的切割平巷、切割天井及采场切割天井；在各采场矿体顶板对应布置切顶进路及深孔凿岩硐室。

底部采用 V 型受矿堑沟形式，凿岩选用 YG-80 型中深孔凿岩机，向上钻凿扇形中深孔，孔径 52mm、排距 1.5m、孔底距 1.8~2.0m。

采场采用后退式回采方式，由中央向两翼回采。充填采场超前于空场采场。凿岩选用 T-100 型潜孔钻机向下钻凿平行垂直深孔，孔径 110mm，排距 3.0m，孔距 3.0m。

采场崩落矿石下放到 V 型受矿堑沟内，采用 TCY-3 型铲运机由出矿进路装载，经出矿主进路转运至采场端部溜井内。

采用块石胶结充填，充填骨料级配为废石自然级配，充填料配比：水∶水泥∶块石=0.8∶1∶(8~10)，充填率75%。

矿山采矿设备见表20-3。

表20-3 矿山主要采矿设备

序号	设备名称及型号	单位	使用	备用	合计
1	凿岩机（YTP-28）	台	20	10	30
2	凿岩机（YSP-45）	台	8	4	12
3	凿岩机（YG-80）	台	9	5	14
4	凿岩机（T-100）	台	16	8	24
5	电耙（55kW）	台	20	10	30
6	电耙（30kW）	台	10	5	15
7	电机车（ZK10-7/250）	辆	6	2	4
8	电机车（CJY20/6 G P）	辆	2	1	3
9	矿车（$2m^3$）	辆	80	20	100
10	风机（K40-6-№20）	台		3	3
11	局扇（JK55-2N04）	台	25	15	40
12	空压机（T12-100/8）	台	3	1	4
13	提升机	台	3	1	4
14	装岩机	台	10	5	15
15	混凝土喷射机	台	4	1	5
16	混凝土搅拌机	台	5	1	6

20.4 选矿情况

20.4.1 选矿厂概况

矿山建设有配套的铜、钨选矿厂，分别为2000t/d单铜选厂、3000t/d铜钨选厂，设计年选矿能力分别为60万吨、90万吨，均为中型选矿厂。

根据原矿性质，选矿工艺流程由洗矿脱泥、砂矿选别（包括次精矿复洗）和矿泥处理三个部分组成，选矿原则流程如图20-1所示。

2011年，单铜选厂处理铜矿石63.42万吨，铜矿石品位0.775%，生产铜精矿2.43万吨，铜精矿品位为17%；2013年，单铜选厂处理铜矿石93.57万吨，铜矿石品位0.732%，生产铜精矿3.08万吨，铜精矿品位为18.59%。

20.4.2 选矿工艺流程

20.4.2.1 *破矿工艺*

2003年以前卡房单铜破碎流程为二段开路流程，2003年3月技改后改成三段开路破碎流程，2006年12月技改建成了三段闭路破碎流程。碎矿产品粒度逐步由40~50mm下

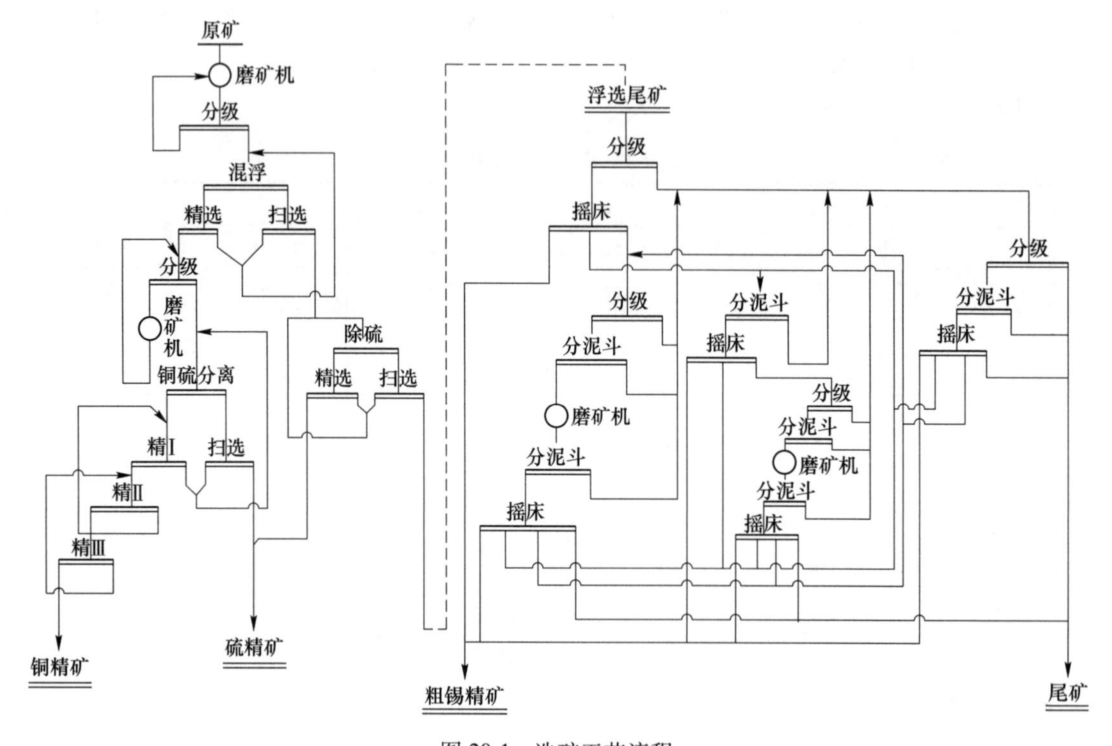

图 20-1　选矿工艺流程

降到-12mm，实现了“多碎少磨”，节能降耗目的，为选厂提高生产规模奠定了基础。图 20-2 为碎矿流程。

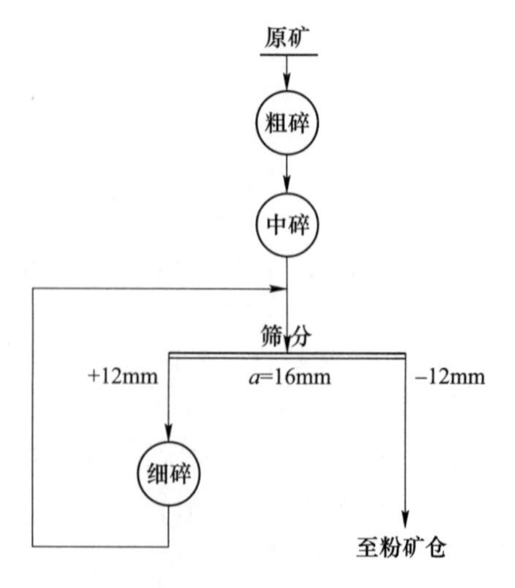

图 20-2　碎矿流程

20.4.2.2　*磨矿工艺*

卡房单铜原矿磨矿工艺采用了 ϕ500mm 高效旋流器组进行高浓度分级。该设备具有占地面积小，分级效率高，处理能力大等特点，能有效地将原矿入选-0.074mm 含量由原来的65%~70%提高到了70%~75%，取代了占地面积大、分级效率低的螺旋分级机。生产上采取了调整介质配比，取消120mm大球，增加70~80mm小球比例，适当提高入磨浓度等措施。

20.4.2.3 混合浮选，铜粗精矿分级

随着矿山深部开拓，原矿不断向“贫、细、杂”变化，对铜精矿品位和回收率影响较大。若要使铜精矿品位和回收率进一步提高，-0.074mm含量应达到95%以上，故需要细磨。

2005年6月完成了单铜矿的混合浮选工艺和铜粗精矿二段分级细磨技术改造，以提高铜精矿品位和回收率。在铜粗精矿再磨作业中，为了提高铜-硫分离的入选细度，通过不断完善，2008年10月采用ϕ125mm长锥旋流器组，取代原来的ϕ300mm旋流器，有效提高了分级效率和产品细度，使有用矿物得到了充分解离。

20.4.2.4 精选和铜硫分离尾矿循环返回工艺

为了减少杂质夹带和避免大量剩余药剂进入铜-硫分离系统，提高进入铜-硫分离系统的产品质量，在卡房分矿单铜工艺技改中，新增了铜粗精矿精选脱杂作业，该作业除提质、除杂、减少剩余药剂外，还起到了减少铜-硫分离作业负荷量和石灰等抑制剂用量的目的，有利于铜矿物与硫化物矿物的有效分离。

由于“铜-硫”分离尾矿含铜品位一般较高，达0.4%以上，并且该矿大部分为未解离的共生矿物，若直接作为硫精矿产出，其铜金属损失较大。通过试验研究，生产上采取了减少铜-硫分离二次扫选作业的做法，并将其尾矿循环返回混合浮选的粗选（或扫Ⅰ）作业，使部分未解离的铜硫矿物有机会再次上浮，再次磨矿解离，有助于铜矿物的回收；同时该矿流带入的石灰碱度，可改善混浮环境，提高pH值，抑制部分单体硫铁矿物，又能促进捕收剂黄药作用的发挥；因此反过来又可以达到提高铜粗精矿品位、回收率，为铜硫分离作业创造良好的选别条件的作用。生产统计表明该措施实施，可提高铜精矿回收率2%左右。

20.5 矿产资源综合利用情况

卡房分矿，矿产资源综合利用率74.88%，尾矿品位Cu 0.12%。

废石一部分用于井下充填采空区，一部分集中堆放在废石场。2013年废石排放量为30万吨。废石利用率为96.50%，废石排放强度为9.75t/t。

尾矿堆存在尾矿库中，截至2013年底，矿山尾矿库累计积存尾矿2332万吨，2013年排放量为136.71万吨。尾矿利用率为0，尾矿排放强度为29.39t/t。

21 拉拉铜矿

21.1 矿山基本情况

拉拉铜矿为主要开采铜矿的大型露天矿山，共伴生矿产主要有钼、钴、铁等，为国家级绿色矿山。矿山始建于 1958 年，1962 年停产留守，1973 年重建恢复生产。矿区位于四川省凉山彝族自治州会理县，直距会理县 55km，矿区有公路至力屯与 108 国道相接。矿区选厂至力屯 38km，经力屯至会理县城 10km；至凉山州府所在地西昌市 292km，至攀枝花市 130km，经力屯沿 108 国道至昆明 376km；经力屯至成昆铁路线上的拉鲊火车站 58km，南下昆明 329km，交通较为方便。矿山开发利用简表详见表 21-1。

表 21-1　拉拉铜矿开发利用简表

基本情况	矿山名称	拉拉铜矿	地理位置	四川省凉山州会理县
	矿山特征	国家级绿色矿山	矿床工业类型	火山-沉积变质岩型铜矿床
地质资源	开采矿种	铜矿	地质储量/万吨	矿石量 4426. 73
	矿石工业类型	硫化铜矿石、氧化铜矿石	地质品位/%	0. 87
开采情况	矿山规模/万吨 · a^{-1}	148. 5，大型	开采方式	露天开采
	开拓方式	公路运输开拓	主要采矿方法	组合台阶采矿法
	采出矿石量/万吨	177. 55	出矿品位/%	0. 827
	废石产生量/万吨	202. 20	开采回采率/%	90. 5
	贫化率/%	10. 63	开采深度/m	2230～1890 标高
	剥采比/t · t^{-1}	2. 47		
选矿情况	选矿厂规模/万吨 · a^{-1}	148. 5	选矿回收率/%	Cu 92. 40 Co 9. 03 Mo 70. 396
	主要选矿方法	三段一闭路破碎—阶段磨矿—铜钼部分混合优先浮选再铜钼分离—钴浮选、铜钴分离—铁磁选		
	入选矿石量/万吨	182. 13	原矿品位/%	Cu 0. 897 Co 0. 010 Mo 0. 036
	铜精矿产量/t	61341. 854	精矿品位/%	Cu 24. 601
	铁精矿产量/t	197742. 921	精矿品位/%	Fe 60. 463
	钴精矿产量/t	5091. 335	精矿品位/%	Co 0. 336
	钼精矿产量/t	1015. 483	精矿品位/%	Mo 46. 021
	尾矿产生量/万吨	156. 11	尾矿品位/%	Cu 0. 063

续表 21-1

综合利用情况	综合利用率/%	81.69		
	废石排放强度/$t \cdot t^{-1}$	32.96	废石处置方式	废石场堆存
	尾矿排放强度/$t \cdot t^{-1}$	25.45	尾矿处置方式	尾矿库堆存
	废石利用率/%	0	尾矿利用率/%	0
	废水利用率/%	95		

21.2 地质资源

21.2.1 矿床地质特征

拉拉铜矿为火山-沉积变质岩型铜矿床，矿床规模为大型，矿区有 Pt_1h_{4-1}、Pt_1h_{4-2}和Pt_1h_{4-3}三个含矿层位。主要有工业价值的铜矿体集中分布于 Pt_1h_{4-3}含矿层中，Pt_1h_{4-1}和Pt_1h_{4-2}仅有个别零星小矿体。

Pt_1h_{4-3}含矿层为一套火山沉积变质岩，含矿岩石由黑云母石英和石英钠长岩组成，两类岩石交互重叠、相互过渡。上部被辉长岩侵占，未见其顶，与上部地层 Pt_1h_5 呈断层接触。底部与 Pt_1h_{4-2}呈渐变过渡关系。

Pt_1h_{4-3}含矿层按火山旋回特点，由下而上分为六个小旋回。每一完整旋回自下而上由火山熔岩-火山角砾岩-火山凝灰岩-正常沉积岩组成。矿体主要产于火山凝灰岩中，一个旋回控制一个主要矿体。

矿体产状与围岩产状基本一致。工业矿体主要分布于 Pt_1h_{4-3}含矿层中下部，呈似层状、透镜状、薄脉状，以重叠—叠瓦形式成群产出，含矿岩石主要为黑云（二云）石英片岩、石榴黑云（二云）片岩和石英钠长岩。矿区主要圈定了①、②、③、④、⑤、⑳ 6 个工业铜矿体。

拉拉铜矿矿石自然类型：(1) 浸染状黄铁-黄铜矿石；(2) 条带状黄铁-黄铜矿石；(3) 条纹-浸染状黄铜矿石；(4) 浸染状斑铜-黄铜矿石。矿石金属矿物主要为黄铜矿、辉铜矿、黄铁矿、磁铁矿、辉钼矿、辉钴矿；脉石矿物则以钠长石、黑云母、白云母等硅酸盐矿物及石英、含铁白云石等氧化物为主。

拉拉铜矿矿石工业类型为硫化铜矿石。

矿石主要结构为半自形、它形粒状变晶结构，次要的有自形粒状变晶结构、交代残余结构、包含结构、压碎结构，偶见固溶体分离结构和胶状结构；矿石构造以浸染状、条带状和条纹状构造为主，次有角砾状、网脉状、稠密浸染状和蜂窝状构造。

21.2.2 资源储量

拉拉铜矿主要矿种为铜，矿石中伴生资源主要是钼、钴、铁，矿石工业类型为硫化铜矿石。截至 2013 年底，矿山保有资源储量 17753.9kt，平均品位为 0.88%，均为工业矿石（品位≥0.4%）；矿山累计查明伴生钼矿资源储量 44267.3kt，平均品位 0.029%，金属量 12678t；矿山累计查明伴生钴矿资源储量 44267.3kt，平均品位 0.02%，金属量 8833.78t。

21.3　开采情况

21.3.1　矿山采矿基本情况

拉拉铜矿为露天开采的大型矿山，采用公路开拓运输，使用的采矿方法为组合台阶法。矿山设计生产能力 148.5 万吨/a，设计开采回采率为 89.5%，设计贫化率为 13%，设计出矿品位（Cu）0.74%，铜矿最低工业品位（Cu）为 0.4%。

21.3.2　矿山实际生产情况

2015 年，矿山实际采出矿量 177.55 万吨，排放废石 202.20 万吨。矿山开采深度为 2230~1890m 标高。具体生产指标见表 21-2。

表 21-2　矿山实际生产情况

采矿量/万吨	开采回采率/%	出矿品位/%	贫化率/%	露天剥采比/$t \cdot t^{-1}$
177.55	90.5	0.827	10.63	2.47

21.3.3　采矿技术

矿山采剥工艺采用了“陡帮剥离、缓帮采矿、公路开拓、汽车运输”。先进的“陡帮剥离、缓帮采矿”工艺，为控制矿石的贫化损失提供了有力的技术保障。针对缓倾斜矿体贫化、损失不易控制的特点，矿山将原 12m 的采矿作业台阶改为 6m 和 12m 台阶相结合并在大机械无法施工的地方组织小机械尽力回收边角残矿，有效降低了矿石的实际损失。矿山设计开采深度：2230~1890m 标高。当前回采作业处于最终境界的中心部位，已进入凹陷露天段，东南部为组合台阶剥离，北部为缓帮采矿，场底标高 1962m。

矿山主要采矿设备见表 21-3。

表 21-3　矿山主要采矿设备明细表

序号	设备名称	设备型号	数量	备注
1	电铲	$4m^3$	5	
2	钻机	KQ-200	4	
3	运输汽车	北京 20t	14	
4	运输汽车	贝拉斯 27t	13	
5	推土机	T-171	1	
6	推土机	T-220	1	
7	装载机	ZL50 型	2	
合计			40	

21.4 选矿情况

21.4.1 选矿厂概况

拉拉铜矿选矿厂于1970年始恢复生产，规模为200t/d，生产单一铜精矿产品。1978~1986年生产规模为近300t/d，生产铜、钴、钼三种精矿，1985年始，并生产铁精矿产品。1987年始，生产规模为500t/d。铜、钴、钼精矿运销昆明冶炼厂，金、银未进行单独生产回收，只在铜、钼精矿产品中计价。

选矿厂破碎流程为三段一闭路，磨矿为阶段磨矿，第一段磨矿细度-0.074mm含量占65%~70%；第二、三段为铜钼混合精矿、钼粗精矿、钴精矿分别再磨，磨矿细度-0.074mm含量占90%~95%。

浮选为部分混合浮选流程。先选铜、钼得铜钼混合精矿、铜钴混合精矿，经再磨再选后，分别获得铜精矿、钼精矿、钴精矿，选钴尾矿用弱磁选回收铁。

21.4.2 选矿工艺流程

21.4.2.1 *碎矿工艺*

碎矿采用三段一闭路流程。破碎给矿粒度为0~1000mm，产品粒度在14mm以下。破碎设备及参数见表21-4。

表21-4 破碎设备及破碎比

设备名称	规格型号	数量	作业	最大给料/排料粒度	破碎比
颚式破碎机	JM1215	1	粗碎	1000/250	4
圆锥破碎机	H4800EC	1	中碎	250/40	6.25
圆锥破碎机	H6800EF	1	细碎	40/18	2.22
圆振动筛	2YAH2160	2	筛分		

21.4.2.2 *磨浮工艺*

1500t/d系统为一段闭路磨矿，采用6台MQG1530球磨机分别与6台FG-1000分级机构成闭路磨矿，3000t/d系统为2台MQG2836球磨机分别与2FG-2400分级机构成闭路磨矿。

浮选为铜钼部分混合优先浮选后再铜钴混选，尾矿再选铁的流程。铜钼混选粗扫选选用JJF-16浮选机12槽，铜钴混选粗扫选选用JJF-16浮选机9槽。铜钼混合粗精矿、铜钴混合粗精矿分别进入再磨再选工艺。

铜钼混合精矿进入再磨系统。铜钼精选Ⅰ、Ⅱ、Ⅲ及扫选选用JJF-4浮选机15槽。铜钼分离粗扫选选用JJF-3浮选机5槽；钼精选Ⅰ~Ⅳ选用SF-1.1浮选机10槽，钼精选Ⅴ~Ⅶ选用SF-0.37浮选机4槽。

铜钴混合粗精矿先三次精选，有JJF-4浮选机5槽，JJP-3浮选机2槽，三次精选后产品进入再磨，铜钴分离粗扫选选用JJF-1.1浮选机12槽。

浮选过程中，用石灰作抑制剂，用轻柴油作捕收剂，2号油作起泡剂，优先浮选得铜钼混合粗精矿，铜钼混合粗精矿经再磨后进行精选，然后再用硫化钠作抑制剂进行铜钼分离。浮选铜钼后的尾矿用黄药作捕收剂进行铜钴混选，铜钴粗精矿经精选后再磨，然后用丁铵黑药作捕收剂进行铜钴分离。两处铜精矿合并得混合铜精矿。金、银、硫等有价元素在铜精矿中回收。

21.4.2.3　磁选工艺

铁磁选粗选CTB1245磁选机1台，粗精进入再磨，再磨为1台MQY2130溢流型球磨机与FX350×4旋流器组构成闭路磨矿，一次精选选用BKB1230磁选机1台，二次精选选用CTB1224磁选机1台。

21.4.2.4　脱水工艺及尾矿输送

铜精矿采用浓缩、过滤两段脱水，浓缩选用NT30周边传动浓缩机1台，TT-20陶瓷过滤机2台。最终水分<12%。钴精矿采用浓缩、过滤两段脱水，选用18m浓缩机1台，TT-20陶瓷过滤机1台。最终水分<12%。钼精矿采用沉淀池脱水，电热盘加热干燥，最终水分在8%左右。铁精矿通过技改采用TT-30型陶瓷过滤机脱水，有效降低铁精矿水分，利于生产和精矿运输销售。

尾矿输送为全管路加压输送，用水隔离泵输送至尾矿库。

拉拉铜矿历年主要选矿技术指标见表21-5。

表21-5　拉拉铜矿历年主要选矿技术指标

年份	原矿品位/%			精矿品位/%			选矿回收率/%		
	Cu	Co	Mo	Cu	Co	Mo	Cu	Co	Mo
2004	0.70	0.013	0.027	23.74	0.51	42.45	87.31	20.02	30.30
2005	0.76	0.014	0.025	25.75	0.54	43.65	88.62	28.43	42.66
2006	0.81	0.017	0.022	25.58	0.56	45.70	87.85	22.31	41.52
2007	0.84	0.019	0.024	23.83	0.47	45.61	87.97	34.04	51.85
2008	0.82	0.018	0.027	24.43	0.41	44.39	89.06	33.67	58.79
2009	0.74	0.020	0.024	24.68	0.50	46.20	90.09	37.04	65.35
2010	0.80	0.016	0.031	23.82	0.39	45.46	90.07	40.31	69.39

选矿工艺流程图如图21-1所示。

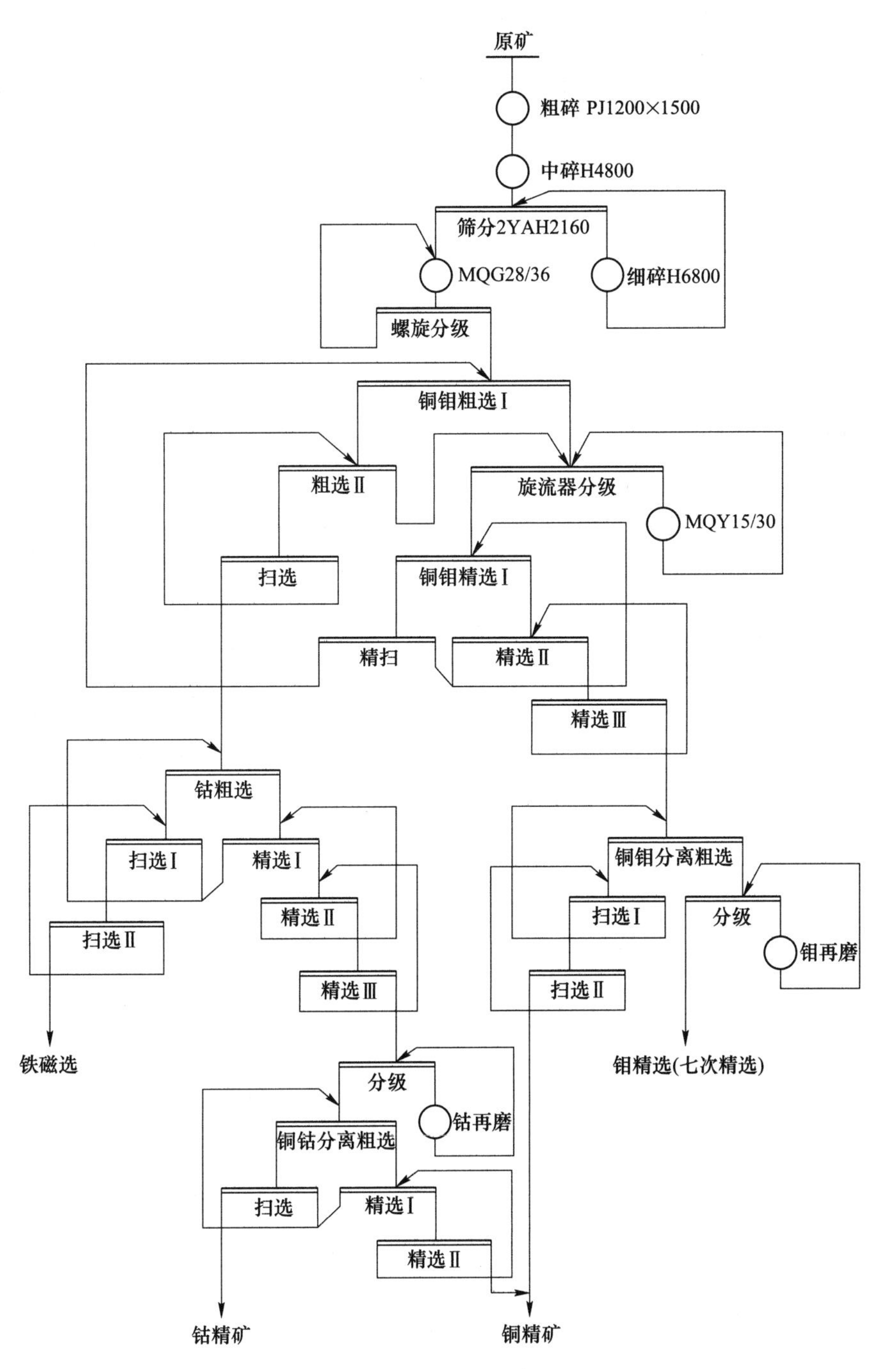

图 21-1 选矿工艺流程

21.5 矿产资源综合利用情况

拉拉铜矿，矿产资源综合利用率 81.69%，尾矿品位 Cu 0.063%。

废石主要集中堆放在废石场，截至2013年底，废石场累计堆存废石8438万吨，2013年产生量为202.20万吨。废石利用率为0，废石排放强度为32.96t/t。

尾矿集中堆存于新厂沟尾矿库中，截至2013年底，尾矿库累计堆存尾矿1766万吨，2013年产生量为156.11万吨。尾矿利用率为0，尾矿排放强度为25.45t/t。

选矿废水通过沉淀池处理，再利用于选矿。2013年废水利用率为95%。

22 六苴矿区

22.1 矿山基本情况

六苴矿区为主要开采铜矿的中型矿山，共伴生矿产主要有银等。矿山1966年开始建设，1976年正式投产。矿区位于云南省楚雄彝族自治州大姚县，直距县城12km，公路里程45km，距楚雄市160km，距昆明312km，矿部经大姚、永仁至元谋县黄瓜园镇精矿转运站（成昆铁路黄瓜园站）的公路里程约178km，交通便利。矿山开发利用简表详见表22-1。

表22-1 六苴矿区开发利用简表

基本情况	矿山名称	六苴矿区	地理位置	云南省楚雄州大姚县
	矿山特征	—	矿床工业类型	斑岩型铜矿床
地质资源	开采矿种	铜矿	地质储量/万吨	矿石量3463.3
	矿石工业类型	硫化铜矿石、氧化铜矿石、混合铜矿石	地质品位/%	1.29
开采情况	矿山规模/万吨·a^{-1}	70，中型	开采方式	地下开采
	开拓方式	竖井-斜井-平硐联合开拓	主要采矿方法	全面采矿法、分段空场法和留矿法
	采出矿石量/万吨	52.41	出矿品位/%	0.994
	废石产生量/万吨	18	开采回采率/%	86.71
	贫化率/%	7.48	开采深度/m	2020~230标高
	掘采比/m·万吨$^{-1}$	247		
选矿情况	选矿厂规模/万吨·a^{-1}	120	选矿回收率/%	Cu 91.87 Ag 77.86
	主要选矿方法	三段一闭路碎矿、阶段磨矿和集中浮选		
	入选矿石量/万吨	52.41	原矿品位	Cu 0.994% Ag 14.49g/t
	精矿产量/万吨	1.58	精矿品位	Cu 30.34% Ag 374.80g/t
	尾矿产生量/万吨	50.83	尾矿品位/%	Cu 0.058
综合利用情况	综合利用率/%	79.64		
	废石排放强度/t·t^{-1}	11.39	废石处置方式	井下采空区充填
	尾矿排放强度/t·t^{-1}	32.17	尾矿处置方式	尾矿库堆存
	废石利用率/%	100	尾矿利用率/%	0
	废水利用率/%	70（回水） 35（坑涌）		

22.2　地质资源

22.2.1　矿床地质特征

六苴矿区矿床类型为砂岩型铜矿，矿床规模为中型。区内出露地层有侏罗系中统蛇岩组（J_2S）、上统妥甸组（J_3t），白垩系下统高峰寺组（K_1g）与普昌河组（K_1P）、上统马头山组（K_2m）与江底河组（K_2J）。其中，含矿层位为马头山组六苴中亚段（K_2ml_2）、六苴下亚段（K_2ml_1）、高峰寺组凹地苴下亚段（K_1gw_1）和者那么段（K_1gz）。

六苴中亚段（K_2ml_2）：紫红色泥岩与细砂岩互层，中靠上部夹灰色长石石英砂岩构成六苴中亚段铜矿体，下部为紫红色泥岩与细砂岩互层，为次要含矿层。厚度 5~80m。

六苴下亚段（K_2ml_1）：为一套粗-细粒正向半韵律沉积构成。以紫红色-浅灰色中-细粒长石石英砂岩夹薄-中厚层状粗砂岩、含砾-砾石质砂岩组成，为矿区主要含矿层，厚度 25~60m。

凹地苴下亚段（K_1gw_1）：紫-浅色砂质泥岩、细砂-砾石质粗砂岩，正向半韵律发育，为区内主要含矿层，厚度 14~45m。

白垩系下统高峰寺组者那么段（K_1gz）：紫红色砂质泥岩夹紫-浅色砂岩，上部砂岩增多至呈互层状。为区内次要含矿层。厚度 160~240m。

六苴矿段产于白垩系上统马头山组六苴下亚段岩层的浅紫交互带浅色中细粒长石石英砂岩中，由一个主矿体和七个小矿体（2 号、1-1、1-2、1-3、3-1、3-2、3-3）组成。其中 2 号矿体为受 F_1 断层下错后与主矿体断开部分；1-1、1-2、1-3 为主矿体旁侧的透镜状小矿体；3-1、3-2、3-3 为主矿体之上 50~60m 之透镜状小矿体。

小河—石门坎矿段产于白垩系上统马头山组六苴段，含矿岩性为灰白色、浅灰色细-中粒长石石英砂岩、含砾粗粒长石石英砂岩。Ⅰ号矿体赋存于六苴下亚段，矿体长 1470m，矿体标高 1200~512m 间，呈层状顺层产出，矿体总厚度 349.26m，平均厚度 9.19m；Ⅱ号矿体赋存于六苴中亚段，矿体长 400m，矿体标高 1250~1075m 间，呈层状、似层状顺层产出。

矿区矿石自然类型分为氧化矿石、混合矿石和硫化矿石。按矿石组合、砂岩粒度可分为：块状中-细粒含辉铜矿高品位矿石，块状中-细粒含辉铜矿、斑铜矿中品位矿石，块状中-细粒含黄铜矿低品位矿石。金属矿物主要是辉铜矿，另有少量斑铜矿、黄铜矿。矿石结构有共生粒状结构，连晶状结构等，矿石构造以浸染状构造为主，其次还有斑点状构造和条带状构造。

22.2.2　资源储量

六苴矿区矿石工业类型均为含铜砂岩类型，主要矿种为铜。查明资源储量 34633kt，平均品位 1.29%，其中工业矿石量 34128kt，平均品位 1.30%，低品位矿石量 505kt，平均品位 0.38%。

22.3　开采情况

22.3.1　矿山采矿基本情况

六苴矿区为地下开采的中型矿山，采用竖井-斜井-平硐联合开拓，使用的采矿方法为全面采矿法、分段空场法和留矿法。矿山设计生产能力70万吨/a，设计开采回采率为86%，设计贫化率为7%，设计出矿品位（Cu）1.11%，铜矿最低工业品位（Cu）为0.5%。

22.3.2　矿山实际生产情况

2013年，矿山实际采出矿量52.41万吨，废石产生量18万吨。矿山开采深度为2220~230m标高。具体生产指标见表22-2。

表22-2　矿山实际生产情况

采矿量/万吨	开采回采率/%	出矿品位/%	贫化率/%	掘采比/m·万吨$^{-1}$
52.41	86.71	0.994	7.48	247

22.3.3　采矿技术

矿山为地下开采，矿山采用平硐、竖井、斜井联合开拓方式，目前主要采矿方法为盘区式有底部空场嗣后充填法和全面法（嗣后充填）。

根据六苴矿区矿体产状和开采技术条件将采矿方法大致归纳如下：

（1）矿体厚度≥7m的矿体。

1）矿体倾角≤30°，采用沿倾向耙矿底盘漏斗分段空场采矿法，凿岩方式细分为：矿体厚度为7~12m的中厚矿体，采用一个分层进行凿岩；矿体厚度>12m的中厚到厚矿体采用分层凿岩。

2）30°<矿体倾角<50°，采用沿走向耙矿底盘漏斗分段空场采矿法。

3）矿体倾角≥50°，采用分段空场采矿法。

（2）5m<矿体厚度<7m的矿体。矿体倾角≤30°，采用房柱采矿法；矿体倾角>30°时，参照分段空场法具体确定适合的采矿方法。

（3）矿体厚度<5m的矿体。

1）矿体倾角≤30°，采用普通全面采矿法。

2）矿体倾角30°<矿体倾角<50°，根据实际情况进行采矿方法比选确定。

3）矿体倾角≥50°时可选用留矿采矿法。

矿山生产选择常规的YGZ-90型、YTP-26型、YSP-45型凿岩机和2DPJ-55型电耙等采掘、回采设备，主要采掘设备见表22-3。

表22-3　主要采掘设备表

序号	设备名称	规格型号	单位	数量	质量/t		备注
					单重	总重	
一	采矿、掘进						
1	中孔凿岩机	YGZ-90	台	16	0.095	1.52	
2	浅孔凿岩机	YTP-26	台	42	0.024	1.008	
3	浅孔凿岩机	YSP-45	台	14			
4	凿岩机台架	TJ25	台	16			

续表 22-3

序号	设备名称	规格型号	单位	数量	质量/t		备注
					单重	总重	
5	凿岩机气腿	FT-170	台	42			
6	电耙绞车	2DPJ-55	台	28	2. 24	62. 72	
7	风动装岩机	ZQ-26	台	6	2. 7	16. 2	
8	混凝土喷射机	HPH6	台	3	0. 8	2. 4	
二	运输设备						
1	电机车	ZK^{7}_{10}-250/600	台	8	7	56	
		ZK3-250/600	台	4	4	16	
2	侧卸式矿车	YCC1. 2（6）	台	135	1	135	
3	矿车卸矿曲轨		套	14	2	28	1. 2m^{3}矿车
4	振动给矿机	台板 2400×1500	台	10	3. 7	37	
5	轨道铺轨	22kg/m 钢轨	m	15950	0. 022	350. 9	木轨枕，碎石道床
6	道岔	1/4 道岔	付	90	1. 7	153	
7	材料车	YLC3（6）	辆	8	1	8	
8	平板车	YPC3（6）	辆	6	0. 53	3. 18	
9	人车	SR-60 头车	辆	3	2. 2	6. 6	
		SR-60 挂车	辆	3	1. 1	3. 3	
三	提升设备						
1	12 号、13 号箕斗斜井提升机	JK-2. 5	台	2	54. 8	109. 6	卷筒直径 2. 5m
	配电机	Z450-2A-04	台	2	4. 9	9. 8	单机电机功率 620kW
2	11 号辅助斜井提升机	JK-2/20E	台	1			卷筒直径 2m
	配电机	Z4-315-32	台	1			电机功率 355kW
3	天轮	ϕ2500	个	2	1. 55	3. 1	
		ϕ2000	个	1	0. 7	0. 7	
4	箕斗	6880×1700×1600	个	2	3. 5	3. 5	
5	人车	SR-60 头车	辆	2	2. 2	4. 4	
		SR-60 挂车	辆	2	1. 1	2. 2	
6	箕斗斜井铺轨	43kg/m 钢轨	m	4298	0. 043	184. 8	
7	辅助斜井铺轨	22kg/m 钢轨	m	1980	0. 022	43. 6	
8	起重设备	10t 单梁起重机	套	3	4. 53	13. 59	跨距 13m，单套设备功率 16. 8kW

续表 22-3

序号	设备名称	规格型号	单位	数量	质量/t		备注
					单重	总重	
9	1 号罐笼竖井提升机	JKM-2. 8×4	台	1	45. 3	45. 3	（预选）
	配电机	Z4-450-42	台	1	6. 7	6. 7	电机功率 600kW，减速比 11. 5
10	3 号罐笼竖井提升机	JKM-2. 8×4	台	1	45. 3	45. 3	（预选）
	配电机	Z4-450-42	台	1	6. 7	6. 7	电机功率 600kW，减速比 11. 5
11	箕斗提升钢绳	6×19-ϕ31	m	2897			钢丝绳直径 31mm，最大静张力 90kN
	辅助斜井提升钢绳	6×19-ϕ26	m	1090	0. 002444	2. 66	钢丝绳直径 24. 5mm，最大静张力 60kN
	辅助竖井提升钢绳	6Δ(33)-ϕ28	m	1957	0. 003214	6. 29	钢丝绳直径 28mm
四	矿井通风设备						
1	扇风机	k40×25C	台	1	1. 1666	1. 1666	电机功率 200kW
		k40×20B	台	1	7. 009	7. 009	电机功率 160kW
2	局扇	JF51	台	15			电机功率 5. 5kW
		JF52	台	15			电机功率 11kW
五	压气设备						
1	螺杆空压机	ML110SE/20	台	5			1080m 中段，新增
		ST-150W/21. 1	台	3			1240m 中段，新增
		ST-250W/35. 9	台	2			1940m 坑口空压机站，原有
		ML300-2s	台	2			
2	活塞式空压机	7L-100/8	台	4			
3	供气主管	ϕ159×4. 5	m	16200	0. 017	275. 4	无缝钢管，新增
六	坑内供电（原有系统）						
1	变压器及配套设施	S11-7500	套	1			北部工业场地，新增
2	变压器及配套设施	S11-4500	套	1			南部工业场地，新增

22.4 选矿情况

22.4.1 选矿厂概况

矿山选矿厂为大姚六苴选厂，分硫化矿和氧化矿两个选厂。硫化矿选厂设计日处理能力3000t，年处理矿石90万~95万吨，随着矿山生存发展的需要，矿山不断的技术革新及新设备的投入，选厂处理规模逐年上升，2002年以来，年生产能力130.2万吨。氧化选厂于1993年因回收率低、可采资源为预留矿柱矿块残矿回收而转为湿法冶金。

硫化矿选厂采用三段一闭路碎矿、阶段磨矿和集中浮选。近两年加强了对伴生银的综合回收研究，使银的回收率有了提高。

2011年，大姚六苴选厂处理铜矿石46.58万吨，入选矿石铜品位1.05%，生产铜精矿1.46万吨，铜精矿品位30.70%；2013年，大姚六苴选厂处理铜矿石52.41万吨，入选矿石铜品位0.994%，生产铜精矿1.58万吨，铜精矿品位30.34%。

22.4.2 选矿工艺流程

22.4.2.1 *破碎筛分流程*

碎矿采用三段一闭路流程，碎矿流程的主要设备为：粗碎设备为PX700/100mm旋回式破碎机，中碎采用PYZ-2200mm液压圆锥破碎机，细碎采用PYD-2200mm液压圆锥破碎机，由SZZ13600mm×1800mm自定中心振动筛与细碎机构成闭路。

22.4.2.2 *磨矿浮选流程*

矿山硫化矿选厂选矿工艺流程主要为：碎矿流程（粗碎、中碎、细碎、筛分形成三段一次闭路碎矿流程）—磨浮流程（磨矿分级为：三级磨矿、两段分级，粗精矿再磨分级，浮选为两次粗选，三次精选，一次扫选）—脱水工艺（浓缩（周边传动式）、过滤（圆盘式）二段脱水）。流程图如图22-1所示。

22.5 矿产资源综合利用情况

六苴铜矿，矿产资源综合利用率79.64%，尾矿品位Cu 0.058%。

废石用于井下采空区充填，未积存。2013年废石排放量为18万吨，废石排放强度为11.39t/t，已得到利用。

尾矿堆放在尾矿库中，截至2013年底，尾矿库累计堆存尾矿3526万吨，2013年产生量为50.83万吨。尾矿利用率为0，尾矿排放强度为32.17t/t。

矿坑涌水一部分用于生产，大部分经处理达标后自然排放。

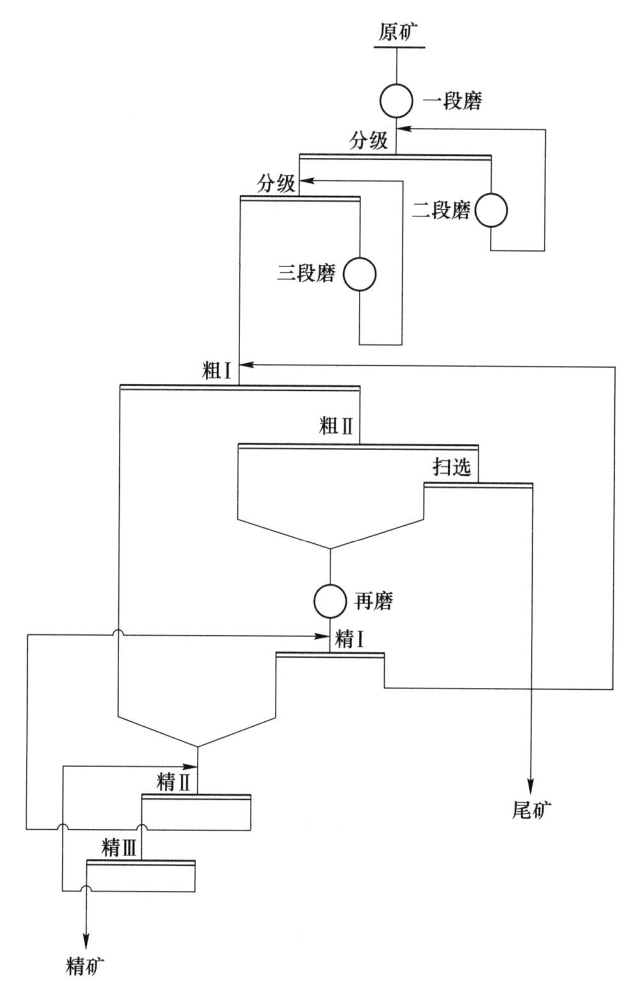

图 22-1　选厂生产流程

23　麻阳铜矿

23.1　矿山基本情况

麻阳铜矿为主要开采铜矿的小型矿山，无共伴生矿产。矿山原为国有企业，破产改制后于 2009 年 9 月 29 日成立。矿区位于湖南省怀化市麻阳苗族自治县，距麻阳县城 30km，距麻阳火车站 32km；距怀化市辰溪县城 15km，距辰溪火车站 35km，交通较便利。矿山开发利用简表详见表 23-1。

表 23-1　麻阳铜矿开发利用简表

基本情况	矿山名称	麻阳铜矿	地理位置	湖南省怀化市麻阳县
	矿山特征	—	矿床工业类型	含自然铜型含铜砂岩铜矿床
地质资源	开采矿种	铜矿	地质储量/万吨	矿石量 1130.7
	矿石工业类型	浸染状自然铜矿石	地质品位/%	0.91
开采情况	矿山规模/万吨 · a^{-1}	16.5，小型	开采方式	地下开采
	开拓方式	竖井-斜井联合开拓	主要采矿方法	全面采矿嗣后充填法
	采出矿石量/万吨	3.9	出矿品位/%	1.12
	废石产生量/万吨	1.5	开采回采率/%	89.70
	贫化率/%	12	开采深度/m	250~-125 标高
	掘采比/m · 万吨$^{-1}$	449		
选矿情况	选矿厂规模/万吨 · a^{-1}	16.5	选矿回收率/%	Cu 91.09
	主要选矿方法	两段一闭路破碎，一段闭路磨矿，浮选		
	入选矿石量/万吨	3.9	原矿品位/%	Cu 1.12
	精矿产量/万吨	0.12	精矿品位/%	Cu 26
	尾矿产生量/万吨	3.78	尾矿品位/%	Cu 0.071
综合利用情况	综合利用率/%	81.71		
	废石排放强度/t · t^{-1}	12.5	废石处置方式	排土场堆存
	尾矿排放强度/t · t^{-1}	31.5	尾矿处置方式	尾矿库堆存
	废石利用率/%	0	尾矿利用率/%	0
	废水利用率/%	100（回水） 75（坑涌）		

23.2 地质资源

23.2.1 矿床地质特征

麻阳铜矿矿床规模为小型，矿床类型为含自然铜型含铜砂岩铜矿床类型。麻阳铜矿产于沅麻盆地中段东南侧，其东南靠近雪峰古陆。沅麻盆地位于湖南省西部雪峰山脉与武陵山脉之间，盆地总体呈北东—南西向延伸，并向西北突出呈弧形，大地构造上位于江南地轴的西南缘。沅麻盆地周围出露的最老的地层是新元古代及早古生代低级变质岩系，盆地东南缘出露石炭纪-二叠纪地层，白垩系不整合于其上。区内含矿岩系为上白垩统锦江组及古新统下部。白垩系含矿层平均厚度567m，由“深色层”和“浅色层”交互组成，前者为棕红色泥质粉砂岩或泥岩，泥质粉砂岩的砂粒以石英为主，次为云母，岩屑极少，胶结物主要是黏土、钙质和铁质；后者主要是浅灰色-灰绿色含砾中-粗砂岩、含砾细砂岩和细砂岩，砾石、碎屑成分复杂，包括石英、长石、云母等30余种晶屑以及岩浆岩、变质岩、沉积岩等各种岩屑，泥质含量少，以钙质胶结为主。古新统含矿层厚110m，为白垩系含矿建造崩塌产物，因此，以下仅讨论白垩纪系含矿构造。矿体呈透镜状或层状、似层状，具有多层性，严格受浅色层位控制，顶、底板围岩均为“深色层”，二者界线清楚，产状与围岩产状完全一致。呈透镜状矿体常常是浅色层在深色层中尖灭，尖灭处矿化变弱，含矿层有分叉现象。部分矿体具侧伏现象，侧伏方向受分流河道延伸方向控制；褶皱轴部、断裂两盘、岩层产状由陡变缓处有矿化集中现象。

23.2.2 资源储量

麻阳铜矿矿石结构单一，均为浸染状自然铜矿石，铜含量变化从0.3%到大于10%。矿山累计查明铜矿资源储量为：矿石量1130.7万吨，金属量117760t。

23.3 开采情况

23.3.1 矿山采矿基本情况

麻阳铜矿为地下开采的小型矿山，采用竖井-斜井联合开拓，使用的采矿方法为全面法采矿嗣后充填法。矿山设计生产能力16.5万吨/a，设计开采回采率为80%，设计贫化率为12%，设计出矿品位（Cu）1.00%，铜矿最低工业品位（Cu）为0.4%。

23.3.2 矿山实际生产情况

2013年，矿山实际采出矿量3.9万吨，排放废石1.5万吨。具体生产指标见表23-2。

表23-2 矿山实际生产情况

采矿量/万吨	开采回采率/%	出矿品位/%	贫化率/%	掘采比/m·万吨$^{-1}$
3.9	89.70	1.12	12	449

23.3.3 采矿技术

矿山采用全面采矿嗣后充填法。

麻阳铜矿拟开采矿体为倾斜似层状或层状矿体（倾角一般 20°~40°，局部 5°~20°或 40°~60°，厚 1~8m 不等，平均为 1.88m），采用全面采矿嗣后充填法，矿山开采不留永久性矿柱，矿块储量损失主要是放矿过程中未放完矿量和低品位底柱矿量损失；矿山储量损失除了以上损失外，还有地面工业场地等损失量。全面采矿嗣后充填法采场构成要素如下：

（1）矿块布置和构成要素。矿块沿走向布置，长度为 50m，矿块斜长 50~70m，矿块之间不留间柱，顶柱厚度 1.5m，底柱高 6m。

（2）采准切割工程。采准工作包括开掘中段运输巷道、切割平巷、切割上山、放矿石门、放矿溜井、人行联络道、电耙绞车硐室（或不掘绞车硐室）等。中段放矿石门布置在矿体下盘岩石中，距矿体底板高度约为 6m；在放矿石门一侧向切割平巷开掘放矿溜井，溜井高 4~8m，间距为 12m；在中段运输巷道一侧开掘人行天井兼切割上山并与切割平巷、上部阶段运输巷道贯通；切割平巷是沿着走向在矿体中开掘的，它把矿块的人行天井、电耙绞车硐室、放矿溜井联通；切割上山与上部阶段运输巷道、切割平巷贯通，实现采场内通风。

（3）回采落矿工艺。矿房回采自下而上进行，以切割上山为自由面，每次向上两侧各推进宽度 3~4m，长度 12m；矿体厚度大于 3m 时，分层回采。采用 YT-27、7655 钻机凿岩，浅孔爆破，爆破使用 2 号岩石乳化炸药，采用非电导爆管起爆，起爆器激发。爆下的矿石采用电耙耙入溜井；当下一个循环需要回采上半部分矿段时，上班采下的矿石不需全部耙完，需要留足部分矿石作为垫层以方便下步凿岩。

（4）采场通风。新鲜风流自中段运输平巷经切割上山进风至采场工作面，清洗工作面的污风由上山回到上中段拉底平巷，最后经上中段运输平巷（回风巷）排出地表。

（5）采场运搬。工作面炮烟排净后，安全工进入采场检查顶板，清除浮石，崩落矿石在采场进行二次破碎后场内采用电耙扒运矿石至放矿溜井。

（6）矿柱回采、通风及采空区处理。

1）回采顺序：矿块中矿柱回采顺序是先两翼后中央后退式，原则上先回采顶柱，然后回采间柱和点柱，而底柱与下中段矿块最后一并回采。

2）回采方法：在上中段矿房底部充填挡墙强度满足要求后，采用全面采矿回收顶底柱，沿矿体倾斜方向切割上山，由下往上推进，回采、落矿及通风方法与矿房回采一致（矿体厚度≤3m，一次回采；矿体厚度>3m，分层回采，浅眼崩矿），稍迟矿块回采一个分层；间柱和点柱回采采取间隔回采或削采方法，一次爆破，减少工人进出空场次数，或根据矿岩的稳固情况采用人工矿柱（筑石垛或混凝土）支撑空区后回采。

3）回采矿柱后，对采空区进行充填，并进行封闭处理。

（7）嗣后充填。矿房或矿柱回采结束后，设置底部、待采矿块一侧充填挡墙（胶结充填，便于回采下部矿块底柱，减少矿石损失），并预留泄水管孔，然后从上中段平巷经放矿溜井往采场接通充填软管，按照要求进行充填；方案采用废石、尾渣充填，废石为中段采场废石，尾渣为矿山选矿尾矿。进行尾渣充填时，在地表设充填料制备站，充填料在站内搅拌制备后，通过充填料管输送到各生产中段，而后根据充填要求输送到各中段采场充填，其充填工艺流程如下：

选厂—尾砂—地表砂仓—混合泵送—充填管路—采空区—渗滤水—水仓沉淀—泵送地表水池—选厂。

23.4 选矿情况

23.4.1 选矿厂概况

选矿厂位于矿区中心竖井东侧的山坡上，依地形分破碎、筛分、球磨、浮选4个阶梯，建筑面积3900m^2。选矿厂于1971年投产，设计生产年处理能力16.5万吨，日处理500t；后根据实际情况进行改造，实际处理能力最高达到616t/d；当时定员113人，现实际生产工人40人；选矿厂从正式试生产到今已生产30多年，获得较高的产量和先进的技术经济指标：选矿实际回收率最高达到94.8%，现保持在93%以上；选矿产品铜精矿品位35.85%。

23.4.2 选矿工艺流程

23.4.2.1 破碎筛分工艺

矿山破碎采用两段一闭路破碎工艺。粗矿石从采矿粗矿仓由板式给矿机送到PE400×600颚式破碎机进行初次破碎，粗碎产品由皮带运输送到振动筛进行筛分，筛下矿石进入细矿仓；筛上矿石经皮带运输机返回到圆锥破碎机进行二段破碎，二段破碎产品返回筛分形成闭路。

23.4.2.2 磨矿工艺

合格破碎产品从细矿仓由皮带送到球磨机进行磨矿，再经螺旋分级机分级，粗颗粒返回球磨形成闭路磨矿，粒度达到浮选要求的入浮选机进行浮选。

23.4.2.3 浮选工艺

为提高浮选效果，先对矿泥进行脱泥浮选，脱泥浮选系统采用一段粗选、两段精选、三段扫选工艺；脱泥后的矿浆进行浮选，采用一段粗选、两段精选、三段扫选工艺；最后，精矿由砂泵输送到浓密池进行浓缩，再经压缩机脱水成合格产品外销，尾矿经渣浆泵输送到尾矿库储存或充填料制备站。

图23-1为选厂工艺流程。

23.5 矿产资源综合利用情况

麻阳铜矿，矿产资源综合利用率81.71%，尾矿品位Cu 0.071%。

废石集中堆存在排土场，截至2013年底，废石场累计堆存废石7.99万吨，2013年产生量为1.5万吨。废石利用率为0，废石排放强度为12.5t/t。

尾矿大部分用于尾矿充填，其他部分被排于尾矿库。截至2013年底，尾矿库累计堆存尾矿24万吨，2013年产生量为3.78万吨。尾矿利用率为0，尾矿排放强度为31.5t/t。

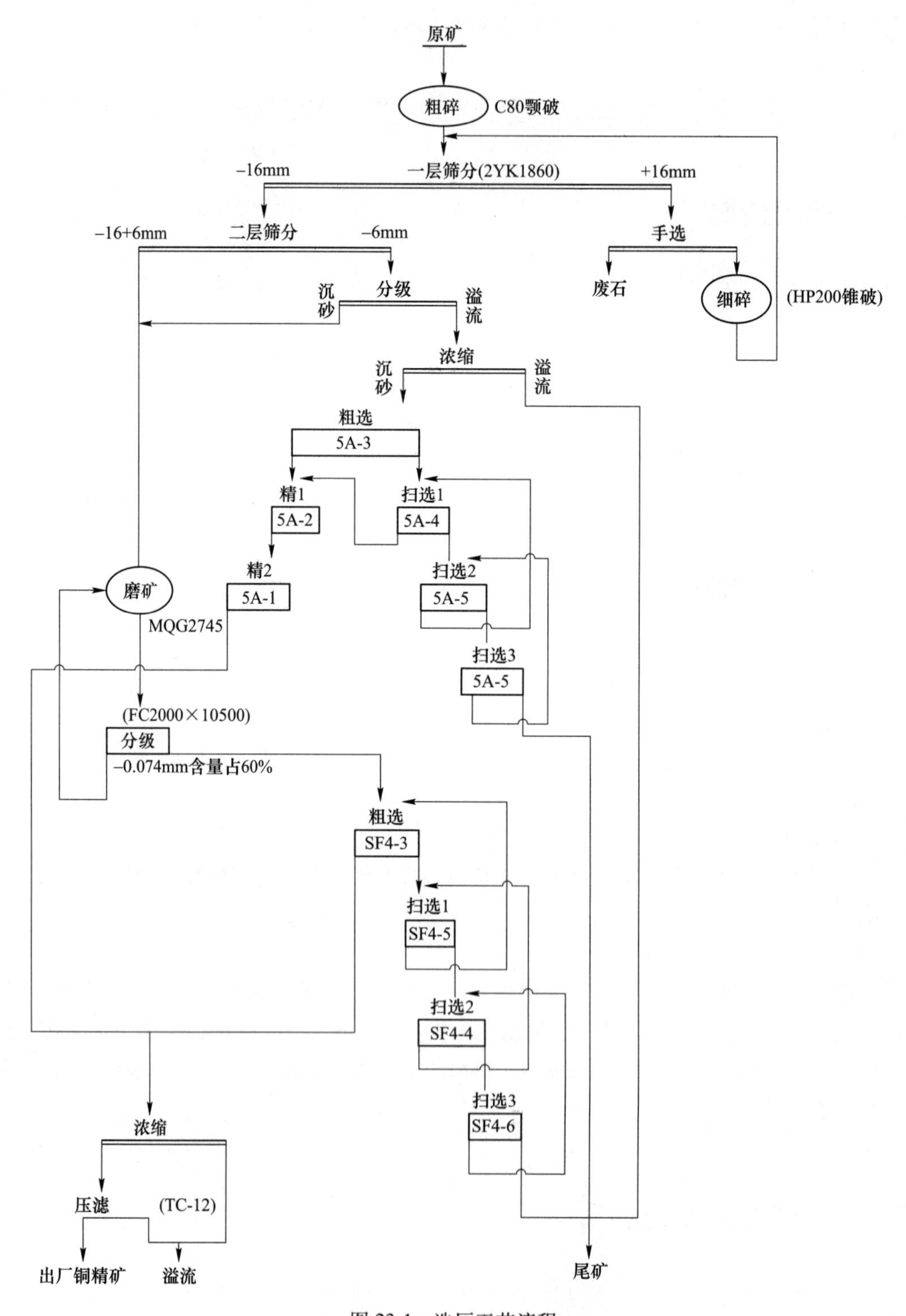
原矿
粗碎
C80颚破
−16mm
一层筛分(2YK1860)
+16mm
−16+6mm
二层筛分
−6mm
手选
沉砂
分级
溢流
废石
细碎
(HP200锥破)
浓缩
沉砂
溢流
粗选
5A-3
精1
5A-2
扫选1
5A-4
精2
5A-1
扫选2
5A-5
磨矿
MQG2745
扫选3
5A-5
(FC2000×10500)
分级
−0.074mm含量占60%
粗选
SF4-3
扫选1
SF4-5
扫选2
SF4-4
扫选3
SF4-6
浓缩
压滤
(TC-12)
出厂铜精矿
溢流
尾矿

图23-1　选厂工艺流程

24　紫金山金铜矿

24.1　矿山基本情况

紫金山金铜矿为露天开采金、铜矿的大型矿山，是世界特大型金铜矿，共伴生元素主要有 Cu、Ag、S 等，全国绿色矿山。矿山于 1993 年开发建设，2000 年 9 月公司改制为股份制企业。矿区位于福建省龙岩市上杭县，公路 205 国道通过矿区东侧石圳村，石圳向西北 10km 有水泥路面的公路直抵矿区，石圳向南 15km 至上杭县城。自上杭县城沿 205 国道向东北至永安，西南至广东梅州，沿 319 国道东至龙岩，至最近码头厦门港 283km，至最近民航站梅州 123km。由矿区至龙岩—赣州铁路线上杭站 40km，交通方便。矿山开发利用简表详见表 24-1。

表 24-1　紫金山金铜矿开发利用简表

基本情况	矿山名称	紫金山金铜矿	地理位置	福建省龙岩市上杭县
	矿山特征	第四批国家级绿色矿山，世界特大型金铜矿	矿床工业类型	高硫化浅成中低温热液
地质资源	开采矿种	金矿	地质储量/kg	322199
	矿石工业类型	氧化次生金矿石	地质品位/g·t^{-1}	0.57(Au)
开采情况	矿山规模/万吨·a^{-1}	3750，大型	开采方式	露天开采
	开拓方式	公路运输开拓	主要采矿方法	组合台阶陡帮开采法
	采出矿石量/万吨	2438	出矿品位/g·t^{-1}	0.64(Au)
	废石产生量/万吨	4914.96	开采回采率/%	99.05
	贫化率/%	8.13	开采深度/m	1138.4~-100 标高
	剥采比/t·t^{-1}	2.02		
选矿情况	选矿厂规模/万吨·a^{-1}	一选厂 660 二选厂 1440 三选厂 1650 铜浮选厂 264 铜湿法厂 1485	选矿回收率/%	Au 85.48 Cu 83.05 S 40.84 Ag 52.81
	主要选矿方法	金矿：两段开路破碎—粗细分级，细粒重选—浸出，粗粒堆浸 铜矿浮选：三段开路破碎—一段闭路磨矿—铜硫优先浮选 铜矿湿法：三段开路破碎—堆浸		

续表 24-1

选矿情况	入选矿石量/万吨	3078.55	原矿品位	Au 0.62g/t Ag 4.12g/t Cu 0.35% S 4.04%
	合质金产量/t	15.15	精矿品位/%	Au 99.99
	铜精矿产量/万吨	45.25	精矿品位/%	Cu 19.69
	硫精矿产量/万吨	112.37	精矿品位/%	S 45.14
	尾矿产生量/万吨	2920.93	尾矿品位/g · t^{-1}	0.095(Au)
综合利用情况	综合利用率/%	84.64		
	废石排放强度/t · t^{-1}	6.69	废石处置方式	废石场堆存
	尾矿排放强度/t · t^{-1}	64.55	尾矿处置方式	干堆
	废石利用率/%	7.65	尾矿利用率/%	3.32
	废水利用率/%	90.19		

24.2 地质资源

24.2.1 矿床地质特征

紫金山金铜矿矿床类型属高硫化浅成中低温热液矿床，开采深度 1138.4～-100m，金矿床产于 600～640m 标高以上的氧化带中，铜矿产于 600m 标高以下的原生带中，已控制矿化最低标高-100m，矿体为大脉状，硫化铜矿石类型，为大型矿床，矿石可选性好。矿田位于华南褶皱系东部、北西向上杭—云霄深大断裂与北东向政和—大浦断裂的交汇处。矿区构造活动强烈，以北东向和北西向为主，二者交汇处控制了区域矿床的产出。区域内火山-侵入岩发育，包括中-晚侏罗世花岗质岩石和早白垩世火山-侵入杂岩。迳美岩体、五龙寺岩体和金龙桥岩体先后形成并构成中-晚侏罗世紫金山复式岩体。四方花岗闪长岩是早白垩世形成的岩浆岩。才溪二长花岗岩为中-晚侏罗世和早白垩世岩浆活动的过渡产物。紫金山矿田与早白垩世火山-侵入活动在时空上紧密相关。矿区水文工程地质条件简单。

24.2.2 资源储量

紫金山铜金矿床矿物种类丰富，单矿石矿物目前已发现的有 Cu-S 体系 8 种矿物、硫砷铜矿、块硫砷铜矿、硫钨锡铜矿、硫钼锡铜矿、硫铁锡铜矿、斑铜矿、黄铜矿、孔雀石、砷黝铜矿、锡砷硫钒铜矿等 26 种铜矿物。

紫金山金铜矿金矿的矿石工业类型为氧化次生金矿石，为贫矿石，铜为硫化铜矿石。紫金山金铜矿铜矿平均品位为 0.35%。

24.3 开采情况

24.3.1 矿山采矿基本情况

紫金山金铜矿为露天开采的大型矿山，采用竖井-斜井联合开拓，使用的采矿方法为组合台阶陡帮开采法。矿山设计生产能力3750万吨/a，设计开采回采率为80%，设计贫化率为12%，设计出矿品位（Cu）1.00%，铜矿最低工业品位（Cu）为0.4%。

24.3.2　矿山实际生产情况

2013年，矿山实际采出矿量2438万吨，排放废石4914.96万吨。矿山开采深度为1138.4~-100m标高。具体生产指标见表24-2。

表24-2　矿山实际生产情况

采矿量/万吨	开采回采率/%	出矿品位/g·t^{-1}	贫化率/%	剥采比/t·t^{-1}
2438	99.05	0.64(Au)	8.13	2.02

24.4　选矿情况

24.4.1　选矿厂概况

紫金山金铜矿属含砷低品位大型铜矿，平均品位Cu 0.48%、S 2.60%、As 0.037%。由于原矿品位低，采用火法冶炼工艺投资大，经济效益差，所以一直未大规模开发。随着细菌氧化浸出湿法提铜工艺的发展和成熟，紫金山金铜矿的开发逐渐开展。

紫金山金铜矿于2000年12月建成年产阴极铜300t的生物提铜工业试验厂，并于2001年12月完成工业试验，铜浸出率达到80.59%，直接加工成本为每吨铜5488.04元。在300t级生物提铜工业试验获得成功后，于2002年7月扩建完成1000t阴极铜的生物堆浸提铜厂，至2003年12月完成千吨级工业试验并获得成功，为大规模开发紫金山金铜矿奠定了基础。

紫金山金铜矿微生物湿法提铜工厂于2005年底投产，到2008年产铜量突破1万吨，达到设计生产能力。经技改于2009年综合产能不低于2万吨/a。

2016年10月7日，“紫金山日处理4.5万吨铜矿项目”建成投产。该项目是紫金山金铜矿大开发的核心项目，也是福建省打造千亿金铜产业基地的基础项目。该项目配备的半自磨机和球磨机为亚洲最大的磨机，浮选机、旋流器、渣浆泵等关键设备均达到国际最大或一流标准。项目2.5万吨为浮选工艺，2万吨为堆浸生物冶金工艺，年产铜金属量将达到4.3万吨以上，伴生金780kg，伴生银20t，副产硫精矿35万吨。项目结合低品位金铜伴生资源的特点，以浮选工艺为主，具有选矿回收率高、可以综合回收金银硫等伴生元素的优点。

24.4.2　选矿工艺

24.4.2.1　破碎筛分流程

原矿经破碎后，进入双层重型圆振动筛进行筛洗，筛下矿石（-8mm粒级）进入分级机，筛上矿石（+40mm粒级）进行细碎至-40mm粒级与筛中矿石（-40~+8mm粒级）一并进入堆浸。

24.4.2.2 浸出工艺

紫金山金铜矿属次生硫化铜矿，其对总铜的占有率达96.62%，主要有兰辉铜矿（Cu_9S_5）、辉铜矿（Cu_2S）、铜蓝（CuS）。根据矿石性质、铜矿物的可浸出原理、选矿工艺试验和细菌浸出小型试验结果，参照国内外矿石性质相似的矿山生产实践，紫金山金铜矿采用“生物堆浸—萃取—电积”工艺。设计采用的工艺流程是：三段一闭路破碎，生物堆浸—萃取—电积，最终产品为阴极铜。详细的选冶工艺流程如图24-1所示。

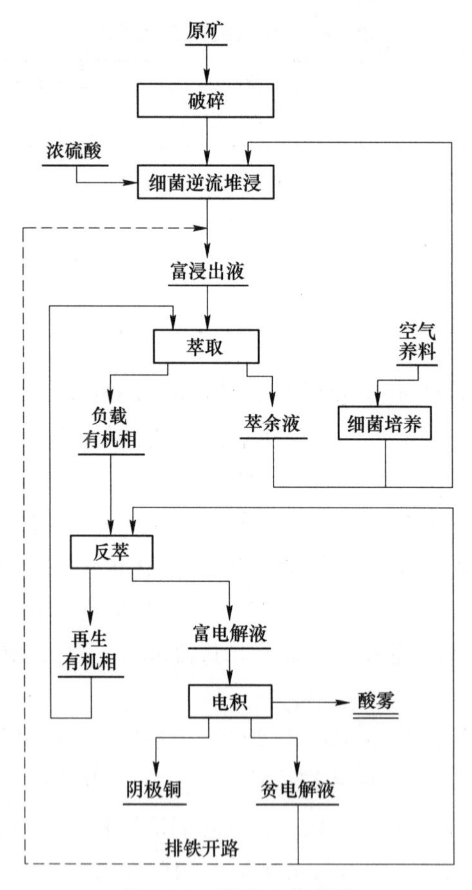

图24-1 选冶工艺流程

24.5 矿产资源综合利用情况

紫金山金铜矿，矿产资源综合利用率84.64%，尾矿金品位0.095g/t。

废石集中堆存在废石场，截至2013年底，废石场累计堆存废石30756.3万吨，2013年产生量为4914.96万吨。废石利用率为7.65%，废石排放强度为6.69t/t。

尾矿干堆，利用部分尾矿生产免烧免蒸砖、利用尾矿浆脱水碴用于堆场辅助铺垫。截至2013年底，尾矿库累计堆存尾矿27181万吨，2013年产生量为2920.93万吨。尾矿利用率为3.32%，尾矿排放强度为64.55t/t。

25 铜矿峪铜矿

25.1 矿山基本情况

铜矿峪铜矿为主要开采铜矿的大型矿山，共伴生元素主要有金、钴、钼、硫等。矿山1958年2月开始建设，1961年缓建，1967年全面恢复施工，1974年5月选矿厂一期工程建成，同年7月矿山投入试生产。矿区位于山西省运城市垣曲县，距垣曲县城约4km，其间有柏油路相连，距东镇—济源高速公路4km，交通较为方便。矿山开发利用简表详见表25-1。

表 25-1 铜矿峪铜矿开发利用简表

基本情况	矿山名称	铜矿峪铜矿	地理位置	山西省运城市垣曲县
	矿山特征	国家级绿色矿山	矿床工业类型	斑岩型铜矿床
地质资源	开采矿种	铜矿	地质储量/万吨	矿石量 45500
	矿石工业类型	硫化铜矿石	地质品位/%	0.591
开采情况	矿山规模/万吨·a^{-1}	600，大型	开采方式	地下开采
	开拓方式	竖井-斜井-平硐联合开拓	主要采矿方法	有底柱分段崩落采矿法和阶段自然崩落采矿法
	采出矿石量/万吨	451.5	出矿品位/%	0.527
	废石产生量/万吨	7	开采回采率/%	92.9
	贫化率/%	14.56	开采深度/m	1024~80 标高
	掘采比/m·万吨$^{-1}$	21		
选矿情况	选矿厂规模/万吨·a^{-1}	400	选矿回收率/%	92.53
	主要选矿方法	三段一闭路流程，一段磨矿，一次粗选—两/三次精选—两次扫选		
	入选矿石量/万吨	712	原矿品位/%	Cu 0.55
	精矿产量/万吨	13.03	精矿品位/%	Cu 25.27
	尾矿产生量/万吨	698.97	尾矿品位/%	Cu 0.04
综合利用情况	综合利用率/%	85.96		
	废石排放强度/t·t^{-1}	0.54	废石处置方式	废石场堆存
	尾矿排放强度/t·t^{-1}	53.64	尾矿处置方式	尾矿库堆存
	废石利用率/%	0	尾矿利用率/%	0
	废水利用率/%	95		

25.2　地质资源

25.2.1　矿床地质特征

铜矿峪矿床规模为大型，矿床类型为斑岩型铜矿，矿床赋存于下元古界绛县群铜矿峪变质火山岩组的上部，本区出露的铜矿峪变质火山岩组由老到新分为：(1) 变富钾流纹岩层。主要由变富钾流纹岩和变富钾流纹质凝灰岩层重复交叠构成。下部见石英岩夹层，中部有一层变质火山砾凝灰岩，广泛分布于矿区南部。变富钾流纹岩层总厚度约1200m，未见矿化。(2) 变钾质基性火山岩层。该层又称绿泥石片岩层，分布范围广，走向长约6.5km，在矿区内出露厚度约800m，是铜矿峪地区一个重要的含铜层位。虽然目前尚未发现具有相当规模的矿床，但在变钾质基性火山岩层与绢云母石英片岩的狭长接触带上铜矿化相当普遍。该层主要由两种岩石组成，一种为黑云母片岩，出露在矿区西部，具杏仁构造。另一种为绿泥石片岩，分布在矿区东部，具气孔和杏仁构造。黑云母片岩比绿泥石片岩更具有火山熔岩特点。该层与下伏变富钾流纹岩层有一火山沉积间断，呈不整合接触关系。(3) 变凝灰质半泥质岩层。该层又称绢英（片）岩层，分布于矿区西、北、东面约四分之三的广大地区，总厚度大于1300m。该层按其岩性大致可分成下、中、上三层。下部为绢云母石英岩，中部为绢云母石英片岩，上部为绢云母石英岩。该岩层具明显的沉积特征，可见变余层理、沉积韵律和沉积条带构造，局部可见交错层和波痕。石英岩夹层底部有时有透镜状砾岩，证明绢云母石英片岩层的原始沉积环境为浅水相。

矿区内绢云母石英岩与绢云母石英片岩有时呈互层出现，前者为略具片理的厚层块状岩石，后者片理发育，层理明显。当绢云母石英片岩含有较多的暗色矿物时（大于40%），即与变钾质基性火山岩层中的绿泥石片岩无法区分。变凝灰质半泥质岩层与下伏变钾质基性火山岩层为整合接触关系。

该变凝灰质半泥质岩层（绢英岩层）在沉积过程中伴有频繁的基性火山活动和酸性火山活动，形成了以1号、3号矿体为代表的变钾质基性火山岩型铜矿床和以4号、5号矿体为代表的著名的铜矿峪变斑岩型铜矿床。

25.2.2　资源储量

铜矿峪矿床主矿种为铜，共伴生矿种为钼，矿石类型为硫化矿。截至2007年12月31日，全区累计查明工业铜矿石量45500万吨，铜金属量2866625t；全区累计查明低品位铜矿石量2995.05万吨，铜金属量77723t；累计查明伴生金金属量27297kg；累计查明伴生钴金属量32757t；累计查明伴生钼金属量14559t。

25.3　开采情况

25.3.1　矿山采矿基本情况

铜矿峪铜矿为地下开采的大型矿山，采用竖井—斜井—平硐联合开拓，使用的采矿方法为有底柱分段崩落采矿法和阶段自然崩落采矿法。矿山设计生产能力 600 万吨/a，设计开采回采率为 85%，设计贫化率为 15%，设计出矿品位（Cu）0.52%，铜矿最低工业品位（Cu）为 0.45%。

25.3.2　矿山实际生产情况

2013 年，矿山实际采出矿量 451.5 万吨，排放废石 7 万吨。矿山开采深度为 1024～80m 标高。具体生产指标见表 25-2。

表 25-2　矿山实际生产情况

采矿量/万吨	开采回采率/%	出矿品位/%	贫化率/%	掘采比/m · 万吨$^{-1}$
451.5	92.9	0.527	14.56	21

25.4　选矿情况

25.4.1　选矿厂概况

铜矿峪矿 1958 年建设，原设计规模为 400 万吨/a。铜矿峪选矿厂一期工程 2000t/d 半自磨系统于 1974 年建成投产，后因运行成本高、运转率低，于 1982 年停产改造。选厂一期改造后与选厂的三期合并，于 1993 年投产。碎矿采用三段一闭路流程，矿石由电机车运至选矿厂粗碎车间，设计最终产品粒度为-15mm，磨矿细度为-0.074mm 含量占 65%～70%，经过一粗、二扫、三精得到最终铜精矿。脱水采用浓缩过滤两段流程。

2015 年，选矿厂入选矿石 712 万吨，入选品位 0.55%。精矿产量 13.03 万吨，精矿品位 Cu 25.27%，回收率 92.53%。选矿厂能耗、水耗概况见表 25-3。

表 25-3　铜矿峪铜矿选矿能耗与水耗概况

选矿耗水量/t · t^{-1}	选矿耗新水量/t · t^{-1}	选矿耗电量/kW · h · t^{-1}	磨矿介质损耗/kg · t^{-1}
2.6	0.26	25.11	0.85

25.4.2　选矿工艺流程

25.4.2.1　*破碎磨矿*

铜矿峪选矿厂新系统采用三段一闭路的常规碎矿流程。粗碎设在坑下，在中碎前设有预先筛分，如图 25-1 所示。

系统生产能力 6000t/d，年工作日 330d，最大给矿粒度 1200mm，中碎给矿粒度小于 300mm，细碎给矿粒度小于 75mm，最终产品粒度 P80＝12mm。粗碎产品通过斜井皮带运输至粗矿仓或粗矿堆贮存，调节选矿与采矿生产的不均衡性，以保证选矿厂连续均衡生产；碎矿系统的破碎产品粒度达到-10mm 占 90%以上，实现了“多碎少磨”的工艺。

磨矿工段采用一段闭路磨矿流程，磨矿最终产品粒度-0.074mm 含量占 65%～70%。选矿厂碎磨作业分两个系统，一段系统有 ϕ2200 圆锥破碎机 4 台，其中中碎 1 台，细碎 3 台，MQG2700×3600 格子型球磨机 8 台；二段系统有 ϕ2200 圆锥破碎机 3 台，其中中碎 1

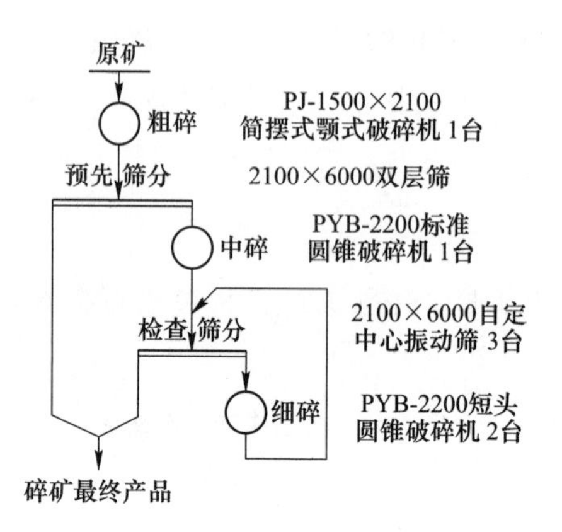

图 25-1　碎矿流程

台，细碎 2 台，MQG2700×3600 格子型球磨机 1 台、MQG3200×4500 格子型球磨机 3 台、MQG3600×4000 格子型球磨机 1 台。

25.4.2.2　浮选流程

一段磨矿产品经过一次粗选、二次扫选、三次精选后得出最终精矿。粗扫选作业采用 GF-40 和 KYF-40 浮选机，精选作业采用 BF-12 浮选机，浮选工艺流程如图 25-2 所示。

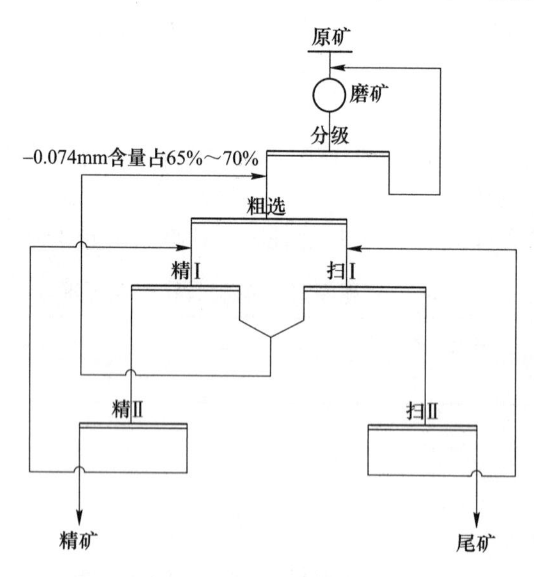

图 25-2　浮选工艺流程

A　6A 浮选系列精选作业

1978 年前处理的矿石主要为氧化矿和部分混合矿，硫化矿很少。浮选作业用两次精选，精矿品位在 18%左右。

1978 年后采用三次精选，精矿品位提高了 2.14%、回收率提高了 0.34%。

1985 年后氧化矿逐渐减少，混合矿和硫化矿增加，于是又采用两次精选，精选次数减少后精矿品位略有提高，回收率提高幅度较大。从 1985 年至今 6A 浮选系列一直采用两次精选作业的流程。

B　$8m^3$浮选系列精选作业

$8m^3$浮选系列粗选泡沫进入一次精选作业，原采用压力输送，精选作业不稳定，难以操作，影响精矿品位。1999 年对其进行了改造，由压力输送改为自流输送，保证了精选作业的稳定性，精矿品位提高了 0.92%。三次精选作业比两次精选容易操作，有利于精矿品位的提高，$8m^3$浮选系列精选作业采用三次精选作业流程，选矿工艺流程如图 25-3 所示。

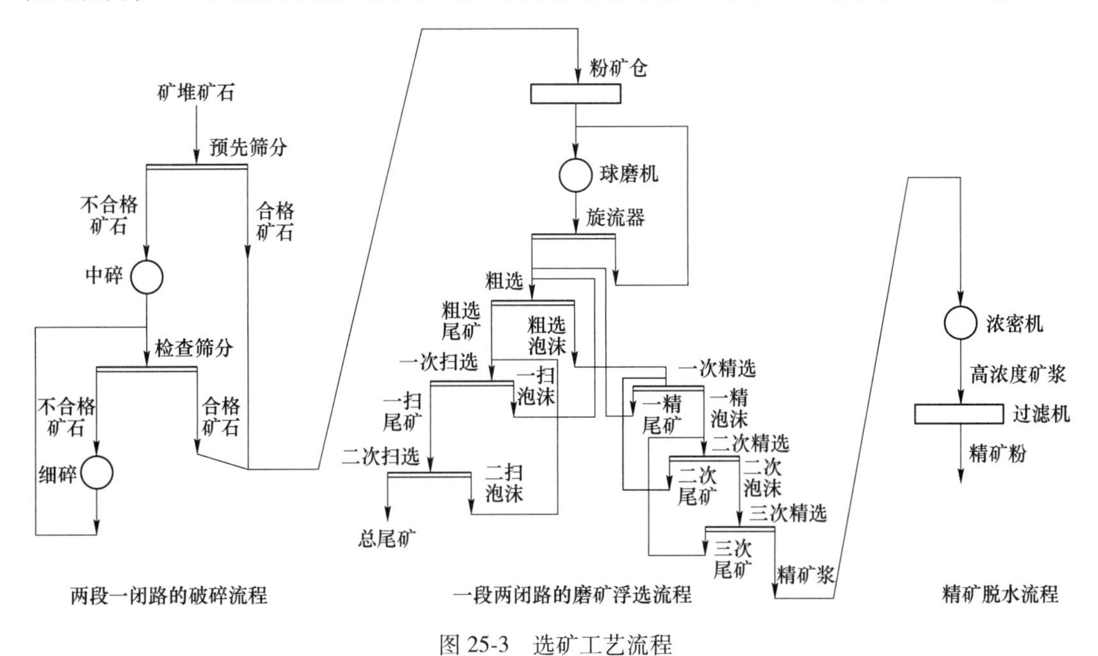

图 25-3　选矿工艺流程

25.5　矿产资源综合利用情况

铜矿峪铜矿，矿产资源综合利用率 85.96%，尾矿品位 Cu 0.04%。

废石集中堆存在废石场，截至 2013 年底，废石场累计堆存废石 686 万吨，2013 年产生量为 7 万吨。废石利用率为 0，废石排放强度为 0.54t/t。

尾矿现已堆存尾砂 7000 多万立方米。2013 年产生量为 698.97 万吨。尾矿利用率为 0，尾矿排放强度为 53.64t/t。

26　铜绿山铜铁矿

26.1　矿山基本情况

铜绿山铜铁矿为主要开采铜、铁矿的大型矿山，共伴生元素主要有金、银、硫等。矿山成立于1965年，1971年正式投产。矿区位于湖北省黄石市大冶市，距大冶市城区约3km，有106国道和武昌—九江铁路分别从矿区北东部通过，直距大冶火车站和106国道仅3km，交通十分方便。矿山开发利用简表详见表26-1。

表26-1　铜绿山铜铁矿开发利用简表

基本情况	矿山名称	铜绿山铜铁矿	地理位置	湖北省黄石市大冶市
	矿床工业类型	斑岩型铜矿床		
地质资源	开采矿种	铜矿、铁矿	地质储量/万吨	矿石量7507.4
	矿石工业类型	硫化铜矿石	地质品位/%	1.36
开采情况	矿山规模/万吨·a^{-1}	132，大型	开采方式	露天-地下开采
	开拓方式	露天：公路运输开拓 地下：竖井开拓	主要采矿方法	露天：组合台阶法 地下：大直径深孔空场嗣后充填法、上向水平分层充填采矿法和两步骤上向分层胶结充填法
	采出矿石量/万吨	96.01	出矿品位/%	0.96
	废石产生量/万吨	29.37	开采回采率/%	91.00
	贫化率/%	5.96	开采深度/m	-800以上标高
	掘采比/m·万吨$^{-1}$	126.75	剥采比/t·t^{-1}	1.46
选矿情况	选矿厂规模/万吨·a^{-1}	132	选矿回收率/%	Cu 88.29 Fe 54.95 Au 74.84 Ag 84.54 S 88.29
	主要选矿方法	两段开路破碎、自磨—球磨磨矿，浮选—磁选联合分选		
	入选矿石量/万吨	116.63	原矿品位	Cu 0.92% Fe 24.48% Au 0.63g/t Ag 4.70g/t S 2.3%

续表 26-1

选矿情况	Cu 精矿产量/万吨	1.08	精矿品位	Cu 19.67% Fe 24.48% Au 10.47g/t Ag 78.20g/t
	Fe 精矿产量/万吨	22.55	精矿品位/%	TFe 63.79
	尾矿产生量/万吨	87.20	尾矿品位/%	Cu 0.14
综合利用情况	综合利用率/%	74.53		
	废石排放强度/$t \cdot t^{-1}$	27.19	废石处置方式	排土场堆存
	尾矿排放强度/$t \cdot t^{-1}$	80.74	尾矿处置方式	回填
	废石利用率/%	0	尾矿利用率/%	63.07
	废水利用率/%	51（回水） 100（坑涌）		

26.2 地质资源

26.2.1 矿床地质特征

铜绿山矿为一大型规模的铜铁矿床，矿床成因类型为岩浆期后高-中温热液接触交代型铜铁矿床。矿区位于阳新侵入体西北端，大冶复式向斜南翼。矿区地层主要有三叠系下统大冶群，白垩系下统大寺组和第四系。矿区内断裂构造主要有两种类型，一为破碎带，一为断层，前者最为发育，后者次之。矿区岩浆岩主要为阳新杂岩体西北端铜绿山花岗闪长斑岩岩株体，岩石呈灰色、深灰色，斑状-似斑状结构，块状构造。主要矿物有中奥长石（57.64%）、正长石（19.54%）、石英（12.14%）、铁镁矿物以角闪石为主、黑云母小于0.5%。副矿物主要有榍石、磷灰石、磁铁矿、锆石等。除此之外，矿区还见有花岗闪长岩、斜长岩及晚期脉岩。矿床广泛发育接触变质交代作用和热液蚀变作用。矿石结构以交代结构为主。成矿作用方式以接触交代作用为主，矿物组合特点表明主要金属矿物形成于中-高温热液阶段。

全矿区已查明矿体 13 个，其中有Ⅰ、Ⅱ、Ⅲ、Ⅳ、Ⅴ、Ⅶ、Ⅺ、ⅩⅢ号 8 个工业矿体，Ⅵ、Ⅻ号矿体勘查程度低，Ⅶ号矿体为铜绿山古矿遗迹博物馆压覆。其余矿体规模很小，不具工业价值。

Ⅰ号矿体：长 400m，厚 40~60m，最大延伸 320m，呈透镜状，走向 15°~30°，倾向南东，倾角 70°~80°，向深部分支为Ⅰ1 和Ⅰ2 矿体。

Ⅱ号矿体：长 250m，厚 34~76m，最大延伸 120m，呈楔状，走向 150°~330°，倾向南东，倾角 80°。

Ⅲ号矿体由 5 个矿体组成，Ⅲ1、Ⅲ3 号矿体位于地表或浅部，已采完，Ⅲ4 号矿体位于-500m 标高左右，还未开采。Ⅲ2 矿体东西长 355m，宽 5~130m，最大延伸 750m，呈似层状、透镜状，走向北西，倾向南东，倾角 50°~85°。接替资源勘查新发现Ⅲ5 号矿体，位于 3 线Ⅲ4 号矿体西侧约 100m 处，-500m 标高上下，为赋存于岩体内的捕虏体矿体，矿体沿走向和倾向均没有控制。矿石类型为铁矿石。

Ⅳ（Ⅴ）号矿体：由5个矿体组成，其中Ⅳ3、Ⅳ4、Ⅳ5矿体还未开采。Ⅳ1矿体长480m，宽4~40m，最大延伸590m。走向北东—南西，倾向南东，倾角65°~75°，呈似层状、透镜状。矿体有分支复合现象，在-24m中段与Ⅴ号矿体相连，成为一个大透镜体。Ⅳ2号矿体分布于11~43线之间，矿体总体走向北东—南西，矿带长600m，矿体不连续，沿走向尖灭再现，矿体产在岩浆岩与大理岩接触带，其形态、产状、延深受接触带控制。矿体多呈似层状、透镜状。

Ⅶ号矿体：分为两个矿体，Ⅶ1矿体长165m，厚12.4m，延深35~105m，走向北东，倾向南东，倾角40°，呈囊状。Ⅶ2号矿体长200m，厚7.16~19.19m，延深105~285m，呈似层状，走向北东，倾向南东，倾角65°。该矿体被铜绿山古矿遗址博物馆压覆，禁止开采。

Ⅺ号矿体：长235m，宽6~65m，延深447m，形态复杂，产状变化大，向下分支。矿体受接触带控制，形态产状随接触带的变化而改变。

ⅫⅠ号矿体：接替资源勘查新发现ⅫⅠ号矿体由主矿体和5个分支矿体组成，呈隐伏状，受岩体与大理岩接触带及复合其上的断裂控制，形态、产状随接触带的变化而改变。其主矿体赋存于1~14线间基线东侧，埋深在标高-365~-1275m之间，走向北北东，倾向南东东，倾角45°~75°。走向延伸600m，倾向延深111~800m。

矿石中矿物成分有130种，常见金属矿物有26种，常见脉石矿物81种。主要金属矿物有铜矿、黄铁矿、斑铜矿、磁铁矿、赤铁矿、孔雀石等；脉石矿物主要有方解石、白云石、石英、玉髓、石榴子石、透辉石、金云母等，次钠长石、钾长石、蒙脱石、绿泥石、多水高岭石、石膏、重晶石等。

矿石的化学成分主要元素是铜、铁、钼、硫，形成单矿物复合矿石，并伴生有可综合利用的金、银、钴、铟等，微量元素有硒、碲、镓、铼等有益元素，铜矿石和铜铁矿石中有害元素砷、锌、镁、氟在矿石和精矿中都低于规定要求。

矿石结构种类较多，在氧化带及混合带中，矿石结构主要有胶状结构、它形粒状结构、假象结构、纤维状结构、球粒结构等。原生带中主要有它形、半自形、自形粒状结构，固溶体分解结构，熔蚀交代结构，压力结构等。

在氧化带及混合带中，矿石构造主要为致密块状构造、蜂窝状构造、泥质粉砂状构造，次为粉末状构造、角砾状构造及脉状构造。

原生带中主要为致密块状构造、浸染状构造、星点状构造、角砾状构造，次为脉状构造、网脉状构造及粉粒状构造。

26.2.2　资源储量

铜绿山铜铁矿矿石工业类型按主要矿物组合划分为铁矿石、铜铁矿石、铜矿石、钼矿石四个工业类型。截至2013年底，矿山累计查明铜矿石75074kt、铜金属量1227435t，铜平均品位1.63%。

26.3　开采情况

26.3.1　矿山采矿基本情况

铜绿山铜铁矿是大冶有色金属有限责任公司所属的一个主要生产矿山，是一座露天-

地下联合开采的大型矿山，露天部分采用公路运输，地下部分采用竖井开拓，露天部分使用的采矿方法为组合台阶法，地下部分使用的采矿方法为上向分层充填采矿法、VCR 法和两步骤上向分层胶结充填法。矿山设计生产能力 132 万吨/a，设计开采回采率为 90%，设计贫化率为 10%，设计出矿品位（Cu）1.12%，铜矿最低工业品位（Cu）为 0.6%。

26.3.2 矿山实际生产情况

2013 年，矿山实际采出矿量 96.01 万吨，排放废石 29.37 万吨。开采标高为-800m 以上。具体生产指标见表 26-2。

表 26-2 矿山实际生产情况

采矿量/万吨	开采回采率/%	出矿品位/%	贫化率/%	掘采比/m·万吨$^{-1}$	露天剥采比/t·t^{-1}
96.01	91.00	0.96	5.96	126.75	1.46

26.3.3 采矿技术

矿山开采方式为竖井和露天联合开采。

具体采矿方法与采矿设备：

（1）大直径深孔空场嗣后充填法（VCR 采矿法）。

1）适用条件：矿岩稳固、矿体下盘倾角大于 50°的矿体厚大部分。

2）矿块布置：垂直矿体走向布置，宽为 10m，长为矿体厚度。留 8m 底柱，顶柱 10m。

3）采准、切割：采准工程有分段巷道、出矿穿脉、出矿进路、出矿溜井、凿岩硐室联络道；切割工程有凿岩硐室、拉底巷道、扩堑沟、切割小井。在 4 分段施工凿岩硐室（宽 10m，长为矿体厚度），以高 4m 的全断面拉开，中间留宽 2~3m 的间隔条柱支撑硐室顶板，自凿岩硐室向上掘 2m×2m 断面的小井；自 1 分段掘出矿巷道，然后扩堑沟。

4）回采、出矿：回采分两步进行，第一步回采矿房，第二步回采矿柱。

为避免爆破对相邻采场稳定性的影响，一般采用隔 3 采 1 的方式。凿岩采用瑞典 Simba261 潜孔钻机（国产 T-150 潜孔钻机作为备用设备）在凿岩硐室内先施工适量掏槽孔，再以 2m×2m 的网度凿下向平行炮孔，钻孔直径 ϕ165mm。采用乳化油炸药和非电导爆起爆系统，由下而上梯段式分段侧向崩矿。爆下的矿石用现有的 EST-3.5 电动铲运机或 WJD-2 电动铲运机集中在采场底部出矿。新鲜风流由中段石门巷道、通风管缆井进入出矿巷道或凿岩硐室，冲洗工作面后，污风由分段出矿巷道或上中段回风道回到风井排出地表。

5）充填：矿房矿石全部出完后，用全尾砂胶结充填。待两面或三面矿房采完并用全尾砂膏体胶结充填好并养护一个月后，矿柱充填则用尾砂非胶结充填。

（2）上向水平分层充填采矿法。

1）适用条件：适用于局部矿岩不稳固、倾角小于 50°或矿体分支复合等产状变化较大的块段以及厚度较薄、无分段平巷的零星块段。

2）矿块布置：选择脉内采准方式，分层高 3m。采场预留适量点柱，回采方法采用自穿脉打天井后刷大的方式进行，然后再整体胶结充填。留 8m 底柱，顶柱 4m。

3）采准、切割：采场内设一条充填回风井、两条顺路溢水人行井、一条顺路溜井，上中段设回风巷道。

4）回采、出矿：采场凿岩选用 YT-28 凿岩机，采用沿走向推进水平凿岩的回采工作面，每分层采高 3m，炮孔网度为 0.8~1.0m，炮孔直径 ϕ40mm，进尺 1.8m，采场必要时采用锚杆或长锚索护顶。每个采场一般配备 2 台 YT-28 凿岩机，1 台 YSP-45 凿岩机。采场出矿选用 WJD-2 电动铲运机，每个采场配备 1 台。新鲜风流由两条顺路溢水人行井进入，冲洗工作面后，污风由充填回风井、上中段回风道回到风井排出地表。

5）每一分层回采完毕后即进行充填。

（3）两步骤上向分层胶结充填法。

1）适用条件：适用于分支复合产状变化较小，走向较长及较厚的块段。

2）矿块布置：矿块垂直走向布置，宽为 10m（如岩性差 8m），长为矿体的厚度。选择脉外布置溜井采准方式，分层高度 3m。

3）采准、切割：采场内设一条充填回风井，脉外有分段平巷、联络道、溜井等。

4）回采、出矿：采场凿岩选用 YT-28 凿岩机，先在一分段施工 2m 高拉底层至矿体边界，然后由外至内推进水平凿岩的回采工作面，每分层采高 3m，炮孔网度为 0.8~1.0m，炮孔直径 ϕ40mm，进尺 1.8m，采场必要时采用锚杆或长锚索护顶。每个采场一般配备 2 台 YT-28 凿岩机，1 台 YSP-45 凿岩机。采场出矿选用 WJD-2 电动铲运机，每个采场配备 1 台。新鲜风流由管缆井、联络道进入，冲洗工作面后，污风由充填回风井、上中段回风道回到风井排出地表。

5）充填：每一分层采完后进行充填，矿房采用胶结充填，矿柱第一层为胶结充填，第二层 0.5m 胶结充填面，以便铲运机运行。

设备主要有：YT-(27)28 凿岩机、WJD-2 电动铲运机、YSP-45 凿岩机、Simba261 潜孔钻机、国产 T-150 潜孔钻机等。

26.4　选矿情况

26.4.1　选矿厂概况

铜绿山选矿厂设计能力 4000t/d，其中氧化矿和原生矿各 2000t/d。氧化矿来自于露天堆矿场，原生矿来自于井下。氧化矿主要有用矿物为：磁铁矿、赤铁矿、孔雀石、褐铁矿、蓝铜矿、赤铜矿、菱铁矿、自然铜、假孔雀石、磁赤铁矿，脉石矿物为：方解石、白云石、石英、叶蛇纹石、玉髓、透辉石、次透辉石、钙铝榴石、钙铁榴石、金云母。入选矿石品位为：铜 0.5%~0.8%；铁 15%~18%。原生矿主要有用矿物为：黄铜矿、黄铁矿、斑铜矿、辉铜矿、白铁矿、方黄铜矿、脉状黄铁矿、辉钼矿、闪锌矿，脉石矿物为：拉长石、中长石、奥长石、钠长石、正长石、高岭石、蒙脱石、绿帘石、铁白云石、叶绿泥石、淡斜绿泥石、绿高岭石、透闪石、阳起石、多水高岭石。入选矿石品位为：铜 0.8%~1.2%；铁 25%左右。近几年，随着露天采场消失，产能严重不足，生产处于不饱和状态，实际年处理能力在 100 万~120 万吨。

26.4.2　选矿工艺流程

26.4.2.1　氧化矿工艺流程

露天开采的矿石通过汽车运输到粗碎原矿仓，经1200×1500颚式破碎机粗碎后，皮带运输至ϕ2100圆锥破碎机进行中碎，中碎产品通过皮带送至自磨矿仓。自磨矿仓的矿石通过板式给矿和皮带送至5500×1800自磨机进行磨矿，自磨的排料进入ϕ2400螺旋分级机分级，分级溢流用泵送至ϕ500旋流器，进行二次分级，两次分级的返砂均进入2700×3600球磨再磨，再磨的排矿自流至螺旋分级机，形成一个闭路。旋流器溢流进入浮选作业，经过优先浮选、一次粗选、一次精选、二次扫选的浮选流程，得到铜精矿和尾矿。铜精矿经浓密机浓缩、陶瓷过滤机脱水得到铜精矿产品。浮选尾矿用泵送至磁选作业，经过一粗一精的磁选流程，得到铁精矿和最终尾矿。铁精矿经浓密机浓缩、盘式过滤机脱水，得到铁精矿产品。最终尾矿或去尾砂坝，或去充填。工艺流程如图26-1所示。

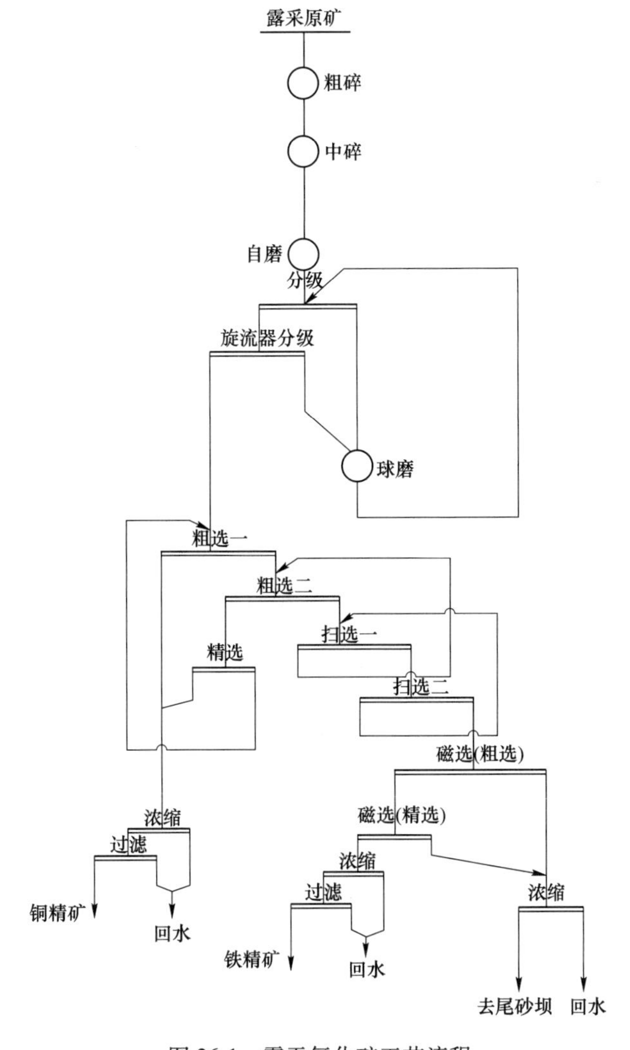

图26-1　露天氧化矿工艺流程

26.4.2.2　原生矿工艺流程

地下开采矿石在井下粗破碎后，由罐笼提升到原矿仓，经过圆锥破碎机进行中碎，中碎产品进入中间矿仓，再经过筛分机筛分，筛上产品进入圆锥破碎机进行细碎，细碎产品通过皮带运输到中间矿仓然后进行筛分形成闭路。

粉矿仓的矿石进入球磨机与分级机构成的闭路磨矿系统磨矿，分级溢流进入浮选作业，经过一次粗选、一次精二次扫选流程，得到的铜精与氧化矿流程得到的铜精矿合并，进入脱水工序，浮选尾矿用泵送至磁选作业，经过一粗一精，得到铁精矿浆和最终尾矿，铁精矿浆和氧化矿流程得到的铁精矿合并，进入脱水作业，最终尾矿与氧化矿最终尾矿合并，进尾砂坝或去充填。工艺流程如图 26-2 所示。

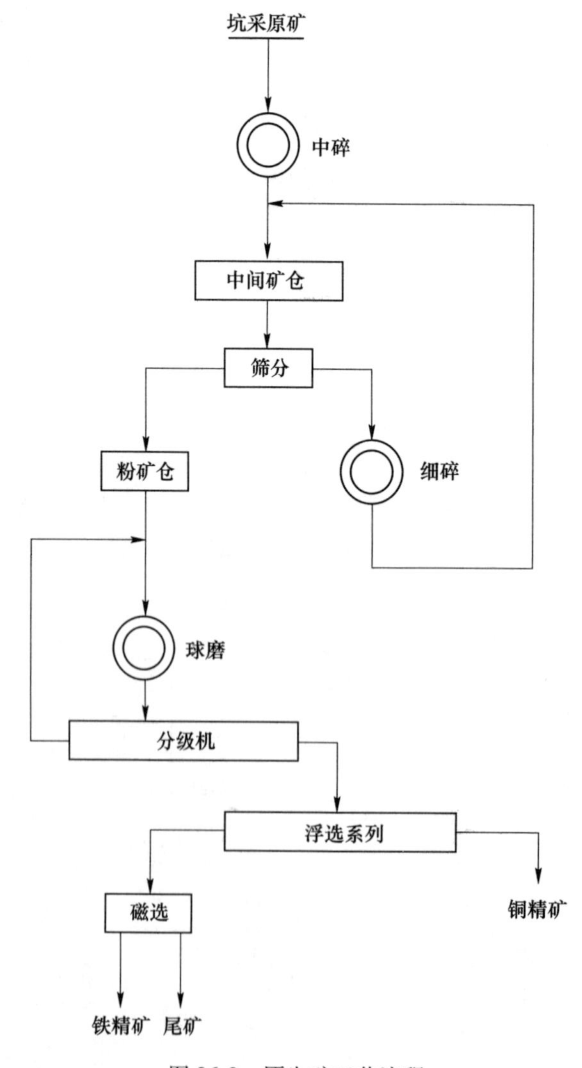

图 26-2　原生矿工艺流程

表 26-3 为主要洗选设备概况。

表 26-3 主要洗选设备概况

序号	设备名称	规格型号	序号	设备名称	规格型号
1	颚式破碎机	1.2×1.5M	14	磁选机	CTB918
2	颚式破碎机	600×900	15	磁选机	BKJ-1024
3	圆锥破碎机	PD2100	16	浓缩脱泥磁选机	CCNTN-1230
4	圆锥破碎机	PB2100	17	永磁中磁筒式磁选机	ZCB-1200×3000
5	圆锥破碎机	ϕ1650	18	永磁湿式磁选机	ZCTS1230
6	自磨机	WS5.5×1.8	19	浓密机	TNB30M
7	球磨机	2.7×3.6	20	浓密机	TNB24M
8	螺旋分级机	ϕ2.4m	21	陶瓷过滤机	KS-45
9	螺旋分级机	ϕ2m	22	陶瓷过滤机	TT-45
10	水力旋流器	FX-600	23	盘式过滤机	ZPG-40
11	浮选机	KYFⅡ-4	24	盘式过滤机	ZPG-72
12	浮选机	XCFⅡ-8	25	振动筛	SZZ1250/4000
13	浮选机	HCC-4			

26.5 矿产资源综合利用情况

铜绿山铜铁矿，矿产资源综合利用率 74.53%，尾矿品位 Cu 0.14%。

废石集中堆存在排土场，截至 2013 年底，废石场累计堆存废石 4926.97 万吨，2013 年产生量为 29.37 万吨。废石利用率为 0，废石排放强度为 27.19t/t。

尾矿大部分用于尾矿充填，其他部分被排于尾矿库。截至 2013 年底，尾矿库累计堆存尾矿 1664 万吨，2013 年尾矿产生量为 87.20 万吨。尾矿利用率为 63.07%，尾矿排放强度为 80.74t/t。

27　铜山口铜矿

27.1　矿山基本情况

铜山口铜矿为主要开采铜矿的中型矿山，共伴生元素主要有钼矿，是国家级绿色矿山。矿山始建于 1958 年，1962 年缓建，1970 年冶金部批准续建，1985 年正式投产。矿区位于湖北省黄石市大冶市，直距大冶市城区 18km，交通较为方便。矿山开发利用简表详见表 27-1。

表 27-1　铜山口铜矿开发利用简表

基本情况	矿山名称	铜山口铜矿	地理位置	湖北省黄石市大冶市
	矿山特征	国家级绿色矿山	矿床工业类型	矽卡岩型铜矿床
地质资源	开采矿种	铜矿	地质储量/万吨	矿石量 3643
	矿石工业类型	硫化铜矿石	地质品位/%	0.87
开采情况	矿山规模/万吨 · a^{-1}	99，中型	开采方式	露天-地下开采
	开拓方式	公路运输开拓	主要采矿方法	组合台阶采矿法
	采出矿石量/万吨	161	出矿品位/%	0.43
	废石产生量/万吨	558	开采回采率/%	95.1
	贫化率/%	4.96	开采深度/m	地表至-58 以上标高
	剥采比/t · t^{-1}	3.47		
选矿情况	选矿厂规模/万吨 · a^{-1}	99	选矿回收率/%	Cu 79.38 Mo 60.98
	主要选矿方法	三段一闭路破碎，一段闭路磨矿，铜钼混合浮选，粗精矿再磨精选—分离		
	入选矿石量/万吨	161	原矿品位/%	Cu 0.43 Mo 0.03
	Cu 精矿产量/万吨	5.515	精矿品位/%	Cu 21.18
	Mo 精矿产量/万吨	0.037	精矿品位/%	Mo 22.25
	尾矿产生量/万吨	159	尾矿品位/%	Cu 0.09
综合利用情况	综合利用率/%	25.80		
	废石排放强度/t · t^{-1}	101.18	废石处置方式	井下充填采空区、建筑材料、废石场堆存
	尾矿排放强度/t · t^{-1}	28.83	尾矿处置方式	采空区充填、尾矿库堆存
	废石利用率/%	42.70	尾矿利用率/%	52.41
	废水利用率/%	60		

27.2　地质资源

27.2.1　矿床地质特征

铜山口铜矿矿床规模为中型，矿床类型为矽卡岩型矿床。矿床地层为二叠系下统茅口灰岩，三叠系下统大冶群，三叠系中-下统嘉陵江和第四系；矿区褶皱构造方向主要为北北东向。矿区内规模较大的断裂有6条，均属逆断裂性质。矿区内主要出露闪长岩及花岗闪长斑岩；矿床矿体数：6个；矿体埋深及赋存标高：矿体埋深一般在0~120m之间，矿体赋存标高140.37~-538m。

Ⅰ号矿体：是受岩株控制的“筒形”矿体。在平面上呈一直径500~600m的“环状”，矿体绕岩株周边长2100m，倾向延伸300~500m；厚度10~30m，最大60m。倾向南，倾角10°左右。工业矿体连续性较差，沿走向和倾向均有低品位矿石和夹石分隔。

Ⅱ号矿体为层间盲矿体。由上下两层组成，以下层为主，上层断续出现，两层相距10~50m，在岩体东、北、西三面与Ⅰ号矿体相连。平面上似一不对称的无顶“帽沿”，水平延伸100~300m；剖面延深至-100~-200m标高，倾角各段不一，北段几乎水平，南段倾角较陡；厚度在近接触带最大，远离接触带变薄，一般5~10m，平均8m。

Ⅲ号矿体产于岩株体东北部内侧，地表似一扁豆状。长轴300m，短轴80m，走向北西50°，倾向南西，倾角40°~60°。剖面上呈楔形插向火成岩中。向北西方向厚度逐渐增大，一般20~60m，且出现分层分枝现象。

Ⅳ号矿体：位于矿区西部，围绕岩瘤北西侧生成，地表似“新月”形，剖面上呈楔形，走向长约500m，倾向南东，倾角30°~60°。矿体埋藏较浅，表生作用剧烈。

Ⅴ号矿体：属层间小盲矿体。位于+50m标高至-55m标高间，矿体为似层状、薄板状，矿体走向北西，倾向南西，倾角5°~25°。矿体长约700m，剖面斜长25~150m，厚约2~6m。

Ⅵ号矿体：赋存在22-23线深部，为一隐伏的盲矿体。矿体埋深-190~-250m标高间，呈似层状，产状平缓，走向近东西，向北倾，倾角8°~22°，在22线南北两端均与Ⅰ号矿体相连，呈一“浮桥”状。矿体东西长217m，斜深135~380m，矿体分上下两层，上层厚1.00~8.08m，下层厚2.92~24.94m，两层间距4~33m。

根据矿石中的矿物成分、岩性及结构、构造等特点，将矿区内的铜矿石自然类型分成三大类型，含铜火成岩矿石、含铜矽卡岩矿石、含铜矽卡岩化大理岩矿石。

矿床矿石主要为铜矿石。矿体的平均品位一般为0.3%~2%，以Ⅰ、Ⅲ号矿体最富，其平均品位均在0.97%。矿床平均品位为0.91%，最高品位达6.24%。铜在矿体中，以矿体中心部位最富，向四周逐渐变低，矿石主要赋存于地表至-538m标高间，局部在-600m标高以下。钼品位一般为0.020%~0.200%，矿体平均品位0.071%。

27.2.2　资源储量

矿石工业类型，按矿种分为铜矿石、钼矿石。铜山口铜矿Ⅰ号矿体111b铜矿石量160kt，铜金属储量1292t，平均品位0.81%；122b铜矿石量16962kt，铜金属储量161001t，平均品位0.95%；332铜矿石量4246kt，铜金属储量15804t，平均品位0.36%。

Ⅱ号矿体 111b 铜矿石量 143kt，铜金属储量 1112t，平均品位 0. 78%；122b 铜矿石量 9815kt，铜金属储量 85746t，平均品位 0. 87%；332 铜矿石量 2669kt，铜金属储量 9239t，平均品位 0. 35%。Ⅲ号矿体铜矿石量 55kt，铜金属储量 449t，平均品位 0. 91%；332 铜矿石量 47kt，铜金属储量 189t，平均品位 0. 40%。

27. 3　开采情况

27. 3. 1　矿山采矿基本情况

铜山口铜矿为露天-地下联合开采的中型矿山，采用公路运输开拓，使用的采矿方法为组合台阶采矿法。矿山设计生产能力 99 万吨/a，设计开采回采率为 93%，设计贫化率为 5%，设计出矿品位（Cu）为 0. 4%。

27. 3. 2　矿山实际生产情况

2013 年，矿山实际采出矿量 161 万吨，排放废石 558 万吨。矿山开采深度为地表至 -58m 以上标高。具体生产指标见表 27-2。

表 27-2　矿山实际生产情况

采矿量/万吨	开采回采率/%	出矿品位/%	贫化率/%	剥采比/t · t^{-1}
161	95. 1	0. 43	4. 96	3. 47

27. 3. 3　采矿技术

铜山口铜矿开采大致可分为四个阶段，第一阶段是 1958~2000 年，第二阶段是 2001~2005 年，第三阶段为 2006~2008 年，第四阶段为 2009 年至今。

27. 3. 3. 1　1958~2000 年

湖北大冶有色金属铜山口铜矿 1958 年建矿，1962 年缓建，1970 年冶金部批准续建。矿山规模为日采选矿石 3000t，年产矿石 99 万吨，服务年限 45. 5 年，其中前期露天开采 29 年，后期地下开采 16. 5 年。矿山于 1984 年建成投入生产。

1985 年正式投产后，通过生产情况及补充钻探结果发现，矿石储量减少，矿石品位降低，投产几年，各项生产指标均不能达到生产设计，生产采剥比过大，企业连年亏损，于 2000 年底闭坑停产。

2000 年前矿山开采范围主要开采 21-28 线南部，24-28 线北部，7-11 线东部的Ⅰ、Ⅱ、Ⅲ号矿体，开采采用大面积露天剥离，剥离面积 0. 70km^2。开采深度为+26m 以上。共开采工业矿石 7462kt，铜金属量 69347t；低品位矿石 1915kt，铜金属量 7111t。共开采矿石 9377kt，矿石回收率 70%左右，约损失矿石量 2815kt。矿石品位由 0. 82%下降为 0. 70%，贫化率大约为 15%。回收铜金属量 3675t，选矿回收率可达 80%。

27. 3. 3. 2　2001~2005 年

在此阶段，矿山处于改制阶段，由国有企业改制为国有控股企业，矿山虽然已被闭坑，但留守人员仍坚持小规模开采，开采范围主要开采 22-25 线南部，24-30 线北部，7-11 线东部的Ⅰ、Ⅱ、Ⅲ号矿体，开采仍采用露天剥离，剥离面积 0. 20km^2。在原有的开采平台上继续开采，开采深度最深为+14m。共开采工业矿石1479kt，铜金属量16947t；低品位矿石612kt，铜金属量2359t。共开采矿石2291kt，矿石回收率为70%左右，约损失矿石量687kt。矿石品位由0.84%下降为0.74%，贫化率大约为12%。回收铜金属量950t，选矿回收率可达80%。

27.3.3.3　2006~2008年

在此阶段，矿山重新开始生产。2006年9月前开采范围及对象主要为露天采场东南部的Ⅰ号矿体，即：8-11东的+26~+50m标高间的Ⅰ号矿体；22-25线南的+38~+62m台阶的Ⅰ、Ⅱ号矿体共开采矿石量770kt，铜金属量6581t，铜平均品位0.85%；其中：开采工业矿石535kt，铜金属量5621t，铜平均品位1.05%；低品位矿石236kt，铜金属量960t，铜平均品位0.41%；矿石回收率为91.43%，约损失矿石量66kt。

2006年9月至2008年12月，在原有开采平台上继续开采，开采范围及对象主要为露天采场东南部的Ⅰ、Ⅱ、Ⅲ号矿体，即：7-11线东的+2~+38m标高间的Ⅰ、Ⅲ号矿体；22-26线南的+24~+50m台阶的Ⅰ、Ⅱ号矿体；24-28线北的+14~+26m标高的Ⅰ、Ⅲ号矿体。矿山开采动用铜矿资源储量矿石量1116kt，铜金属量8807吨，铜平均品位0.79%；其中：基础储量（111b+122b）矿石量815kt，铜金属量7672t，铜平均品位1.05%；资源量（332）矿石量301kt，铜金属量1135t，铜平均品位0.38%。

27.4　选矿情况

27.4.1　选矿厂概况

选矿厂设计生产能力99万吨/a，实际入选矿石量161万吨/a，矿石来源为露天开采。矿区内矿石的矿物组成比较复杂，其中金属矿物以硫化铜和硫化钼为主要有用矿物，是选矿主要回收对象；其次尚有少量的次生硫化物和氧化物的矿物。硫化矿石、混合矿石、氧化矿石各占总储量的89.21%、1.92%、8.79%。

27.4.2　选矿工艺流程

27.4.2.1　破碎工艺流程

铜山口矿是在20世纪80年代初建成投产的，破碎系统采用三段一闭路工艺流程。

27.4.2.2　浮选工艺流程

根据矿石中金属的含量和矿物组成及其嵌布特征，经过多年的生产实践和技术改造，选厂的工艺流程为：一段闭路磨矿，两系列混精一次精选，粗精再磨再分离。原选矿原则工艺流程如图27-1所示，生产工艺流程图如图27-2所示。

表27-3为主要选矿设备概况。

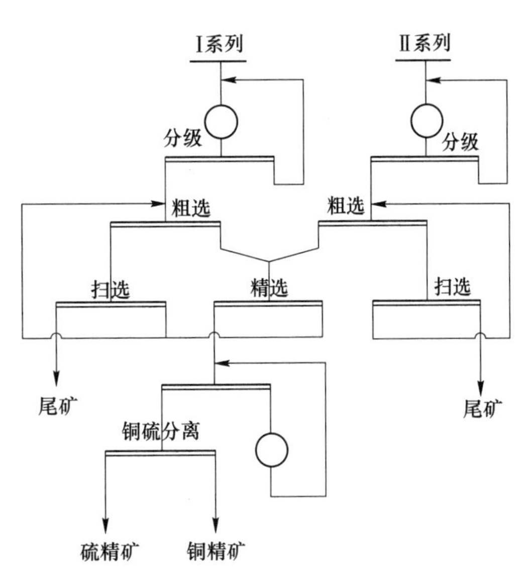

图27-1　选矿厂原则工艺流程

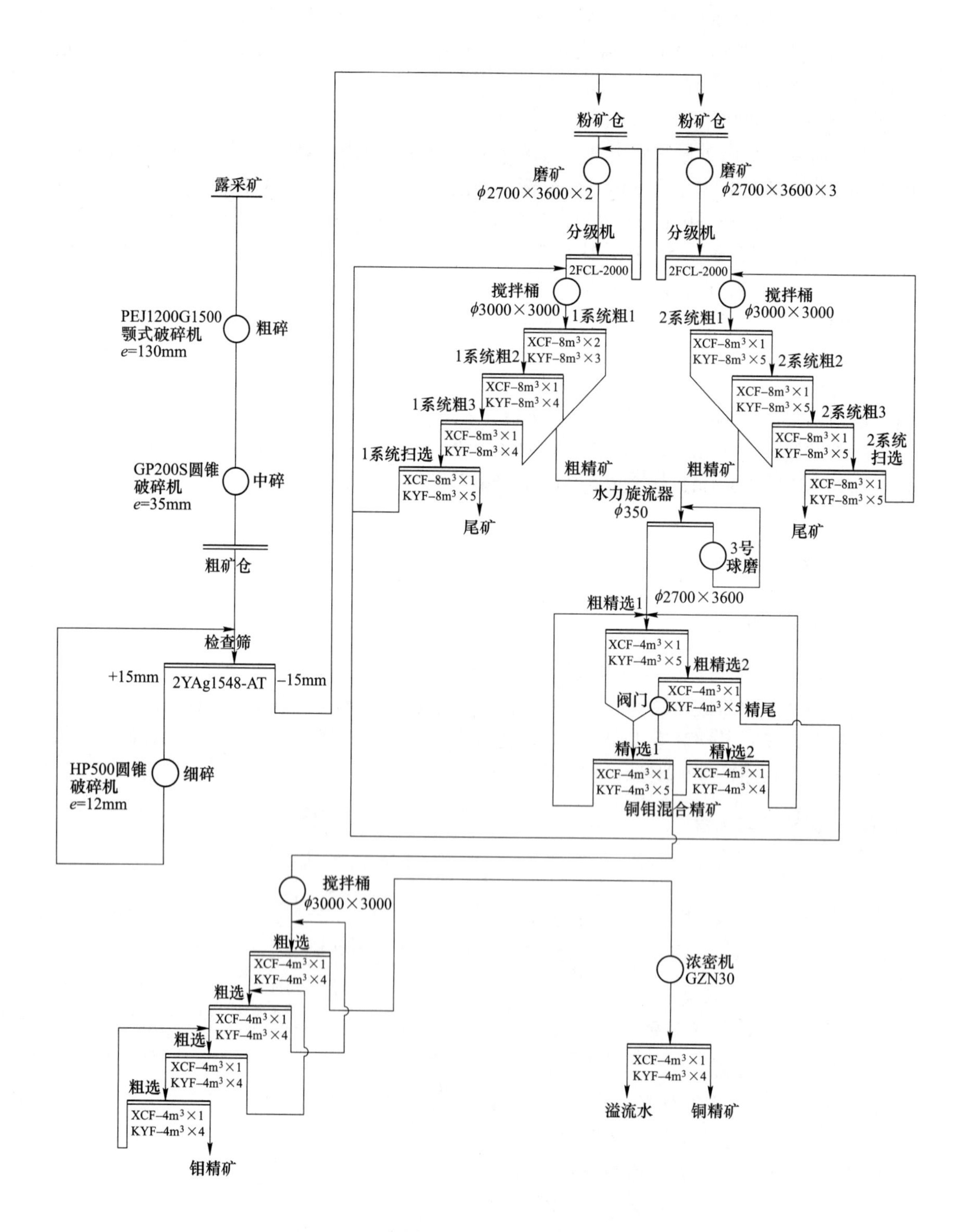
粉矿仓
粉矿仓
磨矿
ϕ2700×3600×2
磨矿
ϕ2700×3600×3
分级机
分级机
2FCL-2000
2FCL-2000
露采矿
搅拌桶
ϕ3000×3000
搅拌桶
ϕ3000×3000
1系统粗1
2系统粗1
PEJ1200G1500
颚式破碎机
e=130mm
粗碎
XCF-8m³×2
KYF-8m³×3
XCF-8m³×1
KYF-8m³×5
1系统粗2
2系统粗2
1系统粗3
2系统粗3
1系统扫选
2系统
扫选
GP200S圆锥
破碎机
e=35mm
中碎
粗精矿
粗精矿
尾矿
尾矿
水力旋流器
ϕ350
粗矿仓
3号
球磨
ϕ2700×3600
粗精选1
检查筛
+15mm
2YAg1548-AT
-15mm
XCF-4m³×1
KYF-4m³×5
粗精选2
阀门
精尾
精选1
精选2
HP500圆锥
破碎机
e=12mm
细碎
铜钼混合精矿
搅拌桶
ϕ3000×3000
粗选
浓密机
GZN30
溢流水
铜精矿
钼精矿

图 27-2　生产工艺流程

表 27-3 主要选矿设备概况

作业名称	设备名称	规格	数量
粗碎	颚式破碎机	1.2m×1.5m	1
中碎	标准圆锥破碎机	ϕ1750	1
细碎	短头圆锥破碎机	ϕ2200	1
筛分	自定中心振动筛	1.5m×4m	4
磨矿Ⅰ	球磨机	MQGϕ2.7m×3.6m	4
磨矿Ⅱ	球磨机	MQGϕ2.7m×3.6m	2
再磨	球磨机	MQGϕ1.5m×3m	2
粗扫选	浮选机	JJF-4 和 SF-4	72
精选	浮选机	SF-1.2	24
脱水Ⅰ铜	浓密机	ϕ30m	1
脱水Ⅰ硫	浓密机	ϕ18m	1
脱水Ⅱ铜	圆筒外滤式过滤机	20m^2	6
脱水Ⅱ硫	圆筒外滤式过滤机	20m^2	2

27.5 矿产资源综合利用情况

铜山口铜矿，矿产资源综合利用率25.80%，尾矿品位Cu 0.09%。

废石主要用于井下充填采空区、建筑材料，剩余部分集中堆放在废石场，截至2013年底，废石场累计堆存废石187.78万吨，2013年产生量为558万吨。废石利用率为42.70%，废石排放强度为101.18t/t。

尾矿主要用于采空区充填，剩余部分集中堆存在尾矿库，截至2013年底，尾矿库累计堆存尾矿3611.46万吨，2013年产生量为159万吨。尾矿利用率为52.41%，尾矿排放强度为28.83t/t。

废水利用率为60%。

28 乌努格吐山铜钼矿

28.1 矿山基本情况

乌努格吐山铜钼矿为主要开采铜、钼矿的大型矿山，共伴生元素主要有钼、银、硫等。矿山始建于2007年8月15日，于2008年9月设置采矿权。矿区位于内蒙古自治区呼伦贝尔市满洲里市，直距满洲里市22km，北距S203省道12km，距G301国道、满洲里火车站31km，南距新巴尔虎右旗政府所在地阿拉坦额莫勒镇78km，交通便利。矿山开发利用简表详见表28-1。

表28-1 乌努格吐山铜钼矿开发利用简表

基本情况	矿山名称	乌努格吐山铜钼矿	地理位置	内蒙古自治区呼伦贝尔市满洲里市
	矿山特征	国家级绿色矿山	矿床工业类型	斑岩型铜钼矿床
地质资源	开采矿种	铜矿、钼矿	地质储量/万吨	矿石量84971.81
	矿石工业类型	硫化铜矿石	地质品位/%	0.46
开采情况	矿山规模/万吨·a^{-1}	900，大型	开采方式	露天开采
	开拓方式	螺旋道路开拓	主要采矿方法	组合台阶采矿法
	采出矿石量/万吨	1302.70	出矿品位/%	0.46
	废石产生量/万吨	3008	开采回采率/%	99.20
	贫化率/%	0.60	开采深度/m	880~200以上标高
	剥采比/$t \cdot t^{-1}$	2.31		
选矿情况	选矿厂规模	2475万吨/a，7.5万吨/d	选矿回收率/%	Cu 88.11 Mo 62.34
	主要选矿方法	一段粗碎、半自磨、一段球磨的流程，铜钼混合浮选—混合精矿再磨—铜钼分离—钼精矿擦洗再磨精选		
	入选矿石量/万吨	2675.8	原矿品位/%	Cu 0.35 Mo 0.028
	Cu精矿产量/万吨	39.183	Cu精矿品位/%	21.24
	Mo精矿产量/万吨	0.971	Mo精矿品位/%	48.10
	尾矿产生量/万吨	2635.65	尾矿品位/%	Cu 0.04 Mo 0.006
综合利用情况	综合利用率/%	99.40		
	废石排放强度/$t \cdot t^{-1}$	76.77	废石处置方式	排土场堆存
	尾矿排放强度/$t \cdot t^{-1}$	67.27	尾矿处置方式	尾矿库堆存
	废石利用率/%	0	尾矿利用率/%	0
	废水利用率/%	79.0		

28.2 地质资源

28.2.1 矿床地质特征

乌努格吐山铜钼矿矿床规模为大型，矿床类型为斑岩型矿床。矿区位于中生代陆相火山盆地边缘的古隆起部位。区内主要出露地层有古生界泥盆系中统乌奴耳组，中生界侏罗系上统上库力组及第四系全新统松散堆积层。

区域性北东向—额尔古纳—呼伦深断裂在矿区东侧约25km处通过，受其影响，旁侧次一级断裂构造十分发育，矿区主要断裂构造为北东向、北西向和近东向3组，均属成矿后期断裂，对矿体起破坏作用，沿走向、倾向均具舒缓波状，从形成时间和穿插关系分析，北东向早，近东西向为中，北西向较晚。

北东向断裂为矿区主要断裂，属压扭性，具长期继承发展特点。早期北东向断裂与北西向断裂交汇部位不仅控制火山机构的形成，而且为次斜长花岗斑岩侵入提供了构造空间。晚期北东向断裂有 F_1、F_2、F_3、F_4、F_5。

矿区自中生代早期开始沿构造岩浆活动渐趋强烈，沿北东向构造形成一套钙碱性铝过饱和系列的中酸性岩浆杂岩体。矿床的形成与该区最强的一期次火山岩浆活动有关。

矿区具有典型的斑岩铜钼矿床蚀变特征。主要蚀变类型有石英化、钾长石化、绢云母化、水白云母化、伊利石化、碳酸盐化，次为黑云母化、高岭土化、白云母化、硬石膏化，少见绿泥石化、绿帘石化和明矾石化等。

28.2.2 资源储量

乌努格吐山铜钼矿开采矿种为铜矿、钼矿，矿石工业类型为硫化矿。矿山累计查明资源储量（矿石量）84971.81万吨，其中：Cu金属量1850668t、Mo金属量404004t，平均品位Cu 0.46%、Mo 0.053%。

28.3 开采情况

28.3.1 矿山采矿基本情况

乌努格吐山铜钼矿是露天开采的大型矿山，采用公路运输开拓，使用的采矿方法为组合台阶法。矿山设计生产能力900万吨/a，设计开采回采率为87%，设计贫化率为5%，设计出矿品位（Cu）0.34%，铜矿最低工业品位（Cu）为0.5%。

28.3.2 矿山实际生产情况

2013年，矿山实际采出矿量1302.7万吨，排放废石3008万吨。矿山开采深度为880~200m标高。具体生产指标见表28-2。

表 28-2　矿山实际生产情况

采矿量/万吨	开采回采率/%	出矿品位/%	贫化率/%	露天剥采比/t · t^{-1}
1302.7	99.2	0.46	0.6	2.31

28.3.3　采矿技术

乌努格吐山铜钼矿为露天开采，露天采场设计东帮边坡最高标高 858.00m，采场坑底标高 225.00~240.00m，设计终了边坡最大高差约为 578m，属于高陡边坡。露天开采终了境界圈定的采场尺寸为：上口 3640m × 1330m，下口 1360m × 160m，封闭圈标高 735m。露天采场目前最低开采水平为 735m，最高开采标高为 855m，形成高 15m 的 10 个临时台阶（735m、750m、765m、780m、795m、810m、825m、840m、855m 和 870m），现露天采坑深 135m。

28.4　选矿情况

28.4.1　选矿厂概况

乌努格土山铜钼矿选矿厂分 2 期建设：一期规模为 3 万吨/d（990 万吨/a），分为两个系列，每个系列 1.5 万吨/d；二期规模为 4.5 万吨/d，一个系列，其中扩大一期生产能力 1 万吨/d，新增生产能力 3.5 万吨/d。

乌努格吐山铜钼矿设计选矿方法为单一浮选工艺，设计铜入选品位 0.34%，最大入磨粒度 12mm，磨矿细度-0.074mm 含量占 65%。

矿山目前选矿工艺为：粗碎采用 SABC 工艺、铜钼混合浮选、铜钼精矿再磨分离浮选。产品为：铜精矿、钼精矿，精矿中含有银等有价元素。

2011 年入选矿石 1071.13 万吨，Cu 入选品位 0.39%，选矿回收率为 86.88%；Mo 入选品位 0.05%，选矿回收率为 40.0%。

2013 年入选矿石 1302.7 万吨，Cu 入选品位 0.46%，选矿回收率 86.40%；Mo 入选品位 0.05%，选矿回收率 40.3%。

2015 年矿山入选矿石量 2675.8 万吨，Cu 入选品位 0.35%，钼入选品位 0.028%，铜精矿产量 39.183 万吨，钼精矿产量 0.971 万吨，铜精矿品位 21.24%，钼精矿品位 48.10%。2015 年选矿回收率铜为 88.11%，钼为 62.34%。

28.4.2　选矿工艺流程

28.4.2.1　碎磨流程

根据矿石性质和选矿厂规模，乌努格土山铜钼矿选矿厂采用图 28-1 所示的粗碎—SABC 碎磨工艺流程，并首次采用国产 ϕ8.8m×4.8m 半自磨机、ϕ6.2m×9.5m 溢流型球磨机和国内最大的密闭式储矿堆（最大储矿量 12 万吨，有效储矿量 3.9 万吨）。

露天采出的矿石粒度为-1200mm，经 PXZ-1400/170 旋回破碎机粗碎至-300mm，用胶带输送机运至储矿堆。储矿堆内的矿石用 GBZ180-12 重板给矿机经胶带输送机给入

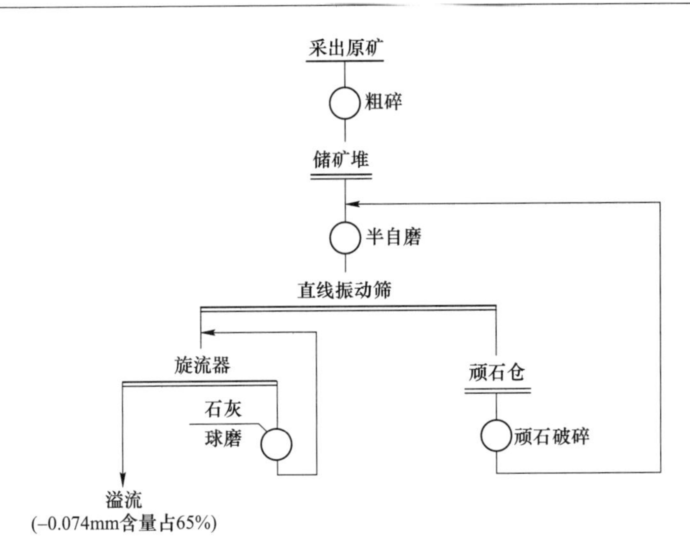

图 28-1　碎磨流程

ϕ8. 8m×4. 8m 半自磨机，半自磨机排矿用 2ZXT3661 直线振动筛分级。

直线振动筛筛上顽石用胶带输送机给入顽石仓，经 HP800 圆锥破碎机开路破碎后返回到自磨机；筛下产品进入 ϕ6. 2m×9. 5m 溢流型球磨机与 ϕ660mm 旋流器组成的一段球磨回路，旋流器溢流细度为-0. 074mm 含量占 65%左右，经调浆后进入铜钼混合浮选作业。

ϕ8. 8m×4. 8m 半自磨机是我国自主研制的大型磨矿设备，主电机功率达 6000kW。为确保 SABC 碎磨流程的安全运行，在流程各主要位置安装了除铁器，其中半自磨机排矿处的 MA-2211 型磁力弧是国内最大的除铁设备。

28. 4. 2. 2　浮选工艺流程

乌努格土山铜钼矿石铜品位仅 0. 3%左右、钼品位仅 0. 03%左右。矿物组成较复杂，金属矿物以铜矿物和钼矿物为主，铜、钼、硫都主要以独立矿物形式存在，并伴生有金、银和铼等。铜的独立矿物主要为黄铜矿、斑铜矿、蓝辉铜矿、铜蓝，钼的独立矿物主要为辉钼矿，硫的独立矿物主要为黄铁矿。铜矿物以次生硫化铜为主，其次为原生硫化铜，有一定量的氧化铜；钼矿物以硫化物为主，氧化率较低。脉石矿物有石英、白云母、长石、高岭石等。针对上述矿石性质，选矿厂采用铜钼混合浮选—混合精矿再磨后分离浮选的工艺流程，其中铜钼混合浮选流程较为简单，但铜钼分离存在一定难度，流程较为复杂。如图 28-2 所示，铜钼混合浮选为 1 次粗选、3 次扫选、3 次精选。

铜钼混合精矿经 ϕ30m 浓缩机浓缩脱药后进入 ϕ2. 1m×4. 5m 溢流型球磨机与 ϕ200mm 旋流器组成的再磨回路（浓缩机溢流处理后回用），旋流器溢流细度为-0. 045mm 含量占 81%~88%，经调浆后进入铜钼分离浮选。铜钼分离首先采用 KYF-24 浮选机进行 1 次粗选、2 次扫选，扫选 2 的槽内产品为铜精矿。粗选精矿采用“机柱联合”的方式进行钼精选。其中精选 1~精选 3 采用 KYF-4 浮选机；精选 3 的泡沫产品给入到由 JM-1000 塔磨机与 ϕ125mm 旋流器组成的擦洗回路，旋流器溢流细度为-0. 045mm 含量占 90%左右；旋流器溢流进入 KYZ-1512 浮选柱进行第 4、第 5 次精选；精选 4、精选 5 的尾矿合并返回精选 3，精选 5 的泡沫产品进入 KYZ-1212 浮选柱进行第 6 次精选；精选 6 的泡沫产品为最终钼精矿，尾矿返回精选 4。

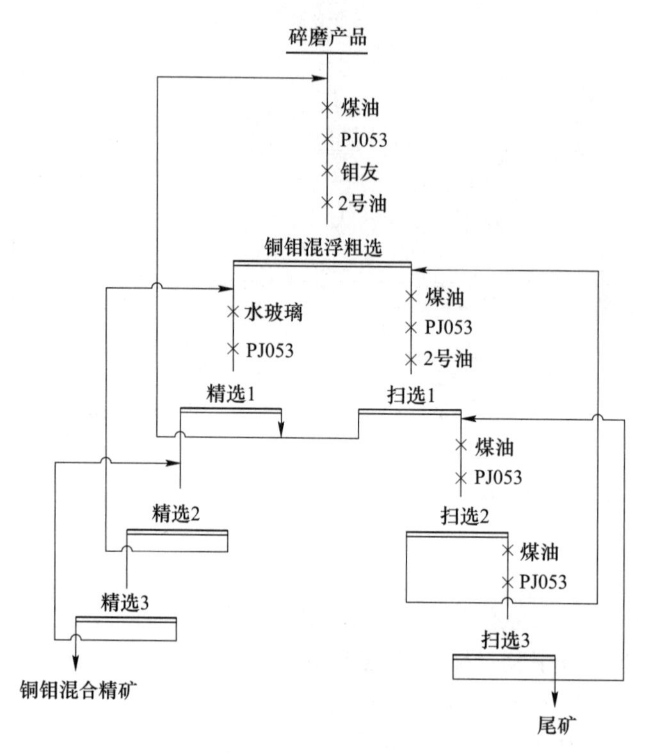

图 28-2 铜钼混合浮选流程

28.5 矿产资源综合利用情况

乌努格吐山铜钼矿，矿产资源综合利用率 99.40%，尾矿品位 Cu 0.04%。

废石集中堆存在排土场，截至 2013 年底，废石场累计堆存废石 6108.28 万吨，2013 年产生量为 3008 万吨。废石利用率为 0，废石排放强度为 76.77t/t。

尾矿大部用于尾矿充填，其他部分被排于尾矿库。截至 2013 年底，尾矿库累计堆存尾矿 2092 万吨，2013 年产生量为 2635.65 万吨。尾矿未利用，尾矿排放强度为 67.27t/t。

废水利用情况，目前露天采坑无水，废水利用主要是尾矿回水利用，回水利用率达 79.0%。

29 武山铜矿

29.1 矿山基本情况

武山铜矿为主要开采铜矿的大型矿山，共伴生元素主要有金、银、硫、钼等。矿山始建于1966年5月，于1984年正式投产。矿区位于江西省九江市瑞昌市，瑞码公路横贯矿区西侧，南行8km到瑞昌市，转而东行35km到九江市，北行12km至长江边瑞昌市码头镇。武昌—九江铁路穿过矿区西南边缘，武山铜矿建成1.5km铁路专用线与之相连，交通十分便利。矿山开发利用简表详见表29-1。

表29-1 武山铜矿开发利用简表

基本情况	矿山名称	武山铜矿	地理位置	江西省九江市瑞昌市
	矿床工业类型	矽卡岩型铜矿床		
地质资源	开采矿种	铜矿	地质储量/万吨	矿石量85746
	矿石工业类型	硫化铜矿石	地质品位/%	1.02
开采情况	矿山规模/万吨·a^{-1}	165，大型	开采方式	露天-地下开采
	开拓方式	竖井-斜井-斜坡道联合开拓	主要采矿方法	充填采矿法
	采出矿石量/万吨	188	出矿品位/%	0.719
	废石产生量/万吨	50.31	开采回采率/%	96.05
	贫化率/%	4.06	开采深度/m	42~-400标高
	掘采比/m·万吨$^{-1}$	144.88		
选矿情况	选矿厂规模/万吨·a^{-1}	165	选矿回收率/%	Cu 86.50 S 62.06 Au 37.09 Ag 59.02
	主要选矿方法	半自磨+球磨+旋流器分级，两段一闭路磨矿分级		
	入选矿石量/万吨	169	原矿品位	Cu 0.779% S 11.39% Au 0.275g/t Ag 14.08g/t
	Cu精矿产量/万吨	4.9	精矿品位	Cu 23.05% S 31.36% Au 3.49g/t Ag 284.2g/t

续表 29-1

选矿情况	S精矿产量/万吨	31.10	精矿品位/%	S 38.77
	尾矿产生量/万吨	133	尾矿品位/%	0.05
综合利用情况	综合利用率/%	80.63		
	废石排放强度/t·t^{-1}	10.27	废石处置方式	排土场堆存
	尾矿排放强度/t·t^{-1}	27.14	尾矿处置方式	尾矿库堆存
	废石利用率/%	2.33	尾矿利用率/%	32
	废水利用率/%	86.1		

29.2 地质资源

武山铜矿矿床规模为大型，矿床类型为矽卡岩型铜矿床。武山铜矿矿床位于长江中下游成矿带九瑞矿集区中部。矿区内出露志留系到三叠系以海相碳酸盐岩和碎屑岩为主的地层，缺失下石炭统。一系列 NE 向和 NW 向的断层交汇部位为岩浆的侵位及成矿热液活动提供了空间，特别是 NEE 向层间滑脱带是矿区内最主要的控岩（矿）构造，为成矿流体的迁移和卸载提供了通道和空间。区内仅见燕山期侵入岩，地表出露面积约 0.6km^2，多为深源浅成小型侵入体，其中出露于矿区南部的武山岩体与成矿关系密切。

武山铜矿床的矿体产出主要受层间断裂和接触带构造控制，按其空间产出位置分为南、北矿带。矿体类型主要有层状硫化物型、层状矽卡岩型和接触交代矽卡岩型 3 类矿体。前两者主要分布于上泥盆统五通组和上石炭统黄龙组之间的层间滑脱带构造内，其中远离岩体一侧发育层状硫化物型矿体，靠近岩体一侧发育层状矽卡岩型矿体。两类矿体总体与地层产状一致，局部矿体有穿层、切割围岩现象，但整体受层间挤压断裂带的控制，矿体倾向 SE165°，倾角 56°~64°，矿体水平延伸近 2700m，垂向延伸 93~1042m 不等，平均厚度 16.8m。接触交代矽卡岩型矿体主要分布于花岗闪长斑岩与围岩接触带构造内，产状随接触带产状变化而变化，矿体水平围绕岩体周围分布，长度近 2000m，垂向延伸达 2150m，平均厚度 14.5m。武山矿区主矿体由一系列的层状硫化物型矿体、层状矽卡岩型矿体和接触交代矽卡岩型矿体组成。层状硫化物型矿体的蚀变分带特征：如 49 线 -210mW_{10}穿脉中层状硫化物型矿体的蚀变分带所示，从五通组砂岩经黄龙组白云质灰岩到栖霞组灰岩，矿石类型依次变化为绢英岩化层状网脉状含铜黄铁矿矿石→厚层状含铜黄铁矿矿石→硅化纹层状含铜黄铁矿矿石→硅化碳酸盐化角砾状含铜黄铁矿矿石→碳酸盐化纹层状含铜黄铁矿矿石。

在本矿区晚泥盆世五通组和晚石炭世黄龙组之间存在一个岩性差异面，这套沉积间断面为成矿提供了有利的导矿和储矿空间。

武山铜矿开采矿种主要为铜、硫、金、银、钼等。

29.3 开采情况

29.3.1 矿山采矿基本情况

武山铜矿是露天-地下联合开采的大型矿山，采用竖井-斜井-斜坡道联合开拓，使用的采矿方法为充填采矿法。矿山设计生产能力165万吨/a，设计开采回采率为90%，设计贫化率为7%，设计出矿品位（Cu）0.89%，铜矿最低工业品位（Cu）为0.5%。

29.3.2 矿山实际生产情况

2015年，矿山实际采出矿量188万吨，排放废石50.31万吨。矿山开采深度为42~-400m标高。具体生产指标见表29-2。

表29-2 矿山实际生产情况

采矿量/万吨	开采回采率/%	出矿品位/%	贫化率/%	掘采比/m·万吨$^{-1}$
188	96.05	0.719	4.06	144.88

29.3.3 采矿技术

矿山目前开采方式为地下开采，划分为北矿带和南矿带，采用竖井、斜井、斜坡道联合开拓。现矿山生产水平为-260m中段。目前主要以分层充填法采矿为主，部分较高品位矿段采用下向分层充填。

在高程上，为先上后下，在同一中段采取后退式顺序开采，即从远离主井位置开始逐步向主井方向后退式开采。

北矿带矿岩稳定性差，宜采用下向充填法，按矿体厚度采用不同的下向充填法：

（1）矿体厚度大于12m时，选用下向分层倾斜六角形进路胶结充填采矿法，凿岩台车凿岩，$3m^3$或$2m^3$斗容铲运机出矿，这种采矿方法生产能力大，安全程度高。如边帮稳固较好，不产生片帮时，可以采用矩形进路回采；

（2）矿体厚度为5~12m时，选用下向分层倾斜进路胶结充填采矿法，凿岩台车凿岩，$3m^3$或$2m^3$斗容铲运机出矿，进路断面为矩形断面，也可采用水平进路；

（3）矿体厚度小于5m时，选用普通下向分层进路胶结充填采矿法，即矿山目前在南北矿带使用的采矿方法。对于首采中段，矿山可根据实际条件采用下向分层水平进路胶结充填采矿法，并通过采矿方法试验和生产实践后，有选择地过渡到下向分层倾斜六角形进路胶结充填采矿法。

南矿带矿岩较为稳固，选用分段空场嗣后充填法开采，采用中深孔凿岩机凿岩，铲运机出矿，采场采完进行嗣后充填整个采空区。该方法工艺简单，集中出矿，生产效率高，作业成本低，安全程度好。对于南矿带稳定性差的矿体，则采用北矿带选择的采矿方法进行回采。

对于南北矿带矿体厚度较薄（5m以下），稳固性较好的矿体，可采用普通上向进路胶结充填采矿法开采，即矿山目前正使用的采矿方法。

各采矿方法所占的比例（按回采矿量计算）约为：下向分层倾斜六角形进路胶结充填采矿法和下向分层进路胶结充填采矿法约占 55%，分段空场嗣后充填法约占 35%，普通上向或下向进路胶结充填采矿法约占 10%。

矿山主要采矿设备见表 29-3。

表 29-3 矿山采矿设备明细表

序号	设备名称	规格型号	数量/台	备注
1	浅孔凿岩机	YT28	20	
2	浅孔凿岩机	YSP45	8	
3	中深孔凿岩台车	T-100	2	
4	浅孔凿岩台车	AXERA D05-126	2	进口
5	$3m^3$ 柴油铲运机	ST-3. 5 遥控	3	进口
6	$2m^3$ 柴油铲运机	WJ-2	10	国产
7	装药器	BQ-100	6	
8	局扇	J55-2No. 4	19	
9	局扇	J55-2No. 4. 5	21	
10	装岩机	Z-30	5	
11	喷射混凝土机组	转子式Ⅱ型	6	
12	服务车	JFC	1	
合计			103	

29. 4 选矿情况

29. 4. 1 选矿厂概况

武山铜矿于 1966 年建矿，北矿带 1984 年建成投产，南矿带 1992 年建成投产。1996 年“南建北改”相关重大项目基本完成，至 2003 年达到 3000t/d 的设计生产能力。二期扩产技术改造于 2008 年底基本结束，2009 年 6 月基本达到 5000t/d 的二期设计生产能力，分为两个完全相同的平行系列，2015 年选矿厂处理能力基本稳定在了 6000t/d 的水平。

29. 4. 2 选矿工艺流程

29. 4. 2. 1 *磨矿工艺*

早期（1993 年以前）选矿厂处理的矿石主要以北带矿石为主，采用的碎磨工艺流程为“三段一闭路+洗矿流程”的碎矿流程和“螺旋分级+球磨”的一段闭路磨矿流程，生产流程如图 29-1 所示。

鉴于早期流程存在诸多问题严重制约日常生产，以简洁的自磨流程取代冗长的“三段一闭路”碎矿流程的思路得到推行，并于 1994 年投产使用，生产流程如图 29-2 所示。

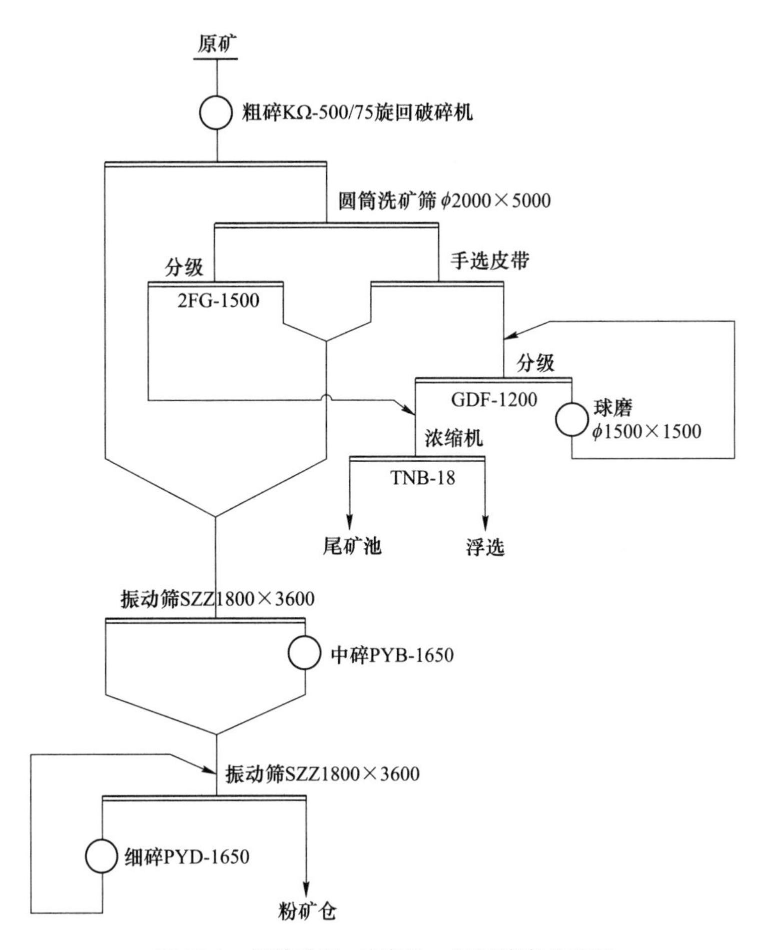

图 29-1 螺旋分级+球磨的一段闭路磨矿流程

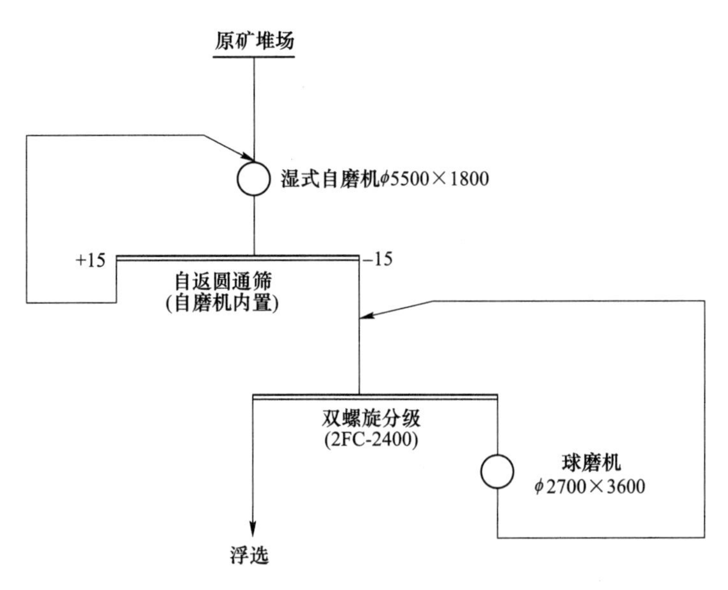

图 29-2 半自磨+球磨+双螺旋分级工艺流程

为了适应经济形势和发展的需求，2005 年开始，武山铜矿开始实施 5000t/d 的二期扩产技改工程，以 ϕ3200×5200 球磨机取代 ϕ2700×3600 球磨机、ϕ660 旋流器组取代 2FC-2400 双螺旋分级机，形成了“半自磨 + 球磨 + 旋流器分级”的两段一闭路磨矿分级流程，流程如图 29-3 所示。

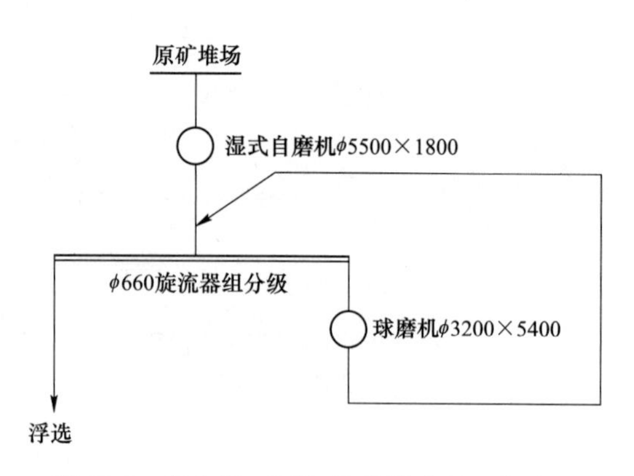

图 29-3　半自磨+球磨+旋流器分级工艺流程

29. 4. 2. 2　选矿工艺

武山铜矿矿石由南带矿、北带矿组成，矿石性质变化大，硬度分布极不均匀，铜粗选扫选的尾矿进入硫的选别，铜粗选的精矿进入铜精选选别出铜精矿，铜的粗选和扫选作业分为两个完全相同的系列，如图 29-4 所示。

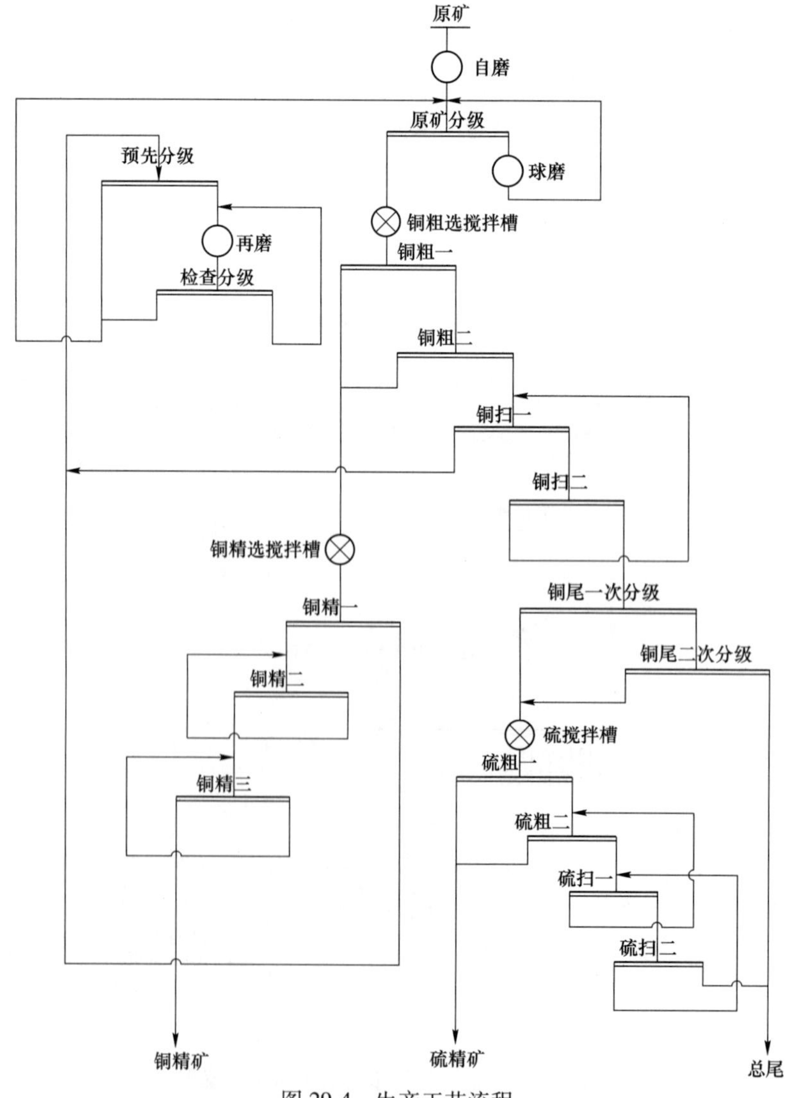

图 29-4　生产工艺流程

29.5 矿产资源综合利用情况

武山铜矿，矿产资源综合利用率 80.63%，尾矿品位 0.05%。

废石集中堆存在排土场，截至 2013 年底，废石场累计堆存废石 344.02 万吨，2013 年产生量为 50.31 万吨。废石利用率为 2.33%，废石排放强度为 10.27t/t。

尾矿排于尾矿库，还用作矿山地下开采采空区的充填料。截至 2013 年底尾矿库累计堆存尾矿 442 万吨，2013 年产生量为 133 万吨。尾矿利用率为 32%，尾矿排放强度为 27.14t/t。

30　小铁山矿

30.1　矿山基本情况

小铁山矿为主要开采铜矿的中型矿山，共伴生元素主要有铅、锌、硫、金、银等。矿山于1958年开始初步基建，1961年停建，1964年在原建基础上由兰州有色冶金设计院重新设计，1965年重建，1974年基本建成，1975年开始试生产，主要是多种采矿方法的实验，1980年4月正式投产。矿区位于甘肃省白银市白银区，直距白银市区18km，矿区西连白银厂露天矿，东接铜厂沟铜矿，交通十分便利。矿山开发利用简表详见表30-1。

表30-1　小铁山矿开发利用简表

基本情况	矿山名称	小铁山矿	地理位置	甘肃省白银市白银区
	矿山特征	国家级绿色矿山	矿床工业类型	多金属黄铁矿型矿床
地质资源	开采矿种	铜矿	地质储量/万吨	矿石量1075.04
	矿石工业类型	硫化铜矿石	地质品位/%	0.94
开采情况	矿山规模/万吨·a^{-1}	30，中型	开采方式	地下开采
	开拓方式	竖井-斜坡道联合开拓	主要采矿方法	上向巷道充填采矿法
	采出矿石量/万吨	33.81	出矿品位/%	0.79
	废石产生量/万吨	2.3	开采回采率/%	90.39
	贫化率/%	8.85	开采深度/m	1914~1424标高
	掘采比/m·万吨$^{-1}$	100.92		
选矿情况	选矿厂规模/万吨·a^{-1}	336.6	选矿回收率/%	Cu 56.97 S 59.18 Au 80.029 Ag 80.117 Pb 72.3 Zn 88.22
	主要选矿方法	三段一闭路破碎，铅锌混合浮选，粗精矿再磨分离		
	入选矿石量/万吨	33.19	原矿品位	Cu 0.834% S 13.66% Au 1.7g/t Ag 70g/t Pb 2.39% Zn 3.39%
	Cu精矿产量/万吨	0.92	精矿品位	Cu 17.14% S 30.96% Au 16.97g/t Ag 557.97g/t

续表 30-1

选矿情况	PbZn 精矿产量/万吨	4.08	精矿品位/%	Pb 14.105 Zn 26.74
	S 精矿产量/万吨	2.96	精矿品位/%	S 38.066
	尾矿产生量/万吨	25.227	尾矿品位/%	Cu 0.06
综合利用情况	综合利用率/%	62.21		
	废石排放强度/$t \cdot t^{-1}$	2.5	废石处置方式	排土场堆存
	尾矿排放强度/$t \cdot t^{-1}$	27.48	尾矿处置方式	尾矿库堆存
	废石利用率/%	0	尾矿利用率/%	0
	废水利用率/%	33（坑涌）		

30.2 地质资源

30.2.1 矿床地质特征

小铁山矿矿床规模为中型，矿床类型为多金属黄铁矿型矿床。矿区位于北祁连东褶皱地区的东侧，是白银厂矿田大地构造的地域，它形成在远古代褶皱区，沿着祁连、白银断裂带进行分布，从整体上来说形成了南北残余火山岩带，在其中部岛弧火山岩，形成了弧、沟、盆的格局，这类火山岩是周围的火山喷发以后的主要产物，同时为主要的矿带，形成不同规模和形态的硫化物矿床。

小铁山矿矿区出露地层为白银厂群，主要由一套海底细碧石英角斑岩构成。这种构造包含基性、酸性，正常的沉积岩形成比较完整的沉积系列，与此同时还有次火山岩。按照火山喷发组合的不同，这类群能够分为四岩组，其矿田仅仅包含第二组，其包含的岩性为石英角斑岩、石英钠长斑岩、硅质岩等。矿床赋矿岩石凝聚在一起形成含矿岩石。这种岩石经过风吹日晒蚀变以后形成的三带，其整个矿体产生于石英角斑中，这类角斑有碳酸盐等物质。相比于其他部位来说，矿区的结构非常的复杂，然而通过对整个地区进行观察分析，可以得出它总体上来说向北边倒转、向西部倾伏，大致偏向的角度为308°，其整体的轴面向南西起伏，一般情况下倾斜位置褶皱比较多。其区内的断裂层发育，在整个矿区内最多的断层是 NEE 向断层，其向南方向倾斜，整个水平面内向前位移的距离大概在 6m 左右。对整个矿体来说，其他的断裂带相对比较小，对其整体构不成大的威胁，因此可以忽略不计。白银厂矿区内侵入岩的发育是随着火山喷发一块进行的，有明显的喷发入侵和后期岩浆活动，目前发现的侵入岩分为两类，第一类为石英纳长斑岩，第二类为钠长花岗斑岩。(1) 石英纳长斑岩，一般位于矿化带的下盘，其地表处仅在特定的区域形成透镜状，断续长达 300m 左右，在最宽的地点有 35m，整个岩石向北西发展，在南西地点倾斜，倾角度数在 75°左右，和周围的岩石能够保持一致，整个岩体和周围的岩石接触，然而在其表面会出现混杂的问题，这类岩石归属于次火山岩，和喷发岩同源。(2) 钠长花岗岩的产状可以分为两组，为北北西和北北东走向，其出露的宽度大概 4m，向外延长几百米之多，穿插有非常多的矿体和岩石，对整个的白银厂矿有很大的破坏力，这种岩墙和石英纳长斑岩归属于同一种岩浆源，在时间轴上比主矿期要晚得多，经过大量的分析研究，它是矿末期的主要产物。白银厂整个矿体是一个比较大的隐伏矿床，在地表以上 17m，整个宽度为 1.5m，矿体是白银厂第二岩组石英角斑，其上盘是绿色石片岩，下盘是浅色的肉红色石英纳。整个矿体的产状和周围的岩石大体上保持一致，总的为 310°走向，其倾角为 75°，整个矿体的部位受到层间破碎带影响，大致可以分为透镜状矿体、板状矿体，这个矿体有分支、膨胀、复合、重现等情况，整个矿体的变化非常大，然而其层位很稳定。小铁山矿床在实际中分为两个矿段，矿体分为 4 个，第一矿段是在五行和六行之间，富矿体则集中在六行和七行之间，在其最深的部分有非常厚实的块状体。这一段包含以下非常重要的两个矿体：（1）1 号矿体长度为 500m，总体厚度在 13m，其斜深为 490m。（2）2 号矿体总长度为 600m，厚度为 16m，斜度为 440m。第二个矿段在八行和九行之间，矿体多集中在一处，这类以块状矿石为主体。（1）3 号矿体总长度为 480m，总厚度在 12m 左右，整体控制的深度为 500m。（2）4 号矿体总长度大概在 400m 左右，总厚度为 13m，斜深为 400m。

小铁山矿床的矿石按照类型可分为以下两大类，即块状矿石、浸染状矿石。（1）块状矿石密集分布，由黄铁矿、黄铜矿等构成，并包含少量的脉石矿物，矿体的层次分明，变化比较大。（2）浸染状矿石多呈现星状分布，金属矿物不均匀分布，由于其分布规律不明显，导致其品位变化很大。矿床的上盘常常是铅、锌为主，下盘则主要为浸染状矿石。矿石中非常重要的成分为黄铁矿、黄铜矿，次生矿物则分别为铜蓝、铁矿等，其整体占比为 38%，包含石英、长石、云母等。

30.2.2　资源储量

小铁山矿的主要矿种为铜，共伴生有铅锌硫等矿产。矿山累计查明矿石量 1075.04 万吨，金属量铜：131134.24t，铅：384123.77t，锌：599688.8t，硫：2645258.82t。

30.3　开采情况

30.3.1　矿山采矿基本情况

小铁山矿是地下开采的中型矿山，采用竖井-斜坡道联合开拓，使用的采矿方法为上向巷道式充填采矿法。矿山设计生产能力 30 万吨/a，设计开采回采率为 85%，设计贫化率为 9%，设计出矿品位（Cu）0.8%，铜矿最低工业品位（Cu）为 0.5%。

30.3.2　矿山实际生产情况

2013 年，矿山实际采出矿量 33.81 万吨，排放废石 2.3 万吨。具体生产指标见表 30-2。

表 30-2　矿山实际生产情况

采矿量/万吨	开采回采率/%	出矿品位/%	贫化率/%	掘采比/m · 万吨$^{-1}$
33.81	90.39	0.79	8.85	100.92

30.3.3　采矿技术

由于矿岩不稳固，小铁山矿经过多种方法试验选择了机械化上向巷道式尾砂胶结充填采矿法。阶段高度 60m，分段高度 12m，分层高度 4m，回采顺序是下、平、上。采场沿矿体走向布置，每 100m 为一个回采单元，穿脉布置在采场中间。进路规格 4m×4m（拱高 0.3~0.4m，略带弧形），进路采用 2 号岩石（或氨油）炸药，火雷管-导爆管分段微差起爆（2008 年 7 月以后由电子激发器替代火雷管起爆），实行光面爆破。从上盘至下盘逐条回采，采用无轨设备通过分层联络道卸入溜矿井。

充填材料以尾砂作为骨料，以水泥作为胶结剂。骨料是白银公司铜选厂经脱硫和两段分级脱泥后的尾砂；胶结剂是白银公司银城水泥厂生产的 425 号普通硅酸盐散装水泥。

合格的尾砂以 50%~55%的浓度由白银公司铜选厂附近的一泵站经 12.7km 管道和两个油隔离泵站泵送到输砂制备作业区制备站砂仓，水泥由散装水泥运输车从水泥厂运至制备站。制备站有两个独立的制浆系统，每个系统均由一个立式砂仓，一个水泥仓，一个搅拌桶及仪表控制设备组成。制备站系统均实行计算机计量和自动控制。尾砂和水泥在搅拌桶内混合后，经直径 175mm、深 161m 的钻孔和 1724m（三中段 800m 平巷）水平充填平巷的铁管自流到下盘 800m 充填井，然后将充填料输送到待充采场。

30.4 选矿情况

30.4.1 选矿厂概况

小铁山多金属矿目前保有储量近 600 万吨，采矿作业目前已进入深部开采，出矿能力为 30 万吨/a，供给选矿系统的矿石性质波动较大，且常有充填砂和地表矿混入，造成选矿作业难以控制，指标波动较大。

小铁山选矿系统经过历年来的技术攻关和工艺流程局部改造，选矿指标得到了较大幅度提高。其碎矿采用三段一闭路破碎流程，磨浮采用的工艺流程为一段分两次磨矿后（-0.074mm 含量占 70%）经全混合浮选甩尾，铜铅锌硫混合粗精矿经二段再磨分级后（-0.045mm 含量占 76%~82%）进行脱硫浮选，产出铜铅锌混合精矿，槽底产物为硫精矿；脱硫的铜铅锌混合精矿经第三段磨矿（-0.038mm 含量占 80%~85%）后进入分离作业，采用亚硫酸-硫化钠法进行铜与铅锌分离，产出铜精矿和铅锌混合精矿，混选尾矿加入碳铵活化后进行选硫，其具体工艺流程如图 30-1 所示。目前选矿指标铜回收率达到了 63%，铅回收率达到了 81%，锌回收率达到了 89%。

30.4.2 选矿工艺流程

30.4.2.1 破碎筛分工艺

破碎筛分采用三段一闭路碎矿流程，原矿最大粒度为 500mm，最终破碎产品粒度为 12mm。破碎筛分工艺如图 30-1 所示。

30.4.2.2 磨选工艺

磨矿分三段，一段分级机溢流粒度-0.074mm 含量占 70%，二段为铜、铅、锌、硫混合精矿再磨，分级粒度-0.074mm 含量占 92%~94%，三段为脱硫的铜、铅、锌混合精矿再磨，磨矿粒度-0.074mm 含量占 96%~98%。选别工艺采用重、浮（全混合—分离浮选）联合流程，如图 30-1 所示。

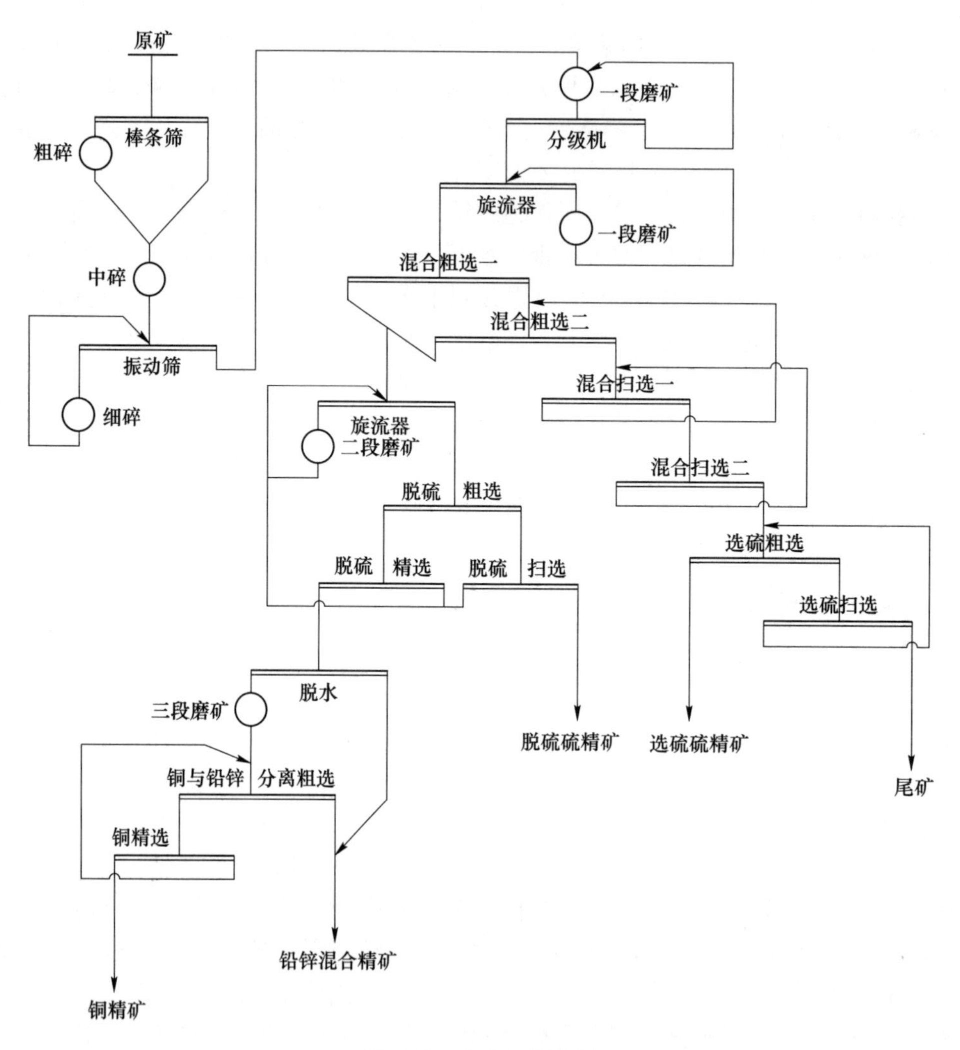

图 30-1　生产工艺流程

铅、锌混合精矿为三段脱水，精矿含水 8%以下，铜、硫精矿为二段脱水。主要设备见表 30-3。

表 30-3　主要设备

序号	设备名称及规格	单位	数量
1	600×900 颚式破碎机	台	1
2	ϕ1650 标准圆锥破碎机	台	
3	ϕ1750 短头圆锥破碎机	台	
4	ϕ1500×3000 惯性振动筛	台	
5	ϕ2700×3600 格子型球磨机	台	
6	ϕ2100×3000 溢流型球磨机	台	
7	GSF-2400 高堰式双螺旋分级机	台	

续表 30-3

序号	设备名称及规格	单位	数量
8	XJK-浮选机	槽	108
9	JJF-8 浮选机	槽	20
10	ϕ15m 周边传动浓缩机	台	1
11	ϕ24m 周边传动浓缩机	台	1
12	ϕ30m 周边传动浓缩机	台	1
13	PG58-2. 7/6 圆盘真空过滤机	台	5
14	ϕ2. 2m×12m 桨叶式圆筒干燥机	台	2

30.5 矿产资源综合利用情况

小铁山铜矿，矿产资源综合利用率 62. 21%，尾矿品位 Cu 0. 06%。

废石集中堆存在排土场，截至 2013 年底，废石场累计堆存废石 10. 9 万吨，2013 年产生量为 2. 3 万吨。废石利用率为 0，废石排放强度为 2. 5t/t。

尾矿排于尾矿库，未利用。截至 2013 年底尾矿库累计堆存尾矿 1870 万吨，2013 年产生量为 25. 227 万吨，尾矿排放强度为 27. 48t/t。

31　银　山　矿　业

31.1　矿山基本情况

银山矿业为主要开采铜矿的大型矿山，共伴生元素主要有铅、锌、硫、金、银等。矿山成立于2003年7月。矿区位于江西省上饶市德兴市，距银城镇北东约3.0km，与省会南昌市、上饶市均有高速公路相通，交通十分便利。矿山开发利用简表详见表31-1。

表31-1　银山矿业开发利用简表

基本情况	矿山名称	银山矿业	地理位置	江西省上饶市德兴市
	矿山特征	国家级绿色矿山	矿床工业类型	斑岩型铜矿床
地质资源	开采矿种	铜矿	地质储量/万吨	矿石量15727.2
	矿石工业类型	硫化铜矿石	地质品位/%	0.585
开采情况	矿山规模/万吨·a^{-1}	165，大型	开采方式	露天-地下联合开采
	开拓方式	露天：公路运输开拓 地下：竖井-平硐联合开拓	主要采矿方法	露天：组合台阶采矿法 地下：浅孔留矿采矿法
	采出矿石量/万吨	105.1	出矿品位/%	0.46
	废石产生量/万吨	923	开采回采率/%	93.72
	贫化率/%	10.28	开采深度/m	露天：地表至-48标高
	剥采比/t·t^{-1}	9.7	掘采比/m·万吨$^{-1}$	278
选矿情况	选矿厂规模/万吨·a^{-1}	119	选矿回收率/%	Cu 84.04 Au 45.18 Ag 66.58 S 69.54 Pb 8.18 Zn 87.01
	主要选矿方法	三段一闭路破碎，一段闭路磨矿，分支、分速优先浮选		
	入选矿石量/万吨	95.53	原矿品位	Cu 0.46% Au 0.58g/t Ag 12g/t S 9.26% Pb 1.28% Zn 1.835%

续表 31-1

选矿情况	Cu 精矿产率/%	1.9	精矿品位/%	Cu 17.37
	Pb 精矿产率/%	1.6	精矿品位/%	Pb 61.06
	Zn 精矿产率/%	3.4	精矿品位/%	Zn 19.28
	S 精矿产率/%	45.2	精矿品位/%	S 35
	尾矿产生量/万吨	44.8	尾矿品位/%	Cu 0.047
综合利用情况	综合利用率/%	48.76		
	废石排放强度/$t \cdot t^{-1}$	508.52	废石处置方式	排土场堆存
	尾矿排放强度/$t \cdot t^{-1}$	24.68	尾矿处置方式	尾矿库堆存
	废石利用率/%	0	尾矿利用率/%	8.93
	废水利用率/%	88.2		

31.2 地质资源

银山矿业矿床规模为大型，矿床类型为斑岩型铜矿床。银山矿田位于扬子地台二级单元江南台隆东南缘，赣东北深大断裂与乐安河深断裂之间，乐-德中生代火山-沉积盆地北东缘。区内地层为中元古代双桥山群浅变质岩系，是一套稳定的由浅水相砂岩、黏土岩变质而成的绢云母千枚岩及砂质千枚岩，其上零星覆盖着从震旦系至白垩系的沉积岩和火山岩。

矿区构造主要是轴向45°~50°的银山背斜和沿背斜轴发育的斜贯矿田的主干断裂F_7。该区有19个矿带、数百条矿体，由北向南依次分为北山、九龙上天、九区、西山、银山和南山六个区段。银山矿床以3号英安斑岩体为中心，有6个矿带，各矿带均由数条到数十条脉状矿体组成，空间上由内到外出现分带。矿体受构造控制，呈脉状、细脉状产出，有分支复合、尖灭再现及弯曲现象。矿体分布在NE向银山复合构造带及两侧，以3号英安斑岩体为中心向西北和南东不对称分布，由内到外依次发育有铜硫矿带、铜铅锌矿带、铅锌矿带以及铅银矿带。矿体延长几十到1000m不等，延深200~500m，厚1~10m。同一矿体由3号岩体往外，从上到下，Cu、Au含量逐渐增高，Pb、Zn、Ag含量逐渐降低。

矿区矿石矿物主要有黄铁矿、黄铜矿、硫砷铜矿、砷黝铜矿、方铅矿、闪锌矿等，金银矿物微量。金主要富集在九区和西山区铜金硫带中，银主要富集于各段的铅锌银带和银铅锌带中。九区和西山区铜金硫带矿石类型可划分为两种：金铜硫型和金硫铁型，形成于金铜矿化期的热液硫化物阶段，早期主要形成黄铁矿，呈浸染状和条带状构造；晚期形成铜矿物黄铜矿、黝铜矿、砷黝铜矿，呈浸染状、细脉状和网脉状构造。黄铁矿和黄铜矿在矿床中贯穿了整个矿体，和各矿体中矿石矿物有着一定的成因联系和伴生关系。

银山矿业开采矿种主要为铜，同时伴生开采铅锌等矿种。

31.3　开采情况

31.3.1　矿山采矿基本情况

银山矿业是采取露天-地下联合开采的大型矿山，露天采用公路运输，地下部分采用竖井-平硐联合开拓，露天部分使用的采矿方法为组合台阶法，地下部分使用的采矿方法为浅孔留矿法。矿山设计生产能力 165 万吨/a，设计开采回采率为 95%，设计贫化率为 8%，设计出矿品位（Cu）0.48%，铜矿最低工业品位（Cu）为 0.4%。

31.3.2　矿山实际生产情况

2013 年，矿山实际采出矿量 105.1 万吨，排放废石 923 万吨。具体生产指标见表 31-2。

表 31-2　矿山实际生产情况

采矿量/万吨	开采回采率/%	出矿品位/%	贫化率/%	掘采比/m · 万吨$^{-1}$	剥采比/t · t^{-1}
105.1	93.72	0.46	10.28	278	9.7

31.3.3　采矿技术

矿山开采矿种为铜、铅锌。铜采用露天开采，主要开采九区的铜矿石，规模 5000t/d；铅锌采用井下开采，开采区域为北山区、九龙区及银山区的铅锌矿石，规模 480t/d。伴生金、银、硫在选矿流程回收。

铜：采用露天开采，采矿方法为台阶开采法，公路运输，从上至下逐台阶开采，目前已开采至-48m 台阶。主要采矿设备有：潜孔钻、电铲 8 台、沃尔沃挖机 2 台、TR50 矿用车 27 台、推土机、平路机等。

铅锌：采用井下开采，竖井+平硐开拓方式，电机车运输，目前已开采至-358m 中段。采矿方法为浅孔留矿法，矿房长度为 60~80m。采矿设备主要有竖井提升卷扬机、10t 电机车、1.2m^{3}矿车、YT-28 和 YSP-45 凿岩机、电动装矿机等。

31.4　选矿情况

31.4.1　选矿厂概况

该厂 1959 年设计，1961 年投产，设计规模为 1200t/d，1981 年扩建至 1800t/d。原采用的选铜流程是一段粗磨混合浮选，混合精矿再磨再选流程。该工艺铜硫分选难度大，选矿指标不高。通过对矿石性质，生产工艺进行深入分析，1999 年度年终检修后，采用铜硫混合精矿与铜硫分离作业一次精选尾矿一并进入再磨的新工艺。应用新工艺后，强化了再磨力度，改善了铜硫分选效果，选矿指标得以明显提高。

生产流程为粗磨采用格子型、溢流型球磨机各 1 台，规格均为 ϕ2700mm×2100mm，磨矿分级溢流细度要求-0.074mm 含量大于 55%。铜硫混合浮选一次粗选、两次扫选流程，采用KYE、XCF8m^{3}浮选机联合机组，各作业均为3槽，共9槽。中矿再磨为1台MQY1500mm×3000mm溢流型球磨机，配1台ϕ250mm水力旋流器作预先和检查分级，中矿泵池为一个ϕ6m的浓密池。再磨细度要求为-74μm含量占95%，-50μm含量占85%。铜硫分离作业为一次粗选、三次精选、两次扫选，采用JJF-4m^{3}浮选机，粗、精选区各3槽，扫选区6槽，共12槽。

浮选药剂：一段浮选铜硫混选是在自然pH值下，采用黄药（乙、丁基黄药按3∶1配比）作捕收剂，松醇油作起泡剂；二段浮选铜硫分离采用石灰作抑制剂抑硫，捕收剂为乙、丁基黄药（3∶1）、Z-200、SN-9混合药剂。

31.4.2 选矿工艺流程

31.4.2.1 碎磨工艺

原设计为三段开路破碎流程。为适应矿山生产发展的需要，于1982年进行扩建，现已建成三段一闭路、规模2500t/d的新破碎车间。

磨矿采用一段闭路流程，共分三个系列，其中两个系列分别处理含铜品位高于0.2%的铜、铅、锌矿石和含铜品位低于0.2%的铅、锌矿石，磨矿粒度-0.074mm含量占65%~70%，另一个系列处理铅、锌矿石，磨矿粒度-0.074mm含量占60%~65%。

31.4.2.2 选矿工艺

铅、锌、硫系统采用分支、分速优先浮选流程，即先选铅，铅尾进入锌、硫混选，混精进行锌、硫分离。选铅原矿分为两支。第一支流程结构为二次粗选，三次扫选，粗选第一槽泡沫直接进入第二支的二次精选，第二、三槽的泡沫给入第二支原矿，扫选泡沫分别进入第二支浮选系统相对应的扫选作业，第一支的粗选、扫选为开路选别。第二支流程结构为二次粗选，三次扫选，三次精选。粗选一、二槽泡沫经两次精选得出合格铅精矿，三、四、五槽的粗选泡沫进入第一次精选作业，三次扫选泡沫顺序返回前一作业。

铅、锌系统采用优先浮选流程，如需要选硫，则进行锌、硫混合浮选，混精与铅、锌、硫系统的混精合并，再用泡沫泵扬至锌、硫分离作业。

31.4.2.3 脱水作业

铜、铅、锌浮选精矿采用二段脱水，最终精矿水分9%~12%。硫精矿为自然干燥，最终精矿水分16%左右。两种工艺流程如图31-1和图31-2所示。

31.5 矿产资源综合利用情况

银山铜矿，矿产资源综合利用率48.76%，尾矿品位Cu 0.047%。

废石集中堆存在排土场，截至2013年底，废石场累计堆存废石4767.99万吨，2013年产生量为923万吨。废石利用率为0，废石排放强度为508.52t/t。

尾矿排于尾矿库，还用作建筑材料的原料，截至2013年底尾矿库累计堆存尾矿2377.58万吨，2013年产生量为44.8万吨。尾矿利用率为8.93%，尾矿排放强度为24.68t/t。

废水利用率为88.2%。

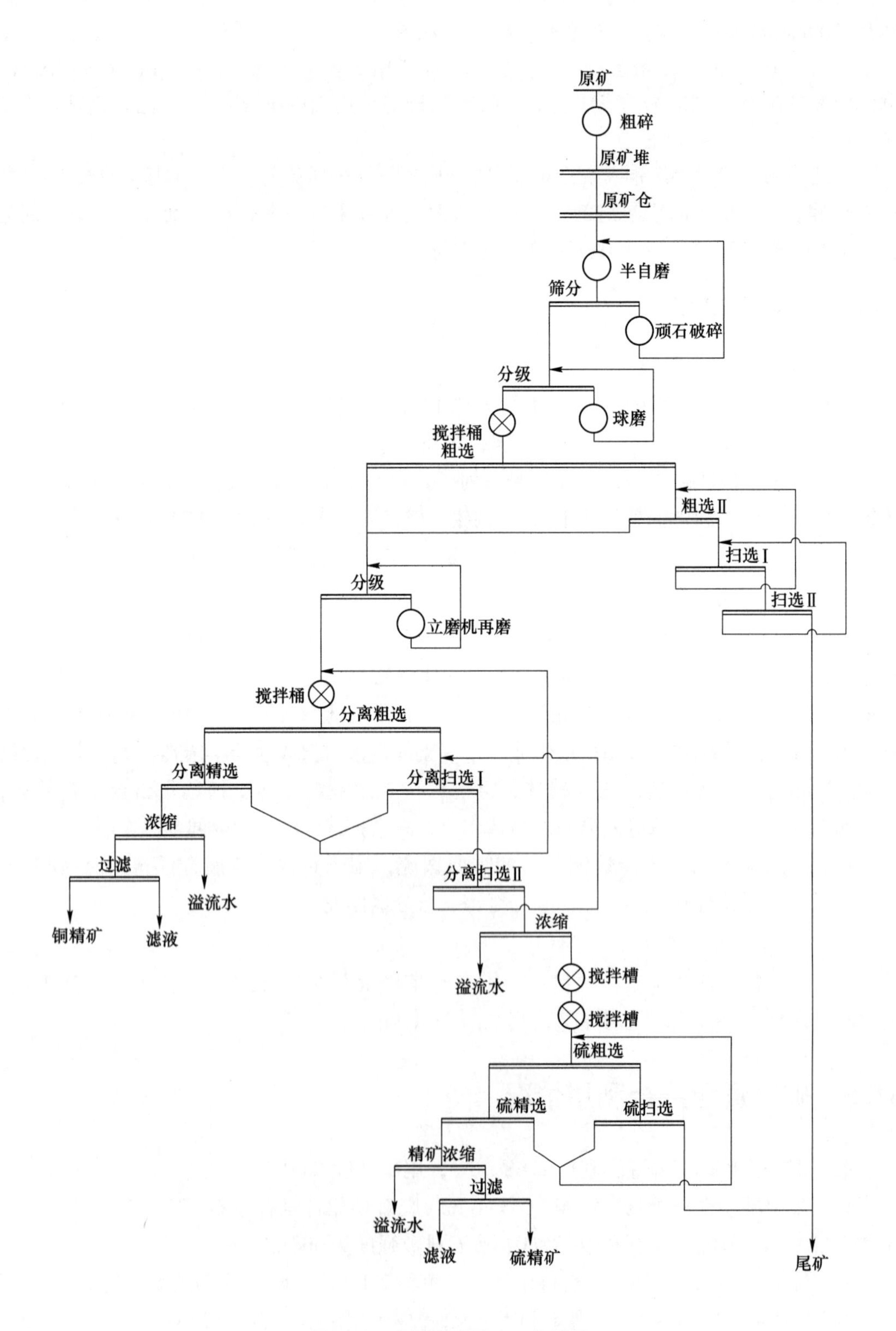

图31-1　选铜磨矿浮选工艺流程

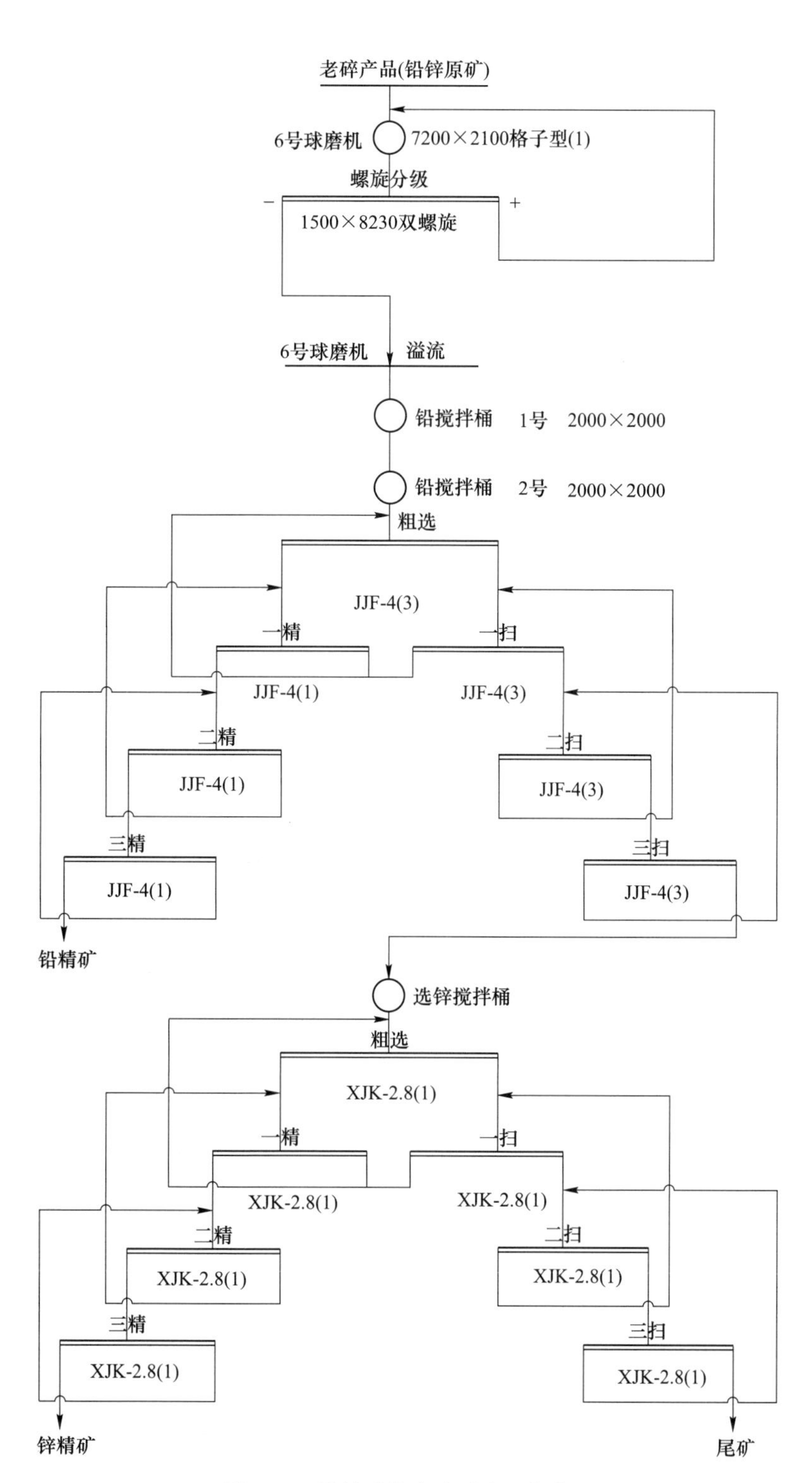

图 31-2　铅锌系统磨矿浮选工艺流程

32　永平铜矿

32.1　矿山基本情况

永平铜矿为主要开采铜矿的大型露天矿山，共伴生元素主要有钨、铅、锌、银、金等。矿山成立于1968年3月，1980年大规模建设，1984年10月建成投产。矿区位于江西省上饶市铅山县，平距铅山县城约13km，距上饶市46km。区内横南铁路纵贯南北，上饶—武夷山省际公路与横南铁路近于平行，交通十分便利。矿山开发利用简表详见表32-1。

表32-1　永平铜矿开发利用简表

基本情况	矿山名称	永平铜矿	地理位置	江西省上饶市铅山县
	矿山特征	—	矿床工业类型	矽卡岩型铜矿床
地质资源	开采矿种	铜矿	地质储量/万吨	金属量146.68
	矿石工业类型	硫化铜矿石	地质品位/%	0.74
开采情况	矿山规模/万吨·a^{-1}	330，大型	开采方式	露天开采
	开拓方式	公路运输开拓	主要采矿方法	组合台阶采矿法
	采出矿石量/万吨	321	出矿品位/%	0.504
	废石产生量/万吨	355	开采回采率/%	97.23
	贫化率/%	5.789	开采深度/m	474~-26标高
	剥采比/t·t^{-1}	1.11		
选矿情况	选矿厂规模/万吨·a^{-1}	330	选矿回收率/%	Cu 85.025 Au 22.74 Ag 66.80 S 78.07
	主要选矿方法	三段一闭路碎矿，铜粗精矿再磨二段铜硫分步优先浮选工艺		
	入选矿石量/万吨	348	原矿品位	Cu 0.487% Au 0.045g/t Ag 5.891g/t S 10.122%
	Cu精矿产量/万吨	6	精矿品位	Cu 23.87% Au 0.686g/t Ag 318.63g/t
	S精矿产量/万吨	42.07	精矿品位/%	S 47.4
	尾矿产生量/万吨	297.81	尾矿品位/%	Cu 0.07

续表 32-1

综合利用情况	综合利用率/%	81.15		
	废石排放强度/t·t^{-1}	59.17	废石处置方式	排土场堆存
	尾矿排放强度/t·t^{-1}	49.64	尾矿处置方式	尾矿库堆存
	废石利用率/%	0	尾矿利用率/%	0
	废水利用率/%	76.16		

32.2 地质资源

32.2.1 矿床地质特征

永平铜矿是一个以铜硫为主、伴生有钨、铅锌、银、金等矿产的多金属矿床，矿床类型为矽卡岩型铜矿床，矿床规模为大型。矿体主要赋存于中石炭统叶家湾组一下二叠统茅口组地层中，其中以叶家湾组最重要。根据矿体赋存层位，控矿构造及矿石类型等因素，自上而下，由东而西依次划分为Ⅵ、Ⅰ、Ⅶ、Ⅱ、Ⅲ、Ⅳ、Ⅴ等7个矿带。其中Ⅰ、Ⅶ矿带各由2个矿体、Ⅱ矿带由3个矿体、其他矿带由1个矿体组成。全区共由7个矿带11个矿体组成，其中Ⅲ、Ⅵ矿带为隐伏矿带。矿体形态以似层状为主，透镜状次之。矿带产状随地层产状的变化而相应地变化，特别在4-7线之间矿带随地层褶皱以及岩体的入侵而拱起，矿层随之产生明显的胀缩现象。

各矿带的走向与矿区主要构造方向一致，近于南北，倾向东或东偏北，倾角各矿带有所不同，Ⅳ、Ⅴ矿带倾角较大，为70°左右，其余矿带较缓，为10°~30°，局部为50°。Ⅱ矿带为矿区主矿带，纵贯全区，规模大，矿体沿走向最长达2500m，平均厚13.46m，最大延深至-670m，占全区铜金属量的79.98%以上。

根据矿石的氧化程度可划分为氧化矿石、混合矿石和原生矿石，分别对应于氧化带、混合带、原生带。矿区以原生矿石为主，占矿区矿石量的77.74%；其次为混合矿石，占矿区矿石量的17.26%；氧化矿石较少。

32.2.2 资源储量

根据矿石中主要有益组分含量及矿物组合等可划分为十大类。即铁矿石、老窿矿、铜硫混合矿石、铜硫原生矿石、硫铁矿矿石、多金属铜硫矿石、铅锌矿石、白钨矿石、钼矿石和菱铁矿矿石。矿山累计查明铜金属量130.88万吨；铅金属量2.59万吨；硫铁矿矿石量1495.81万吨；铁矿矿石量1081.93万吨；伴生有益组分金金属量21.13t，银金属量2465.86t。

32.3 开采情况

32.3.1 矿山采矿基本情况

永平铜矿是露天开采的大型矿山，采用公路运输开拓，使用的采矿方法为组合台阶法。矿山设计生产能力 330 万吨/a，设计开采回采率为 93%，设计贫化率为 7%，设计出矿品位（Cu）0.56%，铜矿最低工业品位（Cu）为 0.4%。

32.3.2　矿山实际生产情况

2015 年，矿山实际采出矿量 321 万吨，排放废石 355 万吨。矿山开采深度为 474～-26m 标高。具体生产指标见表 32-2。

表 32-2　矿山实际生产情况

采矿量/万吨	开采回采率/%	出矿品位/%	贫化率/%	露天剥采比/$t \cdot t^{-1}$
321	97.23	0.504	5.789	1.11

32.3.3　采矿技术

山坡露天期间采用内部组沟，由南向北纵向掘沟向顶底盘推进的开采方式；凹陷期间南坑为直进坑线内部组沟纵向开采，北坑为内部组沟回返坑线纵向开采。目前露天采坑北段的天排山和护驾山正在扩帮剥离，南坑已经开采完毕，北坑仍在向下延深，主要生产台阶为+82～-2m。扩帮延深后露采矿 10000t/d 的生产规模稳定，于 2016 年完全闭坑。露天开采结束时，南坑的坑底标高为+46m，北坑的坑底标高为-26m。

矿山采矿设备见表 32-3。

表 32-3　矿山采矿设备明细表

序号	设备名称	规格型号	数量/台	备注
1	牙轮钻机	YZ35	2	
2	牙轮钻	KY-250A	1	
3	潜孔钻机	KQ-200A	2	
4	挖掘机	WK-4	2	
5	挖掘机	WD400A	2	
6	二次破碎机（沃尔沃挖机）	EC480DL	1	
7	推土机	PD320Y	4	
8	推土机	D375A-5	2	
9	推土机	TY320B	1	
10	推土机	SD32	1	
11	推土机	SD32W	2	
12	矿用自卸汽车	3307	21	
13	VOLVO 铰接卡车	HAULER　A25F	4	
14	铰接式井下卡车	A25E	5	
15	铲运机（SCOOPTRAM）	ST-1030	5	
16	柴油铲运机	CY-2C	8	
合计			63	

32.4 选矿情况

32.4.1 选矿厂概况

永平铜矿为一座大型露天矿山。矿山属大型采、选联合企业，选矿厂设计能力为10000t/d，由两个5000t/d的系列组成。碎矿采用三段一闭路流程，磨浮工艺为铜粗精矿再磨二段铜硫分步优先工艺流程，获得铜精矿和硫精矿两个最终产品。精矿脱水流程为浓缩、过滤二段脱水工艺流程。

选厂处理的矿石为矿山自采的硫化铜矿，原矿入选品位为铜0.487%，金0.045g/t，银5.891g/t，硫10.122%。该选厂破碎系统为三段一闭路，磨矿系统由2台ϕ5.03m×6.40m球磨机组成，每台处理能力为5000t/d。球磨系统最大入磨粒度为10mm，矿石磨细度在一段作业中-0.074mm含量占65%左右，在二段作业中-0.045m含量占95%左右。该选厂2015年选矿情况见表32-4。选矿工艺流程如图32-1所示。

表32-4 永平铜矿选矿厂2015年选矿情况

入选矿石量/万吨	入选品位/%	选矿回收率/%	选矿耗水量/$t \cdot t^{-1}$	选矿耗电量/$kW \cdot h \cdot t^{-1}$	选矿耗新水量/$t \cdot t^{-1}$	磨矿介质损耗/$kg \cdot t^{-1}$
348	0.487	85.10	11.895	26.747	1.656	1.249

32.4.2 选矿工艺流程

32.4.2.1 *碎矿工艺*

碎矿系统分为粗碎、洗矿、中细碎、筛分4个车间，以两个系列平行配置。破碎采用三段一闭路加洗矿的流程，碎矿最终产品粒度为-15mm。

32.4.2.2 *磨浮工艺*

磨浮流程是一段磨矿、铜硫混合浮选、混合精矿再磨后铜硫分选。整个磨浮分为两个独立的系统，以及一个矿泥单独浮选系统。

一段磨矿细度为-0.074mm含量占68%，采用ϕ5.03m×6.4m溢流型球磨机与ϕ660mm×6水力旋流器组构成闭路磨矿。混合精矿再磨细度为-0.074mm含量占99%，采用ϕ3.2m×4.5m溢流型球磨机与ϕ350mm×8水力旋流器组构成闭路磨矿。

铜硫混合浮选流程为一粗二扫，每个系统的粗、扫选作业均采用6台14.4m^3充气式浮选机。铜硫分选流程为一粗一扫二精，粗、扫选采用12台上述浮选机，隔成两个系统，精选采用2.8m^3A型浮选机，每个系统6槽，一精4槽二精2槽。

从ϕ45m洗矿浓密池底流进入矿泥浮选系统，采用2.8m^3A型浮选机，粗选6台，扫选4台，精选2台，但由于洗矿螺旋返砂含水太高，皮带无法输送，所以选矿系统未投入使用。

32.4.2.3 *尾矿处理*

尾矿栈桥及尾矿库占地面积约为260.4公顷，设计库容为4000万立方米，输送距离3200m。

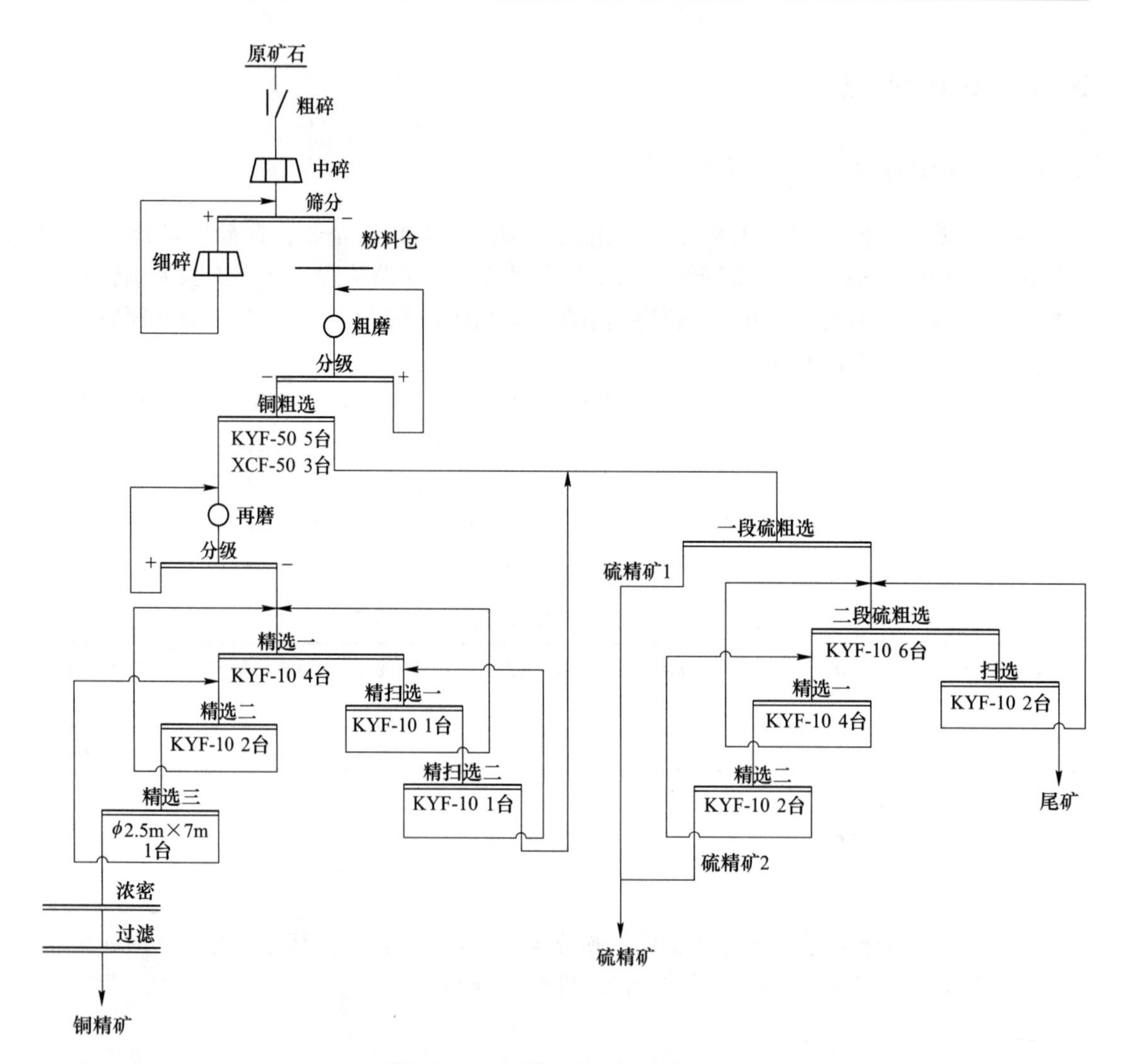

图 32-1　永平铜矿选矿厂工艺流程

尾矿库共设置 5 个尾矿坝，初期仅建一号坝和二号坝，坝顶标高为 109. 6m，因下游有农田，所以定为Ⅱ级坝。一号坝为堆石坝，坝高 22. 6m；二号坝为重力式均质土坝，坝高 10. 4m。

设计尾矿排放干量为 241 万吨/a，尾矿浓度 25%，尾矿输送为双线式（一线工作，一线备用）。从磨浮车间排出的总尾矿，通过一号流槽自流到一号砂泵站，通过 Dg500 铸铁管由泵扬送 680m 至一号结合井，经二号流槽和二号砂泵站的矿浆分配槽，再经三号流槽送至二号结合井后，分别由长度为 270m 和 470m 的两条铸铁管，自流至一号坝和二号坝，经矿浆分散管排放至各坝内。

尾矿水作为回水在选厂利用，回水竖井为 ϕ2. 0m，井底标高为 130. 7m，井顶标高 148m，在达到自流回水标高 135m 以前，采用移动泵房输送，尾矿回水泵房设于库内，尾矿水经 Dg600 铸铁管扬入回水竖井内，通过回水隧道经由 Dg800 自流管，自流至选厂 120m 标高的 5000t 回水池。枯水期回水占选厂用水的 90. 4%，其他时期占 26. 6%。

32.4.2.4 主要设备能力

主要设备能力见表32-5。

表32-5 主要设备能力

项目	名称及规格	台数	最大处理量			
一、破碎			t/(台·h)	产品粒度/mm	排矿口宽度	矿石松散密度
粗碎	1.5m×2.1m颚式破碎机	2	550	350		
中碎	ϕ2.2m标准圆锥破碎机	2	80	80		
细碎	ϕ2.2m短头圆锥破碎机	4	237.5	40		
二、磨矿分级			t/(台·h)	给矿粒度		
一段	ϕ5.06m×6.4m溢流型球磨机	2	208.5	15mm 5%~10%		
二段	ϕ3.2m×4.5m溢流型球磨机	2	21.4			
三、浮选			m^3/d	作业浓度/%		
混选	粗校：CHF-X14.4m	24	30816	27		
	扫选：CHF-X14.4m	24	25776	24.05		
铜硫分选	粗选：CHF-X14.4m	8	9979.2	25		
	扫选：CHF-X14.4m	4	921.6	23.6		
铜精选	一次：XJK-2.8浮选机	8	2145.6	11.7		
	二次：XJK-2.8型	4	532.8	10.7		
四、脱水			t/(m^2·h)	给矿浓度/%	排矿浓度(水分)/%	精矿密度/t·m^{-3}
浓缩	ϕ45m浓缩机（铜精矿）	1	0.5	25	60	4.4
	ϕ45m浓缩机（硫精矿）	2	1	23.5	60	4.6
过滤	60m^{2}圆盘过滤机（铜精矿）	3	0.1	60	11水分	
	60m^{2}圆盘过滤机（硫精矿）	7	0.4	60	18水分	

32.5 矿产资源综合利用情况

永平铜矿，矿产资源综合利用率81.15%，尾矿品位Cu 0.07%。

废石集中堆存在排土场，截至2013年底，废石场累计堆存废石29772万吨，2013年产生量为355万吨。废石利用率为0，废石排放强度为59.17t/t。

尾矿排于尾矿库，还用作矿山地下开采采空区的充填料。截至2013年底尾矿库累计堆存尾矿6623.06万吨，2013年产生量为297.81万吨。尾矿利用率为0，尾矿排放强度为49.64t/t。

第3篇 铅锌矿

QIANXIN KUANG

33　蔡家营锌矿

33.1　矿山基本情况

蔡家营锌矿为主要开采锌矿的大型矿山，共伴生有益元素主要有铅、金、银等。矿山成立于1994年10月，2004年5月建矿，选矿厂于2005年6月建成投产。矿山位于河北省张家口市张北县，距张家口市115km，距张北县64km，区内有张家口市至沽源县公路通过，交通便利。矿山开发利用简表详见表33-1。

表33-1　蔡家营锌矿开发利用简表

基本情况	矿山名称	蔡家营锌矿	地理位置	河北省张家口市张北县
	矿山特征	—	矿床工业类型	热液成因矿床
地质资源	开采矿种	锌矿	地质储量/万吨	锌矿石量1982.24
	矿石工业类型	硫化锌矿石、氧化锌矿石	地质品位/%	4.80
开采情况	矿山规模/万吨·a^{-1}	75，大型	开采方式	地下开采
	开拓方式	斜坡道运输开拓	主要采矿方法	浅孔留矿嗣后充填采矿法和中深孔分段空场嗣后充填采矿法
	采出矿石量/万吨	792.31	出矿品位/%	4.8
	废石产生量/万吨	8.2	开采回采率/%	90.98
	贫化率/%	9.23	开采深度/m	1450~1000标高
	掘采比/m·万吨$^{-1}$	43		
选矿情况	选矿厂规模/万吨·a^{-1}	75	选矿回收率/%	Zn 96.2 Pb 67.3 Ag 61 Au 62
	主要选矿方法	铅锌优先浮选		
	入选矿石量/万吨	79.23	原矿品位	Zn 4.8% Pb 0.37% Ag 26.3g/t Au 0.62g/t
	Pb精矿产量/t	3609	Pb精矿品位/%	Pb 48
	Zn精矿产量/t	74683	Zn精矿品位/%	Zn 49
	尾矿产生量/万吨	69.49	尾矿品位/%	Zn 0.23

续表 33-1

综合利用情况	综合利用率/%	69.00		
	废石排放强度/t · t^{-1}	1.10	废石处置方式	排土场堆存
	尾矿排放强度/t · t^{-1}	9.30	尾矿处置方式	回填
	废石利用率/%	100	尾矿利用率/%	0
	废水利用率/%	75		

33.2　地质资源

33.2.1　矿床地质特征

蔡家营锌矿矿床规模为大型，矿床类型为热液成因矿床。矿区位于华北地台（中朝准地台）北缘中段，即内蒙古背斜中部的蔡家营凸起东部边缘，与小厂凹陷毗邻。矿区内出露的地层简单，仅有太古界红旗营子群第二岩组上部，中生界侏罗系上统白旗组、张家口组以及新生界第四系。矿区位于区域大型倒转复式向斜的北翼，叠加了一系列近南北向基底褶皱，同时还产生了一系列断裂构造，因此区内构造比较复杂。矿区的岩浆岩有两类，一类是火山岩，即侏罗系白旗组和张家口组，另一类是侵入岩。矿区分布最广、最主要的侵入岩为石英斑岩，呈岩脉产出。由于区内构造、岩浆以及热液的多期活动和交代作用的频繁发生，导致矿区的围岩蚀变复杂而强烈。蚀变类型较多，主要有绿泥石化、阳起石化和绿帘石化、绢云母化、碳酸盐化、硅化等。矿石自然类型按蚀变特征全部划为绿泥石-闪锌矿型。矿石工业类型按氧化率可分为原生矿石和氧化矿石。矿石结构有自形结构、交代结构及压碎结构、揉皱结构、填隙结构、乳点状结构等；矿石构造有脉状构造、晶洞构造、块状构造、浸染状构造、团块或斑杂状构造、角砾状构造等。

33.2.2　资源储量

蔡家营锌矿主要矿种有铅、锌矿，伴生有银等矿产，矿石工业类型按氧化率可分为原生矿石和氧化矿石。矿山累计探明锌（122b+333）矿石量 1982.24 万吨，金属量 952452t，平均品位 4.80%。

33.3　开采情况

33.3.1　矿山采矿基本情况

蔡家营锌矿为地下开采的大型矿山，采用斜坡道开拓，使用的采矿方法为浅孔留矿嗣后充填采矿法和中深孔分段空场嗣后充填采矿法。矿山设计生产能力 75 万吨/a，设计开采回采率为 85%，设计贫化率为 10%，设计出矿品位（Zn）为 4.84%，锌矿最低工业品位（Zn）为 0.01%。

33.3.2 矿山实际生产情况

2013 年，矿山实际采出矿量 792.31 万吨，排放废石 8.2 万吨。矿山开采深度为 1450~1000m 标高。具体生产指标见表 33-2。

表 33-2 矿山实际生产情况

采矿量/万吨	开采回采率/%	出矿品位/%	贫化率/%	掘采比/m·万吨$^{-1}$
792.31	90.98	4.8	9.23	43

33.3.3 采矿技术

蔡家营锌矿开采方式为地下开采，斜坡道开拓运输，中段高度为 45m，中段巷道布置在矿体上盘。采用浅孔留矿嗣后充填采矿法和中深孔分段空场嗣后充填采矿法。

坑内采用斜坡道进风，北风井回风通风系统。

33.4 选矿情况

33.4.1 选矿厂概况

选矿厂位于采矿坑口的西侧紧邻采矿坑口，现有工程矿石处理能力为 75 万吨/a，产品为铅精矿和锌精矿。产品方案详见表 33-3。

表 33-3 现有工程产品方案一览表

名称	产出量/t	Pb 品位/%	Pb 金属量/t	Zn 品位/%	Zn 金属量/t
铅精矿	3255	48	1562.4	12	390.6
锌精矿	58492.5	0.42	245.7	52	30416.1
尾矿	688252.5	0.103	711.9	0.434	2988.3
合计	750000		2520		33795

33.4.2 选矿工艺流程

选矿工艺流程包括：

（1）破碎筛分流程。原矿石由铲运机运至原矿仓，经板式给矿机送入颚式破碎机，将其破碎成 0~18mm，出带式输送机送入粉矿仓，再由振动给料机，经带式输送机（并称重）送入半自磨机内，经磨矿使矿石细度为-0.074mm 含量占 60%，再经水力旋流器分级进入选矿。

（2）铅浮选。合格磨矿产品进入搅拌槽加石灰调整 pH 值（pH=9.0），加入硫酸锌和亚硫酸钠抑制锌，加起泡剂二号油，利用丁铵黑药+SN-9 作为捕收剂回收金、银和铅，经一次粗选、一次扫选槽、两次精选得到铅精矿。中矿泵入溢流球磨机再磨，磨矿细度为-0.074mm 含量占 80%。

（3）锌浮选。选铅尾矿进入锌系统搅拌槽，在槽内加入石灰调整 pH 值（pH = 11），加硫酸铜作活化剂活化闪锌矿，丁黄药作锌矿物的捕收剂，经一次粗选、一次扫选、三次精选得到锌精矿。中矿再经球磨机再磨，浮选机再选。

（4）浓缩、过滤。铅精矿泵送到浓密机浓缩后泵入陶瓷过滤机过滤，得到的最终精矿进入铅精矿仓，铅精矿滤饼含水 10%。

锌精矿泵送到浓密机浓缩后泵入陶瓷过滤机过滤，得到的最终精矿进入锌精矿仓，滤饼含水 10%。

（5）尾矿。锌浮选尾矿经旋流器分级后，底流粗尾矿泵送至充填搅拌站，旋流器溢流细颗粒尾矿用泵输送到尾矿浓缩机，浓缩后利用现有尾矿库干排压滤车间压滤后送到尾矿库贮存。

表 33-4 为现有工程主要生产与辅助生产设备表。

表 33-4 现有工程主要生产与辅助生产设备表

序号	名称	规格	单位	数量	备注
1	钻机	YGZ-90	台	2	
2	坑内钻机	Z46 Z10	套	2	
3	凿岩机	YT-28，YSP45	台	18	YSP8 台
4	凿岩机	YSP45	台	20	
5	凿岩机	YT27	台	20	
6	铲运车	CY-2A	台	4	
7	铲运车	ACY-2，YCCY-2 CY-2A	台	4	
8	卡车	AJK-20	台	3	
9	卡车	AJK-12B	辆	4	
10	平路机	PY108	台	1	
11	螺杆式空压机	SA-250A	台	6	
12	水泵	Y355-4	台	5	
13	半自磨机	ϕ503×5. 8m	台	1	
14	旋流器组	4-ϕ500	组	1	
15	给料机	B-600	台	4	
16	给料机	TF4012	台	1	
17	给料机	TF5820	台	1	
18	颚式破碎机	PE600×900	台	2	
19	复摆颚式破碎机	PEF-0710	台	1	
20	重型板式给料机	ZBG-120-6	台	1	
21	浮选机	XCFII/KYFII-10	槽	16	
22	浮选机	XCFII/KYFII-2	槽	6	浮选柱 1
23	浮选机	BF-4. 0	台	33	
24	浮选机	BF-1. 2	台	14	

续表 33-4

序号	名称	规格	单位	数量	备注
25	陶瓷过滤机	$18m^2$	台	1	
26	陶瓷过滤机	$60m^2$	台	1	锌精粉过滤
27	跳汰机	$\phi2400$	台	2	
28	高浓度尾砂浆输送泵	$60m^2$	台	1	
29	高浓度搅拌槽	$\phi2000 \times 2100$	台	1	
30	高效浓缩机	$\phi12/9$	台	2	
31	高效浓缩机	$\phi15m$	台	1	
32	渣浆泵	8/6E-AH	台	16	
33	圆振动筛	2YACF1542	台	1	
34	圆振动筛	2YA2448	台	2	
35	轴流风机	DK-8-No22	台	1	
36	溢流型球磨机	$\phi3200 \times 4500$	台	2	
37	溢流型球磨机	$\phi2100 \times 3000$	台	2	
38	标准圆锥破碎机	PYS-B1620	台	1	
39	标准圆锥破碎机	PYS-D1608	台	1	
40	圆锥破碎机	$\phi1295$	台	1	
41	振动放矿机		台	9	
42	燃煤锅炉	4t/h	台	3	
43	燃煤热风锅炉	8t/h	台	1	
合计				219	

33.5 矿产资源综合利用情况

蔡家营锌矿，矿产资源综合利用率 69.00%，尾矿品位 Zn 0.23%。

废石集中堆存在排土场，截至 2013 年底，废石场累计堆存废石 15.71 万吨，2013 年产生量为 8.2 万吨。废石利用率为 100%，废石排放强度为 1.10t/t。

尾矿用作矿山地下开采采空区的充填料，用作修筑公路、路面材料、防滑材料、海岸造田等。截至 2013 年底，尾矿库累计堆存尾矿 238.6 万吨，2013 年产生量为 69.49 万吨。尾矿利用率为 0，尾矿排放强度为 9.30t/t。

34　厂坝铅锌矿

34.1　矿山基本情况

厂坝铅锌矿为主要开采铅锌矿的大型矿山，共伴生有益元素主要有铅、银等，是白银有色集团股份有限公司重要的铅锌原料基地。矿山始建于1981年，1998年1月挂牌成立。矿区位于甘肃省陇南市成县，距离集团公司本部530km，距离厂坝公司20km，四周交通便利。矿山开发利用简表详见表34-1。

表34-1　厂坝铅锌矿开发利用简表

基本情况	矿山名称	厂坝铅锌矿	地理位置	甘肃省陇南市成县
	矿山特征	—	矿床工业类型	热液型矿床
地质资源	开采矿种	锌矿	地质储量/万吨	矿石量5177
	矿石工业类型	硫化矿石	地质品位/%	Zn 5.46
开采情况	矿山规模/万吨·a^{-1}	150，大型	开采方式	地下开采
	开拓方式	平硐-竖井-斜井联合开拓	主要采矿方法	房柱采矿法
	采出矿石量/万吨	120.30	出矿品位/%	Zn 4.61
	废石产生量/万吨	29.33	开采回采率/%	84.66
	贫化率/%	20.81	开采深度/m	1633~700标高
	掘采比/m·万吨$^{-1}$	0.5783		
选矿情况	选矿厂规模/万吨·a^{-1}	150	选矿回收率/%	Pb 77.06 Zn 81.32 Ag 25
	主要选矿方法	三段一闭路碎矿，两段闭路磨矿，铅锌优先浮选		
	入选矿石量/万吨	161.77	原矿品位	Pb 0.75% Zn 5.12% Ag 9.81g/t
	Pb精矿产量/万吨	1.56	Pb精矿品位	Pb 50.92% Ag 220g/t
	Zn精矿产量/万吨	12.25	Zn精矿品位	Zn 53.18% Ag 44g/t
	尾矿产生量/万吨	147.97	尾矿品位/%	Zn 0.96
综合利用情况	综合利用率/%	43.20		
	废石排放强度/t·t^{-1}	18.80	废石处置方式	排土场堆存
	尾矿排放强度/t·t^{-1}	94.85	尾矿处置方式	尾矿库堆存
	废石利用率/%	46.03	尾矿利用率/%	0
	废水利用率/%	90（回水） 60（坑涌）		

34.2 地质资源

34.2.1 矿床地质特征

厂坝铅锌矿矿床规模为大型，矿床类型为热液型矿床。矿区区域上地层属于秦祁昆地层大区的秦岭地层区中的中秦岭地层分区（Ⅱ），北以武山—徐家店（商丹）深大断裂带为界与北秦岭地层分区（Ⅰ）为界，南以宕昌—江洛—风县断裂与泽库地层分区（Ⅲ）相邻。中秦岭地层在西成地区主要出露泥盆系（D）。区内铅锌矿体分别产于两个含矿层系统中，矿体受层位和岩性控制，大部分呈层状、似层状产出，与围岩界面明显。产于Ⅰ号大理岩含矿系统中的矿体有Ⅰ、李Ⅰ、XⅦ、XⅨ等矿体、厚度比较稳定；产于Ⅱ号片岩含矿系统中的矿体有Ⅱ、李Ⅱ、Ⅲ 2、Ⅲ 7、Ⅲ 8、Ⅶ、Ⅷ、Ⅸ、Ⅹ、Ⅻ、XⅣ、XⅤ、XⅥ等矿体，形态比较规整，与围岩界线较清晰，沿走向及倾向均有明显的膨缩现象。矿石金属矿物以黄铁矿、磁黄铁矿、闪锌矿为主，其次为方铅矿、黄铜矿等，氧化矿物有褐铁矿、白铅矿、菱锌矿等。脉石矿物以石英、方解石等为主。闪锌矿与方铅矿间嵌布关系较为复杂，以包裹连生、交错连生为主。铅矿物呈稀疏浸染状、斑点状、斑杂状不均匀分布。方铅矿与闪锌矿、黄铁矿嵌布关系较为密切。

34.2.2 资源储量

厂坝铅锌矿矿石类型为硫化矿，主要矿种为铅锌矿。矿山累计查明资源储量为5177万吨，平均地质品位为5.46%。

34.3 开采情况

34.3.1 矿山采矿基本情况

厂坝铅锌矿为地下开采的大型矿山，采用平硐-竖井-斜井联合开拓，使用的采矿方法为空场嗣后充填法和留矿嗣后充填法。矿山设计生产能力80万吨/a，设计开采回采率为85%，设计贫化率为15%，设计出矿品位（Zn）为5.55%，锌矿最低工业品位（Zn）为1.2%。

34.3.2 矿山实际生产情况

2013年，矿山实际采出矿量120.30万吨，排放废石29.33万吨。矿山开采深度为1633~700m标高。具体生产指标见表34-2。

表 34-2 矿山实际生产情况

采矿量/万吨	开采回采率/%	出矿品位/%	贫化率/%	掘采比/m·万吨$^{-1}$
120.30	84.66	4.61	20.81	0.5783

34.3.3 采矿技术

矿山井下开采以1142m水平为界分为上下两大部分：1142m水平以上为井下过渡残采阶段，采用主平硐-盲斜井开拓方案。1142m水平以下为厂坝—李家沟矿深部开采阶段，采用主平硐-盲斜井、盲主副竖井+主斜坡道的联合开拓方案。依矿体赋存状况，分别采用分段空场法、浅孔留矿法进行回采，然后进行嗣后充填。矿石经1202m中段各溜矿井放入10m³固定式矿车，用20t直流架线式电机车牵引运至选厂，废石则由7t电机车牵引经排废平硐排至柒家沟废石场。

34.4 选矿情况

34.4.1 选矿厂概况

厂坝铅锌矿拥有3个选矿厂：4500t系统、综选一车间（430t/d）、综选二车间（430t/d）。

4500t选矿系列年选矿能力150万吨，设计入选Pb品位1.07%、Zn品位5.43%。最大入磨粒度10mm，磨矿细度-0.074mm含量占85%。采用常规的浮选选矿，精矿为铅精矿、锌精矿，铅精矿品位60%，精矿水分14%；锌精矿品位55%，精矿水分10%。产品全部销往白银有色集团股份有限公司，其中铅精矿销往第三冶炼厂，锌精矿销往西北铅锌冶炼厂。

34.4.2 选矿工艺流程

选矿工艺流程包括：

（1）碎矿流程。采用三段一闭路碎矿流程。原矿最大粒度800mm，碎矿最终粒度为10~0mm。

（2）磨矿流程。采用两段闭路磨矿流程，由溢流型球磨机与水力旋流器组成闭路。磨矿细度要求达到-0.074mm含量占85%，矿石比较难磨，故从设备选型上采用长筒型球磨机与旋流器组合。

（3）再磨流程。矿物嵌布粒度细，细磨有利于提高指标，因此采用铅、锌粗精矿再磨新工艺，铅粗精矿再磨细度为-0.043mm含量占92.5%，锌粗精矿再磨细度为-0.043mm含量占93.5%。

（4）浮选流程。采用高钙优先选铅法产出铅精矿，选铅尾矿浮选锌。铅浮选流程为：一粗、二扫、四精；锌浮选流程为：一粗、二扫、三精。

（5）脱水流程。

精矿脱水采用两段脱水流程，浮选铅、锌精矿经过浓缩、过滤两段脱水，精矿最终水分不超过10%后外销。

（6）尾矿输送。尾矿经过浓缩后采用高浓度压力输送至尾矿库。

图34-1为选矿工艺流程。主要设备见表34-3。

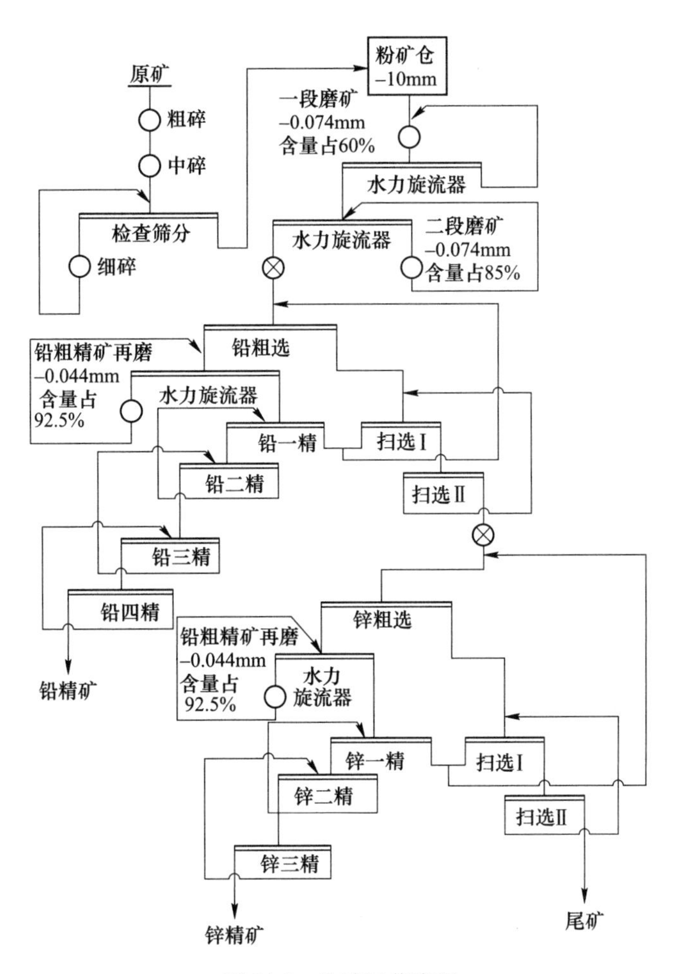

图 34-1　选矿工艺流程

表 34-3　选厂主要设备

设备名称	规格型号	单位	数量
重型板式给料机	C1800	台	1
颚式破碎机	C125	台	1
标准圆锥破碎机	HP400	台	1
短头圆锥破碎机	HP400	台	2
振动筛	ZD2160	台	2
溢流型球磨机	MQY4800×6700	台	2
旋流器（衬胶）	FX-500	套	6
旋流器	FX-660	套	5
旋流器	FX-350	套	12
充气式浮选机	KYFII-50	槽	10
充气式浮选机	XCFII-50	槽	8

续表 34-3

设备名称	规格型号	单位	数量
充气式浮选机	KYFⅡ-10	槽	10
充气式浮选机	XCFIⅡ-10	槽	9
陶瓷过滤机	HTC-30-Ⅱ	台	1
陶瓷过滤机	HTC-30-IⅡ	台	1
陶瓷过滤机	TT-45	台	1
全自动压滤机	PF-25A	台	2

34.5 矿产资源综合利用情况

厂坝铅锌矿，矿产资源综合利用率 43.20%，尾矿品位 Zn 0.96%。

废石集中堆存在排土场，截至 2013 年底，废石场累计堆存废石 3090.74 万吨，2013 年产生量为 29.33 万吨。废石利用率为 46.03%，废石排放强度为 18.80t/t。

尾矿排于尾矿库，未利用。截至 2013 年底尾矿库累计堆存尾矿 1623.74 万吨，2013 年年产生量为 147.97 万吨。尾矿排放强度为 94.85t/t。

35 驰宏锌锗麒麟厂

35.1 矿山基本情况

驰宏锌锗麒麟厂为主要开采铅锌矿的中型矿山，共伴生有益元素主要有铅、硫、银、锗、镉、镓、锑、铟、金等，是我国第一个采用烟化法富集技术处理低品位共生矿、难选矿，和唯一能同时处理铅锌氧化矿和铅锌硫化矿的企业。矿山始建于 1951 年。矿区位于云南省曲靖市会泽县，平距会泽县城 47km，麒麟厂公路至矿山镇 8km，矿山镇至者海（冶炼厂所在地）有 12km 公路相通，者海有 4 条公路与县内、外连接，交通便利。矿山开发利用简表详见表 35-1。

表 35-1 驰宏锌锗麒麟厂开发利用简表

基本情况	矿山名称	驰宏锌锗麒麟厂	地理位置	云南省曲靖市会泽县
	矿山特征	—	矿床工业类型	热液型矿床
地质资源	开采矿种	锌矿、铅矿	地质储量/万吨	矿石量 1072
	矿石工业类型	混合矿石、硫化矿石	地质品位/%	Zn 17.29 Pb 9.70
开采情况	矿山规模/万吨·a^{-1}	50，中型	开采方式	地下开采
	开拓方式	斜坡道开拓	主要采矿方法	浅孔留矿嗣后充填采矿法和中深孔分段空场嗣后充填采矿法
	采出矿石量/万吨	60.51	出矿品位/%	Zn 20.23 Pb 6.27
	废石产生量/万吨	8.2	开采回采率/%	90.98
	贫化率/%	9.23	开采深度/m	2500~1167 标高
	掘采比/m·万吨$^{-1}$	43		
选矿情况	选矿厂规模/万吨·a^{-1}	66	选矿回收率/%	Zn 95.34 Pb 84.99 S 36.18 Ag 65.32 Ge 77.43
	主要选矿方法	二段一闭路破碎，一段磨矿+粗精矿再磨，铅硫异步等可浮—锌硫混选—分离		

续表 35-1

选矿情况	入选矿石量/万吨	71.69	原矿品位	Zn 20.20% Pb 7.15% S 25.28% Ag 63.46 g/t Ge24.05 g/t
	Zn 精矿产量/t	275141	精矿品位	Zn 50.18% Ge 48.52g/t
	Pb 精矿产量/t	70256	精矿品位	Pb 62.01% Ag 422.96g/t
	S 精矿产量/t	176568	精矿品位/%	S 37.13
	尾矿产生量/万吨	31.43	尾矿品位/%	Pb 0.75 Zn 1.67
综合利用情况	综合利用率/%	64.69		
	废石排放强度/$t \cdot t^{-1}$	0.30	废石处置方式	充填井下采空区
	尾矿排放强度/$t \cdot t^{-1}$	1.14	尾矿处置方式	二次回收硫
	废石利用率/%	100	尾矿利用率/%	97.49
	废水利用率/%	88（坑涌）		

35.2　地质资源

35.2.1　矿床地质特征

驰宏锌锗麒麟厂矿床规模为大型。矿区上古生界地层发育完整，泥盆系中上统地层主要沿矿山厂逆断层及白矿山背斜核部分布，石炭系地层主要分布在矿区北部及西北部，二叠系地层在矿区中部及南部大面积分布，峨眉山玄武岩沿矿山厂逆断层和东头断层在矿区北西及南部出露，在中部有少量风化残积物。

石炭系下统摆佐组（C_1b）为矿区主要赋矿地层，与下伏大塘组整合接触，厚度50~60m，下部为灰色中层状粉晶灰岩，中部为灰白色、白色、浅黄色、肉红色中、粗晶白云岩夹浅灰色灰岩，上部为灰白色、肉红色中层至厚层状不等粒白云质灰岩、浅灰色灰岩。全组基本上以白云岩为主。含矿层上部、下部泥晶灰岩增多过渡为灰岩。

目前，本区共发现矿体90个，其中有工业价值的矿体31个。矿体走向长1975m，倾斜延伸大于1500m，均赋存在下石炭统摆佐组中上部粗晶白云岩中，矿体顶、底板与围岩界线清楚，沿层产出。平面上为中部厚大，沿走向端部变薄或分支尖灭；剖面上呈透镜状，上下端部变薄或分支尖灭。沿矿体走向和倾斜方向都较稳定，未见无矿天窗，仅在厚度上局部有小的膨缩现象，属产状形态都较稳定的矿体。主要矿体有8号、8-1号、10号。

8 号矿体走向长 325m，主矿体向深部下延至 1261m。矿体倾斜延 567m，为一中型规模矿体。剖面上呈层状-似层状，平面上为透镜状，总体空间形态呈条带状向南西侧伏。矿体厚度 2.5~18.8m，平均厚度 9.93m。

8-1 号矿体走向长 99m；垂深 1483~1519m 标高，倾斜延伸 40m，规模为小型。矿体形态在剖面上呈似层状，平面上为透镜状，空间形态为透镜状，略呈水平产出。矿体沿走向和倾斜延伸不稳定，厚度 0.5~2.0m，平均 1.60m。

10 号矿体群分布 1281~1653m 标高之间，走向长 600m，垂深 372m，平均厚 5.04m。总体呈带状，从上向下，从南西向北东侧伏。矿体规模以 10 号矿体为主，其余矿体规模较小，分布于 10 号矿体下盘及 10 号矿体走向端部。矿体产状与地层一致，倾角 61°~63°。

矿区矿石有氧化矿，硫化矿以及混合矿，以混合矿、硫化矿为主。混合矿、硫化矿石工业类型划分为二类八型，块状矿石类：闪锌矿块状矿石、闪锌矿方铅矿块状矿石、方铅矿块状矿石、黄铁矿块状矿石；浸染状矿石类：闪锌矿浸染状矿石、闪锌矿方铅矿浸染状矿石、方铅矿浸染状矿石、黄铁矿浸染状矿石。氧化矿石工业类型划分为三类：含硫块状矿石类、脉状矿石类、浸染状矿石类。

矿体的矿石结构按其成因可分为下列类型：由溶液结晶和沉淀作用形成的晶粒结构，自形-半自形晶结构、自生环带结构、包含结构、斑状结构、填隙结构等；由交代作用形成的共边结构、溶蚀结构、镶边结构、残余结构等；由充填作用形成的脉状、网脉状结构；由应力作用形成的压碎结构、揉皱结构；由固溶体分离作用形成的乳浊状结构、蠕虫状结构。矿石主要有块状构造、浸染状构造、条带状构造、似层状构造、脉状构造，还有土状-半土状构造、皮壳状构造、蜂窝状构造和钟乳状构造。

35.2.2　资源储量

驰宏锌锗麒麟厂矿床主矿种为锌，矿石中有益共伴生元素有铅、硫、银、锗、镉、镓、锑、铟、金等元素，其中铅、硫、银、锗、镉均达到综合利用的工业指标。矿山查明资源储量 1072kt，锌平均品位 17.49%，铅平均品位 9.70%；伴生矿产硫金属量 1889566t，银金属量 900t，锗金属量 361t，镉金属量 4227t。

35.3　开采情况

35.3.1　矿山采矿基本情况

驰宏锌锗麒麟厂为地下开采的大型矿山，采用斜坡道开拓，使用的采矿方法为浅孔留矿嗣后充填采矿法和中深孔分段空场嗣后充填采矿法。矿山设计生产能力 50 万吨/a，设计开采回采率为 85%，设计贫化率为 10%，设计出矿品位（Zn）为 4.84%，锌矿最低工业品位（Zn）为 0.01%。

35.3.2　矿山实际生产情况

2013 年，矿山实际采出矿量 60.51 万吨，排放废石 8.2 万吨。矿山开采深度为 2500~1167m 标高。具体生产指标见表 35-2。

表 35-2　矿山实际生产情况

采矿量/万吨	开采回采率/%	出矿品位/%	贫化率/%	掘采比/m · 万吨$^{-1}$
60.51	90.98	Zn 20.23；Pb 6.27	9.23	43

35.4　选矿情况

35.4.1　选矿厂概况

驰宏锌锗麒麟厂选矿厂即会泽矿业分公司选矿厂，设计年选矿能力 66 万吨。选矿厂采用先硫后氧分段选别主干流程、等可浮—优先浮选等相结合的原则流程、多碎少磨—阶段磨矿阶段选别工艺流程等多种流程结构并存的综合选矿新工艺，处理世界罕见的特富氧-硫混合铅锌矿石。

2011 年，会泽矿业分公司选矿厂处理矿石量 57.09 万吨，入选矿石铅品位 21.29%，锌品位 7.10%，产出锌精矿 22.5042 万吨，精矿品位 51.04%，铅精矿量 5.4211 万吨，精矿品位 62.36%。原矿石硫、银、锗品位分别为 7.15%、65g/t、30g/t，精矿品位分别为 38%、412.7g/t、74.7g/t，选矿回收率分别为 37.35%、60.32%、98.16%。

2013 年，会泽矿业分公司选矿厂处理矿石量 71.69 万吨，入选矿石锌品位 20.22%，铅平均品位 7.16%，产出锌精矿 27.5141 万吨，精矿品位 50.18%，铅精矿量 7.0256 万吨，精矿品位 62.01%。原矿中硫、银、锗品位分别为 25.28%、63.46g/t、24.05g/t，精矿品位分别为 37.13%、422.96g/t、48.52g/t，选矿回收率分别 36.18%、65.32%、77.43%。

35.4.2　选矿工艺流程

破碎工艺选用二段一闭路流程，磨矿采用一段磨矿+粗精矿再磨流程，一段磨矿细度为-0.074mm 含量占 70%，粗精矿再磨细度-0.043mm 含量占 85%，浮选原则流程为先硫后氧，先铅后锌，脱水采用常规的二段脱水流程，各种浮选精矿经浓缩机浓缩后送过滤机过滤。选矿厂工艺原则流程如图 35-1 所示。

35.5　矿产资源综合利用情况

驰宏锌锗麒麟厂，矿产资源综合利用率 64.69%，尾矿品位 Zn 1.67%、Pb 0.75%。

废石主要用于充填井下采空区，2013 年产生量为 8.2 万吨。废石利用率为 100%，废石排放强度为 0.30t/t。

尾矿的利用主要是用于二次回收硫。截至 2013 年底尾矿库累计堆存尾矿 88 万吨，2013 年产生量为 31.43 万吨。尾矿利用率为 97.49%，尾矿排放强度为 1.14t/t。

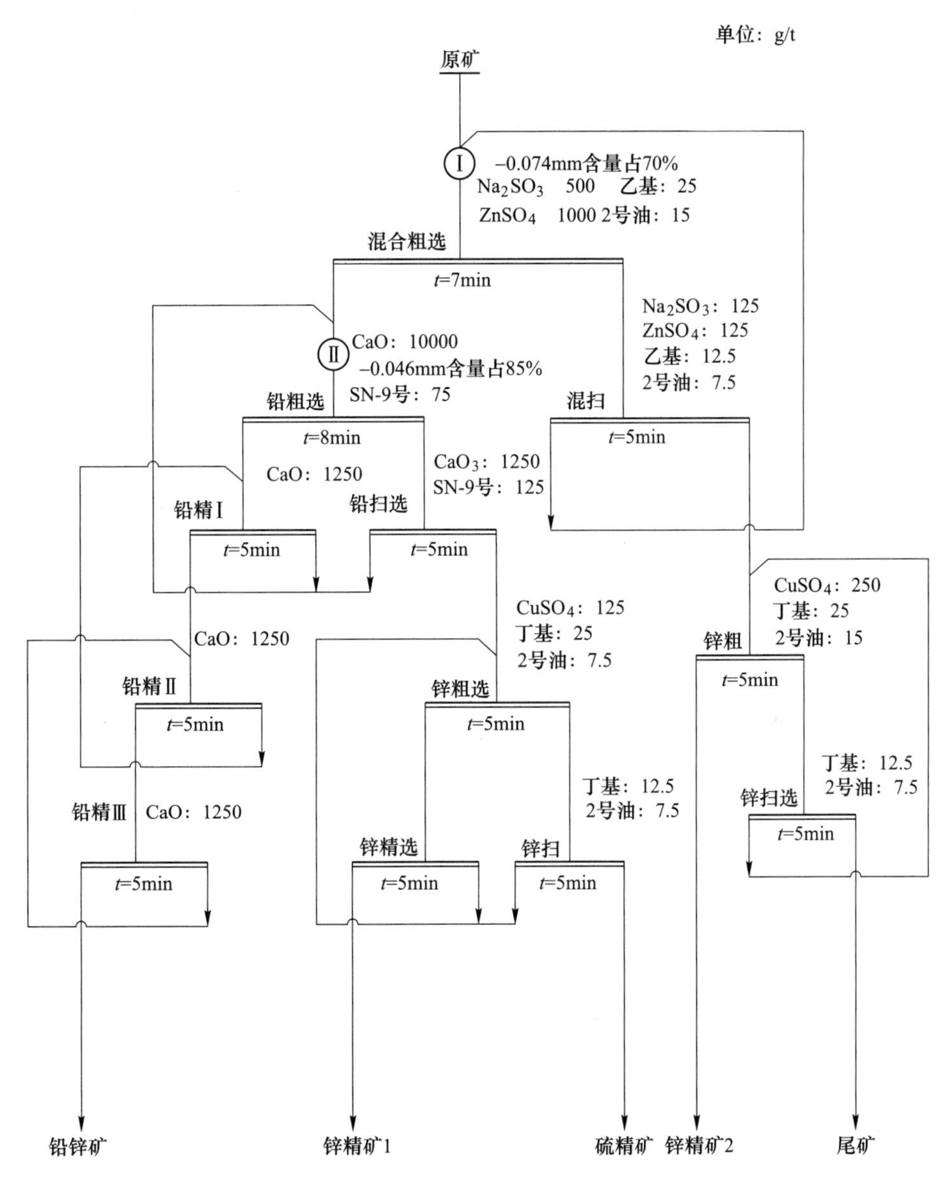

图 35-1 会泽铅锌矿 2000t/d 选矿厂工艺原则流程

36　二里河铅锌矿

36.1　矿山基本情况

二里河铅锌矿为主要开采铅锌矿的中型矿山，无其他共伴生有益元素，是国家级绿色矿山。矿山成立于1992年4月，1994年12月建成投产。矿区位于陕西省宝鸡市凤县，距凤县县城约48km，距太凤高速仅15km，距宝鸡市区130km，交通便利。矿山开发利用简表详见表36-1。

表36-1　二里河铅锌矿开发利用简表

基本情况	矿山名称	二里河铅锌矿	地理位置	陕西省宝鸡市凤县
	矿山特征	国家级绿色矿山	矿床工业类型	后生热液矿床
地质资源	开采矿种	锌矿、铅矿	地质储量/万吨	矿石量 597.28
	矿石工业类型	硫化矿石	地质品位/%	Pb 1.58 Zn 8.16
开采情况	矿山规模/万吨·a^{-1}	24，中型	开采方式	地下开采
	开拓方式	竖井-斜井-平硐联合开拓	主要采矿方法	留矿法、分段空场法和分层崩落采矿法
	采出矿石量/万吨	21.75	出矿品位/%	Zn 5.74
	废石产生量/万吨	7	开采回采率/%	80.03
	贫化率/%	5.9	开采深度/m	1499~1080标高
	掘采比/m·万吨$^{-1}$	37.3		
选矿情况	选矿厂规模/万吨·a^{-1}	10.5	选矿回收率/%	Zn 94.8 Pb 86
	主要选矿方法	浮选		
	入选矿石量/万吨	25.2	原矿品位/%	Zn 5.4 Pb 1.28
	Zn 精矿/万吨	2.5	精矿品位/%	Zn 55
	Pb 精矿/万吨	0.45	精矿品位/%	Pb 65
	尾矿产生量/万吨	22.31	尾矿品位/%	Zn 0.21
综合利用情况	综合利用率/%	71.26		
	废石排放强度/t·t^{-1}	2.80	废石处置方式	排土场堆存
	尾矿排放强度/t·t^{-1}	8.92	尾矿处置方式	尾矿库堆存
	废石利用率/t·t^{-1}	100	尾矿利用率/%	0
	废水利用率/%	13.68（回水） 80（坑涌）		

36.2 地质资源

36.2.1 矿床地质特征

二里河铅锌矿床规模为大型，矿床类型为后生热液矿床。矿区位于凤太矿田中部偏北，属凤太矿田第六个成矿带：尖端山—八方山成矿带的东部，是八方山矿床的东延。区内出露地层主要是上泥盆统星红铺组（D_3x）千枚岩和中泥盆统古道岭组（D_2g_2）灰岩及上泥盆统九里坪组（D_3j_1）石英（粉）砂岩。地层展布方向为110°左右。星红铺组下伏古道岭组，上覆九里坪组地层，均为整合接触。九里坪组分布于矿区北部，星红铺组广泛分布于矿区内，古道岭组组成背斜核部。古道岭组与星红铺组接触带附近是区内的主要含矿层位。区内褶皱构造总体为一复式背斜构造。从北向南依次为北部的白杨沟—洞沟背斜，八卦庙—双王向斜，中部为八方山—二里河背斜，黄泥沟—铜岭沟向斜，南部为甘沟—三角崖背斜、银母寺背斜和铅硐山背斜。背斜核部为古道岭组灰岩，两翼为星红铺组千枚岩。向斜核部为九里坪组砂岩或星红铺组上段千枚岩，两翼为星红铺组千枚岩；褶皱构造线展布与地层走向基本一致。(铜）铅锌矿体赋存于背斜鞍部及两翼的千枚岩与灰岩接触带附近。背斜构造是本区唯一的铅锌矿控矿构造。区内出露最大岩体为西坝花岗岩体，其次为北东向的闪长玢岩脉和少量煌班岩脉，多为海西-印支期岩脉。一组分布于八方山—二里河一带的NE向断裂中，为闪长玢岩脉，规模不大；另一组分布于铜铃沟一带，与地层走向大体一致，走向110°左右，为花岗斑岩。在矿区及附近，已发现八卦庙特大型金矿床，丝毛岭金矿点、打柴沟金矿点、沈家湾金矿点、松树湾等一批金矿点。

二里河铅锌矿矿体完全受八方山—二里河背斜控制，在地表呈不规则环状，向东在二里河铅锌矿区倾伏地下，埋深200~1200m之间。矿体在剖面上呈不规则的马鞍状，赋存于背斜鞍部。容矿岩石为微石英岩；赋矿层位为D_2g_2灰岩与D_3X_1千枚岩接触带偏灰岩一侧，呈整合接触。

矿区的主矿体，在二里河铅锌矿区已控制走向长1400多米，呈鞍状向东延伸，形态与背斜构造完全吻合，倾伏角14°~25°，平均20°。北翼矿体延长延深较大，鞍部及北翼矿化强，品位相对较高，而南翼则延深较短，矿化弱，品位低。

矿石金属矿物成分主要有闪锌矿、方铅矿、黄铜矿；非金属矿物成分主要有石英、方解石。矿石结构以粒状及交代状为主；矿石构造是以浸染状、细脉状、块状、斑杂状为主。

36.2.2 资源储量

二里河铅锌矿矿石类型主要为硫化矿，矿体内有用元素为Pb、Zn。最高品位Pb 28.88%、Zn 53%，平均Pb 1.58%、Zn 8.16%。已累计提交铅锌金属量50.32万吨。

36.3 开采情况

36.3.1 矿山采矿基本情况

二里河铅锌矿为地下开采的中型矿山，采用竖井-斜井-平硐联合开拓，使用的采矿方法为留矿法、分段空场法和分层崩落采矿法。矿山设计生产能力24万吨/a，设计开采回采率为85%，设计贫化率为15%，设计出矿品位（Zn）为4.4%，锌矿最低工业品位（Zn）为1%。

36.3.2 矿山实际生产情况

2013年，矿山实际采出矿量21.75万吨，排放废石7万吨。矿山开采深度为1499~1080m标高。具体生产指标见表36-2。

表36-2 矿山实际生产情况

采矿量/万吨	开采回采率/%	出矿品位/%	贫化率/%	掘采比/m·万吨$^{-1}$
21.75	80.03	5.74	5.9	37.3

36.4 选矿情况

36.4.1 选矿厂概况

二里河铅锌选矿厂设计选矿能力10.5万吨/a，设计入选Zn品位7.36%。最大入磨粒度18mm，磨矿细度-0.074mm含量占65%。采用常规的浮选选矿，精矿为铅精矿、锌精矿，铅精矿品位61.29%、含水15%，锌精矿品位57.08%、含水10%。选矿厂技术指标见表36-3。

表36-3 选矿厂技术指标

项目＼指标	产率/%	品位/%		回收率/%	
		Pb	Zn	Pb	Zn
铅精矿	1.74	61.29	4.85	90.38	1.292
锌精矿	11.223	0.546	57.08	5.196	96.48
尾矿	87.037	0.06	0.17	4.424	2.228
原矿	100.00	1.18	6.64	100.00	100.00

36.4.2 选矿工艺流程

36.4.2.1 *碎矿流程*

采用两段一闭路碎矿流程。碎矿最终粒度为12~0mm。

36.4.2.2 *磨选流程*

采用一段闭路磨矿流程，磨矿细度要求达到-0.074mm含量占65%。浮选流程采用先铅矿后锌优选浮选，其中铅浮选采用一次粗选、三次扫选、三次精选，锌浮选采用一次粗选、两次扫选、两次精选的工艺。

36.4.2.3 *主要设备*

二里河铅锌选矿厂主要设备见表36-4。

表 36-4　二里河铅锌选矿厂主要选矿设备

序号	作业名称	设备型号及规格	数量/台
破碎筛分			
1	粗碎	C80 颚式破碎机	1
2	细碎	GP100 圆锥破碎机	1
3	筛分	2YA1535 振动筛	1
磨矿浮选一系列			
1	磨矿	MQG2122 格子型球磨机	1
2	分级	FLG-15 高堰式单螺旋分级机	1
3	铅粗选	SF/JJF-4 浮选机	3
4	铅扫选Ⅰ	SF/JJF-4 浮选机	2
5	铅扫选Ⅱ	SF/JJF-2. 8 浮选机	2
6	铅扫选Ⅲ	SF/JJF-2. 8 浮选机	2
7	铅精选Ⅰ	SF/JJF-1. 2 浮选机	1
8	铅精选Ⅱ	SF/JJF-1. 2 浮选机	1
9	铅精选Ⅲ	SF/JJF-1. 2 浮选机	1
10	锌粗选	SF/JJF-4 浮选机	3
11	锌扫选Ⅰ	SF/JJF-4 浮选机	3
12	锌扫选Ⅱ	SF/JJF-4 浮选机	2
13	锌精选Ⅰ	SF/JJF-1. 2 浮选机	2
14	锌精选Ⅱ	SF/JJF-1. 2 浮选机	2
磨矿浮选二系列			
1	磨矿	MQG2130 格子型球磨机	1
2	分级	FLG-20 高堰式单螺旋分级机	1
3	铅粗选	SF/JJF-4 浮选机	4
4	铅扫选Ⅰ	SF/JJF-4 浮选机	2
5	铅扫选Ⅱ	SF/JJF-4 浮选机	2
6	铅扫选Ⅲ	SF/JJF-4 浮选机	2
7	铅精选Ⅰ	SF/JJF-2. 8 浮选机	1
8	铅精选Ⅱ	SF/JJF-2. 8 浮选机	1
9	铅精选Ⅲ	SF/JJF-2. 8 浮选机	1
10	锌粗选	SF/JJF-4 浮选机	4
11	锌扫选Ⅰ	SF/JJF-4 浮选机	3
12	锌扫选Ⅱ	SF/JJF-4 浮选机	2
13	锌精选Ⅰ	SF/JJF-2. 8 浮选机	2
14	锌精选Ⅱ	SF/JJF-2. 8 浮选机	1
精矿脱水			
1	铅精矿浓缩	TNZ-6n 中心转动式浓缩机	1
2	铅精矿过滤	GV-10 外滤式过滤机	1
3	锌精矿浓缩	TNZ-9n 中心转动式浓缩机	2
4	锌精矿过滤	GV-10 外滤式过滤机	2

36.5　矿产资源综合利用情况

二里河铅锌矿，矿产资源综合利用率71.26%，尾矿品位Zn 0.21%。

废石集中堆存在排土场，截至2013年底，废石场累计堆存废石101.1万吨，2013年产生量为7万吨。废石利用率为100%，废石排放强度为2.80t/t。

尾矿处置方式为尾矿库堆存，未利用。截至2013年底尾矿库累计堆存尾矿176.65万吨，2013年产生量为22.31万吨。尾矿排放强度为8.92t/t。

37 凡口铅锌矿

37.1 矿山基本情况

凡口铅锌矿是集铅锌“采、选”于一体的特大型国有控股矿山，共伴生有益元素主要为硫、银等，国家级绿色矿山。矿山1958年建矿，1968年正式投产，1999年并入深圳市中金岭南有色金属股份有限公司。矿区位于广东省韶关市仁化县，平距韶关市38km，公路里程48km，每天均有客运出租车往返，是矿区主干公路运输线；平距仁化县12km，矿区南5km至董塘镇与韶关—仁化公路相接，矿区经格顶、花坪至京广线黄岗车站40km，交通十分便利。矿山开发利用简表详见表37-1。

表37-1 凡口铅锌矿开发利用简表

基本情况	矿山名称	凡口铅锌矿	地理位置	广东省韶关市仁化县
	矿山特征	国家级绿色矿山	矿床工业类型	碳酸盐岩型矿床
地质资源	开采矿种	锌矿、铅矿	地质储量/万吨	矿石量6194.3
	矿石工业类型	硫化矿石	地质品位/%	Pb 5.41 Zn 9.50
开采情况	矿山规模/万吨·a^{-1}	168，大型	开采方式	地下开采
	开拓方式	竖井开拓	主要采矿方法	盘区机械化上向中深孔分层充填法和无底柱深孔后退式采矿法
	采出矿石量/万吨	139.9	出矿品位/%	Zn 7.88
	废石产生量/万吨	50.58	开采回采率/%	98.41
	贫化率/%	11.25	开采深度/m	100~-750标高
	掘采比/m·万吨$^{-1}$	237.1		
选矿情况	选矿厂规模/万吨·a^{-1}	168	选矿回收率/%	Pb 87.45 Zn 95.85 Ag 79.04 S 61.40
	主要选矿方法	高碱快速浮选电位调控优化浮选		
	入选矿石量/万吨	158.71	原矿品位	Zn 7.88% Pb 4.29% S 26.97% Ag 890.1g/t
	Zn精矿/万吨	8.81	精矿品位	Zn 54.36% Ag 218.29g/t

续表 37-1

选矿情况	Pb 精矿/万吨	4.533	精矿品位	Pb 60.57% Ag 482.26g/t
	铅锌混合精矿/万吨	4.60	精矿品位	Zn 31.46% Pb 14.54% Ag 306.04g/t
	高铁硫精矿/万吨	60.90	精矿品位/%	S 47.09
	S 精矿/万吨	14.19	精矿品位/%	S 38.06
	尾矿产生量/万吨	60.26	尾矿品位/%	Zn 0.89
综合利用情况	综合利用率/%	91.49		
	废石排放强度/$t \cdot t^{-1}$	3.79	废石处置方式	排土场堆存
	尾矿排放强度/$t \cdot t^{-1}$	4.51	尾矿处置方式	回填、尾矿库堆存
	废石利用率/%	73.76	尾矿利用率/%	64.80
	废水利用率/%	64.17（回水） 17.51（坑涌）		

37.2　地质资源

37.2.1　矿床地质特征

凡口铅锌矿矿床规模为大型，矿床类型为碳酸盐岩型矿床。凡口矿区主要包括水草坪、铁石岭、富屋、凡口岭等 4 个矿床地段，其中以水草坪矿床规模最大，其余各矿床规模都很小。水草坪矿床正好位于凡口倾状向斜的昂起部位，它划分为 4 个矿化地段，即金星岭、狮岭、庙背岭和园墩岭，其中意义最大的是金星岭和狮岭两地段。金星岭按金星岭背斜的两翼划分为金星岭北部（Jb）和金星岭南部（Jn），目前矿山在金星岭北部（Jb）开采；狮岭按后期地勘队伍的补充勘探又分了狮岭南（Shn）和狮岭北（含狮岭深部）。同时，在生产中又把狮岭部位产在 C1 层位的矿体定为狮岭顶板矿体。

金星岭地段位于 F_4 上盘，其北部和南部都有矿体赋存，共计发育矿体 55 个，其中矿石储量大于 10 万吨以上的有 9 个，矿床中大多纯黄铁矿石以及粉状氧化矿分布在此地段。在金星岭地段以北为园墩岭地段，发育有 12 个规模较小的矿体。狮岭地段位于 F_4 下盘，共计发育大小矿体 98 个，其中矿石储量大于 10 万吨的有 21 条。庙背岭地段在狮岭地段的北部，发育有 9 个较小规模的矿体，狮岭南（204 线以南）为狮岭的南沿部位。

矿床中各类型矿石主要由原生硫化矿物组成，仅仅地表铁帽及浅部粉状铅锌矿石中含有表生氧化矿物。

矿石中有工业意义的矿物主要是方铅矿、闪锌矿和黄铁矿。现将这三种工业矿物的主要特点描述如下：

（1）黄铁矿（FeS ），是矿石中含量最多的金属矿物，在矿床深部甚至组成成分单一的黄铁矿矿体。根据不同产出状态和结构、构造特点，可以确定矿石中存在早晚两个阶段的黄铁矿。早期黄铁矿在矿床中占绝大部分，常呈致密块状或细粒状的集合体，出现在矿床深部，组成成分单一的黄铁矿石，或在矿床中上部，与后期铅锌矿物相伴生，构成黄铁铅锌矿石。这一阶段黄铁矿的主要特点是：呈黄白色至青黄色，在矿床上部结晶微小，或具胶状构造；矿床深部较常呈细粒结晶，具五角十二面体晶形粒度一般为0.02~0.2mm，经浸蚀可在镜下见到疏密不一但清晰可辨的环带状结构。晚期黄铁矿数量甚微，呈稻草黄或浅黄色，细粒状、致密状或小脉状，与闪锌矿共生密切，分布于暗褐色闪锌矿小脉内，或闪锌矿集合体裂隙中，并溶蚀交代闪锌矿。

（2）闪锌矿（ZnS），在矿石中含量仅次于黄铁矿，局部富集时其含量可达80%以上。依据颜色的不同闪锌矿可分为深色的和浅色的两种，它们具有不同的产出特点，为早晚两个世代的矿物。深色闪锌矿：大多呈暗褐色至红褐色，偶尔呈棕褐色。在矿石中最为常见，占矿床中闪锌矿的绝对多数，大量出现于黄铁铅锌矿石和浸染状铅锌矿石中，分布于矿床中上部。浅色闪锌矿：呈黄褐色至浅黄褐色，主要见于黄铁铅锌矿石中，所占数量不多。经常呈宽0.5~3mm的小脉，穿插于黄铁铅锌矿石之中。粒度一般较大（0.3~1.6mm），其内不含任何固溶体析出物。经常有方解石共生，偶尔见有辰砂共生。

（3）方铅矿（PbS），含量小于黄铁矿及闪锌矿，与闪锌矿密切共生。经常同闪锌矿一起组成集合体，粒度一般0.02~0.2mm，并具弯曲复杂的界线。或呈细脉状，形状极不规则，穿插在早期黄铁矿及闪锌矿之中，并交代溶蚀它们。个别情况下在矿石中呈斑点状或团块状。各种产状的方铅矿，都经常有淡红银矿、辉银矿、辉锑矿、车轮矿、黝铜矿等矿物，呈乳浊状或不规则小脉状分布其中。

表生矿物：表生矿物主要分布在铁帽及浅部矿石（粉状铅锌矿石）中，最常见到的有褐铁矿、水赤铁矿、石膏及方解石，此外还见有白铅矿、菱锌矿及菱铁矿。白铅矿常在铁帽空穴中成晶族，具白色薄板状、六方柱状或针状良好晶形，或者在氧化矿石中包裹于方铅矿边缘。菱锌矿呈灰白至黄褐色、土状或皮壳状；菱铁矿结晶良好，与白铅矿共生。

37.2.2 资源储量

凡口铅锌矿主要矿种为铅和锌，主要矿石类型为硫化矿。截至2013年底，凡口铅锌矿采矿权证范围内累计探明铅锌矿石量6194.3万吨，其中铅金属量335.83万吨，锌金属量641.55万吨。

37.3 开采情况

37.3.1 矿山采矿基本情况

凡口铅锌矿为地下开采的大型矿山，采用竖井开拓，使用的采矿方法主要为盘区机械化上向中深孔分层充填法和无底柱深孔后退式采矿法。矿山设计生产能力168万吨/a，设计开采回采率为82.32%，设计贫化率为12.32%，设计出矿品位（Zn）为7.68%，锌矿最低工业品位（Zn）为1%。

37.3.2 矿山实际生产情况

2013年，矿山实际采出矿量139.9万吨，排放废石50.58万吨。矿山开采深度为100~-750m标高。具体生产指标见表37-2。

表 37-2 矿山实际生产情况

采矿量/万吨	开采回采率/%	出矿品位/%	贫化率/%	掘采比/m·万吨$^{-1}$
139.9	98.41	7.88	11.25	237.1

37.3.3 采矿技术

37.3.3.1 开拓系统

用主、副井加斜坡道联合开拓方式，主井内设双箕斗矿石提井系统和单箕斗废石提升系统，新老两个副井均内设单罐笼，担负所有人员、材料等提升任务并兼作进风井。辅助斜坡道从地表+112m 标高延深至-650m 中段，坡度 15%，平均净断面约 14m^2。采场采用铲运机或遥控铲运机出矿至盘区溜井，各中段均采用 10t 架线式电机车 1.6m^{3}侧卸式矿车将矿石从盘区溜井运至主溜井，之后主溜井双箕斗将主溜井矿石提升至地面，再由索道运送至选矿厂。

37.3.3.2 通风系统

矿山采用中央主、副竖井开拓。通风系统由位于矿床走向中部的老副井、新副井、斜坡道和小斜井进风（深部开采工程设计时，主井将净化一部分风量）；位于矿床走向东部的东风井，南部的老南风井、新南风井回风；构成两翼对角抽出式通风系统，矿井通风能力为 470m^3/s。中段风网为平行双巷式通风网络。

37.3.3.3 充填系统

凡口矿地表已建有 4 个充填站、7 套充填搅拌系统：金星岭新、老 2 套细砂胶结充填系统，狮岭立式砂仓 2 套细砂胶结充填系统，狮岭搅拌楼 1 套细砂和 1 套全尾砂胶结充填系统，狮岭南 1 套细砂胶结充填系统。上述 7 套充填系统年综合充填能力约 40×10^{4}m^3。

此外，为了减少废石出窿，降低充填成本，矿山在 -240~-320m 中段之间狮岭南 N4 穿脉附近建有一简易临时废石充填系统。根据地表 7 套充填系统充填能力，并考虑井下部分废石充填，现有充填系统完全能满足扩产后 5500t/d 铅锌矿石生产时年充填 44.29 × 10^{4}m^3 的要求。为解决深井充填中的技术难题，已在-280m 中段设立了北部、中部和南部三个充填减压站，减压后的充填料浆按 3 套管路系统向深部充填，充填主要范围为 207~204 线、-360m 中段以下的矿体。

37.3.3.4 采矿方法

A 盘区机械化上向中深孔分层充填法

从一分段掘进拉底巷道，拉底巷道掘进到达天井位置，在上部天井硐室施工天井，对拉底平巷进行扩帮至两帮矿房充填体，然后开始回采本分层矿石。凿岩采用 SL05 型上向自动接杆台车钻凿仰角 85°~ 88°的上向炮孔，单钎杆长 1.2m，连接四杆，孔深一般在 4.8m，布孔按梅花状排列，孔距为 1.2m，排距为 1.4m，掏槽区孔网一般为 1.2m×1.2m。装药采用装药台车装药，采用导爆索与毫秒雷管非电复式起爆网络爆破。爆破完毕后对顶板进行松石处理。之后采用铲运机将矿石铲出倒到盘区溜井中。出矿清场后，进行分层胶结充填。该工艺从采场的凿岩、爆破、出矿等都可实现机械化作业，现已形成盘区中深孔机械化配套生产作业线，采场生产能力比普通充填法提高，近几年来，井下大部分采场都采用该法布置。

B 无底柱深孔后退式采矿法

先采用手钻回采形成下部硐室，硐室高 3m，宽 8m。再施工上部凿岩硐室，硐室在施工时应作成拱形，凿岩硐室高度 3.6m。切割天井布置在采场的前端，切割天井贯通上部凿岩硐室和底部出矿硐室，规格 2.0m×2.0m。利用潜孔钻机在上部凿岩硐室往下打 ϕ110mm 深孔穿通整个采场，孔距 2.2m，排距 1.87m。将所有炮孔全部打完之后，在上部凿岩硐室对各排深孔分次装药，分次后退式崩矿，爆破采用非电爆破网路。铲矿采用遥控铲运机铲至盘区溜井。整个采场爆破完毕后对其一次性充填。该工艺具有作业安全性好、管理集中、劳动强度低、生产效率高、成本低等特点。

37.4 选矿情况

37.4.1 选矿厂概况

凡口铅锌矿选矿厂于 1958 年建矿，1968 年正式投产，1990 年形成了日处理铅锌矿石 3000t 的生产能力，2002 年以来达到日处理铅锌矿石 4500t、年产 15 万吨铅锌金属量的生产能力，2009 年开始形成日处理铅锌矿石 5500t、年产 18 万吨铅锌金属量的生产能力。选矿采用高碱快速浮选电位调控优化工艺，矿山主产品为铅锌矿石、单一铅精矿、单一锌精矿、混合铅锌精矿，副产品为高铁硫精矿、硫精矿。

37.4.2 选矿工艺流程

经过几十年不断的优化改进，凡口矿先后采用硫化矿高碱电位调控快速分支浮选工艺、新四产品选矿工艺和高品质硫精矿选硫工艺等。

（1）高碱电位调控快速浮选优化工艺流程。选矿厂Ⅰ系统从 2000 年 2 月开始用高碱电位调控快速浮选优化工艺流程，生产单一铅、锌精矿，选矿厂Ⅱ系统从 1998 年 8 月开始采用电位调控浮选工艺流程生产单一铅、锌精矿。其流程图如图 37-1 所示。

（2）新四产品选矿工艺。采用快速浮选直接生产出高回收率、高质量的铅精矿（Pb≥60%）、锌精矿（Zn≥55%）、铅锌中矿再磨混合浮选生产出铅锌混合精矿（Pb+Zn≥48%）。新工艺解决了铅锌难选问题和处理矿泥和流失矿的问题，把选厂原三个系列简化为两个系列，在保证指标的基础上，节约电耗，降低药耗，提高管理水平。

（3）高品质硫精矿选硫工艺。将铅锌矿选别后的锌尾经过浓缩加酸处理，并经多次浮选作业后，在保持产品回收率有所提高的前提下，生产出硫品位大于 47%、铁品位大于 44%的高铁硫精矿，实现了硫矿产资源的高效回收，有效提升了铁矿物产品的附加价值，减少了废料对环境的污染，经济社会效益显著。2013 年 7 月份启动生产全高硫的重浮联合选硫工艺流程，年直接经济效益达 5000 万元以上。

37.5 矿产资源综合利用情况

凡口铅锌矿，矿产资源综合利用率 91.49%，尾矿品位 Zn 0.89%。

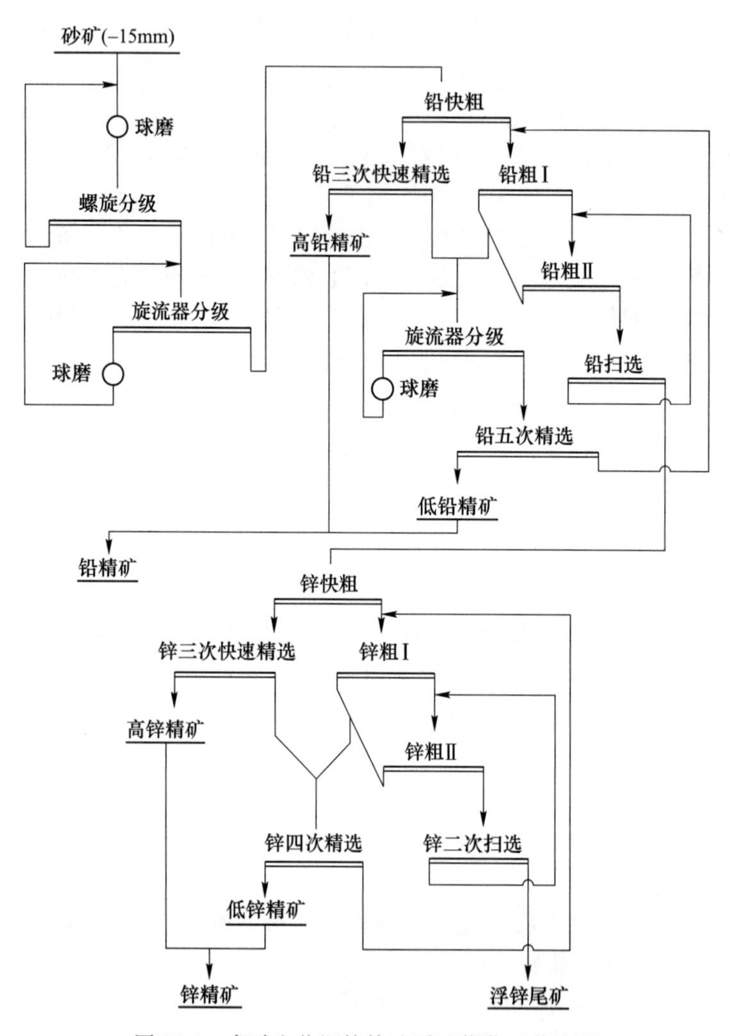

图37-1　高碱电位调控快速浮选优化工艺流程

废石集中堆存在排土场，截至2013年底，废石场累计堆存废石43.27万吨，2013年产生量为50.58万吨。废石利用率为73.76%，废石排放强度为3.79t/t。

尾矿排于尾矿库，还用作矿山地下开采采空区的充填料。截至2013年底尾矿库累计堆存尾矿354万吨，2013年产生量为60.26万吨。尾矿利用率为64.80%，尾矿排放强度为4.51t/t。

38　花敖包特银铅矿

38.1　矿山基本情况

花敖包特银铅矿为主要开采银、铅锌矿的大型矿山，共伴生有益元素主要为硫、银、锑、镉等，国家级绿色矿山。矿山 2002 年 12 月西乌珠穆沁旗鑫源矿业开发有限责任公司取得采矿权，2007 年 12 月更名为现用名称。矿区位于内蒙古自治区锡林郭勒盟西乌珠穆沁旗，距宝日格斯台约 25km，南西距西乌珠穆沁旗旗政府所在地——巴拉嘎尔高勒镇 138km；北东距霍林郭勒 75km（最近铁路运输点）；东距集通铁路线最近点林东站 180km，交通较便利。矿山开发利用简表详见表 38-1。

表 38-1　花敖包特银铅矿开发利用简表

基本情况	矿山名称	花敖包特银铅矿	地理位置	内蒙古自治区锡林郭勒盟西乌珠穆沁旗
	矿山特征	国家级绿色矿山	矿床工业类型	中低温次火山岩热液型矿床
地质资源	开采矿种	银矿、铅矿、锌矿	地质储量/万吨	矿石量 3314.31
	矿石工业类型	硫化矿石	地质品位/%	Pb 2.15 Zn 2.78
开采情况	矿山规模/万吨·a^{-1}	100，大型	开采方式	地下开采
	开拓方式	竖井开拓	主要采矿方法	无底柱分段崩落采矿法
	采出矿石量/万吨	52.19	出矿品位/%	Pb 2.9
	废石产生量/万吨	1.5	开采回采率/%	92.0
	贫化率/%	7	开采深度/m	1030~400 标高
	掘采比/m·万吨$^{-1}$	314		
选矿情况	选矿厂规模/万吨·a^{-1}	54.00	选矿回收率/%	Pb 85.82 Zn 87.65 Ag 80.03
	主要选矿方法	三段一闭路破碎，优先浮选铅—铅尾浮选锌—锌尾浮选硫		
	入选矿石量/万吨	48.00	原矿品位	Zn 4.33% Pb 2.9% Ag 424g/t
	Pb 精矿产量/t	15888	Pb 精矿品位	Pb 55.3% Ag 6109g/t

续表 38-1

选矿情况	Zn 精矿产量/t	26016	Zn 精矿品位/%	Zn 46.90
	尾矿产生量/万吨	42.22	尾矿品位/%	Pb 0.13
综合利用情况	综合利用率/%	78.79		
	废石排放强度/t·t^{-1}	0.94	废水利用率/%	100
	尾矿排放强度/t·t^{-1}	26.57	尾矿处置方式	尾矿库堆存
	废石利用率/%	100	尾矿利用率/%	

38.2 地质资源

38.2.1 矿床地质特征

花敖包特银铅矿矿床规模为大型矿床，矿床成因类型属中低温次火山岩热液型矿床。矿床工业类型为脉状银铅锌多金属矿床。矿区处于大兴安岭成矿带中南部的锡林浩特—霍林郭勒成矿亚带上，在大地构造位置上处于北部的西伯利亚板块和南部的华北板块及东部的松辽地块的接合部。

矿区分布地层比较简单，地层出露较差，大部分被第四系覆盖。主要有古生界下二叠统寿山沟组（P_1s）砂岩、细砂岩、粉砂岩；中生界侏罗系上统玛尼吐组（J_3mn）安山岩、安山玢岩和满克头鄂博组（J_3m）酸性凝灰岩、集块岩、含角砾凝灰岩及沉凝灰岩；第三系上新统五叉沟组（N_2wc）黑色玄武岩和宝格达乌拉组（N_2b）棕色粉砂质泥岩、红色黏土和灰色砂砾岩；第四系（Q_4）冲洪积、冲坡积物及残坡积碎石、风成砂及亚砂土。

矿区内断裂构造发育，主要为北西向、北东向及近南北向断裂，为矿液的运移和赋存提供了空间。在矿区内形成北西向为主，南北与北东向为辅的矿脉或矿化蚀变带达40余条。

矿区内岩浆岩主要为华力西晚期的超基性岩体和燕山期岩株、岩墙和岩脉。华力西晚期超基性岩受F1断裂控制，呈北东东向带状展布，岩性主要为蛇纹岩，恢复原岩属斜辉辉橄岩。脉岩主要有次流纹岩、花岗斑岩及闪长玢岩脉。

花敖包特银铅矿目前共查明银铅锌多金属矿体46条，硫铁矿矿体1条。矿体在走向上成群分布，倾向上呈单斜叠瓦状排列；主要矿体以块状、细脉浸染状矿石居多，其他小矿体以浸染状及条带状矿石为主；矿体总体走向呈北东、北西和近南北向三组方向为主，矿体厚度一般为十米至数十米，矿体形态简单，呈半隐伏-隐伏的透镜状脉状产出，但沿走向和倾向上均有尖灭再现，局部有分枝复合现象。矿石自然类型为氧化矿石、混合矿石和硫化矿石。

38.2.2 资源储量

花敖包特银铅矿矿石工业类型主要有致密块状铅锌矿石、细脉浸染状富铅锌矿石、浸染状贫铅锌矿石等。矿山累计查明资源储量（矿石量）3314.31万吨；金属量：铅712846t、锌920771t、银66368.62t、硫13.29万吨；平均品位Pb 2.15%、Zn 2.78%、Ag 193g/t、S 20.40%。

38.3 开采情况

38.3.1 矿山采矿基本情况

花敖包特银铅矿为地下开采的大型矿山，采用竖井开拓，使用的采矿方法为无底柱分段崩落采矿法。矿山设计生产能力 100 万吨/a，设计开采回采率为 90%，设计贫化率为 7%，设计出矿品位（Pb）为 2.85%，铅矿最低工业品位（Pb）为 2.6%。

38.3.2 矿山实际生产情况

2013 年，矿山实际采出矿量 52.19 万吨，排放废石 1.5 万吨。矿山开采深度为 1030～400m 标高。具体生产指标见表 38-2。

表 38-2 矿山实际生产情况

采矿量/万吨	开采回采率/%	出矿品位/%	贫化率/%	掘采比/m · 万吨$^{-1}$
52.19	92.0	2.9	7	314

38.3.3 采矿技术

花敖包特银铅矿开采方式为地下开采，开拓方案为竖井开拓方案，采矿生产 3 个采区现布置 10 个生产竖井和 5 个通风井。

矿井通风采用双翼、单翼对角式通风系统。

主体采矿方法为无底柱分段崩落采矿法，局部薄矿段采用浅孔留矿法。矿石提升至地表后由汽车运至选厂。采场至选厂运输道路已建成，为钢筋混凝土路面，道路长约为 1.76km。

采矿主要设备有：7655、YSP-45 型凿岩机，4L-20/8 空压机，2JK-3.0/20A 型提升机，ZK10-7/550-5(7/250v) 型架线式电机车，Z-17 电动装岩机，K40-6 型轴流式矿用节能风机，JK58-1No.4 型局扇等。

38.4 选矿情况

38.4.1 选矿厂概况

选矿厂设计选矿能力为 54.00 万吨/a，设计主矿种（铅）入选品位 3.61%，最大入磨粒度 13mm，磨矿细度-0.074mm 含量占 65%。花敖包特银铅矿选矿工艺流程为：优先浮选铅—铅尾浮选锌—锌尾浮选硫的优先浮选工艺流程。

2011 年主矿种入选矿石量 25.00 万吨、入选品位 Ag 364g/t 、Zn 4.05% 、Pb 2.1%；铅精矿：产率 3.31%，品位 Pb 55.3%，回收率 Pb 85.82%；铅精矿含 Ag 6109g/t，回收率 Ag 79.20%；锌精矿：产率 5.42%，品位 Zn 46.90%，回收率 Zn 86.00%。2011 年铅精粉（含银）产量 8275t、锌精粉（含银）产量 13550t。

2013年主矿种入选矿石量48.00万吨、入选品位Ag 424g/t 、Zn 4.33%、Pb 2.9%，铅精矿：产率3.31%，品位Pb 55.3%，回收率Pb 85.82%；铅精矿含Ag 6109g/t，回收率Ag 80.03%；锌精矿：产率5.42%，品位Zn 46.90%，回收率Zn 87.65%。2013年铅精粉（含银）产量15888t、锌精粉（含银）产量26016t。

38.4.2 选矿工艺流程

38.4.2.1 碎磨流程

原矿经三段一闭路破碎后，进入由格子型球磨机与螺旋分级机构成的闭路磨矿系统，磨矿细度-0.074mm含量占60%。磨矿合格产品给入搅拌槽，经加药搅拌后给入浮选系列。

38.4.2.2 浮选工艺流程

经过一次粗选，二次扫选，三次精选，得铅精矿。浮铅后的尾矿进入选锌系列，经过一次粗选，二次扫选，三次精选，得锌精矿（银富集在铅、锌精矿中）。浮锌后的尾矿进入选硫系列，经过一次粗选，一次扫选，一次精选，得硫精矿。各精选和扫选作业的中矿均循序返回；铅、锌、硫精矿分别进行浓缩脱水、过滤后成为最终精矿产品，浮选尾矿进入尾矿库。

38.5 矿产资源综合利用情况

花敖包特银铅矿，矿产资源综合利用率78.79%，尾矿品位Pb 0.13%。

废石全部利用，废石场累计堆存废石为0，2013年产生量为1.5万吨。废石利用率为100%，废石排放强度为0.94t/t。

尾矿排于尾矿库，还用作矿山地下开采采空区的充填料。截至2013年底，尾矿库累计堆存尾矿124.09万吨，2013年产生量为42.22万吨。尾矿利用率为0，尾矿排放强度为26.57t/t。

39 黄沙坪矿区铅锌钨钼多金属矿

39.1 矿山基本情况

黄沙坪矿区铅锌钨钼多金属矿为主要开采铅、锌、钨、钼、铁等多金属矿的中型矿山，共伴生矿产主要为铜、硫矿等，国家级绿色矿山。矿山 1958 年开始筹建，1963 年开始基建，一期工程于 1967 年建成投产。矿区位于湖南省郴州市桂阳县，离桂阳县城 9km，有省道 1806 线横穿矿区，沿公路东行 45km 到达郴州市，与京广铁路、京珠高速公路及 107 国道相连，往西沿省道 1806 线可达桂林，交通极为便利。矿山开发利用简表详见表 39-1。

表 39-1 黄沙坪矿区铅锌钨钼多金属矿开发利用简表

基本情况	矿山名称	黄沙坪矿区铅锌钨钼多金属矿	地理位置	湖南省郴州市桂阳县
	矿山特征	国家级绿色矿山	矿床工业类型	矽卡岩（接触交代）型和岩浆期后热液充填交代型矿床
地质资源	开采矿种	铅、锌、钨、钼、铁	地质储量/万吨	矿石量 268.55
	矿石工业类型	硫化矿石	地质品位/%	Pb 3.08 Zn 7.13
开采情况	矿山规模/万吨 · a^{-1}	49.5，中型	开采方式	地下开采
	开拓方式	竖井-斜井-平巷开拓	主要采矿方法	上向水平分层充填法、浅孔留矿法和空场全面采矿法
	采出矿石量/万吨	37	出矿品位/%	Pb 2.9
	废石产生量/万吨	41.5	开采回采率/%	96.89
	贫化率/%	10.24	开采深度/m	445~-400 标高
	掘采比/m · 万吨$^{-1}$	376		
选矿情况	选矿厂规模/万吨 · a^{-1}	79.5	选矿回收率/%	Pb 90.8 S 45 Mo 75 WO_3 55 Zn 91.5
	主要选矿方法	三段一闭路破碎—中碎前预先筛分，一段闭路磨矿，铅锌优先浮选/铅硫混合浮选		

续表 39-1

选矿情况	入选矿石量/万吨	39.1	原矿品位/%	Pb 9.19 S 19.68 Mo 0.09 WO_3 0.22 Zn 7.07
	Pb 精矿产量/万吨	1.9 万	Pb 精矿品位/%	Pb 67
	Zn 精矿产量/万吨	2.4	Zn 精矿品位/%	Zn 44.5
	尾矿产生量/万吨	34.8	尾矿品位/%	Pb 0.87
综合利用情况	综合利用率/%	88.21		
	废石排放强度/$t \cdot t^{-1}$	21.84	废水利用率/%	100
	尾矿排放强度/$t \cdot t^{-1}$	18.31	尾矿处置方式	尾矿库堆存
	废石利用率/%	100	尾矿利用率/%	43.10

39.2　地质资源

39.2.1　矿床地质特征

黄沙坪矿区主要矿床类型有矽卡岩（接触交代）型和岩浆期后热液充填交代型两种矿床，矿床规模为中型。这两类型矿床是同一成矿过程中在不同的成矿阶段，不同空间位置连续演化的产物，花岗斑岩和石英斑岩是成矿物质的来源和热动力来源。本区钨钼多金属矿床、铁矿床主要赋存于宝岭—观音打坐复式倒转背斜南段核部花岗斑岩内外接触带中，铅锌矿床则主要赋存于宝岭—观音打坐复式倒转背斜北段核部的花岗斑岩内外接触带及断裂中，矿床明显受构造、岩浆岩、岩性的控制。

铅锌铜矿石原生金属矿物主要有铁闪锌矿、方铅矿、黄铁矿、白铁矿、胶状白铁矿、黄铜矿、磁黄铁矿，其次有毒砂、闪锌矿、自然铋、黝锡矿、斑铜矿、硫锡铅矿、辉锑锡铅矿、深红银矿、含银锌黝铜矿、硫锑矿、脆硫锑铅矿、辉锑矿、铅银矿、银黝铜矿、碲银矿、硫砷银矿、似黄锡矿等；氧化矿物主要有赤铁矿、褐铁矿、针铁矿、车轮矿、水绿矾、锰土、硬锰矿等。铅锌铜矿石结构主要有自形、半自形粒状结构、包含结构、填隙结构、镶边结构、交代结构、交代残余结构等，矿石构造主要有块状构造、浸染状构造、变胶状构造、角砾状构造和条带状构造等。

39.2.2　资源储量

黄沙坪矿区铅锌钨钼多金属矿主要矿种有铅、锌、银、钨、钼等，主要矿石类型为硫化矿矿石。截至 2011 年 6 月底，矿区共保有铅锌矿资源量 268.5533 万吨，金属量 Pb 82848t、Zn 191472t、Ag 146.904t、Cu 6405t、S 467447t，平均品位 Pb 3.08%、Zn 7.13%、Ag 54.7g/t、Cu 0.24%、S 17.41%。

39.3　开采情况

39.3.1　矿山采矿基本情况

黄沙坪矿区铅锌钨钼多金属矿为地下开采的中型矿山，采用竖井-斜井-平硐联合开拓，使用的采矿方法为上向水平分层充填法、浅孔留矿法和空场全面采矿法。矿山设计生产能力 49.5 万吨/a，设计开采回采率为 88%，设计贫化率为 18%，设计出矿品位（Pb）为 3%，铅矿最低工业品位（Pb）为 1.5%。

39.3.2　矿山实际生产情况

2013 年，矿山实际采出矿量 37 万吨，排放废石 41.5 万吨。矿山开采深度为 445～-400m 标高。具体生产指标见表 39-2。

表 39-2　矿山实际生产情况

采矿量/万吨	开采回采率/%	出矿品位/%	贫化率/%	掘采比/m·万吨$^{-1}$
37	96.89	2.9	10.24	376

39.3.3　采矿技术

黄沙坪铅锌矿自 1958 年开始筹建，由长沙有色冶金设计研究院设计，矿山的主采对象为铅矿、锌矿。2012 年 12 月 25 日采矿权种变更成功，可采矿种原来的铅、锌变为铅、锌、钨、钼、铁多金属矿。矿山设计生产能力为设计采矿 49.5 万吨/a。矿山的开拓方式为竖井斜井加平巷开拓。

采矿方法为地下开采，有上向水平分层充填法、浅孔留矿法和空场全面采矿法。

39.4　选矿情况

39.4.1　选矿厂概况

黄沙坪铅锌矿筹建于 1958 年，1966 年完成选矿厂建设及选矿工业调试，1967 年选矿厂正式投产，选厂最初设计规模处理原矿 30 万吨/a，1984 年完成选矿厂二期扩建工程，设计规模达到处理原矿 60 万吨/a，20 世纪 80 年代末至 90 年代初该矿为全国第三大铅锌生产基地。选矿产品为铅、锌、硫精矿同时综合回收有价元素铜和银。

选矿厂先后使用过六种流程，分别为二段磨矿全浮流程、一段磨矿部分混浮流程、一段磨矿全浮流程、一段磨矿等可浮流程、一段磨矿铅等可浮后锌优浮流程、一段磨矿铅锌硫全优浮流程。前三种流程药耗高，产品质量不稳定，大量使用有毒氰化物，1971 年开始使用等可浮流程，随后乙硫氮的推广使用，逐步实行无氰选矿，产品质量稳步提高。

39.4.2　选矿工艺流程

39.4.2.1　破碎筛分流程

破碎车间破碎流程为三段一闭路流程，原矿送至粗矿仓后由板式给矿机进入复摆式600×900颚式破碎机粗碎，粗碎产品运至SZZ1500×3000自定中心振动筛预先筛分，筛下-15mm产品为最终破碎产品。筛上产品送入ϕ1750圆锥破碎机中碎，中破碎产品送入两台SZZ1500×3000自定中心振动筛筛分，筛下-18mm产品为最终破碎产品。筛上产品运至两台ϕ1200短头圆锥破碎机细碎，细碎产品与中碎产品一起进入自定中心振动筛形成闭路，详细流程如图39-1所示。

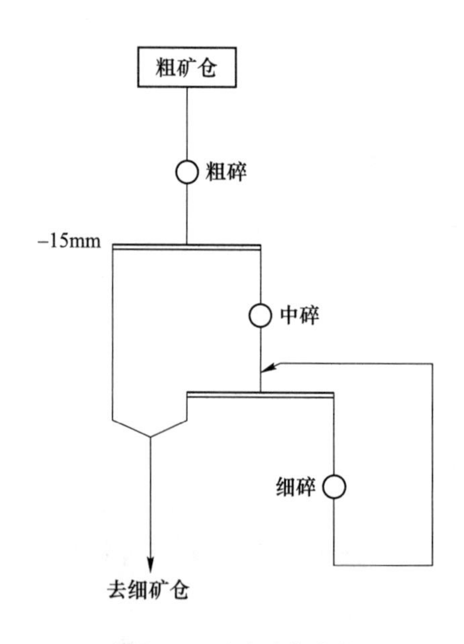

图39-1　破碎工艺流程

39.4.2.2　1号系统优先浮选流程

2000年1号系统浮选流程改为全优先浮选流程，该流程为先浮铅抑制锌硫，铅尾矿浮锌抑制硫，硫随总尾送入尾矿库，经此次流程改造，锌精矿质量突破45%，提高了一个质量等级，减少装机容量456kW。详细流程如图39-2所示。

39.4.2.3　新系统（2号系统）铅硫混浮流程

2009年2号系统浮选流程改造为铅硫混浮流程，在保证不影响铅锌精矿指标的情况下，增加了硫的产品回收，后通过增加的硫精矿脱锌三槽改造，降低了硫精矿中的锌含量。流程优先浮铅硫抑制锌，混选泡沫进入铅硫分离，混选尾矿进入选锌作业，分离硫精矿进入三槽脱锌作业脱锌，脱锌泡沫进入锌精一，硫精矿中锌含量降到0.7%以下。通过流程改造调整，提高了硫的回收率和品位，质量达到40%以上，回收率稳定在35%。详细流程如图39-3所示。

选矿厂主要设备见表39-3。

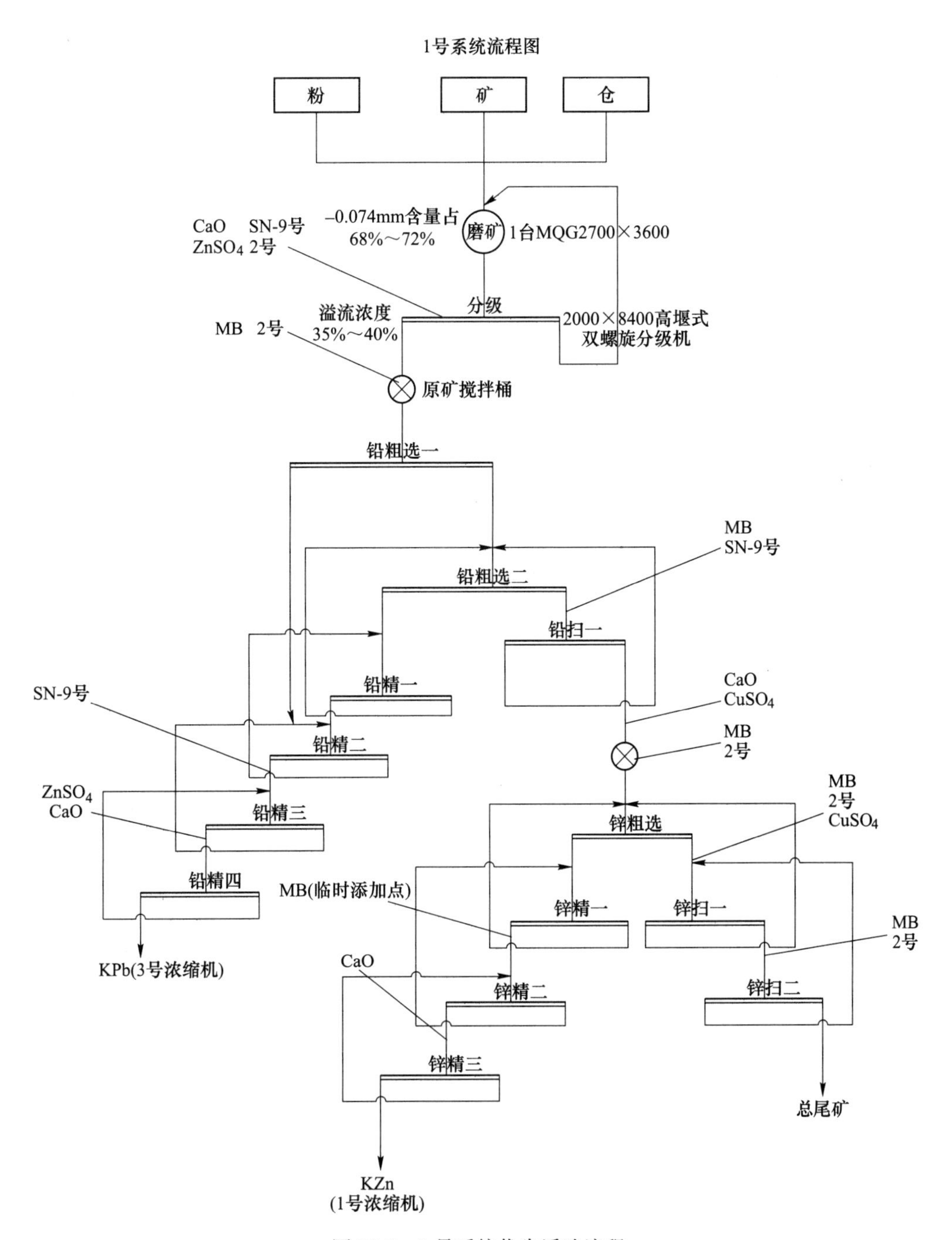

图 39-2　1号系统优先浮选流程

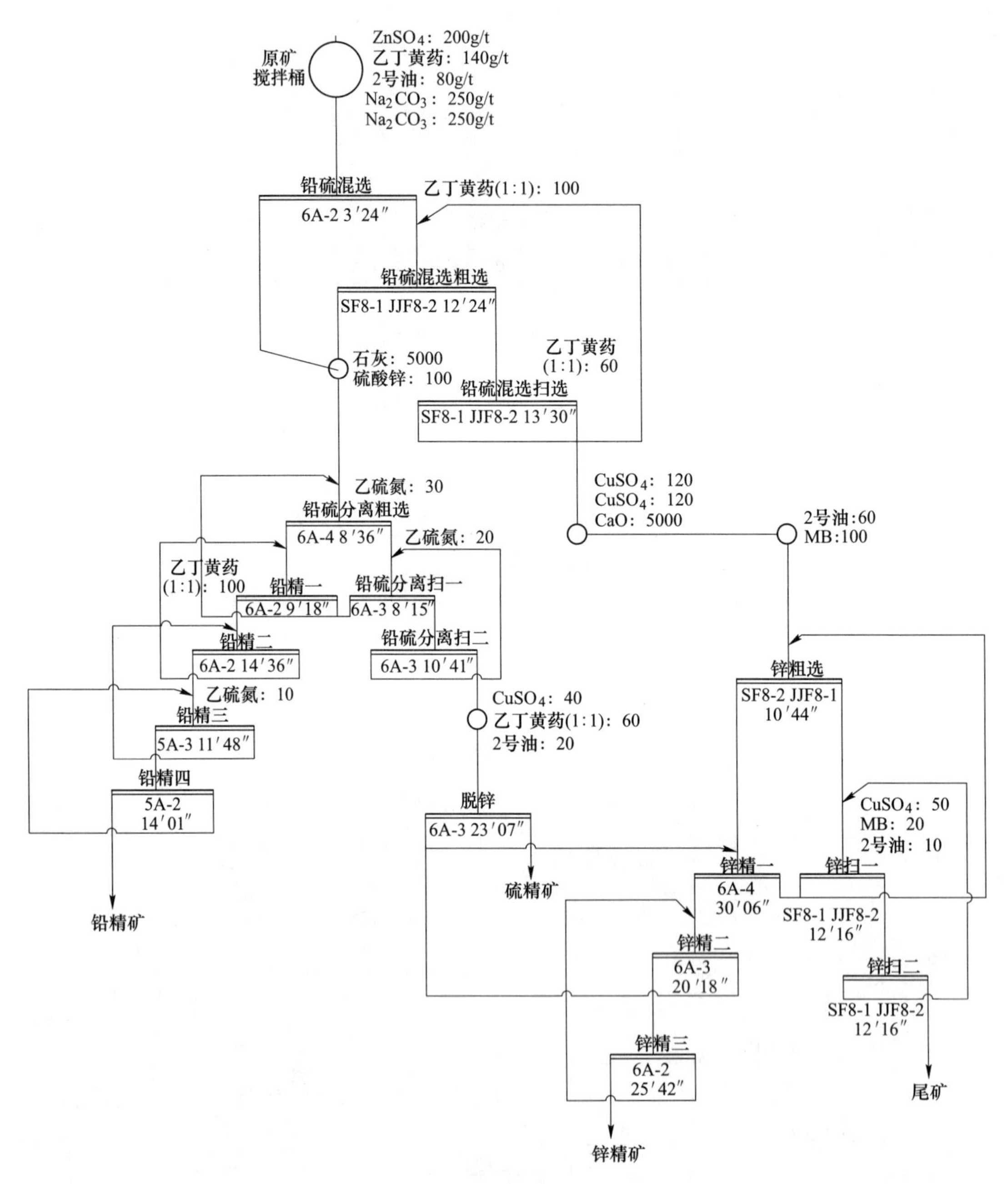

图39-3　新系统（2号系统）铅硫混浮流程

表39-3　选矿厂主要选矿设备

序号	系统	名称	规格型号	数量/台
1	破碎系统	复摆颚式破碎机	PE600×90	1
2	破碎系统	板式给矿机	B1000×3000	1
3	破碎系统	自定中心振动筛	szz2500×3000	1
4	破碎系统	自定中心振动筛	Szz1500×3000	2

续表 39-3

序号	系统	名称	规格型号	数量/台
5	破碎系统	圆锥破碎机	PYZ-1750	1
6	破碎系统	圆锥破碎机	PYD1200	1
7	1 号系统	球磨机	900×1500	1
8	1 号系统	单螺旋分级机	FG-7	1
9	1 号系统	球磨机	MQG2700×3600	1
10	1 号系统	双螺旋分级机	2FG-20-2000×8400	1
11	1 号系统	充气机械搅拌式浮选机	$8m^3$	13
12	1 号系统	机械搅拌浮选机	6A	15
13	1 号系统	机械搅拌浮选机	5A	4
14	2 号系统	球磨机	MQG2700×3600	1
15	2 号系统	高堰双螺旋分级机	2000×8400	1
16	2 号系统	机械搅拌式浮选机	$8m^3$	13
17	2 号系统	机械搅拌浮选机	6A	25
18	2 号系统	机械搅拌浮选机	5A	6
19	精矿过滤	陶瓷过滤机	TC30　$6.0m^3$	2
20	精矿过滤	陶瓷过滤机	TC18　$3.8m^3$	2
21	精矿过滤	陶瓷过滤机	TC12　$3.2m^3$	1
22	精矿过滤	陶瓷过滤机	TC45　$8.5m^3$	1

39.5 矿产资源综合利用情况

黄沙坪矿区铅锌钨钼多金属矿，矿产资源综合利用率 88.21%，尾矿品位 Pb 0.87%。

截至 2013 年底，废石场累计堆存废石为 0。2013 年产生量为 41.5 万吨。废石利用率为 100%，废石排放强度为 21.84t/t。

尾矿排于尾矿库，还用作矿山地下开采采空区的充填料。截至 2013 年底尾矿库累计堆存尾矿 1600 万吨，2013 年产生量为 34.8 万吨。尾矿利用率为 43.10%，尾矿排放强度为 18.31t/t。

40　兰坪铅锌矿

40.1　矿山基本情况

兰坪铅锌矿为主要开采铅锌矿的中型露天矿山，共伴生矿产主要为硫、天青石、石膏、镉、铊、银、锶等。矿山于2003年7月组建，2004年3月开工，2005年6月29日建成投产。矿区位于云南省怒江傈僳族自治州兰坪县，平距兰坪县城6.5km，公路里程8km，矿区有两条公路通大理市，里程258km；其中向东的公路经剑川接丽江、昆明等干线公路，至昆明里程586km，交通方便。矿山开发利用简表详见表40-1。

表40-1　兰坪铅锌矿开发利用简表

基本情况	矿山名称	兰坪铅锌矿	地理位置	云南省怒江州兰坪县
	矿山特征	—	矿床工业类型	热液型脉状铅锌多金属矿床
地质资源	开采矿种	锌矿、铅矿	地质储量/万吨	矿石量20681.7
	矿石工业类型	砂岩型和灰岩型硫化矿石	地质品位/%	Pb 0.99 Zn 6.13
开采情况	矿山规模/万吨·a^{-1}	89.1，中型	开采方式	露天开采
	开拓方式	公路运输开拓	主要采矿方法	组合台阶采矿法
	采出矿石量/万吨	265.87	出矿品位/%	Zn 7.46
	废石产生量/万吨	676	开采回采率/%	95
	贫化率/%	4.9	开采深度/m	2285~1800标高
	剥采比/t·t^{-1}	2.54		
选矿情况	选矿厂规模/万吨·a^{-1}	92	选矿回收率/%	一选厂 Zn 94.37 Pb 62.84 二选厂 Zn 82.58 Pb 49.49 南选厂 Zn 89.58 Pb 62.22
	主要选矿方法	三段一闭路破碎—铅锌优先浮选		
	入选矿石量/万吨	一选厂33.71 二选厂13.77 南选厂6.04	原矿品位/%	一选厂 Zn 6.00 Pb 1.25 二选厂 Zn 6.26 Pb 1.21 南选厂 Zn 6.40 Pb 1.27

续表 40-1

选矿情况	Pb 精矿产量/t	7515	Pb 精矿品位/%	52.07
	Zn 精矿产量/t	72051	Zn 精矿品位/%	49.99
	尾矿产生量/万吨	一选厂 29.35 二选厂 12.20 南选厂 5.25	尾矿品位/%	一选厂 Zn 0.39 二选厂 Zn 1.23 南选厂 Zn 0.77
综合利用情况	综合利用率/%	75.34		
	废石排放强度/t · t^{-1}	93.82	废石处置方式	铺设矿区公路、废石场堆存
	尾矿排放强度/t · t^{-1}	6.50	尾矿处置方式	尾矿库堆存
	废石利用率/%	0	尾矿利用率/%	0

40.2 地质资源

40.2.1 矿床地质特征

兰坪铅锌矿矿床类型为热液型脉状铅锌多金属矿床，矿床规模为中型。矿区地层可分为两大套：即原地系统和外来系统。原地系由中上侏罗统、白垩系、第三系等组成；外来系主要为上三叠统及中侏罗统。矿区铅锌矿体主要赋存于区内推覆构造 F_2 断层上下盘地层的有利岩性或破碎带内，上覆景星组（K_1j^1）称为上含矿带，下伏云龙组（Ky^b）称为下含矿带，依据岩性及矿化特征的差异，又各细分了两个亚带，K_1j^{1-1}、K_1j^{1-2}带及 Ey^{b-1}、Ey^{b-2}带。其中 K_1j^1 属“外来系统”。

上含矿带 K_1j^{1-1}含矿亚带由浅灰色灰质胶结细粒石英砂岩组成，岩性单一，砂屑粒度分选性较好，孔隙较发育，几乎全层矿化；K_1j^{1-2}含矿亚带处于上含矿带下部，以浅灰色含灰岩角砾细粒石英砂岩、砂质灰岩角砾岩为主，混杂有灰岩、白云质灰岩大小不等的岩块。下含矿带为一套含膏盐的陆屑沉积，岩相变化很大，E_y^{b-2}含矿亚带为河床冲积和混杂堆积物相，岩相变化剧烈；E_y^{b-1}含矿亚带以浅灰色灰泥质胶结细砂岩、粉砂岩为主，常含灰岩小角砾及岩屑，一般厚 70～100m。

平面上架崖山矿段的矿体呈北北东或近南北走向展布，总体倾向东，起于南端 F_{20}向北止于 F_{27}，长约 510m，经 F_{27}断层转折后则为北厂矿段。北厂矿段矿体呈北西-南东走向分布，总体倾向北东，起于 F_{27}向西止于 F_4，长约 1255m。矿体多呈层状、似层状、透镜状产出，产状东缓西陡，最大延深可推至 1917m 标高线以下，出露的最大宽度可至百余米。矿体总的完整情况：在穹窿构造的北翼及西翼保存较为完整，在穹窿的东翼及南翼极为零散。矿区工业矿体主要有Ⅰ1 号、Ⅱ2 号、Ⅲ1 号、Ⅲ2 号、Ⅲ3 号、Ⅵ5 号、Ⅵ6 号、Ⅵ7 号、Ⅶ1 号、Ⅹ1 号、Ⅺ1 号、Ⅸ1 号、ⅫⅠ1 号。目前开采的主要是Ⅰ1 号、Ⅱ2 号。

Ⅰ1 矿体呈层状产出，倾向北或北北东，倾角地表平缓，延深变陡；标高 2700m 以上小于 30°；标高 2700～2300m 之间为 30°～50°；标高 2300m 以下为 50°～60°；矿体露头沿北西西-南东东方向长 1450m；沿倾斜延伸一般为 600～800m；Ⅱ2 矿体为矿区下含矿带中规模最大的砂岩型矿体。矿体顺层呈似层状，浅部倾角较平缓，一般为15°~20°，延深渐陡，一般为40°~45°，2300m标高以下的倾角达55°左右。矿体沿走向长900余米，为开采资源储量的矿体。

本矿区铅锌矿矿石按含矿岩性分为砂岩型、灰岩型两个类型；按主金属含量高低分为工业矿与低品位矿；按矿石氧化程度分为氧化矿、混合矿、硫化矿三个自然类型，氧化矿集中于区内浅部及地质构造发育地段，深部多为硫化和混合矿体。其中，架崖山矿段氧化矿按含铁量的高低又分出了高铁型与低铁型氧化矿（$Fe_2O_3 \geqslant 15\%$称为高铁型氧化矿）；各类型矿石其矿物共生组合各有不同，各类型矿石特性及质量情况各有不同。

硫化矿矿石矿物种类在砂岩型和灰岩型矿石中大致相同，金属矿物主要为闪锌矿、方铅矿、黄铁矿、白铁矿。氧化矿石中除残留若干原生的矿石矿物外，出现许多表生矿物，使得氧化矿石的矿物组成较为复杂，最常见的矿物有水锌矿、菱锌矿、白铅矿、褐铁矿等。

矿区矿石结构构造较为复杂，相对而言，硫酸盐矿石较硫化物矿石简单，原生矿石较氧化矿石简单，砂岩型矿石较灰岩型矿石简单。

砂岩型硫化矿矿石以胶结结构为主，次为溶蚀结构、它形晶粒状结构、次生增长结构等，矿石构造以浸染状、斑点状为主，少数为块状构造、残留层状构造、脉状构造等。灰岩型硫化矿矿石成分复杂，矿石结构构造多样，结构上常见的有：晶粒结构、胶结同心环状结构、交代溶蚀结构、鲕粒结构、嵌晶结构、放射球粒状结构、叶片双晶结构、细菌结构、内部生长环带结构、斑点结构等，构造常见的有环状、环带状构造、角砾状构造、胶状（变胶状）构造、条带状构造、晶洞构造、结核状构造。氧化矿石仍以晶粒结构为主，次有纤维状、束状、鳞片状、胶状、土状结构等，氧化矿石的构造随着氧化程度的加深，其构造呈现出由脉状、网脉状逐渐发展到向多孔状、蜂窝状乃至土状、粉末状的变化。

40.2.2　资源储量

兰坪铅锌矿主要矿种为铅锌矿，共伴生矿产主要有硫、天青石、石膏、镉、铊、银、锶。累计查明铅锌矿资源储量206817kt，锌金属量12678459t，铅金属量2039968t，锌平均品位6.13%，铅平均品位0.99%。共伴生矿产累计查明硫矿石量209488kt；累计查明天青石矿石量1556kt；累计查明镉矿石量206817kt；累计查明铊矿石量206817kt；累计查明银矿石量206817kt；累计查明锶矿石量206817kt。

40.3　开采情况

40.3.1　矿山采矿基本情况

兰坪铅锌矿为露天开采的中型矿山，采用公路运输开拓，使用的采矿方法为组合台阶法。矿山设计生产能力89.1万吨/a，设计开采回采率为95%，设计贫化率为5%，设计出矿品位（Zn）为9.68%，锌矿最低工业品位（Zn）为3%。

40.3.2　矿山实际生产情况

2013年，矿山实际采出矿量265.87万吨，排放废石676万吨。矿山开采深度为2285~1800m标高。具体生产指标见表40-2。

表 40-2 矿山实际生产情况

采矿量/万吨	开采回采率/%	出矿品位/%	贫化率/%	露天剥采比/t·t^{-1}
265.87	95	7.46	4.9	2.54

40.3.3 采矿技术

目前，矿山采用露天开采方式，公路运输开拓，水平台阶开采工艺，采用陡帮组合台阶采剥相结合的采剥方法。

40.3.3.1 穿爆作业及设备

穿爆作业及设备包括：

（1）中深孔设备，YZ-12 型钻机穿孔，孔径 170mm。

（2）深孔爆破，选用 BCRH-15 型现场混装炸药车向炮孔装填乳化炸药，并设置乳化炸药原料制备站一座，与现场混装炸药车配套使用。

（3）三角带处理及边坡预裂爆破，用降低作业台阶高度的推进方式处理，在台阶终了位置一律使用预裂爆破法靠帮，以减轻对最终边帮的破坏。

（4）二次破碎，矿山使用 3.0m^3、4.5m^3 电动液压挖掘机铲装矿岩。浅孔二次破碎使用硝铵炸药爆破，火雷管引爆。

40.3.3.2 铲装作业设备

斗容为 3.0m^3、4.5m^3 的电动液压挖掘机铲装矿岩。

40.3.3.3 矿岩运输设备

载重 20t、32t 的矿用自卸汽车运输矿岩，载重 20t 汽车用于采矿，载重 32t 汽车主要用于剥离。

40.3.3.4 辅助作业及设备

辅助作业及设备包括：

（1）推土机，牙轮钻机 3 台和挖掘机 5 台完成穿爆、铲装作业，配置 TY-220 型推土机 4 台完成场地平整、集堆和临时道路修筑等辅助作业。

（2）轮式装载机，配置 ZLG-50 型轮式装载机 2 台，利用原有设备 ZL-50 型装载机 1 台，完成矿体三角带的清理、场地平整和辅助装载等作业。

40.4 选矿情况

40.4.1 选矿厂概况

矿山建设有配套的一选厂、二选厂、南选厂，合计设计年选矿能力 92 万吨。

2011 年，3 家选厂处理矿石 55.31 万吨，原矿石锌品位 5.68%、铅品位 1.24%，生产锌精矿 5.6897 万吨，铅精矿 0.7581 万吨，锌精矿品位 50.62%，铅精矿品位 49.57%；2013 年，3 家选厂处理矿石 56.42 万吨，原矿石锌品位 6.87%、铅品位 1.15%，生产锌精矿 7.2051 万吨，铅精矿 0.7515 万吨，锌精矿品位 49.99%，铅精矿品位 52.07%。具体见表 40-3。

表 40-3　矿山选矿情况

年份	选厂名称	矿产名称	入选矿石量/万吨	入选矿石品位/%	精矿量/万吨	精矿品位/%
2011	一选厂	锌	33. 73	5. 62	3. 4146	51. 60
		铅	33. 73	1. 21	0. 4886	49
	二选厂	锌	13. 30	5. 37	1. 2636	49. 18
		铅	13. 30	1. 26	0. 1431	52. 35
	南选厂	锌	8. 28	6. 42	1. 0115	49. 08
		铅	8. 28	1. 30	0. 1264	48. 65
	合计	锌	55. 31	5. 68	5. 6897	50. 62
		铅	55. 31	1. 24	0. 7581	49. 57
2013	一选厂	锌	34. 76	6. 91	4. 4792	50. 24
		铅	34. 76	1. 16	0. 5047	49. 29
	二选厂	锌	13. 80	6. 46	1. 6535	49. 49
		铅	13. 80	1. 06	0. 1250	64. 74
	南选厂	锌	7. 86	7. 38	1. 0724	49. 73
		铅	7. 86	1. 27	0. 1218	50. 57
	合计	锌	56. 42	6. 87	7. 2051	49. 99
		铅	56. 42	1. 15	0. 7515	52. 07

40. 4. 2　选矿工艺流程

矿山硫化矿由一选厂、二选厂、南选厂加工处理，工艺流程为原矿破碎—磨矿分级—搅拌浮选—再搅拌浮选—脱水过滤—获取铅锌精矿。一选厂工艺流程见图 40-1，二选厂、南选厂工艺流程见图 40-2。

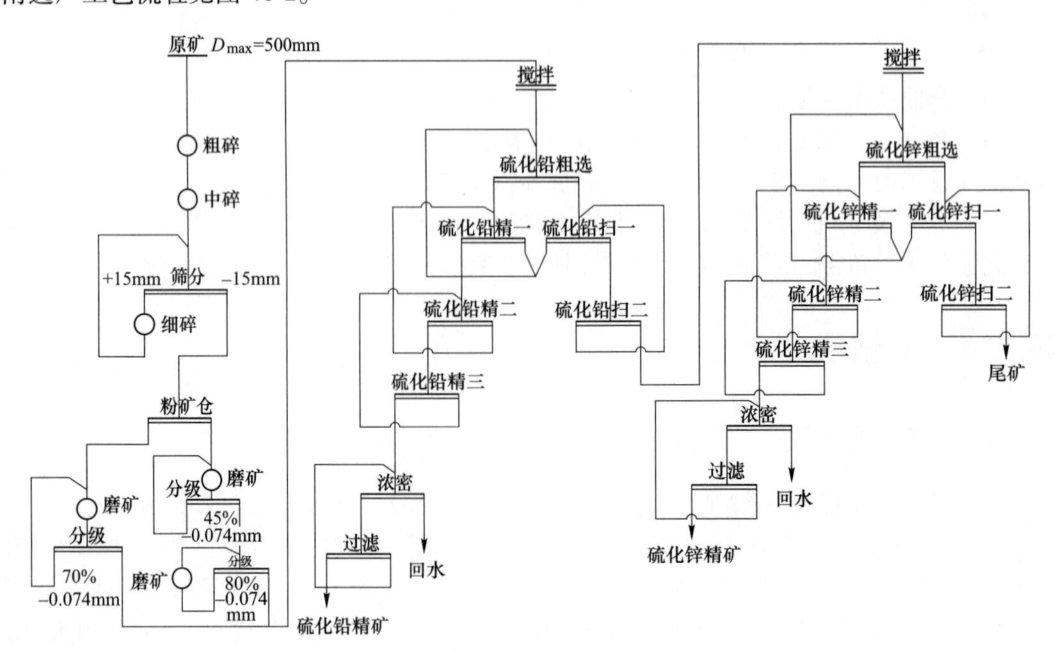

图 40-1　一选厂选矿流程图

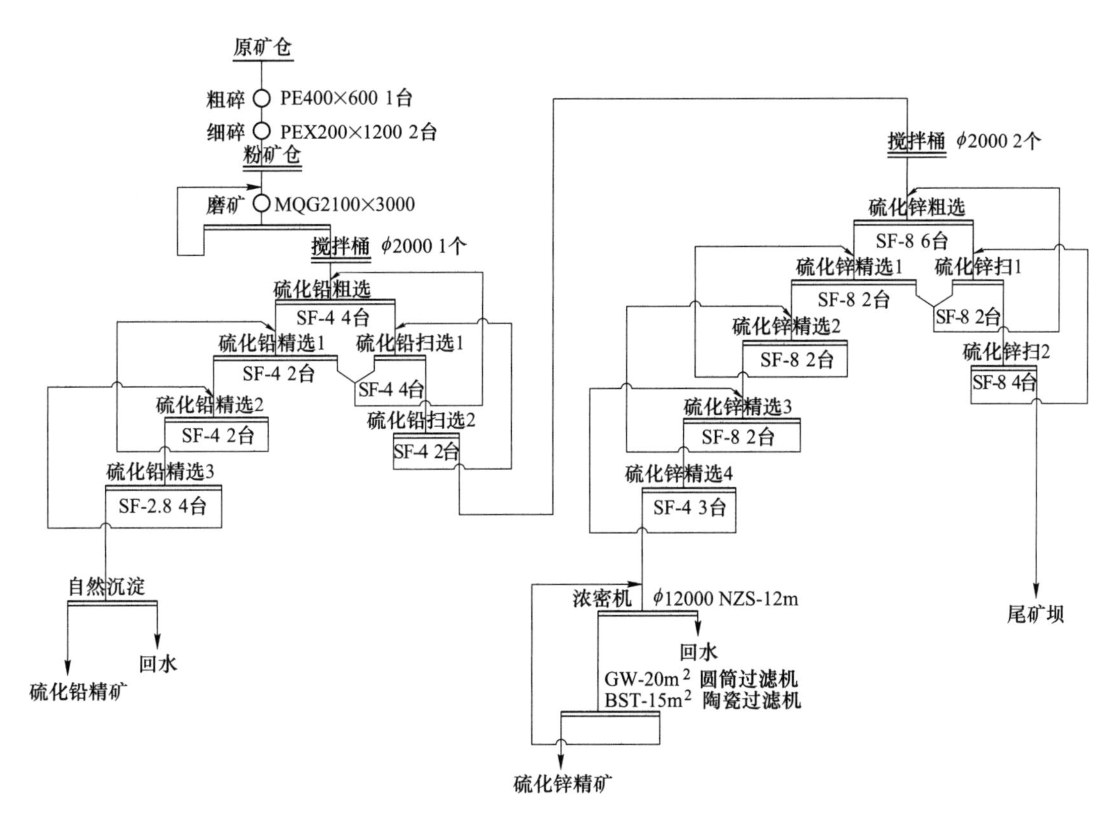

图 40-2　二选厂与南选厂选矿流程图

40.5　矿产资源综合利用情况

兰坪铅锌矿，矿产资源综合利用率 75.34%，尾矿品位 Zn 0.65%。

矿山开采产生废石量大，少量用于铺设矿区公路等，主要集中堆放在废石场。截至 2013 年底，矿山废石累计积存量 6253 万吨，2013 年排放量为 676 万吨，未利用。废石排放强度为 93.82t/t。

尾矿排于尾矿库。截至 2013 年底，尾矿库累计堆存尾矿 360 万吨，2013 年产生量为 46.8 万吨。尾矿利用率为 0，尾矿排放强度为 6.50t/t。

41 老厂铅矿

41.1 矿山基本情况

老厂铅矿为主要开采铅矿的小型矿山，共伴生矿产主要为锌、铜、硫、银、钼等。矿山于1955年1月建矿，为露天开采，以处理地表氧化矿为主。井下建设始于1987年，1990年转入地下开采。矿区位于云南省普洱市澜沧拉祜族自治县，平距澜沧县城30km，澜沧县—竹塘—西盟县公路从矿区北部通过，澜沧县城至老厂矿区公路里程44km；澜沧—思茅—玉溪—昆明公路里程780km，交通方便。矿山开发利用简表详见表41-1。

表41-1 老厂铅矿开发利用简表

基本情况	矿山名称	老厂铅矿	地理位置	云南省普洱市澜沧拉祜族自治县
	矿山特征	国家级绿色矿山	矿床工业类型	火山热液矿床、沉积改造矿床及岩溶矿床
地质资源	开采矿种	铅矿	地质储量/万吨	矿石量1194.3
	矿石工业类型	氧化铅锌矿石	地质品位/%	Pb 4.70
开采情况	矿山规模/万吨·a^{-1}	18，小型	开采方式	地下开采
	开拓方式	竖井开拓	主要采矿方法	全面采矿法和留矿法
	采出矿石量/万吨	15.88	出矿品位/%	Pb 3.66 Zn 3.59
	废石产生量/万吨	19	开采回采率/%	98
	贫化率/%	25	开采深度/m	1812~1042标高
	掘采比/m·万吨$^{-1}$	750		
选矿情况	选矿厂规模/万吨·a^{-1}	21	选矿回收率/%	Pb 83.11 Zn 77.98 Ag 71.98
	主要选矿方法	三段一闭路破碎，两段连续闭路磨矿，先铅后锌—分步异速优先浮选		
	入选矿石量/万吨	12.83	原矿品位	Pb 2.96% Zn 3.51% Ag 144.49g/t
	Pb精矿产量/t	6420	Pb精矿品位	Pb 49.16% Ag 2078.39g/t
	Zn精矿产量/t	8201	Zn精矿品位/%	Zn 42.82
	尾矿产生量/万吨	11.39	尾矿品位/%	Pb 0.39 Zn 0.60

续表 41-1

综合利用情况	综合利用率/%	79.36		
	废石排放强度/$t \cdot t^{-1}$	29.60	废石处置方式	井下充填、废石场堆存
	尾矿排放强度/$t \cdot t^{-1}$	17.74	尾矿处置方式	尾矿库堆存
	废石利用率/%	13.46	尾矿利用率/%	0
	废水利用率/%	87（回水） 40（坑涌）		

41.2　地质资源

41.2.1　矿床地质特征

老厂铅矿矿床类型为火山热液矿床，部分矿体属沉积改造矿床及岩溶矿床，矿床规模为小型。矿区地层从老到新有第四系、二叠系、石炭系、泥盆系，主要出露地层有石炭系中-上统、二叠系下统，为一套连续沉积的碳酸盐建造。石炭系中-上统为银铅锌多金属矿床的含矿层位，石炭系下统为银铅锌铜多金属矿床的含矿层位。老厂银铅多金属矿床是三江成矿带重要的代表性矿床之一，矿区有原生矿和外生矿。外生矿已于 2001 年采空，矿床由泥铅-砂铅（或砂矿）、废矿石堆、铅渣（或炉渣）三部分组成，泥铅-砂铅（或砂矿）产于第四系全新统的残坡积、冲洪积层中，废矿石、铅渣（或炉渣）为古人采冶后堆积的废弃物。

银铅矿已控制矿带长 1600 余米，宽 200~400m，工程揭露 4 个矿群，共 142 个矿体，以Ⅰ1+2、Ⅰ27、Ⅰ28、Ⅱ1、Ⅱ2、Ⅱ2（南延）、Ⅱ4、Ⅱ5、Ⅱ14、Ⅲ1、Ⅲ35、Ⅲ36、F_3-Ⅳ、F_1-Ⅳ等 16 个矿体规模最大。

老厂铅锌矿矿区矿石自然类型有火山岩型、碳酸盐型两种。矿石工业类型按共生元素组合分：银铅锌黄铁矿石、含铜银铅锌黄铁矿石、块状黄铁矿石、银铅锌碳酸盐矿石，火山岩型多为银铅锌黄铁矿矿石，碳酸盐型以银铅锌碳酸盐型矿石为主；按氧化程度分：以氧化矿为主，矿体氧化程度主要受矿体产出部位、赋矿地层岩性、埋藏深度控制。

火山岩型矿石矿物成分比较复杂，主要金属矿物有方铅矿、闪锌矿、黄铜矿、辉银矿、黄铁矿、褐铁矿、雄黄，金属矿物呈稠密浸染状、块状、粒状、散点状、细脉状分布，铅矿物为银的主要载体矿物；碳酸岩型矿石金属矿物主要以铅锌氧化物为主，金属矿物呈浸染状、团块状、不规则脉状、胶状、皮壳状产出，银矿物主要赋存于白铅矿及残留方铅矿中。

矿石结构包括：沉积或成岩成因的草莓状结构，火山期后岩浆热液充填交代成因的交代溶蚀结构、交代残余结构、细脉-网脉状充填交代结构以及固溶体分离结构、胶体自形重结晶结构；矿石构造包括：胶状构造、块状构造、角砾状构造、稠密浸染状构造、层纹状构造、条带状构造、脉状构造及晶洞状构造。

41.2.2　资源储量

老厂铅矿主矿种为铅锌，共伴生矿产主要有锌、铜、硫、银、钼。矿石工业类型按共生元素组合分：银铅锌黄铁矿石、含铜银铅锌黄铁矿石、块状黄铁矿石、银铅锌碳酸盐矿石。矿山累计查明铅矿资源储量11943kt，金属量560478t，平均品位为4.70%；累计查明锌矿资源储量10947kt，金属量398170t，平均品位为3.64%。共伴生矿产中，矿山累计查明铜矿资源储量31557kt，金属量145494t；累计查明硫铁矿资源储量37121kt，金属量5766564t；累计查明银矿资源储量37121kt，金属量2391.3t；累计查明钼矿资源储量20716kt，金属量1068t。

41.3　开采情况

41.3.1　矿山采矿基本情况

老厂铅矿为地下开采的小型矿山，采用竖井开拓，使用的采矿方法为全面采矿法和留矿法。矿山设计生产能力18万吨/a，设计开采回采率为85%，设计贫化率为15%，设计出矿品位（Pb）为3.5%，铅矿最低工业品位（Pb）为3.5%。

41.3.2　矿山实际生产情况

2013年，矿山实际采出矿量15.88万吨，排放废石19万吨。矿山开采深度为1812~1042m标高。具体生产指标见表41-2。

表41-2　矿山实际生产情况

采矿量/万吨	开采回采率/%	出矿品位/%	贫化率/%	掘采比/m·万吨$^{-1}$
15.88	98	Pb 3.66 Zn 3.59	25	750

41.3.3　采矿技术

矿山开采方式为地下开采，矿山开拓方式为竖井开拓，采矿方法为全面采矿法与留矿采矿法。采矿主要设备型号及数量见表41-3。

表41-3　采矿主要设备型号及数量

设备名称	规格型号	使用数量/台（套）
卷扬机	2BM2500/1211-2	2
螺杆空压机	DLG-250	2
主扇	70B2-21NO18	2
水泵	150D30×9	12
装岩机	Z-17AW	18
电机车	ZK3-250/600-2	27
电耙绞车	2DPj-15	56
局扇	JF-52-211kW	64
总计		183

41.4 选矿情况

41.4.1 选矿厂概况

老厂选矿厂设计年选矿能力21万吨，为中型选矿厂。老厂选矿厂主要处理硫化矿和混合矿，采用浮选工艺，日处理能力750t，主要产品有铅精矿、锌精矿，银富集在铅精矿中。氧化矿因选别指标不太好，铅品位大于10%部分直接供铅冶炼系统与硫化铅精矿配矿冶炼或是外销，低品位氧化矿则是矿山与第三方合作的选厂（处理能力600t/d）进行选矿。

2011年，入选矿石量13.40万吨，2013年，入选矿石量12.83万吨，选矿厂指标见表41-4。

表41-4 矿山选矿情况

年份	入选矿石量/万吨	入选矿石品位	精矿量/万吨	精矿品位
2011	13.40	Pb 2.58% Zn 2.69% Ag 142.36g/t	Pb 精矿 0.5561	Pb 53.68% Ag 2273.15g/t
			Zn 精矿 0.6593	Zn 41.11%
2013	12.83	Pb 2.96% Zn 3.51% Ag 144.49g/t	Pb 精矿 0.6420	Pb 49.16% Ag 2078.39g/t
			Zn 精矿 0.8201	Zn 42.82%

41.4.2 选矿工艺流程

41.4.2.1 碎磨工艺

原矿经颚式破碎机进行粗碎，粗碎产品给入圆振动筛进行预先筛分，筛上产品经旋回破碎机中碎再返回圆振动筛进行检查筛分，筛下合格产品给入圆锥破碎机开路细碎，细碎产品给入磨矿作业进行两段闭路磨矿，流程如图41-1所示。

41.4.2.2 选矿工艺

A 改造前工艺

选矿厂原采用先浮后重选别工艺，采用先铅后锌的优先浮选分别回收铅矿物、锌矿物，浮选尾矿用重选回收硫化铁矿物。浮选段流程较短，铅选别循环采用石灰高碱工艺对量大、可浮性好的硫化铁矿物进行抑制，硫酸锌对锌矿物进行抑制，又加入亚硫酸钠进一步强化硫化铁矿物、锌矿物的抑制作用，并添加适量的水玻璃对矿泥进行分散，以降低矿泥覆盖在矿物颗粒表面的有害作用，再采用“乙硫氮+丁铵黑药+541捕收剂”组合捕收剂对铅、银矿物进行强化捕收，经1次粗选、2次精选、2次扫选得到单一铅精矿；锌选别循环采用石灰高碱工艺进一步抑制硫化铁矿物，并需使用大量的硫酸铜活化锌矿物，再采用“异丁基黄药+25号黑药”组合捕收剂对锌矿物强化捕收，经1次粗选、3次精选、2次扫选得到单一锌精矿。流程如图41-2所示。

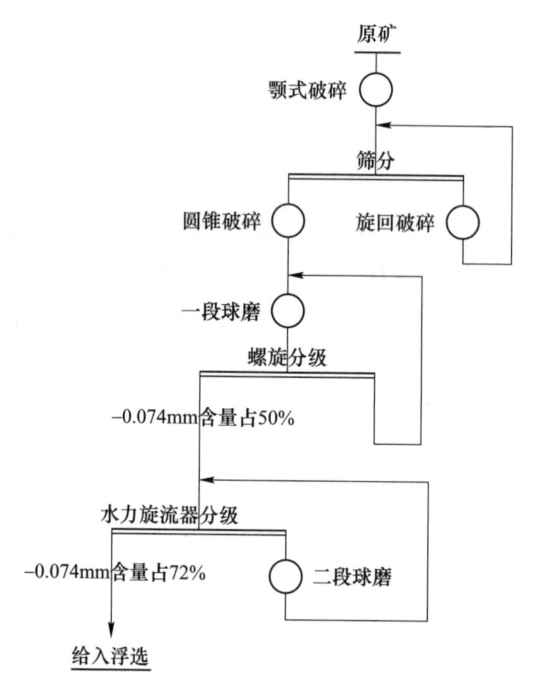

图 41-1　碎磨工艺流程

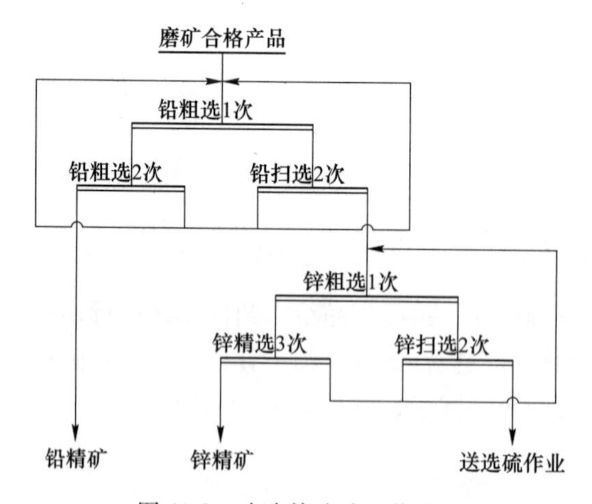

图 41-2　改造前选矿工艺流程

B　改造后工艺

改造前流程简短、易于操作、控制简便，但由于铅、锌矿物种类多，可浮性差异大及嵌布粒度微细、不均匀，硫化铁矿物含量大、易浮，导致分选十分困难。银矿物受石灰抑制明显，其强化回收困难；受抑制的锌矿物需添加大量的活化剂、捕收剂进行选别，长期以来药剂用量大，精矿品位及金属回收率不理想。原矿中矿泥含量较高，加之石灰用量高，造成浮选过程中中矿循环量大、泡沫较黏、跑槽现象严重等，浮选流程稳定控制困难。

伴随着浮选流程进一步研究优化及行业先进技术的引进吸收，选矿厂研发出了分速异步浮选工艺（见图 41-3）。基于该矿不同采矿点采出矿石配矿后的矿石中铅矿物或锌矿物同类矿物的可浮性和浮游速度差异大，在同一浮选作业下很难满足同类矿物的充分上浮，采用分速异步浮选工艺，分步骤地在不同的作业创造各自适宜的浮选条件使其尽可能按浮选速度快慢差异进行归集分支选出。为了解决高碱工艺带来的不利影响，选矿厂亦加大了对特效新型捕收剂的优化筛选及高效复配捕收剂的研究开发，最终研发出了适于高碱工艺条件的复配捕收剂。

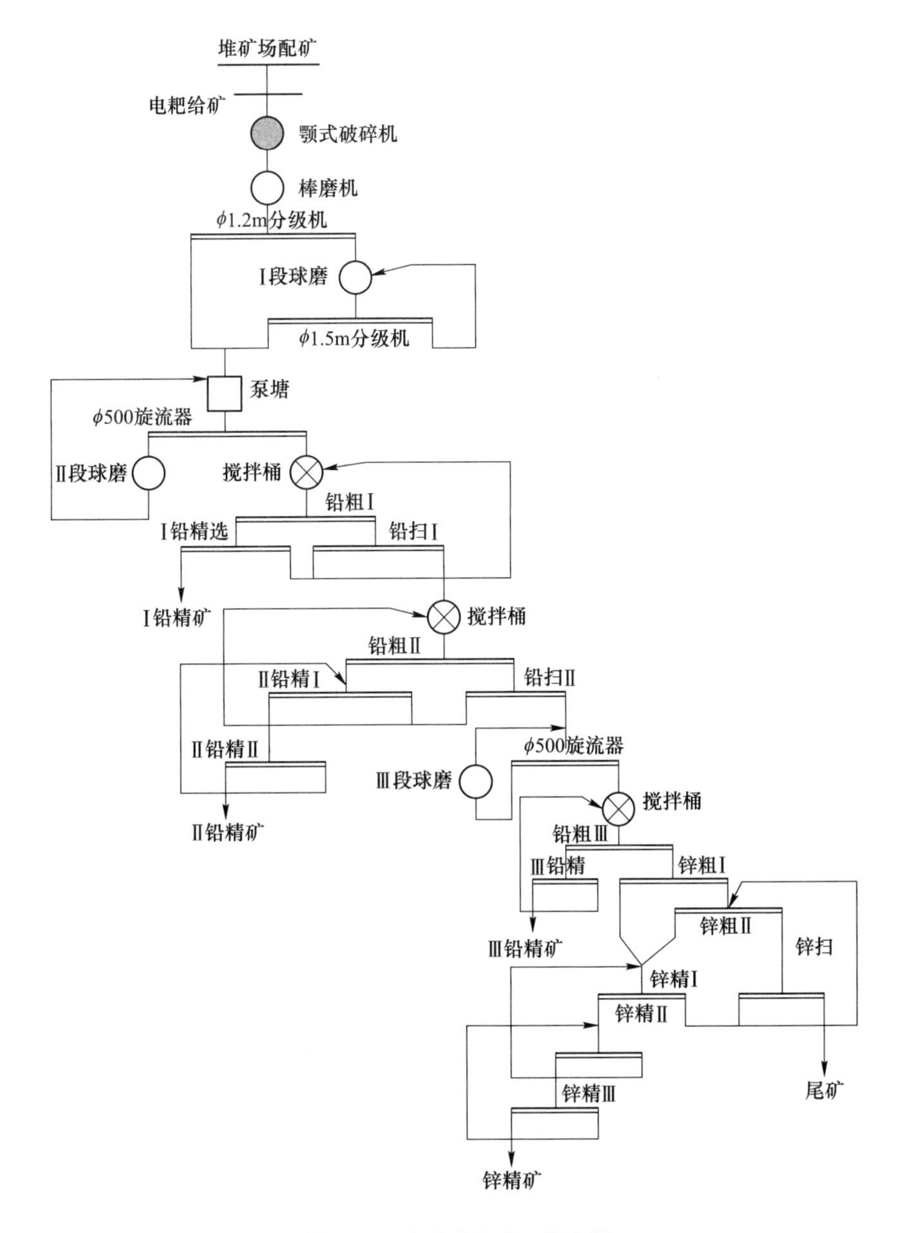

图 41-3　改造后选矿工艺流程

新的浮选工艺遵循了能收早收、能丢早丢的原则，技术特点为：

第一，分速异步浮选三点产出铅精矿及两点产出锌粗精矿，在归集分支产出精矿的各作业采用差异性药剂制度强化选别，有助于提高选别的适应性、针对性，改善分选精度。在铅选别循环，铅快浮快收加入以 WX-1 为主、乙硫氮为辅的配伍捕收剂，使浮游性好的铅矿物、银矿物先回收，铅慢浮慢收加入以 541 捕收剂为主、乙硫氮为辅的配伍捕收剂，使浮游性差的铅矿物、银矿物强化回收。在锌选别循环，锌快浮快收加入以 MZ-3 为主、异丁基黄药为辅的配伍捕收剂，使浮游性好的闪锌矿、铁闪锌矿先回收，锌慢浮慢收加入以 25 号黑药为主、异丁基黄药为辅的配伍捕收剂，使浮游性差的闪锌矿、铁闪锌矿强化回收，得到的粗精矿集中精选，减少了中矿在流程中的循环。

第二，差异性分步浮选有效减少了浮选过程中不应再循环的中矿量，有利于提高后续设备的处理能力，易浮矿泥及时随精矿产品刮出，有效降低了矿泥黏度过大导致的泡沫发黏、跑槽现象，降低了矿泥对后续选别作业的恶化作用，改善了浮选质量。WX-1、MZ-3 复配捕收剂与常规药剂形成新的药剂配伍分段分批用药，避免了一次性加药被矿泥吸附消耗及随泡沫带走流失，提高了药剂的选择性捕收作用。

第三，新增的强化中矿再磨工艺提高了微细粒包裹铅、银矿物等的单体解离度，有利于再选回收，尤其在含泥较高时，前端的磨矿作业可适当放粗磨矿，以降低次生矿泥产生，减少矿泥对前端分选的影响，并通过中矿再磨强化细磨，以确保目的矿物在此进一步充分解离后回收。

41.5　矿产资源综合利用情况

老厂铅矿，矿产资源综合利用率 79.36%，尾矿品位 Zn 0.60%。

废石一部分用于井下充填采空区，一部分运至地表堆放在专门设计的废石场，截至 2013 年底，废石场累计堆存废石 353 万吨，2013 年产生量为 19 万吨。废石利用率为 13.46%，废石排放强度为 29.60t/t。

尾矿排于尾矿库，未利用。截至 2013 年底，尾矿库累计堆存尾矿 2357.06 万吨，2013 年产生量为 11.39 万吨。尾矿排放强度为 17.74t/t。

42 李家沟铅锌矿

42.1 矿山基本情况

李家沟铅锌矿为主要开采铅锌矿的中型矿山，共伴生矿产主要为铅、银矿等。矿山成立于2003年7月。矿区位于甘肃省陇南市成县，北距天水市118km，距陇海线经过的天水车站138km，东距宝成线徽县火车站87km，距白水江火车站84km，距312国道经过的最近点青河沿仅10km，交通方便。矿山开发利用简表详见表42-1。

表42-1 李家沟铅锌矿开发利用简表

基本情况	矿山名称	李家沟铅锌矿	地理位置	甘肃省陇南市成县
	矿山特征	—	矿床工业类型	沉积型矿床
地质资源	开采矿种	锌矿、铅矿	地质储量/万吨	矿石量482.62
	矿石工业类型	硫化矿石	地质品位/%	Zn 6.83
开采情况	矿山规模/万吨 · a^{-1}	66，中型	开采方式	地下开采
	开拓方式	平硐-竖井联合开拓	主要采矿方法	房柱采矿法
	采出矿石量/万吨	52.47	出矿品位/%	Zn 5.19 Pb 1.17
	废石产生量/万吨	29.74	开采回采率/%	86.03
	贫化率/%	15.01	开采深度/m	1375~700标高
	掘采比/m · 万吨$^{-1}$	0.5783		
选矿情况	选矿厂规模/万吨 · a^{-1}	150	选矿回收率/%	Pb 77.06 Zn 81.32 Ag 25
	主要选矿方法	三段一闭路碎矿，两段闭路磨矿，铅锌优先浮选		
	入选矿石量/万吨	161.77	原矿品位	Pb 0.75% Zn 5.12% Ag 9.81g/t
	Pb精矿产量/万吨	1.56	Pb精矿品位	Pb 50.92% Ag 220g/t
	Zn精矿产量/万吨	12.25	Zn精矿品位	Zn 53.18% Ag 44g/t
	尾矿产生量/万吨	147.97	尾矿品位/%	Zn 0.96

续表 42-1

综合利用情况	综合利用率/%	69.95		
	废石排放强度/t · t^{-1}	2.15	废石处置方式	排土场堆存
	尾矿排放强度/t · t^{-1}	12.08	尾矿处置方式	
	废石利用率/%	0	尾矿利用率	

42.2　地质资源

42.2.1　矿床地质特征

李家沟铅锌矿矿床规模为中型，在大地构造上，李家沟铅锌矿位于西秦岭海西褶皱带东段的岷县复背斜轴部，南邻徽县—成县凹陷，北与西和—礼县凹陷相接。矿区构造线主要为近东西向，其南、北两侧分别以人土山—江洛和黄渚关两条深大断裂为界。矿区内地层主要为中泥盆统西汉水群，广泛发育碎屑岩和碳酸岩。矿体主要赋存于中泥盆统安家岔组的碳酸盐岩与千枚岩之间，呈狭长的东西向带状展布。该矿区的地层可分为 8 层，3 个含矿层分别为石英片岩层、黑云母片岩层和大理岩夹方解石黑云母石英片岩层。另外，矿区北部出露有中基-中酸性的黄渚关杂岩体，南部有厂坝黑云母花岗岩岩株。矿区褶皱不发育，断裂分布较广泛。主要有北东向和北西向两组断裂构造，其中北东向断裂多属成矿前断裂，而北西向则为成矿后断裂。北东向断裂最为发育，且具有同生性质，主要有 F_1、F_2 等。F_1断裂位于矿区西侧，也是石鼓子大理岩与其他岩层的分界线，矿区东南部的 F_2 断裂是厂坝与李家沟铅锌矿床的分界线。

绝大多数矿体产状与围岩基本一致，呈层状、似层状或透镜状，集中赋存在近 500m 厚的地层柱中。矿体厚度西厚东薄，矿体形态和规模明显受沉积洼地控制。矿石的矿物成分和结构构造从矿体的底部到顶部呈规律性变化。一般矿体中下部为块状矿石，富黄铁矿、闪锌矿、钠长石和石英；上部为条带状、浸染状和层纹状矿石，富闪锌矿、重晶石和方解石。矿区含矿层由数个这种韵律组成。矿体的整合产状和韵律组成指示矿床属于沉积型，而每一韵律则代表了成矿作用由强到弱的旋回性演化。矿石韵律之间常常夹有黑云石英片岩，这种产出关系反映了矿质沉积与正常沉积之间互为消长的关系。

矿石的结构较为复杂，但构造相对简单，保留有较多的沉积-成矿的原始结构构造。常见的结构有显微莓球状结构、针状结构、它形隐晶质结构、显微球粒结构。这些都是沉积-成矿作用的产物。矿石构造可分为沉积-成矿作用构造、变质构造和动力作用构造。沉积-成矿作用的构造主要有浸染-条带状、条纹-条带状、隐晶质条带、条块状、块状等构造。这些构造虽已经受变质，但可恢复为原生的层状沉积构造，沉积成因特点清晰可辨；动力作用的构造主要有角砾状、似角砾状等。

42.2.2　资源储量

李家沟铅锌矿矿石类型主要为硫化矿，主要矿种为铅和锌。矿山累计查明的资源储量矿石量为 482.62 万吨，铅金属量 240677.18t、锌金属量 1380661.62t，矿山平均地质品位为 8.73%。

42.3　开采情况

42.3.1　矿山采矿基本情况

李家沟铅锌矿为地下开采的中型矿山，采用平硐-竖井联合开拓，使用的采矿方法为房柱采矿法。矿山设计生产能力 66 万吨/a，设计开采回采率为 85%，设计贫化率为 15%，设计出矿品位（Zn）为 5.43%，锌矿最低工业品位（Zn）为 0.7%。

42.3.2　矿山实际生产情况

2013 年，矿山实际采出矿量 52.47 万吨，排放废石 29.74 万吨。矿山开采深度为 1375~700m 标高。具体生产指标见表 42-2。

表 42-2　矿山实际生产情况

采矿量/万吨	开采回采率/%	出矿品位/%	贫化率/%	掘采比/m·万吨$^{-1}$
52.47	86.03	Zn 5.19 Pb 1.17	15.01	0.5783

42.4　选矿情况

见厂坝铅锌矿选矿部分。

42.5　矿产资源综合利用情况

李家沟铅锌矿，矿产资源综合利用率 69.95%，尾矿品位 Zn 0.96%。

废石集中堆存在排土场，截至 2018 年底，废石场累计堆存废石 29.74 万吨，2013 年产生量为 29.74 万吨。废石利用率为 0，废石排放强度为 2.15t/t。

尾矿排于尾矿库，未利用。截至 2018 年底尾矿库累计堆存尾矿为 0，2013 年产生量为 147.97 万吨。尾矿排放强度为 12.08t/t。

43　龙泉铅锌矿

43.1　矿山基本情况

龙泉铅锌矿为主要开采铅锌矿的小型矿山，共伴生矿产为锌矿。矿山于1966年筹建，1967年9月试生产，1968年1月投产。矿区位于浙江省丽水市龙泉市，直距龙泉市区约10km，有公路2km与县道牛住线相接，牛住线与53省道线相接，交通十分方便。矿山开发利用简表详见表43-1。

表43-1　龙泉铅锌矿开发利用简表

基本情况	矿山名称	龙泉铅锌矿	地理位置	浙江省丽水市龙泉市
	矿山特征	—	矿床工业类型	火山热液充填型矿床
地质资源	开采矿种	铅矿、锌矿	地质储量/万吨	矿石量509.1
	矿石工业类型	硫化矿石	地质品位/%	Zn 2.52
开采情况	矿山规模/万吨·a^{-1}	9.9，小型	开采方式	地下开采
	开拓方式	平硐-竖井联合开拓	主要采矿方法	留矿法和分段矿房采矿法
	采出矿石量/万吨	7.64	出矿品位/%	Zn 2.02
	废石产生量/万吨	2.29	开采回采率/%	89.6
	贫化率/%	10.7%	开采深度/m	440~250标高
	掘采比/m·万吨$^{-1}$	171		
选矿情况	选矿厂规模/万吨·a^{-1}	9.9	选矿回收率/%	Zn 81.71 Pb 82.78
	主要选矿方法	三段一闭路破碎、铜铅等可浮粗选—铅锌分离—锌硫分离		
	入选矿石量/万吨	7.64	原矿品位/%	Zn 2.02 Pb 1.36
	Zn精矿产量/万吨	0.3	Zn精矿品位/%	42.02
	Pb精矿产量/万吨	0.17	Pb精矿品位/%	51.37
	尾矿产生量/万吨	7.17	尾矿品位/%	Zn 0.47
综合利用情况	综合利用率/%	73.81		
	废石排放强度/t·t^{-1}	7.63	废石处置方式	排土场堆存
	尾矿排放强度/t·t^{-1}	23.90	尾矿处置方式	硫铁矿回收，尾矿库堆存
	废石利用率/%	0	尾矿利用率/%	11.65
	废水利用率/%	72		

43.2 地质资源

龙泉铅锌矿主要矿种为铅、锌，矿床类型为火山热液充填型矿床，矿石类型主要为硫化矿，矿区矿石结构主要有自形-半自形结构，它形粒状结构为主，矿石中主要金属矿物组合为黄铁矿、雌黄铁矿、方铅矿、闪锌矿、黄铜矿等，全矿区累计探明的各级储量5091kt，其中南矿段3140kt，北矿段1951kt，矿床规模为小型。

43.3 开采情况

43.3.1 矿山采矿基本情况

龙泉铅锌矿为地下开采的小型矿山，采用平硐-竖井联合开拓，使用的采矿方法为留矿法和分段矿房采矿法。矿山设计生产能力9.9万吨/a，设计开采回采率为80%，设计贫化率为12%，设计出矿品位（Zn）为2.52%，锌矿最低工业品位（Zn）为1.3%。

43.3.2 矿山实际生产情况

2011年，矿山实际采出矿量7.64万吨，排放废石2.29万吨。矿山开采深度为440~250m标高。具体生产指标见表43-2。

表43-2 矿山实际生产情况

采矿量/万吨	开采回采率/%	出矿品位/%	贫化率/%	掘采比/m·万吨$^{-1}$
7.64	89.6	2.02	10.7	171

43.3.3 采矿技术

龙泉铅锌矿于1966年筹建，1967年9月试生产，1968年1月投产，采选能力日处理量50t，1969年10月采选能力达到100t/d。1979年10月扩建到采选能力200t/d。1988年1月再次扩建采选能力达到400t/d。由于南矿段采用平硐-溜井开拓方式，经长沙有色冶金设计院设计采选生产能力400t/d，年规模13.2万吨。经过十多年回采南矿段结束。于2001年实施阶段性闭坑，从而转到北矿段。北矿段经浙江省工业设计院，采用平硐-盲竖井开拓方式，设计规模300t/d，于2000年3月投产。龙泉铅锌矿于2000年8月改制由国营企业转换为私营有限责任公司，开采中段有390m、355m、320m、285m四个中段。

北矿段由浙江省工业设计院设计，开拓方式采用平硐-盲竖井，开拓中段有355m、

320m、285m。由于355m中段地质储量只有8万多吨，因而没有配置马头门与竖井相联，而是通过溜井与320m中段相联，经320m中段转运至主竖井提升入选厂粗矿仓。

320m中段由于便于人员、材料出入、排水、运碴，与原汽车库地面相通，措施平巷约560m，地面标高312.7m，逐渐提高坡度，至马头门标高317m，其他工程按设计要求进行施工。

285m中段按设计要求进行施工。

由于地表山林基本上是毛竹林，需要保护，因而盘区之间、采场之间预留永久性矿柱及保安矿柱较多，经储量核实、矿柱矿量42.67万吨，确保地表不塌陷。

在开采过程中按设计院要求，分盘区垂直矿体走向方向布置采场、矿房矿柱两步采，保安矿柱充分利用夹石包多，品位低的位置，采场底部结构尽量布置在矿体的底板围岩中。矿体倾角不陡5°~20°时，沿倾向方向掘进拉底巷，尽量沿矿体倾向方向布置，倾角较陡大于20°时，采场尽量沿着矿体的走向方向布置。

截至2013年底，矿山保有资源储量为727.8kt，其中2S11储量为430.8kt，可开采储量为297kt。由矿床的赋存条件和矿山所在地的环境条件所定，矿床开采后，地表为不塌陷矿山。根据开采设计方案设计，必须保留较多的永久性矿柱。所以矿山的设计开采回采率和实际开采回采率都较低，在80%左右。采矿贫化率为10.7%。

43.4　选矿情况

43.4.1　选矿厂概况

龙泉铅锌选矿厂设计选矿能力9.9万吨/a，设计入选Zn品位2.02%。最大入磨粒度15mm，磨矿细度-0.074mm含量占62%。精矿为铅精矿、锌精矿，铅精矿品位51.37%，锌精矿品位42.02%。

43.4.2　选矿工艺流程

43.4.2.1　*碎矿流程*

采用三段一闭路碎矿流程。碎矿最终粒度为15~0mm。

43.4.2.2　*磨选流程*

采用一段闭路磨矿流程，磨矿细度要求达到-0.074mm含量占62%。浮选流程采用铅锌等可浮粗选—铅锌分离—锌硫分离的流程，其中铅锌等可浮采用一次粗选、两次扫选，铅锌分离采用一次粗选、两次扫选、一次精选，锌硫分离采用两次粗选、两次扫选、三次精选的工艺。

龙泉铅锌选矿厂选矿工艺流程如图43-1所示。

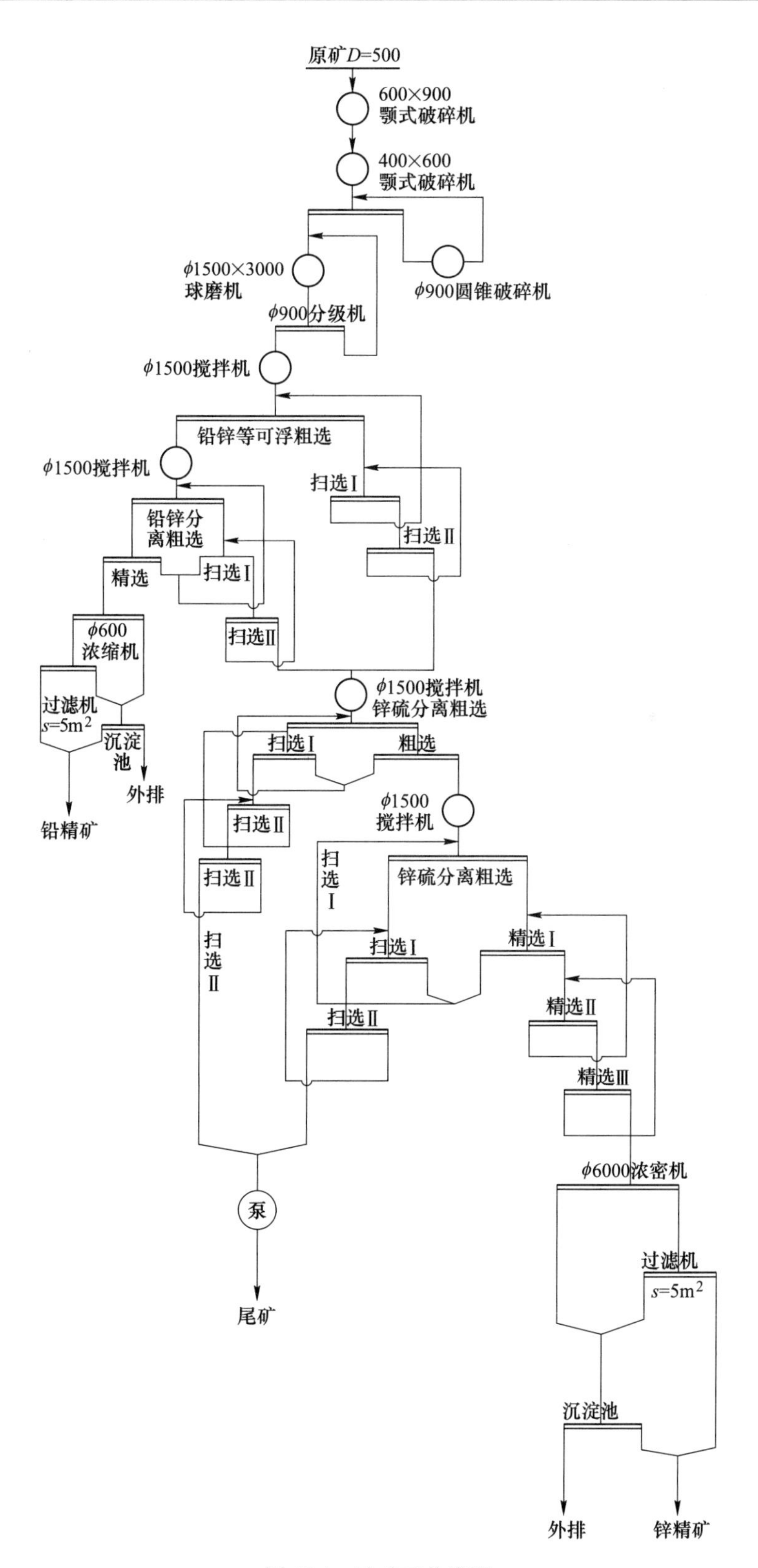
原矿D=500
600×900
颚式破碎机
400×600
颚式破碎机
ϕ1500×3000
球磨机
ϕ900圆锥破碎机
ϕ900分级机
ϕ1500搅拌机
铅锌等可浮粗选
ϕ1500搅拌机
扫选Ⅰ
铅锌分
离粗选
扫选Ⅱ
精选
扫选Ⅰ
扫选Ⅱ
ϕ600
浓缩机
过滤机
s=5m2
沉淀
池
外排
铅精矿
ϕ1500搅拌机
锌硫分离粗选
扫选Ⅰ
粗选
扫选Ⅱ
ϕ1500
搅拌机
扫选Ⅱ
扫
选
Ⅰ
锌硫分离粗选
扫
选
Ⅱ
扫选Ⅰ
精选Ⅰ
扫选Ⅱ
精选Ⅱ
精选Ⅲ
泵
尾矿
ϕ6000浓密机
过滤机
s=5m2
沉淀池
外排
锌精矿

图 43-1　选矿工艺流程

43.5　矿产资源综合利用情况

龙泉铅锌矿，矿产资源综合利用率 73.81%，尾矿品位 Zn 0.47%。

废石集中堆存在排土场，2011 年废石产生量为 2.29 万吨。废石利用率为 0，废石排放强度为 7.63t/t。

尾矿中硫铁矿回收后，排于尾矿库。截至 2011 年底，尾矿库累计堆存尾矿 86 万吨，产生量为 7.17 万吨。尾矿利用率为 11.65%，尾矿排放强度为 23.90t/t。

44　芦子园铅锌矿

44.1　矿山基本情况

芦子园铅锌矿为主要开采铅锌矿的小型矿山，共伴生矿产主要为铅、铜、铁、银矿。矿山开采始于1992年，主要开采1460m标高以上的氧化矿，2000年10月建成投产，主要开采硫化矿。矿区位于云南省临沧市镇康县，平距镇康县24km，有13km的简易公路与永德县至镇康县县级公路网相连，距镇康县老县城凤尾镇运距16km，至勐捧冶炼厂运距50km，距新县城南伞45km，距临沧市286km，距省会昆明市846km，交通较方便。矿山开发利用简表详见表44-1。

表44-1　芦子园铅锌矿开发利用简表

基本情况	矿山名称	芦子园铅锌矿	地理位置	云南省临沧市镇康县
	矿山特征	—	矿床工业类型	岩浆期后热液充填型铅锌矿床
地质资源	开采矿种	锌矿、铅矿	地质储量/万吨	矿石量 4120.6
	矿石工业类型	氧化矿石、硫化矿石	地质品位/%	Zn 2.49
开采情况	矿山规模/万吨·a^{-1}	10，小型	开采方式	地下开采
	开拓方式	平硐-竖井联合开拓	主要采矿方法	留矿采矿法
	采出矿石量/万吨	102.21	出矿品位/%	Zn 1.738
	废石产生量/万吨	6	开采回采率/%	75
	贫化率/%	15	开采深度/m	1800~1200标高
	掘采比/m·万吨$^{-1}$	130		
选矿情况	选矿厂规模/万吨·a^{-1}	60	选矿回收率/%	Zn 75.67 Pb 36.24 Cu 48.21 Fe 32.27
	主要选矿方法	硫化矿三段开路破碎、铜铅混浮—锌浮—铜铅分离氧化矿则采用矿石预处理—酸浸—电积工艺		
	入选矿石量/万吨	102.21	原矿品位/%	Zn 1.738 Pb 0.298 Cu 0.112 TFe 5.28
	Zn精矿产量/t	28006	Zn精矿品位/%	48
	Pb精矿产量/t	2044	Pb精矿品位/%	54
	尾矿产生量/万吨	96.03	尾矿品位/%	Zn 0.25

续表 44-1

综合利用情况	综合利用率/%	35.54		
	废石排放强度/$t \cdot t^{-1}$	2.14	废石处置方式	铺设矿区公路，充填井下采空区，废石场堆存
	尾矿排放强度/$t \cdot t^{-1}$	34.29	尾矿处置方式	井下回填，尾矿库堆存
	废石利用率/%	100	尾矿利用率/%	77.75
	废水利用率/%	80（回） 90（坑）		

44.2 地质资源

44.2.1 矿床地质特征

芦子园铅锌矿矿床规模为小型，矿床类型为岩浆期后热液充填型铅锌矿床。矿区出露地层主要为寒武系上统核桃坪组、沙河厂组、保山组合奥陶系蒲缥组、火烧桥组及第四系。其中，沙河厂组为矿区主要含矿地层，共分为三个岩性段，二段为Ⅱ号矿带的赋矿层位，为大理岩夹石英片岩、大理岩化灰岩及粘板岩透镜体；三段为Ⅰ、Ⅲ号矿带的含矿层位，上部为灰、灰白色薄-中层状大理岩，下部为板岩、大理岩、绿泥石英片岩。

矿区矿体产于寒武系上统沙河厂组二、三段大理岩、板岩、片岩的层间破碎带及断裂破碎带中，呈脉状、似层状产出。按矿体形态、赋存层位、分布位置，划分了Ⅰ、Ⅱ、Ⅲ三个铅锌矿带及Ⅴ铁矿带。

Ⅰ号矿带长约900m，宽40m，呈脉状、似层状展布，倾角50°~70°，矿体规模较小，铅锌品位低，以氧化矿为主，2004年以后未开采。Ⅱ号矿带总长度大于3000m，呈似层状展布，矿石结构较简单，矿体倾角32°~78°，平均55°，1200m标高以上以层控型脉状铅锌矿为主，1200~1000m标高以矽卡岩型铅锌为主。Ⅲ号矿带长约950m，宽150m，呈脉状展布，倾角45°~60°，矿体规模小，多为低品位氧化矿。Ⅴ铁矿带长度大于2400m，宽300m，呈层状-似层状展布，倾角50°~78°，矿石工业类型为磁性铁矿石。

矿区主要矿体为Ⅱ-V_1、Ⅱ-V_3、Ⅱ-V_5铅锌铁矿体，其他次要矿体为Ⅱ-V_7铁矿体、V_2铁矿体。Ⅱ-V_1、Ⅱ-V_3、Ⅱ-V_5矿体沿沙河厂组二段大理岩与板岩、片岩的层间破碎带呈层状、似层状产出，矿体形态复杂程度中等，分支复合现象明显，矿体沿倾向上元素分带明显，上部为铅锌矿，下部为矽卡岩型磁铁矿。Ⅱ-V_7矿体为隐伏矽卡岩型铁矿体，V_2铁矿体为一条隐伏铁矿体，矿体产于寒武系沙河厂组三段中，矿层形态复杂程度简单，局部有分支复合现象。

矿区铅锌矿自然类型按含矿岩石不同可分为：大理岩型铅锌矿石、绿泥石英片岩型铅锌矿石、矽卡岩型铅锌矿石，大理岩型铅锌矿石和矽卡岩型铅锌矿石为矿区主要类型。

矿石工业类型可分为：氧化矿石、硫化矿石和混合矿石，其中以氧化和硫化矿石为主。近地表及中浅部以氧化矿为主，中深部为硫化矿，局部地段见少量混合矿矿石，矿物组成包括金属矿物14种，非金属矿物16种。其中，金属矿物有硫化物、碳酸盐类、氧化物和硅酸盐类，非金属矿物以碳酸盐类为主，次有硅酸盐及氧化物类。

区内矿石矿物以细粒-微细粒结构为主。矿石结构主要有：半自形-它形粒状结构，放射状、胶状结构；矿石构造主要有：条带状构造、浸染状构造、角砾状构造、块状构造、多孔状、皮壳状、土状构造。

44.2.2 资源储量

芦子园铅锌矿主要矿种有铅、锌，共伴生矿种有铜、铁、银等。矿石工业类可分为：氧化矿石、硫化矿石和混合矿石，其中以氧化和硫化矿石为主。矿山累计查明铅锌矿资源储量 41206kt，锌金属量 1021300t，铅金属量 221698t，锌平均品位 2.49%。共伴生矿产累计查明铜矿资源储量 38085kt，金属量 60206t；累计查明铁矿资源储量 37773kt；累计查明银矿资源储量 38084kt，金属量 258t。

44.3 开采情况

44.3.1 矿山采矿基本情况

芦子园铅锌矿为地下开采的小型矿山，采用平硐-斜井联合开拓，使用的采矿方法为留矿法。矿山设计生产能力 10 万吨/a，设计开采回采率为 90%，设计贫化率为 8.5%，设计出矿品位（Zn）为 2.56%，锌矿最低工业品位（Zn）为 3%。

44.3.2 矿山实际生产情况

2013 年，矿山实际采出矿量 102.21 万吨，排放废石 6 万吨。矿山开采深度为 1800～1200m 标高。具体生产指标见表 44-2。

表 44-2 矿山实际生产情况

采矿量/万吨	开采回采率/%	出矿品位/%	贫化率/%	掘采比/m · 万吨$^{-1}$
102.21	75	1.738	15	130

44.3.3 采矿技术

矿区采用地下开采，开拓方式为平巷+斜井开拓，采矿方法为留矿采矿法。坑内采矿采用自然通风和排水，电耙装矿，电机车运输，采场内贫矿留不规则矿柱，上一中段采出废石用于下一中段采空区充填。

矿山生产选择常规的 YCZ-90 型、YT-26 型、YSP-45 型凿岩机和 2DPJ-30 型电耙等采掘、回采设备。具体见表 44-3。

表 44-3 主要采掘设备表

序号	设备名称	规格型号	单位	工作数量	备用数量	合计	备注
1	浅孔凿岩机	YTP26	台	28	14	42	
	配气腿	FT170	台	28	14	42	
2	浅孔凿岩机	YSP45	台	18	6	24	
3	中深孔凿岩机	YGZ90	台	8	4	12	
	配台架	TJ25	台	8	4	12	

续表 44-3

序号	设备名称	规格型号	单位	工作数量	备用数量	合计	备注
4	装岩机	Z-20C	台	5	3	8	
5	混凝土喷射机	HPH6	台	3	1	4	
6	电耙绞车	2DPJ-30	台	13	4	17	
	配耙斗	0. 3m^3	台	13	4	17	
7	局扇	JK55-2No. 3. 5	台	13	4	17	
8	局扇	JK55-2No. 4. 0	台	10	3	13	
9	装药器	BQF-100	台	3	1	4	
10	3t 电机车	ZK3-250/600	台	5	2	7	中段转运
11	7t 电机车	ZK7-250/600	台	6	2	8	中段出矿
12	翻转式矿车	0. 7m^3	台	50	15	65	
13	侧卸式矿车	1. 2m^3	台	60	20	70	
14	节能风机	K40×25C	台	2	1	3	自然通风
15	节能风机	K40×20B	台	1	1	2	
16	水泵	离心式	台	3	3	6	
17	慢动绞车	5JM	台	3	1	4	材料井提升
18	振动给矿机	台板 2400×1500	台	7	3	10	溜井放矿
19	材料车	YLC3（6）	辆	6	2	8	
20	平板车	YLC3（6）	辆	4	1	5	

44. 4 选矿情况

44. 4. 1 选矿厂概况

矿山建设有配套的选矿厂，即芦子园铅锌矿选厂，设计年选矿能力 60 万吨，日处理矿石 2000t，一车间日处理矿石 800t，二车间日处理矿石 1200t。采用先铜铅后锌的部分混合浮选原则流程。流程内部结构：铜铅混浮为一粗四精四扫，锌浮选为一粗三精三扫。2013 年，入选矿石量 102. 21 万吨，锌品位 1. 738%，铅品位 0. 298%，铜品位 0. 112%，铁品位 5. 28%，生产锌精矿 2. 8006 万吨，铅精矿 0. 2044 万吨，生产铜精矿 0. 2760 万吨，铁精矿 2. 9028 万吨，锌精矿品位 48%，铅精矿品位 54%，铜精矿品位 20%，铁精矿品位 60%，具体见表 44-4。

2013 年，选厂处理原矿石 102. 21 万吨，铜、铁选矿回收率分别为 48. 21%、32. 27%。具体见表 44-4。

表 44-4 矿山选矿情况

入选矿石量/万吨	入选品位/%	精矿量/t	精矿品位/%	选矿回收率/%
102. 21	Zn 1. 738	28006	Zn 48	75. 67
	Pb 0. 298	2044	Pb 54	36. 24
	Cu 0. 112	2760	Cu 20	48. 21
	TFe 5. 28	29028	TFe 60	32. 27

44. 4. 2 选矿工艺流程

矿山选矿工艺视矿石类型不同而有异。硫化矿采用浮选法选矿，生产工艺流程为：三段开路破碎、铜铅混浮—锌浮—铜铅分离，主要产品为锌精矿，副产品为铅精矿、铜精矿、铁精矿，具体如图 44-1 所示。氧化矿则采用矿石预处理—酸浸—电积工艺，直接生产锌片或锌锭，具体如图 44-2 所示。

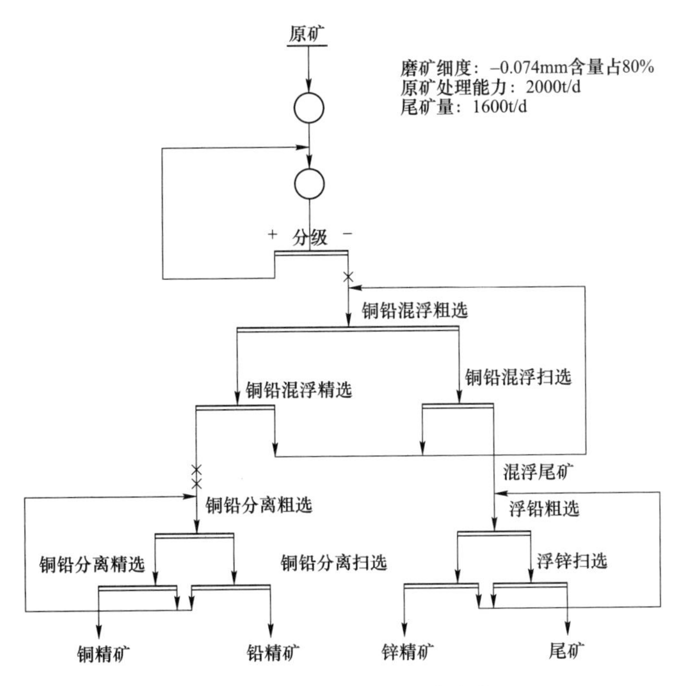

图 44-1　硫化矿选矿工艺流程

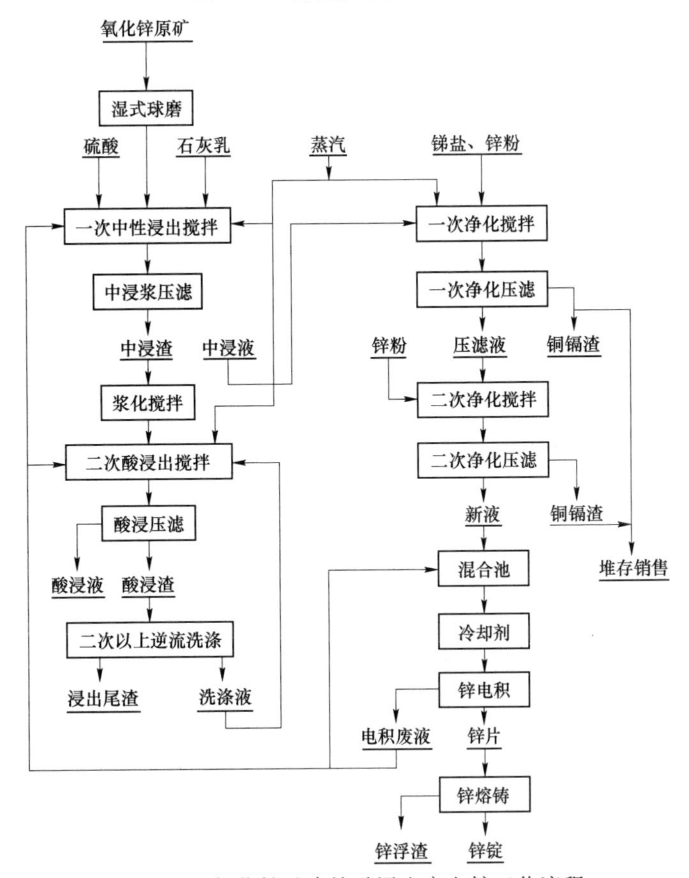

图 44-2　氧化锌矿直接酸浸生产电锌工艺流程

44.5　矿产资源综合利用情况

芦子园铅锌矿，矿产资源综合利用率35.54%，尾矿品位Zn 0.25%。

废石主要用于铺设矿区公路、充填井下采空区，剩余部分集中堆放在废石场，截至2013年底，矿山废石累计积存量20万吨。2013年产生量为6万吨，废石利用率为100%，废石排放强度为2.14t/t。

尾矿一部分用于井下回填采空区，一部分进入尾矿库堆存。截至2013年底，矿山尾矿库累计积存尾矿55万吨。2013年产生量为96.03万吨，尾矿利用率为77.75%，尾矿排放强度为34.29t/t。

45 七湾矿业铅锌矿

45.1 矿山基本情况

七湾矿业铅锌矿为主要开采锌矿的小型矿山，共伴生矿产主要为铅、银矿。矿山自1957年开始筹建，于1958年1月投产，1961年改建，2002年改为股份制企业。矿区位于浙江省绍兴市诸暨市，直距诸暨市区21km，矿区经6km简易公路通璜山镇，璜山镇至诸暨城区有县级公路相连，路距约31km，并与浙赣铁路和杭金衢、诸永高速公路相连，交通方便。矿山开发利用简表详见表45-1。

表45-1 七湾矿业铅锌矿开发利用简表

基本情况	矿山名称	七湾矿业铅锌矿	地理位置	浙江省绍兴市诸暨市
	矿山特征	—	矿床工业类型	渗滤矽卡岩型岩浆热液
地质资源	开采矿种	锌矿、铅矿	地质储量/万吨	矿石量18.84
	矿石工业类型	硫化矿石	地质品位/%	Zn 2.49
开采情况	矿山规模/万吨·a^{-1}	2.3，小型	开采方式	地下开采
	开拓方式	平硐-盲斜井联合开拓	主要采矿方法	全面采矿法
	采出矿石量/万吨	7.64	出矿品位/%	Zn 2.02
	废石产生量/万吨	2.29	开采回采率/%	89.6
	贫化率/%	10.7	开采深度/m	464.26~-130标高
	掘采比/m·万吨$^{-1}$	171		
选矿情况	选矿厂规模/万吨·a^{-1}	4.4	选矿回收率/%	Zn 95.03
	主要选矿方法	两段一闭路破碎，一段磨矿，铅锌优先浮选		
	入选矿石量/万吨	4.69	原矿品位/%	Zn 9.25
	精矿产量/万吨	0.82	精矿品位/%	Zn 50.11
	尾矿产生量/万吨	3.87	尾矿品位/%	Zn 0.32
综合利用情况	综合利用率/%	85.15		
	废石排放强度/t·t^{-1}	2.79	废石处置方式	排土场堆存
	尾矿排放强度/t·t^{-1}	4.72	尾矿处置方式	尾矿库堆存
	废石利用率/%	0	尾矿利用率/%	0
	废水利用率/%	66		

45.2 地质资源

七湾矿业铅锌矿矿床规模为小型，矿区包括西矿段、东矿段、桑园矿段和窑后矿段，矿区出露地层主要为中元古代陈蔡群副变质岩系，以下河图组（Pt_2x）地层分布最广，仅东南角上覆小范围下吴宅组（Pt_2xw），上述变质岩普遍经受过混合岩化，在片麻岩和大理岩中，常见透镜状花岗质脉体。矿区大地构造位置位于扬子准地台与华南褶皱系两大Ⅰ级构造单元接壤部位靠华南褶皱系一侧，北西侧即为江山—绍兴大断裂带，南西侧紧邻芙蓉山破火山口。本区褶皱构造活动不甚发育，而断裂构造则十分发育。矿山累计查明矿石资源总量188405t，其中锌金属量13242t，铅金属量505t。

45.3 开采情况

45.3.1 矿山采矿基本情况

七湾矿业铅锌矿为地下开采的小型矿山，采用平硐-盲斜井联合开拓，使用的采矿方法为全面采矿法。矿山设计生产能力2.3万吨/a，设计开采回采率为82.9%，设计贫化率为18%，设计出矿品位（Zn）为7.07%，锌矿最低工业品位（Zn）为2.5%。

45.3.2 矿山实际生产情况

2013年，矿山实际采出矿量7.64万吨，排放废石2.29万吨。矿山开采深度为464.26~-130m标高。具体生产指标见表45-2。

表45-2　矿山实际生产情况

采矿量/万吨	开采回采率/%	出矿品位/%	贫化率/%	掘采比/m·万吨$^{-1}$
7.64	89.6	2.02	10.7	171

45.3.3 采矿技术

矿山采用平硐-盲斜井开拓方式。

矿山西矿段已经处于残采阶段，东矿段主要由+150m平硐Ⅰ号盲斜井开拓系统及Ⅱ号斜井东侧+120m标高开拓系统组成。

在桑园矿段23号、28号及29号矿体90~0m进行开采，窑后矿段①号、②号矿体有矿地段进行开采。

东矿段以+150m平硐口为出矿平硐，采用平硐-盲斜井开拓方式，卷扬机房设置在+150m平硐内，配备ST-1200-1200-24矿用卷扬机（功率55kW），运输采用YFC0.55-6型翻斗式矿车，提升能力能够满足原有4万吨/a的生产规模；斜井断面规格2.6m×2.0m，轨道一侧设置人行踏步，人行一侧每隔30m布置避车硐室；矿区东部+100m斜井由两段斜井组成，第一段斜井井口标高+100m，井底标高+40m，斜井坡度43°，斜长88m，第二段斜井井口标高+40m，斜井坡度 24. 3°，掘进到+20m 水平时斜井斜长 48. 6m。

矿山运输统一采用 YFC0. 5-6 翻斗式矿车，+89m 以下采用斜井提升运输，+89m 主运输平巷采用 ZB-2 架线式电机车牵引，矿车编组 6 辆。各生产中段运输均采用人工推车。地表运输经人工手选后的矿石，由汽车外运。

矿山采用平硐斜井开拓，窑后矿段采区井下采用人工装运、手拉车运输（130m 水平斜井提升），桑园矿段采区采用 600mm 轨道运输，斜井提升，各采矿点矿石经矿车或手车运出平硐口后，就地由人工手选，抛去占总量 20%左右的废石，成品矿再由小型拖拉机或农用汽车运输向外销售。

45. 4 选矿情况

七湾矿业铅锌矿 1957 年开始筹建，1958 年 1 月投产，1962 年设计生产能力为 50t/d 的选矿厂投产。老选矿厂由于不能适应生产需要，于 1980 年开始扩建为日处理 200t 的新选矿厂。新选矿厂 1984 年 11 月投产，生产产品为铅精矿、锌精矿和少量硫精矿，年产锌精矿 5177. 52t、年产铅精矿 294t。

选矿厂采用两段一闭路破碎，一段磨矿，铅锌优先浮选流程，选矿厂主要生产设备见表 45-3，选矿工艺流程如图 45-1 所示。

表 45-3 选矿厂主要设备

序号	设备名称	设备型号规格	数量/台
1	颚式破碎机	DEF-400×600	1
2	圆锥破碎机	PYZ-900	1
3	皮带输送机	B650×9m	1
4	球磨机	MQG1500×2400	2
5	螺旋分级机	FLG1000F	2
6	浮选机	XTK-H（5A）	5
7	搅拌机	Q1250×1250	2
8	筒型真空过滤机	6M-10	2
9	浓缩机	TNE-1. 8M	3

45. 5 矿产资源综合利用情况

七湾矿业铅锌矿，矿产资源综合利用率 85. 15%，尾矿品位 Zn 0. 32%。

废石集中堆存在排土场，2013 年废石产生量为 2. 29 万吨。废石利用率为 0，废石排放强度为 2. 79t/t。

尾矿排于尾矿库。截至 2013 年底，尾矿库累计堆存尾矿 150 万吨，2013 年产生量为 3. 87 万吨。尾矿利用率为 0，尾矿排放强度为 4. 72t/t。

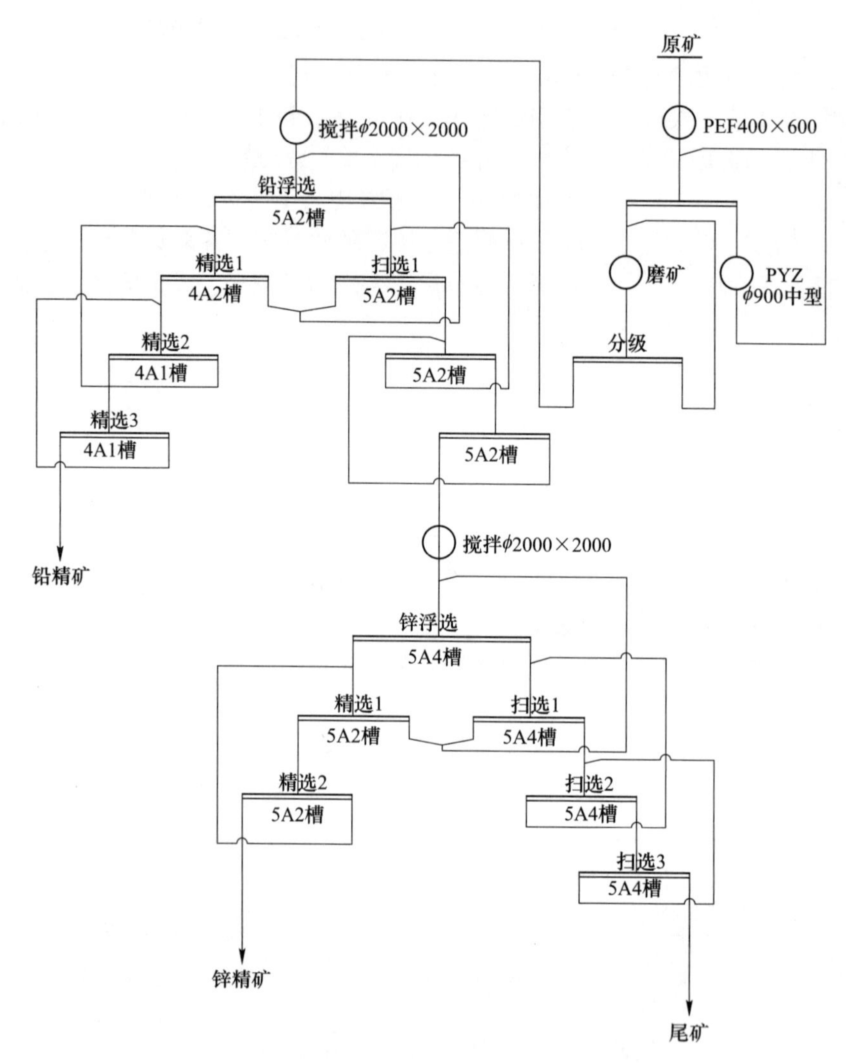

图 45-1　选矿厂工艺流程

46　铅硐山铅锌矿

46.1　矿山基本情况

铅硐山铅锌矿为主要开采铅锌矿的中型矿山，共伴生有益元素主要为铅、金、银等，是国家级绿色矿山。矿山成立于1994年9月，1994年12月开工建设，1997年9月建成投产。矿区位于陕西省宝鸡市凤县，西北距凤县县城32km，东北距宝鸡市132km，南距汉中市147km，比邻316国道，交通便利。矿山开发利用简表详见表46-1。

表46-1　铅硐山铅锌矿开发利用简表

基本情况	矿山名称	铅硐山铅锌矿	地理位置	陕西省宝鸡市凤县
	矿山特征	国家级绿色矿山	矿床工业类型	海相沉积岩型铅锌矿床
地质资源	开采矿种	锌矿、铅矿	地质储量/万吨	矿石量1408.67
	矿石工业类型	氧化铅锌矿石、混合铅锌矿石	地质品位/%	Zn 4.81
开采情况	矿山规模/万吨·a^{-1}	46，中型	开采方式	地下开采
	开拓方式	竖井-斜井-平硐联合开拓	主要采矿方法	留矿采矿法、分段矿房法、分层崩落采矿法
	采出矿石量/万吨	56.65	出矿品位/%	Zn 4.26
	废石产生量/万吨	7	开采回采率/%	88.47
	贫化率/%	11.55	开采深度/m	1499~1080标高
	掘采比/m·万吨$^{-1}$	203.25		
选矿情况	选矿厂规模/万吨·a^{-1}	26.4	选矿回收率/%	Zn 93.88 Pb 84.63
	主要选矿方法	三段一闭路破碎一段粗磨，铅粗精再磨，先铅后锌优先浮选		
	入选矿石量/万吨	38.5	原矿品位/%	Zn 6.94 Pb 1.00
	Zn精矿产量/t	35035	Zn精矿品位/%	48.2
	Pb精矿产量/t	39838	Pb精矿品位/%	56.76
	尾矿产生量/万吨	31.02	尾矿品位/%	Zn 0.30
综合利用情况	综合利用率/%	78.02		
	废石排放强度/t·t^{-1}	2.00	废石处置方式	废石场堆存
	尾矿排放强度/t·t^{-1}	8.78	尾矿处置方式	尾矿库堆存
	废石利用率/%	0	尾矿利用率/%	0
	废水利用率/%	100		

46.2　地质资源

46.2.1　矿床地质特征

铅硐山铅锌矿矿床规模为中型。位于秦岭泥盆系多金属矿带中段的凤太矿田西南部。矿区出露地层以中泥盆统古道岭组（D_2g_2）和星红铺组（D_2x_1）浅变质碳酸盐岩、泥质碎屑岩为主，上覆第四系残积-坡积物。矿区构造以东西走向的铅硐山背斜为基本格局，其核部为古道岭组含碳生物灰岩，两翼为星红铺组薄层灰岩及千枚岩。

铅硐山—东塘子铅锌矿包括铅硐山和东塘子两个铅锌矿，因勘查时间的不同在同一矿带建立两个相邻的铅锌矿。共有矿体两条，均产于中泥盆统古道组（D_2g_2）灰岩与星红铺组（D_2x_2）千枚岩所构成的背斜构造的层间接触带中，矿体形态产状都严格受背斜控制，两个矿体编号分别为Ⅰ和Ⅱ，分别占全矿床储量的71%、29%。Ⅰ号矿体：平面形态呈镰刀状，将其以北分支背斜轴面为界划分为南、北两段。北段分布于2线东6m至12线西45m间，地表出露长度510m，深部工程控制长度达1067m，地表出露标高1621~1798m，深部最低控制标高1229m。沿倾向方向工程控制最大延深454m，平均延深378m。矿体总体产状345°~7°∠65°~79°。南段矿体位于8线东25m至11线西21m，属隐伏矿体，其最大控制标高1694m，最低控制标高1453m。工程控制矿体最大长度275m，控制最大斜深256m。矿体最小埋深34m，最大埋深321m。矿体产状210°∠67°~70°。矿体总体向西侧伏，上部边界侧伏角35°~39°，下部边界侧伏角25°~35°。矿体呈层状-似层状，与围岩层理整合或基本整合接触，与围岩界限清晰。矿体厚度0.12~25.09m，平均厚度10.43m，厚度变化系数82%。单样Pb品位0.72%~18%，平均品位Pb 1.37%；Zn品位0.74%~20.75%，平均品位6.97%。Pb品位变化系数110.18%，Zn品位变化系数106.88%。矿体厚度变化较稳定，矿化较均匀。矿体中北西走向斜向断层发育，将矿体错开，使Ⅰ号矿体在纵投影图上出现一系列向西倾斜的长条构造天窗，同时导致地下水下渗，矿体氧化深度较大。该矿体所含夹石不多，一般为一层，厚2.73~10.10m，主要由硅化铁白云岩、微石英岩（硅质岩）、硅化灰岩或生物灰岩及后期岩脉等组成。Ⅱ号矿体：在铅硐山铅锌矿分布于48线东15m至58线西30m，在地表仅出露于50线附近，出露长度46m；矿体总体处于隐伏状态，铅硐山铅锌矿床深部工程控制长度530m。地表出露标高1596~1634m，最低控制标高1097m，沿倾向工程控制最大延深475m。上部边界，侧伏角37°~40°；下部边界受断层切割而曲折。矿体厚度0.47~32.86m，平均厚度9.20m，厚度变化系数97.6%。Pb品位0.54%~6.89%，平均品位1.26%；Zn品位0.72%~24.32%，平均品位5.57%。Pb品位变化系数110.18%，Zn品位变化系数106.88%。矿体厚度变化较稳定，矿化较均匀。矿体走向290°~303°，上部倾向200°~213°，倾角72°~80°。向深部逐渐变陡，由直立而倒转北倾，倾角75°~80°。下部边界受断层切割而曲折，由此使矿体横断面呈一直立弧形，此弧的枢纽与矿体的侧伏角大体一致。该矿体在46~52勘探线间被F_{12}断层截切（矿体上盘向下移动），形成一个较大的楔形切空区，破坏了Ⅱ号矿体的完整性，断层最大垂直断距为 270m。矿体所含夹石较多，一般为 1~2 层，厚 2.02~28.3m。夹石主要为硅化铁白云岩、微石英岩（硅质岩）、硅化灰岩或生物灰岩及后期岩脉等。东塘子铅锌矿区只有Ⅱ号矿体一个，是铅硐山Ⅱ号矿体的西部延伸，含矿岩性、矿体特征与Ⅱ号矿体基本一致。矿体形态呈板状、似层状，以似层状为主。矿体地表无出露，矿体埋深 400~660m，矿体赋存标高为 1145~870m。该段矿体长 450m，矿体单工程真厚度波动在 0.64~17.76m，平均 6.48m，厚度变化系数 35.11%。矿体主成矿元素品位一般为：Pb 0.75%~2.47%，平均品位 1.64%，品位变化系数 50.60%；Zn 1.53%~10.92%，平均品位 8.37%，品位变化系数 47.53%。矿体厚度、品位沿倾向有随深度逐渐增加而变小的趋势。矿体产状 203°~220°∠75°~82°，总体产状 205°∠77°。

铅硐山矿石主要结构以它形晶粒状结构为主，也有重结晶结构、半自形-它形粒状结构、填隙结构等，矿石构造最常见类型为浸染状和团块状，也有斑点状、条带状-似条带状，其中浸染状最多，各类型之间均有过渡现象。

矿石构造：主要有层纹-条带状、浸染状、脉状及块状构造。铅硐山矿石自然类型为：（铁）白云质硅质岩型铅锌矿石；千枚岩夹硅化灰岩型铅锌矿石；黄铁矿型铅锌矿石。主要为（铁）白云质硅质岩型铅锌矿石。

46.2.2 资源储量

铅硐山铅锌矿矿石工业类型主要为氧化铅锌矿石、混合铅锌矿石两类。矿石中具有工业价值的主要元素为 Pb、Zn，伴生有益元素为 Au、Ag。矿山累计查明矿石资源总量 1408.67 万吨，矿石平均锌品位为 4.81%。

46.3 开采情况

46.3.1 矿山采矿基本情况

铅硐山铅锌矿为地下开采的中型矿山，采用竖井-斜井-平硐联合开拓，使用的采矿方法为留矿法、分段空场法和分层崩落采矿法。矿山设计生产能力 39.6 万吨/a，设计开采回采率为 85%，设计贫化率为 15%，设计出矿品位（Zn）为 4.4%，锌矿最低工业品位（Zn）为 1%。

46.3.2 矿山实际生产情况

2013 年，矿山实际采出矿量 56.65 万吨，排放废石 7 万吨。矿山开采深度为 1499~1080m 标高。具体生产指标见表 46-2。

表 46-2 矿山实际生产情况

采矿量/万吨	开采回采率/%	出矿品位/%	贫化率/%	掘采比/m · 万吨$^{-1}$
56.65	88.47	4.26	11.55	203.25

46.4　选矿情况

46.4.1　选矿厂概况

铅硐山矿选矿厂处理低铅高锌混合矿石，设计原矿处理能力为800t/d，选矿厂磨浮系统是由两个完全相同的系列组成，主要工艺流程为三段一闭路破碎一段粗磨，铅粗精再磨，先铅后锌优先浮选。生产产品为铅、锌精矿。设计年产铅精矿4700t，锌精矿35000t。

46.4.2　选矿工艺流程

46.4.2.1　硫化矿电位调控快速浮选

硫化矿原生电位浮选是利用硫化矿磨矿-浮选矿浆中固有的电化学行为引起的电位变化，通过调节传统浮选操作因素达到电位调控并改善浮选过程的工艺。一是主要调节和控制包括矿浆pH值、捕收剂种类、用量及用法、浮选时间以及浮选流程结构等在内的传统浮选操作参数；二是不采用外加电极、不使用氧化-还原调控电位。以石灰作矿浆pH调整剂，一定比例的乙硫氮、丁基黄药作捕收剂，当pH>12.5，矿浆原生电位E_{op}<0.17V时，方铅矿回收率趋于最大值，并使铅、锌矿物有效分离。采用一段磨矿；选铅流程为一次快速粗选、四次快速精选、一次粗选、一次粗精选、两次扫选；选锌流程为一次快速粗选、三次快速精选、一次粗选、一次粗精选、两次扫选。

该技术应用于2002年5月。应用后，铅锌精矿品位分别提高5.89%和0.41%；铅锌回收率分别提高2.24%和1.59%。

46.4.2.2　低品位高氧化矿综合回收利用技术

以低品位氧化矿为原料，在酸浸前采用浮选方法对氧化矿中铅及硫化锌进行混合浮选回收，其浮选后尾矿再酸浸生产工业碱式碳酸锌，最大限度地回收氧化矿中铅锌金属。

氧化矿经球磨、分级后，采用铅锌混合浮选，得到铅锌混合精矿，浮选后，尾矿经过酸浸、净化、中和、干燥作业，得到合格工业碱式碳酸锌。

在铅硐山矿脱水车间旁闲置地方，修建磨矿、酸浸、净化、中和、干燥车间。利用铅硐山矿现有的供电、供水、道路，尾矿库设施。

充分利用铅硐山矿、现有资源与设施，新建一个工业碱式碳酸锌化工生产装置。增加的主要设备有ϕ2500×3000酸浸罐5个、ϕ2500×3000净化罐6个、ϕ2500×3000中和罐3个、125m^{2}箱式压滤机2台、70m^{2}箱式压滤机3台、ϕ1200闪蒸干燥系统一套。

该技术应用于2006年5月，每天处理低品位氧化矿100t。工艺流程图如图46-1所示。

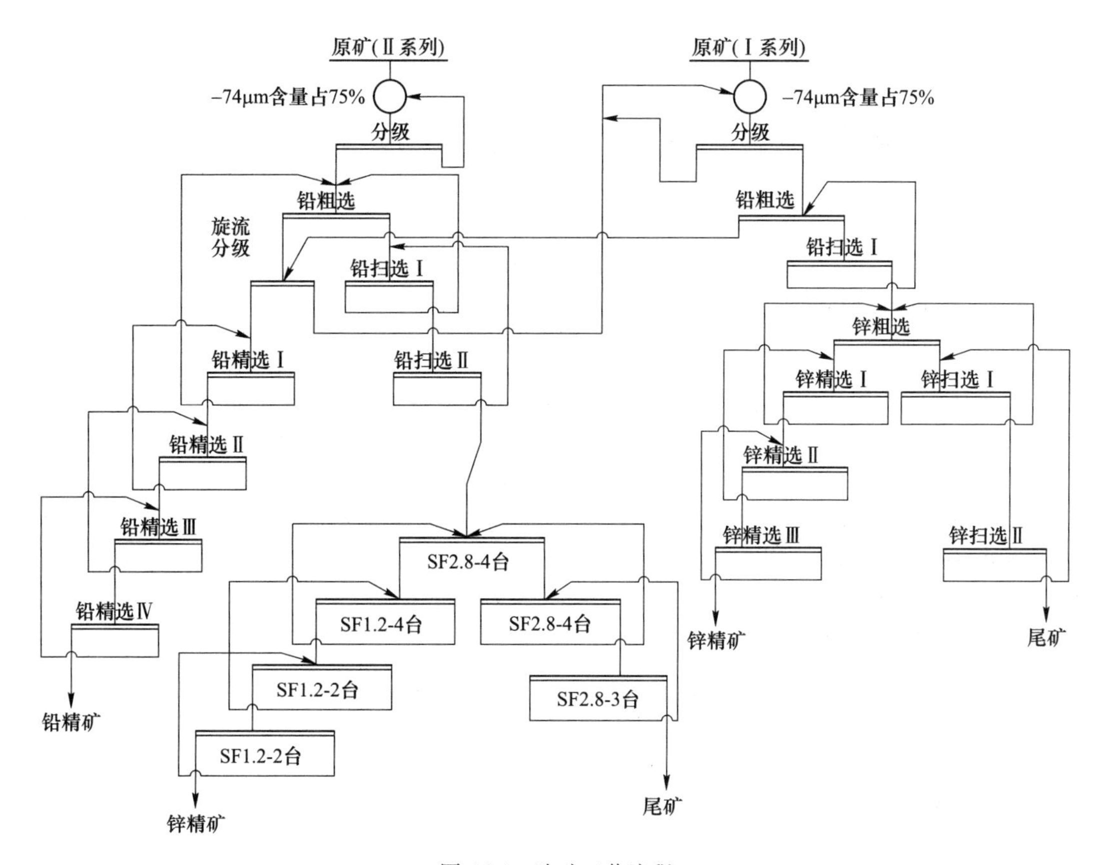

图 46-1 选矿工艺流程

46.5 矿产资源综合利用情况

铅硐山铅锌矿，矿产资源综合利用率 78.02%，尾矿品位 Zn 0.30%。

废石集中堆存在废石场，还用于采空区充填，截至 2013 年底，废石场累计堆存废石 134 万吨，2013 年产生量为 7 万吨。废石利用率为 0，废石排放强度为 2.00t/t。

尾矿排于尾矿库。截至 2013 年底，尾矿库累计堆存尾矿 84.02 万吨，2013 年产生量为 31.02 万吨。尾矿利用率为 0，尾矿排放强度为 8.78t/t。

47 水口山矿区铅锌多金属矿

47.1 矿山基本情况

水口山矿区铅锌多金属矿为主要开采铅锌矿的中型矿山，共伴生有益元素主要有锌、金、银、硫、铜、镉、砷等，是国家级绿色矿山。矿山已有100多年的开采历史，曾以富产铅锌而著称于世，1949年前主要沿用土法开采，1949年开始恢复生产，1954年开始采矿，1957年开始扩建，1958年建成投产。矿区位于湖南省衡阳市常宁市，平距常宁市35km，平距衡阳市40km，区内交通以公路为主，衡阳—常宁公路从矿区经过，与京珠、衡枣高速公路相连，自营公路连接京广铁路和107国道，水路有湘江从其旁侧经过，流经衡阳、长沙而入洞庭湖，与长江汇合，水陆交通均十分便利。矿山开发利用简表详见表47-1。

表47-1 水口山矿区铅锌多金属矿开发利用简表

基本情况	矿山名称	水口山矿区铅锌多金属矿	地理位置	湖南省衡阳市常宁市
	矿山特征	国家级绿色矿山	矿床工业类型	中低温热液矿床
地质资源	开采矿种	锌矿	地质储量/万吨	矿石量1591.4
	矿石工业类型	硫化铅锌矿石和黄铁矿石	地质品位/%	Pb 2.85 Zn 3.73
开采情况	矿山规模/万吨·a^{-1}	42.6，中型	开采方式	地下开采
	开拓方式	竖井-斜井-斜坡道联合开拓	主要采矿方法	上向水平分层充填法和全面采矿法
	采出矿石量/万吨	26.5	出矿品位/%	Pb 2.87
	废石产生量/万吨	7.8	开采回采率/%	95.16
	贫化率/%	6.49	开采深度/m	280~-800标高
	掘采比/m·万吨$^{-1}$	461.56		
选矿情况	选矿厂规模/万吨·a^{-1}	铅锌选矿厂：60 金硫选矿厂：金矿石5、硫铁矿10	选矿回收率/%	Pb 89.17 Zn 89.19 S 60.27 Au 30.09 Ag 74.28
	主要选矿方法	三段一闭路破碎，一段闭路磨矿，优先选铅、锌硫混选、锌硫分离		
	入选矿石量/万吨	26.9	原矿品位	Pb 3.39% Zn 3.89% S 14.77% Au 2.06g/t Ag 85.73g/t
	Pb精矿产量/t	22435	Pb精矿品位/g·t^{-1}	Au 11.69 Ag 1199.92

续表 47-1

选矿情况	Zn 精矿产量/t	30110	Zn 精矿品位/g · t^{-1}	Au 1.94 Ag 184.94
	S 精矿产量/t	147700	S 精矿品位/g · t^{-1}	Au 5.83
	尾矿产生量/万吨	28.71	尾矿品位/%	Pb 0.275 Zn 0.21 S 3.33
综合利用情况	综合利用率/%	86.78		
	废石排放强度/t · t^{-1}	1.48	废石处置方式	排土场堆存
	尾矿排放强度/t · t^{-1}	5.46	尾矿处置方式	回填，尾矿库堆存
	废石利用率/%	100	尾矿利用率/%	40
	废水利用率/%	80		

47.2 地质资源

47.2.1 矿床地质特征

水口山矿区铅锌多金属矿矿床规模为中型，矿床类型为中低温热液矿床。水口山铅锌金银矿床，位于耒（阳）临（武）南北褶断带北端，衡阳盆地南缘，以南北褶皱和相伴随的挤压断裂构成古生界 SN 向构造的格局，在新华夏系构造的利用、改造下，总体构造呈 NNE 向。地表绝大部分为侏罗系黑色碎屑岩及白垩系红色碎屑岩覆盖，仅矿区西部沿 F_{22}逆断层上盘局部地段有少量上二叠统斗岭组碎屑岩、下二叠统当冲组含锰硅质岩出露，古生界下二叠统栖霞组含炭质条带状灰岩、含燧石灰岩及当冲组含锰硅质岩、泥灰岩、泥质页岩隐伏于矿区深部，为本区铅锌金银矿主要含矿层位。

矿区构造简单，褶皱构造由康家湾隐伏倒转背斜和老盟山向斜组成。矿区隐伏倒转背斜分布于矿区西部，走向 NNE 或近似 SN。铅锌金银主要矿体产于该背斜轴部下二叠统栖霞组、当冲组层间硅化破碎角砾岩带间或侏罗系不整合面以下的层间硅化角砾岩带中，该背斜为矿液充填创造了良好的成矿空间。断裂构造主要为区域 F_{22}逆断层，长度大于 20km，在矿区北端为白垩系红层覆盖。在该断层作用下，矿区二叠系斗岭组、当冲组逆掩于侏罗系之上。矿区南西出露有 2 号花岗闪长岩体和 4 号花岗闪长岩体，东部出露最大的岩体为老盟山英安玢岩体（1 号岩体），其余均为零星英安玢岩小岩体，矿区内少数钻孔在深部见有强碳酸盐化玄武质英安玢岩脉沿侏罗系层面侵入。

水口山矿区铅锌金银矿体产于康家湾倒转背斜与 F_{22}逆冲断层相切割的二叠系当冲组硅质岩、泥灰岩与下伏栖霞组灰岩的层间硅化破碎角砾岩带中，尤以下部二叠系含燧石硅化灰岩、角砾岩与矿化最为密切。个别矿体产于倒转背斜倾末部位的当冲组泥灰岩中。矿体形态呈似层状、透镜状、脉状产出。矿石中金属矿物以方铅矿、闪锌矿、黄铁矿为主，其次为磁黄铁矿、赤铁矿、毒砂、黄铜矿、斑铜矿、辉铜矿、辉银矿、深红银矿、银黝铜矿、砷黝铜矿、自然金、自然银、碲银矿等。脉石矿物以石英、玉髓为主，其次为方解石、层解石、迪开石、水云母-绢云母、绿帘石、磷灰石、蒙脱石，长石、萤石、重晶石。

矿石结构以自形至半自形粒状结构、压碎结构、乳浊状结构、揉皱结构、交代残余结构常见，次为骸晶结构及球粒状结构。矿石构造以浸染状、条带状、块状、角砾状为主，其次为脉状、胶状构造。矿区围岩蚀变主要为硅化，少量冰长石化、萤石化、绢云母化、迪开石化、绿泥石化，局部见角岩化或矽卡岩化。其中硅化可分为早中晚三期，中、晚期硅化较强处铅锌金矿化较好，显微金、次显微金充填晚期石英的粒间间隙或微裂隙中。

47.2.2　资源储量

水口山矿区铅锌矿有铅锌矿石和黄铁矿石两种矿石类型，铅锌矿石除主元素 Pb、Zn 外，伴生组分有 Au、Ag、S、Cu 等元素。矿山累计查明资源储量铅锌矿石量 1591.4 万吨，铅金属量 454312t，平均品位 2.85%；锌金属量 593460t，平均品位 3.73%；金矿石量 1294.4 万吨，金金属量 38208kg，平均品位 2.95g/t；银矿石量 1294.4 万吨，银金属量 849853kg，平均品位 65.65g/t；硫铁矿矿石量 1591.4 万吨，硫平均品位 17.13%。

47.3　开采情况

47.3.1　矿山采矿基本情况

水口山矿区铅锌多金属矿为地下开采的中型矿山，采用竖井-斜井-斜坡道联合开拓，使用的采矿方法为上向水平分层充填法和全面采矿法。矿山设计生产能力 34 万吨/a，设计开采回采率为 92%，设计贫化率为 8%，设计出矿品位（Pb）为 5.8%，铅矿最低工业品位（Pb）为 0.7%。

47.3.2　矿山实际生产情况

2013 年，矿山实际采出矿量 26.5 万吨。矿山开采深度为 280~-800m 标高。具体生产指标见表 47-2。

表 47-2　矿山实际生产情况

采矿量/万吨	开采回采率/%	出矿品位/%	贫化率/%	掘采比/m · 万吨$^{-1}$
26.5	95.16	2.87	6.49	461.56

47.3.3　采矿技术

水口山铅锌矿是一个驰名中外的老矿山，已有 100 多年的开采历史，曾以富产铅锌而著称于世。1949 年前主要沿用土法开采，1949 年开始恢复生产，1954 年开始采矿，当时矿井提升能力为 7 万吨/a。1957 年开始扩建，1958 年建成投产，生产能力达 20 万吨/a。1962~1972 年再次扩建，使矿山综合生产能力达到 30 万吨/a。

矿区面积 32.7507 平方公里。采矿权范围内剔除了两处范围，分别是民采地表氧化区和常宁市硫铁矿采矿证范围，矿山占用康家湾、老鸦巢和鸭公塘矿段的资源储量。

（1）康家湾矿段。水口山矿务局于 1981 年 7 月成立康家湾勘探指挥部，1985 年 7 月成立康家湾铅锌金矿，按照边勘探、边基建、边生产的建矿模式，由长沙有色冶金设计研究院承担康家湾矿的开采设计，首期设计采选能力为30万吨/a，1988年二期扩建工程正式投产后，设计采选能力为40万吨/a。1995年达产30万吨/a，1999年达产40万吨/a，2010年矿山实际采矿能力达46.2万吨/a。目前实际采矿能力达42.6万吨/a。

采矿方法以上向水平分层充填法为主，全面法、留矿法等其他采矿方法为辅。通风系统为竖井、斜坡道进风，2号斜井、9300双巷（至水口山铅锌矿回风井）回风的抽出式通风系统。

历年康家湾矿段平均采矿损失率1.2%，平均采矿贫化率5%。

2011年康家湾矿段开采Ⅰ-1号铅锌矿体，开采范围十中段、十一中段和十二中段。

（2）老鸦巢矿段。百余年老矿矿产资源近于枯竭，于2005年末政策性破产，2006年初在残余矿产资源和有效生产能力和基础上，依法重组为衡阳水口山矿业开发有限责任公司，后因生产发展和国内外形势的需要，于2008年又改为水口山铅锌矿。现有采选生产能力5万吨/a，产品为铅锌精矿、黄铁精矿、金精矿。几年来水口山铅锌矿主要回采老区残矿、金矿和部分黄铁矿。

历年铅锌矿石平均采矿损失率6.04%，采矿贫化率6.83%；黄铁矿石采矿损失率8.29%，采矿贫化率7.32%；金矿石采矿损失率22.8%，采矿贫化率7.16%。其中金矿石有很大一部分是因开采铅锌时的损失。

2011年老鸦巢矿段主要开采16号硫铁矿体，开采范围五中段；Ⅳ号金矿体，开采范围十一中段、十二中段。

（3）鸭公塘矿段。鸭公塘开拓系统与老鸦巢开拓系统相连接，1970年矿山在地探工作的基础上进行了开拓，于1972年正式投入生产，生产能力达3万吨，1974年达产6.5万吨左右。

1972~1998年间，已从四中段20m付层（-80m标高）至九中段（-300m标高）将矿区探明的各矿体进行大规模开采。

1998年以后，矿山迫于排水量大，排水成本过高，铅锌市场价格原因，被迫堵水关闭，至今未开采。

老鸦巢矿段和鸭公塘矿段为水口山矿区的两个生产区，采用地下开采，开拓方式采用下盘竖（盲）井联合开拓法，矿山已生产几十年，进入后期减产阶段。

矿床采用竖井开拓，采矿方法以浅眼留矿采矿法为主，上向水平分层充填采矿法等其他采矿方法为辅。

47.4 选矿情况

47.4.1 选矿厂概况

矿山拥有铅锌选矿厂和金硫选矿厂各一座，现在分别承担老矿山及康家湾矿选矿生产任务。铅锌选厂于1952年元月正式投产，处理能力200t/d，1958年扩建到800t/d，1995年达40万吨/a，2003年后处理能力达60万吨/a。金硫选厂于1988年4月投产，处理能力为金矿石5万吨/a，硫铁矿10万吨/a，但硫铁矿系统一直未投产。

水口山铅锌选厂现有选矿工艺流程经过多年的生产实践以及多次科技攻关，选矿流程已趋于完善。目前流程合理，选矿指标稳定可靠，在国内同类型行业中处于较好水平。

47.4.2 选矿工艺流程

47.4.2.1 破碎筛分流程

碎矿工序采用三段一闭路破碎工艺，破碎产品粒度≤12mm。破碎原则流程如图47-1所示。

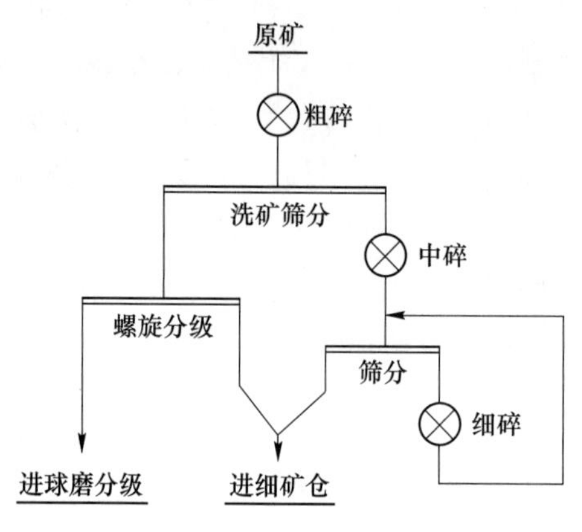

图47-1 碎矿流程

47.4.2.2 磨矿流程

磨矿工序采用一段闭路磨矿工艺，磨矿分级溢流细度-0.074mm含量占70%。

47.4.2.3 浮选流程

浮选工序采用优先选铅、锌硫混选、锌硫分离工艺，主要药剂有25号黑药、乙黄药、丁黄药、2号油、硫酸铜、硫酸锌、碳酸钠、硫化钠和石灰等。磨矿浮选原则流程如图47-2所示。

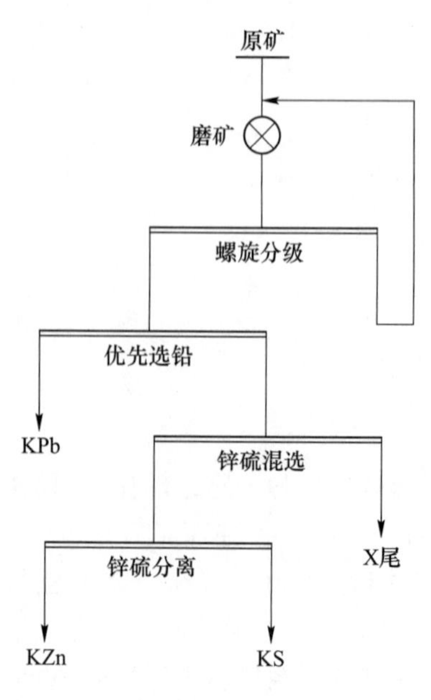

图47-2 磨矿浮选流程

47.4.2.4　精矿脱水流程

精矿脱水工序采用先浓缩再压滤的两段脱水工艺。精矿脱水原则流程如图 47-3 所示。

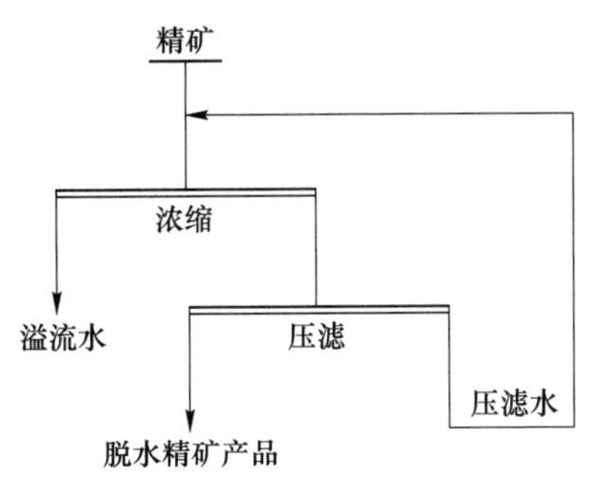

图 47-3　精矿脱水流程

47.4.2.5　铅锌选厂主要设备

铅锌选厂主要设备见表 47-3。

表 47-3　铅锌选厂主要设备

序号	名称	型号	台数	序号	名称	型号	台数
1	颚式破碎机	PE600×900	1	9	搅拌桶	ϕ2000	3
2	圆锥破碎机	PYB-1200	1	10	搅拌桶	XB-2500	2
3	圆锥破碎	PYD-1750	1	11	浮选机	SF-8	9
4	振动筛	SZZ1 1500×3000	3	12	浮选	JJF-8	11
5	球磨机	ϕ2700×3600	1	13	浮选	6A	12
6	分级机	2FG-200	1	14	压滤机	GPZ-40	3
7	浓密机	NG-18	3	15	压滤机	PG58-2.7/6	1
8	浓密机	NG-15	1				

47.5　矿产资源综合利用情况

水口山矿区铅锌多金属矿，矿产资源综合利用率 86.78%，尾矿品位 Zn 0.21%，Pb 0.275%。

废石集中堆存在排土场，截至 2013 年底，废石场累计堆存废石 0 万吨，2013 年产生量为 7.8 万吨。废石利用率为 100.00%，废石排放强度为 1.48t/t。

尾矿排于尾矿库，还用作矿山地下开采采空区的充填料。截至 2013 年底，尾矿库累计堆存尾矿 1232.02 万吨，2013 年产生量为 28.71 万吨。尾矿利用率为 40%，尾矿排放强度为 5.46t/t。

80%左右的尾矿水返回选厂作为生产用水，少量尾矿水经澄清等深度处理后排向库外。

48 佛子冲铅锌矿

48.1 矿山基本情况

佛子冲铅锌矿为主要开采铅矿的中型矿山，共伴生有益元素主要为锌、铜、银等。矿山分古益、河三两个坑口，为两个独立的生产系统，其中古益工区是矿山的主要生产矿区，1985年建成投产；河三工区于1966年由国营矿山组织建矿生产。矿区位于广西壮族自治区梧州市苍梧县，地跨岑溪市与苍梧县，距岑溪市区70km，距梧州市80km，矿区公路北至苍梧、梧州、柳州、桂林等地，西可至岑溪、玉林、南宁等地。水路由苍梧沿江可上至贵港、南宁等地，往下可达广州、香港等地，交通便利。矿山开发利用简表详见表48-1。

表48-1 佛子冲铅锌矿开发利用简表

基本情况	矿山名称	佛子冲铅锌矿	地理位置	广西壮族自治区梧州市苍梧县
	矿山特征	—	矿床工业类型	复控成因的矽卡岩型矿床
地质资源	开采矿种	铅矿	地质储量/万吨	矿石量1249.17
	矿石工业类型	硫化矿石	地质品位/%	Pb 2.7
开采情况	矿山规模/万吨·a^{-1}	34，中型	开采方式	地下开采
	开拓方式	平硐开拓	主要采矿方法	留矿采矿法
	采出矿石量/万吨	31.92	出矿品位/%	Pb 2.87
	废石产生量/万吨	2.12	开采回采率/%	95.14
	贫化率/%	6.49	开采深度/m	570~160标高
	掘采比/m·万吨$^{-1}$	461.56		
选矿情况	选矿厂规模/万吨·a^{-1}	30	选矿回收率/%	Pb 88.47 Zn 87.43 Cu 56.34
	主要选矿方法	三段一闭路破碎，两段全闭路，铜铅混选，精矿铜铅分离，尾矿选锌工艺		
	入选矿石量/万吨	31.92	原矿品位/%	Pb 2.67 Zn 3.4 Cu 0.22
	铅精矿产量/t	12000	铅精矿品位/%	Pb 59.575
	锌精矿产量/t	17100	锌精矿品位/%	Zn 50.067
	铜精矿产量/t	1900	铜精矿品位/%	Cu 19.807
	尾矿产生量/万吨	28.57	尾矿品位/%	Pb 0.14

续表 48-1

综合利用情况	综合利用率/%	72.83		
	废石排放强度/t·t^{-1}	1.77	废石处置方式	排土场堆存
	尾矿排放强度/t·t^{-1}	23.81	尾矿处置方式	尾矿库堆存
	废石利用率/%	90.42	尾矿利用率/%	49.00
	废水利用率/%	60（回水） 95（坑涌）		

48.2 地质资源

48.2.1 矿床地质特征

佛子冲铅锌矿床处于佛子冲矿田中部，矿床规模中等。本矿床类型为复控成因的矽卡岩型矿床，成矿受地层、岩性、构造、岩浆岩联合制约，矿体空间位置、形态主要受条纹、条带状灰岩层及（层间）断层的控制。矿体主要赋存于奥陶系中统上组上段、上统下组上段和志留系下统中组中段、中组上段及上组下段（含矿矽卡岩层（脉）或灰岩）中，其分布范围与原勘查的六塘、石门、刀支口、大罗坪、牛卫、勒寨、水滴、午龙岗矿段范围基本一致。

矿体成群成带出现，总体走向大致为北东 30°，间距 4～50m，其产状与地层产状大体一致，并与地层同步褶曲，明显受层位、岩性的控制。矿体形态以似层状、透镜状为主，不规则状次之，总体倾向南东 110°～130°，倾角一般 55°～65°

佛子冲矿床矿体氧化带深度一般在 10～60m，局部大于 60m，地表含铅锌矿物多已流失，品位低，Pb、Zn、Cu 品位多达不到工业要求。核实保有矿体埋深大多在 100m 以下，深部保有矿石均属原生矿硫化物矿石，矿石的自然类型有：条带状硫化物矿石、致密块状硫化物矿石、（细脉）浸染状硫化物矿石、含硫化物碎裂（状）岩矿石。矿石在空间分布上无明显的规律，常掺杂在一起，在矿体的某些地段，常以一种或两种矿石类型为主。

（1）条带状硫化物矿石：是本区最常见的一种矿石，方铅矿、闪锌矿、磁黄铁矿、黄铁矿等金属硫化物与绿泥石、透闪石等非金属矿物呈条带相间产出；或金属矿物因颜色、粒度等差异形成的明显的条带（如磁黄铁矿、黄铁矿条带与方铅矿、闪锌矿条带）相间出现。本类矿石多为中富矿石，少量为富矿石，Pb+Zn 品位多介于 4%～8%之间，少量大于 8%。

（2）致密块状硫化物矿石：呈深灰色、黄褐色，矿石中的中粗粒铁闪锌矿、方铅矿、磁黄铁矿、黄铁矿紧密共生或各自聚集分布组成致密块状构造，有时细粒浅色闪锌矿、方铅矿也组成致密块状矿石。矿石主要由方铅矿、闪锌矿、磁黄铁矿等金属矿物以及石英或矽卡岩矿物等组成，有时矿石全部由方铅矿、闪锌矿、磁黄铁矿等金属矿物组成。该类矿石一般为富矿石，Pb+Zn 品位≥8%，有时不低于 20%。

（3）（细脉）浸染状硫化物矿石：方铅矿、闪锌矿等金属矿物星点状、浸染状，有时形成线脉、稠密浸染状散布于灰岩、矽卡岩、花岗闪长岩等岩石中。此类矿石多为贫矿石，一般 Pb+Zn<4%。

（4）含硫化物碎裂（状）岩矿石：矿石见于（层间）断裂破碎带中。方铅矿、闪锌矿、黄铁矿等金属矿物多星散分布，局部富集成团包状、线脉状分布于破碎带中，碎块成分视断层切割的地层岩性而定，可以为花岗闪长岩、碎屑岩、矽卡岩等。此类矿石多为贫矿石，一般 Pb+Zn<4%。

48.2.2　资源储量

佛子冲铅锌矿床，矿石类型为硫化矿石，主要矿种为铅锌，伴生矿种为铜、银等。佛子冲铅锌矿床（六塘—石门—刀支口、大罗坪、牛卫、勒寨、午龙岗、水滴矿段）地质勘查累计探明矿石量 1249.17 万吨，Pb+Zn 金属量 84.02 万吨，伴生 Cu1.43 万吨，Ag 365.79t。

48.3　开采情况

48.3.1　矿山采矿基本情况

佛子冲铅锌矿为地下开采的中型矿山，采用平硐开拓，使用的采矿方法为留矿法。矿山设计生产能力 45 万吨/a，设计开采回采率为 84%，设计贫化率为 9.58%，设计出矿品位（Pb）为 2.95%，铅矿最低工业品位（Pb）为 1%。

48.3.2　矿山实际生产情况

2013 年，矿山实际采出矿量 31.92 万吨，排放废石 2.12 万吨。矿山开采深度为 570~160m 标高。具体生产指标见表 48-2。

表 48-2　矿山实际生产情况

采矿量/万吨	开采回采率/%	出矿品位/%	贫化率/%	掘采比/m·万吨$^{-1}$
31.92	95.14	2.87	6.49	461.56

48.3.3　采矿技术

具体采矿方法是装岩机出矿的平底式底部结构留矿采矿法，留矿法矿块结构参数：矿块沿矿体走向布置，矿块长 58.4~68.4m，矿房长 50~60m，采场宽度为矿体水平厚度，采场高为 40m（两中段高差），间柱宽为 8.4m，顶柱厚为 4~6m。采准和切割：采准切割工程主要有中段运输联道、人行通风天井及联络道、溜矿井、放矿口、电耙道、电耙硐室、堑沟巷道。通过中段运输平巷掘进人行通风井及联络道、溜矿井、人行通风天井、电耙硐室，在回采前，在电耙道打好放矿口再拉底好堑沟。装岩机出矿的平底式底部结构留矿采矿法是在采场原沿脉平巷打上向斜孔（倾角小于 45°）开始分层回采，回采高度为 2.5~3m，工作面呈阶梯形推进，直到矿房边界，采用 YT-23 型气腿凿岩机凿岩，炮孔孔径为 ϕ40mm，孔深 3m，钻凿上向斜孔，每次爆破完成后，出矿约 30%，留下 2~2.5m 高度空间作为第二层回采平台和爆破补偿，回采高度为 3m，高度完成后，矿房集中出矿。

采场出矿机械是 JXF 装岩机，采场矿石从放矿口自重运搬至装矿平巷，在装矿平巷用装岩机装到 YCC1. 2 矿车。

采矿设备：YT-23 型气腿凿岩机、JXF 装岩机、YCC1. 2 矿车。

48. 4 选矿情况

48. 4. 1 选矿厂概况

佛子冲铅锌矿有古益、河三两个独立的选矿生产系统，古益选厂所选矿石全部采自古益坑口，2011 年古益选矿厂入选矿石 27. 65 万吨、河三选矿厂入选矿石 113. 7 万吨；2012 年古益选矿厂入选矿石 31. 02 万吨、河三选矿厂入选矿石 12. 64 万吨；2013 年古益选矿厂入选矿石 31. 92 万吨、河三选矿厂入选矿石 7. 97 万吨。

48. 4. 2 选矿工艺流程

原矿从古益矿主平硐轨道运输至老虎口卸入原矿仓，进入选矿系统。选矿流程中的各工艺过程分述如下。流程图如图 48-1 所示。主要设备见表 48-3。

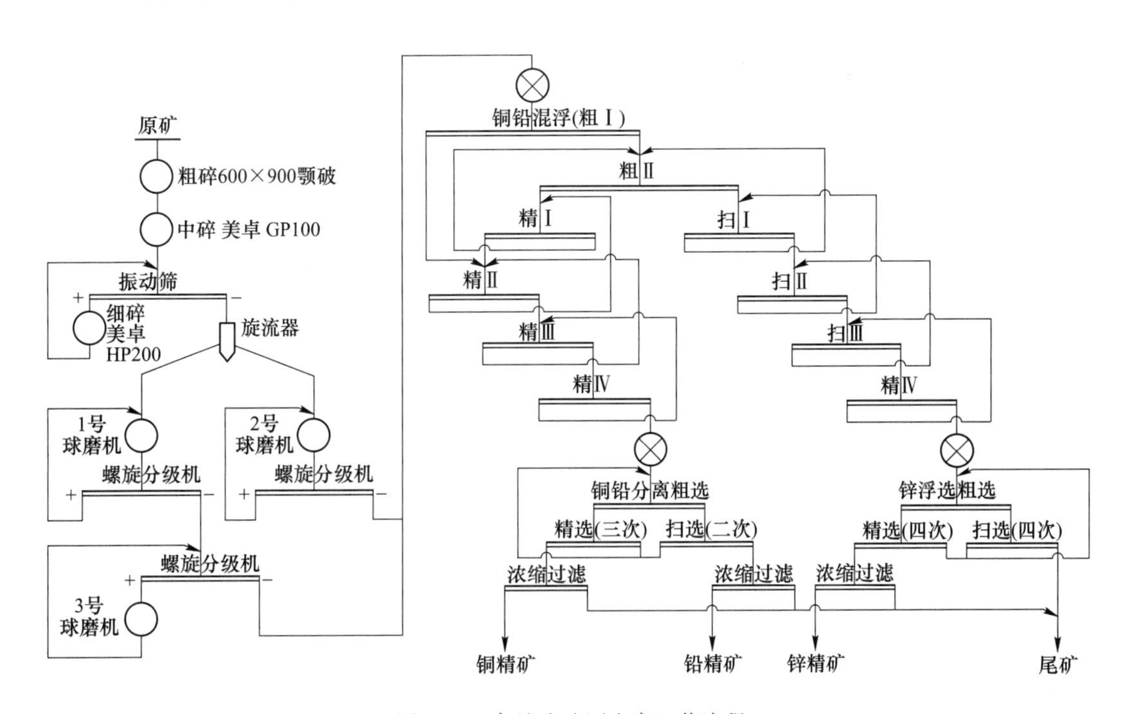

图 48-1 古益选矿厂生产工艺流程

(1) 碎矿工序。破碎系统采用三段一闭路流程，粗碎使用 1 台 PE600×900 颚式破碎机将原矿破碎至 144mm 以下，中碎使用 GP100 圆锥破碎机破碎至块度 46mm 以下，细碎使用 HP200 破碎至粒径 20mm 以下。

(2) 磨矿工序。磨矿系统采用两段全闭路流程。破碎好的原矿从粉矿仓经皮带输送至旋流器进料口，加水进矿形成矿浆。矿浆首先通过旋流器中进行粗分，含较细粒度矿石的矿浆从旋流器上部流出，通过一段闭路球磨直接进入浮选工序，而含较粗粒度的矿浆从旋流器下部进入两段闭路球磨流程。球磨机产品通过螺旋分级机分级，溢流产品-0.074mm含量占70%~75%，溢流浓度30%~35%。

（3）浮选工序。浮选作业采用铜铅混选，精矿铜铅分离，尾矿选锌工艺。

铜铅混选系统：使用16台浮选槽进行二次粗选、四次精选、四次扫选作业，用丁基黑药作捕收剂，$ZnSO_4$、Na_2CO_3和石灰为抑制剂。

精矿铜铅分离系统：使用12台浮选槽进行一次粗选、三次精选、二次扫选，用CMC抑铅浮铜，2号油作起泡剂。

选锌系统：使用8台浮选槽进行一次粗选、三次精选、三次扫选，用丁基黑药作捕收剂，$CuSO_4$作活化剂，少量2号油作起泡剂。

精矿过滤：矿浆经浓缩后，采用3台真空过滤机分别进行铜、铅、锌精矿过滤。

表48-3　选矿厂主要设备

古益选厂设备	设备型号	数量/台	河三选厂主要设备	设备型号	数量/台
颚式破碎机	PE600×900	1	颚式破碎机	PE500×700	1
圆锥破碎机	HP200	1	圆锥破碎机	S75BX	1
圆锥破碎机	GP100S	1	圆锥破碎机	S155D	1
球磨机	ϕ2700×2100	2	球磨机	ϕ1500×3000	4
球磨机	ϕ2100×3000	1	圆筒真空过滤机	TZG-5	2
过滤机	TZG-5	1	圆筒真空过滤机	GW-5	1
盘式真空过滤机	ZPG20-4	2	单层振动筛	YA1530	1
双层振筛机	ZYA1848	1			

48.5　矿产资源综合利用情况

佛子冲铅锌矿，矿产资源综合利用率72.83%，尾矿品位Pb 0.14%。

废石集中堆存在排土场，截至2013年底，废石场累计堆存废石122.12万吨，2013年产生量为2.12万吨。废石利用率为90.42%，废石排放强度为1.77t/t。

尾矿堆存于尾矿库，还作为水泥加工材料已研发成功并应用在生产中。截至2013年底尾矿库累计堆存尾矿830万吨。2013年产生量为28.57万吨，尾矿利用率为49.00%，尾矿排放强度为23.81t/t。

矿山回水利用率60%，矿坑涌水利用率95%。

49 铜街-曼家寨矿区

49.1 矿山基本情况

铜街-曼家寨矿区为主要开采锌矿的大型矿山，共伴生矿产主要为锡、铜、银、铟、镉、砷、硫、铁等，是国家级绿色矿山。矿山始建于1958年，前身是文山州都龙锡矿，2003年3月改制为云南文山锌锡有限公司，2004年7月再次调整和优化股权结构，组建成现名公司。矿区位于云南省文山壮族苗族自治州马关县，平距马关县城19km，公路里程27km，距文山州府98km、省会昆明442km，至国家一级边贸口岸河口县城144km，至文山飞机场128km，交通较为便利。矿山开发利用简表详见表49-1。

表49-1 铜街-曼家寨矿区开发利用简表

基本情况	矿山名称	铜街-曼家寨矿区	地理位置	云南省文山州马关县
	矿山特征	国家级绿色矿山	矿床工业类型	矽卡岩型矿床
地质资源	开采矿种	锌矿、锡矿	地质储量/万吨	矿石量11777.1
	矿石工业类型	矽卡岩型锌锡铜矿	地质品位/%	Zn 3.71
开采情况	矿山规模/万吨·a^{-1}	210，大型	开采方式	露天—地下联合
	开拓方式	公路运输开拓	主要采矿方法	组合台阶采矿法
	采出矿石量/万吨	336.38	出矿品位/%	Zn 2.64
	废石产生量/万吨	545	开采回采率/%	95
	贫化率/%	5.06	开采深度/m	1420~870标高
	剥采比/t·t^{-1}	33.8		
选矿情况	选矿厂规模/万吨·a^{-1}	238.41	选矿回收率/%	Zn 86.66 Sn 39.80 Cu 75.82 Ag 47.32
	主要选矿方法	重—磁—浮联合流程		
	入选矿石量/万吨	238.41	原矿品位	Zn 2.57% Sn 0.23% Cu 0.35% Ag 15.94g/t
	Zn精矿产量/t	116869	精矿品位/%	Zn 45.45
	Cu精矿产量/t	33950	精矿品位	Cu 18.53% Ag 529.59g/t
	Sn精矿产量/t	5650	精矿品位/%	Sn 38.96
	尾矿产生量/万吨	200.05	尾矿品位/%	Zn 0.41

续表 49-1

综合利用情况	综合利用率/%	77.90		
	废石排放强度/$t \cdot t^{-1}$	46.63	废石处置方式	采空区回填，废石堆堆存
	尾矿排放强度/$t \cdot t^{-1}$	17.12	尾矿处置方式	尾矿库堆存
	废石利用率/%	9.17	尾矿利用率/%	0
	废水利用率/%	80		

49.2　地质资源

49.2.1　矿床地质特征

铜街-曼家寨矿区矿床规模为大型，矿床类型为矽卡岩型矿床。矿区中寒武统田蓬组（$\epsilon_2 t$）地层在矿区广泛出露，含矿层为$\epsilon_2 t_2$及$\epsilon_2 t_3$层，以沉积厚度大、岩类组合复杂、岩相变化频繁为特点。

含矿层$\epsilon_2 t_2$及$\epsilon_2 t_3$层下部，岩类组合复杂，岩相纵横变化较大，呈犬齿交替变换，碎屑岩石、钙泥质岩石、碳酸盐类岩石相互侧变、相互取代，导致后期形成的含矿岩石——矽卡岩地质体形态复杂、多层叠加、叠瓦状排列、尖灭再现等特点。

成矿元素在含矿层内的分配和富集显示垂直和水平分带特点，自上而下为：$\epsilon_2 t_5$层不具矿化；$\epsilon_2 t_4$层具铅锌银矿化；$\epsilon_2 t_3$层下部富集薄层锌铜工业矿体；$\epsilon_2 t_2$层富集厚大锌锡铜矿体；$\epsilon_2 t_1$层仅顶部数米具锡锌矿化。金属水平分带以矿区Ⅴ-Ⅱ号纵剖面线为富集中心，向东西两侧呈现规律性变化，中部富锡、富锌，西部富锌、富铜、贫锡，东部富锡、贫锌。

矿区保有工业矿体 308 个，主矿体厚度沿走向和倾斜均有较大变化，最小厚度 0.50m，最大厚度 82.40m，主矿体平均厚度分别为 5.93~20.63m。矿体倾斜延深（水平宽）一般几十米至百余米，最大延深 422m。达到中型以上规模的有 1、10、13、24、29、31、43、62、W1 等 9 个矿体，见表 49-2。

表 49-2　主要矿体规模及分布范围统计表

矿体号	矿体南北走向长/m	矿体东西宽/m			矿体厚度/m			保有矿体分布范围
		最大宽度	最小宽度	平均宽度	最大厚度	最小厚度	平均厚度	
1	1108	422	28	179	53.26	0.50	12.07	135 号~91 号
10	554	336	114	222	30.37	0.95	12.95	127 号~101 号
13	2426	388	80	228	70.36	1.01	15.40	123 号~3 号
24	318	340	160	252	14.31	1.17	5.66	99 号~83 号
29	1056	256	40	162	82.40	2.33	20.63	91 号~43 号
31	485	243	71	154	31.94	1.69	11.84	83 号~63 号
43	582	285	72	189	33.39	0.50	10.58	63 号~39 号
62	472	270	88	189	22.66	1.31	6.61	31 号~11 号
W1	641	166	80	126	29.00	0.60	5.93	95 号~67 号

矿区矿石工业类型为矽卡岩型锌锡铜矿，矿物共生组合及化学成分比较复杂，主要由硅酸盐矿物、金属硫化物及磁性氧化铁组成。

矿石自然类型大致可分为锡石硫化物矽卡岩型、锡石矽卡岩型、锡石磁铁矿矽卡岩型等三种类型，其中以锡石硫化物矽卡岩型为主，锡石矽卡岩型次之，锡石磁铁矿矽卡岩型矿石很少，三者在空间分布上极不规则。

根据主金属锡锌组分自然分布状况，可分为共生矿石、单锡矿石、单锌矿石等三种金属类别，矿区以锡锌共生矿石为主，锌为主要金属，锡为共生金属。

组成矿石的矿物有30余种，主要金属矿物有铁闪锌矿、磁黄铁矿、黄铁矿、锡石、黄铜矿。常见矿石结构有自形晶-半自形晶结构，它形晶结构，环带状结构，放射状结构，交代细脉或补块状结构，变斑晶结构，乳浊状结构，变胶状-胶状结构等8种；矿石构造主要有致密块状构造，稠密浸染状构造，散点、斑点、斑块状构造，条带状、层纹状构造，角砾状构造等5种，矿石结构构造繁多，反映出矿石形成的地质环境复杂，具有多种成矿作用，多种物质来源，多阶段、多成因长期复杂的演化过程。

49.2.2　资源储量

铜街-曼家寨矿区矿石工业类型为矽卡岩型锌锡铜矿，矿石共伴生矿产主要有锡、铜、银、铟、镉、砷、硫、铁，见表49-3。矿区范围内累计查明锌矿资源储量117771kt，金属量4367974t，平均锌品位3.71%。

表49-3　共伴生矿产资源储量表

矿种	查明资源储量		备注
	矿石量/kt	金属量/t	
锡	117771	392084	共生
铜	19258	31312	共生
	86077	193254	伴生
	105335	224566	
银	91565	1715	伴生
铟	91816	6936	伴生
镉	81094	17331	伴生
砷	36208	194885	伴生
硫	84755	6102063	伴生
铁	62475	—	伴生

49.3　开采情况

49.3.1　矿山采矿基本情况

铜街-曼家寨矿区为露天-地下联合开采的大型矿山，露天部分采用公路运输开拓，使用的采矿方法为组合台阶法。矿山设计生产能力210万吨/a，设计开采回采率为95.5%，设计贫化率为 4%，设计出矿品位（Zn）为 3.48%，锌矿最低工业品位（Zn）为 1.5%。

49.3.2 矿山实际生产情况

2013 年，矿山实际采出矿量 336.38 万吨，排放废石 545 万吨。矿山开采深度为 1420～870m 标高。具体生产指标见表 49-4。

表 49-4 矿山实际生产情况

采矿量/万吨	开采回采率/%	出矿品位/%	贫化率/%	露天剥采比/$t \cdot t^{-1}$
336.38	95	2.64	5.06	33.8

49.3.3 采矿技术

矿山采用露天-地下联合开采方式，目前为露天开采，在露天开采结束后采用地下开采。露天开采采用陡帮采剥工艺，组合台阶法采矿，公路运输开拓。采矿主要设备具体见表 49-5。

表 49-5 主要采矿设备

设备名称	规格及型号	单位	数量	备注
采剥设备				
潜孔钻（ϕ150）	CS165D	台	2	
潜孔钻（ϕ75）	ECM-470	台	1	
挖掘机（1.6m^3）	凯斯 360	台	6	
挖掘机（1.6m^3）	卡特 330C	台	6	
液压挖掘机（4m^3）	日立	台	5	
特雷克斯	TR50	辆	10	
特雷克斯	TA40	辆	2	
双桥车		辆	59	
辅助设备				
前装机		台	4	
推土机		台	3	
液压破碎机	320CL	台	2	
养路设备				
压路机		台	1	
平地机		台	1	
洒水车		台	2	

49.4 选矿情况

49.4.1 选矿厂概况

矿山开采矿石主要由自身配套选厂处理，配套选厂有大坪选厂、铜街选厂、兴发选厂，选矿能力分别为 96 万吨/a、23.5 万吨/a、52 万吨/a。选矿工艺流程为“浮—磁—

重”联合流程，与矿石性质相适应，产出锡精矿、锌精矿、铜精矿、铁精矿和硫精矿等产品。

2011 年，各选厂共计入选矿石量 215.90 万吨，入选矿石锌品位 2.641%，生产锌精矿 10.8814 万吨，锌精矿品位 44.60%。

2013 年，各选厂共计入选矿石量 238.41 万吨，入选矿石锌品位 2.571%，生产锌精矿 11.6869 万吨，锌精矿品位 45.45%。

49.4.2　选矿工艺流程

49.4.2.1　铜街选厂

选矿工艺采用浮选—磁选—重选联合流程，先采用浮选工艺，经过浮选得到铜精矿、锌精矿，浮选尾矿进入磁选，磁选出铁精矿，磁选后尾矿进入脱硫，得到硫精矿，产生的尾矿进入重选系统，重选得到锡精矿和锡粗精，尾矿进入尾矿库。其工艺流程如图 49-1 所示。

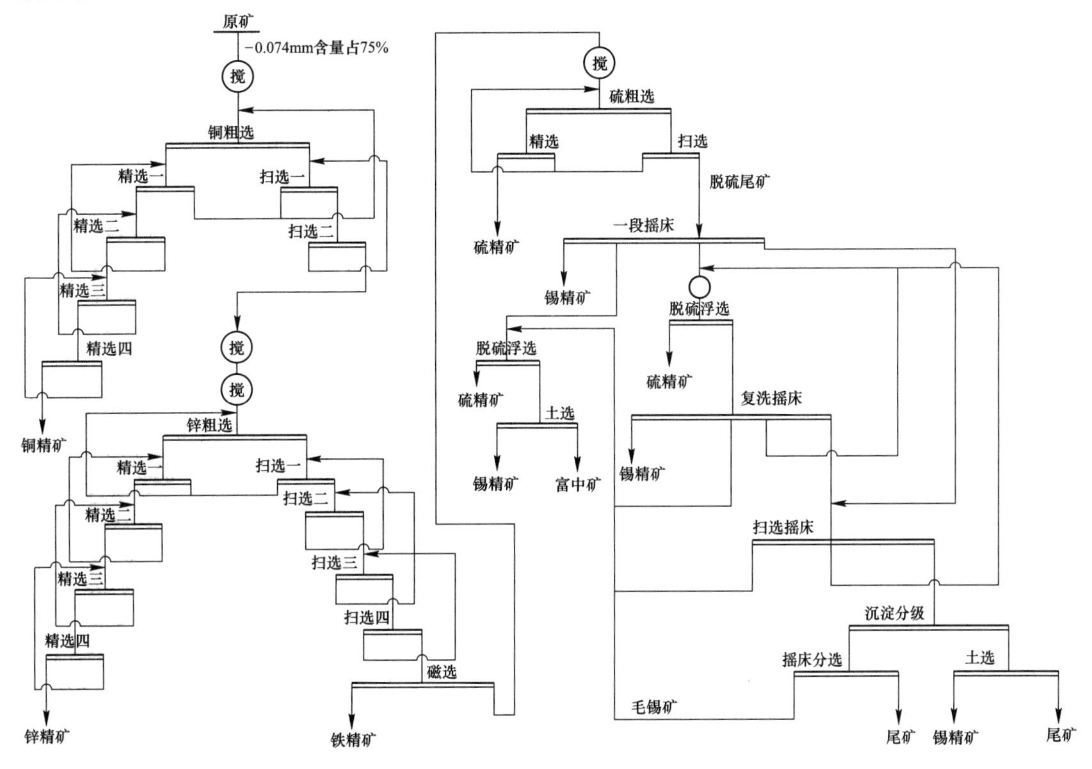

图 49-1　铜街选矿厂工艺流程

破碎磨矿后先采用浮选工艺选铜，浮选流程结构为一次粗选、四次精选、两次扫选产出铜精矿。

选铜后产生的尾矿进入选锌工艺，浮选流程结构为一次粗选、四次精选、四次扫选产出锌精矿。

选锌尾矿进行磁选，产出最终铁精矿。磁选后的尾矿用一次粗选、一次精选、一次扫选的浮选工艺得到锌精矿。

选锌后的尾矿进入选锡系统，通过重选、浮选组合获得硫精矿和锡精矿。

铜精矿、铁精矿、锌精矿、硫精矿、锡精矿均采用浓缩和过滤的两段脱水流程。择普通浓缩机作为浓缩设备。过滤设备均选用陶瓷过滤机。主要生产设备见49-6。

表49-6　主要生产设备一览表

序号	设备名称	型号	数量	生产厂家	备注
1	颚式破碎机	PE500×750	1	上海路桥	依托原有
2	圆锥磨矿机	GP100	1	美卓矿机	新增
3	振动筛	2SZZ-1836	1	昆明次坝矿山机械设备公司	依托原有
4	湿式格子型球磨机	φ2100×3000	1	云锡机械厂	
5	湿式格子型球磨机	φ2100×3000	1	昆明重工	
6	湿式格子型球磨机	φ1500×3000	1	昆明重工	
7	高堰式单螺旋分级机	φ2000	1	云锡机械厂	
8	渣浆泵	X100ZBG-500	2	湖北天门泵业有限公司	
9	高效旋流器	GMAX15-G140032	2	特莱克斯	
10	磁选机	XCTB-1024	2	安徽天源科技股份有限公司机械厂	
11	浮选机	JJF-II4	38	云锡机械厂	原有36台，新增2台
12	浮选柱	φ1. 5m×8m	1	上海稀必提矿山设备有限公司	新增
13	立式搅拌磨	Y225M-4 Y21-180M-4	2	长沙冶金研究院	依托原有
14	摇床	YT-T-2L	85	云锡机械厂	新增21台
15	陶瓷过滤机	TT-10	1	安徽铜都特种环保设备有限公司	依托原有
16	回水斜板浓密机	$300m^2$	1	振龙公司	
17	离心式清水泵	D280-43X9	1	昆明水泵厂	
18	离心式清水泵	200S-95	1	昆明水泵厂	
19	变压器	S9-20000-10/4	1	云南通变电器有限公司	
20	变压器	SN11-800	1	云南通变电器有限公司	

49. 4. 2. 2　新田选厂

选厂采用一个生产系统，碎磨工艺采用粗碎+半自磨+球磨流程，选别工艺采用优先浮选铜、再浮选锌、磁选铁后进行粗细分级、脱泥，粗粒级经过浮选脱硫、磁选除铁后进入粗粒重选系统（溜槽+摇床）得到锡粗精矿，粗精矿再经过浓缩、脱硫处理得到最终锡精矿和锡石富中矿产品，细粒级经过浮选脱硫、磁选除铁后进入锡石浮选系统，锡石浮选精矿再上摇床得到最终锡精矿和锡石富中矿。所有精矿产品均经过浓缩、过滤处理，得到水分约 10%的精矿粉。选厂排出的总尾矿经浓密机浓缩后分流输送至两个尾矿库——新田尾矿库和铜街大沟尾矿库。尾矿堆存于尾矿库中，尾矿浓密溢流水及尾矿库回水通过回水系统进入高位水池回用以减少新水用量。选厂工艺流程详如图 49-2 和图 49-3 所示。

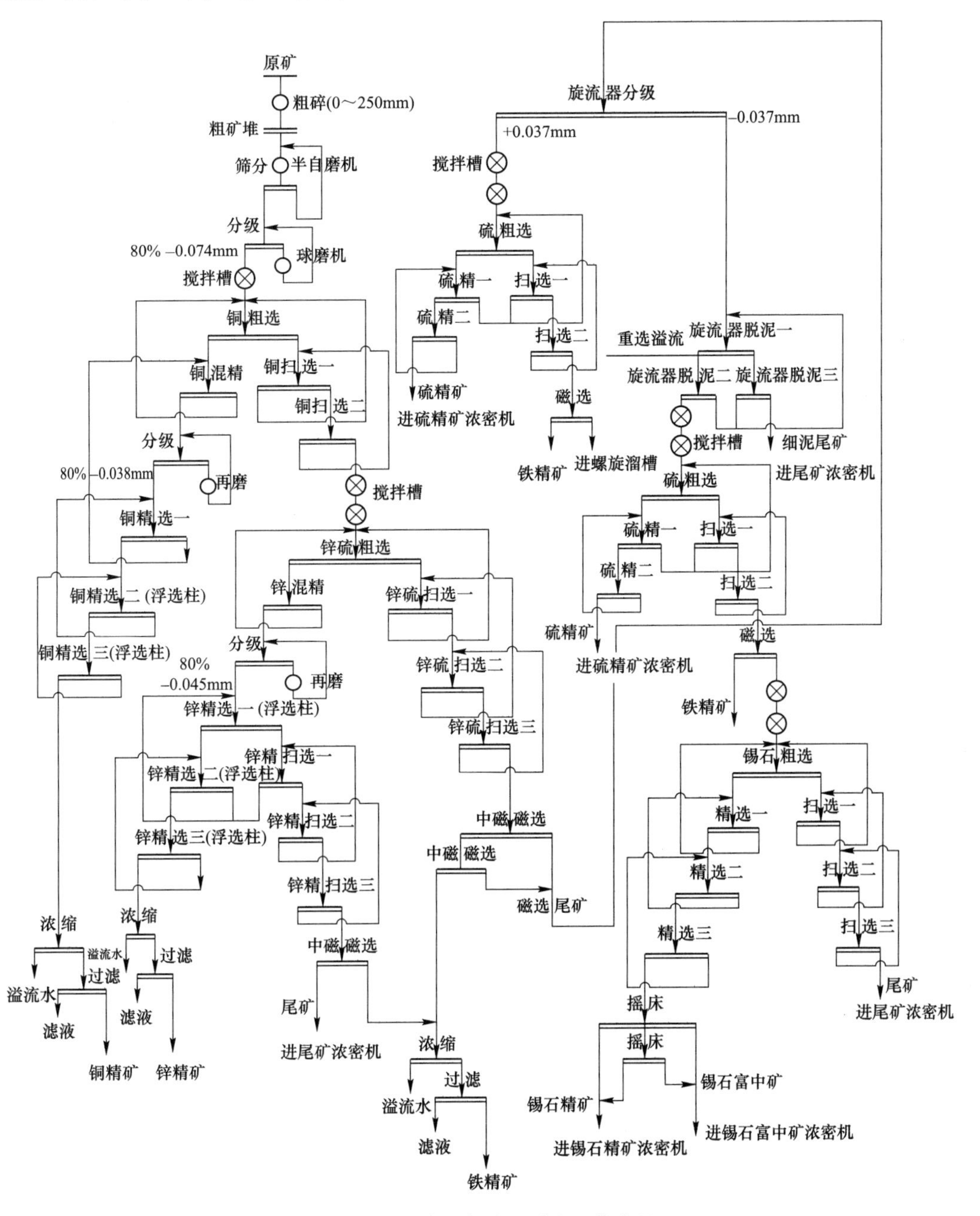

图 49-2 破碎—磨矿—浮选工艺流程

A 破碎工艺流程

选厂破碎作业采用一段粗碎流程，粗碎产品直接进入半自磨机。粗碎站布置在采矿场附近。采矿场采出的矿石（-850mm）通过自卸汽车运至粗碎站，矿石经破碎后

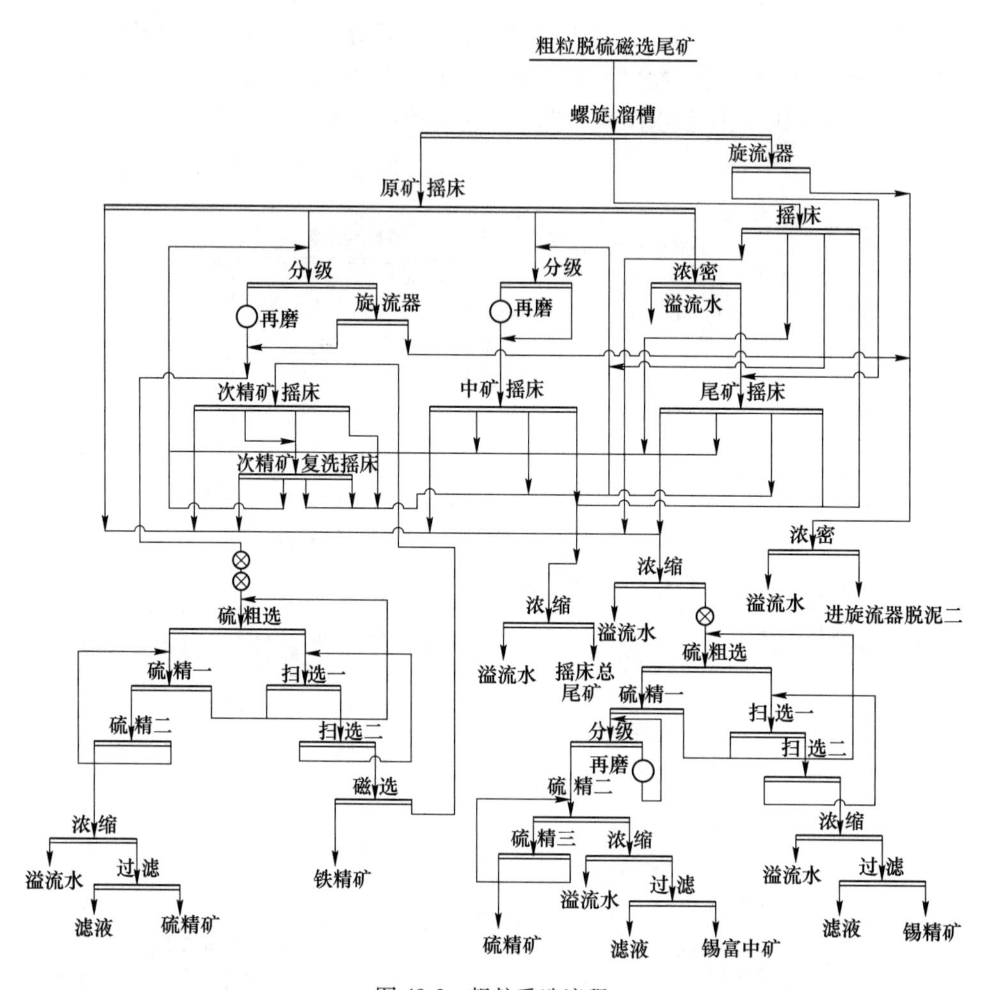

图 49-3　粗粒重选流程

(-250mm) 运往选厂的粗矿堆。

B　磨矿工艺流程

选厂磨矿系统给矿由粗矿堆提供原料，选厂磨矿系统采用半自磨+球磨的 SAB 流程。半自磨机型号为 ϕ7500×3200，其排矿端装有圆筒筛，筛上顽石通过带式输送机及中转站后再返回到半自磨机给矿皮带构成闭路磨矿。球磨机为 MQY5030×8500 溢流型球磨机，分级设备采用 ϕ500-8 水力旋流器，分级溢流细度-0.074mm 含量占 75%~80%，分级溢流直接进入铜浮选系统。图 49-4 为碎磨流程。

C　浮磁工艺流程

原矿经过磨矿分级作业后自流进入浮选作业，采用优先浮选铜、再浮选锌、选锌尾矿磁选铁、磁选尾矿粗细分级，+0.037mm 粗粒级经过粗粒脱硫除铁系统后进入粗粒重选系统，-0.037mm 细粒级经过脱泥、脱硫、除铁后进入锡石浮选系统，流程图详如图 49-5 所示。

浮选铜作业采用一次粗选、两次扫选，铜粗精矿经过一次混精选后经立式螺旋搅拌磨再磨、ϕ165 水力旋流器分级后，通过一次浮选机精选和两段浮选柱精选，产出最终的铜精矿自流至铜精矿浓缩机。

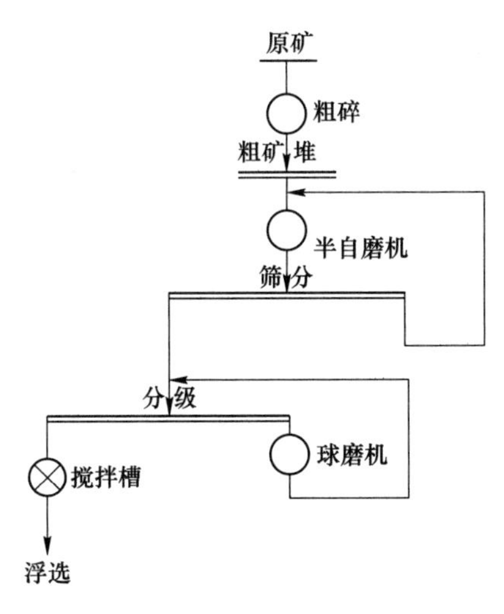

图 49-4 碎磨流程

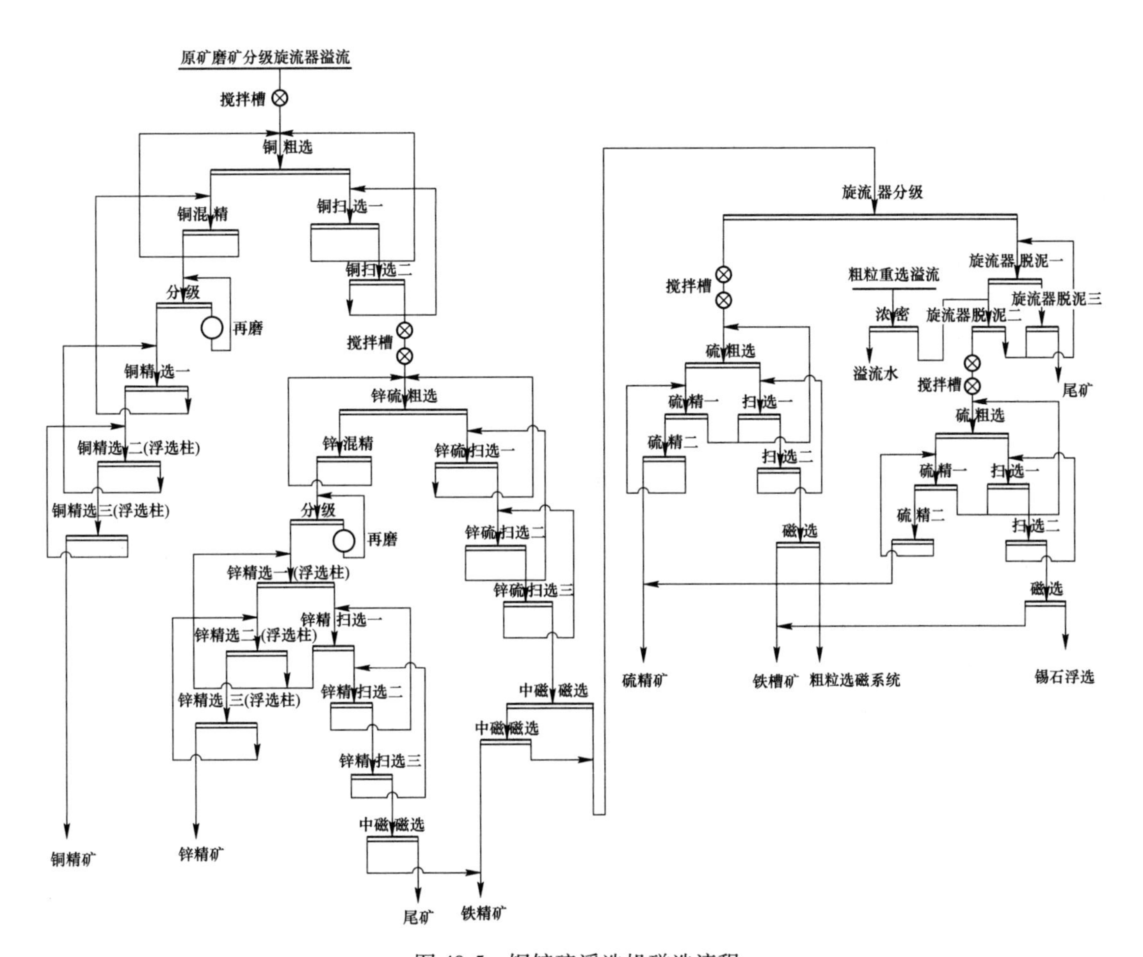

图 49-5 铜锌硫浮选机磁选流程

选铜尾矿进入选锌作业，选锌粗扫选作业采用一次粗选、三次扫选流程，锌粗选精矿经过一次浮选机混精选，混精矿经立式螺旋搅拌磨机再磨、ϕ250mm 水力旋流器分级，再磨分级溢流经过三段浮选柱精选和三段浮选机精扫选，得到的锌精矿自流至锌精矿浓缩机。精扫选尾矿通过 1 台 ZCB1030 半逆流磁选机磁选得到铁精矿，磁选尾矿自流至总尾矿。

锌扫选尾矿进入两段磁选作业，得到铁精矿自流至铁精矿浓缩机，磁选尾矿进入旋流器分级作业。

旋流器分级作业采用一组 ϕ250mm 旋流器，旋流器沉砂（+0.037mm）进入粗粒浮选脱硫系统，浮选脱硫采用一次粗选、两次扫选、两次精选流程得到硫精矿，脱硫精矿自流至硫精矿浓缩机。脱硫尾矿通过磁选机磁选，磁选精矿自流至铁精矿浓缩机，磁选尾矿进入粗粒锡石重选作业。

旋流器分级溢流（-0.037mm）进入三段脱泥作业，脱泥三溢流作为最终尾矿自流至总尾矿，脱泥二溢流及脱泥三沉砂返回脱泥一作业。脱泥二沉砂进入浮选脱硫作业，浮选脱硫采用一次粗选、两次扫选、两次精选流程，脱硫精矿自流至硫精矿浓缩机，脱硫尾矿采用磁选机磁选，磁选精矿自流至铁精矿浓缩机，磁选尾矿进入细粒锡石浮选作业。

D　选锡工艺流程

粗矿堆原矿通过磨矿分级作业后形成合格粒级的矿浆物料，经过铜、锌浮选和磁选作业之后进行粗细分级、脱泥，得到粗粒（+37μm）和细粒（-37μm）两种物料分别进行脱硫、除铁，再分别进入粗粒锡石重选流程和细粒锡石浮选流程（流程详见图 49-6）。

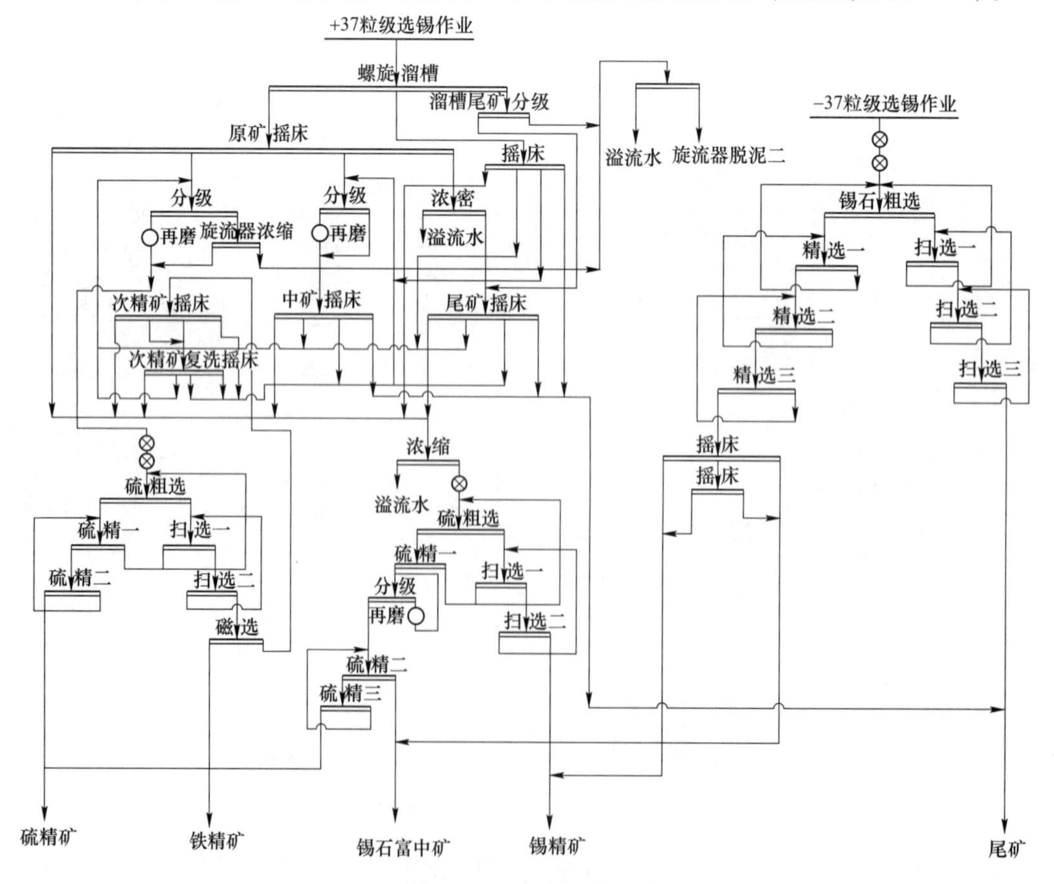

图 49-6　选锡作业流程

a　粗粒锡石重选流程

经过脱硫、除铁的粗粒（+37μm）物料进入粗粒重选作业。物料首先进入 ϕ900mm 螺旋溜槽进行粗选，得到三个产品依次为精矿、中矿和尾矿。

溜槽尾矿采用一组 ϕ250-9 旋流器分级，旋流器溢流进入粗粒溢流浓密机浓缩，沉砂进入溜槽尾矿摇床作业。溜槽中矿进入溜槽中矿摇床作业。溜槽精矿进入原矿摇床作业。各个作业摇床均产出四个产品：粗精矿（精矿）、次精矿、中矿和尾矿，各个作业摇床粗精矿均自流进入粗精矿浓缩脱硫系统，次精矿均进入综合次精矿处理系统，中矿均进入综合中矿处理系统。原矿摇床尾矿经过 ϕ30m 高效浓缩机浓缩，底流进入尾矿摇床作业。尾矿摇床、综合中矿摇床、溜槽尾矿摇床及溜槽中矿摇床的尾矿均为最终尾矿直接外排进入尾矿浓缩系统。

综合次精矿通过一组 ϕ250-6 旋流器和 1 台 MQG2400×3200 格子型球磨机构成开路磨矿系统，旋流器溢流经过一组 ϕ100-12 旋流器浓缩脱水，脱水溢流进入粗粒溢流浓密机，脱水沉砂与磨矿产品一并通过浮选脱硫和磁选除铁流程。浮选脱硫流程为一次粗选、两次扫选和两次精选，硫精矿自流至硫精矿浓缩机。脱硫尾矿通过磁选获得铁精矿，磁选尾矿进入一次复洗重选作业，一次复洗重选次精矿和中矿进入二次复洗重选作业。二次复洗重选作业的次精矿返回至综合次精矿处理系统，二次复洗重选的中矿、尾矿及一次复洗重选的尾矿合并进入综合中矿处理系统，一次复洗重选和二次复洗重选的粗精矿均自流进入粗精矿浓缩脱硫系统。

综合中矿经过一组 ϕ250-13 旋流器和 1 台格子型球磨机构成的开路磨矿分级系统后进入中矿摇床，中矿摇床的粗精矿自流进入粗精矿浓缩脱硫系统，次精矿返回至综合次精矿处理系统，中矿返回至综合中矿处理系统，尾矿作为最终尾矿直接外排。

重选作业所有锡粗精矿均自流进入 1 台 ϕ9m 高效浓缩机进行浓缩，然后采用浮选工艺脱硫，流程结构为一次粗选、两次扫选和三次精选，精选一精矿通过由 ϕ100-2 旋流器组和 ϕ800 的立式螺旋搅拌磨机构成的闭路磨矿分级流程后进入精选二作业，脱硫扫选尾矿即为最终锡石精矿，精选二尾矿即为锡石富中矿，精选三精矿即为硫精矿。

粗粒重选作业所有细泥（含各处溢流）均汇集进入一台 ϕ24m 高效浓缩机进行浓缩，然后进入旋流器脱泥二作业，经过脱泥、脱硫、除铁后进入细粒锡石浮选系统。

b　细粒锡石浮选流程

细粒（−37μm）矿浆经过脱泥、脱硫和磁选除铁处理后进入锡石浮选作业。锡石浮选回路的流程结构为一次粗选、三次扫选和三次精选。锡石浮选精矿含锡 3%~6%，采用两段摇床对浮选精矿进行再选，得到最终细粒锡石精矿和部分锡石富中矿。

E　精矿脱水工艺流程

选厂共产出六种精矿产品，包括铜精矿、锌精矿、铁精矿、硫精矿、锡精矿和锡石富中矿，精矿均采用浓缩、过滤两段脱水流程。选用高效浓密机和陶瓷过滤机处理铜精矿，选用高效浓密机和陶瓷过滤机处理锌精矿，选用高效浓密机和带式过滤机处理锡精矿，选用高效浓密机和陶瓷过滤机处理硫精矿，选用高效浓密机和陶瓷过滤机处理铁精矿，选用高效浓密机和陶瓷过滤机处理锡富中矿。各种精矿产品经浓缩、过滤处理后含水量约10%，贮存于精矿仓中。

49.5　矿产资源综合利用情况

铜街-曼家寨矿区铅锌矿，矿产资源综合利用率 77.90%，尾矿品位 Zn 0.41%。

废石主要集中堆存在废石场，少量用于井下采空区回填。截至 2013 年，矿山废石累计积存量 9077 万吨，2013 年产生量为 545 万吨。废石利用率为 9.17%，废石排放强度为 46.63t/t。

尾矿集中排于尾矿库。截至 2013 年底，矿山尾矿库累计积存尾矿 776 万吨，2013 年产生量为 200.05 万吨。尾矿利用率为 0，尾矿排放强度为 17.12t/t。

80%左右的尾矿水返回选厂作为生产用水，少量尾矿水经澄清等深度处理后排向库外。

50 铜岩山多金属矿

50.1 矿山基本情况

铜岩山多金属矿为主要开采铅锌矿的小型矿山，共伴生矿产主要为铅、铜等。矿山1958开始建矿，1998年停产，2001年采矿证逾期关闭，2005年2月矿山重新申领采矿证，2007年转入正常开采。矿区位于浙江省绍兴市诸暨市，直距诸暨市18km，平距浬浦镇3.2km，矿区有简易水泥公路6km可与诸暨—浬浦县级公路相连，经浬浦镇北行20km，矿区至浙赣铁路干线诸暨火车站，路距24km，交通便利。矿山开发利用简表详见表50-1。

表50-1 铜岩山多金属矿开发利用简表

基本情况	矿山名称	铜岩山多金属矿	地理位置	浙江省绍兴市诸暨市
	矿床工业类型	斑岩型-矽卡岩型-脉状复合型铜多金属矿		
地质资源	开采矿种	锌矿、铅矿	地质储量/万吨	矿石量131.15
	矿石工业类型	硫化矿石	地质品位/%	Zn 2.10
开采情况	矿山规模/万吨·a^{-1}	2，小型	开采方式	地下开采
	开拓方式	平硐-盲斜井联合开拓	主要采矿方法	全面采矿法
	采出矿石量/万吨	7.64	出矿品位/%	Zn 2.02
	废石产生量/万吨	2.29	开采回采率/%	89.6
	贫化率/%	10.7	开采深度/m	280~0标高
	掘采比/m·万吨$^{-1}$	171		
综合利用情况	综合利用率/%	89.6	废石排放强度/t·t^{-1}	0.14

50.2 地质资源

50.2.1 矿床地质特征

铜岩山多金属矿矿床类型为斑岩型-矽卡岩型-脉状复合型铜多金属矿，矿床规模为小型。铜岩山工作区位于江山—绍兴NNE向断裂带及其两侧。江山—绍兴断裂带的北西侧属扬子地台区，其南东侧属华南褶皱系范畴。该断裂带控制着本区铜、多金属、金等矿产的分布。区内出露地层主要为前震旦系陈蔡群（AnZch）中深变质岩系，主要岩性为云英片岩、斜长片麻岩、二长浅粒岩、变粒岩、斜长角闪岩及大理岩、石英岩、石墨片岩等。

江山—绍兴断裂带在区内主要表现形式为韧性剪切带。该韧性剪切带宽约300~1000m，从测区中西部穿过，韧性剪切带内的糜棱岩和千糜岩原岩为石英闪长岩或陈蔡群岩石。区内断裂发育，主要为NE向压扭性断裂，伴有近EW向或近SN向剪性断裂，有的NE向压扭性断裂被脉岩或石英脉充填，断裂内可见黄铁矿、黄铜矿、铅锌矿化现象。

区内出露的侵入岩主要有晋宁期石英闪长岩、花岗闪长斑岩以及花岗岩、正长斑岩、花岗斑岩、石英斑岩、霏细岩等脉岩。其中花岗闪长斑岩复式岩体已部分黄铁矿化、黄铜矿化、硅化。铜岩山小型铜多金属矿床位于江山—绍兴深断裂带的南东侧。矿区内出露地层为陈蔡群，主要岩性为石英绢云母片岩、长石石英岩、角闪片岩、云母片岩、大理岩以及石英岩、石墨片岩，大理岩已大部矽卡岩化。地表褐铁矿化及孔雀石化细脉带较发育，并常见团块状石英、方解石、褐铁矿和孔雀石带。特别是在大高坞—周家坞地段紫色铜草成片发育。矿区内变质作用、构造运动强烈，岩浆活动频繁。蚀变带分布在吾家坞—小兼溪一带的岩株状花岗闪长斑岩体的南东侧，即铜岩山—周家坞地段，从岩体向矿床（SE）方向依次为Ⅰ，Ⅱ，Ⅲ，Ⅳ，Ⅴ号蚀变带，蚀变带走向NE，与区域构造线、地层走向基本一致，主要由矽卡岩组成，夹片岩。最大的矿体是位于第Ⅱ蚀变带内的4号铜锌矿体，呈似层状，走向30°~45°，倾向SE，倾角32°~40°，主要赋存于薄层石榴石矽卡岩中。锌生成较早为黑色铁闪锌矿，其中包含有同期固溶体分解之乳滴状黄铜矿斑点。铜主要为后期叠加于锌矿之上形成铜锌矿体，也形成单一铜矿体。闪锌矿常以小团块分布，黄铜矿主要呈星散状、细脉浸染状分布于石榴石矽卡岩内。其次是产在第Ⅲ蚀变带的7号铅锌矿体，位于150m水平标高以上，矿体充填于大理岩内的F_1纵断层中，地表有铁帽，走向约呈45°，倾向SE，倾角25°~45°，矿体为锌、铅、铜、黄铁矿共生矿体，以闪锌矿、方铅矿为主，黄铁矿、黄铜矿次之，黄铜矿呈浸染状分布，余者呈团块状分布。与矽卡岩有关的矿体断续分布于铜岩山—周家坞—大兼溪一带，水平方向距其北西侧花岗斑岩体约100~700m。从北东至南西方向，矿化特征依次为：周家坞一带以Cu矿化为主，伴有Zn，Mo矿化；铜岩山一带以Zn，Cu为主，Pb次之；铜岩山脚南侧以Pb，Zn矿化为主，再向南西侧以Au矿化为主。矿液交代矽卡岩所形成矿体较贫，金属矿物呈星散状、细脉浸染状、小团块状分布，相对较稳定，交代大理岩和充填裂隙的以致密团块状多见，品位较高，但不稳定，矿体与围岩之间界线清楚。主要金属矿物以闪锌矿、黄铜矿为主，次为方铅矿、黄铁矿、辉钼矿等。脉石矿物由矽卡岩矿物和石英、方解石等组成。矿石中伴生的元素有Fe，Mn，Be，Ti，V，Co，Ag等。

50.2.2 资源储量

铜岩山多金属矿矿区累计探明矿石量131.15万吨，目前只有4号矿体保有矿石量114.76kt，铜金属量795.8t，平均品位0.69%；锌金属量2406.40t，平均品位2.10%。

50.3 开采情况

50.3.1 矿山采矿基本情况

铜岩山多金属矿为地下开采的小型矿山，采用平硐-盲斜井联合开拓，使用的采矿方法为全面采矿法。矿山设计生产能力 2 万吨/a，设计开采回采率为 85%，设计贫化率为 5%，设计出矿品位（Zn）为 0.65%，锌矿最低工业品位（Zn）为 0.5%。

50.3.2　矿山实际生产情况

2013 年，矿山实际采出矿量 7.64 万吨，排放废石 2.29 万吨。矿山开采深度为 280～0m 标高。具体生产指标见表 50-2。

表 50-2　矿山实际生产情况

采矿量/万吨	开采回采率/%	出矿品位/%	贫化率/%	掘采比/m·万吨$^{-1}$
7.64	89.6	2.02	10.7	171

50.3.3　采矿技术

开拓方式：矿山采用平硐—盲斜井开拓方式，盲斜井井口设在六坑口平硐内，井口标高+89m，斜井断面 2.2m×2.4m，斜井倾角 25°，斜井井底标高+13m，卷扬机为 JT800×600-30 型，钢丝绳直径 15.5mm，钢丝绳运行速度为 1.2m/s，+89m 主运输平巷采用 ZK1.5-6/110 架线式电机车牵引，矿车编组 6 辆，矿车为 YFC0.5-6 翻斗式矿车；各生产中段运输均采用人工推车。

矿山通风：采用机械通风，主风机设在+89m 中段主回风井下部，风机型号为 K40(C)-NO13 型节能风机，巷道掘进、局部通风不良地段采用局辅助通风。

矿坑排水：采用机械接力排水，各中段泵站采用单台泵排水，选用 QJB5-50-3 型潜水泵，流量 5m^3/h，额定功率 3kW，排水时间 3～5h/d。

矿山配电系统设 200kV·A 矿用变压器 1 台，专为矿山井下服务。地面仅有照明用电，矿山采用市电。

采矿方法：矿山采用留不规则矿柱的全面法开采，矿块沿走向布置，长 50m，房间每 10～15m 留房间矿柱（3m×3m），底柱高 3m，顶柱高 2m。

矿山为开采几十年的老矿山，地表设施、交通、水电均齐全，可利用。

50.4　选矿情况

该矿于 1957 年建矿，后经屡次改造，现选矿厂实践生产能力为 100t/d。主要收回锌，同时回收铅、硫，有时还收回铜。

破碎流程为两段一闭路，原矿粒度为 250～0mm，破碎终极产品粒度为-19.5mm。原矿仓上部装有 400×600 颚式破碎机，连续破碎固定条格筛上大于 250mm 的大块矿石。

矿石经一段磨矿，磨至-0.074mm 含量占 60%～65%后，进行铜铅硫混合浮选；流程结构为一次粗选、二次扫选和三次精选。扫选尾矿选锌。混合精矿使用活性炭脱药，在 pH 值为 11～11.5 条件下，抑制黄铁矿浮选铜铅矿，其流程结构为一次粗选，二次扫选和二次精选，扫选尾矿为硫精矿。铜铅混合精矿活性炭脱药，再抑铅浮铜，流程结构为一次粗选、三次扫选和二次精选。

50.5　矿产资源综合利用情况

铜岩山多金属矿，矿产资源综合利用率 89.6%，尾矿品位 Pb 0.13%。

废石集中堆存在排土场，截至 2013 年底，废石场累计堆存废石 0 万吨，2013 年产生量为 2.29 万吨。废石利用率为 100%，废石排放强度为 0.14t/t。

51　锡铁山铅锌矿

51.1　矿山基本情况

锡铁山铅锌矿为主要开采铅锌矿的大型矿山，共伴生矿产主要为硫、金、银等，是国家级绿色矿山。矿山前身是锡铁山矿务局下属的大选厂，创建于 1982 年 5 月，1986 年投产。矿区位于青海省海西州大柴旦行委，东距青海省省会西宁市铁路里程 699km，南距格尔木市铁路里程 137km，西北距大柴旦镇 75km。青藏铁路在矿区东南 9km 处通过，有支线直达矿区，交通较为方便。矿山开发利用简表详见表 51-1。

表 51-1　锡铁山铅锌矿开发利用简表

基本情况	矿山名称	锡铁山铅锌矿	地理位置	青海省海西州大柴旦行委
	矿山特征	国家级绿色矿山	矿床工业类型	热水喷流型铅锌矿床
地质资源	开采矿种	锌矿、铅矿	地质储量/万吨	矿石量 1768.2
	矿石工业类型	硫化矿石	地质品位/%	Zn 4.56
开采情况	矿山规模/万吨·a^{-1}	150，大型	开采方式	地下开采
	开拓方式	平硐-竖井-斜坡道联合开拓	主要采矿方法	空场法、浅孔留矿法
	采出矿石量/万吨	101.05	出矿品位/%	Zn 4.42 Pb 3.93
	废石产生量/万吨	18.36	开采回采率/%	86.22
	贫化率/%	13.36	开采深度/m	3252~2122 标高
	掘采比/m·万吨$^{-1}$	70.64		
选矿情况	选矿厂规模/万吨·a^{-1}	150	选矿回收率/%	Pb 91 Zn 90
	主要选矿方法	三段一闭路破碎，铅锌等可浮粗选—铅锌分离，锌硫浮选		
	入选矿石量/万吨	123.30	原矿品位/%	Pb 3.93 Zn 4.42
	Pb 精矿产量/万吨	5.86	Pb 精矿品位/%	Pb 48.28
	Zn 精矿产量/万吨	10.22	Zn 精矿品位/%	Zn 45
	尾矿产生量/万吨	107.22	尾矿品位/%	Pb 0.13
综合利用情况	废石排放强度/t·t^{-1}	0.14	废石处置方式	排土场堆存
	尾矿排放强度/t·t^{-1}	6.67	尾矿处置方式	尾砂回填
	废石利用率/%	0	尾矿利用率/%	0

51.2　地质资源

51.2.1　矿床地质特征

锡铁山铅锌矿矿床规模为大型，矿床类型为热水喷流型铅锌矿。矿区出露地层包括古-中元古界达肯大坂群、中-上奥陶统滩间山群、下志留统牦牛山组、上泥盆统阿木尼克组、下石炭统城墙沟组和第四系。其中，达肯大坂群为一套变质杂岩，岩性主要包括白云母石英片岩、花岗质片麻岩和电气石石榴石白云母片岩，夹基性角闪岩、角闪斜长片麻岩以及高压-超高压变质岩透镜体（榴辉岩已榴闪岩化）；滩间山群为一套火山-沉积岩组合，可划分为上、下2个火山-沉积旋回。下部火山-沉积旋回由一套变基性火山岩和长英质火山岩构成双峰式火山岩组合（即a-1岩段和b岩组）夹炭质片岩、大理岩和含炭质绿泥石英片岩组合（a-2岩段），代表了陆缘弧后盆地裂谷作用早期火山-沉积产物。上部火山-沉积旋回由一套变基性火山岩夹绢云母石英片岩、大理岩和炭质片岩组成，代表了弧后盆地持续拉张向弧后洋盆转变过程中的一套火山-沉积组合；牦牛山组即原滩间山群的c岩组，岩性为一套紫红色砂砾岩，代表了挤压造山环境下的前陆盆地沉积，与区域上下志留统牦牛山组相当；阿木尼克组为一套猪肝色砂砾岩，代表了造山后伸展体制下的第一套磨拉石沉积，与牦牛山组之间呈角度不整合接触；城墙沟组为一套黄褐色砂岩，代表了伸展环境下的海侵沉积产物；古近系油砂山组主要为一套红色中细粒砂岩夹杂色砾岩，为喜山期构造运动压陷盆地山前沉积。

锡铁山矿床的工业矿体主要赋存在滩间山群下部火山-沉积旋回a-2岩段，b岩组内部有小规模矿体。根据赋矿围岩划分为大理岩型矿体和片岩型矿体。其中，大理岩型矿体分布于矿区西部大理岩内部或大理岩与炭质片岩接触带部位，矿体与围岩之间多呈断裂接触，故亦称为不整合型矿体；片岩型矿体是2000年以后在深部新发现的一种矿化类型，主要分布于矿区0线以东深部炭质片岩和含炭质绿泥石英片岩内部，矿体与围岩之间呈整合接触，也称整合型矿体。矿区内赋存的矿产有：铅锌矿、锰银铁矿、重晶石矿、赤铁矿等。赋存的有益组分有：铅、锌、硫、金、银、锰、铁、锡、铟、镉等。目前主要开采及回收的有铅、锌及与铅锌共生的硫和伴生的金、银元素，矿山开采的主要铅锌矿体是似层状、透镜状、扁豆状等形态。

51.2.2　资源储量

锡铁山铅锌矿矿石类型主要为铅锌硫化矿，主要矿种为铅锌矿，矿区赋存的有益组分有：铅、锌、硫、金、银、锰、铁、锡、铟、镉等。矿山累计查明资源储量17682000t，矿石平均品位为4.56%。

51.3　开采情况

51.3.1　矿山采矿基本情况

锡铁山铅锌矿为地下开采的大型矿山，采用平硐-竖井-斜坡道联合开拓，使用的采矿方法为空场法和浅孔留矿法。矿山设计生产能力 150 万吨/a，设计开采回采率为 86%，设计贫化率为 14%，设计出矿品位（Zn+Pb）为 7%，锌矿最低工业品位（Zn）为 1%。

51.3.2　矿山实际生产情况

2013 年，矿山实际采出矿量 101.05 万吨，排放废石 18.36 万吨。矿山开采深度为 3252~2122m 标高。具体生产指标见表 51-2。

表 51-2　矿山实际生产情况

采矿量/万吨	开采回采率/%	出矿品位/%	贫化率/%	掘采比/m·万吨$^{-1}$
101.05	86.22	Pb：3.93 Zn：4.42	13.36	70.64

51.3.3　采矿技术

矿山采用平硐、竖井和斜坡道组成联合开拓，位于 3055m 主平硐以上的矿体采用平硐溜井开拓，主平硐以下采用盲竖井和明斜坡道联合开拓。

锡铁山铅锌矿中段高度为 60m 和 80m 两种。锡铁山铅锌矿在建矿初期采用无底柱分段崩落法回采，但由于实际生产中矿体规模变小，连续性差，使用一至两年后改用了分段凿岩出矿的空场法回采，个别薄矿体采用浅孔留矿法回采。

51.4　选矿情况

51.4.1　选矿厂概况

锡铁山铅锌矿从 1958 年开始土法开采富氧化矿，1979 年建成 200t/d 处理氧化矿的小选厂。1978 年，由兰州有色冶金设计研究院设计，建设 100 万吨/a 的矿山，选厂规模为 3000t/a。

碎矿为三段一闭路流程，原矿块度 0~600mm，产品粒度-15mm，一段磨矿，细度为-0.074mm 含量占 60%，浮选流程为等可浮粗选，再进行铅和锌，硫分离，然后为锌和硫分选，得铅、锌、硫三种精矿。产品远销甘肃白银公司第三冶炼厂。

51.4.2　选矿工艺流程

磨矿分级作业采用球磨机与螺旋分级机形成一段闭路磨矿，浮选作业采用优先—混浮—分离原则流程，即优先选铅，铅粗精矿经 2 次精选产出铅精矿；铅尾进行锌硫混合浮选，锌硫混合粗精矿在高钙条件下进行锌硫分离，泡沫产品经 2 次精选产出锌精矿，分离粗选尾矿经扫选后槽底产品为硫精矿；锌硫混合粗选尾矿经扫选产出尾矿。流程如图 51-1 所示。

选厂主要设备见表 51-3。

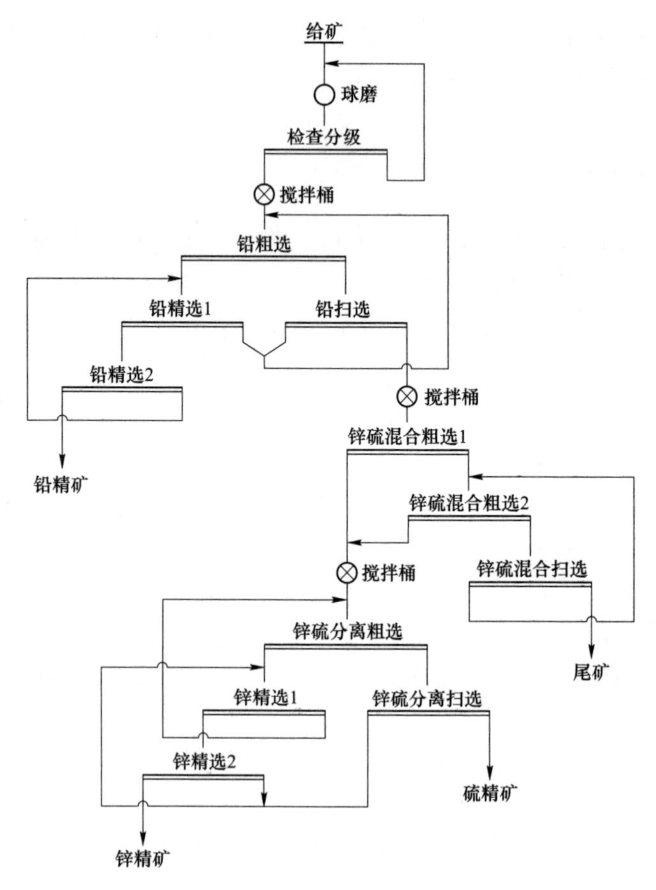

图51-1　选厂磨浮系统选矿工艺流程

表51-3　选厂主要设备

项目	名称及规格	台数
粗碎	900×1200 颚式破碎机	1
中碎	ϕ1650 标准圆锥	1
细碎	ϕ2200 短头圆锥	1
磨矿、分级	ϕ2800×3600 湿式格子型球磨机	3
浮选	XJK-2. 8	12
	JJF-4	84
浓缩机	ϕ18m 周边传动	1
	ϕ18m 周边传动	2
	ϕ30m 周边传动	1
过滤机	40m^2 折带过滤机（Pb）	1
	40m^2 折带过滤机（Zn）	2
	40m^2 折带过滤机（S）	2
干燥机	ϕ1500×12000（Pb）	1
	ϕ2400×12000（Zn）	1

51.5 矿产资源综合利用情况

锡铁山铅锌矿，尾矿品位 Pb 0.13%。

废石集中堆存在排土场，截至 2013 年底，废石场累计堆存废石 210 万吨，2013 年产生量为 2.29 万吨。废石未利用，废石排放强度为 0.14t/t。

尾砂回填。截至 2013 年底，尾矿库累计堆存尾矿 2299.59 万吨，2013 年产生量为 107.22 万吨。尾矿未利用，尾矿排放强度为 6.67t/t。

52　小厂坝铅锌矿

52.1　矿山基本情况

小厂坝铅锌矿为主要开采铅锌矿的中型矿山，共伴生矿产为铅矿。矿山成立于1995年7月。矿区位于甘肃省陇南市成县，北距天水市118km，距陇海线经过的天水车站138km，东距宝成线徽县火车站87km，距白水江火车站84km，距312国道经过的最近点青河沿仅10km，交通方便。矿山开发利用简表详见表52-1。

表52-1　小厂坝铅锌矿开发利用简表

基本情况	矿山名称	小厂坝铅锌矿	地理位置	甘肃省陇南市成县
	矿山特征	—	矿床工业类型	沉积型矿床
地质资源	开采矿种	铅矿	地质储量/万吨	矿石量 203.72
	矿石工业类型	硫化铅锌矿石	地质品位/%	Zn 8.73
开采情况	矿山规模/万吨·a^{-1}	33，中型	开采方式	地下开采
	开拓方式	竖井开拓	主要采矿方法	留矿采矿法
	采出矿石量/万吨	24.25	出矿品位/%	Zn 8.60 Pb 1.512
	废石产生量/万吨	13.5	开采回采率/%	88.65
	贫化率/%	7.81	开采深度/m	1150~900标高
	掘采比/m·万吨$^{-1}$	0.5783		
选矿情况	选矿厂规模/万吨·a^{-1}	36	选矿回收率/%	Zn 93.33 Pb 73.99
	主要选矿方法	三段一闭路破碎，两段闭路磨矿分级、铅粗精矿再磨的一粗一扫五精流程和一粗两扫三精的优先浮选流程		
	入选矿石量/万吨	30.42	原矿品位/%	Zn 8.67 Pb 1.51
	Zn精矿产量/t	6463	Zn精矿品位/%	Zn 59.27
	Pb精矿产量/万吨	4.15	Pb精矿品位/%	Pb 52.58
	尾矿产生量/万吨	25.62	尾矿品位/%	Zn 0.608
综合利用情况	综合利用率/%	73.36		
	废石排放强度/t·t^{-1}	3.25	废石处置方式	排土场堆存
	尾矿排放强度/t·t^{-1}	6.17	尾矿处置方式	
	废石利用率/%	0	尾矿利用率/%	0
	回水利用率/%	90	涌水利用率/%	80

52.2 地质资源

52.2.1 矿床地质特征

小厂坝铅锌矿与李家沟铅锌矿均属于甘肃厂坝有色金属有限责任公司，矿床规模为中型，在大地构造上，小厂坝铅锌矿位于西秦岭海西褶皱带东段的岷县复背斜轴部，南邻徽县—成县凹陷，北与西和—礼县凹陷相接。矿区构造线主要为近东西向，其南、北两侧分别以人土山—江洛和黄渚关两条深大断裂为界。矿区内地层主要为中泥盆统西汉水群，广泛发育碎屑岩和碳酸岩。矿体主要赋存于中泥盆统安家岔组的碳酸盐岩与千枚岩之间，呈狭长的东西向带状展布。该矿区的地层可分为八层，三个含矿层分别为石英片岩层、黑云母片岩层和大理岩夹方解石黑云母石英片岩层。另外，矿区北部出露有中基-中酸性的黄渚关杂岩体，南部有厂坝黑云母花岗岩岩株。矿区褶皱不发育，断裂分布较广泛。主要有北东向和北西向两组断裂构造，其中北东向断裂多属成矿前断裂，而北西向则为成矿后断裂。北东向断裂最为发育，且具有同生性质，主要有 F_1、F_2 等。F_1 断裂位于矿区西侧，也是石鼓子大理岩与其他岩层的分界线，矿区东南部的 F_2 断裂是厂坝与李家沟铅锌矿床的分界线。

绝大多数矿体产状与围岩基本一致，呈层状、似层状或透镜状，集中赋存在近 500m 厚的地层柱中。矿体厚度西厚东薄，矿体形态和规模明显受沉积洼地控制。矿石的矿物成分和结构构造从矿体的底部到顶部呈规律性变化。一般矿体中下部为块状矿石，富黄铁矿、闪锌矿、钠长石和石英；上部为条带状、浸染状和层纹状矿石，富闪锌矿、重晶石和方解石。矿区含矿层由数个这种韵律组成。矿体的整合产状和韵律组成指示矿床属于沉积型，而每一韵律则代表了成矿作用由强到弱的旋回性演化。矿石韵律之间常常夹有黑云石英片岩，这种产出关系反映了矿质沉积与正常沉积之间互为消长的关系。

矿石的结构较为复杂，但构造相对简单，保留有较多的沉积-成矿的原始结构构造。常见的结构有显微莓球状结构、针状结构、它形隐晶质结构、显微球粒结构。这些都是沉积-成矿作用的产物。矿石构造可分为沉积-成矿作用构造、变质构造和动力作用构造。沉积-成矿作用的构造主要有浸染-条带状、条纹-条带状、隐晶质条带、条块状、块状等构造。这些构造虽已经受变质，但可恢复为原生的层状沉积构造，沉积成因特点清晰可辨；动力作用的构造主要有角砾状、似角砾状等。

52.2.2 资源储量

小厂坝铅锌矿矿石类型主要为硫化矿，主要矿种为铅和锌。矿山累计查明的资源储量矿石量为 20372 万吨，铅金属量 240677.18t、锌金属量 1380661.62t，矿山平均地质品位为 8.73%。

52.3 开采情况

52.3.1 矿山采矿基本情况

小厂坝铅锌矿为地下开采的中型矿山，采用竖井开拓，使用的采矿方法为留矿采矿法。矿山设计生产能力 33 万吨/a，设计开采回采率为 90%，设计贫化率为 10%，设计出矿品位（Zn）为 8.5%，锌矿最低工业品位（Zn）为 1.2%。

52.3.2 矿山实际生产情况

2013 年，矿山实际采出矿量 24.25 万吨，排放废石 13.5 万吨。矿山开采深度为 1150~900m 标高。具体生产指标见表 52-2。

表 52-2 矿山实际生产情况

采矿量/万吨	开采回采率/%	出矿品位/%	贫化率/%	掘采比/m · 万吨$^{-1}$
24.25	88.65	Zn 8.60 Pb 1.512	7.81	0.5783

52.3.3 采矿技术

小厂坝采区以 900m 水平为界分为上下两大部分：在 900m 以上采用主平硐-盲竖井开拓方案，900m 以下采用主平硐-盲竖井-盲斜井开拓方案，矿体目前采用浅孔留矿法进行回采。矿石用 0.75m^3 矿车经盲斜井-盲竖井提升至 1138m 主平硐，用电机车牵引运至堆矿场，再由卡车转运至选厂，废石由竖井提至 900m 以上后充填采空区。

52.4 选矿情况

白银公司将厂坝铅锌矿周边的成华、陇成、兰天三个选厂进行了整合，统称为“小厂坝”，即现综选一车间。目前，小厂坝技术经济指标较为稳定，锌回收率较高，但铅回收率较低。

破碎工艺：三段一闭路破碎筛分流程；磨浮工艺：两段闭路磨矿分级、铅粗精矿再磨的一粗一扫五精流程和一粗两扫三精的优先浮选流程；精矿脱水工艺：浓缩、过滤、干燥的三段和浓缩、压滤的两段脱水流程；尾矿输送工艺：浮选尾矿送至尾矿 54m 浓密机，经柱塞泵输送至尾矿库堆存。

具体选矿工艺流程如图 52-1 所示。

52.5 矿产资源综合利用情况

小厂坝铅锌矿，矿产资源综合利用率 73.36%，尾矿品位 Zn 0.608%。

废石集中堆存在排土场，2013 年废石产生量为 13.5 万吨。废石未利用，废石排放强度为 3.25t/t。

尾矿未利用，尾矿排放强度为 6.17t/t。

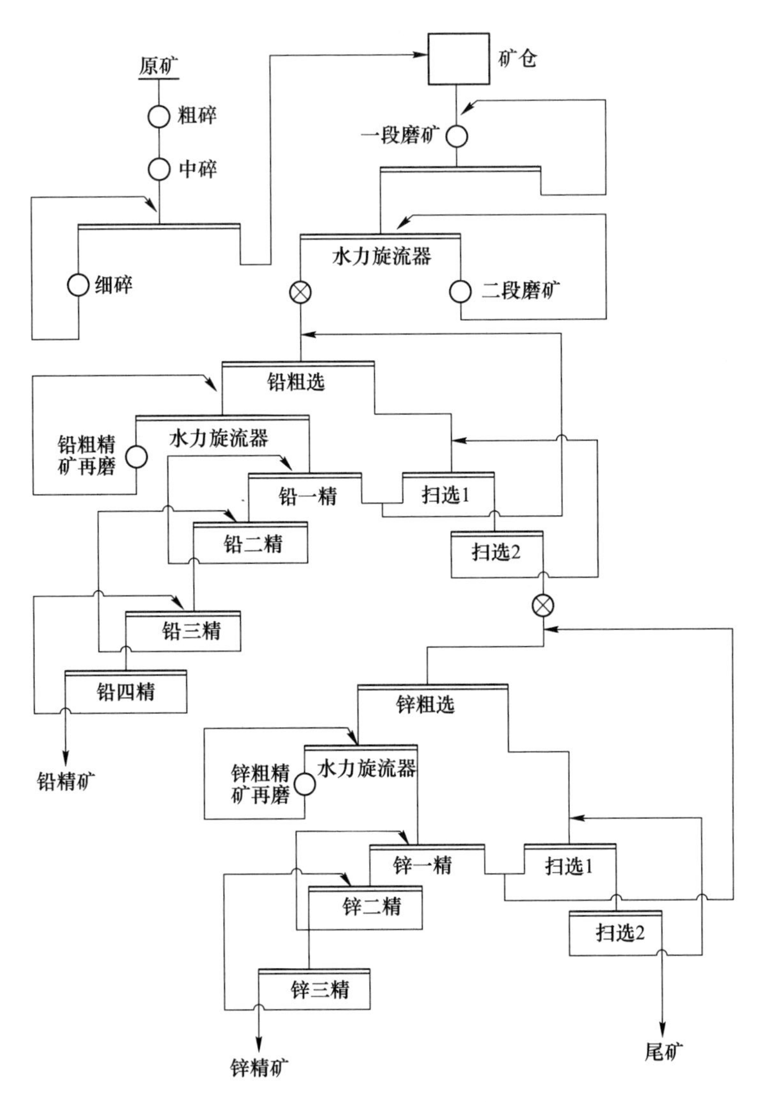

图 52-1　小厂坝选矿工艺流程

53　银茂铅锌矿

53.1　矿山基本情况

银茂铅锌矿为主要开采铅锌矿的中型矿山，共伴生矿产为银、硫、铁、锰、铜矿等。矿山始建于 1957 年，起初开采的为露天锰矿石，1960 年逐步转入坑内开采并发现块状铅锌硫化矿，地下开采铅锌矿始于 1971 年。矿区位于江苏省南京市栖霞区，西距南京城区 19km，北距长江 1.5km，南邻国家铁路干线京沪铁路、城际高铁及沪宁高速公路、疏港大道，西邻南京长江四桥、新生圩外贸港口，沿江东侧有龙潭深水港集装箱码头，矿区北部设有栖霞山铁路货运北站，南部设有栖霞南站，矿区公路纵横，水陆交通十分便利。矿山开发利用简表详见表 53-1。

表 53-1　银茂铅锌矿开发利用简表

基本情况	矿山名称	银茂铅锌矿	地理位置	江苏省南京市栖霞区
	矿山特征	—	矿床工业类型	沉积-叠加改造型矿床
地质资源	开采矿种	锌矿、铅矿	地质储量/万吨	矿石量 1526
	矿石工业类型	铅锌（硫）多金属型、单硫型矿石	地质品位/%	Zn 3
开采情况	矿山规模/万吨 · a^{-1}	35，中型	开采方式	地下开采
	开拓方式	平硐-盲竖井联合开拓	主要采矿方法	上向分层充填采矿法
	采出矿石量/万吨	35.5	出矿品位/%	Zn 3.27
	废石产生量/万吨	2.12	开采回采率/%	75.3
	贫化率/%	3.3	开采深度/m	172~-775 标高
	掘采比/m · 万吨$^{-1}$	81.6		
选矿情况	选矿厂规模/万吨 · a^{-1}	35	选矿回收率/%	Zn 86.04 Pb 84.21 S 86.12 Ag 46.31 Au 13
	主要选矿方法	两段一闭路破碎—铅锌硫化矿电位调控浮选		
	入选矿石量/万吨	34.53	原矿品位	Zn 3.27% Pb 1.84% S 31.9% Ag 122.08g/t Au 1g/t Cu 0.15%

续表 53-1

选矿情况	Zn 精矿产量/t	11226	Zn 精矿品位	Zn 50. 04% Ag 272g/t
	Pb 精矿产量/t	19429	Pb 精矿品位	Pb 47. 73% Ag 1742g/t Au 3. 6g/t
	S 精矿产量/t	203562	S 精矿品位/%	S 46. 6
	尾矿产生量/万吨	11. 11	尾矿品位/%	Zn 0. 2
综合利用情况	综合利用率/%	63. 77		
	废石排放强度/$t \cdot t^{-1}$	0. 69	废石利用率/%	100
	尾矿排放强度/$t \cdot t^{-1}$	3. 62	尾矿处置方式	回填
	涌水利用率/%	50	尾矿利用率/%	100

53. 2 地质资源

53. 2. 1 矿床地质特征

银茂铅锌矿为中型铅锌矿床，矿床成因类型为沉积-叠加改造型。大地构造位置位于扬子陆块区的下扬子前路盆地的中部，该地区西北部与秦祁昆造山系接临，东南部是武夷—云开—台湾造山系。而银茂铅锌矿多金属矿床位于长江中下游断裂拗陷带的宁镇断褶束西部，北面是长江大断裂，西南部靠着宁芜火山岩盆地。在成矿区带上属于环太平洋构造岩浆活动成矿带的长江中下游铁、铜、铅锌、金多金属成矿带宁镇多金属成矿亚带。矿区发育的地层主要是志留纪-侏罗纪的地层，分为上下两个构造层，下构造层由志留系到三叠系的海相碳酸盐岩及碎屑沉积岩、陆相碎屑沉积岩和海陆交互相沉积岩组成。由老到新依次为：中志留统坟头组（S_2 f），上泥盆统五通组（D_3w），石炭系金陵组（C_1j）、高骊山组（C_1g）、和州组（C_1h）、黄龙组（C_2h）、船山组（C_3c），二叠系栖霞组（P_1q），侏罗系中下侏罗统象山群（J_{1-2}xn），上侏罗统西横山组（J_3x）以及第四系（Q_4）。矿区岩浆岩鲜见，目前地表和深部钻孔都未揭露到岩浆岩，矿区东南侧 6km 处发现出露有燕山期的安基山岩体（花岗闪长岩），西南部 9km 处见板仓岩体（辉石闪长岩）出露。矿体的围岩蚀变较弱，仅在矿体顶底板出现数十厘米宽的褪色蚀变带，蚀变主要包括硅化、碳酸盐化、大理岩化、重晶石化、绢云母化。深部零星见绿泥石、绿帘石、透辉石、透闪石等于侵入岩相关的接触变质现象。矿石矿物以闪锌矿、方铅矿、黄铁矿、菱锰矿为主，局部见大量的黄铜矿、磁铁矿及少量的磁黄铁矿。脉石矿物主要为石英、方解石，少量的重晶石、白云石、绢云母、绿泥石等，局部见透闪石、透辉石及绿泥石。经过总结发现，深部的黄铜矿、磁铁矿、透辉石、透闪石的含量较浅部有升高的现象。这也说明深部可能存在着隐伏岩体。矿石结构主要为粒状结构、镶嵌结构、交代结构、显微压碎结构，次为乳滴状结构显微包含结构、浸蚀结构、骸晶结构、草莓状结构等。矿石构造主要为致密块状构造、角砾状构造、浸染状构造，其次为团块状、脉状、网脉状、条带状、层纹状、揉皱状构造等。矿石自然类型：主要为块状矿石、浸染状矿石、角砾状矿石，次为脉状、网脉状、团块状矿石。

53.2.2 资源储量

银茂铅锌矿主要矿种为铅锌矿，共伴生矿产有金、银、铜等，矿石工业类型主要为铅锌（硫）多金属型、单硫型。矿山累计探明铅锌矿石 1526 万吨，铅+锌金属总量 165 万吨，单硫矿石 358 万吨，伴生银 1481t、伴生金 13.4t、伴生铜 1.5 万吨。矿山累计消耗铅锌矿石 857.94 万吨。

53.3 开采情况

53.3.1 矿山采矿基本情况

银茂铅锌矿为地下开采的中型矿山，采用平硐-竖井联合开拓，使用的采矿方法为上向分层充填采矿法。矿山设计生产能力 35 万吨/a，设计开采回采率为 75%，设计贫化率为 8%，设计出矿品位（Zn）为 5.6%，锌矿最低工业品位（Zn）为 3%。

53.3.2 矿山实际生产情况

2013 年，矿山实际采出矿量 35.5 万吨，排放废石 2.12 万吨。矿山开采深度为 172～-775m 标高。具体生产指标见表 53-2。

表 53-2 矿山实际生产情况

采矿量/万吨	开采回采率/%	出矿品位/%	贫化率/%	掘采比/m · 万吨$^{-1}$
35.5	75.3	3.27	3.3	81.6

53.3.3 采矿技术

矿山开拓系统：为平硐盲竖井开拓，平硐位于+14m 水平。+14m 主井为罐笼提升井，井深从+14m 中段到-475m 中段。与之配套的有+14m 副井、-125m 副井、-325m 副井。2004 年 35 万吨/a 技改扩建时，从-475m 中段分别下掘了-475m 主井及-475m 副井，井深从-475m 中段到-625m 中段；同时为配合-475m 以下使用铲运机的需要，先后施工了-475～-525m、-525～-575m 下盘脉外斜坡道，坡度 20%。

-475m 中段以下矿石先通过-475m 主井、+14m 主井两提两转提运到+14m 中段，然后再由箕斗井提升到+53m 地表选矿厂原矿仓内。

井下巷道所穿过的围岩及矿体的强度较高，稳固性较好，f 系数一般为 10～14。根据北京有色冶金设计研究总院对 20 万吨/a 技改扩建工程设计，井下各中段开拓方案为脉外下盘主运输巷（简称脉外巷）、脉内沿脉运输巷（简称脉内巷）及穿脉运输巷（简称穿脉巷）联合开拓方式，采用拱高 f_0 为 $B/4$ 的三心拱断面型式，设计巷道净宽 2.4m、净高 2.8m、墙高 2.2m，巷道净断面面积为 6.071m^2（含水沟掘进断面）。

井下现有+14m、-75m、-125m、-225m、-275m、-325m、-375m、-425m、-475m、-525m、-575m、-625m等多个中段，中段高50m，最大开拓深度为-625m。目前-475m中段以上已全部终采，-525m和-575m中段为主要回采中段，-625m中段目前主要进行新采场准备及-625m以下深部探矿工作。

采矿方法：采矿方法的选择除根据前述开采技术条件和矿体产状外，同时还适应“三下”开采的条件，即要满足保护地表栖霞山风景区、九乡河及栖霞镇居民区的要求，同时依据马鞍山矿山研究院工程勘察设计研究院提供的《南京银茂铅锌矿业有限公司35万吨/a技改扩建工程初步设计说明书》中的采矿方法，采用上向水平分层充填采矿法为主，充填料采用掘进矸石及选矿尾砂。采场出矿设备是电耙，采场面积一般为400~800m^2。

根据公司与长沙矿山研究院多年的合作，对有关采矿方法进行了探索：对于较规则的矿段，采用了盘区上向分层进路阶梯式回采充填采矿法和机械化上向水平分层点柱充填采矿法，使用铲运机出矿。

通风系统：采用单翼对角抽出式通风系统，两级机站接力抽出污风，新风从+14m平硐进入，经矿体东端的+14m主井下行至-475m中段，再通过盲主井和盲副井进入-625m以上各中段运输巷，沿运输巷进入工作面，清洗工作面后的污风汇集于-475m水平矿体西端一级机站，由一台K45A-4-No14（132kW）风机抽出，经中段回风井送至-75m水平回风巷返回至矿体东端，再经东部回风井上至+14m二级机站，由一台K45A-No14（132kW）风机抽出并通过回风井排至地表。为加强-475m中段以下的通风，在-525m、-575m及-625m中段分别安装了一台K45/18.5kW辅扇辅助通风。

供气系统：空压机房建在栖霞山风景区内，地表标高为+90m左右，站房内配备有43m^3/min螺杆式空压机3台，24m^3/min螺杆式空压机2台，装机容量为177m^3/min，采取集中供气方式，主风管从空压机站通过管道井经+14m水平平硐、+14m主井、-475m主井内铺设的管道向各中段用气点供气。

排水系统：根据矿山开拓系统情况，分别在-125m中段、-325m中段、-475m中段、-625m中段设置了4个水泵房，采用接力的形式将井下涌水排至地表。

供水系统：目前采用集中供水系统，生产用水利用井下的排水，在-325m中段设立了一个主供水仓，主供水管从-325m主供水仓通过+14m主井、-475m主井内铺设的管道向各中段用水点供水。

供电系统：矿山地表有一座35kV总降压变电所，两路35kV电源进线，一路长7km的银矿线，另外一路长6.5km的阳门线，两路同时供电。下井电压为10kV，目前主要在+14m、-125m、-325m、-475m、-625m中段设置变电硐室。

充填系统：采用全尾砂胶结料自流输送进入采场及矸石转运进入采场进行充填作业。全尾砂经自然沉降脱水、压气造浆后放砂至搅拌机，水泥则经螺旋给料机及电子秤添加至搅拌机，料浆经双卧轴搅拌机和高速活化搅拌机两段搅拌后，经测量管进入料斗，最终经充填孔及井下充填管网输送至井下采场充填。

充填系统主要技术参数为：充填料浆制备输送浓度，65%~72%；充填站制备能力，40~80m^3/h；充填料灰砂比：1∶12~1∶3可调；现有井下充填倍线：2.9。

53.4　选矿情况

53.4.1　选矿厂概况

选矿生产能力1300t/d，主要产品为铅精矿、锌精矿、硫精矿、锰精矿、铜精矿等，产品销往国内各大冶炼厂等。

矿山设计铅回收率82%、锌回收率87%、硫回收率74%、银回收率40%，目前在原矿品位下降明显的情况下（铅1.41%，锌2.25%，硫30.02%，银85.47g/t），2012~2014年实际铅回收率85.16%，锌回收率87.22%、硫回收率87.17%、银回收率52.66%。

53.4.2　选矿工艺流程

53.4.2.1　碎磨流程

井下原矿提升到选厂（≤425mm）经两段一闭路破碎到最终粒度≤12mm，然后一段闭路磨矿分级，将矿石磨到细度-0.074mm含量占75%~78%。

53.4.2.2　浮选流程

选矿先采用铅锌硫化矿电位调控浮选工艺将Pb、Zn、S依次分离，浮选尾矿再用磁选方法回收锰，原矿中的铜在选铅时混合浮出再铜、铅分离，原矿中的银大部分进入铅、锌精矿，铅锌浮选尾矿中的硫铁金银在选硫时一起进入高品位硫精矿中，硫精矿在硫酸厂再经过焙烧制酸进行硫、铁分离回收。精矿脱水均采用浓缩、陶瓷过滤两段脱水流程。

2003年前处理规模为20万吨/a，采用的选矿生产工艺流程如图53-1所示。

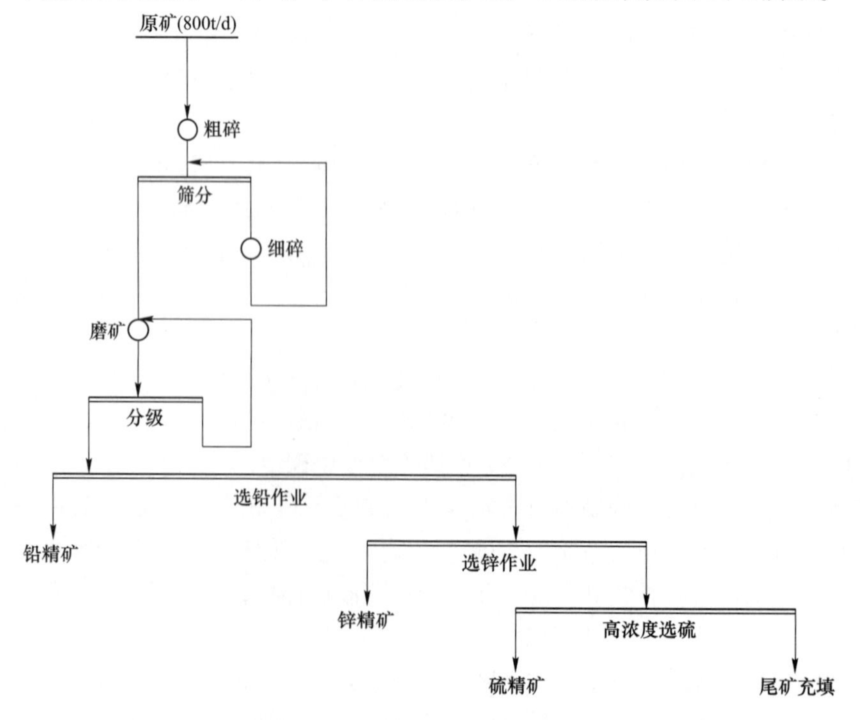

图53-1　20万吨/a生产工艺流程

破碎主要采用了2台颚式破碎机（规格分别为PE500×750、PE400×600）和1台自定中心振动筛（规格为SZZ1240），磨矿采用2台ϕ2130格子型滑动球磨机，浮选主要采用SF-4型浮选机，过滤主要采用滤布式过滤机。

2003年进行了35万吨/a处理规模的技术改造，改造后采用的选矿工艺流程如图53-2所示。

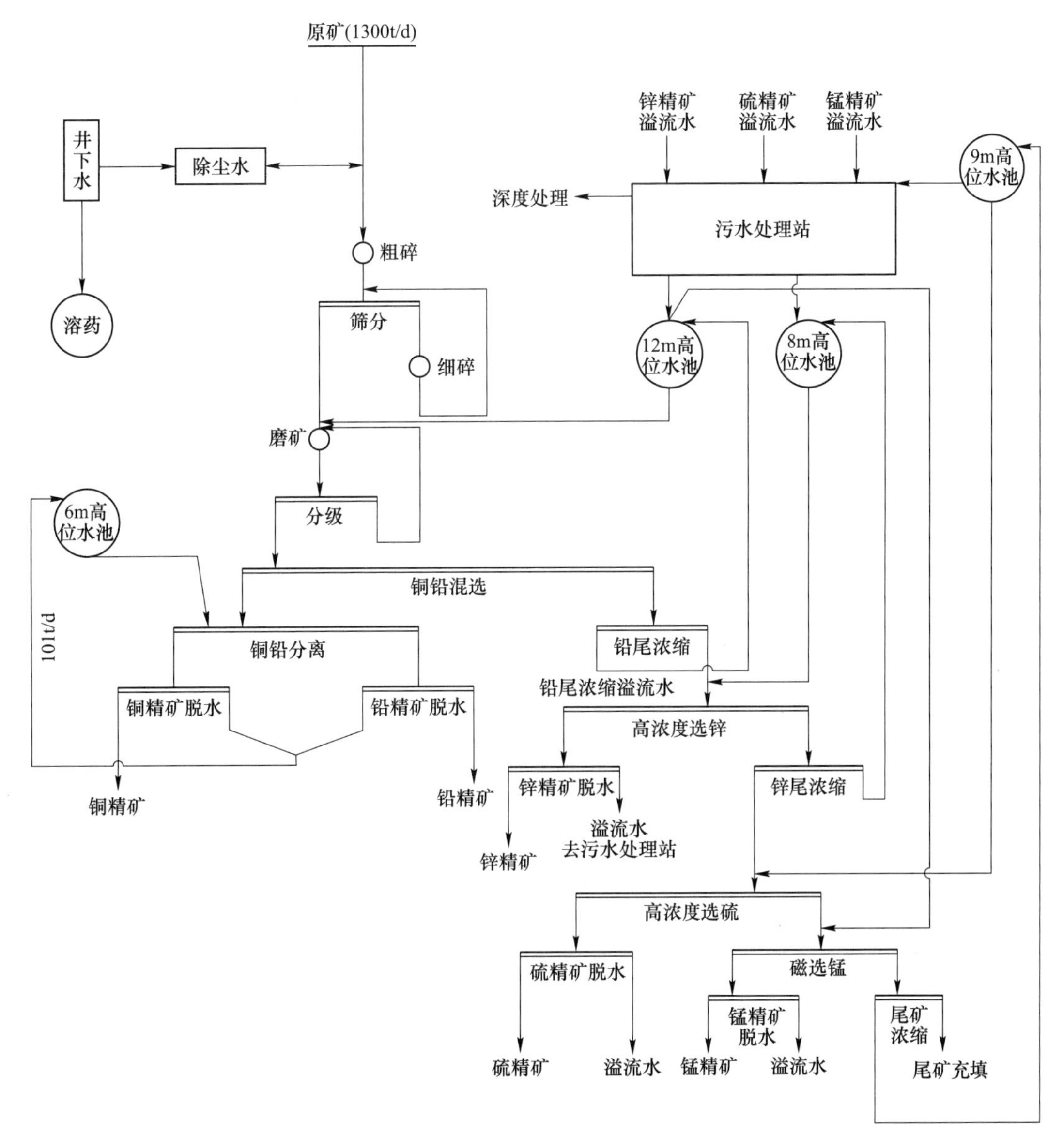

图53-2　35万吨/a处理规模工艺流程

53.4.3 选矿工艺改造

53.4.3.1 铅银分步浮选技术

针对原矿含银较高、银价格逐年升高，而铅中银回收率较低的问题，2000年起，矿山组织技术人员进行攻关，发现导致铅中银回收率较低的主要原因是铅与银浮选最佳电位不一致，与北京矿冶研究总院共同合作，在对公司的铅锌矿石进行原矿物相及工艺矿物学的研究和大量选矿试验的基础上，确定了选银最佳的分离细度、最佳浮选电位、新的药剂配比，共同研究开发了提高铅中银回收率的浮铅银新药剂。在流程上，发明了提高铅中银回收率的分步浮选工艺，解决了铅与银浮选最佳电位不一致的问题。新工艺应用后，在保持原有铅锌指标不降低的基础上，铅精矿中银选矿回收率由使用前的46.94%提高到61.87%，提高了14.93个百分点，铅中金回收率提高了4个百分点，年销售收入增加2553万元。研究成果获中国有色金属行业科技进步一等奖。同时“提高铅中银回收率的分步浮选工艺”还获得国家发明专利。

53.4.3.2　开发应用脉动高梯度磁选锰新工艺

公司选矿尾矿中含有8%~12%的锰，2002年起，矿山与马鞍山矿山研究院合作，进行了碳酸锰综合回收试验研究，依据碳酸锰具有的弱磁性特点，利用磁选新技术和新型脉动高梯度磁选机对尾矿中的碳酸锰进行有效的回收，并在调研论证的基础上完成了流程设计、设备安装与调试。2005年，建成了处理15万吨/a浮选尾矿综合回收锰的磁选生产线，2006年起每年从尾矿中回收碳酸锰精矿3万多吨，每年增加700多万元的经济效益，同时每年还减少了3万多吨的尾矿量，为尾矿零排放创造了条件。

53.4.3.3　铜铅高效分离新工艺

矿山原矿中含有0.25%左右的铜，经过选铅后，铜主要被富集到铅精矿中。为了实现铜的综合回收，2007年开始矿山与北京矿冶研究总院共同合作研究，将铜先富集到铅精矿中，再利用PMA、YC、BK901等铜铅分离新药剂来实现铅精矿中铜（含量1.5%~3%）的综合回收。经过多次试验，解决了高铅低铜回收难题。2008年建成回收生产线并完成了工业调试，现已投入正常生产。铜综合回收项目每年产生1000多万元的经济效益，同时还提高了铅精矿的质量。研究成果获中国有色金属行业科技进步一等奖。

53.4.3.4　选锌尾矿综合回收金银硫铁选冶联合新技术

矿山每年30万吨的铅锌浮选尾矿中含有27%的硫、25%的铁、1g/t的金和40g/t的银，这部分金银与黄铁矿紧密共生，有的分布在黄铁矿的晶格中，在选硫时上述元素也随之一起进入硫精矿中，用常规的选矿分离技术无法实现硫精矿中金银硫铁的高效分离。为了回收这些共伴生元素，矿山与北京矿冶研究总院合作，对选锌尾矿和硫精矿进行了综合回收金银硫铁的试验研究，确定了通过锌尾浓缩高浓度选硫工艺。并对选硫浮选流程和设备进行改造，生产含硫48%以上品位的高品位硫精矿，将锌浮选尾矿中的金银硫铁最大程度富集到高品位硫精矿中去，然后通过高品位硫精矿制酸脱硫、硫酸渣浸出金银、浸渣过滤作为铁精矿，最终实现金、银、硫、铁的综合回收利用。

2007年完成了试验研究，2008年完成了选硫流程和高硫制酸系统改造，现已投入工业生产，相对原矿的硫总回收率从87.99%提高到96.61%，提高8.62个百分点；铁总回收率从没有回收实现88.18 %的回收，提高88.18个百分点，资源利用程度大幅度提高，每年多产生5000万元以上的经济效益。酸渣浸金银2008年完成了扩大试验，相对原矿的金总回收率从20.96%提高到88.49%，提高67.53个百分点；银总回收率从75.99%提高到97.78%，提高21.99个百分点；现酸渣浸金银工作正在进行产业化建设。“浮选尾矿金银硫铁综合回收利用技术的开发”被国家发改委列为2007年国家重大产业技术开发专项项目，被江苏省科技厅列为2009年省科技成果转化专项资金项目。

53.5　矿产资源综合利用情况

银茂铅锌矿，矿产资源综合利用率63.77%，尾矿品位Zn 0.2%。

井下矸石不出窿，截至2013年底，废石场累计堆存废石为0，2013年产生量为2.12万吨。废石利用率为100%，废石排放强度为0.69t/t。

生产尾矿全部进行胶结充填，截至2013年底，尾矿库累计堆存尾矿为0，2013年尾矿产生量为11.11万吨。尾矿利用率为100%，尾矿排放强度为3.62t/t。

54　张公岭金银铅锌矿

54.1　矿山基本情况

张公岭金银铅锌矿为主要开采铅锌矿的小型矿山，共伴生矿产为金、铜、银矿。矿山成立于 2006 年 5 月 29 日。矿区位于广西壮族自治区贺州市八步区，距公司本部 8km，距贺州市八步区 74km，距 323 国道 21km，至广东省连山县 68km，大宁镇至南乡镇公路通过矿区西南部，矿区有简易公路与外部公路相通，交通较为方便。矿山开发利用简表详见表 54-1。

表 54-1　张公岭金银铅锌矿开发利用简表

基本情况	矿山名称	张公岭金银铅锌矿	地理位置	广西壮族自治区贺州市八步区
	矿山特征	—	矿床工业类型	中温热液破碎带蚀变岩型矿床
地质资源	开采矿种	铅矿	地质储量/万吨	矿石量 656. 84
	矿石工业类型	压碎岩型硫化矿石	地质品位/%	Pb 1. 41
开采情况	矿山规模/万吨·a^{-1}	3，小型	开采方式	地下开采
	开拓方式	平硐-盲竖井开拓	主要采矿方法	浅孔留矿采矿法
	采出矿石量/万吨	11. 70	出矿品位/%	Pb 1. 75
	废石产生量/万吨	4. 84	开采回采率/%	92. 33
	贫化率/%	24. 41	开采深度/m	815~250. 15 标高
	掘采比/m·万吨$^{-1}$	482		
选矿情况	选矿厂规模/万吨·a^{-1}	9	选矿回收率/%	Pb 82. 32 Zn 63. 80 Ag 84. 60 Au 68. 14
	主要选矿方法	铅锌矿：三段一闭路破碎，一段闭路磨矿，铅锌优先浮选；金银矿：两段一闭路破碎，一段闭路磨矿，浮选		
	入选矿石量/t	102693	原矿品位	Pb 1. 75% Zn 1. 36% Ag 106. 59g/t Au 2. 02g/t
	Pb 精矿产量/t	2422t	Pb 精矿品位	Pb 52. 05% Au 10. 88g/t Ag 1090g/t

续表 54-1

选矿情况	Zn 精矿产量/t	2758	Zn 精矿品位	Zn 43.55% Ag 307g/t
	金银混合精矿产量/t	3906	金银混合精矿品位/g·t^{-1}	Au 25.82 Ag 2000
	尾矿产生量/t	98430	尾矿品位/%	Pb 0.24
综合利用情况	综合利用率/%	69.09		
	废石排放强度/t·t^{-1}	19.98	废石处置方式	排土场堆存
	尾矿排放强度/t·t^{-1}	40.64	尾矿处置方式	尾矿库堆存
	废石利用率/%	12.41	尾矿利用率/%	0
	回水废水利用率/%	85	涌水利用率/%	30

54.2　地质资源

54.2.1　矿床地质特征

张公岭金银铅锌矿矿床规模为小型，矿床产于大宁斑状花岗闪长岩岩体内的构造破碎带内，矿化主要表现为热液的交代、充填作用，故矿床的成因类型应为中温热液破碎带蚀变岩型矿床。矿床南带 1 号矿体地表由 29-2 勘探线控制，矿体为似层状、大脉状，局部有分枝复合现象，长 1040m，宽 2m，走向 300°，倾向南西，倾角 80°~85°。深部东边较陡，倾角 85°~89°，西边较缓，倾角 75°~80°。矿体已有工程（345m 中段）控制，矿体最大延长 1040m，钻探控制最低见矿标高已到-212m，倾斜最大延深 1074m。矿体最大厚度 13.96m，平均厚 2.76m，厚度变化系数 95.2%。单工程（采样点）Pb 平均品位 1.41%，最高可达 5.71%，见于 345m 中段（H316-230），品位变化系数 142.6%；Zn 平均品位 1.19%，最高可达 3.37%，见于 345m 中段（23-21 线），品位变化系数 113.3%；Au 平均品位 0.29g/t，Ag 平均品位 41.27g/t。

矿体受构造蚀变破碎带控制，矿体赋存于蚀变破碎带内或顶底板，一般发育于顶底板矿化蚀变带中。F_1、F_{53}号断层对矿体影响不大，造成错动位移 10m 左右。矿体内方铅矿、闪锌矿、黄铜矿、黄铁矿多见，黄铜矿分布不均，黄铜矿发育岩段铅锌含量较高，黄铁矿分布普遍，一般发育于铅锌矿化较高地段。

中带 2 号矿体主要分布在 17-19 线和 09-00 线之间，矿体成脉状，平均厚度 1.81m，矿体整体走向为 120°，倾向南西，倾角 60°~80°，505m 以下矿体厚度变薄品位变贫。2 号矿体在 305m 中段以上已基本采空，目前回采的主要是一些品位低、矿脉窄的边角料矿块。

南带 1 号铅锌矿体、中带 2 号金银矿体均产于构造破碎带内，破碎带内构造岩主要为压碎岩，压碎岩与围岩斑状花岗闪长岩的界线比较清楚，以断裂接触为主。

矿石矿物以硫化物为主，主要有黄铁矿、方铅矿、闪锌矿，次为毒砂、黄铜矿，少量浓红银矿、硫锑铜银矿、银黝铜矿、锑银矿以及自然银、银金矿等。脉石矿物以石英、斜长石、菱锰矿为主，次为绢云母、白云母，少量方解石、铁白云石、绿泥石、钾长石、白钛矿等。次生矿物见于近地表的矿石中，有褐铁矿、软锰矿、硬锰矿、孔雀石、臭葱石、黄钾铁矾等。张公岭金银铅锌矿矿石自然类型主要为原生硫化矿石。

54.2.2 资源储量

张公岭金银铅锌矿主矿产为铅锌，共伴生矿产有金、铜、银等，矿石的工业类型主要为压碎岩型硫化矿石。截至 2012 年 12 月末，张公岭金银铅锌矿-160m 标高以上保有资源储量为：矿石量 656.84 万吨，铅金属 10.36 万吨、锌金属 9.50 万吨、伴生金 3.602t、伴生银 272.142t。

54.3 开采情况

54.3.1 矿山采矿基本情况

张公岭金银铅锌矿为地下开采的小型矿山，采用平硐-盲竖井开拓，使用的采矿方法为浅孔留矿法。矿山设计生产能力 3 万吨/a，设计开采回采率为 90%，设计贫化率为 10%，设计出矿品位（Pb）为 1.53%，铅矿最低工业品位（Pb）为 0.3%。

54.3.2 矿山实际生产情况

2013 年，矿山实际采出矿量 11.70 万吨，排放废石 4.836 万吨。矿山开采深度为 815~250.15m 标高。具体生产指标见表 54-2。

表 54-2 矿山实际生产情况

采矿量/万吨	开采回采率/%	出矿品位/%	贫化率/%	掘采比/m · 万吨$^{-1}$
11.70	92.33	1.75	24.41	482

54.3.3 采矿技术

张公岭金银铅锌矿目前开拓方式为平硐盲竖井联合开拓，段高 40m，竖井深度 280m，采矿方法为浅孔留矿法，装岩机出矿。

54.4 选矿情况

54.4.1 选矿厂概况

张公岭矿区自 20 世纪 70 年代即开始铅锌多金属矿的采选，选矿工艺经多年的生产实践和技术改造，目前已形成成熟稳定的工艺流程。张公岭南带铅锌多金属矿石的选矿方法为优先浮选法，即优先浮选铅然后再选锌，工艺流程为一粗二扫三精，产品为铅精矿、锌精矿。生产实际表明，矿区内的铅锌多金属矿石可选性较好，铅回收率 78.6%，锌回收率 66.1%，金回收率 29.9%，银回收率 66.0%。

54.4.2 选矿工艺流程

54.4.2.1 铅锌矿选矿

破碎筛分流程采用三段一闭路破碎工艺流程，最终破碎产品粒度为-15mm。磨浮流程有两个系列，磨矿均为一段闭路磨矿分级流程，浮选均为一粗二扫三精浮选工艺流程。铅锌矿选矿流程图如图 54-1 所示。

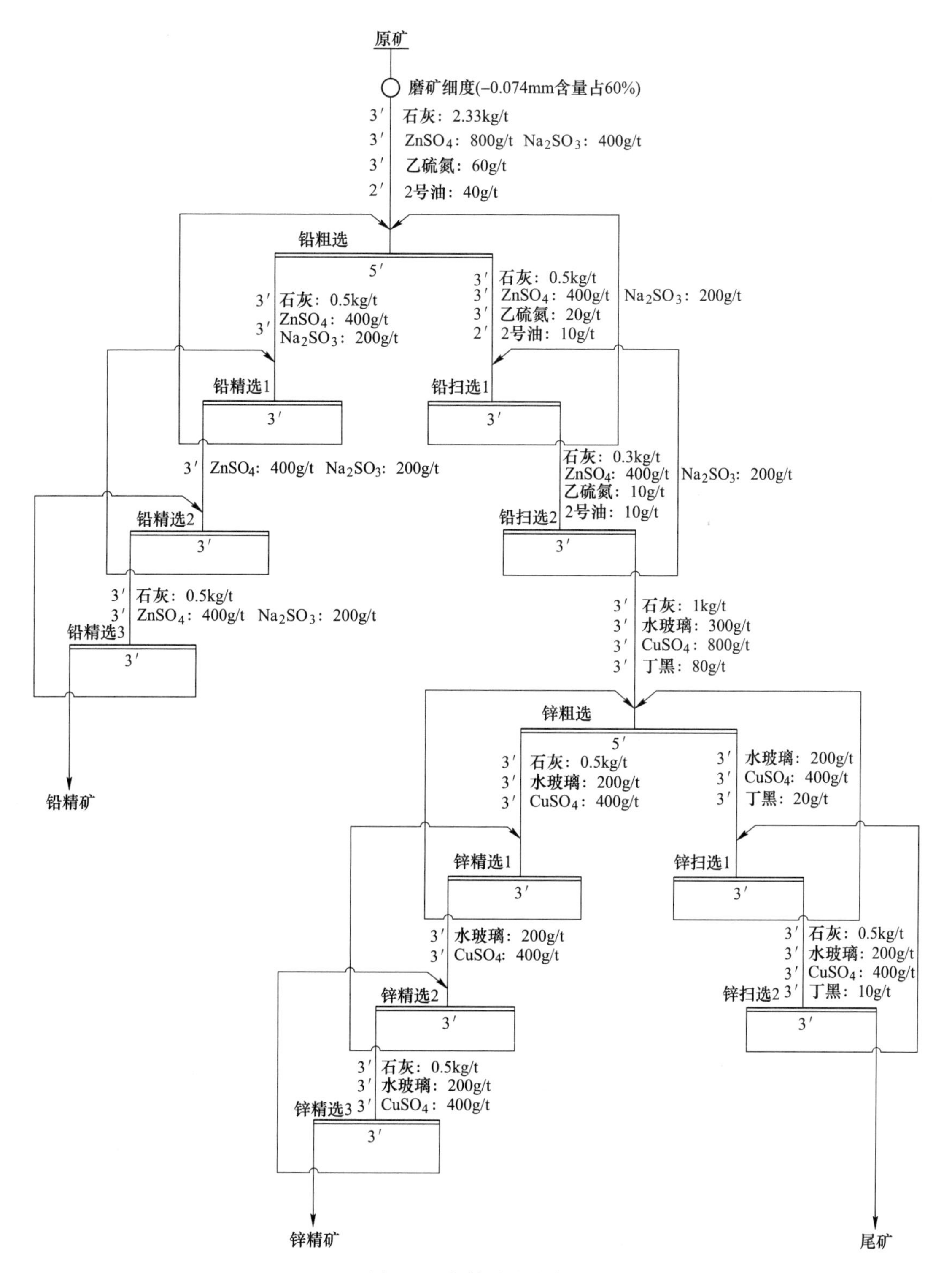

图 54-1　铅锌矿选矿流程

54.4.2.2 金银矿选矿

金银矿破碎筛分流程采用两段一闭路破碎工艺，磨浮流程采用一段闭路磨矿分级流程，浮选为一粗二精三扫浮选工艺流程。选矿流程图如图 54-2 所示。

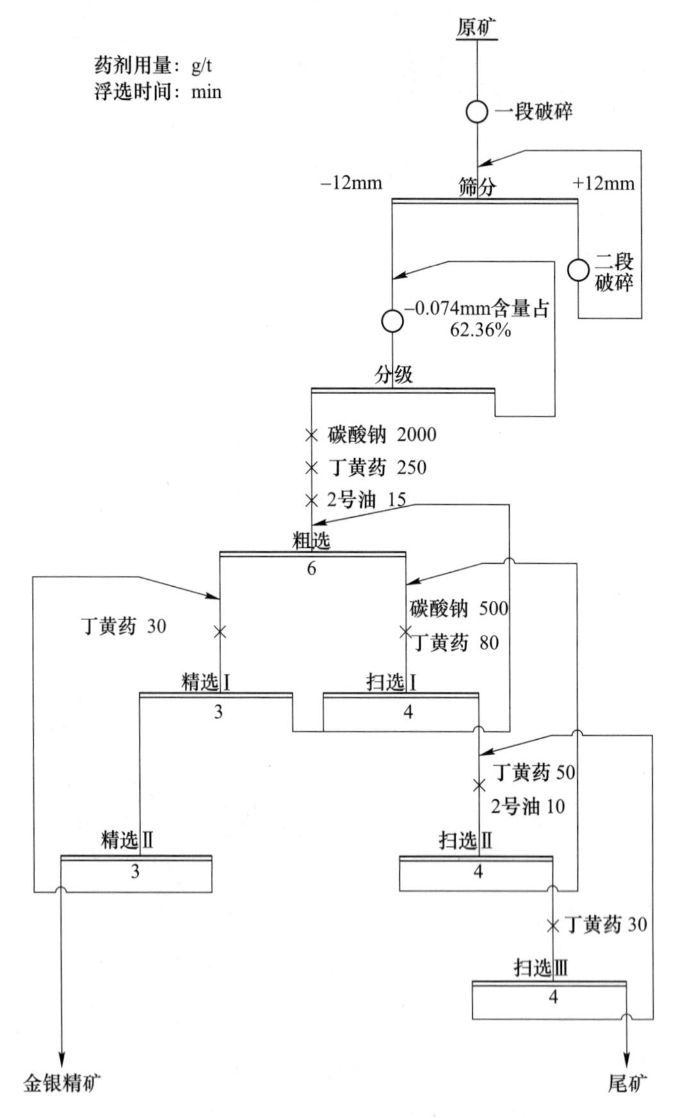

图 54-2 金银矿选矿流程

54.5 矿产资源综合利用情况

张公岭金银铅锌矿，矿产资源综合利用率 69.09%，尾矿品位 Pb 0.24%。

废石集中堆存在排土场，截至 2013 年底，废石场累计堆存废石 144.19 万吨，2013 年产生量为 4.84 万吨。废石利用率为 12.41%，废石排放强度为 19.98t/t。

尾矿集中堆存在尾矿库。截至 2011 年底，尾矿库累计堆存尾矿 172.04 万吨，2013 年产生量为 9.843 万吨，尾矿利用率为 0，尾矿排放强度为 40.64t/t。

55 榛甸铅锌矿

55.1 矿山基本情况

榛甸铅锌矿为主要开采铅锌矿的中型矿山，共伴生矿产为锌矿、硫铁矿。矿山始建于1958年12月8日，1963年12月8日投产。矿区位于辽宁省丹东市凤城市，张庄公路从矿区通过，东距沈丹铁路通远堡站45km，交通比较方便。矿山开发利用简表详见表55-1。

表55-1 榛甸铅锌矿开发利用简表

基本情况	矿山名称	榛甸铅锌矿	地理位置	辽宁省丹东市凤城市
	矿山特征	—	矿床工业类型	中温热液充填交代矿床
地质资源	开采矿种	铅矿、锌矿	地质储量/万吨	矿石量884.86
	矿石工业类型	混合铅锌矿石	地质品位/%	Pb 2.31 Zn 2.3
开采情况	矿山规模/万吨·a^{-1}	20，中型	开采方式	地下开采
	开拓方式	竖井开拓	主要采矿方法	全面采矿法与留矿采矿法
	采出矿石量/万吨	20.2	出矿品位/%	Pb 1.7
	废石产生量/万吨	27.3	开采回采率/%	98
	贫化率/%	25	开采深度/m	550~100标高
	掘采比/m·万吨$^{-1}$	750		
选矿情况	选矿厂规模/万吨·a^{-1}	52	选矿回收率/%	Pb 88.15 Zn 86.14 S 70
	主要选矿方法	三段一闭路破碎，阶段磨矿，混合浮选—铅锌分离		
	入选矿石量/万吨	20.2	原矿品位/%	Pb 1.7 Zn 1.6 S 6.5
	Pb精矿产量/万吨	0.51	Pb精矿品位/%	Pb 59.94
	Zn精矿产量/万吨	0.56	Zn精矿品位/%	Zn 49.94
	S精矿产量/万吨	2.42	S精矿品位/%	S 37.92
	尾矿产生量/万吨	16.71	尾矿品位/%	Pb 0.14

续表 55-1

综合利用情况	综合利用率/%	74.27		
	废石排放强度/t · t^{-1}	25.51	废石处置方式	排土场堆存
	尾矿排放强度/t · t^{-1}	15.62	尾矿处置方式	尾矿库堆存
	废石利用率/%	11	尾矿利用率/%	0
	回水利用率/%	40	涌水利用率/%	30

55.2 地质资源

55.2.1 矿床地质特征

榛甸铅锌矿由两个坑口组成，即榛子沟坑、甸南坑。榛子沟铅锌矿主要赋存在角闪片岩、变粒岩、大理岩互层岩石组中的层间断裂里。这些层间断裂受榛子沟—甸南东西向倾没背斜控制为第二序次层间压扭面。走向北西60°~70°，倾向北东，倾角20°~60°，包括289、2、321、320号断裂或断裂带，断裂带长1500m，宽55m，断裂在断裂带中呈侧幕状分布。铅锌矿体以似层状产出为主，斜切地层交错矿脉较少。（1）289号脉：赋存在289号断裂中，铅锌矿主要沿3条含矿断裂充填，其次充填和交代在条带状方解长英变粒岩节理裂隙中。靠近混合质变粒岩上盘的断裂被铅锌黄铁矿与蚀变煌斑岩充填；沿角闪片岩下盘的断裂常被细粒方铅矿充填；其余一条断裂被含矿变质花岗斑岩充填。这些矿体构成两个矿化带由北西向南东侧伏，呈反“多”字型侧幕状展布，倾角20°左右。走向延长1500m，倾斜延深240m。矿化带中矿体呈斜列分布，其规模延长50~150m，个别达200m；延深一般在30~60m，最深达90m；宽5~15m，平均8m。断裂大于40°时出现工业矿体。矿体形态为似层状、脉状，局部为浸染状。围岩蚀变以硅化、石墨化为主，白云石化次之。矿石平均品位铅1.29%，锌1.97%，硫8.01%。（2）2号脉：赋存在2号断裂中，走向北西60°~70°，倾向北东，倾角40°~70°。由四个矿化带组成，由北西向南东侧伏，侧伏角20°，矿化带规模和289号脉相同。矿化带中矿体规模不大，延长110m，延伸30~90m，宽0.5~8m。矿体形态为似层状、脉状，局部为浸染状。围岩蚀变“热液”白云石化较发育。矿石平均品位铅2.61%，锌5.31%，硫8.45%。（3）321号脉：赋存在321号断裂中，走向北西60°，倾向北东，倾角40°~70°。由三个矿脉构成一个矿化带，延长800m，延深90m，由北西向南东侧伏，呈反“多”字型展布。矿带中矿体规模较小，延长20~60m，个别达160m，延深15~45m，宽0.8~1.5m，个别达2m。主要出现在240m中段以上。矿体形态为似扁豆状。围岩蚀变为白云石化和碳酸盐化。矿石平均品位铅2.08%，锌3.09%，硫9.04%。（4）320号脉：赋存在320号断裂中，走向北西60°，倾向北东，倾角40°~70°。矿体离石榴石云母片岩层0.5~1m，由三个矿化带组成，规模和289号矿带相同，由北西向南东呈反“多”字型侧幕状展布。矿体规模不大，延长15~50m，个别长达300m，延深30~60m，个别达150m，宽0.5~1.2m，个别达2.67m。矿体呈似层状、扁豆状。矿石平均品位铅2.92%，锌6.52%，硫7.50%。

甸南坑包括1、2、3号矿脉。（1）1号脉：赋存在混合质变粒岩上盘的白云石大理岩与角闪片岩互层的岩层中。矿体走向 NE40°~60°，倾向南东，倾角 50°~70°。矿体形态为似层状、脉状，局部为浸染状。规模延长 50~150m，延深 30~60m，宽 0.5~2m。矿石平均品位铅 2.23%，锌 1.88%，硫 6.94%。围岩蚀变以硅化、黄铁矿化为主。(2) 2 号脉：赋存在混合质变粒岩上盘的白云石大理岩层中，矿体下盘为石榴石云母片岩层，上盘为大理岩岩层。矿体形态为似层状、脉状，规模走向延长 80~110m，倾斜延深 40~50m，宽 0.4~1.5m。矿石平均品位铅 4.85%，锌 0.89%，硫 12.14%。围岩蚀变以白云石化为主。(3) 3 号脉：赋存在白云石大理岩、变粒岩、矽线石云母片岩互层中。矿体走向 NE40°~60°，倾向南东，倾角 30°~60°，形态以似层状为主，规模走向延长 20~80m，倾斜延深 30~60m。矿石平均品位铅 3.93%，锌 1.40%，硫 13.95%。围岩蚀变为碳酸盐化、黄铁矿化。

该矿区矿体属稳固矿岩，围岩属于稳固岩石。矿石物质组成：根据矿物共生组合分析，金属矿物主要有方铅矿、黄铁矿、闪锌矿，脉石矿物主要为方解石、白云石、长石、石英、云母、矽线石、石榴石等。矿石结构、构造：矿石结构为变晶结构，矿石构造为致密块状、浸染状、网脉状和压碎构造。矿石化学成分：矿石通过化验分析，其有益成分为 Pb、Zn、S，有害元素为 Se。有益成分 Pb、Zn 在矿石中以团块状、细脉状自形晶产出，肉眼易识别。矿区内铅矿体均埋藏在地下一定深度内。但由于该矿矿体受构造控制，区内构造带具有一定的规模，且含水丰富，所以浅部一定范围内矿石显现氧化特征，据观察氧化不强烈，呈微氧化状态，矿石裂隙中略显褐铁矿化，基本上矿石属无风（氧）化状态。矿石自然类型为硫化物矿石。榛甸铅锌矿主要产于大理岩中，主要金属矿物为方铅矿，矿体呈透镜状、脉状，其共（伴）生矿产组合主要为锌、硫等。

55.2.2　资源储量

榛甸铅锌矿主要矿种为铅锌，共伴生矿产有硫铁矿，矿石工业类型为碳酸盐岩型铅矿。矿山累计查明铅矿石资源储量为 8525kt，金属量 314122t，铅矿平均地质品位为 2.31%；累计查明共生矿产锌矿金属量为 323640t，锌矿平均地质品位为 2.3%；累计查明伴生矿产硫铁矿非金属（S）量为 863.96kt，S 的平均地质品位为 8.33%。

55.3　开采情况

55.3.1　矿山采矿基本情况

榛甸铅锌矿为地下开采的中型矿山，采用竖井开拓，使用的采矿方法为全面采矿法和留矿法。矿山设计生产能力 20 万吨/a，设计开采回采率为 85%，设计贫化率为 15%，设计出矿品位（Pb）为 3.5%，铅矿最低工业品位（Pb）为 3.5%。

55.3.2　矿山实际生产情况

2013 年，矿山实际采出矿量 20.2 万吨，排放废石 27.3 万吨。矿山开采深度为 550~100m 标高。具体生产指标见表 55-2。

表 55-2 矿山实际生产情况

采矿量/万吨	开采回采率/%	出矿品位/%	贫化率/%	掘采比/m·万吨$^{-1}$
20.2	98	1.7	25	750

55.3.3 采矿技术

矿山开采方式为地下开采，矿山开拓方式为竖井开拓，采矿方法为全面采矿法与留矿采矿法。采矿主要设备型号及数量见表 55-3。

表 55-3 采矿主要设备型号及数量

序号	设备名称	规格型号	使用数量/台（套）
1	卷扬机	2BM2500/1211-2	2
2	螺杆空压机	DLG-250	2
3	主扇	70B2-21NO18	2
4	水泵	150D30×9	12
5	装岩机	Z-17AW	18
6	电机车	ZK3-250/600-2	27
7	电耙绞车	2DPj-15	56
8	局扇	JF-52-211kW	64

55.4 选矿情况

55.4.1 选矿厂概况

矿山选矿厂设计年选矿能力为 52 万吨，设计铅入选品位为 2.5%，最大入磨粒度为 15mm，磨矿细度为-0.074mm 含量占 60%，选矿方法为浮选法。选矿产品为铅精矿、锌精矿、硫精矿。该矿山 2011 年、2013 年选矿情况见表 55-4。

表 55-4 榛甸铅锌矿选矿情况

年份	入选矿石量/万吨	Pb 入选品位/%	选矿回收率/%	选矿耗水量/t·t^{-1}	选矿耗新水量/t·t^{-1}	选矿耗电量/kW·h·t^{-1}	磨矿介质损耗/kg·t^{-1}	精矿产率/%
2011	20.6	1.96	88.3	3.5	1.5	38.5	0.89	2.8
2013	20.2	1.7	88.15	2	1.47	38.1	0.82	2.5

2011 年共生矿产锌矿入选品位为 1.5%，选矿回收率为 88%，锌精粉产率为 2.7%；伴生矿产硫的入选品位为 6.5%，选矿回收率为 71%，硫精粉产率为 12.14%。

2013年锌矿入选品位为1.6%，选矿回收率为86.14%，锌精粉产率为2.76%；伴生矿产硫的入选品位为6.5%，选矿回收率为70%，硫精粉产率为12%。

55.4.2　选矿工艺流程

55.4.2.1　破碎筛分流程

采用三段一闭路的碎矿流程，粗碎产品经过间距15mm的固定格筛给入中碎，中碎产品和细碎产品混合给入2台3600×1800的自定中心式振动筛，筛上产物给细碎，如此进行检查筛分的三段一闭路。

碎矿三段一闭路工艺流程中，采用平皮带运输机衔接。

第一段粗碎用600×900的复摆颚式破碎机1台；第二段中碎用ϕ1650的标准型圆锥破碎机1台；第三段细碎用ϕ1650的短头型圆锥破碎机2台。

55.4.2.2　磨矿工艺

原矿磨矿共5个系统，有4个系统为MQY400×1800溢流型球磨机、2400×8000的耙式分级机，构成闭路的一段流程，还有一个系统为MQY2400×1800的溢流型球磨机与ϕ2000的高堰式单螺旋分级机构成闭路的一段流程。正常用3个系统。

中矿有2个磨矿系统，正常用1个系统，1500×3000的球磨机与ϕ300的旋流器构成闭路，对混合精矿和铅锌分离铅一次精选尾进行再磨的中矿处理流程。

55.4.2.3　浮选

浮选均用6A浮选机，有效容积2.8m^3，转数300~320r/min。

混合浮选采用一次粗选、两次精选、三次扫选。铅锌分离中铅分选采用一次粗选、四次精选、四次扫选，锌矿采用一次粗选、四次精选、四次扫选。

55.4.2.4　精矿脱水

分为铅、锌、硫三个系统，均为二次脱水。

第一次脱水铅、锌、硫均用直径1800mm×高2400mm的中心传动式浓缩机各一台。

第二次脱水铅、锌均用直径1800mm×长度1800mm的真空外滤式圆筒型过滤机各一台；硫自然净化沉淀。

原使用Z-3和Z-4的水环式真空泵，真空度550~650水银柱；现已用ϕ600喷射泵2台和8-B农田泵2台取代之，真空度700~760水银柱。

55.4.2.5　尾矿输送和堆积系统

浮选最终尾矿从现场出来经过120m水泥溜槽后，用20mm离心式砂泵经过4个泵站输送到尾矿坝堆积贮存。每个砂泵站，设2台砂泵。输送管路为27mm铸铁管。第一砂泵站为下坡，输送1684.5m，垂直扬程14.875m，总扬程27.125m；第二砂泵站为上坡输送，垂直扬程20.5m，总扬程27.15m；第三砂泵站为下坡输送，垂直扬程11.945m，总扬程为32m。

选矿工艺流程如图55-1所示，选矿主要设备型号及数量见表55-5。

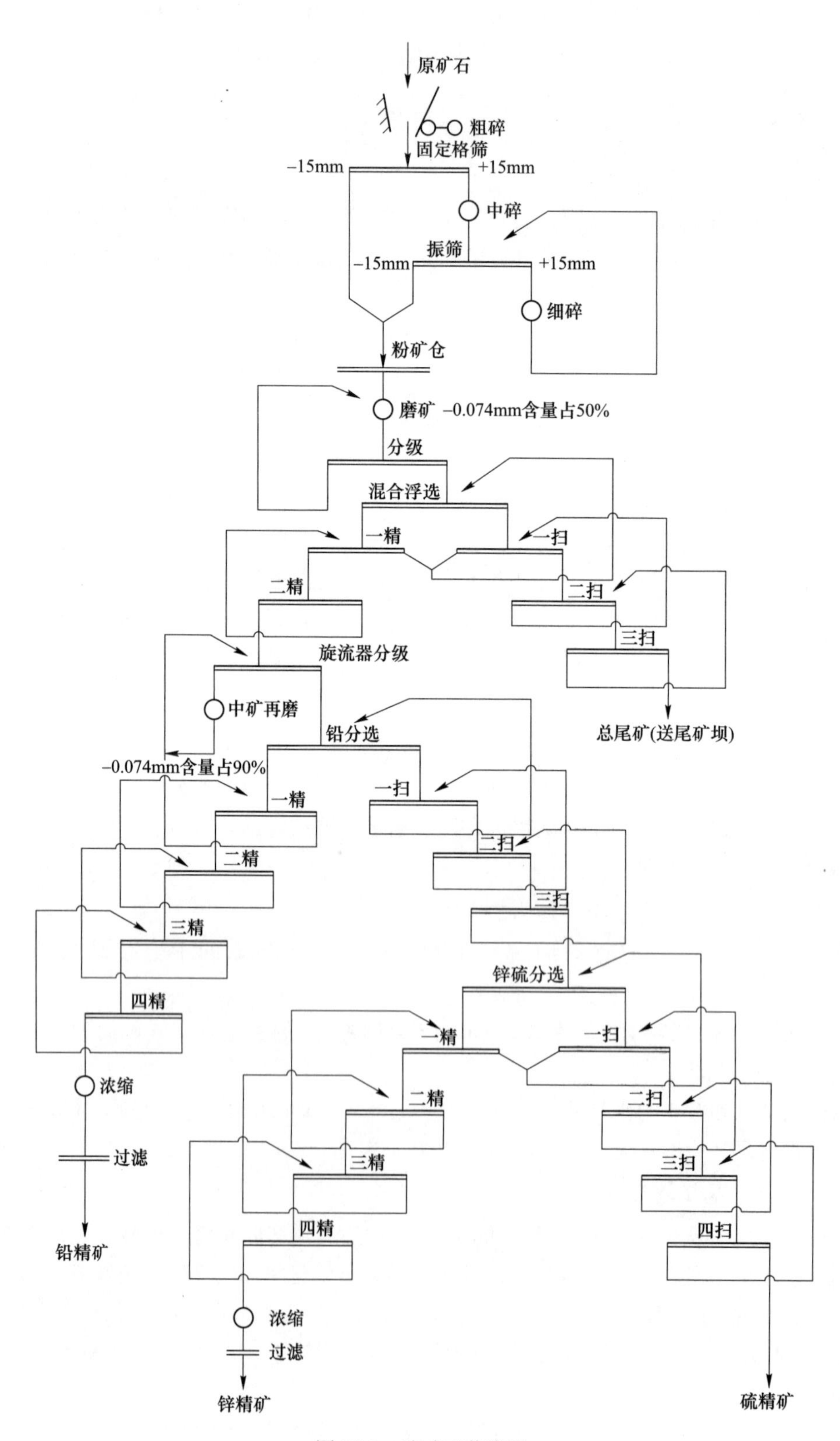
原矿石
粗碎
固定格筛
−15mm
+15mm
中碎
振筛
−15mm
+15mm
细碎
粉矿仓
磨矿 −0.074mm含量占50%
分级
混合浮选
一精
一扫
二精
二扫
三扫
旋流器分级
中矿再磨
总尾矿(送尾矿坝)
铅分选
−0.074mm含量占90%
一精
一扫
二精
二扫
三扫
三精
四精
锌硫分选
一精
一扫
浓缩
二精
二扫
过滤
三精
三扫
四精
四扫
铅精矿
浓缩
过滤
锌精矿
硫精矿

图 55-1　选矿工艺流程

表 55-5　选矿主要设备型号及数量

序号	设备名称	规格型号	使用数量/台（套）
1	颚式破碎机	600×900	1
2	圆锥破碎机	ϕ1650	3
3	振动筛	3600×1800	2
4	球磨机	MQY400×1800	4
		MQY2400×1800	1
5	分级机	DF-ϕ150DS	5
6	浮选机	6A2. 8m^3	61
7	浓密机	9000×3000	2
8	过滤机	WZG10^2	2

55.5　矿产资源综合利用情况

榛甸铅锌矿，矿产资源综合利用率 74. 27%，尾矿品位 Pb 0. 14%。

废石集中堆存在排土场，截至 2013 年底，废石场累计堆存废石 461 万吨，2013 年产生量为 27. 3 万吨。废石利用率为 11%，废石排放强度为 25. 51t/t。

尾矿集中堆存在尾矿库。截至 2013 年底尾矿库累计堆存尾矿 1730 万吨，2013 年产生量为 16. 71 万吨。尾矿利用率为 0，尾矿排放强度为 15. 62t/t。

第4篇 铝土矿

LÜTU KUANG

56　贵州第二铝矿长冲河矿区

56.1　矿山基本情况

贵州第二铝矿长冲河矿区为开采铝土矿的中型矿山，共伴生矿产为耐火黏土、铁矿和金属镓。矿山建矿时间为1958年11月，1971年10月正式投产，国营开采活动最早开始于1976年7月。矿山位于贵州省贵阳市清镇市，直距清镇市约11km、公路里程约28km，距清镇至卫城公路约12km，有国营矿山公路直通矿区，交通较方便。矿山开发利用简表详见表56-1。

表56-1　贵州第二铝矿长冲河矿区开发利用简表

基本情况	矿山名称	贵州第二铝矿长冲河矿区	地理位置	贵州省贵阳市清镇市
	矿山特征	—	矿床工业类型	古风化壳再沉积改造矿床
地质资源	开采矿种	铝土矿	地质储量/万吨	矿石量1369.92
	矿石工业类型	一水硬铝石型富铝矿石	地质品位/%	Al_2O_3 68.18
开采情况	矿山规模/万吨·a^{-1}	35，中型	开采方式	露天-地下开采
	开拓方式	露天：公路运输开拓 地下：斜坡道开拓	主要采矿方法	露天：组合台阶采矿法
	采出矿石量/万吨	30.24	出矿品位/%	Al_2O_3 63.37
	废石产生量/万吨	270	开采回采率/%	92.08
	贫化率/%	3.6	开采深度/m	1557~1110标高
	剥采比/t·t^{-1}	8.93		
综合利用情况	综合利用率/%	92.08		
	废石利用率/%	0	废石处置方式	废石场堆存

56.2　地质资源

56.2.1　矿床地质特征

矿床工业类型为古风化壳再沉积改造矿床。矿区出露地层有中寒武统高台组（ϵ_2g），下石炭统九架炉组（C_1j）、摆佐组（C_1b），中二叠统梁山组（P_2l）、栖霞组（P_2q）、茅口组（P_2m），上二叠统吴家坪组（P_3w）及第四系（Q），含矿地层为下石炭统九架炉组（C_1j），呈岩溶假整合覆于中寒武统高台组（ϵ_2g）之上。九架炉组（C_1j）下部为紫红色铁质黏土岩、铁质页岩，夹透镜状、结核状赤铁矿，习称铁矿系；上部为浅白色、灰色铝土页岩，铝土岩、铝土矿，习称铝矿系。铝土矿体主要产于九架炉组上段的铝矿系（C_1j^a）的中部。矿体与围岩界线明显（铝土矿与耐火黏土岩除外）。含矿岩系在矿区均有分布，受褶皱、断裂构造影响明显。

长冲河矿区共分长冲河、大岩、破岩、小寨沟、兴隆大坡、赵家山及老荒坡 7 个矿段，各矿段铝土矿体产出特征略有差异，矿体长 50~1200m，厚 0.5~12.5m，一般为单层产出，主要呈似层状或扁豆状夹于铝土页泥岩及耐火黏土岩中。详见表 56-2。

表 56-2 矿区主要矿体特征一览表

矿段名称	长度/m	宽度/m	厚度/m	形态	倾角/(°)	走向	平均品位/%
长冲河	1200	300	3.9	似层状、透镜状	20	NW	66.97
大岩	1050	800	2.81	似层状、透镜状	23		66.59
破岩	80	155	4.64	似层状、扁豆状	20		67.71
小寨沟	450	300	1.36	似层状、扁豆状	20		66.98
兴隆大坡	600	125	2.24	似层状、扁豆状	55		66.19
赵家山	485	245	2.41	似层状、扁豆状	32		68.55
老荒坡	600	400	3.83	似层状、扁豆状	18		70.84

长冲河矿区铝土矿石主要为一水硬铝石型富铝矿石（约占 70%~90%），其次为少量一水软铝石、高岭石、水云母、绿泥石、赤铁矿、褐铁矿、叶蜡石、锆石、金红石等。

56.2.2 资源储量

本区铝土矿石主要为一水硬铝石型富铝矿石，Al_2O_3 含量一般为 66%~78%；铝硅比值较高，一般为 9.0 以上；其中达Ⅰ级品质量标准的铝土矿石约占 45%，Ⅱ级品矿石约占 30%，主要产于岩溶低洼的矿体富厚部位。铝土矿床中常共生有耐火黏土、铁矿（赤铁矿、褐铁矿、菱铁矿、铁绿泥石）等，铝土矿石中还伴生有镓。矿山查明资源储量 13699.2kt，平均品位为 68.18%，均为工业矿石（品位≥55%）。矿区累计查明镓金属量 1191.83t；铁矿石累计查明资源量 414.66 万吨；耐火黏土矿 621.74 万吨。

56.3 开采情况

56.3.1 矿山采矿基本情况

贵州第二铝矿长冲河矿区为露天-地下联合开采的中型矿山，露天部分采用公路运输开拓，地下部分采用斜坡道开拓，露天部分使用组合台阶采矿法。矿山设计生产能力 35 万吨/a，设计开采回采率为 81%，设计贫化率为 8%，设计出矿品位（Al_2O_3）为 65.86%，铝土矿最低工业品位（Al_2O_3）为 55%。

56.3.2 矿山实际生产情况

2013年，矿山实际采出矿量30.24万吨，排放废石270万吨。矿山开采深度为1557~1110m标高。具体生产指标见表56-3。

表56-3 矿山实际生产情况

采矿量/万吨	开采回采率/%	出矿品位/%	贫化率/%	露天剥采比/$t \cdot t^{-1}$
30.24	92.08	63.37	3.60	8.93

56.3.3 采矿技术

目前，矿山主要采用露天开采方式，公路运输开拓，水平台阶开采工艺，陡帮剥离、缓帮采矿。主要采剥工艺及设备详见表56-4。

表56-4 矿山采矿主要设备明细表

序号	设备名称	型号或规格	单位	数量	电机功率/kW
1	潜孔钻机	KQGY165 孔径 165mm	台	2	60
2	潜孔钻机	QLGD120 孔径 120mm	台	1	37.7
3	电动液压铲	CED460-5 斗容 $2m^3$	台	2	132
4	电动液压铲	CE220-6 斗容 $1m^3$	台	1	125
5	12.8t 自卸汽车	红岩 CQ3253TMG324 载重 12.8t	台	4	
6	前装机	CG956E 斗容 $3m^3$	台	2	162
7	推土机	SD23	台	3	
8	洒水车	CLW5060GSS	台	1	
9	空压机	PES920	台	4	
10	浅孔凿岩机	YTP-26	台	4	

(1) 穿孔：中深孔穿孔时，剥离穿孔选用孔径为ϕ165mm牙轮钻机，采矿穿孔选用孔径为ϕ120mm潜孔钻机，矿体厚度小于2.5m的区域，另配备2台YTP-26钻机进行浅孔凿岩机穿爆矿体作业。台阶爆破采用多排孔非电微差爆破，钻孔布置方式：中深、倾斜、多排布孔；炮孔排列为平行方形，炮孔直径：150mm，底盘抵抗线：4m，孔间距：4m，孔排距：5m，超深孔1.5m；填塞长度：根据实际装药，最少回填3.5m。每个工作面每周爆破三次，每次爆破量：0.09万立方米，消耗炸药1.1t，炸药单耗：采矿0.5kg/m^3，剥离0.455kg/m^3，炸药选用2号岩石硝铵炸药和乳化炸药。岩石大块集中堆放，采用CED460-5型$2m^3$电动液压铲、CE220-6型$1m^3$电动液压铲机械法进行二次破碎。

(2) 铲装：矿石和岩石爆破松动后分别采用斗容为$1m^3$和$2m^3$的挖掘机完成，矿石和废石采用分装。

(3) 运输：矿石运输选用载重12.8t的刚性矿用自卸汽车，直接运至粗碎站；废石运输选用载重12.8t的刚性矿用自卸汽车，直接运至排土场。

（4）辅助生产设备：选用的辅助生产设备有轮式前装机2台，推土机4台，在采场完成场地平整、集堆及临时道路修整和场地排土及辅助排废等工作，洒水车1台，完成爆破、铲装卸及公路内洒水。

56.4　矿产资源综合利用情况

贵州第二铝矿长冲河矿区主要开采铝土矿，矿产资源综合利用率92.08%。

废石集中堆存在废石场，截至2013年底，废石场累计堆存废石1588万吨，2013年产生量为270万吨。废石利用率为0。无选矿。

57　贵州第一铝矿

57.1　矿山基本情况

贵州第一铝矿为开采铝土矿的中型矿山，共伴生矿产为耐火黏土、铁矿和金属镓、锗。矿山由贵州铝厂于1958年10月开始建设，1978年8月一期矿山（五龙寺矿段）投产，1983~1988年建成二期矿山（九架炉、猪坝腿矿段）并投产。矿山位于贵州省贵阳市修文县，距修文县城直距约7km，公路里程约10km，南距贵阳市公路里程约34km，矿区公路与贵阳—修文公路的王官站相连，交通方便。矿山开发利用简表详见表57-1。

表57-1　贵州第一铝矿开发利用简表

基本情况	矿山名称	贵州第一铝矿	地理位置	贵州省贵阳市修文县
	矿山特征	—	矿床工业类型	沉积型矿床
地质资源	开采矿种	铝土矿	地质储量/万吨	矿石量1672.05
	矿石工业类型	低铁一水硬铝石	地质品位/%	Al_2O_3 67.35
开采情况	矿山规模/万吨 · a^{-1}	40，中型	开采方式	露天-地下开采
	开拓方式	露天：公路运输开拓 地下：斜坡道开拓	主要采矿方法	露天：组合台阶采矿法 地下：房柱式采矿法
	采出矿石量/万吨	41.09	出矿品位/%	Al_2O_3 67.65
	废石产生量/万吨	310	开采回采率/%	露天95.2 地下83.6
	贫化率/%	3.6	开采深度/m	1509~1200标高
	剥采比/t · t^{-1}	9.05		
综合利用情况	综合利用率/%	89.4		
	废石利用率/%	0	废石处置方式	堆放

57.2　地质资源

57.2.1　矿床地质特征

贵州第一铝矿矿床规模为中型，矿产类型属于沉积型矿床。矿区出露地层有中上寒武统娄山关群（$\epsilon_{2\text{-}3}ls$），下石炭统九架炉组（C_1j）、中统摆佐组（C_2b），二叠系中统梁山组（P_2l）和栖霞组（P_2q）。

铝土矿床产于下石炭统九架炉组（C_1j）地层中。九架炉组下部为紫红色铁质黏土岩、铁质页岩，夹透镜状、结核状赤铁矿，厚0~7m；上部为浅白色、灰色铝土页岩、铝土岩、铝土矿，厚0~16m。

铝土矿体呈似层状、透镜状产于铝矿系的中部，其直接顶、底板基本为铝土岩和铝质黏土岩。区内各矿段铝土矿体大、中、小型矿体均有。其中，属于大型的有银厂坡矿段和五龙寺矿段，储量在583万~874万吨之间；属于中型的有九架炉矿段，储量在200万~300万吨之间；属于小型的有猪坝腿、沈家沟两个矿段，储量都在50万吨以下。银厂坡、五龙寺矿段内矿体长轴分别为1400m、1000m，宽分别为1300m和300m，其他矿体长轴在800~200m，宽50~260m。矿体厚度1.7~3m，一般在2~2.5m左右，Al_2O_3块段平均品位均在65%以上，A/S主要在6~8之间。全矿区均为低铁低硫铝土矿。

矿区主要矿体特征详见表57-2。

表57-2 矿区主要矿体特征一览表

矿段名称	长度/m	宽度/m	厚度/m	形态	倾角/(°)	走向	平均品位/%
银厂坡	1400	1300	2.25	似层状、透镜状	7	NW	66.80
九架炉	800~200	50~260	2.2	似层状、透镜状	5~8		62.63
五龙寺	1000	300	2.76	似层状、透镜状	5~8		67.01
猪坝腿	800~200	50~260	1.99	似层状、透镜状	5~8		66.09
铁匠沟	800~200	50~260	1.65	似层状、透镜状	5~8		63.75
沈家沟	800~200	50~260	2.02	似层状、透镜状	5~8		67.22

该矿矿石类型为一水硬铝石。以土状-半土状铝土矿石为主，其次为致密状矿石，碎屑状矿石很少。以土状-半土状铝土矿石质量最佳，其Al_2O_3平均品位66%~77.2%，A/S值>7；其次为致密状铝土矿石，Al_2O_3含量及A/S值均不及前两者，Al_2O_3平均品位及A/S值分别为58%~72%和6.8~7.1。

57.2.2 资源储量

矿石工业类型主要是低铁铝土矿，有少量高铁铝土矿，未见高硫铝土矿。矿山同时共生有铁矿、耐火黏土、石灰石；伴生有镓（Ga，平均地质品位0.00389%）、锗（Ge，平均地质品位0.00885%）。矿山查明资源储量16720.5kt，平均品位为67.35%。储量报告所统计的铝土矿石均为工业矿石（品位≥55%）。共伴生矿产矿区累计查明铁矿石资源量57.1万吨；耐火黏土矿1674万吨；镓金属量651t；累计查明锗金属量1480t。

57.3 开采情况

57.3.1 矿山采矿基本情况

贵州第一铝矿为露天地下联合开采的中型矿山，露天部分采用公路运输开拓，地下部分采用斜坡道开拓，露天部分使用组合台阶法，地下部分使用房柱式采矿法。矿山设计生产能力40万吨/a，设计开采回采率为80%，设计贫化率为8%，设计出矿品位（Al_2O_3）为63.84%，铝土矿最低工业品位（Al_2O_3）为55%。

57.3.2 矿山实际生产情况

2013年，矿山实际采出矿量41.09万吨，排放废石310万吨。矿山开采深度为1509~1200m标高。具体生产指标见表57-3。

表57-3 矿山实际生产情况

采矿量/万吨	开采回采率/%	出矿品位/%	贫化率/%	露天剥采比/$t \cdot t^{-1}$
41.09	露天：95.2 地下：83.6	67.65	3.60	9.05

57.3.3 采矿技术

第一铝矿区目前除银厂坡矿段采用井下开采外，其他矿段均采用露天开采。

57.3.3.1 露天采矿技术

采用露天开采方式时，采用公路运输开拓，水平台阶开采工艺，陡帮剥离、缓帮采矿。主要采剥工艺及设备详见表57-4。

表57-4 矿山采矿主要设备明细表

序号	设备名称	型号或规格	单位	数量	电机功率/kW
1	潜孔钻机	KQGY165 孔径 165mm	台	2	60
2	潜孔钻机	QLGD120 孔径 120mm	台	1	37.7
3	电动液压铲	CED460-5 斗容 $2m^3$	台	2	132
4	电动液压铲	CE220-6 斗容 $1m^3$	台	2	125
5	12.8t 自卸汽车	红岩 CQ3253TMG324 载重 12.8t	台	4	
6	前装机	CG956E 斗容 $3m^3$	台	2	162
7	推土机	SD23	台	4	
8	洒水车	CLW5060GSS	台	1	
9	空压机	PES920	台	4	
10	浅孔凿岩机	YTP-26	台	4	

（1）穿孔：中深孔穿孔时，剥离穿孔选用孔径为ϕ165mm牙轮钻机，采矿穿孔选用孔径为ϕ120mm潜孔钻机，矿体厚度小于2.5m的区域，另配备2台YTP-26钻机进行浅孔凿岩机穿爆矿体作业。台阶爆破采用多排孔非电微差爆破，钻孔布置方式：中深、倾斜、多排布孔；炮孔排列为平行方形，炮孔直径：150mm，底盘抵抗线：4m，孔间距：4m，孔排距：5m，超深孔1.5m；填塞长度：根据实际装药，最少回填3.5m。每个工作面每周爆破三次，每次爆破量：0.09万立方米，消耗炸药1.1t，炸药单耗：采矿0.5kg/m^3，剥离0.455kg/m^3，炸药选用2号岩石硝铵炸药和乳化炸药。岩石大块集中堆放，采用CED460-5型$2m^3$电动液压铲、CE220-6型$1m^3$电动液压铲机械法进行二次破碎。

（2）铲装：矿石和岩石爆破松动后分别采用斗容为$1m^3$和$2m^3$的挖掘机完成装车，矿石和废石分别分装。

（3）运输：矿石运输选用载重 12.8t 的刚性矿用自卸汽车，直接运至粗碎站；废石运输选用载重 12.8t 的刚性矿用自卸汽车，直接运至排土场。

（4）辅助生产设备：选用的辅助生产设备有轮式前装机 2 台，推土机 4 台，在采场完成场地平整、集堆及临时道路修整和场地排土及辅助排废等工作，洒水车 1 台，完成爆破、铲装卸及公路内洒水。

57.3.3.2　井下采矿技术

第一铝矿区目前仅有银厂坡部分矿段采用地下开采，采用地下开采的矿段均采用斜坡道开拓，采矿方法为房柱式开采。其具体回采工艺如下：

（1）采场构成要素。盘区沿矿体走向连续布置，采场长 50m，由于矿体倾角较缓，斜长控制在 50～60m。高度为矿体垂直厚，其顶底柱的水平斜长为 8m，相邻盘区之间由间柱相隔，其间柱的水平宽度为 5m。顶底柱和间柱均为连续矿柱，采场宽 13m，采场内留点柱，点柱尺寸为 3m×3m，一系列采矿作业均在顶底柱和间柱间所划定的采场内进行。

（2）采准切割。铲运机运输平巷沿矿体走向布置于矿体下盘，于其中沿矿体倾斜方向顺矿体底板上掘三条切割上山，其中一条至上中段或分段铲运机联道，以形成采场完整的通风风路，并在开掘切割平巷时随即上掘切割天井至矿体顶板，以形成采场最初的回采工作面。

（3）回采。

1）采场凿岩。回采工作面自采场中部向两边分梯段逐步推进，采用 YTP-26 型凿岩机凿岩，孔深一般为 2.0～2.2m，最小抵抗线为 1.0m 左右，炮孔间距为 1.0～1.2m。

2）爆破。每一循环的炮孔钻凿完成之后，以切割槽为自由面，采用人工装药及非电雷管进行起爆，矿石合格块度为 350mm，个别大块在采场中进行二次破碎。

3）采场出矿。采场爆破完成后，采用 WJ-1.5 柴油铲运机铲装、运输矿石至汽车，由汽车通过盘区运输平巷经斜坡道运至地表破碎站。

4）采场通风。采场通风由主扇风压形成的新鲜风流通过斜坡道至各盘区运输平巷到达各回采采场，洗刷工作面后通过采场斜上山到上一铲运机运输平巷。巷道掘进及局部风流不能到达的地方采用局扇通风。

5）护顶及地压管理。为保证回采作业的安全并避免矿房回采结束后发生大面积冒落，可视矿体顶板的稳固程度在矿房中的顶板围岩较破碎、矿石品位较低的位置留矿柱对顶板进行支撑，同时随着回采工作的进行，视顶板稳固情况安装锚杆对其进行加固。锚杆长度为 1.5～2.0m，其网度一般为 1.0m×1.0m。为保证锚杆具有较强的锚固力，长短锚杆应交错布置，锚杆的角度则应尽可能与锚固面垂直。锚杆的种类采用管缝式锚杆。

6）矿柱回采。采场回采结束后，可根据采场的稳固性对采场顶柱和间柱进行部分回采。矿柱回收率考虑 40%左右。

7）采空区临时处理。采场回采结束之后，应及时采用毛石混凝土封闭矿房中除与上中段（水平）汽车运输平巷相通的巷道以外的所有通道，以防采空区垮塌对人员及设备造成危害。

矿山井下采矿主要设备见表 57-5。

表 57-5 矿山井下采矿主要设备明细表

序号	设备名称	型号或规格	单位	数量	电机功率/kW
1	振动放矿机	FZC-3.5/1.2-7.5	台	2	7.5
2	架线式电机车	ZK3-6/250	台	3	7.5
3	翻转式矿车	0.7m^3	辆	24	
4	主要通风机	K40-6-№14	台	1	15
5	主要通风机	K40-6-№16	台	1	55
6	主要通风机	K40-6-№15	台	1	37
7	空压机	L160-9A	台	2	160
8	多级离心式水泵	D155-30×6 型	台	3	132
9	地面给水泵	FLG50-160	台	3	3
10	45t 自卸汽车	TR50 载重 45t	台	5	
11	91t 自卸汽车	TR100 载重 91t	台	18	
12	监测监控系统	KJ90	套	1	
13	人员定位系统	紫光/海康	套	1	

57.4 矿产资源综合利用情况

贵州第一铝矿主要开采铝土矿，矿产资源综合利用率 89.4%。

废石全部采取集中无害堆放，未对废石进行综合利用，截至 2013 年底，废石场累计堆存废石 4835 万吨，2013 年废石产生量为 310 万吨。无选矿。

58 洛阳铝矿

58.1 矿山基本情况

洛阳铝矿为开采铝土矿的中型露天矿山，共伴生矿产为高铝黏土、金属镓，是国家级绿色矿山。矿山分张窑院矿区和贾沟矿区，1965 年开始基建，1966 年 11 月正式投产。矿山位于河南省洛阳市新安县，直距清镇市约 11km、公路里程约 28km，距清镇至卫城公路约 12km，有国营矿山公路直通矿区，交通较方便。矿山开发利用简表详见表 58-1。

表 58-1 洛阳铝矿开发利用简表

基本情况	矿山名称	洛阳铝矿	地理位置	河南省洛阳市新安县
	矿山特征	国家级绿色矿山	矿床工业类型	浅海相沉积型铝土矿
地质资源	开采矿种	铝土矿	地质储量/万吨	矿石量 2499.8
	矿石工业类型	一水硬铝石	地质品位/%	Al_2O_3 58.93
开采情况	矿山规模/万吨·a^{-1}	80，中型	开采方式	露天开采
	开拓方式	公路运输开拓	主要采矿方法	组合台阶采矿法
	采出矿石量/万吨	75.23	出矿品位/%	Al_2O_3 55.59
	废石产生量/万吨	233.21	开采回采率/%	95.99
	贫化率/%	8.28	开采深度/m	420~300 标高
	剥采比/t·t^{-1}	3.1		
综合利用情况	综合利用率/%	95.99		
	废石利用率/%	0	废石处置方式	排土场堆存

58.2 地质资源

58.2.1 矿床地质特征

矿床分为张窑院矿区和贾沟矿区。张窑院矿区矿体赋存状态为透镜状和漏斗状，矿体厚度比较大，形态较为复杂，且各个矿体之间不连续，共分为九个矿体，其中Ⅰ~Ⅳ号为铝土矿，Ⅴ~Ⅵ号为黏土矿，Ⅶ~Ⅸ号为铝土矿、黏土矿兼有矿体。全区铝土矿资源储量 532.2 万吨，其中高铝黏土 7.34 万吨、硬质黏土 22.67 万吨。贾沟矿区矿体赋存状态为层状和似层状，矿层倾向为 SE100°~160°，倾角 10°左右。矿体形态较为简单，矿层比较连续，仅个别地段出现无矿天窗。共分为两个矿体，贾家坑矿体和沙坡矿体，两个矿体间不连续，沙坡矿体为远景储量。两个矿体中又划分为 14 个矿块。其中Ⅰ~Ⅵ矿块及Ⅷ~Ⅹ矿块属于贾家坑矿体，Ⅰ~Ⅵ矿块为当时的工业储量区，Ⅷ~Ⅹ矿块因含硫较高降为表外储量；Ⅶ及Ⅺ~ⅩⅣ矿块属于沙坡矿体，其中Ⅶ、Ⅻ号矿块为远景储量，ⅩⅣ号为表外远景储量；Ⅺ、ⅩⅢ号矿块为黏土矿。

58.2.2 资源储量

贾沟矿区全区铝土矿资源储量1967.60万吨，估算保有高铝黏土矿160.8万吨（300m标高以上），保有镓金属量1332.88t。

58.3 开采情况

58.3.1 矿山采矿基本情况

洛阳铝矿为露天开采的中型矿山，采用公路运输开拓，使用的采矿方法为组合台阶法。矿山设计生产能力80万吨/a，设计开采回采率为95%，设计贫化率为5%，设计出矿品位（Al_2O_3）为60%，铝土矿最低工业品位（Al_2O_3）为54%。

58.3.2 矿山实际生产情况

2013年，矿山实际采出矿量75.23万吨，排放废石233.21万吨。矿山开采深度为420~300m标高。具体生产指标见表58-2。

表58-2 矿山实际生产情况

采矿量/万吨	开采回采率/%	出矿品位/%	贫化率/%	露天剥采比/t·t^{-1}
75.23	95.99	55.59	8.28	3.1

58.3.3 采矿技术

采矿许可证内包括两个矿区，即张窑院矿区和贾沟矿区，目前均为露天开采。

采矿穿孔设备为KQ-100潜孔钻机3台，剥离为KQ-150潜孔钻机3台；采矿装载设备为2台CAT330C液压挖掘机，配2台DZL50前装机。剥离装载设备为WK-4挖掘机2台，DZL前装机3台，矿山现有设备见表58-3。

表58-3 矿山现有设备

序号	设备名称	单位	数量	成新率
1	KQ-150潜孔钻机	台	1	4
2	KQG100-1潜孔钻机	台	1	9
3	LGY31-18/7移动空压机	台	1	1
4	VHP650E空压机	台	1	9
5	WK-4A挖掘机	台	2	4
6	CAT320C液压铲	台	1	9
7	ZL50C装载机	台	1	2
8	ZL50C-Ⅱ装载机	台	1	8

58.4　矿产资源综合利用情况

洛阳铝矿主要开采铝土矿，矿产资源综合利用率 95.99%。

废石全部采取集中无害堆放，未对废石进行综合利用，截至 2013 年底，废石场累计堆存废石 4835 万吨，2013 年产生量为 233.21 万吨。无选矿。

59　平果那豆铝矿

59.1　矿山基本情况

平果那豆铝矿为开采铝土矿的大型露天矿山，共伴生元素为铁、镓、钪和铌等，是国家级绿色矿山。矿山1991年开始建设，1995年9月全面建成投产。矿山位于广西壮族自治区百色市平果县，西至百色市121km，东至南宁市129km，矿区内简易公路相通，至平果县城约15km，与324国道（滇桂公路）、南昆铁路及南昆高速公路相连，交通较方便。矿山开发利用简表详见表59-1。

表59-1　平果那豆铝矿开发利用简表

基本情况	矿山名称	平果那豆铝矿	地理位置	广西壮族自治区百色市平果县
	矿山特征	国家级绿色矿山	矿床工业类型	次生改造型铝土矿床
地质资源	开采矿种	铝土矿	地质储量/万吨	矿石量7876.07
	矿石工业类型	一水硬铝石	地质品位	Al_2O_3 59.03% 铝硅比9.54
开采情况	矿山规模/万吨·a^{-1}	175，大型	开采方式	露天开采
	开拓方式	公路运输开拓	主要采矿方法	组合台阶采矿法
	采出矿石量/万吨	351.3	出矿品位/%	Al_2O_3 53.98
	废石产生量/万吨	31.5865	开采回采率/%	94.65
	贫化率/%	4.0	开采深度/m	600~100标高
	剥采比/t·t^{-1}	1.48		
综合利用情况	综合利用率/%	94.65		
	废石利用率/%	10.60	废石处置方式	
	废石利用率/%	10.60	尾矿利用率/%	

59.2　地质资源

59.2.1　矿床地质特征

平果那豆铝矿矿床规模为大型，矿种为岩溶堆积型铝土矿种。矿区所处的区域构造位置决定了内外动力地质条件的特征，矿区处在现代造山带的边缘，喜山运动时期，青藏高原和云贵高原隆起，处于高原边缘地带的平果铝矿区也发生抬升，使矿区处在中等剥蚀程度的地貌环境，是有利于原生矿发生剥蚀而堆积成矿的地质环境，也是有利于堆积矿保存的地质环境。矿区出露地层主要有泥盆系、石炭系、二叠系和三叠系，第四系较不发育。分布最广的地层是石炭系和二叠系，石炭系和泥盆系发育一套浅海沉积形成的碳酸盐岩地层，泥盆系中统和下统也有部分浅海沉积的碳酸盐岩地层，三叠系是一套以页岩、砂岩为主的陆相沉积地层。其中二叠系茅口组和合山组灰岩是原生铝土矿的赋矿层位。矿区基本构造形式是形成于印支运动的那豆短轴背斜，轴向 NW-SE，并向两端倾覆。区内断裂构造线以 NW 向为主，主要构造形式是以基本平行于褶皱轴向的逆冲断层为主，右江大断裂是区内主要的断裂，组成了以 NW 向为主的断裂带。

在后期地层隆起过程中，原生矿层在剥蚀作用下形成堆积型铝土矿。矿体形态复杂，严格受地形地貌的控制，矿体主要分布于峰丛洼地、峰林谷地、丘陵山脊缓坡地带和低缓河流阶地中。矿物组成为以一水硬铝石为主的含铝矿物，以二氧化硅为主的含硅矿物，以及以针铁矿为主的含铁矿物，3 种矿物含量占堆积矿矿物的 95%以上。

平果那豆铝土矿属岩溶堆积型铝土矿种，其矿床是原生沉积铝土矿在漫长的岩溶发展过程中，经风化、崩解和重力搬运等作用形成，属次生改造型铝土矿床，矿床具有分布范围广、规模大，矿石质量好、埋藏浅、易开采等特点。

59.2.2 资源储量

平果那豆铝土矿主要矿产为铝土矿，铝土矿中除含有氧化铝外，还伴生有丰富的铁、镓、钪和铌等有价金属（含量为 Al_2O_3 55%，Fe_2O_3 23%，SiO_2 5.55%，镓（Ga）0.0074%、氧化铌 0.0235%、氧化钪 0.00246%、氧化铟 0.0083%）。探明堆积铝土矿资源/储量 8192.9896 万吨，矿石平均品位：59.14%，SiO_2 6.15%、Fe_2O_3 16.41%，铝硅比 9.62。

59.3 开采情况

59.3.1 矿山采矿基本情况

平果那豆铝矿为露天开采的大型矿山，采用公路运输开拓，使用的采矿方法为组合台阶法。矿山设计生产能力 175 万吨/a，设计开采回采率为 93.26%，设计贫化率为 5.92%，设计出矿品位（Al_2O_3）为 60%、A/S 为 3.8，主矿种最低工业品位（Al_2O_3）为 40%，A/S 为 3.8。

59.3.2 矿山实际生产情况

2016 年，矿山实际采出矿量（含泥铝土矿原矿）351.3 万吨，无废石排放。矿山开采深度为 600~100m 标高。具体生产指标见表 59-2。

表 59-2 矿山实际生产情况

采矿量（矿石量，不含泥）/万吨	开采回采率/%	出矿品位/%	贫化率/%	露天剥采比/$t \cdot t^{-1}$
351.3	94.65	53.98	4.0	1.48

59.3.3　采矿技术

那豆铝土矿床矿区分布面积广，矿体多，厚度不大，埋藏浅，覆盖层薄，各矿体自然封闭互不连接，分别采用单独的露天坑开采，其露天坑的平面尺寸和形态随矿体赋存面积和形态而定。所有露天采场采用一层开采，个别厚矿体分两层开采，开采深度对露天采场边坡的影响不大。

2016 年那豆矿区 28 个采场合计采出含泥铝土矿量 605.4909 万吨，其中混入废石量 23.5291 万吨，损失铝土矿干矿量 5.3013 万吨，动用储量 288.5629 万吨，矿区实际回采率 98.16%。

那豆矿区采矿许可证生产规模为 175 万吨/a，而 2016 年采出铝土矿干矿量 283.2616 万吨，远超采矿证许可生产规模，超规模生产的主要原因为矿山一、二期工程建成投产后进行了两次技术改造，使氧化铝产能及矿耗增加，但采矿许可证生产规模未变更。

矿山拥有推土机 、液压反铲、铰接运矿卡车、装载机、液压碎石机、平路机、压路机等采矿生产设备。

59.4　选矿情况

平果那豆铝矿选矿工艺基本流程采用圆筒筛洗机和槽式洗矿机组成的二段洗矿主干流程，其流程示意图如图 59-1 所示。

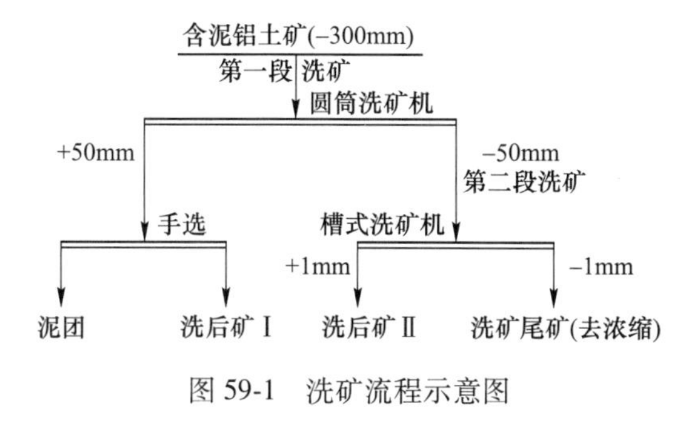

图 59-1　洗矿流程示意图

59.4.1　一期生产流程

洗矿及脱水共分三个系列，其中平果铝⑨区两个系列，⑩区一个系列，⑩区一个系列的尾矿经浓缩机一段脱水后，底流送压滤机二段脱水，滤饼送采空区复垦；⑨区两个系列尾矿经浓缩机脱水后送排泥库。破碎流程采用三段一闭路流程。粗碎前移至洗矿厂房内，以减少大块对皮带的冲击、磨损。中、细碎及筛分集中在⑩区破碎筛分厂房内。流程图如图 59-2 所示。

59.4.2　二期生产流程

洗矿流程采用圆筒筛洗机和槽式洗矿机组成的二段洗矿主干流程，共三个系列，每个系列采用一台圆筒筛洗机配两台槽式洗矿机，含泥铝土矿经圆筒筛洗机进行洗矿，+50mm 产物经手选去泥团后，粗碎至−70mm；−50mm 产物入槽式洗矿机；为进一步提高洗矿效果，降低产品含泥率及有机含量物，设置精洗区将槽式洗矿机返砂又给入圆筒擦洗机、直线振动筛及

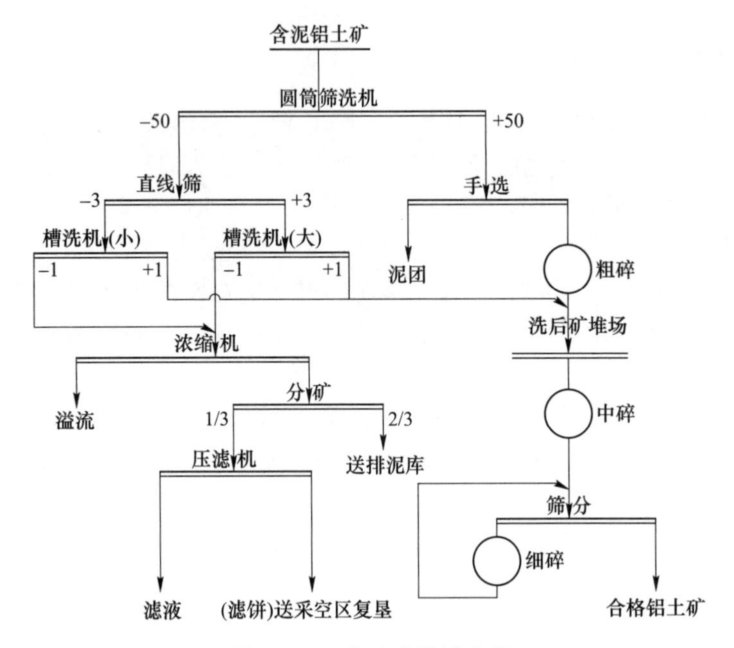

图 59-2　一期生产设计流程

螺旋分级机进一步精洗脱泥脱水，返砂+1mm 与上述 50~70mm 产物合并；-1mm 溢流给入浓缩机。碎矿流程采用二段一闭路破碎流程，产品粒度-13mm。流程图如图 59-3 所示。

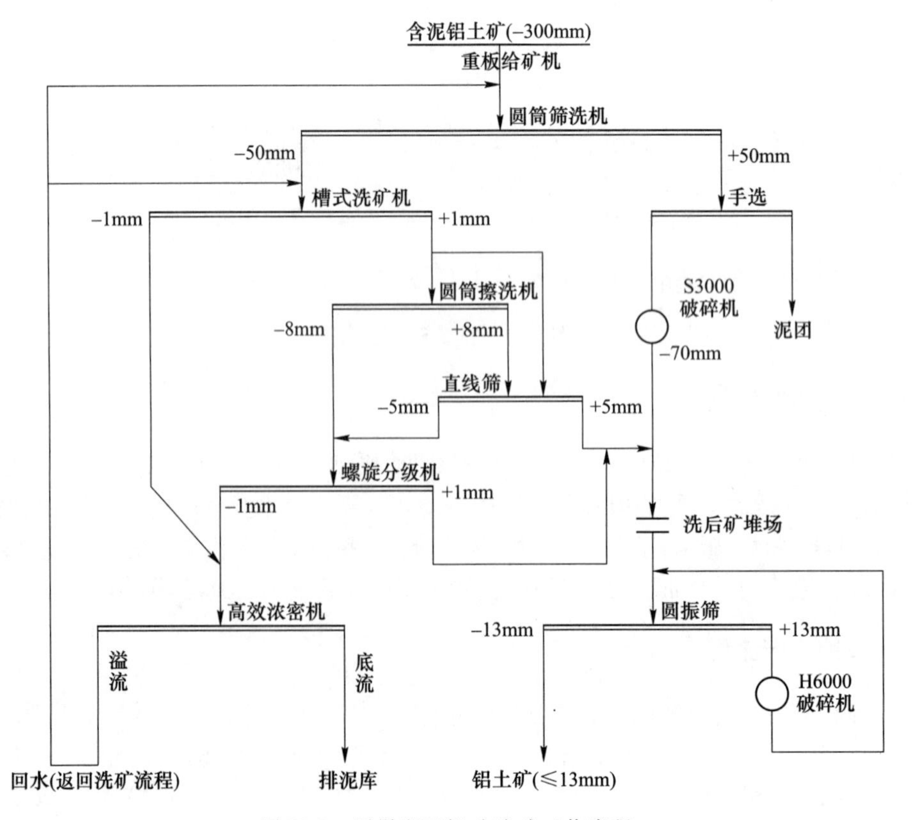

图 59-3　平果那豆铝矿选矿工艺流程

59.5 矿产资源综合利用情况

平果那豆铝矿主要开采铝土矿，矿产资源综合利用率94.65%。

废石集中无害堆放在排土场，2013年产生量为31.5865万吨，无选矿。

60　平果太平铝矿

60.1　矿山基本情况

平果太平铝矿为开采铝土矿的大型露天矿山，共伴生元素为铁、镓、钪和铌等，是国家级绿色矿山。矿山三期建设太平矿区，2006 年 12 月开工，2008 年 12 月竣工投产。矿山位于广西壮族自治区百色市平果县，西至百色市 121km，东至南宁市 129km，矿区内简易公路相通，至平果县城约 15km，与 324 国道（滇桂公路）、南昆铁路及南昆高速公路相连，交通较方便。矿山开发利用简表详见表 60-1。

表 60-1　平果太平铝矿开发利用简表

基本情况	矿山名称	平果太平铝矿	地理位置	广西壮族自治区百色市平果县
	矿山特征	国家级绿色矿山	矿床工业类型	次生改造型铝土矿床
地质资源	开采矿种	铝土矿	地质储量/万吨	矿石量 7009. 36
	矿石工业类型	一水硬铝石	地质品位	Al_2O_3 54. 19% 铝硅比 15. 8
开采情况	矿山规模/万吨 · a^{-1}	258. 2，大型	开采方式	露天开采
	开拓方式	公路运输开拓	主要采矿方法	组合台阶采矿法
	采出矿石量/万吨	608. 29	出矿品位/%	Al_2O_3 51. 95
	废石产生量/万吨	25. 0915	开采回采率/%	96. 81
	贫化率/%	3. 61	开采深度/m	600～100 标高
	剥采比/t · t^{-1}	0. 04		
综合利用情况	综合利用率/%	90. 96		
	废石利用率/%	0	废石处置方式	

60.2　地质资源

平果太平矿区铝矿成矿地质条件与那豆矿区一致，基本矿床地质特征也一致。太平矿区铝土矿资源/储量共计 7009. 359 万吨，矿石平均品位：Al_2O_3 54. 19%，SiO_2 3. 43%、Fe_2O_3 24. 35%，铝硅比 15. 80（见表 60-2）。

表 60-2　中国铝业股份有限公司占用平果太平矿区铝土矿资源/储量统计表

勘探年度	资源/储量分类	探明资源/储量/万吨	矿石品位/%			铝硅比	备注
			Al_2O_3	SiO_2	Fe_2O_3		
1984 年地质勘探	121b	394.6609	53.02	2.19	26.27	24.21	已扣除划给地方开采的 11、14 号矿体资源/储量
	122b	2762.5885	55.11	3.10	23.47	17.79	
	333	2242.5749	54.16	3.64	24.11	14.88	
	小计	5399.8243	54.56	3.26	23.94	16.74	
2007 年评价矿体补充勘探	121b	930.6818	53.34	3.84	25.56	13.89	
	122b	565.1330	52.79	4.02	25.91	13.14	
	331	113.7199	50.45	5.44	26.37	9.27	
	小计	1609.5347	52.94	4.02	25.74	13.19	
合计	121b	1325.3427	53.24	3.35	25.77	15.89	已扣除划给地方开采的 11、14 号矿体资源/储量
	122b	3327.7215	54.72	3.26	23.88	16.78	
	331	113.7199	50.45	5.44	26.37	9.27	
	333	2242.5749	54.16	3.64	24.11	14.88	
	合计	7009.3590	54.19	3.43	24.35	15.80	

60.3　开采情况

60.3.1　矿山采矿基本情况

平果太平铝矿为露天开采的大型矿山，采用公路运输开拓，使用的采矿方法为组合台阶法。矿山设计生产能力 208.2 万吨/a，设计开采回采率为 93.26%，设计贫化率为 5.92%，设计出矿品位（Al_2O_3）为 55.72%、A/S 为 3.8，主矿种最低工业品位（Al_2O_3）为 40%，A/S 为 3.8。

60.3.2　矿山实际生产情况

2016 年，矿山实际采出矿量（含泥铝土矿原矿）608.29 万吨，无废石排放。矿山开采深度为 600~100m 标高。具体生产指标见表 60-3。

表 60-3　矿山实际生产情况

采矿量（矿石量，不含泥）/万吨	开采回采率/%	出矿品位	贫化率/%	露天剥采比/$t \cdot t^{-1}$
608.29	96.81	Al_2O_3：51.95% A/S：16.28	3.61	0.04

60.3.3　采矿技术

太平矿区矿体分布面积广，矿体数量多，矿层厚度不大，埋藏浅，覆盖层薄，各矿体自然封闭互不连接，矿山开采采用以采场为最小单位的露天坑进行开采，其露天坑的平面尺寸和形态随矿体赋存面积和形态而定。采用分区分期建矿模式和平面推进型露天机械化开采方式以及公路汽车运输开拓系统进行采矿。

太平矿区采空区土地复垦，采用台梯式整平—回填表面耕作土的复垦工艺，复垦耕作层（表面腐殖土层）厚度≥0.3m。

2016 年太平矿区损失 8.0649 万吨，动用储量 252.7946 万吨，矿区实际回采率 96.81%。

矿山拥有推土机 、液压反铲、铰接运矿卡车、装载机、液压碎石机、平路机、压路机等采矿生产设备。

60.4　选矿情况

洗矿流程采用圆筒筛洗机和槽式洗矿机组成的二段洗矿主干流程，共五个系列，每个系列采用一台圆筒筛洗机配两台槽式洗矿机组成，含泥铝土矿经圆筒筛洗机进行洗矿，+50mm 产物经手选去泥团后，粗碎至-90mm；-50mm 产物入槽式洗矿机洗矿分级后，返砂+1mm 与上述 50~90mm 产物合并；设置精洗区将槽洗机返砂又给入直线振动筛及螺旋分级机进一步精洗脱泥脱水；-1mm 溢流给入浓缩机。合格铝土矿含泥率≤1.9%。碎矿流程采用二段一闭路破碎流程，产品粒度-13mm。流程图如图 60-1 所示。

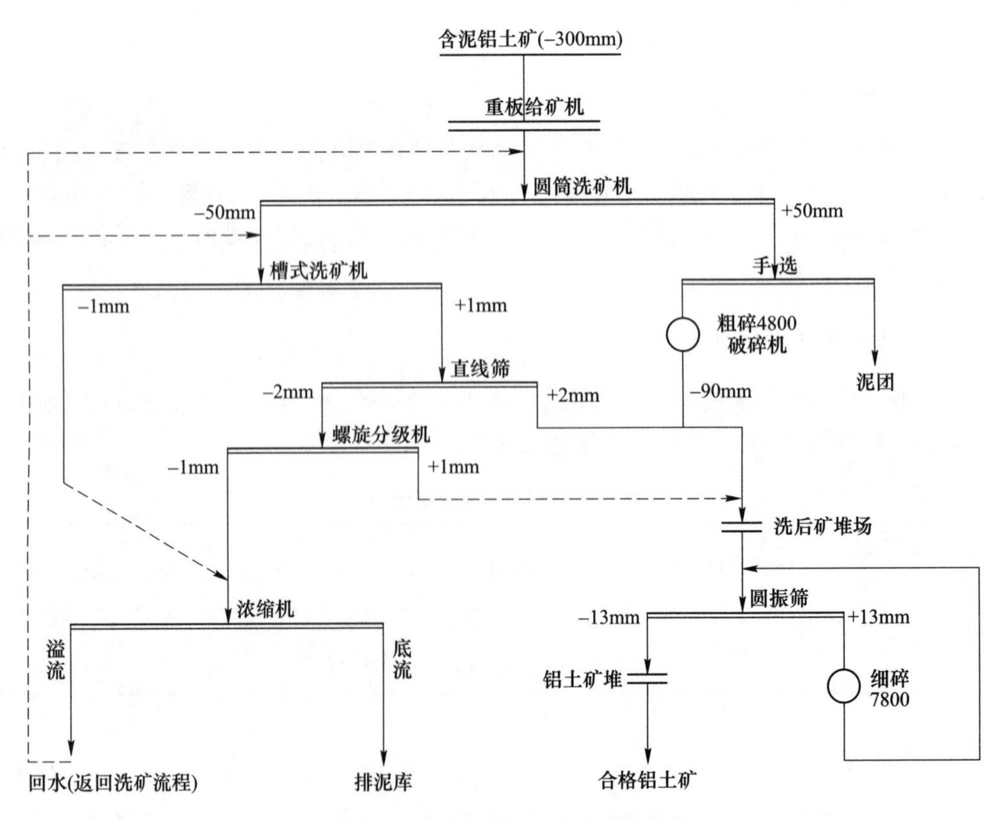

图 60-1　平果太平铝矿选矿工艺流程

60.5 矿产资源综合利用情况

平果太平铝矿主要开采铝土矿，矿产资源综合利用率 90.96%。

废石集中无害堆放在排土场，废石利用率为 0，截至 2016 年底，废石场累计堆存废石为 0，2016 年产生量为 25.0915 万吨。

61　五台天和铝土矿

61.1　矿山基本情况

五台天和铝土矿为开采铝土矿的大型矿山，共伴生矿产为耐火黏土矿。矿山成立于 2004 年 9 月，2005 年 8 月开工建设，2009 年 5 月投入试生产（运营）。矿山位于山西省忻州市五台县，直距五台县城 15km 处，距朔黄铁路东冶火车站 38km，距定襄县河边火车站 46km，距北同蒲铁路忻州火车站 92km，距大运公路 87km，距原太高速公路 89km 处有出入口。另外，矿区内各村均有乡村大路通往公路干线，强风梁，滑石片山上还有两条民采简易路与干线公路相连，五台县城经清水河至台怀镇省级公路通过矿区中部，交通十分便利。矿山开发利用简表详见表 61-1。

表 61-1　五台天和铝土矿开发利用简表

基本情况	矿山名称	五台天和铝土矿	地理位置	山西省忻州市五台县
	矿山特征	—	矿床工业类型	沉积型铝土矿床
地质资源	开采矿种	铝土矿	地质储量/万吨	矿石量 2866.04
	矿石工业类型	一水硬铝石	地质品位	Al_2O_3 61.69% 铝硅比 6.13
开采情况	矿山规模/万吨 · a^{-1}	100，大型	开采方式	露天-地下联合开采
	开拓方式	公路运输开拓	主要采矿方法	组合台阶采矿法
	采出矿石量/万吨	121.22	出矿品位/%	Al_2O_3 56.97
	废石产生量/万吨	2.6	开采回采率/%	95.17
	贫化率/%	6.62	开采深度/m	1220~920 标高
	剥采比/t · t^{-1}	4.7		
综合利用情况	综合利用率/%	95.17		
	废石利用率/%	100	废石处置方式	废石场堆存

61.2　地质资源

61.2.1　矿床地质特征

五台天和铝土矿矿床规模为大型，矿产类型为沉积型铝土矿。矿区内第四系黄土广泛分布，约占矿区面积的 50%。出露地层主要为奥陶系中统灰岩，石炭系中、上统铁铝岩系及含煤岩系。现将各地层单元分布及岩性特征由老到新分述如下：

奥陶系中统上马家沟组（O_2s），为海相碳酸盐岩沉积建造，在矿区边缘和中部沟谷中因剥蚀切割而出露，厚度多在100m以上。

石炭系中统本溪组（C_2b），本组为滨海相碳酸盐和碎屑岩沉积建造。该组地层与下伏奥陶系中统上马家沟组地层呈平行不整合接触关系，出露厚度18.79~53.40m。

石炭系上统太原组（C_3t），为海陆相交互相含煤沉积建造。与下伏地层连续沉积，是区内主要含煤岩系，广泛分布于矿区东天和及天和煤矿一带，出露厚度约100m。

石炭系上统山西组（C_3s），为陆相含煤沉积建造，分布于矿区西南天和煤矿—山角村一线以西，出露厚约60m。

第四系（Q）包括：(1) 上更新统（Q_3），厚度2.00~38.25m，黄色亚砂土，夹砾及钙质结核薄层。(2) 全新统（Q_4）：厚度0~5m，主要分布于矿区中部石沟及各支沟底部，为冲洪积砂砾石堆积。

矿区内受沟谷切割影响，矿体被分割成三个大的自然矿段，即东天和矿段，强风梁矿段和山角矿段，共包含大小7个矿体。据全区铝土矿单工程化学成分加权统计，矿石中三氧化二铁含量在1.03%~35.05%之间，平均值9.35%，属中铁型矿石。据组合分析，化学全分析结果统计，矿石中硫含量在0.852%~0.11%之间，平均值0.037%，属低硫型矿石。

61.2.2　资源储量

五台天和铝土矿主要矿产为铝土矿，共伴生硬质耐火黏土。全区矿石类型属低硫、中铁型铝土矿。根据本矿区铝土矿单工程A/S值及Al_2O_3含量加权统计结果：A/S在2.60~43.19之间，平均6.13，Al_2O_3在40.94%~77.13%之间，平均61.69%。五台天和铝土矿累计查明铝土矿资源储量28660.4kt，硬质耐火黏土损失资源储量21kt。

61.3　开采情况

61.3.1　矿山采矿基本情况

五台天和铝土矿为露天地下联合开采的大型矿山，采用公路运输开拓，使用的采矿方法为组合台阶法。矿山设计生产能力100万吨/a，设计开采回采率为95%，设计贫化率为5%，设计出矿品位（Al_2O_3）为58.59%，主矿种最低工业品位（Al_2O_3）为55%。

61.3.2　矿山实际生产情况

2013年，矿山实际采出矿量121.22万吨，排放废石2.6万吨。矿山开采深度为1220~920m标高。具体生产指标见表61-2。

表61-2　矿山实际生产情况

采矿量/万吨	开采回采率/%	出矿品位/%	贫化率/%	露天剥采比/$t \cdot t^{-1}$
121.22	95.17	56.97	6.62	4.7

61.3.3　采矿技术

五台天和铝土矿矿区采用露天、地下联合开采方式，公路运输开拓方案，采矿方法为台阶轮流开采，台阶高度6m。

61.4　矿产资源综合利用情况

五台天和铝矿主要开采铝土矿，矿产资源综合利用率95.17%。

废石集中无害堆放，截至2013年底，废石场累计堆存废石6.3万吨，2013年产生量为2.6万吨。废石利用率为100%，无选矿。

62 孝义铝矿西河底矿区

62.1 矿山基本情况

孝义铝矿西河底矿区为开采铝土矿的大型矿山，共伴生矿产为耐火黏土、镓、铁矿。矿山成立于1986年3月，矿区位于山西省吕梁市孝义市，直距孝义市区28km，距阳泉曲火车站6km，矿区内有简易公路，交通较为方便。矿山开发利用简表详见表62-1。

表62-1 孝义铝矿西河底矿区开发利用简表

基本情况	矿山名称	孝义铝矿西河底矿区	地理位置	山西省吕梁市孝义市
	矿山特征	—	矿床工业类型	沉积型铝土矿床
地质资源	开采矿种	铝土矿	地质储量/万吨	矿石量3237.16
	矿石工业类型	一水硬铝石	地质品位/%	Al_2O_3 65.43
开采情况	矿山规模/万吨·a^{-1}	165，大型	开采方式	露天开采
	开拓方式	公路运输开拓	主要采矿方法	分区分期采矿法
	采出矿石量/万吨	196.57	出矿品位/%	Al_2O_3 65.24
	废石产生量/万吨	5606.5	开采回采率/%	89
	贫化率/%	11	开采深度/m	1088~1053标高
	剥采比/t·t^{-1}	13.41		
综合利用情况	综合利用率/%	89		
	废石利用率/%	0	废石处置方式	排土场堆存

62.2 地质资源

62.2.1 矿床地质特征

孝义铝矿西河底矿矿床规模为大型，矿床类型为沉积型铝土矿。西河底矿内广泛分布着第四系黄土，老底层出露并不完全。矿区西北部吕梁山、南东部霍山两地出露底层较老，分别有太古界吕梁群，太岳群。矿区中部地层出露崭新，依次为元古界长城系“霍山砂岩”、古生界寒武系、奥陶系下中统、石炭系上统、二叠系、中生界三叠系、新生界第三系与第四系。

铝土矿床赋存于石炭系本溪组地层下部的铁铝岩段。铁铝岩段自下而上分述为：

铁质黏土层（G_1）：直接覆于奥陶系不整合面上，自上而下可以分为三个岩性层。(1) 青灰色、灰色黏土层，厚0.1~0.3m，底部常见粘贴于下覆碳酸盐岩的古侵蚀面上或充填于裂隙中。(2) 杂色或灰白色黏土岩，间夹山西式铁矿，局部夹铝土矿透镜体。(3) 黏土-铝土岩层，厚0.3~1m，是黏土岩与铝质岩的过渡层。

铝土矿层 (G_2)：位于铁质黏土岩之上，由铝土矿组成，一般为单层，局部夹黏土岩或黏土矿，并呈现插花状将铝土矿层分为2~3层，而铝土本身根据矿物成分及结构、构造不同，自下而上分为四个岩层。(1) 豆鲕状铝土矿层，位于矿层底部，厚0~1m，平均0.5m，呈灰色、灰白色、青灰色，块状构造，表面粗糙，致密坚硬，豆鲕在层内混杂分布，且鲕较豆粒多，豆鲕粒径0.05~2mm，次棱角状、次圆状，具有延长轴定向排列的趋势，在层内偶见豆鲕粒集中的团块。(2) 粗糙/半粗糙状铝土矿层，位于矿层中部，厚2~3.5m，平均3m，呈灰色、灰白色，矿石局部被铁质侵染呈褐黄色，表面粗糙，偶见1~2薄层黏土岩，块状、土状构造，岩性层内沉积构造一般用肉眼很难辨识，不具一般沉积岩常见的沉积构造。(3) 碎屑状铝土矿层，位于矿层中上部，厚度0.2~1m，平均0.5m，呈灰色、灰白色，块状构造，表面粗糙，碎屑颗粒成分为铝土矿黏土矿成分混合，大小不一，一般为5~10mm，最大可达30mm，以次棱角状为主，次圆状、棱角状亦有。(4) 致密状铝土矿层，位于矿层上部，与上部铝土层渐变过渡，厚0.1~1m，平均0.45m，灰色、青灰色，块状构造，表面光滑，该层厚度稳定，一般该层是寻找下伏铝土矿层的标志层。

黏土岩层 (G_3)：以铝土岩为主，局部间夹黏土岩。实际上其为一层硬质耐火黏土矿，是铝土向黏土岩过渡类型。

根土岩及煤线 (G_4)：位于铁铝岩段的最上层，层厚0.3m左右，与下覆硬质耐火黏土矿的岩性及组成相同，连续过渡。

62.2.2 资源储量

孝义西河底矿铝土矿主要矿产为铝土矿，矿石类型属低硫、中铁型铝土矿，共伴生有镓、硬质耐火黏土、铁等共伴生矿产。矿山累计查明资源储量32371.61kt；伴生矿产镓累计查明资源储量2557.36t。共生矿硬质耐火黏土矿累计查明资源储量13728.3kt；山西式铁矿累计查明15947.4kt。

62.3 开采情况

62.3.1 矿山采矿基本情况

孝义铝矿西河底矿区为露天开采的大型矿山，采用公路运输开拓，使用的采矿方法为分区分期采矿法。矿山设计生产能力165万吨/a，设计开采回采率为70%，设计贫化率为5%，设计出矿品位 (Al_2O_3) 为65.6%，主矿种最低工业品位 (Al_2O_3) 为45%。

62.3.2 矿山实际生产情况

2013年，矿山实际采出矿量196.57万吨，排放废石5606.5万吨。矿山开采深度为1088~1053m标高。具体生产指标见表62-2。

表 62-2 矿山实际生产情况

采矿量/万吨	开采回采率/%	出矿品位/%	贫化率/%	露天剥采比/t · t^{-1}
196. 57	89	65. 24	11	13. 41

62. 3. 3 采矿技术

西河底矿开采方式为露天开采，剥离以潜孔钻+电铲+自卸车为主，配备适量松土机和铲运机，清顶配备潜孔钻+液压铲+自卸汽车；采矿采用潜孔钻穿孔，经爆破后的矿石由推土机集堆，液压铲装自卸汽车运至破碎工业场地；运输方式采用公路开拓运输方式，各采区分别修建通往破碎工业场地的运输公路和通往排土场的排土公路，排土和运矿均采用不同吨位的自卸汽车。

62. 4 矿产资源综合利用情况

孝义铝矿西河底矿区，矿产资源综合利用率 89%。

废石集中无害堆放，截至 2013 年底，废石场累计堆存废石 29000 万吨，2013 年产生量为 5606. 5 万吨。废石利用率为 0，无选矿。

63　孝义铝矿相王矿区

63.1　矿山基本情况

孝义铝矿相王矿区为开采铝土矿的中型矿山，共伴生矿产为耐火黏土、铁矿镓、钪、锶、稀土、钽铌、钛、钒、铷等，是国家级绿色矿山。矿山成立于2016年10月，矿区位于山西省吕梁市孝义市，直距孝义市区24km，距南阳乡2km，307国道从南阳乡通过。南阳到介西铁路支线的白壁关火车站约20km，有柏油路相连，白壁关经孝义到介休有铁路与南同蒲铁路相接，可通往全国各地，交通较为方便。矿山开发利用简表详见表63-1。

表63-1　孝义铝矿相王矿区开发利用简表

基本情况	矿山名称	孝义铝矿相王矿区	地理位置	山西省吕梁市孝义市
	矿山特征	国家级绿色矿山	矿床工业类型	沉积型铝土矿床
地质资源	开采矿种	铝土矿	地质储量/万吨	矿石量1079.01
	矿石工业类型	一水硬铝石	地质品位/%	Al_2O_3 68.74
开采情况	矿山规模/万吨·a^{-1}	40，中型	开采方式	露天开采
	开拓方式	公路运输开拓	主要采矿方法	分区分期采矿法
	采出矿石量/万吨	87.53	出矿品位/%	Al_2O_3 64.87
	废石产生量/万吨	2133	开采回采率/%	92.5
	贫化率/%	8	开采深度/m	1071~938标高
	剥采比/t·t^{-1}	16.3		
综合利用情况	综合利用率/%	92.5		
	废石利用率/%	0	废石处置方式	排土场堆存

63.2　地质资源

63.2.1　矿床地质特征

孝义铝矿相王矿矿床规模为中型，矿床类型为沉积型铝土矿。相王矿范围内广泛分布着第四系黄土，老底层出露并不完全。矿区西北部吕梁山、南东部霍山两地出露底层较老，分别有太古界吕梁群，太岳群。矿区中部地层出露崭新，依次为元古界长城系“霍山砂岩”、古生界寒武系、奥陶系下中统、石炭系上统、二叠系、中生界三叠系、新生界第三系与第四系。

铝土矿床赋存于石炭系本溪组地层下部的铁铝岩段。铁铝岩段自下而上分述为：

铁质黏土层（G_1）：直接覆于奥陶系不整合面上，自上而下可以分为三个岩性层。（1）青灰色、灰色黏土层，厚0.1～0.3m，底部常见粘贴于下覆碳酸盐岩的古侵蚀面上或充填于裂隙中。（2）杂色或灰白色黏土岩，间夹山西式铁矿，局部夹铝土矿透镜体。（3）黏土-铝土岩层，厚0.3～1m，是黏土岩与铝质岩的过渡层。

铝土矿层（G_2）：位于铁质黏土岩之上，由铝土矿组成，一般为单层，局部夹黏土岩或黏土矿，并呈现插花状将铝土矿层分为2～3层，而铝土本身根据矿物成分及结构、构造不同，自下而上分为四个岩层。（1）豆鲕状铝土矿层，位于矿层底部，厚0～1m，平均0.5m，呈灰色、灰白色、青灰色，块状构造，表面粗糙，致密坚硬，豆鲕在层内混杂分布，且鲕较豆粒多，豆鲕粒径0.05～2mm，次棱角状、次圆状，具有延长轴定向排列的趋势，在层内偶见豆鲕粒集中的团块。（2）粗糙/半粗糙状铝土矿层，位于矿层中部，厚2～3.5m，平均3m，呈灰色、灰白色，矿石局部被铁质侵染呈褐黄色，表面粗糙，偶见1～2薄层黏土岩，块状、土状构造，岩性层内沉积构造一般用肉眼很难辨识，不具一般沉积岩常见的沉积构造。（3）碎屑状铝土矿层，位于矿层中上部，厚度0.2～1m，平均0.5m，呈灰色、灰白色，块状构造，表面粗糙，碎屑颗粒成分为铝土矿黏土矿，成分混合，大小不一，一般为5～10mm，最大可达30mm，以次棱角状为主，次圆状、棱角状亦有。（4）致密状铝土矿层，位于矿层上部，与上部铝土层渐变过渡，厚0.1～1m，平均0.45m，灰色、青灰色，块状构造，表面光滑，该层厚度稳定，一般该层是寻找下伏铝土矿层的标志层。

黏土岩层（G_3）：以铝土岩为主，局部间夹黏土岩。实际上其为一层硬质耐火黏土矿，是铝土向黏土岩过渡类型。

根土岩及煤线（G_4）：位于铁铝岩段的最上层，层厚0.3m左右，与下覆硬质耐火黏土矿的岩性及组成相同，连续过渡。

63.2.2　资源储量

相王铝土矿主要矿产为铝土矿，共伴生矿产有耐火黏土、铁矿、镓等。矿山累计查明资源储量10790.1kt；共生矿产硬质耐火黏土矿累计查明资源储量2777kt，山西式铁矿累计查明资源储量1520.1kt，伴生矿产REO累计查明资源储量14745.1t，铌钽矿$(Nb+Ta)_2O_5$累计查明资源储量1205t，Ga累计查明资源储量752.1t，Sc累计查明资源储量481.1t，Sr累计查明资源储量7260.2t，TiO_2累计查明资源储量198343.3t，V_2O_5累计查明资源储量4691.1t，Rb累计查明资源储量130.8t。

63.3　开采情况

63.3.1　矿山采矿基本情况

孝义铝矿相王矿区为露天开采的中型矿山，采用公路运输开拓，使用的采矿方法为分区分期采矿法。矿山设计生产能力40万吨/a，设计开采回采率为95%，设计贫化率为5%，设计出矿品位（Al_2O_3）为67.21%，主矿种最低工业品位（Al_2O_3）为45%。

63.3.2　矿山实际生产情况

2013 年，矿山实际采出矿量 87.53 万吨，排放废石 2133 万吨。矿山开采深度为 1071～938m 标高。具体生产指标见表 63-2。

表 63-2　矿山实际生产情况

采矿量/万吨	开采回采率/%	出矿品位/%	贫化率/%	露天剥采比/t · t^{-1}
87.53	92.5	64.87	8	16.3

63.3.3　采矿技术

相王矿属露天开采，采矿自上而下，先剥离后采矿，开采前剥离以潜孔钻+电铲+自卸车为主，配备适量松土机和铲运机，清顶配备潜孔钻+液压铲+自卸汽车；采矿采用潜孔钻穿孔，经爆破后的矿石由推土机集堆，液压铲装自卸汽车运至破碎工业场地；运输方式采用公路开拓方式。

63.4　矿产资源综合利用情况

孝义铝矿相王矿区，矿产资源综合利用率 92.5%。

废石集中无害堆放，截至 2013 年底，废石场累计堆存废石 7000 万吨，2013 年产生量为 2133 万吨。废石未利用，无选矿。

第5篇　镍矿

NIE　KUANG

64 安定镍矿

64.1 矿山基本情况

安定镍矿为主要开采镍矿的中型矿山，共伴生矿产为钴矿。矿山2001年建矿，前身为云南坤能矿冶研究有限公司，2002年投产，2005年3月被云南锡业集团收购。矿山位于云南省玉溪市元江县，直距元江县城约33km，矿区包括安定及金厂两矿段，矿段南距老挝国境线直距约108km，东南距越南国境线约112km。矿区至安定村约10km，有简易公路，安定村东距元江县城公路里程46km，西距墨江县城公路里程31km，元江县城沿着玉元高速147km到达玉溪市，距离省会昆明235km，交通相对方便。矿山开发利用简表详见表64-1。

表64-1 安定镍矿开发利用简表

基本情况	矿山名称	安定镍矿	地理位置	云南省玉溪市元江县
	矿山特征	—	矿床工业类型	岩浆熔离-热液硫化镍矿床
地质资源	开采矿种	镍矿	地质储量/万吨	矿石量2747.7
	矿石工业类型	氧化镍-硅酸镍矿石	地质品位/%	0.91
开采情况	矿山规模/万吨·a^{-1}	33，中型	开采方式	露天开采
	开拓方式	公路运输开拓	主要采矿方法	组合台阶采矿法
	采出矿石量/万吨	24.66	出矿品位/%	0.95
	废石产生量/万吨	5	开采回采率/%	95
	贫化率/%	5	开采深度/m	2130~1590标高
	剥采比/t·t^{-1}	0.59		
选矿情况	选矿厂规模/万吨·a^{-1}	33	选矿回收率/%	Ni 53.15 Co 25
	主要选矿方法	焙烧预还原、熔炼		
	入选矿石量/万吨	18.96	原矿品位/%	Ni 0.96 Co 0.03
	精矿产量/万吨	0.31	精矿品位/%	Ni 30.71 Co 0.45
	尾矿产生量/万吨	18.65	尾矿品位/%	Ni 0.5
综合利用情况	综合利用率/%	49.86		
	废石排放强度/t·t^{-1}	16.13	废石处置方式	废石场堆存
	尾矿排放强度/t·t^{-1}	60.16	尾矿处置方式	尾矿库堆存
	废石利用率/%	0	尾矿利用率/%	0
	废水利用率/%	85		

64.2 地质资源

64.2.1 矿床地质特征

安定镍矿矿床规模为中型，矿床类型为岩浆熔离-热液硫化镍矿床。矿区内出露地层为上三叠统麦初箐组（T_3m）、三合洞组（T_3s）、歪古村组（T_3w）与上泥盆统苦杜木组（D_3k）。出露的岩浆岩为超基性岩，即金厂超基性岩岩体，岩石多已蛇纹岩化。安定镍矿成矿母岩是金厂超基性岩体，超基性岩中一般镍含量达0.2%~0.3%，岩体风化壳中Ni含量普遍在0.5%以上，整个风化壳Ni平均品位可达0.91%~1.10%，从而形成风化壳型镍矿床。风化壳厚度一般达15~20m，最厚可达40m，薄者2~6m。

金厂镍矿体赋存于金厂超基性岩岩体的风化壳内，矿体的形状、大小及厚度等虽受风化壳的控制，但主要还取决于风化壳中镍含量的高低及变化情况，其矿体特征如下：

（1）矿体形状简单，呈面形毯状平铺于岩体之上，随地形的坡度而有变化。矿体上部边界比较平滑，底板凹凸不平。

（2）根据金厂超基性岩岩体风化壳分布的特点，将其划分为Ⅶ个地段。当取工业指标为含镍≥1.05%时，共圈定矿块（体）101个；取工业指标为含镍≥0.8%时，共圈定矿块（体）136个。

（3）工业品级的（含镍≥1.05%）矿石一般主要分布于矿体的上盘附近，低品级的（1%>含镍≥0.8%）矿石一般分布于矿体的下盘附近。

（4）主要矿石和覆盖层均较疏松，成黏土状及碎块状。矿石的组成矿物主要是蛇纹石、绿高岭石、赭石、镍绿泥石、暗镍蛇纹石、蛋白石、石髓及铁锰的氢氧化物等。

（5）镍含量不高。最高仅2.2%，一般为1%左右。含少量钴，一般是0.02%~0.05%。

（6）矿体埋藏不深，矿体下限深度一般仅20~30m，最深者亦未超过50m。

矿石的自然类型：坡积残积层矿石（Ⅰ）、赭石层矿石（Ⅱ）、蛇纹岩残余构造层矿石（Ⅲ）、绿高岭石化蛇纹岩带矿石（Ⅳ）、淋漓蛇纹岩带矿石（Ⅴ）。

矿石物质组成主要为铁的氧化物、镍绿泥石、绿高岭石、滑石、蛇纹石、绢石、暗镍蛇纹石及少量的叶蛇纹石及锰质氧化物。镍含量一般为1%左右；伴生少量钴，一般为0.01%~0.05%。

64.2.2 资源储量

安定镍矿主矿种为镍，共伴生矿种为钴。矿山查明资源储量27477kt，平均品位为0.91%。其中，工业矿石（品位≥1.05%）11887kt，平均品位1.08%，占比43.26%；低品位矿石（0.5%≤品位<1.05%）15590kt，平均品位0.78%，占比56.74%。伴生钴矿，累计查明矿石量27477kt，金属量8243t，平均品位0.03%。

64.3 开采情况

64.3.1 矿山采矿基本情况

安定镍矿为露天开采的中型矿山，采用公路运输开拓，使用的采矿方法为组合台阶法。矿山设计生产能力33万吨/a，设计开采回采率为95%，设计贫化率为5%，设计出矿品位（Ni）为1.01%，镍矿最低工业品位（Ni）为1.05%。

64.3.2 矿山实际生产情况

2013年，矿山实际采出矿量24.66万吨，排放废石5万吨。矿山开采深度为2130～1590m标高。具体生产指标见表64-2。

表64-2 矿山实际生产情况

采矿量/万吨	开采回采率/%	出矿品位/%	贫化率/%	露天剥采比/$t \cdot t^{-1}$
24.66	95	0.95	5	0.59

64.3.3 采矿技术

目前，矿山采用露天开采方式，公路运输开拓，组合台阶采矿法开采工艺。采用“推土机—液压铲—汽车运输”和“液压铲—汽车运输”的采剥工艺，主要采剥工艺及设备详见表64-3。

表64-3 矿山采矿主要设备明细表

序号	设备名称	型号或规格	单位	数量
1	液压铲	$2m^3$	台	4
2	推土机	T-140型	台	2
3	推土机	PD165-YS型	台	1
4	推土机	PD165-YS	台	1
5	前端式装载机	XG953型	台	6
6	洒水车	BZKD21T型	台	2
7	液压碎石机	PC210lC-7型	台	2
8	红岩汽车	CQ3240T5F2G384	台	结合现场需要配置数量

（1）当矿体倾角小于12°～15°时，采用“推土机—液压铲—汽车运输”的采剥工艺，即推土机对覆盖层及矿石进行集堆，然后由液压铲装车。

（2）当矿体倾角大于12°～15°时，采用“液压铲—汽车运输”的采剥工艺，即由液压铲对覆盖层及矿石直接铲挖，然后装车。

采剥工作面采用纵向布置方式。

矿山为山坡露天开采，当矿体倾角缓、矿体厚度薄时，可采用由下而上的开采顺序；当矿体倾角大或矿体厚度大时，采用由上而下的开采顺序。

开段沟布置于矿体顶板，开段沟宽度16～20m，扩帮后由矿体顶板向底板方向推进。采场共布置4个采剥作业面，采剥作业台阶高度10m，采场靠帮时每个台阶留4m宽的安全平台，每隔2～3个台阶留7m宽的清扫平台。

采剥工作面构成要素如下：作业台阶高度10m；最小工作平台宽度30～35m；开段沟宽度16～20m；最小工作线长度150m。

露天开采境界内矿体顶层为红褐色砂质黏土夹蛇纹岩碎块及黏土层所覆盖，矿石和覆盖层均较疏松，成黏土状及碎块状，不需进行爆破可直接用液压挖掘设备铲挖。

采矿设备包括：

（1）铲装设备。根据本区矿体赋存特点、矿岩性质及多采场同时开采，作业地点分散的特点，采用机动灵活的液压铲进行铲装。按矿山年采剥总量要求，用 $2m^3$ 液压铲铲装矿岩，液压铲综合效率为每年30.0万立方米。按采剥进度计划编制结果，矿山计算年采剥总量100.16万立方米，选用4台 $2m^3$ 液压铲。

（2）推土机。矿山有2台T-140型推土机、1台PD165-YS型推土机，用于覆盖层和矿石集堆以及清理矿岩三角体、工作面平整、采场临时道路平整。

（3）前端式装载机。矿山有6台XG953型前端式装载机进行露天采场内表外矿石的场内倒运及修筑和维护运输线路、清扫边坡等。

（4）洒水车。采剥工作面和和公路运输选用2台BZKD21T型洒水车洒水防尘。

（5）液压碎石机。为提高劳动生产率，降低工人劳动强度，将原有2台PC210lC-7型液压挖掘机改装为液压碎石机，对根底和大块进行破碎。该设备为带行走装置液压破碎设备，机动灵活的特性适应本矿面积大、工作面多的工作条件。

（6）运输设备。根据矿山的采剥总量，矿山道路的等级，结合现场实际情况，矿山配置CQ3240T5F2G384红岩汽车作为采剥运输设备，承担矿山的采剥运输任务。

64.4 选矿情况

64.4.1 选矿厂概况

安定镍矿的选厂为矿石制备厂，设计年选矿能力为33万吨，为中型选矿厂。

2013年，入选矿石量18.96万吨，入选矿石Ni品位0.96%、Co入选品位0.03%，产出Ni精矿3134.6t，精矿平均品位30.71%；产出钴精矿14.235吨，精矿品位0.45%。详见表64-4。

表64-4 矿山选矿情况表

入选矿石量/万吨	入选矿石品位/%	精矿量/t	精矿品位/%	选矿回收率/%
18.96	Ni 0.96	3134.6	Ni 30.71	Ni 53.15
	Co 0.03	14.235	Co 0.45	Co 25

64.4.2 选矿工艺流程

镍铁合金工段分二期建成，一期建设规模为镍铁12500t/a（含镍1250t/a），为精炼镍铁产品，处理原矿164950t/a（干基）；二期建设规模为镍铁12500t/a（含镍1250t/a），为精炼镍铁产品，处理原矿164950t/a（干基）。

项目建成后，镍铁生产规模为25040.8t/a（含镍2504.08t/a），为精炼镍铁产品，处理红土矿33.99t/a（干基）。

冶炼工艺由湿矿石堆存、筛分、干燥破碎、焙烧预还原、熔炼等工序组成，详细工艺流程如图64-1所示。

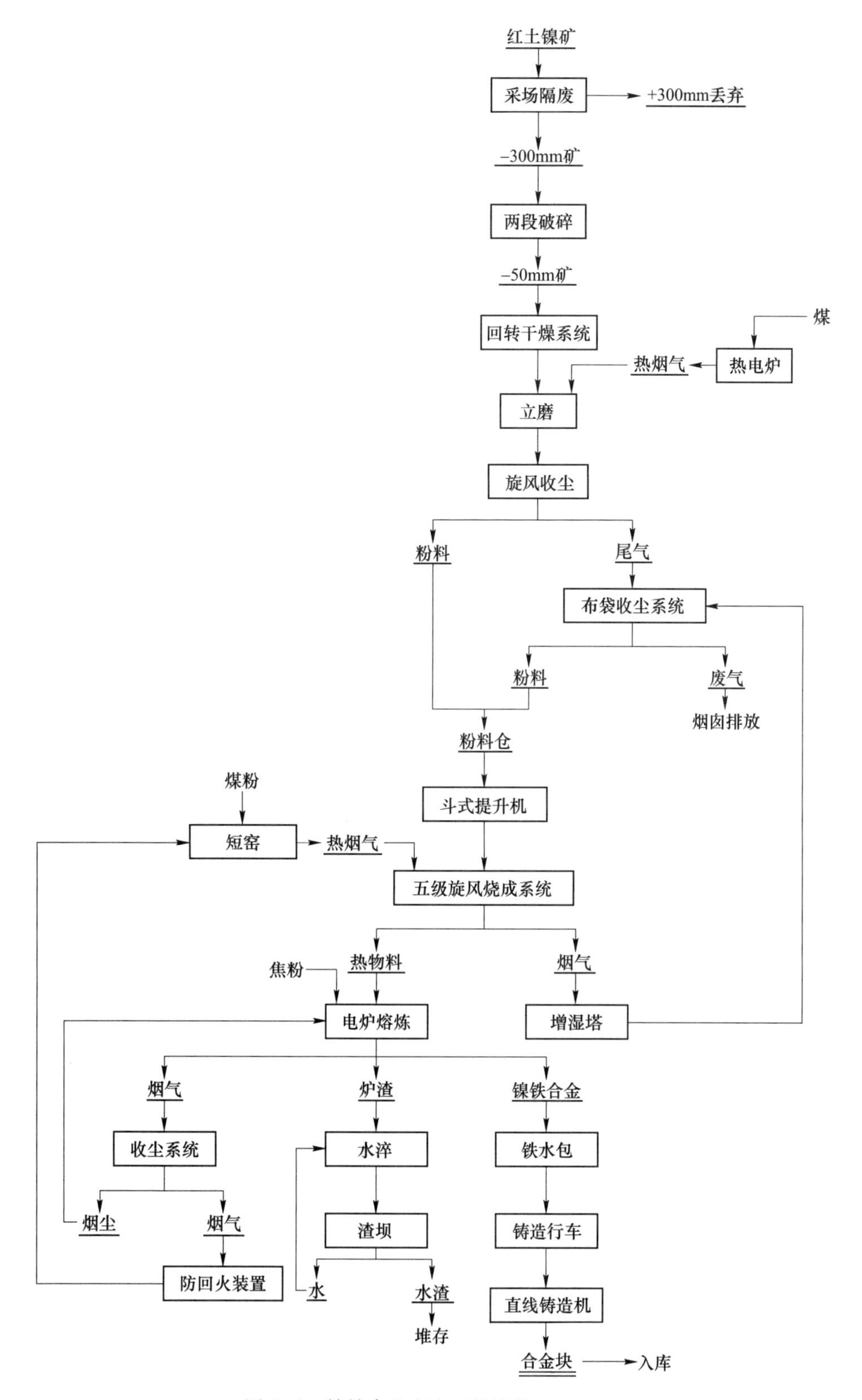

图 64-1　镍铁合金火法工艺流程

64.4.2.1 湿矿石堆存

红土矿湿矿石由汽车运至矿石堆场堆存。

矿石堆场设有装载机，通过装载机的堆料、取料作业，达到预混合、预均化作用。

采用前装机将矿石加到加料斗。加料斗下设有座仓皮带输送机。座仓皮带输送机设有称量系统，并采用变频调速与称量系统联锁，控制加料量。

64.4.2.2 筛分、干燥破碎

设筛分破碎厂房，用于破碎粒度大于 100mm 湿矿。湿矿采用条型筛筛分，小于 100mm 筛下物直接由胶带运输机送到立磨干燥破碎厂房，破碎粒度小于 1mm，采用旋风和布袋收尘器收集。粒度大于 1mm 筛上物料约占湿矿量的 5%~20%。筛上物料返回进入立磨干燥破碎系统，加到筛下物的胶带运输机上。

64.4.2.3 干矿贮存堆场

设干矿贮存堆场（原料堆场），用于后续工序不正常时临时贮存干矿，还用于贮存还原煤（烟煤）、熔剂（备用）、返料（焙砂块料、块状烟尘）等。

堆场的各种物料用装载机装入受料斗，经胶带运输机送至旋风器预还原焙烧厂房的辅料仓。

64.4.2.4 旋风器预还原焙烧

干矿、返料和烟尘一起由斗式提升机运到多级旋风预还原器厂房顶，通过溜槽加到旋风器内。旋风器主要有三个反应区：

（1）预热区，彻底蒸发红土矿中的自由水并提高物料温度；

（2）焙烧区，当矿石被加热到温度达到 700~800℃时，焙烧脱出结晶水，即烧损，除到 0.5%，最大 0.7%；

（3）还原区，还原煤产生还原性气氛，还原红土矿中部分铁、镍和钴氧化物。

设有短窑煤粉烧嘴，煤粉烧嘴通过鼓入一次风和二次风的风量控制煤粉不完全燃烧，达到窑尾的还原性气氛，同时通过窑上风机鼓入三次风，将烟气中可燃性气体燃烧，提高短窑的温度梯度。

煤粉由煤粉制备车间输送到短窑旁粉煤仓贮存，采用计量转子秤将定量的煤粉给到烧嘴。

控制多级旋风预还原器焙烧温度在 1000℃左右，以防止旋风器结圈。焙砂温度为 750~850℃左右连续排入中间料仓。中间料仓的焙砂装入焙砂料罐，要求焙砂料罐密封、保温，减少焙砂热损失及被再氧化。焙砂通过料罐由料罐运输车运送到电炉厂房，多级旋风预还原器排出的烟气温度为 350℃，含有大量烟尘，直接进入立磨破碎系统，经过旋风和布袋收尘器收集烟尘后通过烟囱排空。

64.4.2.5 火法熔炼

采用电炉熔炼焙砂，一期工程建 1 台 12500kV · A 直流电炉，二期增加 1 台 12500kV · A 直流电炉。采用 TZHSSPZ-12500kV · A/35kV/150~220V 冶炼用一体化特种整流装置向电炉供电。

多级旋风预还原器产出的焙砂装入焙砂罐。用焙砂罐运输车、桥式起重机将焙砂罐运到电炉顶上的焙砂加料仓上，再通过加料管加入电炉。

加料仓设有盖板，防止热损失和烟尘损失。为了测量电炉的加料量和加料仓的焙砂量，加料仓采用称重料仓。

电炉操作采用高电压、低电流模式。焙砂在电炉内熔化后分成渣和金属两相，焙砂中残留的碳将镍和部分铁还原成金属，形成含镍 10.00% 的粗镍铁。还原过程产生大量的 CO，含 CO 的电炉烟气可以通过两种方式进行燃烧，一种是在电炉上部空间中进行燃烧，另一种是在上升烟道中进行燃烧。这两种方法都可以使用，前者是将脱离料层的 CO/CO_2 烟气的混合物在电炉上部空间与大量空气混合，使烟气中的 CO 气体燃烧。后者是将进入上升烟道的含 CO 的电炉烟气与足够空气混合，使其所含 CO 充分燃烧。两种燃烧方式均要求控制炉膛温度 950℃以下，避免烟尘烧结。为充分利用 CO 的燃烧热，采用使其在炉膛内燃烧的方式，这样一来，炉膛空间要适当大些。

电炉出来的烟气温度为 950℃，电炉烟气直接进入短窑粉煤燃烧系统，然后用于多级旋风预还原器的供热。

炉渣通过位于电炉一端的两个排渣孔中的一个排渣孔半连续地排出，放渣温度约为 1580℃（过热 100℃）。炉渣通过溜槽流入水淬渣系统。

约 1480℃熔融金属（过热 50℃）通过电炉另一端两个放出口中的一个放出口定期放入 30t 镍铁罐内，由镍铁罐车运到精炼车间精炼。熔炼渣则从渣放出口放出后水淬。金属放出口和渣放出口采用泥炮开口器堵口和开口。

水淬渣采用 INBA 水淬系统。炉子排出的熔渣通过渣溜槽到达带有粒化头的粒化塔，熔渣被粒化头喷射的水流水淬，产生的渣浆被收集在粒化塔中。粒化塔内的渣浆（熔渣和水的混合物）靠自重流入脱水转鼓，脱水转鼓将渣从水中过滤并送到输送带上，脱水之后的渣被运到临时存放区域。

64.4.2.6 镍铁精炼

镍铁精炼主要包括脱硫、脱硅、脱磷。本项目粗镍铁含磷很少，无需考虑脱磷，但设计考虑了脱磷可能。镍铁用于生产不锈钢，市场可能需要脱碳的低碳镍铁。本项目采用喷吹法，建设 1 套铁水三脱装置，可以进行铁水脱硫、脱硅、脱磷、脱碳。电炉产出的粗镍铁放出至镍铁罐中，用冶金专用起重机吊到铁水三脱装置，首先进行扒渣。然后将 Al 加到镍铁罐中，并喷入 O_2，氧化 Al，放出热量加热镍铁，之后进行脱硫。脱硫剂（石灰粉基）通过喷枪喷入镍铁水深部，脱硫扒渣后，再重复加热升温、脱硫、扒渣操作至含硫合格。脱硫后进行脱硅、脱碳，通过氧枪喷入 O_2，同时喷入熔剂（主要为 CaO）造渣，镍铁合格后，进行扒渣，而后铸锭。

选矿主要设备仪器详见表 64-5。

表 64-5 主要仪器设备表

作业名称	设备规格	数量	功率
立磨干燥破碎系统	1000t/d	2 台	
旋风预还原器	1000t/d	2 台	
焙砂料罐	$12m^3$	6 个	
焙砂运输车	32t	3 台	
焙砂起重机	$Q=32t/5t$	2 台	

续表 64-5

作业名称	设备规格	数量	功率
控制器	S7-300	4套	
电源	220VAC、4kV · A	2路	
烟气冷却器	冷却管规格 ϕ700mm	2台	
旋风收尘器	直径 4000mm	2台	
风机	Y9-35-03No20F	1台	
风机	Y4-73No11D	1台	
电机	Y250M-4		55kW
电炉	12. 5MV · A	4台	

64.5　矿产资源综合利用情况

安定镍矿是一个中型矿山，矿产资源综合利用率 49. 86%，尾矿品位 Ni 0. 5%。

矿山废石主要集中堆放在废石场，未利用。截至 2013 年底，废石场累计堆存废石 51 万吨，2013 年产生量为 5 万吨。废石排放强度为 16. 13t/t。

尾矿由于经济和技术的原因暂未利用，全部堆存在尾矿库。截至 2013 年底，矿山尾矿库累计积存尾矿 257. 44 万吨，2013 年产生量为 18. 65 万吨。尾矿排放强度为 60. 16t/t。

65 赤柏松铜镍矿

65.1 矿山基本情况

赤柏松铜镍矿为主要开采镍、铜矿的中型矿山，共伴生矿产为铜、钴、硒、碲、硫铁矿等。矿山建矿时间为1983年3月5日，投产时间为1986年06月05日。矿山位于吉林省通化市通化县，东距通化市20km，矿区附近有通化—桓仁、通化—新滨公路经过，并与梅集、通临铁路相连，交通方便。矿山开发利用简表详见表65-1。

表65-1 赤柏松铜镍矿开发利用简表

基本情况	矿山名称	赤柏松铜镍矿	地理位置	吉林省通化市通化县
	矿山特征	—	矿床工业类型	超基性岩铜镍矿床
地质资源	开采矿种	镍矿、铜矿	地质储量/万吨	矿石量757.7
	矿石工业类型	硫化镍矿石	地质品位/%	0.53
开采情况	矿山规模/万吨·a^{-1}	49.5，中型	开采方式	地下开采
	开拓方式	竖井-斜坡道联合开拓	主要采矿方法	无底柱分段崩落法
	采出矿石量/万吨	41.9	出矿品位/%	0.512
	废石产生量/万吨	6	开采回采率/%	86.3
	贫化率/%	15.6	开采深度/m	290~150标高
	掘采比/m·万吨$^{-1}$	117		
选矿情况	选矿厂规模/万吨·a^{-1}	49.5	选矿回收率/%	Ni 70.63 Cu 53.39
	主要选矿方法	三段一闭路破碎，两段闭路磨矿，混合浮选		
	入选矿石量/万吨	41.9	原矿品位/%	Ni 0.512
	Ni精矿产量/t	26522	Ni精矿品位/%	5.714
	Cu精矿产量/t	2346.53	Cu精矿品位/%	25.248
	尾矿产生量/万吨	39.01	尾矿品位/%	Ni 0.152
综合利用情况	综合利用率/%	55.87		
	废石排放强度/t·t^{-1}	2.26	废石处置方式	废石场堆存
	尾矿排放强度/t·t^{-1}	14.71	尾矿处置方式	尾矿库堆存
	废石利用率/%	66.6	尾矿利用率/%	0
	废水利用率/%	90		

65.2　地质资源

65.2.1　矿床地质特征

赤柏松铜镍矿矿床规模为中型，矿床类型为超基性岩铜镍矿床。矿山开采的矿段内有1条主要铜镍矿体，矿体编号为Ⅰ，矿体走向长度为350m，矿体倾角为79°，矿体平均厚度为18m，赋存深度为310m，矿体属中等稳固矿岩，围岩稳固，矿床水文地质条件简单。铜镍矿体赋存在含长二辉橄榄岩和辉长玢岩岩体中，矿体呈不规则的囊柱状，形态与产状受含矿岩体的制约，与岩体基本一致。

矿石类型可分为六类。即浸染状矿石、斑点状矿石、稠密浸染状矿石、细脉浸染状矿石、角砾状矿石、块状矿石，以浸染状矿石为主。矿石中的金属矿物主要有：磁黄铁矿、镍黄铁矿、黄铜矿、黄铁矿、针镍矿、紫硫镍铁矿、辉镍矿、方黄铜矿、墨铜矿、斑铜矿、方铅矿、闪锌矿、辉钼矿、铬铁矿、磁铁矿、钛铁矿、毒砂等。

矿石中的脉石矿物主要有：橄榄石、辉石、角闪石、斜长石、黑云母、榍石、蛇纹石、绿泥石、绿帘石、石榴石、磷灰石、方解石、白云石等。

本矿床镍与铜为主要有益元素。它们以独立矿物存在。含镍矿物为镍黄铁矿、针镍矿、辉镍矿和紫硫镍铁矿，其中镍黄铁矿为最主要的含镍矿物。含铜矿物为黄铜矿、方黄铜矿和斑铜矿，其中黄铜矿是最主要的含铜矿物。钴、硒、碲、硫为矿石中主要伴生有益元素。

矿石的主要结构为它形-半自形晶结构、固溶体分离结构、交代结构。(1) 它形-半自形晶结构：矿石中磁黄铁矿、镍黄铁矿、黄铜矿、辉镍矿、针镍矿这几种矿物在成矿过程中大体同时晶出。矿物接触线平直，一般无交代现象。上述矿物多呈它形晶，少数呈半自形晶。(2) 固溶体分离结构：在成矿过程中两种矿物固溶体分离，具体表现为镍黄铁矿、黄铜矿常呈火焰状、网状或结状分布在磁黄铁矿中；钛铁矿呈格状分布在铬铁矿中。(3) 交代结构：后生成的矿物沿先生成的矿物边缘、裂隙或解理交代前期矿物。矿石中紫硫镍铁矿几乎都沿镍黄铁矿边缘和解理交代。黄铁矿常交代磁黄铁矿、镍黄铁矿，并使它们在黄铁矿中呈残晶，构成交代残余结构。其次，晚期细脉状黄铜矿、方铅矿交代黄铁矿、镍黄铁矿。细脉状磁铁矿沿解理交代镍黄铁矿、磁黄铁矿等。

矿石的主要构造为浸染状构造、斑点状构造、稠密浸染状构造、脉状、细脉浸染状构造、角砾脉状构造、块状构造。(1) 浸染状构造：硫化物一般呈不大于2mm的集合体分布于脉石矿物的间隙或裂纹中。(2) 斑点状构造：硫化物一般呈不大于5mm的集合体分布于脉石矿物的间隙或裂纹中。(3) 稠密浸染状构造：硫化物呈极细（小于0.5mm）的颗粒或集合体分布于脉石矿物的间隙或裂纹中。(4) 脉状、细脉浸染状构造：硫化物呈细脉状集合体分布于岩石裂隙中，其脉幅一般不大于5mm，常伴生有细粒状硫化物浸染体。(5) 角砾脉状构造：硫化物呈脉状集合体贯填于岩体构造裂隙中，并包裹、交代岩体角砾。脉幅一般10~20cm，岩体角砾大小一般3~5cm。(6) 块状构造：硫化物呈致密块状体贯填于岩体构造裂隙或岩体近接触带一侧。脉宽一般1m左右，其中有少量岩体角砾。

65.2.2 资源储量

赤柏松铜镍矿主要矿种为镍，共伴生矿种为铜、钴、硒、碲等，矿石工业类型为硫化镍矿石。截至2013年底，矿山保有镍矿矿石资源储量为7577kt，保有镍金属量为36716t，镍矿平均地质品位为0.53%；保有伴生矿产铜矿金属量为20713t，伴生铜地质品位为0.355%；保有伴生矿产钴矿金属量为1289t，钴的地质品位为0.017%；伴生矿产硒矿的金属量为130t，地质品位为0.017%；伴生矿产碲矿的金属量为14.97t，地质品位为0.0021%；伴生矿产硫铁矿的金属量为290.46t，伴生硫地质品位为3.83%。

65.3 开采情况

65.3.1 矿山采矿基本情况

赤柏松铜镍矿为地下开采的中型矿山，采用竖井-斜坡道联合开拓，使用的采矿方法为无底柱分段崩落法。矿山设计生产能力49.5万吨/a，设计开采回采率为85%，设计贫化率为18%，设计出矿品位（Ni）为0.42%，镍矿最低工业品位（Ni）为0.3%。

65.3.2 矿山实际生产情况

2013年，矿山实际采出矿量41.9万吨，排放废石6万吨。矿山开采深度为290~150m标高。具体生产指标见表65-2。

表65-2 矿山实际生产情况

采矿量/万吨	开采回采率/%	出矿品位/%	贫化率/%	掘采比/m·万吨$^{-1}$
41.9	86.3	0.512	15.6	117

65.3.3 采矿技术

该矿山为地下开采，矿山开拓方式为混合竖井和斜坡道开拓，罐笼提升。采矿方法为无底柱分段崩落采矿法。回采顺序为在垂直方向上矿床自上而下分中段开采，中段内自上而下分层回采，自上盘至下盘推进。采场垂直走向布置，阶段高度50m，分段高度12.5m，进路间距为12.5m，巷道宽度3.0m×2.8m，进路规格2.5m×2.7m。凿岩采用YGZ-90凿岩机打上向扇形孔，出矿采用C-20、C-30装岩机，由0.7m^{3}翻转式矿车运输至主溜井。

采矿设备型号及数量见表65-3。

表65-3 赤柏松铜镍矿采矿设备型号及数量

序号	设备名称	规格型号	使用数量/台（套）
1	潜孔钻机	YJZ90	4
2	凿岩机	YGZ-90	12
3	铲运机	1.5m^3	10

续表 65-3

序号	设备名称	规格型号	使用数量/台（套）
4	矿用电机车	ZK3-7/250	6
5	翻转式矿车	0. 7m^3	20
6	混凝土喷射机	PZ-5	5
7	多绳摩擦轮提升机	JKM-2. 25×4（Ⅰ）	1
8	多绳摩擦轮提升机	JKM-2. 8×4（Ⅰ）	1
9	轴流风机	DK40-6-NO21	1
合计			60

2008年，公司投资25万元开展了采矿工艺技术研究及应用工程，优化了井下采矿技术参数，将原采矿进路间距8. 33m改为12. 5m，巷道宽度2. 5m×2. 5m拓宽至3. 0m×2. 8m，调整后每50m矿体少掘进巷道820m。改造后，降低了矿石的损失贫化，减少了废石混入，提高了开采回采率。近几年来已累计节约巷道掘进费用、支护费用1000余万元。

采矿技术改造后，开采回采率不断提高。其中2013年开采回采率达86. 3%，比设计的85. 00%提高了1. 3个百分点。

65. 4　选矿情况

65. 4. 1　选矿厂概况

赤柏松铜镍矿选矿厂为通化吉恩镍业有限公司选矿厂，设计年处理矿石能力为49. 5万吨，设计主矿种入选品位为0. 42%，最大入磨粒度为10mm，磨矿细度为-0. 074mm含量占80%。

赤柏松铜镍矿选矿方法为浮选法，选矿产品为镍精粉、铜精矿。2013年选矿产品镍精粉品位为5. 714%，选矿回收率为70. 63%，产率为6. 33%，铜精矿品位为25. 248%，选矿回收率为53. 39%，产率为0. 56%。

65. 4. 2　选矿工艺流程

65. 4. 2. 1　*破碎筛分流程*

碎矿采用三段一闭路流程。采用颚式破碎机粗碎，采用圆锥破碎机进行中碎、细碎，采用圆振动筛进行预先筛分。

65. 4. 2. 2　*磨选流程*

磨矿及分级采用两段两闭路磨矿流程。采用格子型球磨机进行一段磨矿，采用溢流型球磨机进行二段磨矿，采用螺旋分级机进行一段分级，采用水力旋流器组进行二段分级。

浮选采用混合浮选+铜镍分离工艺流程。铜镍混合浮选采用一粗三扫三精流程，铜镍分离采用一粗二扫四精流程。

浮选精矿采用二段脱水流程，一段为浓缩，二段为过滤。

选矿工艺流程如图65-1所示，选矿主要设备型号及数量见表65-4。

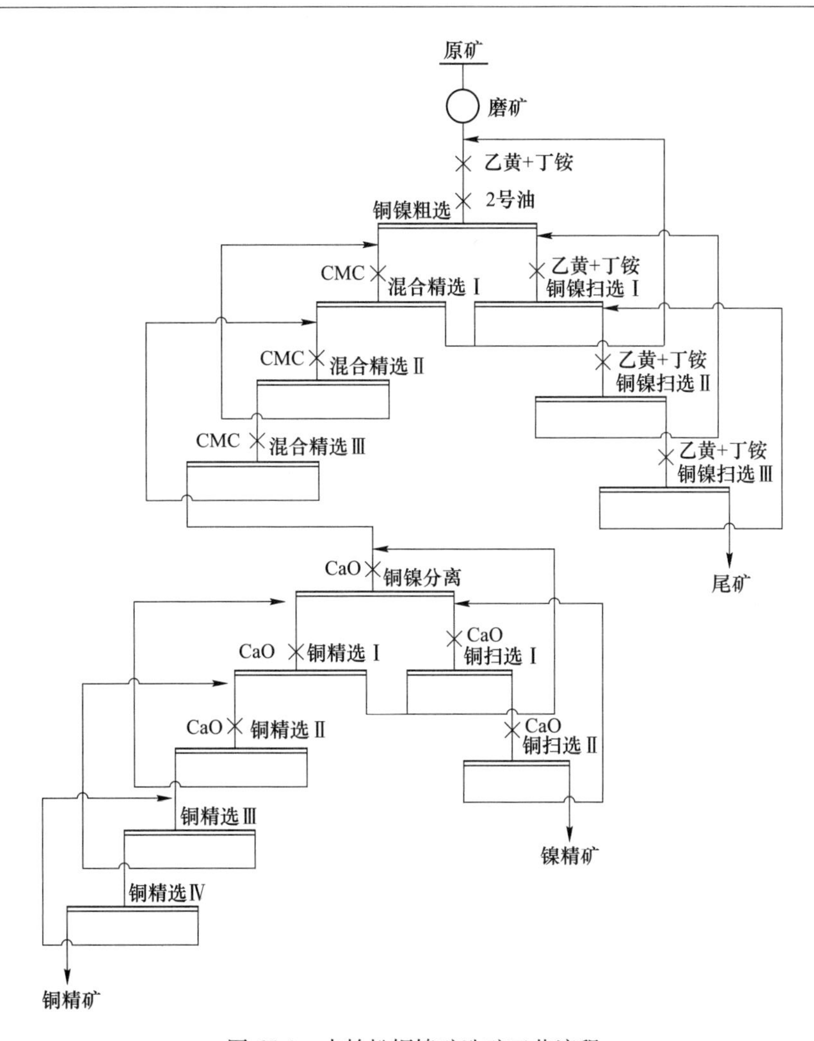

图 65-1 赤柏松铜镍矿选矿工艺流程

表 65-4 赤柏松铜镍矿选矿厂主要设备型号及数量

序号	设备名称	设备型号	台数
1	颚式破碎机	C100	1
2	圆锥破碎机	GP200S	1
3	圆锥破碎机	HT300	1
4	圆振动筛	YAH2460	3
5	格子型球磨机	MQG3245	1
6	溢流型球磨机	MQY2740	1
7	螺旋分级机	2-ϕ2400	1
8	水力旋流器组	ϕ300×6	2
9	陶瓷过滤机	15m^2	1

65.4.3 选矿技术改造

65.4.3.1 中矿选择性再磨工艺改造

生产实践和磨矿细度试验结果均表明，在原矿磨矿细度-0.074mm 含量占 75.0%的情况下，铜镍混合精矿中+0.147mm粒级回收率为零；-0.147mm+0.074mm和-0.074mm+0.038mm粒级回收率分别为39.60%和63.80%，均远低于70.24%的总回收率；尾矿团矿查定结果表明，目的矿物单体解离度较差，63%镍矿物与脉石连生，以+0.038mm粗粒居多。中矿产品团矿查定结果表明，一次精选尾矿中，+0.074mm和-0.074mm+0.038mm级别中镍矿物与脉石的连生体分别达到87.0%和56.0%，若直接返回粗选后，难以再次浮出，多损失在尾矿中。

为此，选矿厂进行了中矿选择性再磨技术改造措施。将该中矿返回至球磨机-水力旋流器，采用ϕ250mm水力旋流器进行中矿分级、浓缩。旋流器沉砂给入二次磨矿进行再磨，溢流进入浮选。生产实践采用直径ϕ25mm的沉砂口，沉砂浓度为52%~55%，磨矿细度-0.036mm含量占24%~28%，溢流细度-0.036mm含量占76%~79%。

65.4.3.2　分布浮选、集中精选、中矿提前返回工艺改造

将一次精选由原来的4台4m³浮选机改为4台8m³浮选机；二次精选和三次精选均由原来的2台4m³浮选机分别增加至4台和3台4m³浮选机，从而延长精选时间。

精选工艺改造后，根据各作业各槽泡沫品位，采取了分步浮选工艺。一次粗选第一槽粗精矿和一次精选第一槽精矿泡沫直接给入三次精选；二次精选第一槽直接出混合精矿。扫选泡沫由循序返回改为二次扫选泡沫提前返回到二次粗选，三次扫选泡沫提前返回到一次扫选。中矿选择性再磨和分步浮选、中矿提前返回技术改造前、后工艺流程如图65-2和图65-3所示。工艺改造后，混合精矿中镍回收率提高了1.8%~2%。

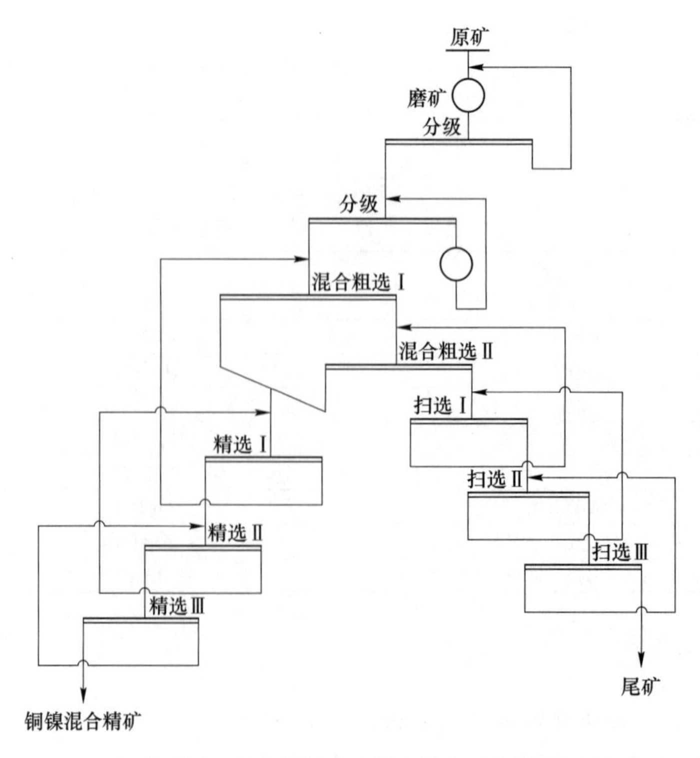

图65-2　改造前磨矿和混合浮选工艺流程

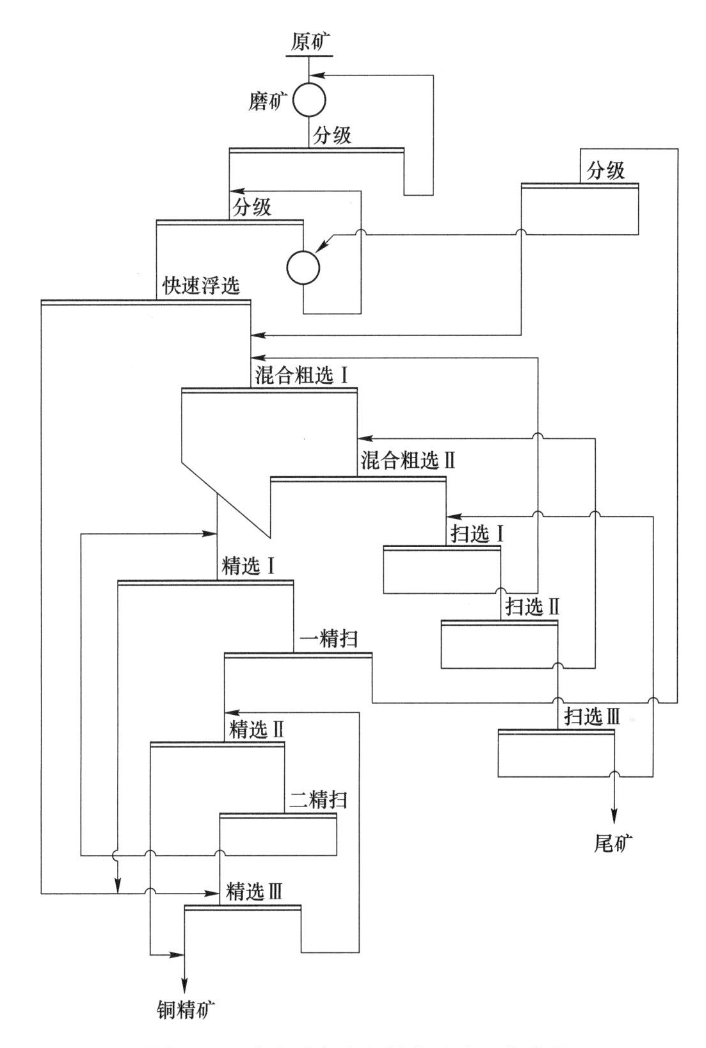

图65-3　改造后磨矿和混合浮选工艺流程

65.4.3.3　矿泥的抑制与分散

因蚀变矿石中的橄榄石大部分已蛇纹石化、绿泥石化、纤闪石化，甚至碳酸盐化。这些脉石矿物易泥化、自然可浮性较好，在浮选过程中可能包裹细粒硫化矿物以及在粗粒硫化矿物表面形成罩盖，破坏浮选过程的选择性。原工艺采用CMC作脉石矿物抑制剂，虽对矿泥的抑制效果良好，但对镍矿物也有一定的抑制作用。而采用CMC与水玻璃组合用药，其中水玻璃分段添加在一次磨矿球磨机和二次粗选中，精选作业添加CMC与水玻璃，第三次精选只添加CMC。药剂制度改进后，CMC用量由原来的250g/t左右减少到150g/t左右，不仅提高了铜镍混合精矿品位，而且镍回收率提高了4.37%。

65.4.3.4　活化剂的选择与应用

矿石中磁黄铁矿、次生黄铁矿、白铁矿等均以类质同象含镍，这些金属硫化矿物易氧化，浮游速度慢，易损失在尾矿中，对提高镍回收率造成不利影响。为此，进行了活化剂种类试验。结果表明，硫酸铜与草酸组合使用具有较好的活化效果。其中草酸可活化含镍磁黄铁矿，而且可消除回水中的 Ca^{2+}。采用硫酸铜+草酸组合活化剂后，混合精矿中铜、镍回收率明显提高，其中镍回收率提高了1.2%~1.5%，铜回收率提高1.0%左右。

65.4.3.5 混合精矿再磨、脱药工艺改造

在实际生产过程中，混合精矿磨矿细度-0.074mm含量占87.0%左右，铜精矿中铜回收率低于43.0%，镍损失率为1.9%左右。精矿产品团矿查定，铜精矿中镍矿物与铜矿物连生体为43.0%，镍精矿中铜矿物与镍矿物的连生体为54.0%。铜、镍矿物连生导致了铜、镍精矿互含严重，分选指标偏低。为此，进行了铜镍混合精矿再磨工艺技术改造，将铜镍混合粗精矿进行再磨至-0.074mm含量占90.0%，以提高铜镍矿物的单体解离度，获得良好的铜镍分选指标。

生产过程中由于铜镍混合精矿中残余药剂的影响，常需添加大量石灰才能有效抑制镍矿物，而大量石灰也会抑制部分铜矿物，而且增大了泡沫黏度，使部分镍矿物机械夹杂上浮，导致铜、镍分选效果较差。因此，生产上添加活性炭进行吸附脱药，并且将粗选石灰加药点由混合精矿搅拌槽改为再磨球磨机内，明显提高了石灰抑制的选择性。混合精矿再磨和活性炭脱药工艺改造后，铜回收率提高了5.0%以上，铜精矿中镍损失率损失减少了0.3%以上。

65.5 矿产资源综合利用情况

赤柏松铜镍矿，矿产资源综合利用率55.87%，尾矿品位Ni 0.152%。

矿山废石主要集中堆放在废石场。截至2013年底，废石场累计堆存废石55万吨，2013年产生量为6万吨。废石利用率为66.6%，废石排放强度为2.26t/t。

尾矿处置方式为尾矿库堆存，未利用，截至2013年底，矿山尾矿库累计积存尾矿342.7万吨，2013年产生量为39.01万吨。尾矿排放强度为14.71t/t。

66　哈密黄山东铜镍矿（11-6线）

66.1　矿山基本情况

哈密黄山东铜镍矿（11-6线）为主要开采镍、铜矿的中型矿山，共伴生矿产为铜矿。矿山成立于2000年9月。矿山位于新疆维吾尔自治区哈密市，直距哈密市区115km，交通较方便。矿山开发利用简表详见表66-1。

表66-1　哈密黄山东铜镍矿（11-6线）开发利用简表

基本情况	矿山名称	哈密黄山东铜镍矿（11-6线）	地理位置	新疆维吾尔自治区哈密市
	矿山特征	—	矿床工业类型	铜镍硫化物矿床
地质资源	开采矿种	镍矿、铜矿	地质储量/万吨	矿石量1122.5
	矿石工业类型	硫化镍矿石	地质品位/%	0.48
开采情况	矿山规模/万吨·a^{-1}	32，中型	开采方式	地下开采
	开拓方式	竖井开拓	主要采矿方法	浅孔留矿法
	采出矿石量/万吨	21.8	出矿品位/%	0.42
	废石产生量/万吨	7.44	开采回采率/%	85.02
	贫化率/%	13.79	开采深度/m	1019~280标高
	掘采比/m·万吨$^{-1}$	155		
选矿情况	选矿厂规模/万吨·a^{-1}	45	选矿回收率/%	Ni 83.4 Cu 75.89
	主要选矿方法	两段一闭路破碎，一段闭路磨矿，铜镍混合浮选，粗精矿分离		
	入选矿石量/万吨	20.5	原矿品位/%	Ni 0.42 Cu 0.28
	Ni精矿产量/万吨	1.3	Ni精矿品位/%	Ni 5.5
	Cu精矿产量/万吨	0.16	Cu精矿品位/%	Cu 27.8
	尾矿产生量/万吨	19.04	尾矿品位/%	Ni 0.083
综合利用情况	综合利用率/%	70.91		
	废石排放强度/t·t^{-1}	5.72	废石处置方式	排土场堆存
	尾矿排放强度/t·t^{-1}	14.65	尾矿处置方式	堆积在尾矿库
	废石利用率/%	0	尾矿利用率/%	0

66.2　地质资源

66.2.1　矿床地质特征

哈密黄山东铜镍矿矿床类型为中型铜镍矿床，矿床类型为铜镍硫化物矿床。黄山东铜镍硫化物矿床大地构造位置处于塔里木板块与哈萨克斯坦—准噶尔板块活动大陆边缘交结带，黄山东铜镍硫化物矿床矿体主要赋存于岩体内 2 套橄榄岩-辉长岩组合的底部，以及岩体底部的苏长岩中，赋矿岩石以二辉橄榄岩和辉石岩为主。岩体受 NEE 向展布的康古尔塔格—黄山深大断裂控制，侵位于下石炭统干洞组粉砂岩、含碳铁质板岩及生物碎屑灰岩中。该岩体在地表出露形态为一拉长的菱形，近东西向分布，长轴长 5.3km，中间膨胀部位宽 1.15km，总面积 2.8km^2。矿石以浸染状为主，含少量的块状矿石。矿石矿物以磁黄铁矿、镍黄铁矿和黄铜矿等金属硫化物为主，次要矿物有黄铁矿、紫硫镍矿、马基诺矿、白铁矿、闪锌矿、针镍矿、墨铜矿、方硫镍矿和方黄铜矿等。

66.2.2　资源储量

哈密黄山东铜镍矿主要矿种为镍、铜，矿石工业类型为硫化镍矿石。截至 2013 年底，矿山累计查明矿石资源储量为 11225kt，镍金属量为 53880t，镍矿平均地质品位为 0.48%。

66.3　开采情况

66.3.1　矿山采矿基本情况

哈密黄山东铜镍矿（11-6 线）为地下开采的中型矿山，采用竖井开拓，使用的采矿方法为浅孔留矿法。矿山设计生产能力 32 万吨/a，设计开采回采率为 70%，设计贫化率为 14%，设计出矿品位（Ni）为 0.47%，镍矿最低工业品位（Ni）为 0.3%。

66.3.2　矿山实际生产情况

2013 年，矿山实际采出矿量 21.8 万吨，排放废石 7.44 万吨。矿山开采深度为 1019~280m 标高。具体生产指标见表 66-2。

表 66-2　矿山实际生产情况

采矿量/万吨	开采回采率/%	出矿品位/%	贫化率/%	掘采比/m · 万吨$^{-1}$
21.8	85.02	0.42	13.79	155

66.4　选矿情况

通过对新疆哈密低品位铜镍矿石进行浮选分离研究，试验，调整、优化工艺参数和工艺流程，有效解决了回收率低的问题，提高了资源利用率。改进前精矿品位在 5.0%左右、回收率在 70%~77%。通过工艺改进，精矿品位保持在 5.50%以上，回收率达到 82%以上。改进后工艺流程如图 66-1 所示。

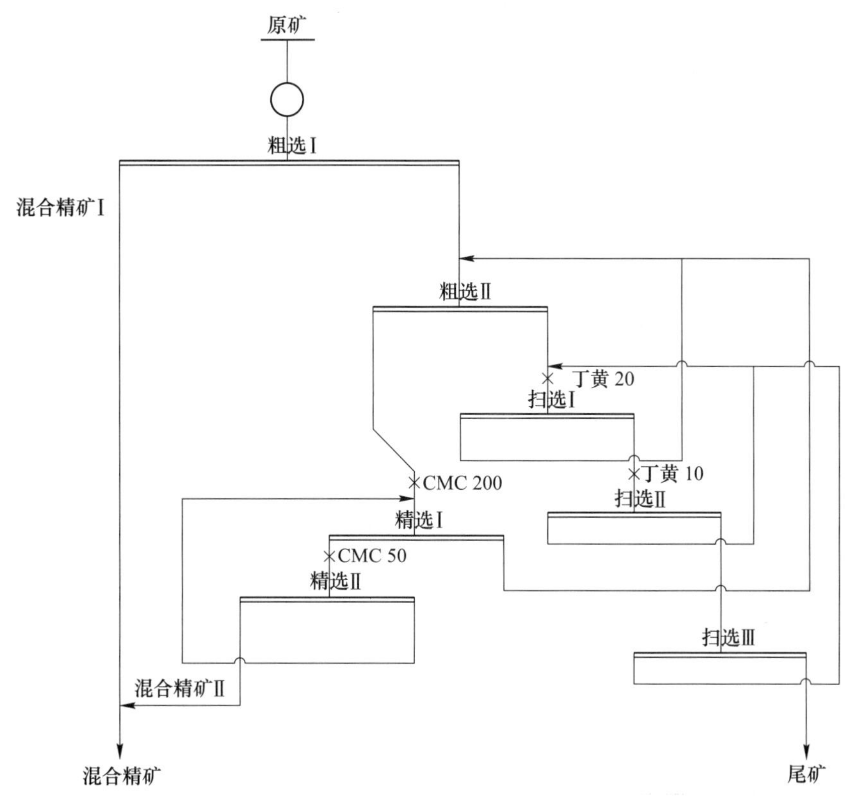

图 66-1　选矿厂工艺流程

66.5　矿产资源综合利用情况

哈密黄山东铜镍矿（11-6 线），矿产资源综合利用率 70.91%，尾矿品位 Ni 0.083%。

矿山废石主要集中堆放在排土场。截至 2013 年底，废石场累计堆存废石 41.54 万吨，2013 年产生量为 7.44 万吨。废石利用率为 0，废石排放强度为 5.72t/t。

尾矿处置方式为尾矿库堆积，截至 2013 年底，矿山尾矿库累计积存尾矿 135 万吨，2013 年产生量为 19.04 万吨，尾矿利用率为 0，尾矿排放强度为 14.65t/t。

67　黄山东铜镍矿 17（6-16 线）

67.1　矿山基本情况

黄山东铜镍矿 17(6-16 线）为主要开采镍、铜矿的大型矿山，共伴生矿产为铜、钴、硒矿。矿山成立于 2001 年 9 月。矿山位于新疆维吾尔自治区哈密市，直距哈密市区 130km，矿区西南行 28km 可抵 312 国道，向西 58km 可达兰新铁路烟墩车站，交通较方便。矿山开发利用简表详见表 67-1。

表 67-1　黄山东铜镍矿 17（6-16 线）开发利用简表

基本情况	矿山名称	黄山东铜镍矿 17（6-16 线）	地理位置	新疆维吾尔自治区哈密市
	矿山特征	—	矿床工业类型	铜镍硫化物矿床
地质资源	开采矿种	镍矿、铜矿	地质储量/万吨	矿石量 4571.88
	矿石工业类型	硫化镍矿石	地质品位/%	0.48
开采情况	矿山规模/万吨 · a^{-1}	132，大型	开采方式	地下开采
	开拓方式	竖井开拓	主要采矿方法	分段矿房法
	采出矿石量/万吨	16.08	出矿品位/%	0.48
	废石产生量/万吨	7.44	开采回采率/%	88.7
	贫化率/%	13.13	开采深度/m	1019～280 标高
	掘采比/m · 万吨$^{-1}$	172		
选矿情况	选矿厂规模/万吨 · a^{-1}	45	选矿回收率/%	Ni 83.4 Cu 75.89
	主要选矿方法	两段一闭路破碎，一段闭路磨矿，铜镍混合浮选，粗精矿分离		
	入选矿石量/万吨	19.3	原矿品位/%	Ni 0.49 Cu 0.24
	Ni 精矿产量/万吨	1.43	Ni 精矿品位/%	Ni 5.5
	Cu 精矿产量/万吨	0.13	Cu 精矿品位/%	Cu 27.8
	尾矿产生量/万吨	17.74	尾矿品位/%	Ni 0.083
综合利用情况	综合利用率/%	73.98		
	废石排放强度/t · t^{-1}	5.20	废石处置方式	排土场堆积
	尾矿排放强度/t · t^{-1}	12.41	尾矿处置方式	堆积
	废石利用率/%	0	尾矿利用率/%	0
	废水利用率/%	5		

67.2　地质资源

67.2.1　矿床地质特征

哈密黄山东铜镍矿整体而言矿床类型为大型铜镍矿床，黄山东铜镍矿 17（6-16 线）为小型，矿床类型为铜镍硫化物矿床。黄山东铜镍硫化物矿床大地构造位置处于塔里木板块与哈萨克斯坦—准噶尔板块活动大陆边缘交结带，岩体受 NEE 向展布的康古尔塔格—黄山深大断裂控制，侵位于下石炭统干洞组粉砂岩、含碳铁质板岩及生物碎屑灰岩中。该铜镍矿主要赋存于超基性角闪橄榄岩，角闪辉石橄榄岩中，次为斜长角闪二辉石岩，角闪橄榄辉石岩，也是矿层直接顶板之岩石，局部顶板岩性为辉长闪长岩；矿层底板岩性以基性辉长闪长岩为主，局部为超基性和上石炭统干墩组（C_2g）细碧玢岩。顶、底板岩石多数完整坚固，当然在局部地段矿层内或矿层与顶、底板岩石的接触带上，常见有岩石蚀变强烈、裂隙发育、岩石破碎或具糜棱岩化等地质现象。黄山铜镍矿区矿体众多，赋存在 1 号基性-超基性岩体内，全矿区共圈定出大小矿体 73 个，均呈隐伏状产出，个别地段出露地表经风化作用已构不成矿体，称作氧化带，30 号矿体规模属大型，中型矿体有 31 号，32 号，其余为分散的小型矿体。

按矿石结构构造划分的矿石类型有：星散-稀疏浸染状矿石、中等浸染状矿石、稠密浸染状矿石、准块状-块状矿石、似片麻状矿石、细脉-浸染状矿石。依据镍含量的不同，又分为富矿石、贫矿石和暂不能利用的表外矿石三个品级。

（1）硫化镍贫矿石（$0.25\% \leqslant w(\mathrm{Ni}) < 0.7\%$）是矿区的主要工业类型，分布广，储量比例大。

（2）硫化镍富矿石（$w(\mathrm{Ni}) \geqslant 0.7\%$）主要分布在主矿体中下部，个别小矿体中亦可见到，所占比例仅为总储量的十分之一。

（3）暂不能利用的表外矿石（$0.2\% \leqslant w(\mathrm{Ni}) < 0.25\%$）主要分布在主矿体的边缘局部地段和工业意义不大的一些零星小矿体中，所占比例不到总储量的百分之一。

黄山铜镍矿矿石以金属硫化物为主，含少量的氧化物，偶见有硫砷化物。

矿石矿物主要以磁黄铁矿、镍黄铁矿和黄铜矿为主，少量银镍黄铁矿、辉砷镍矿、辉砷钴矿等。

脉石矿物主要以辉石、石榴石、闪石类矿物为主，次为斜长石、石英、绢云母、黑云母、绿泥石等。

有害元素组分主要有氟、硫、铬及砷、铋、锑等，但其含量均偏低，对矿石的选、冶性能没有大的影响。

67.2.2　资源储量

黄山东铜镍矿 17（6-16 线）主要矿种为镍、铜，矿石工业类型为硫化镍矿石。截止到 2013 年底，矿山累计查明矿石资源储量为 7520kt，镍金属量为 39104t，镍矿平均地质品位为 0.52%。

67.3 开采情况

67.3.1 矿山采矿基本情况

哈密黄山东铜镍矿17（11-6线）为地下开采的小型矿山，采用竖井开拓，使用的采矿方法为浅孔留矿法。矿山设计生产能力132万吨/a，设计开采回采率为70%，设计贫化率为14%，设计出矿品位（Ni）为0.47%，镍矿最低工业品位（Ni）为0.3%。

67.3.2 矿山实际生产情况

2013年，矿山实际采出矿量16.08万吨，排放废石7.44万吨。矿山开采深度为1019~280m标高。具体生产指标见表67-2。

表67-2 矿山实际生产情况

采矿量/万吨	开采回采率/%	出矿品位/%	贫化率/%	掘采比/m·万吨$^{-1}$
16.08	88.7	0.48	13.13	172

67.4 选矿情况

67.4.1 选矿厂概况

新疆亚克斯资源开发有限公司目前在哈密骆驼圈子有2座铜镍矿选矿厂。一座500t/d的铜镍选矿厂于1999年底动工，2000年5月竣工投产。2005年对选矿厂进行了改造，增加了铜镍分选车间，目前已能产出合格的镍精矿和铜精矿。

该选矿厂的生产流程：破碎流程为两段一闭路流程，最终产品粒度为-14mm。磨浮流程为一段闭路磨矿（磨矿细度-0.074mm含量占72%），混合粗选流程采用一粗一精四扫浮选流程。铜镍分选采用一粗二扫四精的浮选流程。

镍精矿脱水采用浓缩、过滤两段脱水流程。铜精矿采用自然晾晒。

2006年该公司又在500t/d选矿厂旁扩建了一座1000t/d的铜镍选矿厂，已于2006年10月投产。该选矿厂的破碎流程采用三段一闭路破碎，最终产品粒度-14mm。磨矿为两个系列流程，一段闭路磨矿，磨矿细度-0.074mm含量占72%。浮选流程采用先混合浮选，再分离浮选的流程。最终得到镍精矿和铜精矿两种产品。镍精矿脱水采用浓缩过滤两段脱水流程，铜精矿采用沉淀池沉淀后自然晾晒。

67.4.2 选矿工艺流程

67.4.2.1 破碎筛分流程

两段全闭路破碎流程最大给矿块度200mm的原矿，经皮带进入筛分，一层筛上产品进入中碎破碎机破碎，二层筛上产品进入细碎破碎机破碎，破碎后矿石合并返回筛分，筛下产品进入粉矿仓。破碎机选用HP300型，振动筛为2YKR2460型。

67.4.2.2　磨矿流程

采用一段闭路磨矿工艺流程。粉矿仓中的矿石通过 2 台带式输送机分别给入 2 台 MQY4500×6400 溢流型球磨机，球磨机排矿通过渣浆泵扬送至 ϕ500×6 水力旋流器组中进行分级，球磨机给料粒度-12mm，最终磨矿粒度-0.074mm 含量占 72%。

67.4.2.3　浮选流程

采用先混选再分选的工艺流程。其中混合浮选采用二粗二扫二精的流程，先产出铜镍混合精矿。然后混合精矿经过脱药搅拌后进入分离浮选，分离浮选采用一粗二扫四精的流程。分离浮选精矿为铜精矿，尾矿为镍精矿。

67.4.2.4　脱水流程

两种精矿脱水均采用浓缩过滤两段脱水流程。镍精矿进入 NT-38 周边传动式浓缩机浓缩，浓缩机底流扬送至 2 台 TT-24 陶瓷过滤机过滤。铜精矿进入 NZS-12 中心传动式浓缩机浓缩，浓缩机底流扬送至 1 台 TT-8 陶瓷过滤机过滤。两种精矿滤饼含水均小于 10%。

为提高回水利用率，尾矿采用厂前回水方式，尾矿经过浓缩后排至尾矿库，回水与精矿回水一同返回流程复用，全矿总回水利用率 72.7%。

67.5　矿产资源综合利用情况

黄山东铜镍矿 17（6-6 线），矿产资源综合利用率 73.98%，尾矿品位 Ni 0.083%。

矿山废石主要集中堆放在排土场。截至 2013 年底，废石场累计堆存废石 78.11 万吨，2013 年产生量为 7.44 万吨。废石利用率为 0，废石排放强度为 5.20t/t。

尾矿处置方式为尾矿库堆积，截至 2013 年底，矿山尾矿库累计积存尾矿 55 万吨，2013 年产生量为 17.74 万吨，尾矿利用率为 0。尾矿排放强度为 12.41t/t。

68　图拉尔根铜镍矿

68.1　矿山基本情况

图拉尔根铜镍矿为主要开采镍、铜矿的中型矿山，共伴生矿产为铜矿。矿山成立于2006年10月，2010年6月投产。矿山位于新疆维吾尔自治区哈密市，直距哈密市区230km，交通较方便。矿山开发利用简表详见表68-1。

表68-1　图拉尔根铜镍矿开发利用简表

基本情况	矿山名称	图拉尔根铜镍矿	地理位置	新疆维吾尔自治区哈密市
	矿山特征	—	矿床工业类型	铜镍硫化物矿床
地质资源	开采矿种	镍矿、铜矿	地质储量/万吨	矿石量6374.04
	矿石工业类型	硫化镍矿石	地质品位/%	0.43
开采情况	矿山规模/万吨·a^{-1}	60，中型	开采方式	地下开采
	开拓方式	竖井开拓	主要采矿方法	大直径深孔阶段空场嗣后填充法
	采出矿石量/万吨	48	出矿品位/%	0.42
	废石产生量/万吨	7.5	开采回采率/%	85
	贫化率/%	15	开采深度/m	1360~760标高
	掘采比/m·万吨$^{-1}$	108.32		
选矿情况	选矿厂规模/万吨·a^{-1}	60	选矿回收率/%	Ni 76.1 Cu 87.13
	主要选矿方法	浮选		
	入选矿石量/万吨	51.20	原矿品位/%	Ni 0.42 Cu 0.256
	Ni精矿产量/万吨	3	Ni精矿品位/%	5
	Cu精矿产量/t	970	Cu精矿品位/%	20
	尾矿产生量/万吨	47.75	尾矿品位/%	Ni 0.091
综合利用情况	综合利用率/%	70.41		
	废石排放强度/t·t^{-1}	2.50	废石处置方式	排土场堆存
	尾矿排放强度/t·t^{-1}	15.92	尾矿处置方式	尾矿库堆存
	废石利用率/%	0	尾矿利用率/%	0

68.2 地质资源

68.2.1 矿床地质特征

图拉尔根矿矿床类型为中型铜镍矿床，矿床类型为铜镍硫化物矿床。矿区大地构造位置上处于准噶尔与塔里木两大板块拼接所形成的康古尔塔格—黄山碰撞对接带上，其北侧为准噶尔古板块（Ⅰ级）的次级构造单元博格达—哈尔里克岛弧褶皱带（Ⅱ级）；南侧为塔里木板块（Ⅰ级）的次级构造单元觉罗塔格岛弧褶皱带（Ⅱ级）。区域上位于东天山铜、镍成矿带的东段。

图拉尔根铜镍矿床产于香山、黄山、土敦、葫芦、镜儿泉铜镍硫化物成矿带的东段，葫芦铜镍矿床北东 20km 的荒漠戈壁，海拔 1300~1400m。区域性的黄山—镜儿泉北韧性剪切带从工区中北部通过并构成矿区总体结构造格架，控制着区内地层、岩浆岩、矿化蚀变带的分布格局。沿该断裂破碎带呈串珠状发育有斜辉橄榄岩、橄榄玄武岩以及图拉尔根①、②、③号杂岩体等呈脉状或透镜状产出的基性、超基性岩体，反映一种深大断裂特征。其次一级构造与主构造线呈小角度斜交，次级构造破碎带总体呈北东 62°走向延伸，其产状一般为 168°∠68°，破碎带宽度多在 40~50m，向北东变宽，向南西变窄。该破碎带严格控制着①号含矿基性-超基性杂岩体的分布，与成矿关系密切，图拉尔根矿床主要赋矿岩性为辉石岩相和橄榄岩相，矿石类型主要为浸染状和海绵陨铁状，次为珠滴状和块状。

图拉尔根矿矿体特征呈透镜状、似层状、脉状、透镜状、长条状，矿石具中-细粒结构、海绵陨铁结构，乳滴状、块状、浸染状、脉状构造。主要金属矿物有磁黄铁矿、镍黄铁矿、黄铜矿、黄铁矿等。

68.2.2 资源储量

图拉尔根铜镍矿主要矿种为镍、铜，矿石工业类型为硫化镍矿石。截止到 2013 年底，矿山累计查明矿石资源储量为 63740kt，镍金属量为 274082t，镍矿平均地质品位为 0.43%。

68.3 开采情况

68.3.1 矿山采矿基本情况

图拉尔根铜镍矿为地下开采的中型矿山，采用竖井开拓，使用的采矿方法为大直径深孔阶段空场嗣后充填法。矿山设计生产能力 60 万吨/a，设计开采回采率为 85%，设计贫化率为 12%，设计出矿品位（Ni）为 0.42%，镍矿最低工业品位（Ni）为 0.3%。

68.3.2 矿山实际生产情况

2013 年，矿山实际采出矿量 48 万吨，排放废石 7.5 万吨。矿山开采深度为 1360~760m 标高。具体生产指标见表 68-2。

表 68-2　矿山实际生产情况

采矿量/万吨	开采回采率/%	出矿品位/%	贫化率/%	掘采比/m · 万吨$^{-1}$
48	85	0.42	15	108.32

68.3.3　采矿技术

矿山采用竖井开拓，使用大直径深孔阶段空场嗣后充填法。

68.4　选矿情况

矿山建有配套选矿厂，设计选矿生产能力 60 万吨/a，设计 Ni 入选品位 0.42%，入磨粒度-16mm，磨矿细度-0.074mm 含量占 75%～82%。矿山选矿指标见表 68-3。

表 68-3　矿山选矿指标

年份	入选矿石量 /t	入选品位 /%	选矿回收率 /%	选矿耗水量 /t · t^{-1}	选矿耗新水量 /t · t^{-1}	选矿耗电量 /kW · h · t^{-1}
2011	531222	0.3	73.4	3.90	1.3	36
2012	485791	0.33	74.9	2.66	1.231	33
2013	511952	0.42	80.1	2.75	1.348	34

68.5　矿产资源综合利用情况

图拉尔根铜镍矿，矿产资源综合利用率 70.41%，尾矿品位 Ni 0.091%。

矿山废石主要集中堆放在排土场。截至 2013 年底，废石场累计堆存废石 54 万吨，2013 年产生量为 7.5 万吨。废石利用率为 0，废石排放强度为 2.50t/t。

尾矿处置方式为尾矿库堆存，截至 2013 年底，矿山尾矿库累计积存尾矿 144.90 万吨，2013 年产生量为 47.75 万吨，尾矿利用率为 0，尾矿排放强度为 15.92t/t。

第6篇　钨　矿

WU　KUANG

69　大吉山钨业

69.1　矿山基本情况

大吉山钨业为主要开采钨矿的中型矿山，共伴生矿产为铋、钼、铍、钽铌、钪矿等，是国家级绿色矿山。矿山前身为大吉山钨矿，早在1918年开始采矿，有百年开采历史。1953年5月为援建项目，成为国家“一五”期间156项重点建设项目之一，1958年10月1日全部建成投产，素有“第一钨矿”的美称。2004年8月转制成立有限公司，隶属于江西钨业集团。矿山位于江西省赣州市全南县，直距全南县城约20km，至龙南火车站45km，距赣州180km，至韶关火车站142km，至广州市约250km，紧靠105国道和京珠赣粤高速公路，离京九铁路仅50km，是江西省融入“9+2”泛珠三角经济圈和承接沿海产业转移的前沿阵地，交通相对方便。矿山开发利用简表详见表69-1。

表69-1　大吉山钨业开发利用简表

基本情况	矿山名称	大吉山钨业	地理位置	江西省赣州市全南县
	矿山特征	国家级绿色矿山	矿床工业类型	石英脉型钨矿床
地质资源	开采矿种	钨矿	地质储量/万吨	矿石量16236.43
	矿石工业类型	黑钨矿石	地质品位/%	1.511
开采情况	矿山规模/万吨·a^{-1}	81.2，中型	开采方式	地下开采
	开拓方式	上盘平窿盲竖井开拓	主要采矿方法	留矿法
	采出矿石量/万吨	74.06	出矿品位/%	0.274
	废石产生量/万吨	2.31	开采回采率/%	94.3
	贫化率/%	78.11	开采深度/m	900~150标高
选矿情况	选矿厂规模/万吨·a^{-1}	81.2	选矿回收率/%	84.82
	主要选矿方法	三段一闭路破碎，四级手选废石、一段磨矿及中矿再磨		
	入选矿石量/万吨	74.06	原矿品位/%	WO_3 0.271
	WO_3精矿产量/t	2577.14	WO_3精矿品位/%	WO_3 65
	尾矿产生量/万吨	73.80	尾矿品位/%	WO_3 0.041
综合利用情况	综合利用率/%	79.98		
	废石排放强度/t·t^{-1}	8.9650	废石处置方式	排土场堆存
	尾矿排放强度/t·t^{-1}	286.3650	尾矿处置方式	尾矿库堆存
	废石利用率/%	61.75	尾矿利用率/%	33.41

69.2 地质资源

69.2.1 矿床地质特征

大吉山钨矿床规模为中型，矿床工业类型为石英脉型钨矿。矿区位于南岭东西向构造岩浆岩带与北东向武夷山构造岩浆岩带对接复合部位。矿区主要出露寒武系中、上统浅变质砂岩夹板岩，东南部有泥盆系中、下统桂头群砂砾岩，二者呈不整合接触。矿区的西北部出露有大面积的五里亭燕山期黑云母花岗岩，与矿区隐伏的中细粒白云母碱长花岗岩具同源岩浆分异演化的关系。与成矿有关的花岗岩有中粗粒斑状黑云母花岗岩、中细粒二云母花岗岩和细粒白云母花岗岩 3 种，其中以白云母花岗岩侵位最高，二云母花岗岩次之，而黑云母花岗岩的侵位最低，多处于较深部位。矿脉赋存于寒武系浅变质砂岩、板岩和闪长岩中，全区共发育钨矿脉 113 条，其中工业矿脉 103 条，矿区内含钨石英脉呈北、中、南 3 组产出，由大致平行且连续的上百条近东西向的石英脉组成。矿脉水平方向呈平行、密集、成带分组，近于等距离展布，具有向西收敛，向东撒开的趋势，垂直方向上，向下收敛，向西侧伏，其矿脉呈单体出现时，以脉状为主，在空间分布上具有侧幕状、尖灭侧现，尖灭再现等特征。矿脉一般长 300~500m，延深最大为 900m，往东进入泥盆系变质粗粒砂岩层而尖灭。矿石矿物主要有黑钨矿、白钨矿，其他金属矿物有辉钼矿、毒砂、黄铁矿、黄铜矿、雌黄铁矿、辉铋矿等，非金属矿物主要有石英、白云母、微斜长石、电气石、萤石、方解石等，其中矿脉中石英含量在 80%~90%。钨在矿脉中的分布不均匀，白云母通常伴随黑钨矿产出，显示黑钨矿的形成与白云母化或云英岩化有密切的关系，且钨在矿脉中部富集，顶部和根部变贫。矿石中有益组分为钨、铋、钼，均为独立矿物产出，银呈类质同象赋存在铋的硫化物中。有石英-绿柱石-辉钼矿-辉铋矿-黑钨矿矿石和石英-多金属硫化物-黑钨矿石。矿石结构有自形晶、交代残余、交代网格状、环带状、包含、叶片状结构。构造有放射状、浸染状、梳状、块状构造。主要受北西西、北北东、北东、东西 4 组断裂控制，以北西西组最发育；矿区东、西部的北东向压扭性断裂为主要控矿构造。矿化面积为 $1km^2$，矿床规模为超大型。为岩浆期后热液作用成矿。侧蚀变有电气石化、黑云母化、硅化、花岗岩内脉侧有云英岩化。

69.2.2 资源储量

大吉山钨矿主要矿种为钨，伴生矿种为铋、钼、铍，主要矿石工业类型为黑钨矿。截止到 2013 年底，矿山累计查明矿石量为 162364.3kt，金属量为 7999t，钨平均地质品位为 0.49%。

69.3 开采情况

69.3.1 矿山采矿基本情况

大吉山钨业为地下开采的中型矿山，采取平硐—辅助盲竖井—盲斜井联合开拓，使用的采矿方法为留矿采矿法。矿山设计生产能力 81.2 万吨/a，设计开采回采率为 85%，设计贫化率为 78%，设计出矿品位 WO_3 0.272%，钨矿（WO_3）最低工业品位为 0.12%。

69.3.2 矿山实际生产情况

2013 年，矿山实际采出矿量 74.06 万吨，排放废石 2.31 万吨。矿山开采深度为 900~150m 标高。具体生产指标见表 69-2。

表 69-2 矿山实际生产情况

采矿量/万吨	开采回采率/%	贫化率/%	出矿品位/%	掘采比/m·万吨$^{-1}$
74.06	94.3	78.11	0.49	530

69.4 选矿情况

69.4.1 选矿厂概况

大吉山钨矿选矿厂 1952 年建成，为我国第一座机械化钨选厂，1958 年扩建成大型选矿厂。原设计流程是三段一闭路碎矿，一级正手选预先富集，三段磨矿至 0.2mm，阶段选别，从-0.5mm 开始丢弃尾矿，原、次生细泥用自动溜槽选别，重选尾矿全部磨矿浮选铋、钼硫化矿。生产实践表明，加强摇床中矿扫选，在重选过程扩大伴生铋、钼硫化矿的回收，可以不需三段磨矿及重选尾矿再磨再选，并能节约能源、钢材和浮选药剂的消耗，降低生产费用。随之经过一系列改进，逐步形成了四级手选废石、一段磨矿及中矿再磨的现行生产流程，目前选矿厂的处理能力已大大扩大。

69.4.2 选矿工艺流程

69.4.2.1 *破碎和预选*

地下开采原矿石最大矿块约 400mm，采用三段一闭路碎矿，第一段破碎为 B500 旋回破碎机，排矿粒度-150mm，经洗矿筛分后分成 65~150mm、40~65mm、30~40mm 和 20~30mm 四个粒级，用人工反手选，废石选出率 58%以上。第二段碎矿采用 ϕ1750 短头圆锥破碎机，排矿粒度-40mm，进入筛孔为 8mm 的振动筛作检查筛分，+8mm 的矿石进第三段 ϕ1750 短头型圆锥破碎机，它与检查筛分的振动筛形成闭路。三段破碎总破碎比为 50，其中洗矿溢流水汇集在浓缩机中浓缩，随后送细泥工段处理。碎矿预选原则流程如图 69-1 所示。

69.4.2.2 *重选*

经碎矿和预先富集后的合格矿石送入重选，通过双层振动筛分成 4.5~8mm、1.5~4.5mm、0~1.5mm 三个级别，分别进入粗、中、细粒跳汰机，把已单体解离的钨矿及早

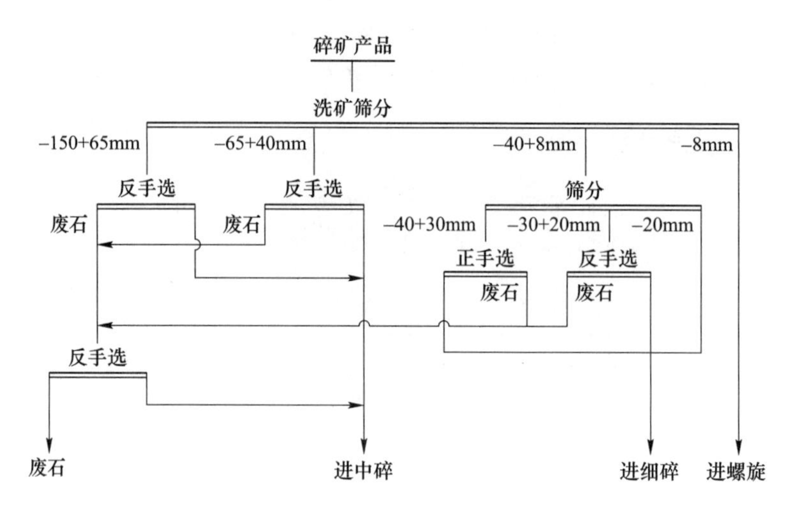

图 69-1　大吉山钨矿原手选原则流程

回收。粗、中粒跳汰机的尾矿进入螺旋分级机脱水，再送入棒磨机磨矿，排矿返回双层振动筛形成闭路，磨矿粒度-0.074mm 含量小于 16%。细粒跳汰尾矿进入水力分级机分成 0.8~1.5mm、0.6~0.8mm、0.25~0.6mm、0.074~0.25mm 四级，分别用摇床进行一次粗选和中矿扫选，得到粗精矿和丢弃尾矿，扫选中矿单独再磨再选，再磨粒度为-0.5mm 含量占 85%。水力分级机的溢流即为次生细泥，与原生细泥一起进入细泥处理作业。重选段流程如图 69-2 所示。重选所得钨粗精矿 WO_3 品位为 30%，其中含 Bi 0.6%、Mo 0.05%、S 11%，钨回收率约为 90%，重选段各选矿机组回收率见表 69-3。

表 69-3　重选段各选矿机组作业回收率指标

项　目	跳汰机	矿砂摇床	矿泥摇床	合计
作业回收率/%	71.6	86.35	41.29	
重选段回收率/%	62.61	21.45	5.19	89.25

69.4.2.3　重选钨粗精矿精选

先将粗精矿筛分成-4+1mm、-1+0.25mm、-0.25mm 三级，前两级用枱浮脱硫，磁选得钨精矿，-0.25mm 粒级则用浮选除硫，再经两次摇床精选获得钨精矿。重选粗精矿精选原则流程如图 69-3 所示。

为了适应不同用户的要求，在精选流程上设置了湿式及干式强磁选机，可以分选出白钨精矿使精选流程具有灵活性，从而在产品结构上由过去只生产一级一类黑钨精矿，变为生产高、中、低档六个品级的钨精矿，其中特级品占 87%。枱浮和浮选分出的硫化矿是综合回收铋、钼的原料，混合浮选的硫化矿经硫化钠搅拌脱药，先在摇床上回收部分自然铋，然后磨矿浮选，磨矿粒度为-0.074mm 含量占 80%，加石灰和氰化钠抑制黄铁矿，用黄药和煤油作捕收剂，松油作起泡剂浮选铋钼，铋钼分离浮选用硫化钠抑铋浮钼，得铋、钼两种精矿。

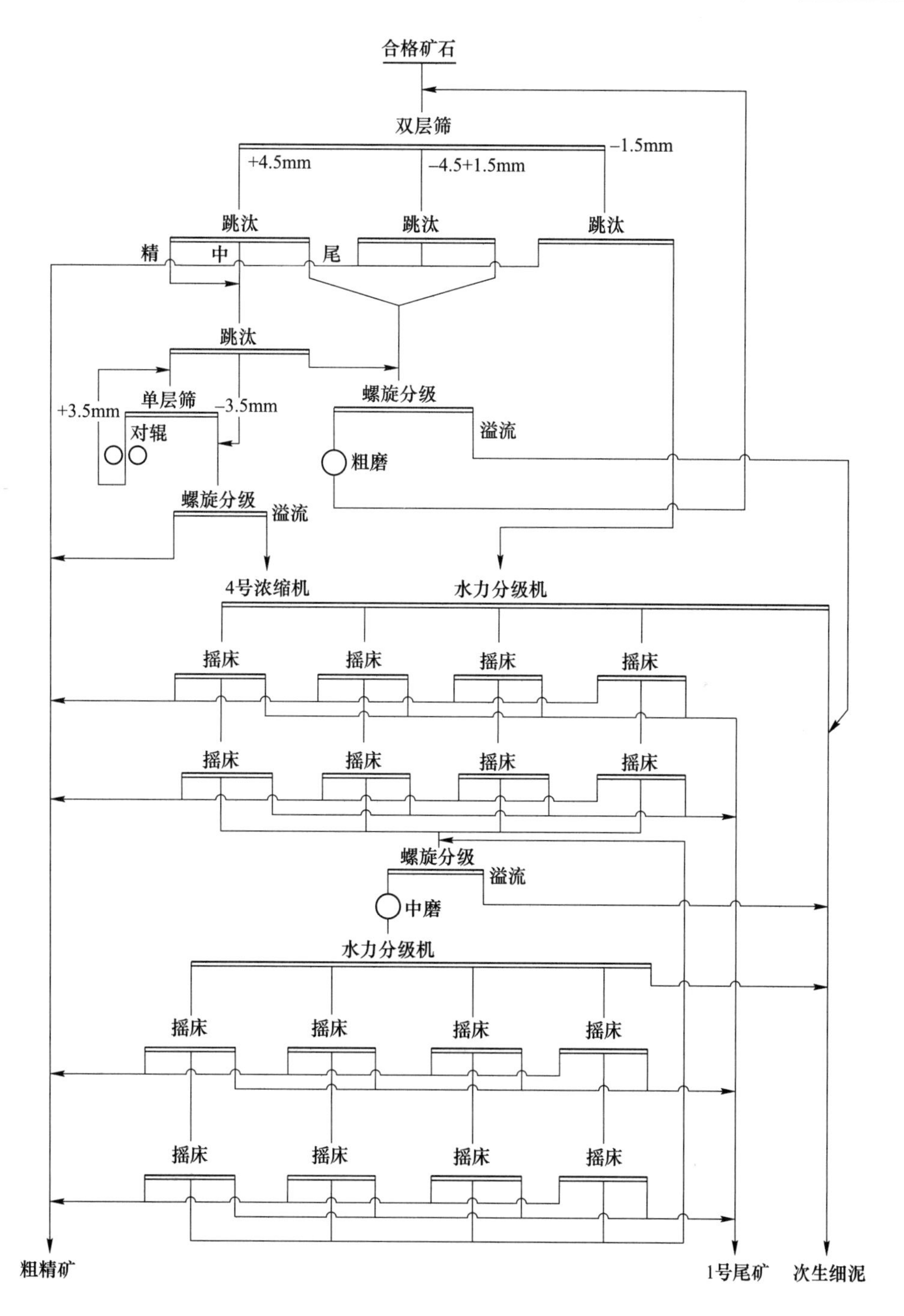

图 69-2　大吉山选厂重选段流程

69.4.2.4　细泥的处理

大吉山钨选厂的钨细泥处理工艺由过去的单一重选流程，经过几次改造，现已改为离心机—浮选流程。大吉山钨选厂目前每日产生的原、次生细泥 400～500t，占原矿金属量的 7%～8%，原、次生细泥的钨品位为 0.1%～0.3%。在细泥处理原流程中，原、次生细

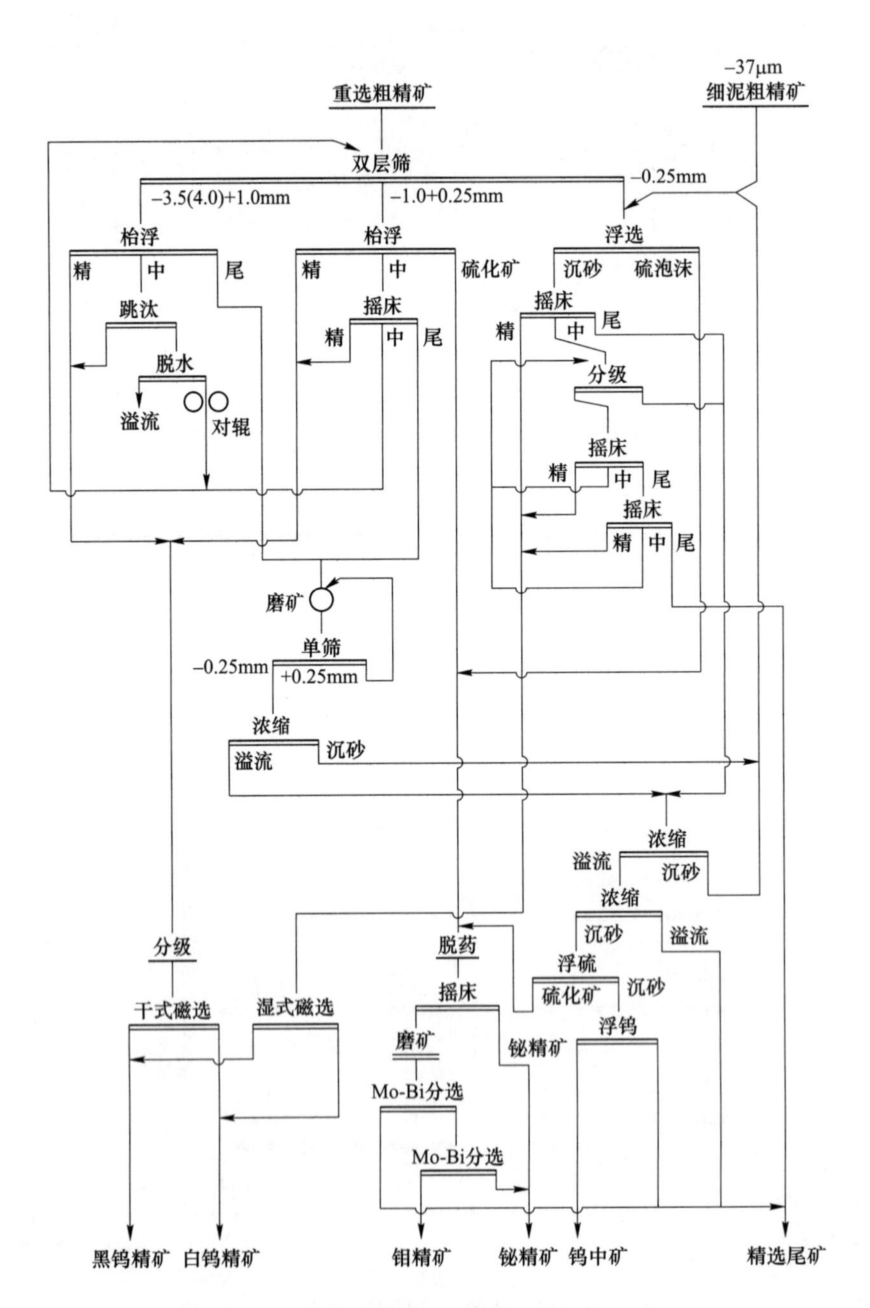

图 69-3　大吉山钨矿重选粗精矿精选原则流程

泥一起经过 ϕ300mm 和 ϕ125mm 的水力旋流器两段分级，分别用矿砂摇床、矿泥摇床、弹簧摇床选得低品位（WO_3 含量 15%）的粗精矿送精选作业，作业回收率只有 26%左右。细泥处理原流程如图 69-4 所示。

表 69-4 为大吉山钨矿选厂主要设备。

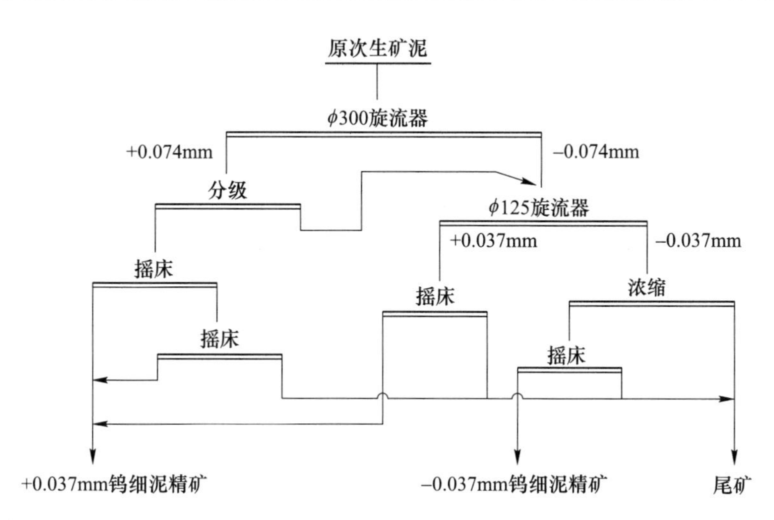

图 69-4 大吉山钨矿细泥处理原流程

表 69-4 大吉山钨矿选厂主要设备

序号	设备名称	型号规格/mm	台数
1	旋回破碎机	B500	1
2	圆锥破碎机	短头 ϕ1750	1
3	圆锥破碎机	短头 ϕ1750	2
4	棒磨机	CM-176-ϕ1500×3000	4
5	球磨机	ϕ900×900	1
6	球磨机	ϕ1200×1200	1
7	湿式强磁选机	SQC-2-1100	1
8	单盘强磁选机	ϕ885	1
9	双螺旋分级机	ϕ1500×8230	5
10	单螺旋分级机	ϕ750×5500	5
11	双层振动筛	1250×4000	1
12	双层振动筛	1250×2500	9
13	单层振动筛	1500×3000	4
14	水力分级机	KC-4	8
15	摇床	CC-4	132
16	摇床	6-S	6
17	跳汰机	670×920	8
18	跳汰机	1000×1000	5
19	跳汰机	300×450	9
20	浮选机	60L	8
21	浮选机	1A	2
22	浮选机	XJK-0. 13	2
23	浮选机	XJK-0. 633	2

续表 69-4

序号	设备名称	型号规格/mm	台数
24	浓密机	ϕ15000×3600	1
25	浓密机	ϕ6000×3000	4
26	浓密机	ϕ3600×1800	2
27	干燥机	回转式 ϕ1200×3540	1
28	干燥机	电热式 ϕ351×3200	1
29	远红外线干燥机	ZH-1 1600×4800	1

69.5　矿产资源综合利用情况

大吉山钨业，矿产资源综合利用率 79.98%，尾矿品位 WO_3 0.041%。

矿山废石主要集中堆放在废石场。截至 2013 年底，废石场累计堆存废石 1570.3 万吨，2013 年产生量为 2.31 万吨。废石利用率为 61.75%，废石排放强度为 8.9650t/t。

尾矿处置方式为尾矿库堆存，截至 2013 年底，矿山尾矿库累计积存尾矿 1529.2 万吨，2013 年尾矿利用率为 33.41%，产生量为 73.80 万吨。尾矿排放强度为 286.3650t/t。

70　行洛坑钨矿

70.1　基本情况

行洛坑钨矿为主要开采钨、钼矿的中型矿山，共伴生矿产主要为钼矿，其他伴生有益组分有 Bi、Cu、BeO、Pb、Zn、S 等，含量较低，是国家级绿色矿山。矿山成立于 2004 年 5 月 18 日。矿山位于福建省三明市宁化县，与清流县交界，距宁化县城 38km，距三明市 130km，距鹰厦铁路最近的火车站（荆西站）120km，交通相对方便。矿山开发利用简表详见表 70-1。

表 70-1　行洛坑钨矿开发利用简表

基本情况	矿山名称	行洛坑钨矿	地理位置	福建省三明市宁化县
	矿山特征	国家级绿色矿山	矿床工业类型	花岗岩中的细脉型含钼黑白钨矿床
地质资源	开采矿种	钨矿、钼矿	地质储量/万吨	矿石量 12931.72
	矿石工业类型	细脉浸染型含钼黑白钨矿石	地质品位/%	0.228
开采情况	矿山规模/万吨·a^{-1}	82.5，中型	开采方式	露天开采
	开拓方式	汽车-溜井-电机车联合运输开拓	主要采矿方法	组合台阶采矿法
	采出矿石量/万吨	96.3	出矿品位/%	0.233
	废石产生量/万吨	438	开采回采率/%	95.3
	贫化率/%	4.93	开采深度/m	930~400 标高
	剥采比/t·t^{-1}	4.55		
选矿情况	选矿厂规模/万吨·a^{-1}	82.5	选矿回收率/%	WO_3 75.91 Mo 21.52
	主要选矿方法	一段磨矿、粗粒重选、细粒浮选、粗精矿脱硫、重选精选		
	入选矿石量/万吨	96.8	原矿品位/%	WO_3 0.23 Mo 0.024
	WO_3 精矿产量/t	3789	WO_3 精矿品位/%	44.6
	Mo 精矿产量/t	111	Mo 精矿品位/%	45
	尾矿产生量/万吨	96.41	尾矿品位/%	WO_3 0.056
综合利用情况	综合利用率/%	47.79		
	废石排放强度/t·t^{-1}	1155.98	废石处置方式	排土场堆存
	尾矿排放强度/t·t^{-1}	254.44	尾矿处置方式	尾矿库堆存
	废石利用率/%	0	尾矿利用率/%	0
	回水利用率/%	88	涌水利用率/%	98

70.2　地质资源

70.2.1　矿床地质特征

行洛坑钨矿矿床规模为中型，矿床成因类型属岩浆期后高温热液充填矿床，工业类型主要为花岗岩中的细脉型含钼黑白钨矿床。行洛坑钨矿矿体绝大部分产于花岗岩岩株体中，少部分位于岩体附近的变质砂岩中。矿体由无数大小含黑钨矿、白钨矿、辉钼矿等石英脉，部分浸染状白钨矿组成。几乎整个岩株及部分变质砂岩皆遭受矿化，形成一个规模巨大、品位较低，基本完整的瘤状矿体。钨矿化类型可分为细脉型和黑钨矿石英大脉型矿体两种，以细脉型矿体为主。矿石中金属矿物主要有黑钨矿、白钨矿两种，其次是辉钼矿，再次是黄铁矿、辉铋矿、黄铜矿等硫化物；非金属矿物主要有黑鳞云母、鳞灰石、锆石、长石、萤石、方解石、石英、白云母、绢云母、铁白云石、蒙脱石、高岭土、绿泥石等。矿石中主要有用组分为 WO_3，品位多数在 0.1%~0.3%之间，最高为 7.007%，平均品位为 0.233%。全区平均黑钨矿 WO_3 占 50.82%，白钨矿 WO_3 占 49.18%。伴生 Mo 平均品位 0.024%，其他伴生有益组分有 Bi、Cu、BeO、Pb、Zn、S 等，含量均较低，钨矿化整体上较为均匀。原生矿和风化矿矿物组成基本相近，金属矿物主要为黑钨矿和白钨矿，主要脉石矿物为石英、长石、白云母，但风化矿中硫化物总量不足 0.05%，不见辉钼矿，高岭石、绢云母数量大为增加。

矿石结构主要有鳞片花岗变晶结构、斑状结构、似斑状结构和变余砂状结构等。矿石构造主要有块状构造、浸染状构造、条带状构造等。

矿石类型简单，主要为细脉浸染型含钼黑白钨矿石，按风化程度可分为风化矿和原生矿两种矿石，以原生矿石为主。

70.2.2　资源储量

行洛坑钨矿主矿种为钨，共伴生矿种为钼，主要矿石类型为细脉浸染型含钼黑白钨矿石。全矿区钨矿资源储量钨矿石量 129317.2kt，金属量 WO_3 295280t、品位 0.228%，伴生钼金属量 30646t、品位 0.023%。

70.3　开采情况

70.3.1　矿山采矿基本情况

行洛坑钨矿为露天开采的中型矿山，采用汽车-溜井-电机车联合运输开拓，使用的采矿方法为组合台阶法。矿山设计生产能力 82.5 万吨/a，设计开采回采率为 95%，设计贫化率为 5%，设计出矿品位（WO_3）为 0.228%，钨矿最低工业品位（WO_3）为 0.15%。

70.3.2　矿山实际生产情况

2013 年，矿山实际采出矿量 96.3 万吨，排放废石 438 万吨。矿山开采深度为 930~400m 标高。具体生产指标见表 70-2。

表 70-2 矿山实际生产情况

采矿量/万吨	开采回采率/%	出矿品位/%	贫化率/%	露天剥采比/t · t^{-1}
96.3	95.3	0.233	4.93	4.55

70.3.3 采矿技术

行洛坑钨矿矿区地形为中等高度山区，地形陡峻，切割强烈，山坡坡度在30°~40°之间。矿区内矿体出露于海拔620~705m的四面环山的低凹处，矿体长636m，平均厚为158m，向下延伸到海拔242~340m处逐渐尖灭，平均延深297m。走向北东东，倾角60°~70°。

本区地质构造较简单，水文地质条件也属简单类型；矿体覆盖层薄，且大部分出露地表，很适合于露天开采。矿山开采采用常规的穿孔爆破、挖掘机装载，汽车运输的采剥工艺。矿山一期生产规模2500t/d，矿山的工作制度为年工作330天、每天工作3班、每班工作8h的连续工作制。

采剥工作：

（1）采剥方法。沿地形等高线开段沟，采矿由矿体上盘向下盘推进；采用缓帮采矿、陡帮剥岩工艺，以减少基建剥离量，均衡生产剥采比。

（2）采剥工艺参数。工作台阶高度12m；工作台阶坡面角70°~75°；开段沟底宽20m，最小工作平台宽度30m，临时非工作平台宽度10m。开拓运输为汽车-溜井-电机车开拓运输。

70.4 选矿情况

70.4.1 选矿厂概况

行洛坑钨矿位于福建省宁化县湖村镇境内，矿山最早在1958年开发，当时仅开采少量石英大脉钨矿床。1965年由福建省503矿接管继续开采，1968年关闭，1979年福建省冶金厅成立行洛坑钨矿筹建处，拟大规模开发。1981年，先后完成了采选规模为5000t/d的可研和初步设计，于1982年将宁化钨矿小选厂改建成日处理125t原矿的工业试验厂，回收黑白钨精矿。

2005年8月份开始动工建设规模5000t/d选厂，2007年8月1日主体工程建成并投料试车成功。2009年7月，广州有色金属研究院成功研究出适合处理该选厂钨细泥的新工艺并投入生产。2013年行洛坑选矿厂入选矿石量96.8万吨、设计选矿回收率为55%、2013年实际选矿回收率为75.91%。

70.4.2 选矿工艺流程

行洛坑钨矿选矿工艺流程为一段磨矿、粗粒重选、细粒浮选、粗精矿脱硫、重选精选，选矿原则流程如图70-1所示。

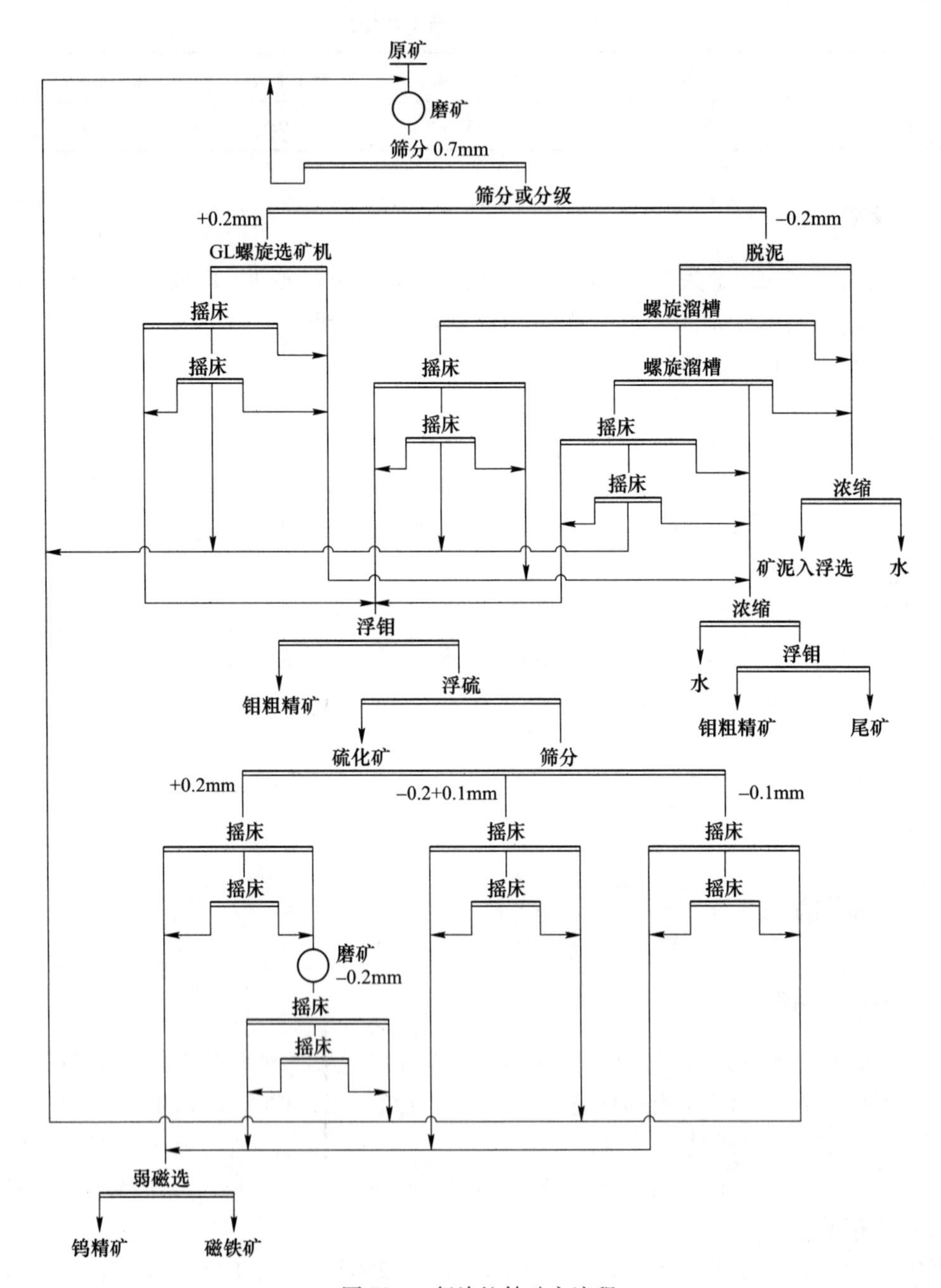

图 70-1 行洛坑钨矿主流程

70.4.2.1 破碎工艺

采场原矿由14t电机车双机同步牵引10m^{2}底侧卸矿车运至选厂，经卸载曲轨卸入粗碎原矿仓，原矿最大块度为800mm。

原矿仓下设振动棒条给料机，矿石被给入PA1000×1200颚式破碎机破碎，破碎后产品与棒条筛下产物一起由胶带输送机运往中细碎车间中碎机前的给矿仓，经给矿仓下振动给料机给入GP300S中碎机中碎，中碎后物料由胶带输送机运至筛分车间的分配矿仓，分配矿仓下设有振动给料机，通过它给入 YA2460 圆振动筛，碎矿产品在此被分成筛上、筛下两部分，筛上产物经胶带输送机返回中细碎车间细碎机前的给矿仓，再经给矿仓下的振动给料机给入细碎机细碎，从而构成闭路碎矿，筛下产物即为碎矿合格产品，粒度为 0~12mm。

70.4.2.2 磨选工艺

粉矿仓下设多台摆式给料机，粉矿仓内的矿石经摆式给料机排至设于其下的胶带输送机，再经胶带输送机转运一次后进入 ϕ3.0m×4.0m 棒磨机磨矿。磨矿排矿经泵扬至 ZKB2460 振动细筛进行筛分分级，筛上产物用泵返回棒磨机以实现闭路磨矿，筛下产物自流至 2SG48-60R-5STK 高频细筛。

进入高频细筛的物料在此被分成+0.2mm 和-0.2mm 两部分，并分别流至各自泵池。+0.2mm 物料由泵扬至矿浆分配器，自流给入螺旋选矿机进行选别，得到螺旋粗精矿和螺旋尾矿，螺旋粗精矿自流给入粗选摇床选别，得到粗选摇床粗精矿、中矿和尾矿，粗选摇床中矿扫选后得到扫选摇床精矿、中矿和尾矿。粗选摇床精矿、扫选摇床精矿经泵扬入精选车间 ϕ6m 浓缩机，扫选摇床中矿返回棒磨机，螺旋尾矿、粗扫选摇床尾矿均自流进入厂外 ϕ30m 浓缩机，浓缩后进入选钼车间。-0.2mm 部分进入旋流器，用旋流器分成+0.04mm 沉砂和-0.04mm 溢流，沉砂先经粗选螺旋溜槽选别，得到粗选溜槽精矿、中矿和溢流。溜槽精矿再经粗扫选摇床选别，得到粗扫选摇床精矿、粗扫选摇床尾矿和扫选摇床中矿。粗扫选摇床精矿均由泵扬入 ϕ6m 浓缩机而进入精选车间，粗扫选摇床尾矿自流入 ϕ30m 浓缩机浓缩后进入选钼车间，扫选中矿返回棒磨机。粗选溜槽中矿经扫选溜槽分选，也分得扫选溜槽精矿、中矿和溢流，扫选溜槽精矿经粗扫选摇床，得到粗扫选摇床精矿，粗扫选尾矿和扫选中矿。

粗选溜槽溢流、扫选溜槽溢流、旋流器溢流自流入 ϕ53m 浓缩机浓缩后进入细泥车间。扫选溜槽中矿、粗扫选摇床尾矿均自流进入 ϕ30m 浓缩机浓缩后进入选钼车间。

磨矿粗选车间和细粒粗选车间所有粗扫选摇床精矿进入精选车间 ϕ6m 浓缩机后，分成溢流和沉砂，溢流可返回利用，沉砂进行浮选，依次选得钼精矿、硫化矿及浮选尾矿。浮选尾矿（即为钨粗精矿）先经水力分级机分成+0.2mm、-0.2+0.1mm、-0.1mm 三级分别入选。+0.2mm 先经粗、扫选摇床选别，得到精矿和尾矿，尾矿经螺旋脱水，返砂进行开路磨矿，磨矿产品再次经下一作业的粗扫选摇床精选，同样也得到精矿和尾矿。-0.2+0.1mm 和+0.1mm 两粒级分别进入各自的粗扫选摇床系统也选出精矿和尾矿，这两粒级的流程差别在于-0.1mm 在进入摇床选别之前需先进浓泥斗脱水。

所有摇床精矿集中给入磁选，以除去磁性铁，再脱水（干燥），所得产品即为本次设计的最终产品钨精矿。进入 ϕ53m 浓缩机的细泥分出溢流后，沉砂自流进入选钼循环系统（一粗一扫一精）、选硫循环系统（一粗一精）和选钨循环系统（一粗二精三扫）依次选得钼粗精矿、硫粗精矿、细泥钨粗精矿和尾矿。精选浮选机规格型号为 XCF/KYF11-2，粗扫选则为 XCF/KYF11-16 型。给入 ϕ30m 浓缩机的尾矿，分出溢流后，沉砂自流进入浮选选钼系统，选得铝粗精矿和尾矿，浮选机选用 CLF-16m^3 型。

行洛坑钨矿两个系列主流程生产规模为 5500t/d，原矿平均 WO_3 品位为 0.2%，主流程生产指标已经达到设计要求。原生与次生钨细泥（-0.043mm 粒级）中 WO_3 平均品位为 0.16%。针对行洛坑钨矿细粒不均匀嵌布、低品位、黑钨矿与白钨矿混合、原生矿与风化矿比例变化大、原生与次生混合的钨细泥特点，广州有色金属研究院成功研究出适合处理该细泥的新工艺（细泥预处理—常温浮选—离心机重选）。新工艺中浮选采用了高效新型整合捕收剂 GYB 与辅助捕收剂 FW 组合，同时利用 SLON-1600 型离心选矿机回收率高的特点处理浮选精矿，显著提高了微细粒级钨矿物的回收率和精矿品位。新工艺可获得 WO_3 品位 21.20%的细泥钨精矿，回收率提高到 65%以上。钨细泥工业生产流程如图 70-2 所示。

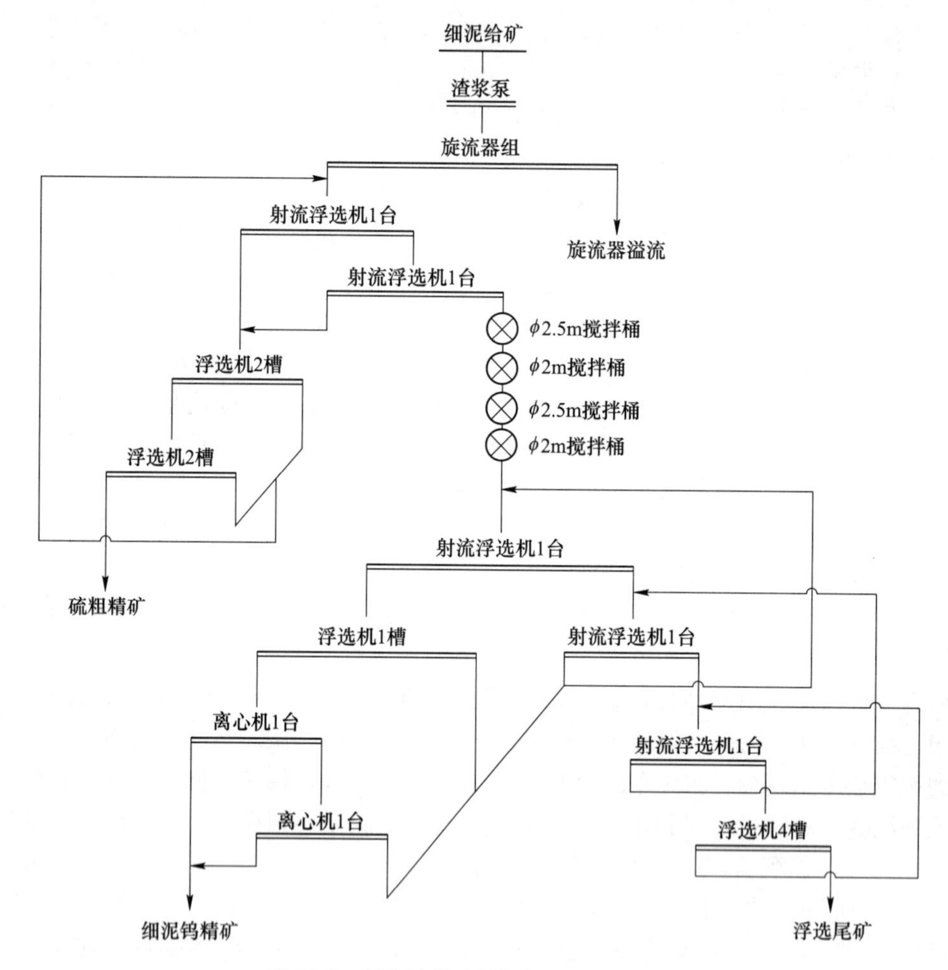

图 70-2　行洛坑钨矿钨细泥工业生产流程

70.5　矿产资源综合利用情况

行洛坑钨矿，矿产资源综合利用率 47.79%，尾矿品位 WO_3 0.056%。

矿山废石主要集中堆放在排土场。截至 2013 年底，废石场累计堆存废石 1051 万吨，产生量为 438 万吨。废石利用率为 0，废石排放强度为 1155.98t/t。

尾矿处置方式为尾矿库堆存，截至 2013 年底，矿山尾矿库累计积存尾矿 345 万吨，2013 年产生量为 96.41 万吨，尾矿利用率为 0。尾矿排放强度为 254.44t/t。

行洛坑钨矿对小于最低工业品位 0.15%、高于边界品位 0.1%的矿石全部利用，对伴生矿也通过选矿厂综合回收。

71　西华山钨矿

71.1　基本情况

西华山钨业为主要开采钨矿的中型矿山，共伴生矿产为铋、钼矿等。矿山于1907年发现并采矿，有百年开采历史。1953年5月为援建项目，成为国家“一五”期间156项重点建设项目之一，1960年4月正式建成投产，2002年11月转制成立有限公司，隶属于江西钨业集团。矿山位于江西省赣州市大余县，直距大余县城约6km，距京九铁路线南康站55km，距康大高速公路6km，距赣州市88km，矿区的周边均有公路与323、105国道相通，交通便利。矿山开发利用简表详见表71-1。

表71-1　西华山钨业开发利用简表

基本情况	矿山名称	西华山钨业	地理位置	江西省赣州市大余县
	矿山特征	—	矿床工业类型	石英脉型黑钨矿床
地质资源	开采矿种	钨矿	地质储量/万吨	矿石量665.26
	矿石工业类型	黑钨矿石	地质品位/%	0.745
开采情况	矿山规模/万吨·a^{-1}	49，中型	开采方式	地下开采
	开拓方式	平硐开拓	主要采矿方法	浅孔留矿法
	采出矿石量/万吨	7.1	出矿品位/%	0.18
	废石产生量/万吨	29.7	开采回采率/%	98
	贫化率/%	82	开采深度/m	828~0标高
	掘采比/m·万吨$^{-1}$	177		
选矿情况	选矿厂规模/万吨·a^{-1}	76.5	选矿回收率/%	WO_3 80.5
	主要选矿方法	一段磨矿、粗粒重选、细粒浮选、粗精矿脱硫、重选精选		
	入选矿石量/万吨	32.5	原矿品位/%	WO_3 0.169
	WO_3精矿产量/t	665.6	WO_3精矿品位/%	WO_3 65
	尾矿产生量/万吨	32.43	尾矿品位/%	WO_3 0.033
综合利用情况	综合利用率/%	78.89		
	废石排放强度/t·t^{-1}	446.21	废石处置方式	排土场堆存
	尾矿排放强度/t·t^{-1}	487.23	尾矿处置方式	尾矿库堆存
	废石利用率/%	47.14	尾矿利用率/%	91.65
	回水利用率/%	80	涌水利用率/%	100

71.2　地质资源

71.2.1　矿床地质特征

西华山钨矿床属中型，矿床类型属于石英大脉型黑钨矿床。西华山钨矿分布于西华山复式花岗岩株的西面缘，赋存于燕山早期中粒和斑状中粒黑云母花岗岩之中。地表矿化面积4.3km^2。全区大小工业矿脉700多条。矿脉平均长度250m，最长1075m，平均脉幅0.4m，最大脉幅3.6m，工业矿体深度100~150m，最大264m；矿脉走向有NWW，NEE，NE，近水平和SN五组，其中以NEE、NE向最为发育；矿脉一般成组成带展布，按矿脉的展布密集程度，可分为北、中、南三个区；矿脉的形态变化多样包括：平面、剖面上的透镜状、尖灭再现、尖灭侧现、交叉、平行偶遇、分支复合、错综穿插、分散、急剧散小、骤然中断、弯曲、结瘤、羽毛状分岔等。

矿床金属矿物有：黑钨矿、锡石、辉钼矿、毒砂、黄铜矿、辉铋矿、方铅矿、闪锌矿，斑铜矿、磁黄铁矿、赤铁矿、褐铁矿、软锰矿、硬锰矿、孔雀石、蓝铜矿、铜蓝、钨华、钼华、白铁矿、臭葱石。非金属矿物有：石英、正长石、钾微斜长石、冰长石、萤石、绿柱石、白云母、绢云母、高岭石、方解石、黄玉等。

矿石结构与构造：矿石的结构主要有粗粒结晶质结构、包含结构、溶蚀结构、残余结构、边缘交替结构、压碎结构、乳浊状结构。矿石的构造主要有梳状构造、角砾状构造、浸染状构造、晶洞构造、块状构造。

71.2.2　资源储量

西华山钨矿主矿种为钨，共伴生矿种为钼、铋，主要矿石类型为黑钨矿矿石。全矿区钨矿石量6652.6kt，金属量WO_3 73278t，平均地质品位为1.087%。

71.3　开采情况

71.3.1　矿山采矿基本情况

西华山钨业为地下开采的中型矿山，采用平硐开拓，使用的采矿方法为浅孔留矿法。矿山设计生产能力49万吨/a，设计开采回采率为92%，设计贫化率为80%，设计出矿品位（WO_3）为0.53%，钨矿最低工业品位（WO_3）为0.12%。

71.3.2　矿山实际生产情况

2013年，矿山实际采出矿量7.1万吨，排放废石29.7万吨。矿山开采深度为828~0m标高。具体生产指标见表71-2。

表71-2　矿山实际生产情况

采矿量/万吨	开采回采率/%	出矿品位/%	贫化率/%	掘采比/m·万吨$^{-1}$
7.1	98	0.18	82	177

71.3.3　采矿技术

西华山开矿后，最早是由民工地表自由捡挖，后来逐步变为打眼放炮、开挖窿洞，1954年，逐步采用机械化作业，1960年正式建矿后西钨井下采掘进入了一个机械化作业的新的发展时期。根据西华山的地质和地形条件，西钨的开拓一直沿用组合平窿方式，采矿则主要采用浅孔留矿法。

建矿以来，矿山共开拓了230m、270m、324m、378m、431m、483m、538m、594m、632m、670m、720m等11个正规中段和215m、290m、347m、453m、513m、564m、610m、650m、745m等9个副中段，目前各中段的正规矿块基本上已开采完，上部几个中段比如745m、720m、650m及290m、347m中段等已结束生产，其他中段也处于残采阶段，现在主要开采一些边角矿块、半截矿块、下推矿块和低品位矿块。

采矿运矿设备主要有：YSP-45型凿岩机、震动放矿机、翻斗矿车、电机车等。

采场布置：采场沿矿脉走向方向布置，长度一般为30~60m，采幅1.0~1.2m。底部为密集漏斗，规格1.5m×1.5m，间距5m，底柱高2.5~3.2m，顶柱高1.5~2.0m；中央布置先行天井，两侧架设顺路天井（即人行通道）；并适当留矿房矿柱。

采矿方法：采用分层回采法采矿，分层高度为1.0~1.3m，回采工作面布置成长阶梯状，用YSP-45型凿岩机凿岩，自采场中间拉槽（或利用中央天井做自由面）向两端后退。依据岩石性质，采幅大小，选用“一字形”“之字形”或“梅花形”排列炮眼。眼深1.4~1.6m，倾角55°~70°。爆破采用二号岩石铵锑炸药或自制的铵油炸药和8号纸壳火雷管起爆药包，用三通母线分组连接，点火起爆（现在改用硝铵或乳化炸药，非电塑料导爆管起爆系统控制起爆顺序）。当采场上采距上部中段沿脉平巷底板还有一分层时，便选择一二处先与上部中段平巷贯穿，然后把上部中段需要回收的底柱打好炮眼，本采场最后一分层炮眼全部打完后，再分段进行爆破，同时回收底柱（上部中段的）。

71.4　选矿情况

71.4.1　选矿厂概况

因品位下降，出矿量下降，经济效益差，由苏联设计的五里山老选矿厂重选部分在1997年停止运行，老选厂仅保留了精选工段，粗选部分搬迁至各中段窿口建立的简易选矿厂，就近处理出窿原矿，因此，现行的工艺流程相对原来的选矿流程要简单些，具体工艺流程为：

粗选，出窿原矿—筛分—破碎脱泥—丢废—合格矿；

重选，合格矿—破碎分级—跳汰—磨矿—摇床—毛砂；

精选，毛精矿—筛分—浮选—磁选—钨精矿。

为适应国家节约与综合利用矿产资源的政策法规要求和深部矿产资源开发利用的需要，在原选矿厂的基础上又新建完成了一个选矿厂，综合回收钨和钼，即将投入使用。

西华山钨矿选矿回收率一贯比较高，设计选矿回收率为84%，最高回收率达到84.86%，随着选矿厂精选段以前部分停止使用，建立窿口选矿厂以后，选矿回收率有所下降，经统计，1954～2013年平均选矿回收率为76.73%，2011年80.4%、2012年80.5%、2013年80.5%。

71.4.2　选矿工艺流程

71.4.2.1　出窿原矿扒栏预选流程

原矿经50mm条格筛筛分，+50mm经过扒栏手选弃大块废石，少量溢流水经沉淀池回收细泥，与-50mm矿石一起利用汽车运至选矿厂。出窿原矿扒栏预选工艺流程如图71-1所示。

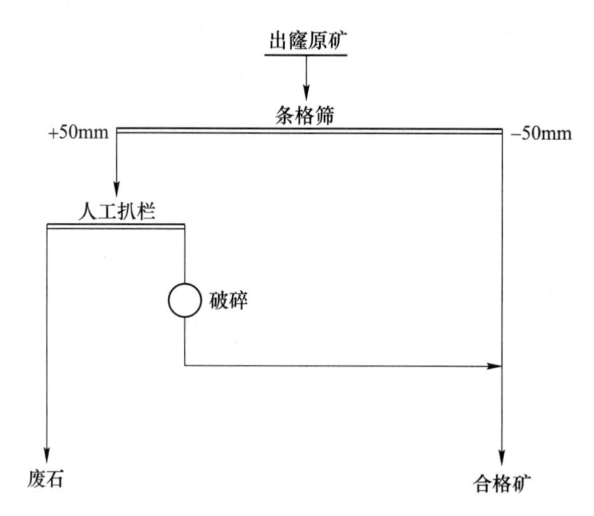

图71-1　出窿原矿扒栏预选工艺流程

71.4.2.2　碎矿流程

原矿经筛分分为+20mm、-20+10mm和-10mm三个级别，-50+20mm进入反手选，选出脉石与-20+10mm矿石进入惯性圆锥破碎机破碎，细碎前设缓冲仓，以利于细碎机处理能力的发挥。-10mm矿石经螺旋分级机脱水后与破碎产品通过皮带运至合格矿仓，调节破碎段与重选段工作时间的不同，确保磨矿和重选生产正常工作。

71.4.2.3　重选流程

最终合格矿通过双层振动筛分为+5mm、-5+2mm和-2mm三个级别分别进行跳汰选矿，跳汰精矿作为粗精矿进入精选，粗、中粒跳汰尾矿通过螺旋分级机脱水后进入棒磨机磨矿，磨矿产品通过砂泵返回双层振动筛，-2mm跳汰尾矿经水力分级机分级后进行摇床选别。

71.4.2.4　细泥选矿流程

螺旋分级机脱泥及水力分级机溢流细泥先进入GXN防堵高效斜管浓密机进行浓缩，先进行脱硫—磁选，然后用脉动高梯度磁选机进行选别。

71.4.2.5　尾矿处理

废石经破碎筛分后作建筑石料进行销售；尾砂采用螺旋分级机进行脱水，其中粗砂直接用于建筑。细砂及细泥用于生产蒸压加气混凝土砌块。

图 71-2 为粗选工艺流程，图 71-3 为毛钨精矿选矿工艺流程，图 71-4 为钼铋回收生产工艺流程。

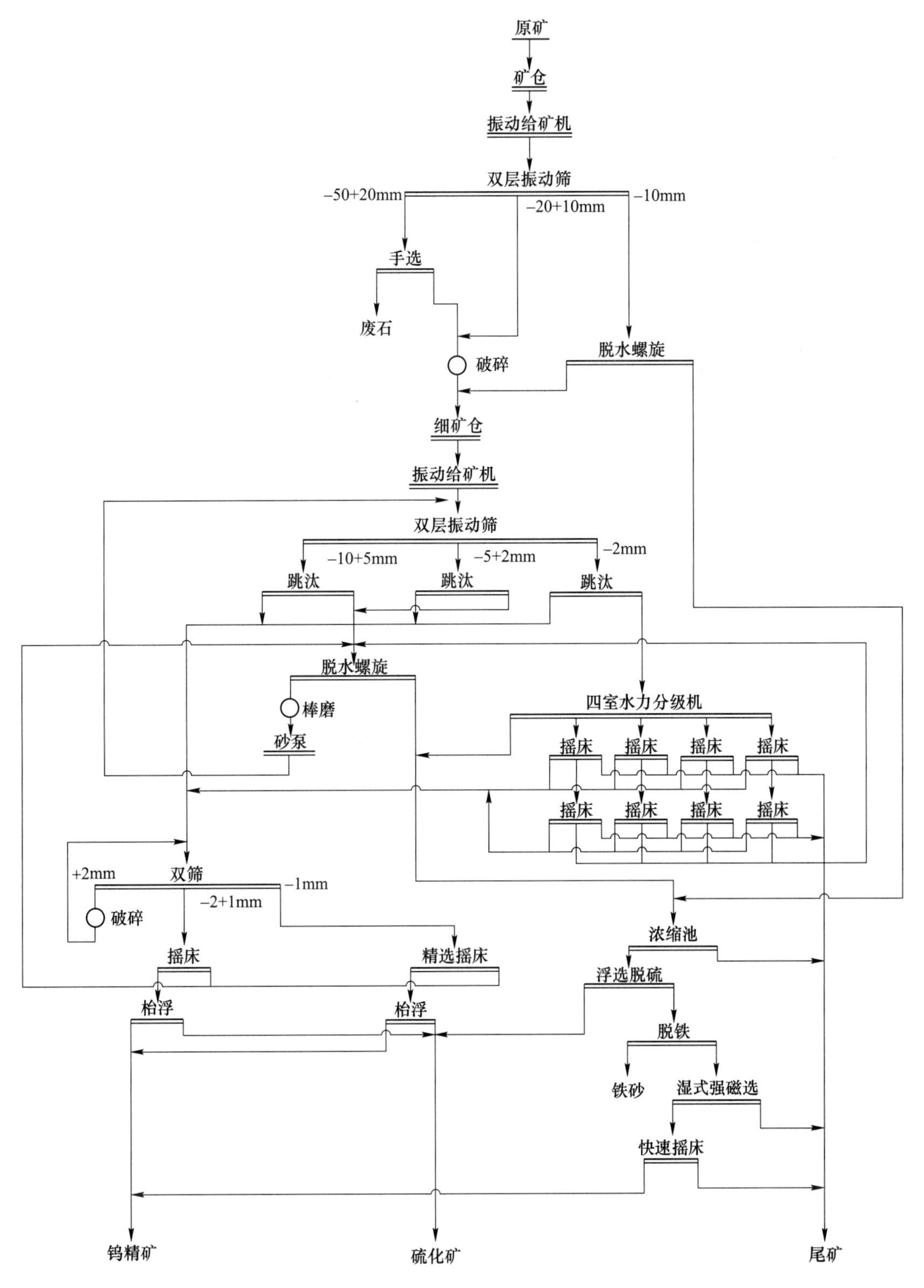

图 71-2　粗选工艺流程

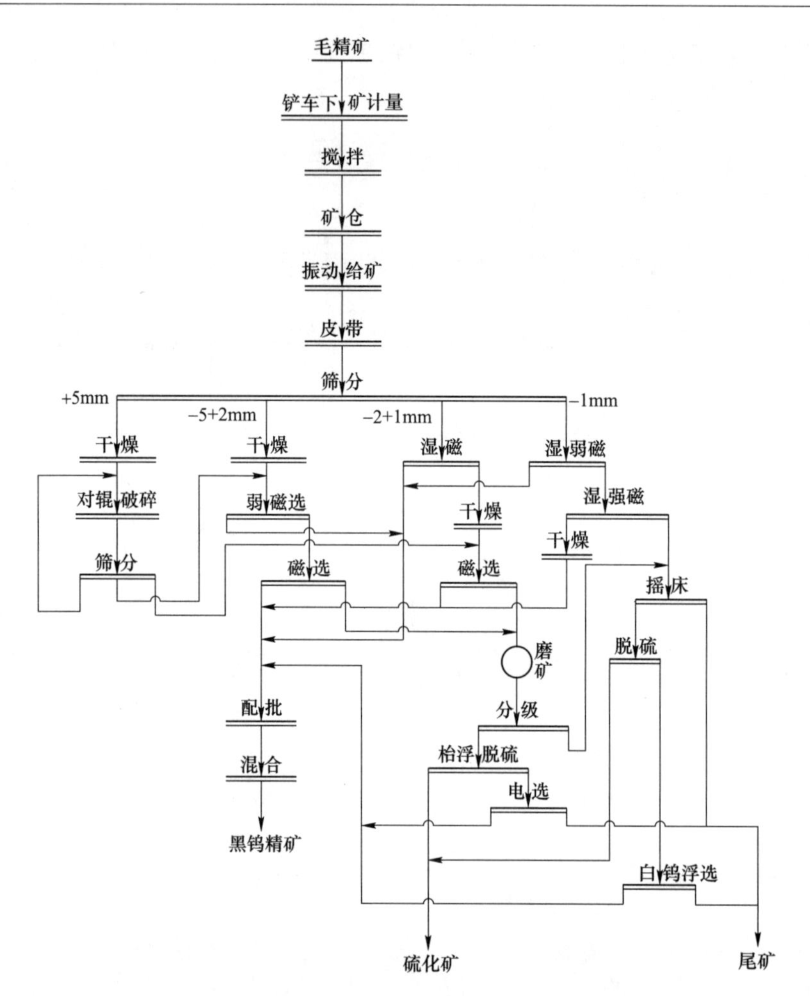

图 71-3　毛钨精矿选矿工艺流程

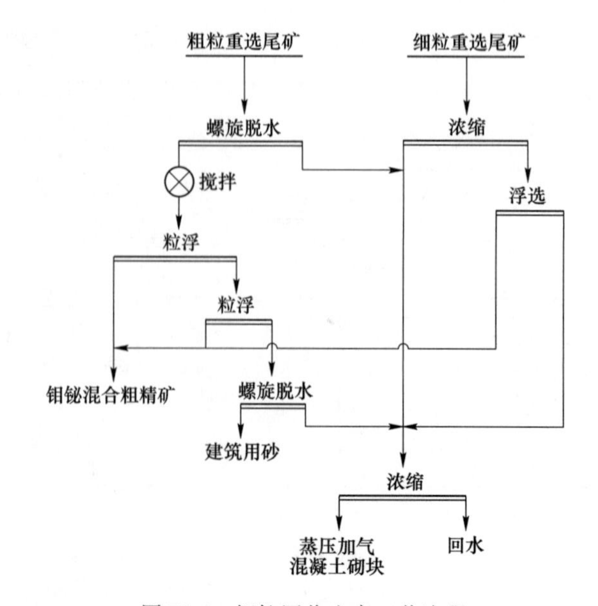

图 71-4　钼铋回收生产工艺流程

71.5 矿产资源综合利用情况

西华山钨业，矿产资源综合利用率 78.89%，尾矿品位 WO_3 0.033%。

矿山废石主要集中堆放在排土场。截至 2013 年底，废石场累计堆存废石 44.95 万吨，2013 年产生量为 29.7 万吨。废石利用率为 47.14%，废石排放强度为 446.21t/t。

2013 年尾矿产生量为 32.43 万吨。尾矿排放强度为 487.23t/t。

72　黄沙矿区

72.1　基本情况

黄沙矿区为主要开采钨矿的中型矿山，共伴生矿产为铜、钼、铋、锡、锌、银矿等，是国家级绿色矿山。矿山于1921年发现并采矿，有近百年开采历史。1949年前为民工自由采掘，1954年建矿投产，成立铁山垅钨矿，2009年改制重组，隶属于江西钨业集团。矿山位于江西省赣州市于都县，直距于都县城约27km，距离厦蓉高速口约14km，有公路相通，至赣州市80km，并与京九铁路、赣龙铁路、厦蓉高速、宁定高速公路相接，交通便利。矿山开发利用简表详见表72-1。

表 72-1　黄沙矿区开发利用简表

基本情况	矿山名称	黄沙矿区	地理位置	江西省赣州市于都县
	矿山特征	国家级绿色矿山	矿床工业类型	石英脉型黑钨矿床
地质资源	开采矿种	钨矿	地质储量/万吨	矿石量 1548.65
	矿石工业类型	黑钨矿石	地质品位/%	0.49
开采情况	矿山规模/万吨·a^{-1}	42.8，中型	开采方式	地下开采
	开拓方式	平硐-斜井-盲斜井联合开拓	主要采矿方法	浅孔留矿法和中深孔阶段崩落法
	采出矿石量/万吨	20.5	出矿品位/%	0.262
	废石产生量/万吨	17.06	开采回采率/%	96.5
	贫化率/%	67.9	开采深度/m	800~100 标高
	掘采比/m·万吨$^{-1}$	418.9		
选矿情况	选矿厂规模/万吨·a^{-1}	34	选矿回收率/%	WO_3 86.34 Cu 55.5
	主要选矿方法	粗选：出窿原矿—破碎—筛分—脱泥—分级丢废； 重选：合格矿—破碎分级—跳汰—筛分—磨矿—筛分—摇床； 精选：毛精矿—筛分—浮选—磁选—钨精矿		
	入选矿石量/万吨	32.9045	原矿品位/%	WO_3 0.262 Cu 0.296
	WO_3 精矿产量/t	1144.55	WO_3 精矿品位/%	WO_3 65
	Cu 精矿产量/t	233.29	Cu 精矿品位	Cu 16.5% Ag 800g/t
	尾矿产生量/万吨	32.789	尾矿品位/%	WO_3 0.064

续表 72-1

综合利用情况	综合利用率/%	79.28		
	废石排放强度/t·t^{-1}	149.05	废石处置方式	排土场堆存
	尾矿排放强度/t·t^{-1}	286.48	尾矿处置方式	尾矿库堆存
	废石利用率/%	37.78	尾矿利用率/%	16.16
	回水利用率/%	95.5	涌水利用率/%	100

72.2 地质资源

黄沙矿区钨矿床属规模中型，矿床类型属于石英脉型黑钨矿床，主矿种为钨，伴生矿种为铜、钼、锡、锑、铋等。黄沙矿区处于欧亚板块与滨西太平洋板块消减带内侧的华夏板块中，武夷山和南岭两大成矿带的交汇复合部位，矿区内出露地层主要为寒武系浅变质砂岩和板岩，其次是泥盆系上统中棚组及第四系，其中寒武系的浅变质岩系是主要的赋矿围岩。对寒武系变质岩的主要成矿元素的定量分析结果表明，钨、锡、铋、铍等成矿元素含量均是克拉克值 20 倍以上。矿区内断裂异常发育，以近东西向为主，北东向和南北向次之。近东西向裂隙为规模较大的剪切裂隙，北东向和南北向裂隙为张性裂隙，规模较小。前者分布于矿区中部，形成较早；后者分布于矿区南北两侧，形成较晚，以上各组裂隙与区内分布的矿脉相对应。矿区内各组构造裂隙皆遭受不同程度的矿化，其中以 F_3 和北部的东西向断层矿化较强，与成矿作用密切相关。石英脉（带）赋存标高在 300~800m 之间，延长 300~1300m 不等，倾向南或北，倾角 60°~85°，走向分为 NE 向、EW 向、NWW 向和 SN 向。矿床中矿石矿物以黑钨矿为主，次为白钨矿、黄铜矿、辉钼矿、辉铋矿、锡石、黄铁矿、闪锌矿和含银硫盐等；脉石矿物主要为石英，次为白云母、锂白云母、黄玉、钾长石、萤石、方解石等，其中黑钨矿主要以自形针柱状、长柱状、短柱状，以及他形不规则状产出。矿石结构有自形、拟半自形粒状结构和他形粒状结构、碎裂结构等。矿石构造主要为囊状构造、块状构造、条带状构造、晶洞构造等。

围岩蚀变类型有白云母化、硅化、电气石化、绢云母化、黄铁矿化、萤石化、黄玉化及绿泥石化等，围岩蚀变在垂向上具有分带的特征，如矿体上部的白云母化较强，而硅化相对较弱；往深部则硅化、黄铁矿化增强。

72.3 开采情况

72.3.1 矿山采矿基本情况

黄沙矿区为地下开采的中型矿山，采用平硐-明斜井-盲斜井联合开拓，使用的采矿方法为浅孔留矿法和中深孔崩落法。矿山设计生产能力 42.8 万吨/a，设计开采回采率为 85%，设计贫化率为 70%，设计出矿品位（WO_3）为 0.25%，钨矿最低工业品位（WO_3）为 0.12%。

72.3.2　矿山实际生产情况

2013 年，矿山实际采出矿量 20.5 万吨，排放废石 17.06 万吨。矿山开采深度为 800~100m 标高。具体生产指标见表 72-2。

表 72-2　矿山实际生产情况

采矿量/万吨	开采回采率/%	出矿品位/%	贫化率/%	掘采比/m · 万吨$^{-1}$
20.5	96.5	0.262	67.9	418.9

72.3.3　采矿技术

开拓方案：第一期开拓采用平窿、溜井开拓方案，即十中段以上，十中段为主平窿。第二期开拓在充分利用原有井下工艺系统的情况下，采用明斜井、辅助平窿开拓，即地表至十二中段为双禁斗斜井，十二中段开拓辅助平窿。第三期开拓方案即在第二期的基础上采用明斜井与盲斜井联合开拓，即第二期现有的双龚斗斜井从十二中段延伸至十五中段。

采矿方法：浅孔留矿法和中深孔崩落法。浅孔留矿法用于围岩稳固或中等稳固，矿脉倾角大于 60°，采幅小于 2m 的矿块；中深孔崩落法用于矿脉间距小于 3m，采幅大于 5m 的矿块。矿山历经露采、坑采，采矿已达 50 余年，开采对象主要为石英脉带型黑钨矿石，少量为石英单脉型黑钨矿石。现已开拓 15 个中段，十中段（373m 标高）以上已基本采空；目前已进入深部开采，主要生产中段为十一~十五中段（标高 331~141m）。

72.4　选矿情况

72.4.1　选矿厂概况

铁山垅钨矿黄沙矿区选矿厂为杨坑山选矿厂。

选矿厂坐落于矿区东部 370m 标高的杨坑山处，选矿设计生产能力 34 万吨/a。初期规模 250t/d，1972 年扩建为 500t/d，1979 年再扩建为 625t/d，实际生产能力可达 45 万吨/a。通过手选—重选—磁选—浮选联合选别工艺。以重选为主，辅以手选、辅选工艺。流程分粗选、重选和精选。粗选工艺流程：出窿原矿—破碎—筛分—脱泥—分级丢废；重选工艺流程：合格矿—破碎分级—跳汰—筛分—磨矿—筛分—摇床；精选工艺流程：毛精矿—筛分—浮选—磁选—钨精矿。

在选矿生产过程中，不断改进选矿工艺流程，降低尾矿品位，减少金属流失，选矿回收率从 1954 年的 79.5%提高到 87.2%的水平。主要矿产品为黑钨精矿，产量在 1100~1300t 之间；伴生金属产品有铜、钼、铋、锡、锌等，总产量在 400~450t 之间。1979 年 2 月，从次生矿泥中浮选铜精矿工艺流程投入生产，进一步完善了综合回收工艺流程，扩大了综合回收的能力，综合回收的产量金属量从 1958 年的年产 20t，到目前的 500t，各元素的回收率为 Cu 54.68%、Mo18.35%、Bi 24.2%、Zn 13.4%、Sn 15.27%、Ag 50.64%，综合回收效果显著（选矿指标详见表 72-3）。

表 72-3 选矿指标概况

项目	原矿品位/%	精矿品位/%	产率/%	回收率/%
钨矿	0.2695	65	0.3566	86
铜矿	0.1432	16	0.4922	55
钼矿	0.0018	45	0.0008	20
铋矿	0.0243	15	0.0324	20
锡矿	0.0134	50	0.0027	10
锌矿	0.0632	45	0.0140	10
银	17.9895	25000	0.0324	45

注：表中银品位单位为 g/t，银主要富集在铋精矿中，冶炼时回收，铋精矿在销售时计价。

72.4.2 选矿工艺技术改造

江西铁山垅钨业有限公司黄沙矿区属于多金属共伴生矿床，矿石可选性好，根据对江西铁山垅钨业有限公司伴生金属损失情况的调查，杨坑山选厂伴生金属回收工程通过实施四个项目的改造达到提高回收效果的目的。

（1）上坪矿区由于没有精选，毛砂都送杨坑山选厂处理回收。新增上坪矿区上坪摇床毛砂精选工艺配套工程，重点是根据上坪矿区的矿石性质，毛砂中有用金属的组成，再建一套适应上坪矿石性质的精选工艺流程。以加强对钨的回收，兼顾其他伴生金属，达到提高资源的综合回收水平。

上坪摇床毛砂先经筛子筛分，分成三个粒级，+1.7mm 进入跳汰，-1.7+0.25mm 进入摇床回收钨，尾矿进入杨坑山精选枱浮作业；-0.25mm 进入摇床回收钨，尾矿进入现杨坑山选厂精选浮选作业。经测定该工艺流程钨的回收率可从 93%提高至 97.5%。铜的回收率提高 10%，铋、钼的回收率可提高 5%。

（2）新建重选尾矿磨浮系统。对现有重选尾矿集中磨至-0.074mm 含量占 75%，对硫化矿进行全浮，产出的硫化矿返回精选车间处理。重选尾砂经浓缩脱水后，进入磨机磨矿至-0.074mm含量占 75%，再进行硫化矿一粗、一扫、一精浮选。

（3）精选工艺浮选药剂制度的优化及工艺流程改造。将现有浮选工艺的全浮流程改为优浮流程，现副产品生产增加中矿量，精选和副产的溢流浓缩后进行硫化矿全浮，尾矿进入摇床回收钨。硫化矿先浮铋、钼，再浮铜锌，然后丢尾，铋钼混合精矿分离得铋精矿、钼精矿，铜特混合精矿分离得铜精矿、锌精矿。确定的流程为：全硫混选—混合精矿优先浮钼—浮铜硫—浮锌铋—混合浮选尾矿重选回收钨、锡，该流程的铋从铜铋精矿、锌铋精矿中采用重选法回收。

（4）浮选尾矿（黄铁矿）的再磨再选。重点是对黄铁矿进行再磨，以强化对黄铁矿中的钨、铜、汞、银进行综合回收。实施的内容是完成对黄铁矿中钨的回收工艺改造、完成对黄铁矿的再磨再浮改造，根据试验确立的流程：黄铁矿全浮抑钨，尾矿进入摇床回收钨，浮出的黄铁矿再磨至-0.074mm 含量占 85%，选浮铋、钼混合精矿，然后浮铜、锌混合精矿，铋、钼混合精矿分离出铋精矿、钼精矿，铜、锌混合分离出铜精矿、锌精矿。通过回收铜、铋的同时达到银的回收目的，提高铜、铋、铝、银的回收率。江西铁山垅钨业有限公司多金属综合回收项目技术改造工程，提高铜、铋、锌、钼、伴生银回收率和精矿质量，达到综合回收伴生多金属的目的。技术改造后在处理相同原矿量情况下，每年回收钨精矿标吨 20t、铋金属 7. 8t、铜金属 50t、锌金属 5. 5t、钼金属 5. 1t 与银金属 500kg。

72. 5　矿产资源综合利用情况

黄沙矿区，矿产资源综合利用率 79. 28%，尾矿品位 WO_3 0. 064%。

矿山废石主要集中堆放在排土场。截至 2013 年底，废石场累计堆存废石 430. 19 万吨，2013 年产生量为 17. 06 万吨。废石利用率为 37. 78%，废石排放强度为 149. 05t/t。

尾矿处置方式为尾矿库堆存，还用作建筑材料的原料，用作修筑公路、路面材料、防滑材料、海岸造田等。截至 2013 年底，矿山尾矿库累计积存尾矿 220 万吨，2013 年产生量为 32. 789 万吨，尾矿利用率为 16. 16%。尾矿排放强度为 286. 48t/t。

73　锯板坑钨锡多金属矿

73.1　矿山基本情况

锯板坑钨锡多金属矿为主要开采钨、锡矿的中型矿山，共伴生矿产为锡、铜、铅、锌银等。矿山创建于1976年10月，至1981年隶属于惠阳地区冶金局，1997年划归连平地方管理，2002年改制。矿山位于广东省河源市连平县，平距连平县城约23km，有公路通行，从县城经内莞镇至九连乡到矿区行程74km，并与途经连平的105国道、赣粤高速公路相连，北距赣州240km、南距广州218km，交通尚属便利。矿山开发利用简表详见表73-1。

表73-1　锯板坑钨锡多金属矿开发利用简表

基本情况	矿山名称	锯板坑钨锡多金属矿	地理位置	广东省河源市连平县
	矿山特征	—	矿床工业类型	石英脉钨锡多金属矿床
地质资源	开采矿种	钨矿	地质储量/万吨	矿石量1953.4
	矿石工业类型	黑钨矿石	地质品位/%	0.63
开采情况	矿山规模/万吨·a^{-1}	30，中型	开采方式	地下开采
	开拓方式	平硐-盲斜井联合开拓	主要采矿方法	浅孔留矿法
	采出矿石量/万吨	35.89	出矿品位/%	0.29
	废石产生量/万吨	10.7	开采回采率/%	87.35
	贫化率/%	58.25	开采深度/m	860~260标高
	掘采比/m·万吨$^{-1}$	266		
选矿情况	选矿厂规模/万吨·a^{-1}	30	选矿回收率/%	WO_3 85 Sn 65.02 Cu 76.89 Zn 74.99
	主要选矿方法	重选—浮选—磁选联合流程		
	入选矿石量/万吨	29.817	原矿品位/%	WO_3 0.434 Sn 0.07 Cu 0.433 Zn 0.78
	WO_3精矿产量/t	1500	WO_3精矿品位/%	70

续表 73-1

选矿情况	Sn 精矿产量/t	120	Sn 精矿品位/%	63
	Cu 精矿产量/t	7000	Cu 精矿品位/%	21
	Zn 精矿产量/t	4800	Zn 精矿品位	Zn 48% Ag 200g/t
	Pb 精矿产量/t	20	Pb 精矿品位	Pb 65% Ag 2000g/t
	钨细泥产量/t	100	钨细泥品位/%	12
	低度锡矿产量/t	150	低度锡矿品位/%	33
	尾矿产生量/万吨	28.45	尾矿品位/%	WO_3 0.028
综合利用情况	综合利用率/%	70.18		
	废石排放强度/$t \cdot t^{-1}$	71.33	废石处置方式	排土场堆存
	尾矿排放强度/$t \cdot t^{-1}$	189.67	尾矿处置方式	尾矿库堆存
	废石利用率/%	5.61	尾矿利用率/%	15.76
	废水利用率/%	86.5		

73.2 地质资源

73.2.1 矿床地质特征

锯板坑钨锡多金属矿矿床规模为中型，矿床类型为石英脉钨锡多金属床。矿区处于南岭纬向构造带的东段，大东山—贵东东西向岩浆断裂带东端南缘，与北东向九莲山复式褶皱带的复合部位。矿体围岩为奥陶纪浅变质碎屑岩。火成岩不发育，控制矿体垂深千米，无尖灭趋势，亦未见到花岗岩及其他酸性岩体。矿区矿脉按走向可分为四组：东西向、北西向、北东向和南北向，主要矿体为东西向石英脉带黑钨矿，次为北西和北东向薄脉组，该矿区石英脉中已经发现共生矿物 33 种，钨矿品位 0.63%，锡矿品位 1%，伴生方铅矿、闪锌矿、黄铜矿、黄铁矿等，经济价值较高。

73.2.2 资源储量

锯板坑钨锡多金属矿主矿种为钨，伴生锡、铜、铅、锌、银等。截至 2013 年保有矿石量 19534kt，金属量：WO_3，112584t；Sn，24706t；Cu，72958t；Pb，16264t；Zn，117067t。平均品位 WO_3：0.58%、Sn：0.13%、Cu：0.37%、Pb：0.08%、Zn：0.60%。

73.3 开采情况

73.3.1 矿山采矿基本情况

锯板坑钨锡多金属矿为地下开采的中型矿山，采用平硐-盲竖井联合开拓，使用的采矿方法为浅孔留矿法。矿山设计生产能力 30 万吨/a，设计开采回采率为 82%，设计贫化率为 60%，设计出矿品位（WO_3）为 0.25%，钨矿最低工业品位（WO_3）为 0.2%。

73.3.2 矿山实际生产情况

2013 年，矿山实际采出矿量 35.89 万吨，排放废石 10.7 万吨。矿山开采深度为 860～260m 标高。具体生产指标见表 73-2。

表 73-2 矿山实际生产情况

采矿量/万吨	开采回采率/%	出矿品位/%	贫化率/%	掘采比/m·万吨$^{-1}$
35.89	87.35	0.29	58.25	266

73.3.3 采矿技术

锯板坑钨锡多金属矿自 1986 年由国营东江有色公司锯板坑矿正式建设投产以来先在+615m、+575m、535m、+485m 四个中段进行开拓探矿和采矿。由于原选厂生产能力小（80～125t/d），只有+657m 中段以及上+700m、+740m、+805m、+856m 五个中段基本采完坑内矿量，而+615m、+535m 二中段分别只开采了 3～5 个矿块，+575m、+485m 二中段分别采了 8～12 个矿块，即+615m 以下四个中段仍有很大一部分矿石储量未能开拓采矿。

1986 年，矿山正式筹建投产，由国营东江有色公司锯板坑钨矿开拓采矿，对矿区内+856m、+805m、+740m、+700m、+657m、+615m、+575、+535m、+485m 九个中段进行钨、锡、铜、铅、锌、银金属急倾斜石英脉状和细脉带状矿床的坑内平硐开采。至 2002 年底珠江矿业有限公司租赁经营前，国营东江有色金属锯板坑钨矿已结束了+856m、+805m、+740m、+700m、+657m 五中段的采矿并在+615m、+575、+535m、+485m 四个中段开采了部分钨品位较高的矿体。

自 2003 年珠江矿业有限公司开始租赁经营，主要是对+615m 中段、+575m 中段、+535m 中段、+485m 中段的剩余矿段和+430m 中段进行了探矿掘进和采矿并于 2007 年结束+485m 标高以上采矿。目前，矿山采矿和采掘作业主要集中在+485m 标高以下的+380m、+330m、+280m 三个中段。

73.4 选矿情况

73.4.1 选矿厂概况

矿山选矿厂年处理矿石 30 万吨，工艺采用重选—浮选—磁选联合流程。2013 年选矿产品指标见表 73-3。

表 73-3 精矿指标

产品名称	年产量/t	回收率/%	主要成分品位/%					
			WO_3	Sn	Cu	Pb	Zn	Ag
黑钨精矿	1500	85	70	0.25	0.4			
锡精矿	120	40	0.9	63				

续表 73-3

产品名称	年产量/t	回收率/%	主要成分品位/%					
			WO_3	Sn	Cu	Pb	Zn	Ag
铜精矿	7000	82			21		11	700g/t
锌精矿	4800	69			2		48	200g/t
铅精矿	20					65		2000g/t
钨细泥	100		12					
低度锡矿	150	25		33				

73.4.2　选矿工艺流程

矿山目前采用手选-重选-浮选-磁选联合选矿方法，选厂采用的工艺流程分粗选段、重选段、精选段三部分。

（1）粗选段为三级反手选、一级正手选，以达到早丢多丢，同时保证粗选段的作业回收率的目的。

（2）重选段为三级跳汰，六级抬选。

（3）精选段分抬浮、磨矿、摇床、浮选、磁选等作业。

粗、细粒跳汰的粗精矿经过对辊机破碎后与细粒跳汰、矿砂摇床粗精矿一起进入双筛，筛上入抬浮，选出钨锡混合精矿和硫化矿，钨锡混合精矿经磁选得出黑钨精矿、白钨精矿和锡精矿。硫化矿进入硫化矿处理系统，抬浮中矿入摇床选别得钨锡精矿、尾矿（丢弃）和中矿，中矿经第一段球磨磨到-0.074mm 含量占 60%。然后浮选得硫化矿，浮选尾矿则用摇床回收其中的单体钨、锡。双筛筛下的级别与细泥粗精矿先入浮选，得出硫化矿和尾矿，尾矿入摇床选出钨锡混合精矿。精选段的全部硫化矿经第二段球磨磨至-0.074mm 含量占 90%，使其中的铜、铅、锌都充分单体解离，然后送去全硫浮选。在浮选时首先抑制铁闪锌矿，浮出铜、铅混合精矿，再把混合精矿分离得到铜精矿和铅锌矿。选锌时先活化铁闪锌矿，并抑制硫铁矿和毒砂，选出锌精矿后加入硫酸铜活化硫铁矿和毒砂，并浮出硫铁矿和毒砂，使之与槽内的钨锡单体分离，再用摇床把这部分钨锡选出。

选厂主要设备见表 73-4。

表 73-4　选厂主要设备

序号	型号	规格	电机型号和功率	数量/台（槽）	工段
1	旋回破碎机	KK-500	TS128-10T，130kW	1	粗选
2	圆锥破碎机	GP11FC	Y315M2-4，160kW	1	粗选
3	双辊破碎机	400×250	Y160M-6，7.5kW	2	精选
4	颚式破碎机	125×150	Y100L1-4，3kW	1	精选
5	球磨机	MQ1530	JR125-8，95kW	1	精选

续表 73-4

序号	型号	规格	电机型号和功率	数量/台（槽）	工段
6	球磨机	MQ2430	JR137-8，210kW	1	精选
7	棒磨机	CM176	JR125-8，95kW	2	重选
8	梯形锯齿波跳汰机	JT3-1 型	YCT200-4A 和 Y132S-4，5.5kW	8	重选
9	隔膜跳汰机	侧动式	Y100L1-4，3kW	1	重选
10	摇床	6S	Y90S-4，1.1kW	48	重选
11	枱浮摇床	6500×1825×1560	Y90S-4，1.1kW	19	精选
12	湿式强磁选机	SQC-2-1100A	Y132S-4，5.5kW	1	精选
13	干式强磁选机	CP-8 型	Y100L1-4，3kW	4	精选
14	三盘干式磁选机	4.5×1.5×1.2	Y90L-4，1.5kW	1	精选
15	浮选机	SF0.37	Y90L-4，1.5kW	10 槽	精选
16	浮选机	SF1.2	Y132M2-6，5.5kW	60 槽	精选
17	浮选机	SF2.8	Y106L-6，11kW		精选
18	永磁式圆筒除铁机	0.6m×0.8m	Y80M2-4，0.75kW	1	精选
19	自定中心单筛	3m×1.5m	Y132M2-4，5.5kW	2	重选
20	自定中心单筛	1.8m×0.9m	Y90L-4，3kW	2	精选
21	自定中心单筛	1.4m×4.2m	Y160M-4，11kW	1	粗选
22	自定中心双筛	1.4m×4.2m	Y160M-4，11kW	1	粗选
23	自定中心双筛	1400×2650	Y160M-4，7.5kW	2	重选
24	自定中心双筛	1.25m×2.5m	Y132M2-4，5.5kW	1	粗选
25	苏式双螺旋	直径 1.5m	160L-6，11kW	1	粗选
26	苏式双螺旋	直径 1.5m	160L-6，11kW	2	重选
27	高堰式单螺旋	直径 1.5m	Y160M-4，11kW	1	精选
28	沉没式单螺旋	FC-15	Y160M-4，11kW	1	精选
29	双螺旋	2FG15	Y160M-6，7.5kW	2	精选
30	单螺旋	750mm	Y132M2-6，3kW	1	精选
31	双螺旋	2FG20	Y200L2-6，22kW	1	精选
32	自定中心双筛	1.8m×0.9m		1	精选

73.5　矿产资源综合利用情况

锯板坑钨锡多金属矿，矿产资源综合利用率 70.18%，尾矿品位 WO_3 0.028%。

矿山废石主要集中堆放在排土场。截至 2013 年底，废石场累计堆存废石 104.247 万吨，2013 年产生量为 10.7 万吨。废石利用率为 5.61%，废石排放强度为 71.33t/t。

尾矿处置方式为尾矿库堆存，还用作修筑公路、路面材料、防滑材料、海岸造田等。截至 2013 年底，矿山尾矿库累计积存尾矿 202.14 万吨，2013 年产生量为 28.45 万吨，尾矿利用率为 15.76%。尾矿排放强度为 189.67t/t。

74　茅坪钨钼矿

74.1　矿山基本情况

茅坪钨钼矿为主要开采钨矿的小型矿山，共伴生矿产为锡、钼、铜、锌矿等，是国家级绿色矿山。矿山于1955年开始民窿开采，先后隶属于西华山钨矿、下垄钨矿，1964年转为崇义县钨矿，1984年5月成立崇义县茅坪钨矿，1997年元月崇义县人民政府对茅坪钨矿实行租赁经营，1999年郭耀升先生独资租赁县国有企业茅坪钨钼矿，2000年4月郭耀升成立崇义县金龙钨业有限公司，2003年4月更名。矿山位于江西省赣州市崇义县，直距崇义县城13km，公路里程20km，东至崇义县杨眉寺10km，崇义—杨眉寺公路贯穿矿区，并与323国道相接，交通便利。矿山开发利用简表详见表74-1。

表74-1　茅坪钨钼矿开发利用简表

基本情况	矿山名称	茅坪钨钼矿	地理位置	江西省赣州市崇义县
	矿山特征	国家级绿色矿山	矿床工业类型	石英脉型钨锡矿床和云英岩化花岗岩浸染型钨锡矿床
地质资源	开采矿种	钨矿	地质储量/万吨	矿石量104.6
	矿石工业类型	黑钨矿石	地质品位/%	0.399
开采情况	矿山规模/万吨·a^{-1}	9，小型	开采方式	地下开采
	开拓方式	平竖井-盲斜井联合开拓	主要采矿方法	全面留矿采矿法，浅孔留矿法
	采出矿石量/万吨	2.7	出矿品位/%	0.529
	废石产生量/万吨	0	开采回采率/%	84.4
	贫化率/%	79	开采深度/m	400~-350标高
	掘采比/m·万吨$^{-1}$	245.2		
选矿情况	选矿厂规模/万吨·a^{-1}	40	选矿回收率/%	WO_3 88.54 Sn 80 Mo 80
	主要选矿方法	二级手选—二段开路破碎—三级跳汰—多段摇床选别—二段闭路磨矿—中矿细泥归类回收—螺旋溜槽—摇床排尾		
	入选矿石量/万吨	22.4	原矿品位/%	WO_3 0.499 Sn 0.078 Mo 0.004
	钨精矿产量/t	1522.64	钨精矿品位/%	WO_3 65

续表 74-1

选矿情况	锡精矿/t	214.04	锡精矿品位/%	Sn 65
	钼精矿/t	16	钼精矿品位/%	Mo 45
	尾矿产生量/万吨	22	尾矿品位/%	0.059
综合利用情况	综合利用率/%	71.67		
	废石排放强度/$t \cdot t^{-1}$	0	废石处置方式	
	尾矿排放强度/$t \cdot t^{-1}$	144.49	尾矿处置方式	干堆
	废石利用率/%	—	尾矿利用率/%	0
	回水利用率/%	32.6	涌水利用率/%	100

74.2　地质资源

74.2.1　矿床地质特征

茅坪钨钼矿矿床规模为小型，矿化面积 $2km^2$，是一个以石英脉型钨锡矿床和云英岩化花岗岩浸染型钨锡矿床两种类型共存的矿床。石英脉型钨锡矿床位于上部，矿脉多，虽脉幅不大但密集，且延长、延深较大，矿石品位高，储量规模大，为矿山正在开采的主要对象；云英岩化花岗岩浸染型钨锡矿床隐伏于脉状矿床的下部，矿体规模大，矿石品位较低，但分布均匀，为矿区另一种重要类型的工业矿体。脉状钨锡矿体，主要产于花岗岩体外接触带中，在深部隐伏岩体内带也有分布。按矿脉产出的空间位置、矿脉产状不同等特征，自北往南分为下茅坪、上茅坪和高桥下三个区段。下茅坪区段分布有 1 个主要脉组，空间位置位于花岗岩体顶部北侧，矿脉呈东西走向、南倾；上茅坪区段分布有 4 个脉组，空间位置位于花岗岩体顶部上方，各脉组走向相互交叉出现；高桥下区段分布有 3 个主要脉组，空间位置位于花岗岩体顶部南侧，矿脉呈东西走向、北倾。各区段脉组在 20m 标高处汇集于上茅坪区段，不同走向矿脉在平面上相互交叉穿插，构成网格状格局。

茅坪钨钼矿矿脉脉组多，矿脉条数多，矿化面积较大，主矿脉规模也较大，全区共有编号石英脉 410 条，大于 0.10m 石英脉 212 条，单脉沿走向延伸或沿倾向延深 100~1000m 不等，一般延长、延深 300~400m、少数达 800m 以上，脉宽一般 0.10~0.30m，部分达 0.60m 以上。工业矿脉 91 条，其中正在探采的矿 65 条，已采空的矿脉 26 条，工业矿脉平均延长 342m、最大 800m，平均延深 240m、最大 540m，平均脉宽 0.24m、最大 1.05m。

下茅坪区段脉组在平面上呈右侧排列，剖面上呈前侧排列；上茅坪区段各脉组在平面上或剖面上呈互相交叉的网格状；高桥下区段脉组在平面上呈左侧排列在剖面上呈前侧排列。矿脉的形态变化受成矿裂隙的控制，矿脉的构式复杂。常见有波状弯曲、膨大缩小、分支尖灭；分支复合、交替分支再现、尖灭侧现、侧羽状分支；折曲状弯曲、树枝状分支等。

矿区矿石属于原生矿石，根据矿石中有用矿物种类、相对含量、组构特征分为石英脉黑钨矿石、石英脉锡石矿石、石英脉黑钨锡石矿石三种。主要矿石类型以石英脉黑钨矿石为主，分布于整个矿区；石英脉锡石矿石以盲 2 矿体为代表或以矿块的形式出现；石英脉黑钨锡石矿石分布于各矿体的中无单独形成矿体。矿区已发现矿物近三十种，其中金属矿物以黑钨矿、锡石、辉钼矿、黄铜矿、闪锌矿为主，次为少量黄铁矿、辉铋矿、毒砂、方铅矿、自然铋、白钨矿等；非金属矿物以石英、黄玉、铁锂云母、白云母、萤石为主，少量黑云母、钾微斜长石、绿泥石、方解石、电气石、氟磷酸铁锰矿等；次生矿物有褐铁矿、铜蓝、孔雀石、叶蜡石、钨华等。上述矿物中，黑钨矿、锡石为主要工业矿物，辉钼矿、黄铜矿、闪锌矿等为伴生工业矿物。

74.2.2　资源储量

茅坪钨钼矿主矿种为钨，伴生锡、钼、铜、锌等，主要矿石类型为钨矿石、锡矿石、钨锡矿石。截至2009年，保有资源储量矿石量1046kt，金属量WO_3 41594t，Sn 4345t，伴生Mo 1137t。

74.3　开采情况

74.3.1　矿山采矿基本情况

茅坪钨钼矿为地下开采的小型矿山，采用竖井-盲斜井联合开拓，使用的采矿方法为全面留矿采矿法。矿山设计生产能力9万吨/a，设计开采回采率为85%，设计贫化率为76.8%，设计出矿品位（WO_3）为0.80%，钨矿最低工业品位（WO_3）为0.12%。

74.3.2　矿山实际生产情况

2013年，矿山实际采出矿量2.7万吨，无废石排放。矿山开采深度为400~-350m标高。具体生产指标见表74-2。

表74-2　矿山实际生产情况

采矿量/万吨	开采回采率/%	出矿品位/%	贫化率/%	掘采比/m·万吨$^{-1}$
2.7	84.4	0.529	79	245.2

74.3.3　采矿技术

矿区开拓方式采用竖井、盲斜井联合开拓，矿区目前以中央抽出式机械通风，地面选厂供水由井下抽出的水和河床抽水供应，井下供水利用上部中段建有的储水池，供各中段生产用水。井下渗水、废水经水仓沉淀后，均由竖井排出地面水池，用于选矿。矿区由两条10万伏高压输电线路直达矿区，配有发电机组，水电充足。

采矿方法：依据矿体特征及围岩条件方案设计选择极薄矿脉浅孔留矿法及极薄矿脉全面留矿采矿法开采，其中极薄矿脉全面留矿法为主要采矿方法。采掘设备主要有：提升绞车多台，28型、45型风钻，1m^3U型矿车，通风系统主扇和局扇，多级抽水泵，装岩机，空压机，变压器，牵引车等设备。井下采用硝铵炸药和乳化炸药，消耗量为：采矿0.65kg/t，掘井11.5kg/m，采矿效率：30~35t/台，掘井效率：1.65m/台。

74.4　选矿情况

74.4.1　选矿厂概况

茅坪钨钼矿是1949年前就已开采的老矿山，20世纪60年代初建有半机械化日处理矿石量50t选厂一座，20世纪80年代扩建成日处理矿石量达70t选厂，2004年扩建至处理原矿量300t/d，设计年处理原矿量15万吨，由于原有设备老化，能力处理量小，且尾矿库容量不够，现已报废不用。

2004年矿山于矿区高桥下兴建日处理合格矿1200t/d选厂一座，设计生产能力40万吨。2009年9月竣工投产。2013年茅坪钨钼矿入选矿石量为22.4万吨，主要产品为钨精矿（WO_3，65%）1522.64t，锡精矿（Sn，65%）214.04t，钼精矿（Mo，45%）16t；原矿实际入选品位WO_3 0.499%，Sn 0.078%，Mo 0.004%；选矿实际回收率WO_3 88.54%，Sn 80%，Mo 80%。

74.4.2　选矿工艺流程

根据矿石质量特征，选矿工艺流程为：出窿原矿—二级手选—二段开路破碎—三级跳汰—多段摇床选别—二段闭路磨矿—中矿细泥归类回收—螺旋溜槽—摇床排尾。选矿工艺流程如图74-1所示，主要设备见表74-3。

表74-3　选矿主要设备表

序号	设备名称	规格型号	数量/台	备注
1	颚式破碎机	PE250×1200	1	粗碎
2	圆锥破碎机	GP11F	1	细碎
3	圆振动筛	2YA1842	1	破碎筛分
4	皮带运输机	B750	14	碎矿
		B650	5	碎矿磨矿
5	振动给矿机	900×1800	1	破碎给矿
6	槽式给矿机	900×1800	1	磨碎给矿
7	振动筛	ZD1536	1	检查筛分
8	振动筛	2ZD1840	2	预先筛分
9	跳汰机	JT2-2	5	重选
10	跳汰机	JT3-1	3	重选
11	跳汰机	JT5-2	1	重选
12	螺旋溜槽	ϕ1200-3	6	重选
13	摇床	6S	53	重选
14	棒磨机	MBS1530	1	一段磨矿
15	螺旋分级机	FLG-2400	1	手选
16	棒磨机	MBS2130	1	二段磨矿
17	球磨机	MQG2130	1	二段球磨
18	螺旋分级机	FLC-2000	1	二段分级
19	螺旋分级机	FLC-1500	1	二段分级
20	浮选机	5A	72	浮选

续表 74-3

序号	设备名称	规格型号	数量/台	备注
21	搅拌槽	ϕ2000	4	浮选
22	搅拌槽	ϕ1000	1	浮选
23	浓密机	NZS9	2	精矿浓缩
24	过滤机	GW-3	1	钼精矿脱水
25	渣浆泵	3/4，2/3	14	矿浆输送

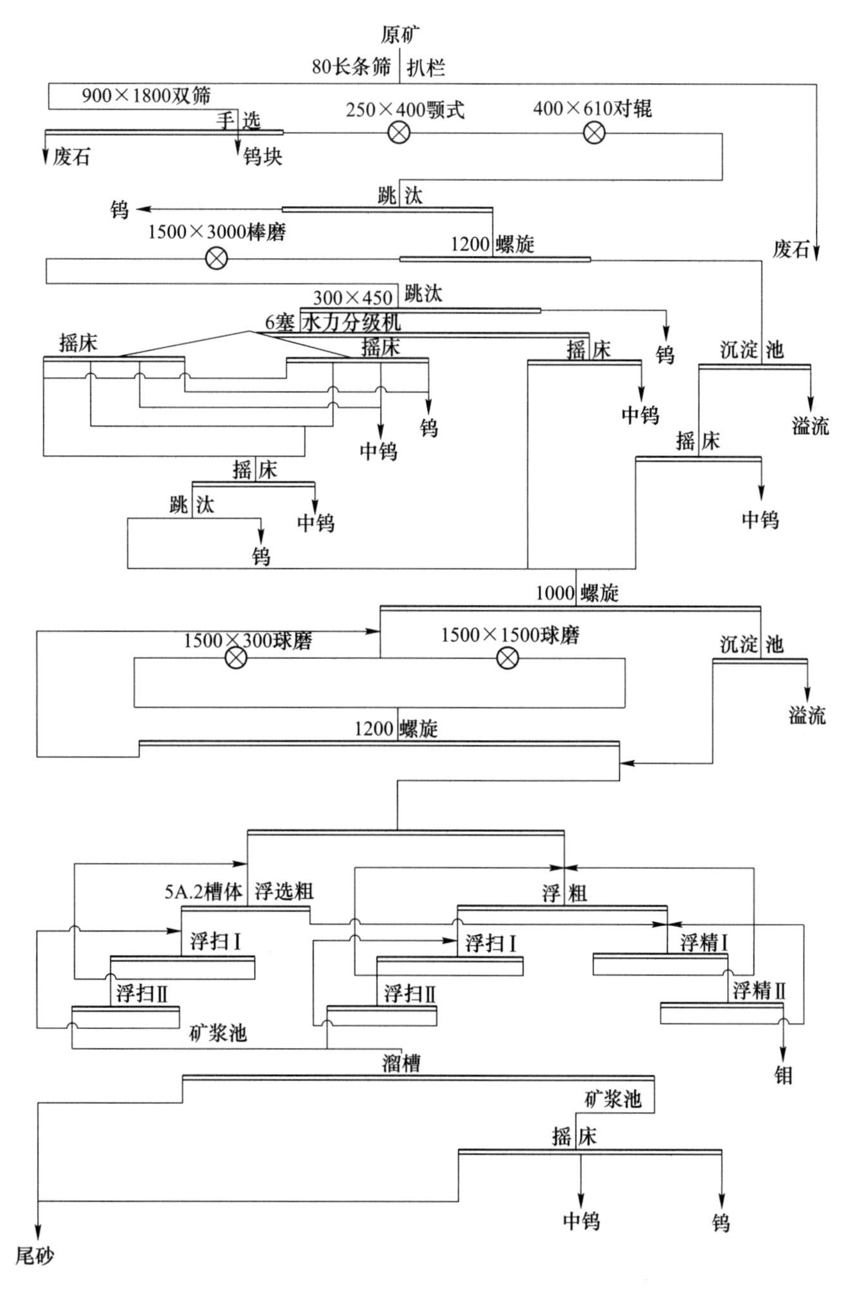

图 74-1　茅坪钨钼矿选矿工艺流程

74.5　矿产资源综合利用情况

茅坪钨钼矿，矿产资源综合利用率 71.67%，尾矿品位 WO_3 0.059%。

2013 年矿山未产生废石。截至 2013 年底，废石场累计堆存废石 0 万吨，2013 年产生量为 0。废石排放强度为 0。

尾矿处置方式为干堆，未利用。截至 2013 年底，矿山尾矿库累计积存尾矿 31 万吨，2013 年产生量为 22 万吨。尾矿排放强度为 144.49t/t。

75 牛岭钨矿

75.1 矿山基本情况

牛岭钨矿为主要开采钨矿的小型矿山，共伴生矿产为锡、铜、钼矿等。矿山开采始于1949年以后，主要为局部民采，1966年前归属下垅钨矿，后移交给大余县，归并大余县丰兴矿业管理总站管理，并实行承包经营，2003年由于矿山整合，公司通过招拍挂取得。矿山位于江西省赣州市大余县，直距大余县城约24km，毗邻棒斗钨矿（南约2km），崇义杨眉—大余新城公路（杨新公路）途经矿区西南角，再经323国道行程约40km可至京九铁路南康站、105国道、赣粤高速等枢纽线，交通十分方便。矿山开发利用简表详见表75-1。

表75-1 牛岭钨矿开发利用简表

基本情况	矿山名称	牛岭钨矿	地理位置	江西省赣州市大余县
	矿山特征	—	矿床工业类型	含钨锡石英脉型矿床
地质资源	开采矿种	钨矿	地质储量/万吨	矿石量13.16
	矿石工业类型	混合钨矿石	地质品位/%	2.608
开采情况	矿山规模/万吨·a^{-1}	0.2，小型	开采方式	地下开采
	开拓方式	平窿-斜井-竖井联合开拓	主要采矿方法	浅孔留矿法
	采出矿石量/万吨	1.18	出矿品位/%	0.102
	废石产生量/万吨	13.5	开采回采率/%	94.15
	贫化率/%	84.85	开采深度/m	400~-100标高
选矿情况	选矿厂规模/万吨·a^{-1}	33	选矿回收率/%	81.05
	主要选矿方法	二段开路碎矿，三级跳汰、六级枱洗、摇床复选中矿、跳汰再选		
	入选矿石量/万吨	31.55	原矿品位/%	0.103
	精矿产量/t	404.16	精矿品位/%	65
	尾矿产生量/万吨	31.54	尾矿品位/%	0.02
综合利用情况	综合利用率/%	75.79		
	废石排放强度/t·t^{-1}	334.03	废石处置方式	排土场堆存
	尾矿排放强度/t·t^{-1}	780.38	尾矿处置方式	尾矿库堆存
	废石利用率/%	100	尾矿利用率/%	0
	废水利用率/%	100		

75.2　地质资源

75.2.1　矿床地质特征

牛岭钨矿矿床规模为小型，矿床类型为含钨锡石英脉型矿床。矿床地处南岭钨锡多金属成矿带西华山杨眉寺钨锡矿集区的东部，为下垄—墨烟山复式背斜的南端。矿区地层简单，大部分范围为震旦纪、寒武纪浅变质岩系，为一套韵律清楚的类复理石建造。矿区花岗岩属红桃岭岩体的组成部分，多呈隐伏状，仅3处（桥孜坑、牛岭、中牛岭）呈岩滴出露，成分为中细粒斑状黑云母花岗岩，岩体富含W、Sn、Pb、Ag等成矿元素。

矿石中主要矿物有黑钨矿、锡石、黄铜矿、石英、萤石、黄玉等。

黑钨矿以分布于脉壁的较多，在分枝复合、尖灭、弯曲、缩小及夹石处富集。黑钨矿常与锡石、黄铜矿共生，细小脉状黄铜矿穿入黑钨矿晶体之中。

锡石颜色为棕黄色、浅棕色，多呈自形、半自形晶形，大者可达厘米级以上，一般粒径数毫米，半透明，断面松脂光泽，多分布于脉壁边侧，云英岩中也有产出，部分产于脉中。脉石中锡石一般结晶粗大，晶形完好，个别见典型的环形构造。锡石在脉体中与黑钨矿、黄铜矿共生，也见有单独富锡石石英脉，锡石在脉体上部较富，尤其是脉幅不大云英岩化强烈部位，往往可形成锡石富脉，往深部逐渐变贫。

黄铜矿铜黄色，呈不规则粒状，团块状，局部呈较大块状集合体，多产于富矿石英脉中，云英岩中呈细小另星状较均匀分布，也有呈富脉状产出。一般云英岩化强烈地段黄铜矿化随之强烈，多与钨锡共生，与钨锡矿化正相关。

石英为主要脉石矿物，呈无色、灰白色、乳白色、烟灰色，油脂光泽强，透明度好。块状构造或梳状构造，矿脉上部多见晶洞结构。不含矿或贫矿的石英，其光泽和透明度较差。

萤石呈浅紫色、淡绿色或无色，一般为块状或粒状，自形较好，在含矿石英脉中较多，其形成具多世代。

黄玉呈无色-乳白色，玻璃光泽，透明至半透明的短柱状，柱面常具纵纹，多呈集合体柱状，不规则细粒状产出。

75.2.2　资源储量

牛岭钨矿主要开采矿种钨矿，共伴生锡、铜等，矿石类型为混合钨矿石。截至2008年，矿山保有矿石量131566t，WO_3 2491. 88t、Sn 48389t，Cu 558. 51t，Mo 18t。

75.3 开采情况

75.3.1 矿山采矿基本情况

牛岭钨矿为地下开采的小型矿山，采用竖井-盲斜井联合开拓，使用的采矿方法为浅孔留矿采矿法。矿山设计生产能力 0.2 万吨/a，设计开采回采率为 85%，设计贫化率为 76.8%，设计出矿品位（WO_3）为 0.80%，钨矿最低工业品位（WO_3）为 0.12%。

75.3.2 矿山实际生产情况

2013 年，矿山实际采出矿量 1.18 万吨。矿山开采深度为 400~-100m 标高。具体生产指标见表 75-2。

表 75-2 矿山实际生产情况

采矿量/万吨	开采回采率/%	出矿品位/%	贫化率/%	掘采比/m·万吨$^{-1}$
1.18	94.15	0.102	84.85	245.2

75.3.3 采矿技术

地下开采方式采用平窿-斜井-竖井联合开拓方式，其采矿方法为浅孔留矿法。

75.3.3.1 采准切割工作

采准利用探矿沿脉巷道做运输平巷，在矿块一端布置采准先进天井，规格为 3.0m×1.3m，另一端布置顺路天井，规格为 2.0m×1.3m。沿脉采准天井同时起探矿作用。采场切割是先在沿脉平巷开掘漏斗颈，长度为 3.5m，断面为 1m×1.2m，再掘拉底平巷，断面为 1.2m×2m，与漏斗颈贯穿，然后扩大喇叭口，最后安装震动放矿漏斗。

75.3.3.2 回采作业

按推荐的采矿方法，设备按 1000t/d 的生产规模选择与计算。采矿按每个台班的台效为 60t 计算，每天采矿 650t，因此，需要开动 YSP-45 型凿岩机 11 个台班；出矿设备配 1.5kW 电机的震动放矿漏斗。

回采采用由上盘到下盘，由西向东后退式回采。在同一脉组内相邻矿脉之间距离较大时可同时回采，否则必须严格按照上盘超前下盘的回采顺序。在牛岭三个矿脉组中，矿脉之间很少有较大距离的情况，因此，在相邻矿脉间要严格遵照先上盘后下盘的原则。

采用分层回采，分层高度为 1.0~1.2m，回采工作面成工梯段布置，用 YSP-45 型凿岩机向上凿岩，先在采场中央钻凿楔形拉槽炮眼，然后向采场两端后退，炮眼成梅花形或之字形排列，炮眼间距 0.8~1.0m。每次爆破后放出二分之一左右的崩落矿石，使采场内留矿面与回采工作面保留 1.8~2.0m 的空间。

最小采幅：当脉厚>24cm 时，最小采幅为 0.9m。当脉厚<24cm 时，按最小采幅为 0.8m。

采空区处理：回采时留底柱，间柱是每三个矿块留 3m 矿柱，当回采完矿后，对采空区进行封闭，任其自然崩落。当有某种特殊情况要进行充填时，在生产中安排废石进行充填。

75.4　选矿情况

75.4.1　选矿厂概况

公司下设有一个选矿厂，年入选矿石量达 30 万吨，负责全矿井下采下的矿石选矿处理，无外购入选矿石，通过选矿主要从矿石中回收取三氧化钨，综合回收锡和铜。

针对选矿生产难点，矿山按照设计首先进行手选作业，再就是机选，日处理矿石达 900t 且矿石品位仅 0.125%，每日三个班工人通过周而复始作业，每天回收钨锡精矿 1.5～2.5t，另外可综合回收部分铜精矿，一个月可达钨锡产量 55t，主产品精矿产率平均为 0.144%，年平均生产 11 个月，约处理原矿 23.62 万吨，年均完成钨锡产量计划 461.32t，铜精矿 113.43t。

该矿已历经数十年开采。仅 1997 年底至 2002 年末采出矿量 23.7 万吨，贫化率 76%，选矿回收率 77%。年产 WO_3（65%）64t，Sn（65%）21t，原矿品位 WO_3 0.24%，Sn 0.08%，手选废石率 60%，合格矿品位 WO_3 0.6%，Sn 0.2%。

75.4.2　选矿工艺流程

75.4.2.1　粗选

碎矿采用二段开路碎矿流程。出窿原矿由矿车卸至扒拦，选出废石后落入扒拦矿仓，经胶带机运至 900×1800 双筛，矿石在此分成-30mm、-30+20mm、-20mm 三级，前两级反手选，选出废石和块钨后，顺次进入 250×400 频式破碎机和 400×610 对辊破碎机开路破碎，碎矿产品和双筛-20mm 部分即为合格矿，其粒度为 20～0mm，之后被送至合格矿仓。

75.4.2.2　重选

重选采用三级跳汰、六级枱洗、摇床复选中矿、跳汰再选流程。合格矿仓内的合格矿由胶带机给入 1250×2500 双筛、分成+6mm、-6+2mm、-2mm 三级，分别进入 400×610 跳汰机得到跳汰钨精矿和尾矿，前两级跳汰尾矿合并，自流入 1200 螺旋、1500×3000 棒磨机，棒磨排矿先经 350×400 跳汰机选得跳汰钨精矿后，用泵扬回 1250×2500 双筛，从而构成大闭路。后一级（-2mm）跳汰尾矿给入 6 室水力分级机、分级溢流进沉淀池，分级沉砂分七级（包括沉淀池沉砂）进入粗扫选摇床，选出摇床钨精矿、摇床中矿、摇床次中矿和摇床尾矿四产品，摇床次中矿再摇床复选又得到摇床中矿、摇床次中矿和摇床尾矿、复选次中矿经 300×450 跳汰机选出细粒跳汰钨精后与粗扫选摇床尾矿合并给入 1000 螺旋分级机，从而进入精选段。

75.4.2.3　精选

精选采用先浮后重流程。1000 螺旋沉砂先给入由 1500×3000 球磨机和 1200 螺旋分级机组成的闭路，螺旋溢流经沉淀池后分出溢流和沉砂，后者与闭路磨矿螺旋溢流合并给入搅拌桶，而后进入浮选流程，浮选采用一粗二精二扫流程，可选得钼精矿和浮选尾矿，浮选尾矿泵扬至溜槽继续分选，得到溜槽尾矿和溜槽精矿，溜槽精矿再经摇床选分出摇床钨精矿、摇床中矿、摇床尾矿三部分，摇床尾矿与溜槽尾矿即为最终尾矿。

图 75-1 为牛岭钨矿选矿工艺流程，矿山选矿设备明细见表 75-3。

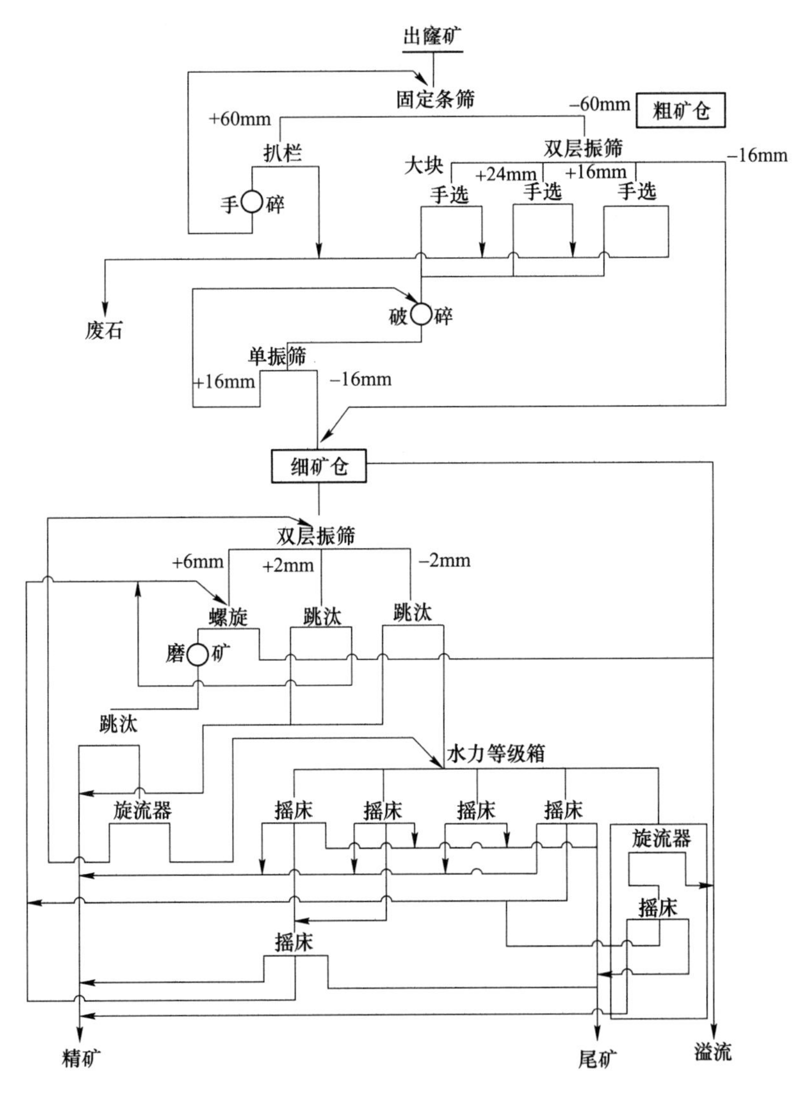

图 75-1 牛岭钨矿选矿工艺流程

表 75-3 矿山选矿设备明细

序号	设 备	型 号	数量
1	槽式给料机	600×500 Q10~50m^3/h	5
2	双层振动筛	SZZ$_2$1500×3000 座筛	2
3	动筛跳汰机	ϕ1100	3
4	单螺旋分级机	FG-12 型 1200 短槽体	2
5	自定中心振动筛	SZZ1500×3000	1
6	颚式碎矿机	PEX-150×750	2
7	双辊破碎机	2PG700×400	1

续表 75-3

序号	设　备	型　号	数量
8	摆式给矿机	400×400 Q12m³/h	1
9	棒磨机	1. 5m×3m	1
10	跳汰机	1000×1000 双室可动锥底型	2
11	六室水力分级机	200×200	2
12	摇床右式	6-S 型粗砂给矿<2. 5mm 矩形	12
13	摇床右式	6-S 型细砂给矿<0. 5mm 锯齿形	6
14	摇床右式	6-S 型矿泥给矿−0. 074mm 刻槽	10
15	枱浮摇床右式	6-S 型	2
16	三层振动筛	SZZ_3 600×1200	1
17	双辊破碎机	2PG-305×305	2
18	螺旋分级机	FG-5 高堰式	2
19	球磨机	MQG900×1200	1
20	浮选机 2A	左给矿 8 槽体 V0. 23	16
21	浮选机 1A	左给矿 8 槽体 V0. 13	8
22	磁选机	CGP-885 型单盘强磁	2
23	双层振动筛	$SZZ_2$600×1200	1
24	浓缩机	NZS-3ϕ3600×1800	2
25	浓缩机	NZS-9	3

75. 5　矿产资源综合利用情况

牛岭钨矿，矿产资源综合利用率 75. 79%，尾矿品位 WO_3 0. 02%。

矿山废石主要集中堆放在排土场。截至 2013 年底，废石场累计堆存废石 17. 35 万吨，2013 年产生量为 13. 5 万吨。废石利用率为 100%，废石排放强度为 334. 03t/t。

尾矿处置方式为尾矿库堆存，未利用，截至 2013 年底，矿山尾矿库累计积存尾矿 62 万吨，2013 年产生量为 31. 54 万吨。尾矿排放强度为 780. 38t/t。

76 漂塘矿区

76.1 矿山基本情况

漂塘矿区为主要开采钨矿的中型矿山，共伴生矿产为锡、钼、铋、铜、铅、锌、矿等，是国家级绿色矿山。矿山于1954年4月由民窿收归国营，1964年停产，1984年8月复产试车。矿山位于江西省赣州市大余县，直距大余县城约13km，公路里程28km，大余县城与赣州市有323国道线、赣余高速公路沟通，全程约83km，交通方便。矿山开发利用简表详见表76-1。

表76-1 漂塘矿区开发利用简表

基本情况	矿山名称	漂塘矿区	地理位置	江西省赣州市大余县
	矿山特征	国家级绿色矿山	矿床工业类型	细脉带型石英脉钨锡矿床
地质资源	开采矿种	钨矿	地质储量/万吨	矿石量2780.5
	矿石工业类型	黑钨矿石、白钨矿石		
开采情况	矿山规模/万吨·a^{-1}	65，中型	开采方式	地下开采
	开拓方式	平硐-盲竖井-盲斜井联合开拓	主要采矿方法	分段凿岩阶段矿房法、浅孔留矿法
	采出矿石量/万吨	43.6	出矿品位/%	0.219
	废石产生量/万吨	39.2	开采回采率/%	92.4
	贫化率/%	6.1	开采深度/m	750~200标高
	掘采比/m·万吨$^{-1}$	218		
选矿情况	选矿厂规模/万吨·a^{-1}	56	选矿回收率/%	WO_3 78.95 Sn 76.07 Cu 22.1 Pb 25.32
	主要选矿方法	三段一闭路破碎，四级手选，三级跳汰、五级抬洗，中矿再磨再选		
	入选矿石量/万吨	53.5	原矿品位/%	WO_3 0.1601
	钨精矿产量/t	1040.55	钨精矿品位/%	WO_3 65
	锡精矿产量/t	347.58	锡精矿品位/%	Sn 69.34
	铜精矿产量/t	36.21	铜精矿品位/%	Cu 20.68
	铅精矿产量/t	21.8	铅精矿品位/%	Pb 22.41 Zn 27.38
	尾矿产生量/万吨	53.36	尾矿品位/%	WO_3 0.0337

续表 76-1

综合利用情况	综合利用率/%	75.79		
	废石排放强度/$t \cdot t^{-1}$	376.72	废石处置方式	排土场堆存
	尾矿排放强度/$t \cdot t^{-1}$	512.81	尾矿处置方式	尾矿库堆存
	废石利用率/%	100	尾矿利用率/%	0

76.2　地质资源

漂塘钨矿矿床规模为中型，矿床类型为石英脉型钨锡矿床。矿区出露的地层主要为中厚层状的中上寒武统浅变质岩系，岩性为浅变质砂岩、板岩及少量硅质板岩，另有泥盆纪砂砾岩层在矿区零星分布。由于多次构造运动影响和岩浆的侵入，岩层均遭受不同程度的区域热变质，多见黑云母角岩、角岩化砂岩、板岩及斑点板岩等。本区构造运动具有多旋回的特征，主要以加里东期和燕山期构造为主。

漂塘钨矿矿床由数百条含钨石英脉组成，脉侧通常发育有云英岩化。矿体赋存标高总体上在 200~750m 之间，一般长 100~1200m，单脉脉幅从几厘米至 2m，走向近东西，向北倾斜，倾角 75°~82°。含矿石英脉密集地分布在花岗岩凸起上部的角岩化围岩中，并延伸入岩体内部，含矿石英脉具有多期次、多阶段的矿化特征。类型上分细脉带型矿体和单独大脉型矿体两种，前者为矿床的主体，并且在整体上具有上部为细脉带型，向下部过渡为大脉带的典型“五层楼”形态特征。含矿石英脉中矿物以石英和黑钨矿为主，其次有锡石、硫化物、碳酸盐矿物等数十种矿物，矿石结构类型主要有各种不同的自形晶结构和少量的交代、压碎结构。矿石构造主要是块状为主，尚有浸染状、梳状、条带状、角砾状和少量的晶洞构造出现。矿区主要矿石矿物有黑钨矿、锡石，黑钨矿在 WO_3 总含量中全区平均占 72.98%，白钨矿约占 22.18%~26.6%。

漂塘钨矿主矿种为钨，共伴生矿种为锡、钼、铋、铜、铅、锌、铌、钽、钪、镉、铟、银、硒等。

76.3　开采情况

76.3.1　矿山采矿基本情况

漂塘钨矿为地下开采的中型矿山，采取平硐-竖井联合开拓，使用的采矿方法为浅孔留矿法和阶段矿房法。矿山设计生产能力 65 万吨/a，设计开采回采率为 85%，设计贫化率为 15%，设计出矿品位 0.186%，最低工业品位为 0.126%（钨加锡）。

76.3.2　矿山实际生产情况

2016 年，矿山实际采出矿量 43.6 万吨，排放废石 39.2 万吨。矿山开采深度为 750~200m 标高。具体生产指标见表 76-2。

表 76-2 矿山实际生产情况

采矿量/万吨	开采回采率/%	贫化率/%	出矿品位/%	掘采比/m·万吨$^{-1}$
43.6	92.4	6.1	0.219	218

76.3.3 采矿技术

76.3.3.1 开拓方式

漂塘矿区现施工有388m中段主平硐、盲竖井、448m中段平硐、496m中段平硐、556m中段平硐、616m中段平硐、328m中段盲竖井和盲斜井开拓，形成完整的开拓系统。

76.3.3.2 矿井通风

通风方式和通风系统：根据矿床的赋存特点、地形地貌，结合矿床的开拓运输方式和采矿方法及矿山现有的情况，采用分区抽出式通风。

新鲜风流直接从主平硐进入，经盲竖井进入中段运输大巷，进入开采中段清洗工作面后，污风经矿块回风天井、上中段回风联络道、回风平硐排出地表，主风扇设于回风平硐井口。

76.3.3.3 运输系统

A 矿石的运输

井下各中段运输采用3t架线式电机车牵引0.75m^3矿车运输，主平硐采用10t架线式电机车牵引1.3m^3及2m^3矿车运输。

B 废石的运输

开拓或掘进的废石，运输方式同矿石。

C 人员及材料提升运输

人员及材料通过主平硐、盲竖井提升运输。

76.3.3.4 提升系统

268m中段作业人员及328m中段、268m中段所需材料通过盲竖井提升运输。328m中段、268m中段矿石通过盲竖井提升至448m中段，再通过溜矿井至388m中段，经主平窿运转至选厂。

76.3.3.5 坑内排水

根据矿山水文地质条件，摸清了矿井水与地下水、地表水和大气降水的关系，制订了排水方案。

根据矿山实际统计，388m中段6720m^3/月、328m中段5412m^3/月、268m中段4710m^3/月。目前矿山已经在388m、328m、268m中段均设置有水仓及水泵房，担负对应中段的排水任务。各中段涌水通过水泵排至388中段水仓，作为矿山下部矿体开采的水源。

388m及268m中段水泵房目前在用水泵为DA1-125×7型；328m中段水泵房目前在用水泵为DA1-125×4型。

76.3.3.6 采矿方法

漂塘矿区采矿方法：浅孔留矿法、阶段矿房法。

采矿主要设备见表 76-3。

表 76-3　漂塘矿区主要机电设备情况

设备名称	设备型号	数量/台	备注
气腿凿岩机	YT28 型	20	
向上式高频凿岩机	YSP45	14	
圆盘钻	YGZ90	8	
提升机	2JK2. 5-20	1	
装岩机	Z20	25	
铲运机	WJD-0. 75	2	
3t 电机车	CJ3/6-250-B	25	
10t 电机车	CJY10/6-250-B	8	
螺杆压缩机	LGD132/0135	1	$20m^3$
螺杆压缩机	SA-250A/W-6K	4	$40m^3$
D 型多级离心水泵	D280-43×2	3	

76. 4　选矿情况

76. 4. 1　选矿厂概况

漂塘矿区配套选厂为大江选厂，采出矿石通过 388m 中段的主平大巷至大江选厂运输线运抵大江选厂。该选厂于 1984 年 4 月建成投产，至今已进行了多次技术改造，生产能力提升到 1800t/d。大江选厂的产品为毛砂（钨粗精矿），需送精选厂精选。精选厂处理原料来源于大江选厂、大龙山选厂（江西漂塘钨业有限公司另两个矿区配套选厂）产出的钨粗精矿。精选产品为钨精矿、锡精矿、钼精矿、铜精矿、铅锌混合精矿。

依据本矿区的矿石性质，矿区选厂采用重力选矿法、浮选法、磁选法等选矿方法。其生产流程为粗选、重选、精选。

粗选：出窿原矿碎矿—筛分、脱泥—手选（废石丢废）。

重选：合格矿—分级—跳汰—磨矿—摇床。

精选：毛精矿—筛分—磁、电选—浮选—钨精矿、锡精矿、附产精矿。

选矿工艺流程如图 76-1 所示。

76. 4. 2　选矿工艺流程

76. 4. 2. 1　粗选

大江选厂粗选段流程采用三段一闭路破碎，四级手选的工艺。原矿进入颚式破碎机粗碎，破碎产品经缓冲仓后进入重型振动筛洗矿筛分成四级。前三级分别进行反手选，第四级经振动筛筛分成两级；筛上产物经动筛跳汰机选别，其尾矿入 8 号皮带进行人工复选（反手选）。筛下产物入双螺旋脱水后入振动筛筛出合格粒级经 3 号转运仓运至合格矿仓；筛上产物即贫矿入 4 号转运仓经圆锥闭路破碎后由 20 号皮带运至合格矿仓平台新增

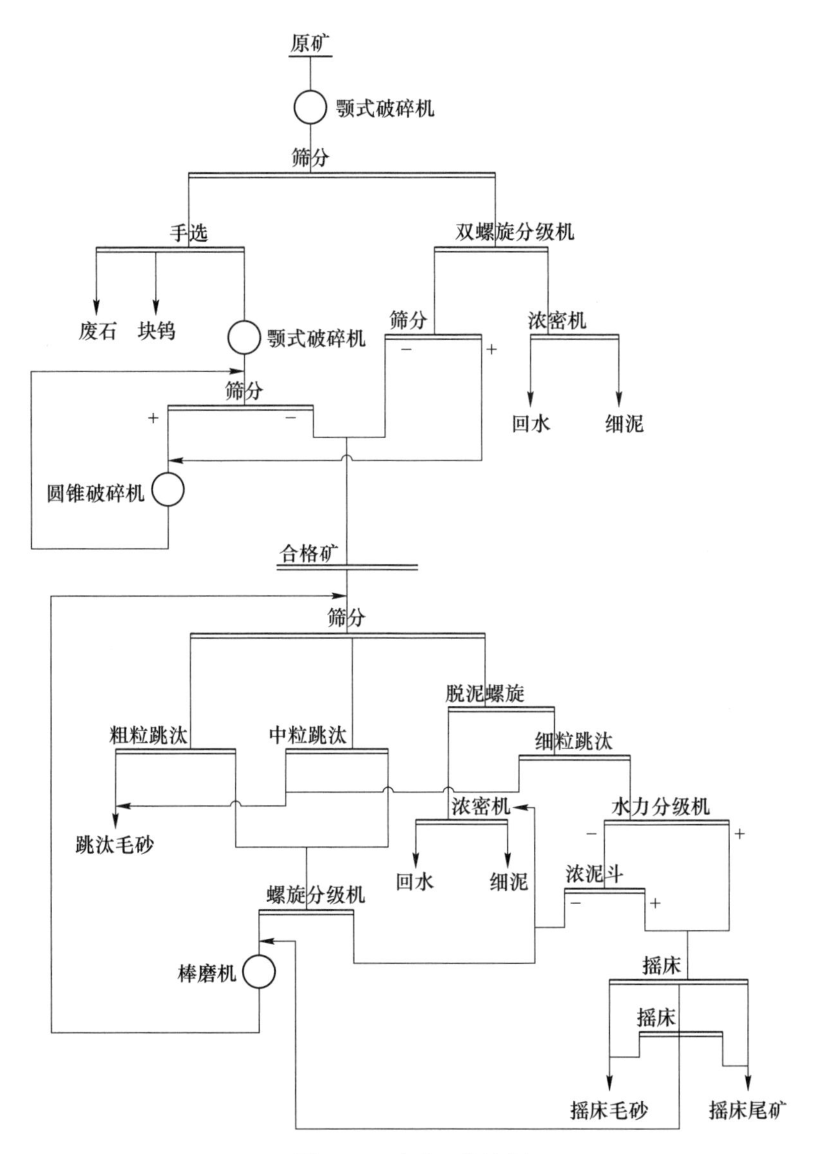

图 76-1 选矿工艺流程

皮带转运至新建贫矿仓，实行贫富分装。

4 号、5 号皮带手选合格矿入颚式破碎机中碎，6 号、7 号、8 号皮带手选合格矿入圆锥细碎，中细产品同入自定中心振动筛控制筛分，筛出合格粒级入合格矿仓；脱水螺旋溢流入浓密机浓缩后（即原生细泥）进入细泥车间选别，其溢流直供摇床用水。

76.4.2.2 重选

大江选厂重选工艺原则上仍为三级跳汰、五级抬洗，中矿再磨再选、细泥归队处理。同时增设螺旋“强化脱泥”使其归队处理。

合格矿（富矿）经自定中心振动筛筛分为三级；前两级经跳汰选别后，其尾矿由单螺旋分级机脱水后入棒磨机磨矿，磨后排矿由砂泵返至自定中心振动筛。细粒级进入新增单螺旋脱泥后入两台下动型跳汰机选别产出精矿。精矿仍由摇床精选以保证（提高）产品质量，其尾矿与粗扫选中矿一起返回再磨，形成闭路磨矿。

贫合格矿由一台动筛跳汰机粗选得出部分筛上精矿，其跳汰尾矿由一台单螺旋脱水后经棒磨机磨矿后与其筛下物由 4PNJ 砂泵返至自定中心振动筛。

76. 4. 2. 3　细泥选别

原生细泥、次生细泥经浓缩后先进入浮选机浮选，浮选出硫化精矿，尾矿进入水力分级机，分级后各粒级矿浆进入刻槽摇床分选，所有摇床尾矿入绒毯溜槽再选后为最终尾矿丢弃，溜槽富集物由摇床精选得出合格产品。

砂泥总尾矿由厂外绒毯溜槽强化回收后采用渣浆泵扬至尾矿库堆存。

76. 4. 2. 4　精选

精选工艺流程确定采用单作业系统，根据不同的原料进行不同的联合流程，具体选别作业为：磁选、电选、脱硫、酸洗、脱硅、硫化矿分选、白钨分选、尾矿回收、细泥回收等。

76. 5　矿产资源综合利用情况

漂塘矿区矿产资源综合利用率 75. 79%，尾矿品位 WO_3 0. 0337%。

矿山废石主要集中堆放在排土场。截至 2016 年底，废石场累计堆存废石 352. 03 万吨，2016 年产生量为 39. 2 万吨。废石利用率为 100%，废石排放强度为 376. 72t/t。

尾矿处置方式为尾矿库堆存，截至 2016 年底，矿山尾矿库累计积存尾矿 399. 16 万吨，2016 年产生量为 53. 36 万吨，尾矿利用率为 0。尾矿排放强度为 512. 81t/t。

77 柿竹园钨锡钼铋多金属矿

77.1 矿山基本情况

柿竹园钨锡钼铋多金属矿为主要开采钨、锡矿的大型矿山，共伴生矿产为锡、钼、铋、铅、锌、铁、锰等，已探明的矿物有143种，有世界地质博物馆之称，其钨锡钼铋储量居全国之首，在世界罕见。矿山于1986年7月整合而成，2001年8月成立国有责任公司。矿山位于湖南省郴州市苏仙区，直距郴州市区约26km，郴州市至矿区有公路相通，由郴州市经转京广铁路可达全国各地，交通便利。矿山开发利用简表详见表77-1。

表77-1 柿竹园钨锡钼铋多金属矿开发利用简表

基本情况	矿山名称	柿竹园钨锡钼铋多金属矿	地理位置	湖南省郴州市苏仙区
	矿山特征	国家级绿色矿山	矿床工业类型	云英岩-矽卡岩复合型钨多金属矿床
地质资源	开采矿种	钨矿、锡矿	地质储量/万吨	矿石量33254.8
	矿石工业类型	网脉状大理岩锡矿石、矽卡岩钨铋矿石、矽卡岩钨钼铋矿石、云英岩钨锡钼铋矿石	地质品位/%	0.19
开采情况	矿山规模/万吨·a^{-1}	150，大型	开采方式	地下开采
	开拓方式	平硐-斜井联合开拓	主要采矿方法	阶段强制崩落采矿法
	采出矿石量/万吨	168.22	出矿品位/%	0.361
	废石产生量/万吨	5	开采回采率/%	98.84
	贫化率/%	2.95	开采深度/m	1220~300标高
	掘采比/m·万吨$^{-1}$	327.5		
选矿情况	选矿厂规模/万吨·a^{-1}	多金属选厂：108 野鸡尾选厂：15 才山选厂：15 三八零选厂：6	选矿回收率/%	WO_3 63.1 Mo 90.72 Bi 69.31
	主要选矿方法	三段一闭路碎矿，两段连续磨矿，磁-浮联合		
	入选矿石量/万吨	159.84	原矿品位/%	WO_3 0.369 Mo 0.051 Bi 0.112
	白钨精矿产量/t	3524	钨精矿品位/%	WO_3 65
	黑钨精矿产量/t	2167	钨精矿品位/%	WO_3 30~35

续表 77-1

选矿情况	高纯铋产量/t	911	铋精矿品位/%	Bi 99.995
	氧化钼产量/t	0.7467	氧化钼品位/%	Mo 51
	钼精矿产量/t	1648	钼精矿品位/%	Mo 45
	尾矿产生量/万吨	132.95	尾矿品位/%	WO_3 0.136
综合利用情况	综合利用率/%	69.37		
	废石排放强度/t·t^{-1}	8.79	废石处置方式	排土场堆存
	尾矿排放强度/t·t^{-1}	233.63	尾矿处置方式	尾矿库堆存
	废石利用率/%	100	尾矿利用率/%	0
	回水利用率/%	75	涌水利用率/%	100

77.2 地质资源

77.2.1 矿床地质特征

柿竹园钨锡钼铋多金属矿床规模为大型，矿床成因类型属接触交代型钨多金属矿床，工业类型属云英岩-矽卡岩复合型钨多金属矿床。矿田位于南岭东西向构造带的中段北侧，西山背斜和五盖山背斜之间的东坡复式向斜的扬起端。区内地层褶皱强烈，岩浆活动频繁，断裂构造复杂。东坡矿田柿竹园附近蕴藏着丰富的矿产资源，是南岭成矿带的重要组成部分。已查明的矿种主要有钨、锡、钼、铋、铅、锌等有色金属矿产，铁、锰等黑色金属次之。钨锡钼铋矿床主要分布在千里山花岗岩体的接触带，除规模巨大的柿竹园矿床外，还有野鸡尾、岔路口、水湖里、天鹅塘等大、中、小型矿床。在离主体花岗岩体较远及花岗斑岩两侧的灰岩中，有中温热液铅锌矿床分布。计有矿床、矿点十余处，其中已进行普查勘探并提交了相应程度报告的有：金船塘、横山岭—百步窿—蛇形坪、金狮岭、东坡山、野鸡尾等中、小型矿床。铁锰主要分布于柿竹园矿田的西部玛瑙山、玉皇庙、枫树下一带，矿床规模属中、小型。

矿区出露地层较简单，主要为中上泥盆统棋梓桥组及佘田桥组碳酸盐岩。东部有小面积的震旦系浅变质碎屑岩及中泥盆统跳马涧组石英砂岩出露。矿区位于东坡-月枚“断陷式”复向斜北端昂起部位，由矿田二级褶皱构造——中山向斜东翼的三级背、向斜组成，并为断裂构造和更次一级的褶皱所复杂化。这些构造为本矿床的形成起着重要的控制作用。区内岩浆活动较为频繁，四个阶段的岩浆岩都发育。可分为：(1) 燕山早期第一次侵入岩（γ_5^2-1）。(2) 燕山早期第二次侵入岩（γ_5^2-2）。(3) 花岗斑岩（$\gamma\pi$）、石英斑岩（$\lambda\pi$）侵入第一次和第二次花岗岩中，并切穿这两次花岗岩衍生的脉岩。(4) 辉绿岩脉（$\beta\mu$）。

根据矿体产出部位、矿化特点，以及矿石类型的不同，划分为四个矿带。各矿带之间一般没有明显的界线，多呈渐变过渡接触关系，特别是Ⅱ、Ⅲ矿带，各矿带总体分布规律是：从花岗岩体向（外）依次为Ⅳ、Ⅲ、Ⅱ矿带，大致呈晕圈式分布。

Ⅰ矿带：即产于外接触带网脉状大理岩和矽卡岩化大理岩（有时亦包含部分矽卡岩）

中的锡矿体。矿物及元素组合较为简单，主要有用矿物为锡石，赋存在穿插于大理岩中的黑鳞云母脉、电气石脉、斜长石脉、绿泥石脉以及硫化物细脉中。以矿化弱、品位低、矿物粒度细为特点。

Ⅱ矿带：即产于正接触带上部及旁侧矽卡岩中的钨铋矿体。矿物及元素组合比较复杂，主要有用矿物为白钨矿及辉铋矿，前者呈星散浸染状，后者呈细（微）脉状产出。矿体规模大，矿化连续性好，且较为稳定，呈似层状、透镜状产出，边缘分枝较多。矿化较弱，品位较贫。

Ⅲ矿带：即产于正接触带下部紧贴花岗岩一侧的云英岩网脉-矽卡岩中的钨钼铋矿体。矿物及元素组合复杂，主要有用矿物有：白钨矿、黑钨矿、辉钼矿、辉铋矿及少量锡石等。呈星散状、细脉浸染状分布于矽卡岩中和赋存在穿插矽卡岩中的呈网脉或条带状的各种岩脉内。矿体呈大透镜体产出，厚度大，矿化强，连续稳定，品位较高，是本矿床的富矿体。

Ⅳ矿带：即产于花岗岩体内接触带云英岩或云英岩化花岗岩中的钨锡钼铋矿体。矿带主要分布于第一次花岗岩体边缘相隆起及分枝的局部地段，矿体呈凸透镜状、扁豆状产出。矿化较为均匀，但矿化强度及有用矿物、元素组合在矿区的不同地段，或矿体的不同部位有一定差异。总的趋势是：西部矿化较强，而东部较弱。西部以白钨矿为主，伴生辉钼矿、辉铋矿；东部不但有黑、白钨矿，而且锡矿化较强。矿体下部以钨为主，上部以锡为主。

矿区有工业意义的矿物种类有黑钨矿、白钨矿、辉钼矿、辉铋矿和锡石。矿物粒度一般比较细小，其中锡石在Ⅰ矿石类型中较集中，在其他矿石类型中则分布零星；辉铋矿主要集中在Ⅱ、Ⅲ矿石类型中；辉钼矿在Ⅲ矿石类型中较集中，Ⅱ、Ⅳ类型矿石中亦有分布，但不均匀；铍矿物种类较多，但不集中，通常既细小又分散，很少形成工业矿物。矿石矿物以黑钨矿、白钨矿为主，约占矿石矿物总量的60%~70%（Ⅰ矿石类型除外），局部地段磁铁矿含量较高，可达30%~40%，但规模很小，无大的工业价值。其他微量金属矿物种类亦很多，如自然铋、黝锡矿、辉碲铋矿、铅铋硫盐矿物、铜的硫化物、易解石、晶质铀矿，Ⅰ矿石类型中还有银的硫盐矿物等，这些矿物含量稀少，罕见。

77.2.2　资源储量

柿竹园钨锡钼铋多金属矿主要矿物为钨、锡，共伴生矿物有锡、钼、铋、铅、锌、铁、锰等，钨锡主要矿石类型为网脉状大理岩锡矿石、矽卡岩钨铋矿石、矽卡岩钨钼铋矿石、云英岩钨锡钼铋矿石等。截至2013年，矿区保有矿石量33254.8万吨，钨金属量612898t，锡461948t。

77.3　开采情况

77.3.1　矿山采矿基本情况

柿竹园钨锡钼铋多金属矿为地下开采的大型矿山，采用平硐斜井联合开拓，使用的采矿方法为阶段强制崩落采矿法。矿山设计生产能力150万吨/a，设计开采回采率为83%，设计贫化率为9.3%，设计出矿品位（WO_3）为0.34%，钨矿最低工业品位（WO_3）为0.15%。

77.3.2　矿山实际生产情况

2013年，矿山实际采出矿量168.22万吨，排放废石5万吨。矿山开采深度为1220～300m标高。具体生产指标见表77-2。

表77-2　矿山实际生产情况

采矿量/万吨	开采回采率/%	出矿品位/%	贫化率/%	掘采比/m·万吨$^{-1}$
168.22	98.84	0.361	2.95	327.5

77.3.3　采矿技术

该矿自1987年开始生产，采矿前期采用分段凿岩阶段矿房采矿法，先采矿房嗣后一次充填采空区，因过去矿产品价格低、矿房无力进行充填处理，现在采用阶段崩落法开采490m以上富矿段，矿柱回采时，490～558m各分层凿岩采用YQZ-90型凿岩机在分段凿岩平巷和漏斗颈钻凿上向扇形中深孔，558m以上矿体凿岩采用YQ-100潜孔钻机在凿岩硐室中钻凿水平环形中深孔，BQF-100型装药器装散状炸药，非电毫秒雷管微差起爆。大功率电耙扒矿至采场溜井，通过振动放矿机放矿至汽车运至主溜井，或者用ST3.5铲运机直接运至主溜井。

77.4　选矿情况

77.4.1　选矿厂概况

矿山现有野鸡尾多金属选厂、多金属选厂、才山选厂和三八零选矿厂4座，年选矿能力为144万吨，无外购矿石。2013年入选矿量159.84万吨，入选品位0.369%，实际选矿回收率为63.1%。选矿工艺采用三段一闭路碎矿、两段连续磨矿、磁—浮流程生产精矿粉，精矿品位：钨精矿（WO_3,%）67.04%、钼精矿（Mo,%）38.5%、铋精矿（Bi,%）27.98%。

77.4.2　选矿工艺流程

77.4.2.1　破碎流程

碎矿采用三段一闭路流程，原矿最大块度750mm，最终碎粒度-15mm，总破碎比50。

77.4.2.2　磨矿流程

磨矿采用两段连续磨矿，第一段采用棒磨，第二段采用球磨，与高堰式双螺旋分级机构成闭路，最后采用水力旋流器作为检查分级，控制磨矿细度为-0.074mm含量占86%。

77.4.2.3　选别流程

采用磁—浮—重主干流程。最终磨矿产品经磁选和浓缩后，先浮钼铋，然后浮铋硫，最后浮选钨。钨粗选精矿采用加温浮白钨，摇床回收粗粒黑钨，浮选回收细泥黑钨。

精矿采用压滤、干燥两段脱水流程，钨、铋精矿最终含水量小于1%，钼精矿最终含水量小于4%。工艺流程图如图77-1所示。

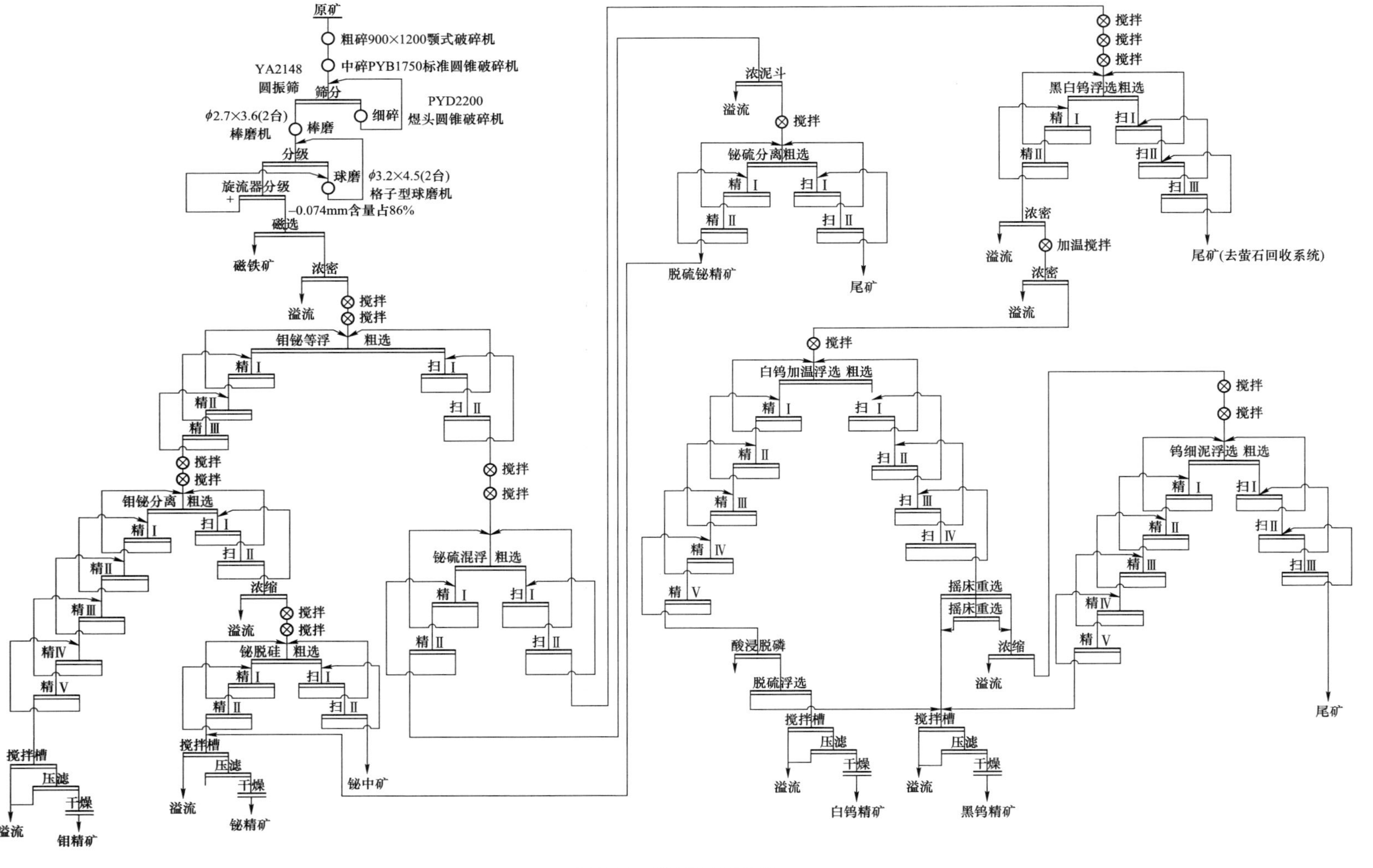
原矿
粗碎900×1200颚式破碎机
中碎PYB1750标准圆锥破碎机
YA2148
圆振筛
筛分
PYD2200
短头圆锥破碎机
细碎
φ2.7×3.6(2台)
棒磨机
棒磨
分级
球磨
φ3.2×4.5(2台)
格子型球磨机
旋流器分级
-0.074mm含量占86%
磁选
磁铁矿
浓密
溢流
搅拌
钼铋等浮 粗选
精Ⅰ
扫Ⅰ
精Ⅱ
扫Ⅱ
精Ⅲ
钼铋分离 粗选
铋硫混浮 粗选
浓缩
铋脱硅 粗选
精Ⅳ
精Ⅴ
搅拌槽
压滤
干燥
钼精矿
铋精矿
铋中矿
浓泥斗
铋硫分离粗选
脱硫铋精矿
尾矿
黑白钨浮选粗选
扫Ⅲ
加温搅拌
尾矿(去萤石回收系统)
白钨加温浮选 粗选
扫Ⅳ
摇床重选
酸浸脱磷
脱硫浮选
白钨精矿
黑钨精矿
钨细泥浮选 粗选

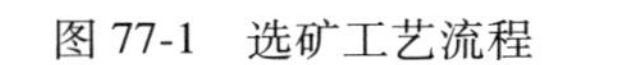
图 77-1 选矿工艺流程

77.5　矿产资源综合利用情况

柿竹园钨锡钼铋多金属矿，矿产资源综合利用率 69.37%，尾矿品位 WO_3 0.136%。

矿山废石主要集中堆放在排土场。截至 2013 年底，废石场累计堆存废石为 0，2013 年产生量为 5 万吨。废石利用率为 100%，废石排放强度为 8.79t/t。

尾矿处置方式为尾矿库堆存，未利用。截至 2013 年底，矿山尾矿库累计积存尾矿 708.24 万吨，2013 年产生量为 132.95 万吨。尾矿排放强度为 233.63t/t。组织开展了多金属尾矿磁铁矿、硫精矿综合回收，实现年减排近 10 万吨。

78 淘锡坑钨矿

78.1 矿山基本情况

淘锡坑钨矿为主要开采钨矿的小型矿山，共伴生矿产为锡、铜矿等，是国家级绿色矿山。矿山成立于1970年12月，原为地方国营矿山，1974年建成投产，1994年4月30日通过拍卖实现企业转制。矿山位于江西省赣州市崇义县，直距崇义县城9km，公路里程15km，赣州—崇义—崇义丰州—湖南汝城公路通过矿山西北侧的合江口，矿区往北约8km有高速路口，距赣州市70km，交通较为便利。矿山开发利用简表详见表78-1。

表78-1 淘锡坑钨矿开发利用简表

基本情况	矿山名称	淘锡坑钨矿	地理位置	江西省赣州市崇义县
	矿山特征	国家级绿色矿山	矿床工业类型	石英大脉型黑钨矿床
地质资源	开采矿种	钨矿	地质储量/万吨	矿石量 328.79
	矿石工业类型	黑钨矿石	地质品位/%	2.055
开采情况	矿山规模/万吨 · a^{-1}	3.7，小型	开采方式	地下开采
	开拓方式	平窿-盲斜井-盲竖井联合开拓	主要采矿方法	人工假底置换底柱和无底柱浅孔留矿法
	采出矿石量/万吨	10.6	出矿品位/%	1.103
	废石产生量/万吨	25.83	开采回采率/%	88.54
	贫化率/%	67.76	开采深度/m	700~-100标高
选矿情况	选矿厂规模/万吨 · a^{-1}	51	选矿回收率/%	WO_3 86.63 Sn 75.3 Cu 66
	主要选矿方法	三级手选，两段一闭路破碎，三级跳汰，五级台选，中矿返回，细泥单独处理，枱浮硫化矿再选，精矿磁选		
	入选矿石量/万吨	51.39	原矿品位/%	WO_3 1.23 Sn 0.112 Cu 0.225
	W精矿产量/t	2356	W精矿品位/%	WO_3 65
	Sn精矿产量/t	31.4	Sn精矿品位/%	Sn 65
	Cu精矿产量/t	252.6	Cu精矿品位/%	Cu 18
	尾矿产生量/t	51.15	尾矿品位/%	WO_3 0.0493
综合利用情况	综合利用率/%	85.70		
	废石排放强度/t · t^{-1}	109.23	废石处置方式	
	尾矿排放强度/t · t^{-1}	217.11	尾矿处置方式	尾矿库堆存
	废石利用率/%	100	尾矿利用率/%	100
	废水利用率/%	80		

78.2　地质资源

78.2.1　矿床地质特征

淘锡坑钨矿矿床规模为小型，矿床类型为石英大脉型黑钨矿床。淘锡坑钨矿位于北北东向九龙脑—营前岩浆岩与东西向古亭—赤土区域构造岩浆成矿带的交汇部位。区内出露地层主要为震旦系-奥陶系，另外发育有少量泥盆系、石炭系、二叠系、白垩系和第三系。区域构造变形强烈，褶皱断裂发育，长期多阶段构造演化形成了东西向、北北东向褶皱带与断裂带呈网格状分布格局，构造控岩控矿作用明显。区域岩浆岩分布广泛，以加里东期和燕山期为主，燕山期花岗岩浆侵入活动强烈，与钨、锡、稀有和稀土等金属成矿关系极为密切。淘锡坑矿区出露地层主要为震旦系和寒武系，是矿区内主要的赋矿围岩。震旦系由坝里组和老虎塘组构成，为火山质、泥沙质构成的复理石建造，寒武系以泥沙质为主体。区内断裂极其发育，形式复杂多样，但规模不大，既有控矿、储矿断裂又有成矿期后破坏性断裂构造。由于隐伏花岗岩体的侵入，在外接触带的变质岩中，自花岗岩体向外，围岩蚀变逐渐减弱，大致可以分为角岩蚀变带、强角岩化蚀变带和角岩化、弱角岩化蚀变带。矿区钨矿体主要呈脉状产出，产于燕山期花岗岩外接触带的变质岩中，矿体的形成与隐伏花岗岩的侵入就位密切相关。钨矿化局部可见云英岩型矿体，发育于隐伏花岗岩体的隆起部位，以云英岩化花岗岩体或云英岩矿脉产出。空间上黑钨矿石英脉型矿体往往叠加于云英岩型矿体之上，黑钨矿赋存于石英脉中，呈板状晶体、粒状晶体、细脉状、竹叶状、不规则块状、矿囊状等集合体产出，与锡石、黄铜矿、黄铁矿等共生，脉石矿物主要为石英。

本矿床矿石类型为原生矿石，主要矿物组合为黑钨矿-硫化物-石英，有用矿物结晶程度较好，黑钨矿多呈半自形板柱状、竹叶状、模状及针柱状，大小一般数毫米至数厘米，主要脉石矿物为石英。

78.2.2　资源储量

淘锡坑钨矿矿床主要矿种为钨，共伴生矿种为锡铜，主要矿石类型为黑钨矿钨矿石。锡主要以锡石（SnO_2）形式存在，矿区中 Sn 平均品位 0.065%，铜主要以黄铜矿（$CuFeS_2$）形式存在，矿区中 Cu 平均品位 0.24%。淘锡坑钨矿累计查明钨矿石量 1756kt，WO_3 金属量 69245t；累计查明 Sn 矿石量 441kt，Sn 金属量 391t；Cu 矿石量 696kt，Cu 金属量 1312t。

78.3　开采情况

78.3.1　矿山采矿基本情况

淘锡坑钨矿为地下开采的小型矿山，采用平硐+盲斜井+盲竖井联合开拓，使用的采矿方法为阶段强制崩落采矿法。矿山设计生产能力 3.7 万吨/a，设计开采回采率为 87%，设计贫化率为 80%，设计出矿品位（WO_3）为 0.34%，钨矿最低工业品位（WO_3）为 0.15%。

78.3.2 矿山实际生产情况

2013 年，矿山实际采出矿量 10.6 万吨，排放废石 25.83 万吨。矿山开采深度为 700~-100m 标高。具体生产指标见表 78-2。

表 78-2 矿山实际生产情况

采矿量/万吨	开采回采率/%	出矿品位/%	贫化率/%	掘采比/m·万吨$^{-1}$
10.6	88.54	1.103	67.76	327.5

78.3.3 采矿技术

2012 年 12 月，福建冶金工业设计院根据崇义章源钨业股份有限公司提交的在 2004 年评审备案的《崇义章源钨制品有限公司淘锡坑钨矿区北西段储量地质报告》和 2006 年评审备案的《江西省崇义县淘锡坑矿区钨矿资源潜力评价地质报告》及淘锡坑钨矿采矿许可证范围，编制了《崇义章源钨业股份有限公司淘锡坑钨矿资源开发利用方案》。

设计矿山采矿回采率 87%，选矿回收率 86.61%，采矿贫化率 80%。

开采方式：地下开采。

开拓方式：采用平硐+盲斜井+盲竖井联合开拓方式。

采矿方法：针对本矿区矿体特征，矿山采用普通浅孔留矿法开采矿体，对比较富集矿体块段采用无底柱（水泥浇灌底柱）及对采场间柱黑钨矿比较富集块段进行回采等方法进行开采，降低矿石损失率，提高资源利用率，使矿产资源更好地得到利用和保护。矿山为解决井下劳动力紧缺问题，现已引进天井钻机、凿岩台车等新设备，加快施工进度，安全、高效完成计划任务施工，进一步提高矿山机械化程度，降低劳动强度。

该矿井下采矿设备主要是凿岩机，凿岩机为 YT-27 型和 YSP-45 型。每天安排 12 个采矿工作面（每个采矿工作面为两台凿岩机）和 36 个掘进作业面，即每天有 24 个台班 YSP-45 凿岩机和 36 个台班 YT-28 凿岩机工作，矿山总共安排 60 台凿岩机工作，分为中班和晚班进行生产。

78.4 选矿情况

78.4.1 选矿厂概况

选厂年处力量 51 万吨/a，2013 年选矿处理原矿量 51.39 万吨/a，入选品位钨 1.23%，精矿品位 65%，选矿回收率 86.63%，废石选出率 65%，作业天数 320d/a，产品产量钨精矿 2356t/a，锡金属 31.4t/a，铜金属 252.6t/a。矿山现处理钼矿石以手工形式挑出存放，在精选厂进行钼精矿的回收。

矿山选矿工艺流程：主要是为三级手选，三级跳汰，五级台选，中矿返回，细泥单独处理，枱浮硫化矿再选，精矿磁选。

78.4.2　选矿工艺流程

78.4.2.1　手选作业

将原矿用矿车运至粗矿楼，倒入斜格筛上，高压水翻边冲洗干净，排去废石，脉石进入粗矿仓，然后用皮带运输机运矿石至手选段人工手选。

78.4.2.2　碎矿作业

碎矿作业采用两段一闭路破碎。矿石经皮带运输机送至斜格筛，筛上的矿石入破碎机，破碎后的矿石与筛下产品合并，以皮带运输机送至单层振动筛，小于10mm的矿石入细矿仓，大于10mm的矿石送入对辊细碎。

78.4.2.3　磨洗作业

细矿仓的矿石经皮带运输机卸到双层振动筛，分三级，前两级分别进入跳汰机，分选出粗精矿和中矿，中矿合并入螺旋分级机，经脱水，矿石返棒磨机磨矿至小于1.5mm；小于1.5mm的矿石先入跳汰机选别，尾矿入四室水力分级机，一室排矿入粗砂摇床，二、三室合并入细砂摇床，四室排矿入刻槽摇床，分别选出毛精矿，中矿和尾矿，尾矿入尾矿沟。粗中矿，细砂与细泥中矿合并分别进行扫选，得出毛精矿，中矿返回水力分级机合并原矿复选，尾矿排尾砂沟。

78.4.2.4　细泥作业

细泥以溜槽进行复选，其精矿用刻槽摇床精选得出毛精矿，中矿及尾矿。

78.4.2.5　枱浮作业

摇床分选所得毛精矿，加选矿浮选药剂人工搅拌后，经枱浮摇床，得出钨锡精矿和硫化矿及中矿。硫化矿入沉淀池，脱水后直接出售，中矿复选后送棒磨机再磨。

78.4.2.6　磁选

将选出的钨锡混合矿送该矿精选车间进行磁选，得出一级二类钨精矿特级钨精矿和二类二级锡精矿。

选厂设备见表78-3。

表78-3　选厂设备

设备名称	型　号	工　艺
棒磨机	1200×2400	重选段
棒磨机	1500×3000	重选段
振动给矿机	电磁调速电动机 YCT160-4B	给矿段
动筛跳汰机		手选段
动筛跳汰机	1125×450	重选段
锯齿波跳汰机	JT1-1/2270×1110×1890	重选段
锯齿波跳汰机	JT2-2/3225×1550×2050	重选段
棒磨跳汰机		重选段

续表 78-3

设备名称	型 号	工 艺
颚式破碎机	PE250×400	破碎段
圆锥破碎机	DYD-900	破碎段
单螺旋分级机	FG-12	手选段
高堰式螺旋分级机	FG-10	重选段
高堰式螺旋分级机	FG-12	重选段
螺旋分级机	FG-15	尾砂段
浓密机	9m	细泥段
水力分级机		重选段
摇床	6-S	重选段
双层座筛	1400×300	手选段
振动单筛	SZZ1250×2500	手选段
振动单筛	1250×2500	重选段

78.5 矿产资源综合利用情况

淘锡坑钨矿矿产资源综合利用率 85.70%，尾矿品位 WO_3 0.0493%。

手选废石大多运出矿区用于基建，少部分运至废石堆放场堆存。截至 2013 年底，废石场累计堆存废石 15.03 万吨，2013 年产生量为 25.83 万吨。废石利用率为 100%，废石排放强度为 109.23t/t。

重选尾矿经螺旋脱水后的干尾砂，这部分干尾砂除用于基建外，剩余部分均运至干尾砂堆放场堆存。截至 2013 年底，矿山尾矿库累计积存尾矿 5.64 万吨，2013 年产生量为 51.15 万吨、尾矿利用率为 100%。尾矿排放强度为 217.11t/t。

从尾矿矿浆中分离出来的水回收作为选厂循环用水，充分利用水资源，使选厂循环用水达 80%以上，剩余的少部分水充分净化，符合环保排放要求后，达标排放。

79　香炉山钨业

79.1　矿山基本情况

香炉山钨业为主要开采钨矿的中型矿山，共伴生矿产主要有铜、硫等。矿山创建于1988年，2003年4月整合香炉山等11家矿山企业，现属五矿有色金属有限公司投资控股的混合所有制企业。矿区位于江西省九江市修水县，直距修水县城80km，修平高速、大广高速等从县城经过，交通便利。矿山开发利用简表详见表79-1。

表79-1　香炉山钨业开发利用简表

基本情况	矿山名称	香炉山钨业	地理位置	江西省九江市修水县
	矿山特征	—	矿床工业类型	斑岩-矽卡岩型白钨矿床
地质资源	开采矿种	钨矿	地质储量/万吨	矿石量3260
	矿石工业类型	白钨矿石	地质品位/%	0.60
开采情况	矿山规模/万吨 · a^{-1}	72.6，中型	开采方式	地下开采
	开拓方式	平硐开拓	主要采矿方法	全面采矿法和浅孔留矿嗣后充填采矿法
	采出矿石量/万吨	47.59	出矿品位/%	0.706
	废石产生量/万吨	0.3	开采回采率/%	87.28
	贫化率/%	4.68	开采深度/m	680~350标高
	掘采比/m · 万吨$^{-1}$	55		
选矿情况	选矿厂规模/万吨 · a^{-1}	80.5	选矿回收率/%	WO_3 75.6 Cu 66.7
	主要选矿方法	铜硫等可浮—分离，脱硫，白钨矿浮选		
	入选矿石量/万吨	80.15	原矿品位/%	WO_3 0.6 Cu 0.095
	WO_3 精矿产量/t	5796	WO_3 精矿品位/%	65
	Cu精矿产量/t	3674	Cu精矿品位/%	20
	尾矿产生量/万吨	79.52	尾矿品位/%	WO_3 0.085
综合利用情况	综合利用率/%	69.16		
	废石排放强度/t · t^{-1}	0.52	废石处置方式	排土场堆存
	尾矿排放强度/t · t^{-1}	137.20	尾矿处置方式	尾矿库堆存
	废石利用率/%	0	尾矿利用率/%	0
	废水利用率/%	20		

79.2 地质资源

香炉山钨矿床规模为中型，矿床类型斑岩-矽卡岩型白钨矿。该矿地处扬子板块北部江南地块之上，其北部为秦岭—大别造山带和华北板块。该地区地层由基底和盖层组成，其中，基底为中元古界浅变质岩，盖层由新元古界-志留系碎屑岩、中泥盆统-下三叠统碳酸盐岩、中三叠统-下侏罗统海相的陆源碎屑岩和早白垩世北东向伸展盆地中分布的火山岩组成；该地区主要发育新元古代、侏罗纪和白垩纪的花岗岩；区域构造格局为幕阜山—九岭隆起成北东东向横贯于江汉和萍乐两大坳陷之间，幕阜山—九岭元古界组成区域性复式背斜的核部，两大坳陷组成两翼。矿区内褶皱构造以北东向香炉山—太阳山背斜及其次级北北东向系列背-向斜为特征，对岩体就位和成矿过程起着主导作用。香炉山白钨矿床产于香炉山背斜与北东向断裂构造的交汇部位。背斜长约8km，宽度3~4km，属宽缓型倾伏背斜。西端倾伏，向北西方向偏转，倾伏角10°~25°，东端为太阳山花岗岩体所截。背斜总体呈北东（55°）向展布，枢纽呈曲状起伏。成矿岩体基本沿着该背斜展布，是控制矿田的主体构造。断裂构造主要发育北东东、北东和北西向三组断裂，其中北东东向断裂属区域性构造，而北东向断裂对区内矿体的侵位具有明显的控制作用，矿区东南部发育北北东向断裂，晚期辉绿岩脉沿此断裂侵位，矿体被其小位移错断。层间破碎带等次级构造对中小型的透镜状白钨矿体起着明显的控制作用，围岩（如泥岩、砂岩和灰岩的接触带）在褶皱变形过程中破碎滑脱形成成矿的有利空间。与香炉山矿床密切相关的岩体为任家山岩体，其东北部与高湖岩体相连。

任家山花岗岩体与震旦系-寒武系的接触带发育有显著的矽卡岩化、云英岩化、钾化、硅化、绿泥石化、萤石化、绢云母化和碳酸盐化。蚀变带厚度数百米，岩体隆起部蚀变最强烈。近接触带主要为矽卡岩化和云英岩化，远接触带主要为石英、硫化物、白钨矿脉及透镜状矿体伴随的硅化、绿泥石化、萤石化、碳酸盐化、阳起石化和绢云母化。矽卡岩似层状，位于岩体顶部，宽50~200m。离岩体近端为块状矽卡岩，向外逐渐过渡为条带状矽卡岩，最外侧为角岩。主要矿物组成包括石榴石、透辉石、透闪石，含少量石英和方解石和一定量的白钨矿。石榴石与辉石呈嵌晶结构，其中石榴石为中粗粒深褐色，自形，个别具有环带结构，主要为钙铝榴石；辉石为透辉石，浅绿色，长柱状。云英岩网脉在背斜核部岩体隆起处最厚，两翼变薄，云英岩化最强烈处白钨矿品位较高。云英岩网脉主要叠加在矽卡岩之上，之间相互穿插，长几米至数十米不等，脉宽5~30cm，主要由石英、白云母、萤石和白钨矿组成。石英、硫化物、白钨矿脉，平直较稳定，穿插早期矽卡岩和云英岩，脉宽0.05~0.5m，主要由石英和硫化物组成，少量的白钨矿，脉的两侧伴随着硅化、萤石化、绿泥石化。在远端围岩的层间破碎带，充填透镜状和扁豆状白钨矿体，伴随绿泥石化、阳起石化和绢云母化。晚期为方解石脉，未见矿化。白钨矿体主要赋存在背斜倾伏端，发育在杨柳岗组含炭泥灰岩与花岗岩接触带附近，目前共发现50个矿体。矽卡岩矿体与地层产状近于平行，倾角较缓。主矿体呈透镜状，走向长1800m，宽400~1000m，最厚45m。矿体呈北东向展布，向接触带的两侧尖灭，以背斜核部为界，分别有北西和南东向倾斜。外侧还发育一些扁豆状和透镜状矿体。矽卡岩型矿石呈浸染状、细脉状构造，粒状、叶片状和乳滴状结构，主要金属矿物为白钨矿和黄铜矿。白钨矿灰白色，半自形或他形粒状为主，颗粒大小0.01~4mm，常常充填石榴石和石英矿物颗粒缝隙，部分与黄铜矿和磁黄铁矿连生。云英岩型白钨矿叠加在矽卡岩之上，白钨矿呈细脉状或浸染状分布在石英颗粒间，他形粒状为主，颗粒大小0.01~4mm。石英、硫化物、白钨矿脉含少量白钨矿，主要为黄铁矿、磁黄铁矿、黄铜矿、方铅矿和闪锌矿等硫化物。方铅矿、闪锌矿和磁黄铁矿呈团块状，其间偶见浸染状-细脉白钨矿。香炉山矿床主要矿种为白钨矿，副矿种为铜精矿、硫。

79.3　开采情况

79.3.1　矿山采矿基本情况

香炉山钨矿为地下开采的中型矿山，采取平硐开拓，使用的采矿方法为全面法和充填法。矿山设计生产能力72.6万吨/a，设计开采回采率为87%，设计贫化率为10%，设计出矿品位0.63%，钨矿最低工业品位为0.15%。

79.3.2　矿山实际生产情况

2016年，矿山实际采出矿量47.59万吨，排放废石0.3万吨。矿山开采深度为680~350m标高。具体生产指标见表79-2。

表79-2　矿山实际生产情况

采矿量/万吨	开采回采率/%	贫化率/%	出矿品位/%	掘采比/m·万吨$^{-1}$
47.59	87.28	4.68	0.706	55

79.3.3　采矿技术

79.3.3.1　*采矿工艺*

公司以16线为界，分东部采区和西部采区。东部采区原采用留不规格点柱的全面法开采，留下了复杂的采空区群，采空区高度一般3~35m，跨度10~35m，空区内矿柱林立，点柱规格5.5~10m不等。西部矿体比较完整。

东部残采对象为：顶板、底板矿体、空区内点柱、楼板矿体，以及条带矿柱。采矿方法基本为袋装充填采矿法、上下水平分层充填采矿法、留不规则点柱、条柱的非正规全面法等。

西部采用二步骤嗣后充填采矿法回采，隔一采一，现在主要以回采一步骤采场为主，二步骤采场以浅孔留矿法和中深孔落矿为主。采场规格：长×宽×高=(50~100)m×12m×矿体厚度。

79.3.3.2　*开采系统*

开采系统包括：

(1) 开拓系统。矿山有四个采矿坑口（副平硐、二坑口、五坑口、四坑口），各坑口均采用平硐+盲斜坡道联合开拓，汽车运输矿石。

（2）通风系统。东西部采区分别形成独立的通风系统，主要采用机械抽出式通风方式，主风机功率200kW。

（3）运输系统。井下运输采用无轨设备，铲运机采场搬运矿石，无轨汽车装运矿石，由平硐运出。

（4）充填系统。公司已建成充填系统两套，每套充填系统搅拌能力为80m^3/h，充填系统配备ZBJ80/8A充填泵一台，泵送能力为80m^3/h。地面充填站由三个钻孔与下部+560m充填巷道连通，上下巷道通过充填回风天井贯通。

79.3.3.3　*采矿方法*

A　*分层充填采矿法*

该方法主要用于回收楼板、顶板矿体。公司采用浅孔凿岩，2m^{3}铲运机铲矿，无轨汽车装运矿石。通过充填采空区，构筑回采平台，必要时掘进回风充填巷道保证通风，在充填体上凿岩、采矿、铲运、运输作业，回收顶板矿体。回收完毕后充填接顶。

B　*全面法*

该方法主要用于矿体边部厚度较小矿体回采，矿体厚度一般不超过5m。采场回采时，预留不规格的点柱，用来支撑顶板，管理地压，控顶距控制在12m左右，点柱规格（4×4）~(6×6)m^{2}不等，根据矿体厚度确定矿柱尺寸。

采矿主要设备见表79-3。

表79-3　采矿主要设备

设备名称	型　号	数量/台（辆）	备注
变压器	S9-250kV·A	2	
超动柜	LJI-75/380	1	
空压机	L-22/8	2	
砂轮机	300mm	1	
液压断钎机	PYZ	1	
单极水泵	GDB-35×9	1	
鼓风机	K40-4155kW	1	
储气罐	C-2/0.8	2	
交流低压配电柜	GGD2	1	
柴油铲运机	WJ-2G	5	
主扇电机	Y250M-4/55kW	2	
电机	132kW	1	
装载机	柳工CLG816	4	
空压机	4L-20/8	3	
空压机	3L-10/8	2	
630主扇	K45-4N015 200kW	1	
起重机	LH16/5T-7.5M	1	

续表 79-3

设备名称	型 号	数量/台（辆）	备注
中深孔凿岩机	YG2290TJ25	4	
外动颚破碎机	PA90120	1	
双台板反扇电液门振动放矿机	F2C-4. 5/0. 65×2	1	
装药器	BQF100	2	
履带式挖斗装载机	LWLX120	2	
履带式挖斗装载机	LWLX80	1	
振动给矿机	SKGK1835	1	
振动给矿机	SKGK1340	1	
液压挖掘机	06F0009000B001	1	
履带式挖斗装载机	LG906C	1	
螺杆压缩机	JS-150A-8	1	
固定式螺杆压缩机	MAM-660/670/680	1	
合计		48	

79. 4 选矿情况

79. 4. 1 选矿厂概况

香炉山钨业矿山设计采选能力为 2050t/d，有四个选矿厂，一选厂，二选厂，三选厂和四选厂。其中一选厂于 1994 年建厂，处理能力为 550t/d；二选厂于 2001 年 5 月建成投产，处理能力为 300t/d；三选厂于 2002 年 9 月建成投产，处理能力为 600t/d；四选厂于 1999 年 10 月建成投产，处理能力为 600t/d。

选矿厂年入选矿石量全部来自井下产出，选矿生产流程为一般常温浮选法，入选原矿有用成分组成主要为钨和铜，钨品位为 0. 6%左右，铜品位为 0. 11%左右。主要产品为白钨精矿和铜精矿，钨精矿产率为 0. 7%左右，设计回收率为 75%，实际选矿回收率达 76%以上。

79. 4. 2 选矿工艺流程

香炉山钨矿四个生产选厂处理的矿石均出自一个矿体，原矿性质相近，所以工艺流程和药剂制度也基本一致，选矿方法均为浮选法。

来自地下开采的矿石经汽车运输至选矿厂，经破碎、筛分、磨矿和分级后，矿石细度为-0. 074mm 含量占 70%，矿浆首先进入铜硫等可浮作业，经一粗、一扫、一精后产出铜硫混合粗精矿，铜硫混合粗精矿经过一粗、一扫、二精的铜硫分离浮选作业后可选出铜品位为 16%～18%的铜精矿。铜硫混合浮选作业的尾矿进入一粗、一精的脱硫作业。脱硫尾矿进入白钨粗选作业，经一粗、三扫、二精作业后得到白钨粗精矿。白钨粗精矿经一粗、三扫、五次精选作业后产出品位 65%左右的白钨精矿，白钨粗选作业的尾矿即为最终尾矿。一选厂磨矿作业为两个系列，浮选作业为一个系列，四选厂磨矿和浮选作业为两个系列，2009 年 9 月将两个系列的铜硫分选合并为一个系列。选矿工艺流程如图 79-1 所示。

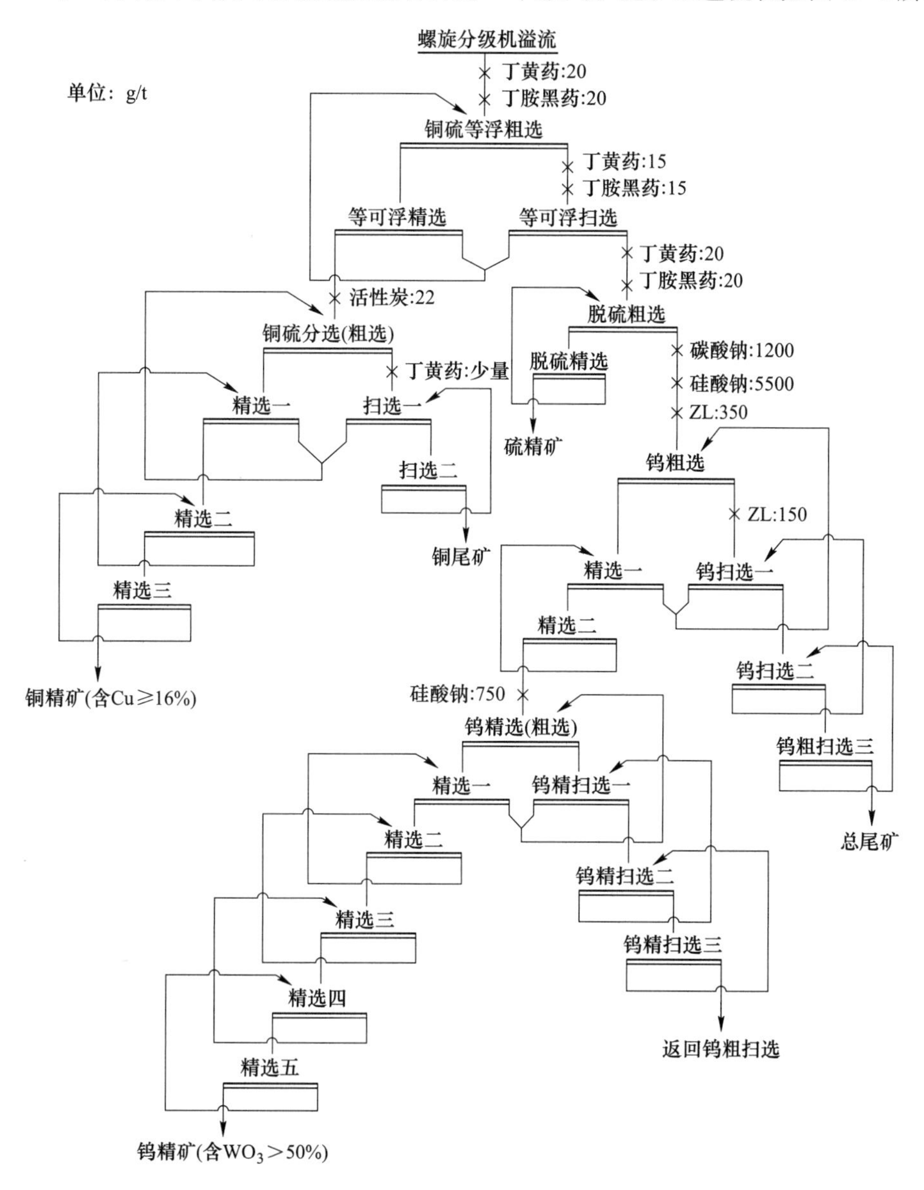

图 79-1　香炉山选矿厂浮选工艺流程

79.4.3　选矿设备升级

2000 年以前，选矿厂选矿设备能力较小，自动化程度较低。各选厂磨矿系统的磨机，最大的规格功率为 280kW，大部分磨机功率为 90~110kW，这些磨机处理原矿的电力、衬板、钢球的单耗均较高。2003 年整合以后，矿山对三个选厂的选矿系统进行了升级改造，选厂磨矿系统增加了 3 台 400kW 的磨机替换了以前的低功率球磨机，成功地将生产能力扩大到 700t/d 以上。相较原来的小磨机，大大降低了处理成本。随着选厂日处理矿石量的提高，其他的一些设备也向大型化发展，20 世纪 90 年代前，各选厂碎矿系统最大的颚式破碎机规格为 400×600。升级改造后，颚式破碎机规格达到 600×900，可处理最大块度的质量是前者的 10 多倍；浮选设备由原来的 6A 浮选机发展到 4m 浮选柱。选矿设备在不断向大型化发展的同时，也在向自动化和精密化方向发展，2000 年后，大量设备开始采用了 PLC 控制技术，如自动给药机、磨矿机、螺杆式空气压缩机等，这些控制技术的应用，提高了设备性能；一些精密的设备，如圆锥破碎机、陶瓷过滤机的应用，对提高产品质量，降低生产成本有着非常明显的效果。

79.5　矿产资源综合利用情况

香炉山钨业，矿产资源综合利用率 69.16%，尾矿品位 WO_3 0.085%。

矿山废石主要集中堆放在排土场。截至 2013 年底，废石场累计堆存废石 4 万吨，2013 年产生量为 0.3 万吨。废石利用率为 0，废石排放强度为 0.52t/t。

尾矿处置方式为尾矿库堆存，还用作矿山地下开采采空区的充填料。截至 2013 年底，矿山尾矿库累计积存尾矿 595.17 万吨，尾矿利用率为 0，2013 年产生量为 79.52 万吨。尾矿排放强度为 137.20t/t。

80 新安子钨锡矿

80.1 矿山基本情况

新安子钨锡矿为主要开采钨、锡矿的小型矿山，共伴生矿产主要为铜矿等，是国家级绿色矿山。矿山1980年正式建矿，为国有钨矿山，1994年通过公开拍卖转制为民营矿山。矿区位于江西省赣州市崇义县，直距崇义县城21km，矿区经5km简易公路与大余—崇义县级公路相连，厦蓉高速（赣州—汝城）经过崇义县城，交通便利。矿山开发利用简表详见表80-1。

表80-1 新安子钨锡矿开发利用简表

基本情况	矿山名称	新安子钨锡矿	地理位置	江西省赣州市崇义县
	矿山特征	国家级绿色矿山	矿床工业类型	黑钨矿-锡石-石英脉型钨锡矿床
地质资源	开采矿种	钨矿、锡矿	地质储量/万吨	矿石量64.38
	矿石工业类型	黑钨矿石	地质品位/%	0.612
开采情况	矿山规模/万吨·a^{-1}	3.1，小型	开采方式	地下开采
	开拓方式	平硐-盲斜井-盲竖井联合开拓	主要采矿方法	浅孔留矿采矿法
	采出矿石量/万吨	3.65	出矿品位/%	0.1346
	废石产生量/万吨	0.3	开采回采率/%	88.86
	贫化率/%	86.9	开采深度/m	800~-100标高
	掘采比/m·万吨$^{-1}$	395		
选矿情况	选矿厂规模/万吨·a^{-1}	32	选矿回收率/%	WO_3 86.2 Sn 85.65
	主要选矿方法	两段一闭路破碎，三级手选，三级跳汰，五级台选，中矿返回，细泥单独处理，枱浮硫化矿再选，精矿磁选		
	入选矿石量/万吨	9.48	原矿品位/%	WO_3 0.42 Sn 0.22
	钨精矿产量/t	671.27	钨精矿品位/%	WO_3 65
	锡精矿产量/t	221.64	锡精矿品位/%	Sn 65
	尾矿产生量/万吨	9.22	尾矿品位/%	WO_3 0.0316
综合利用情况	综合利用率/%	86.06		
	废石排放强度/t·t^{-1}	4.47	废石处置方式	排土场堆存
	尾矿排放强度/t·t^{-1}	137.35	尾矿处置方式	干堆、用作建筑原料
	废石利用率/%	100	尾矿利用率/%	100

80.2　地质资源

80.2.1　矿床地质特征

新安子矿区钨矿矿床规模为小型，矿床类型为黑钨矿-锡石-石英脉型钨锡矿床，矿体主要赋存于花岗岩外接触带变质中，矿体呈脉状，成因类型属岩浆期后高中温热液矿床。矿石类型为原生矿石，主要矿物组合为锡石-黑钨矿-硫化物-石英，黑钨矿赋存于石英脉中，有用矿物结晶程度较好，黑钨矿多呈半自形板柱状、竹叶状、楔状及针柱状，也有呈放射状集合体产出，单矿物长一般 2~10cm，大者可达 20~30cm，小者在 0.1cm 以下，长宽之比为（5∶1）~（10∶1）。伴生矿物为锡石、黄铜矿、黄铁矿、辉钼矿等，脉石矿物主要为石英。

新安子矿区矿石类型为黑钨矿-锡石-石英脉型，其主要矿物有黑钨矿、锡石、黄铜矿，并含少量的辉钼矿、白钨矿、辉铋矿、黄铁矿、方铅矿，主要脉石矿物为石英。有用矿物结晶程度较好，黑钨矿、锡石嵌布粒度较粗，比重较大。黑钨矿多呈半自形板柱状、竹叶状、楔状及针柱状，单体一般 2~10mm，大者可达 30mm。锡石多呈半自形粒状，一般粒径数毫米，大者可达厘米级以上。黄铜矿呈不规则粒状、团块状，产于含矿石英脉及云英岩中。

80.2.2　资源储量

新安子矿区钨矿主矿种为钨、锡，伴生元素为铜，矿石类型为黑钨矿-锡石-石英脉型。截至 2013 年，矿区累计查明钨矿石量 643.8kt，三氧化钨 17714t、锡 4179t。铜累计矿石量 522.3kt，铜金属量 3345t，平均品位为 0.640%。

80.3　开采情况

80.3.1　矿山采矿基本情况

新安子钨锡矿为地下开采的小型矿山，采取平硐-盲斜井-盲竖井联合开拓，使用的采矿方法为浅孔留矿法。矿山设计生产能力 3.1 万吨/a，设计开采回采率为 88.6%，设计贫化率为 82.3%，设计出矿品位 0.48%，钨矿最低工业品位为 0.15%。

80.3.2　矿山实际生产情况

2016 年，矿山实际采出矿量 3.65 万吨，排放废石 0.3 万吨。矿山开采深度为 800~-100m 标高。具体生产指标见表 80-2。

表 80-2　矿山实际生产情况

采矿量/万吨	开采回采率/%	贫化率/%	出矿品位/%	掘采比/m · 万吨$^{-1}$
3.65	88.86	86.9	0.1346	395

80.3.3　采矿技术

新安子钨锡矿开采方式为地下开采，开拓方法为平硐-盲斜井-盲竖井联合开拓法；采矿方法为浅孔留矿法，采矿设备主要包括空压机、通风机、卷扬机、凿岩机、电机车、耙矿机等，详见表 80-3。

表 80-3　坑口采矿设备设施

设备名称	设备型号/出厂编号
活塞式压缩机	4L-20/8
活塞式压缩机	4L-20/8
喷油螺杆压缩机	LGD250/347J
喷油螺杆压缩机	JG55A
活塞式压缩机	3L-I0/8
离心泵	FB50-40
多级离心泵	DA_1-I00×7
多级离心泵	DI2-25×6
潜水泵	6710A-I0
矿用卷扬机	JTK-1. 6×1. 2
矿用卷扬机	JT-1. 2
矿用卷扬机	JTK-1. 2×1. 0
竖井提升机	JKMD2. 25×4（I）E
行灯照明变压器	JMB-I0K 380/127
行灯照明变压器	JMB-3K 380/220
斜流式通风机	YBT-5. 5
轴流式通风机	YBT-7. 5
轴流式通风机	YBT-11
局扇	JK58-1 No. 4
主扇	KZC-NoI4
主扇	KD40-11
主扇	FBNO11
主扇	K40-4-No. 13
微型电控卷扬机	HKS500
电力变压器	KS9-315/10
电力变压器	S9-M-800/10
电力变压器	KS9-160/10
电力变压器	S11-M-I00/10
电力变压器	KS9-250/10
架线式电机车	ZK3-6
蓄电池式矿用电机车	XK2. 5-6

续表 80-3

设备名称	设备型号/出厂编号
耙矿机	P30B
耙矿机	P15B
电动装岩机	Z-20C
电耙	2JPB30
钻机	KD150
凿岩机	TY-28
凿岩机	TSP-45

80.4　选矿情况

80.4.1　选矿厂概况

新安子钨锡矿选矿厂于2005年经重新选址建成投产，现年处理原矿量可达32万吨以上。目前选厂的矿石处理全部来源于井下采掘生产所得，选矿方法为重力选矿法，产品为钨锡中矿，同时回收铜产品，钨锡中矿运到淘锡坑精选厂集中进行加工至精矿产品。2013年原矿处理量为32.3034万吨，钨锡中矿产品为2644.8t，精选出钨精矿（65%）574.87t，锡精矿（65%）221.64t，铜金属102.6t。中矿产品产率为0.82%。设计选矿回收率为83.2%，实际回收率为86.2%。

80.4.2　选矿工艺流程

矿山选矿工艺流程：主要是为三级手选，三级跳汰，五级台选，中矿返回，细泥单独处理，枱浮硫化矿再选，精矿磁选。

（1）手选作业：将原矿用矿车运至粗矿楼，倒入斜格筛上，高压水翻边冲洗干净，排去废石，脉石进入粗矿仓，然后用皮带运输机运矿石至手选段人工手选。

（2）碎矿作业：碎矿作业采用两段一闭路破碎矿。矿石经皮带运输机送至斜格筛，筛上的矿石入破碎机，破碎后的矿石与筛下产品合并，以皮带运输机送至单层振动筛，小于10mm的矿石入细矿仓，大于10mm的矿石送入对辊细碎。

（3）磨洗作业：细矿仓的矿石经皮带运输机卸下双层振动筛，分三级，前两级分别进入跳汰机，分选出粗精矿和中矿，中矿合并入螺旋分级机，经脱水，矿石返棒磨机磨矿至小于1.5mm；小于1.5mm的矿石先入跳汰机选别，尾矿入四室水力分级机，一室排矿入粗砂摇床，二、三室合并入细砂摇床，四室排矿入刻槽摇床，分别选出毛精矿，中矿和尾矿，尾矿入尾矿沟。粗中矿，细砂与细泥中矿合并分别进行扫选，得出毛精矿，中矿返回水力分级机合并原矿复选，尾矿排尾砂沟。

（4）细泥作业：细泥以溜槽进行复选，其精矿用刻槽摇床精选得出毛精矿，中矿及尾矿。

（5）枱浮作业：摇床分选所得毛精矿，加选矿浮选药剂人工搅拌后，经枱浮摇床，得出钨锡精矿和硫化矿及中矿。硫化矿入沉淀池，脱水后直接出售，中矿复选后送棒磨机再磨。

（6）磁选：将选出的钨锡混合矿送该矿精选车间进行磁选，得出一级二类钨精矿特级钨精矿和二类二级锡精矿。

80.5　矿产资源综合利用情况

新安子钨锡矿，矿产资源综合利用率86.06%，尾矿品位WO_3 0.0316%。

矿山废石主要集中堆放在废石场。2013年产生量为0.3万吨，废石排放强度为4.47t/t，废石利用率100%。截至2018年底，废石场累计堆存废石74.99万吨。

部分尾砂运至废砂场干堆（填埋），也用作建筑材料的原料，剩余部分排放至尾矿库。2013年产生量为9.22万吨，尾矿排放强度为137.35t/t，尾矿利用率为100%。截至2018年底，矿山尾矿库累计积存尾矿29.96万吨。

81　瑶岗仙矿区钨矿

81.1　矿山基本情况

瑶岗仙矿区钨矿为主要开采钨矿的大型矿山，共伴生矿产主要为锡、铜、银、钼、砷等。矿山始采于1914年，有百余年开采史，1949年收归国有，“一五”时期被列为156项国家重点工程之一，1955年正式投产。矿区位于湖南省郴州市宜章县，属宜章、汝城、资兴三县（市）交界处，西距宜章县61km，有省际公路直达宜章县城，进而与107国道、京珠高速公路相连；西距京广线白石渡火车站51km，西北距郴州市110km，均有省国道公路相连，交通十分方便。矿山开发利用简表详见表81-1。

表81-1　瑶岗仙矿区钨矿开发利用简表

基本情况	矿山名称	瑶岗仙矿区钨矿	地理位置	湖南省郴州市宜章县
	矿山特征	—	矿床工业类型	矽卡岩型白钨矿床、砂岩细脉（浸染）型白钨矿床、石英脉型黑钨矿床以及砂钨矿床
地质资源	开采矿种	钨矿	地质储量/万吨	矿石量8875.4
	矿石工业类型	白钨矿石	地质品位/%	0.23
开采情况	矿山规模/万吨·a^{-1}	155，大型	开采方式	地下开采
	开拓方式	平窿-溜井-辅助竖井联合开拓	主要采矿方法	浅孔留矿采矿法
	采出矿石量/万吨	27.9	出矿品位/%	0.299
	废石产生量/万吨	15	开采回采率/%	84.25
	贫化率/%	65.01	开采深度/m	1470~375标高
	掘采比/m·万吨$^{-1}$	673.1		
选矿情况	选矿厂规模/万吨·a^{-1}	40	选矿回收率/%	WO_3 85.51 Sn 24.86
	主要选矿方法	三段一闭路破碎，重选，浮选联合		
	入选矿石量/万吨	27.9	原矿品位/%	WO_3 0.299 Sn 0.05
	黑钨精矿产量/t	2245.5	黑钨精矿品位/%	WO_3 65
	锡精矿产量/t	22.5	锡精矿/%	Sn 50
	尾矿产生量/万吨	27.7	尾矿品位/%	WO_3 0.044

续表 81-1

综合利用情况	综合利用率/%	51.87		
	废石排放强度/t·t^{-1}	66.80	废石处置方式	排土场堆存
	尾矿排放强度/t·t^{-1}	123.36	尾矿处置方式	尾矿库堆存
	废石利用率/%	40	尾矿利用率/%	28.78

81.2　地质资源

81.2.1　矿床地质特征

瑶岗仙钨矿为我国大型钨矿之一，钨矿床类型为矽卡岩型白钨矿床，砂岩细脉（浸染）型白钨矿床，石英脉型黑钨矿床以及砂钨矿床。白钨矿区由和尚滩和燕子窝两个矿段组成。和尚滩矿段面积 1.30km^2，已查明的矿体有矽卡型白钨矿体和砂岩细脉（浸染）型白钨矿体。燕子窝矿段面积 0.23km^2，已查明的矿体有矽卡型白钨矿体。

和尚滩矿段矽卡岩型白钨矿体呈似层状产出，其产状与矽卡岩体、地层产状基本一致，走向北北东 30°~35°，倾向南东，倾角 30°~35°，主要矿体出露地表，总长约 3500m，其中工业矿体长 1800~2000m，斜长 300~1400m，厚度 1.2~73m，平均 22m。矿体赋存标高为 49~700m，约 70%的矿体位于当地侵蚀基准面（标高 300m）以上。矿体倾斜大致与山坡一致，埋藏深度 0~197m，平均 64m。矿石类型有四种：氧化矿石，上部含矿灰岩矿石，矽卡岩矿石，下部板岩、角岩互层矿石。矽卡岩型白钨矿石主要金属矿物为白钨矿，其他金属矿物有锡石、辉钼矿、磁黄铁矿、闪锌矿、黄铜矿、毒砂、黄铁矿、方铅矿、辉铋矿、辉铜矿等，脉石矿物有硅灰石、石榴子石、透辉石、符山石、透闪石、阳起石、云母、方解石、石英等。白钨矿呈细脉状、条带状浸染于灰岩、矽卡岩、板岩角岩中，构成致密状矿石产出。矿石主要有用组分为钨，平均品位 WO_3 0.29%。WO_3 品位在各种类型矿石中不同：矽卡岩矿石 0.42%，上部含矿灰岩矿石 0.21%，下部板岩、角岩互层矿石 0.21%，氧化矿石 0.64%。钨在主要矿物中的分配率：白钨矿 84.91%，钨华 4.86%，黑钨矿 1.53%，硫化矿物 0.26%，脉石矿物 8.44%。伴生有用组分种类及含量：Mo 0.010%、Sn 0.039%、Bi 0.033%、Cu 0.027%、Pb 0.077%、Zn 0.067%。矿化以浸染状为主，矿化比较连续，品位比较均匀，品位变化系数为 48%。氧化矿石一般含钨的次生矿物，含泥比较多。

砂岩细脉（浸染）型白钨矿体产于矽卡岩矿体下部的砂页岩中，两者相距 60~80m。总体产状，与地层及矽卡岩矿体的产状基本一致。矿体长约 1000m，斜长 110~2122m，厚度 2.0~123.0m，平均 38m。矿体在走向、倾向上分枝复合、尖灭再现、交替发育现象频繁，各层厚度变化比较大，分枝矿体很少连续为一完整的巨大矿体。矿石类型：含矿长石石英细脉型矿石、含矿石英硫化物细脉型矿石。砂岩细脉型白钨矿石主要金属矿物为白钨矿，其他金属矿物有黑钨矿、辉钼矿、磁黄铁矿、闪锌矿、黄铜矿、毒砂、黄铁矿、方铅矿、辉铋矿、辉铜矿等，脉石矿物有石英、长石、萤石、方解石、白云石、电气石等。白钨矿大部分呈粒状产于各种细脉的边缘部分或中心部位，粒度一般小于 2mm。也有少量白钨矿呈浸染状产于经受蚀变比较强烈的砂岩中。矿石主要有用组分为钨，平均品位 WO_3 0.137%。

81.2.2　资源储量

瑶岗仙钨矿主矿种为钨，共伴生矿种为锡、铜、银、钼、砷等，主要矿石类型为矽卡岩型白钨矿石和砂岩细脉型白钨矿石。截至 2013 年，瑶岗仙钨矿累计查明钨矿石量 8875.4 万吨，锡矿石量 8811.5 万吨。

81.3　开采情况

81.3.1　矿山采矿基本情况

瑶岗仙矿区钨矿为地下开采的中型矿山，采取平硐-盲竖井联合开拓，使用的采矿方法为浅孔留矿法。矿山设计生产能力 155 万吨/a，设计开采回采率为 84%，设计贫化率为 64%，设计出矿品位 0.33%，钨矿最低工业品位为 0.1%。

81.3.2　矿山实际生产情况

2013 年，矿山实际采出矿量 27.9 万吨，排放废石 15 万吨。矿山开采深度为 1470～375m 标高。具体生产指标见表 81-2。

表 81-2　矿山实际生产情况

采矿量/万吨	开采回采率/%	贫化率/%	出矿品位/%	掘采比/m · 万吨$^{-1}$
27.9	84.25	65.01	0.299	673.1

81.3.3　采矿技术

瑶岗仙开拓系统采用平硐和盲竖井联合开拓方案。186m 和 200m 矿体之间打穿脉连接，多中段提升。井田中阶段的开采顺序采用下行式方式开采，阶段中矿块的开采顺序采用后退式方式开采。

采矿方法采取浅孔留矿采矿法，阶段高度为 50m，矿块长 60m，宽取 1.2m，矿块延走向布置，各矿块设置一人行提升天井与一溜矿井，矿石崩落后，由电动铲运机运转，经联络道倒入溜井，再通过溜井自溜至矿仓，采用振动放矿机出矿。

81.4　选矿情况

81.4.1　选矿厂概况

瑶岗仙钨矿位于湖南省境内，1955 年建成重力选矿厂，后来陆续改进并扩充为现在的选矿厂。瑶岗仙钨矿现有选矿工艺流程经过多年的生产实践及科技攻关多次的改进，选矿流程已趋于完善。目前流程合理，选矿指标稳定可靠，在国内同类型行业中处于较好水平。

81.4.2　选矿工艺流程

81.4.2.1　碎矿和预选工艺

原矿石经三段一闭路破碎，第一段粗碎用600mm×900mm颚式破碎机，破碎后经筛分把矿石分成+50mm、-50+22mm和-22mm三级，前两级采用反手选，废石选出率48%~50%。手选后的合格矿石分别进中碎和细碎，最终破碎到-13mm送入重选。预选段原则流程如图81-1所示。

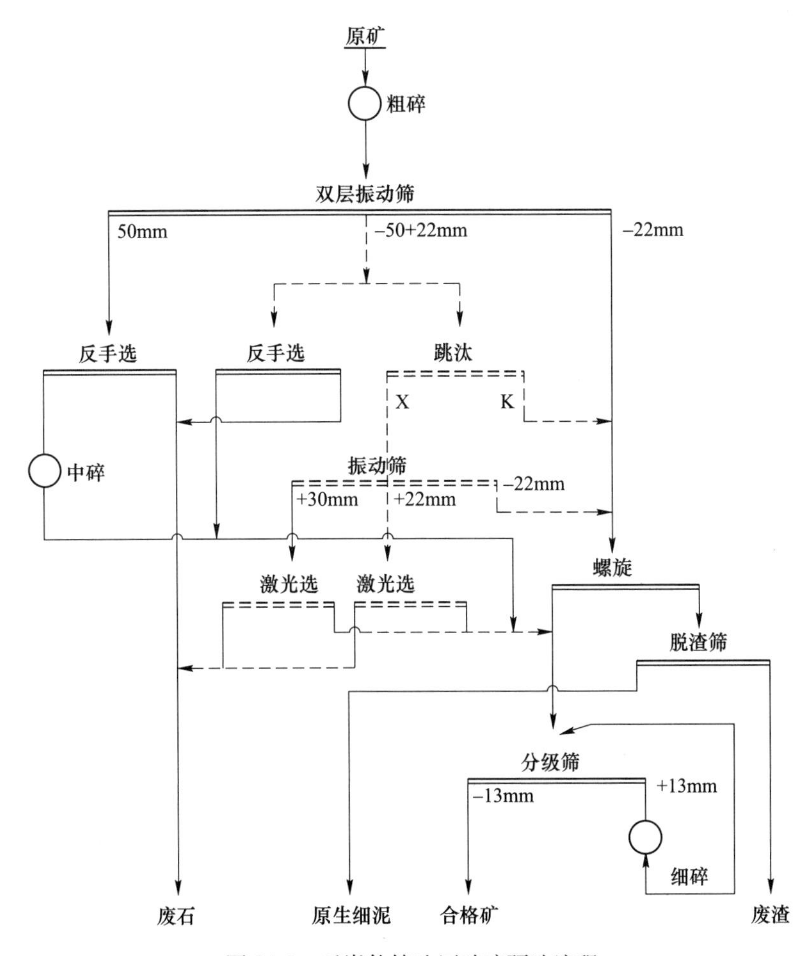

图81-1　瑶岗仙钨选厂破碎预选流程

81.4.2.2　重选段工艺

合格矿破碎到-13mm的矿石，在双层振动筛上分成-13+6mm、-6+2mm及-2mm三个级别，分别进入粗、中、细粒跳汰机中选别，粗、中粒跳汰后的尾矿进第一段棒磨机，继续用跳汰机选别，跳汰尾矿送入单层振筛分级，筛上产物（大于2mm）进第二段棒磨，在与筛子组成的闭路循环中插入跳汰机，将解离的钨矿及时回收。-2mm的筛下产物和细粒跳汰机的尾矿，分别进入贫、富两系统的水力分级机分级，其中第一室、第二室的排矿，相应在不同的摇床上以不同的条件进行贫、富分选；水力分级机的第三、四室，因其数量较少，故不再贫富分选，而采用贫富物料一起选的工艺。跳汰和摇床的粗精矿 WO_3，品位约 15%~20%，重选作业回收率 93%，图 81-2 为选矿厂重选原则流程。

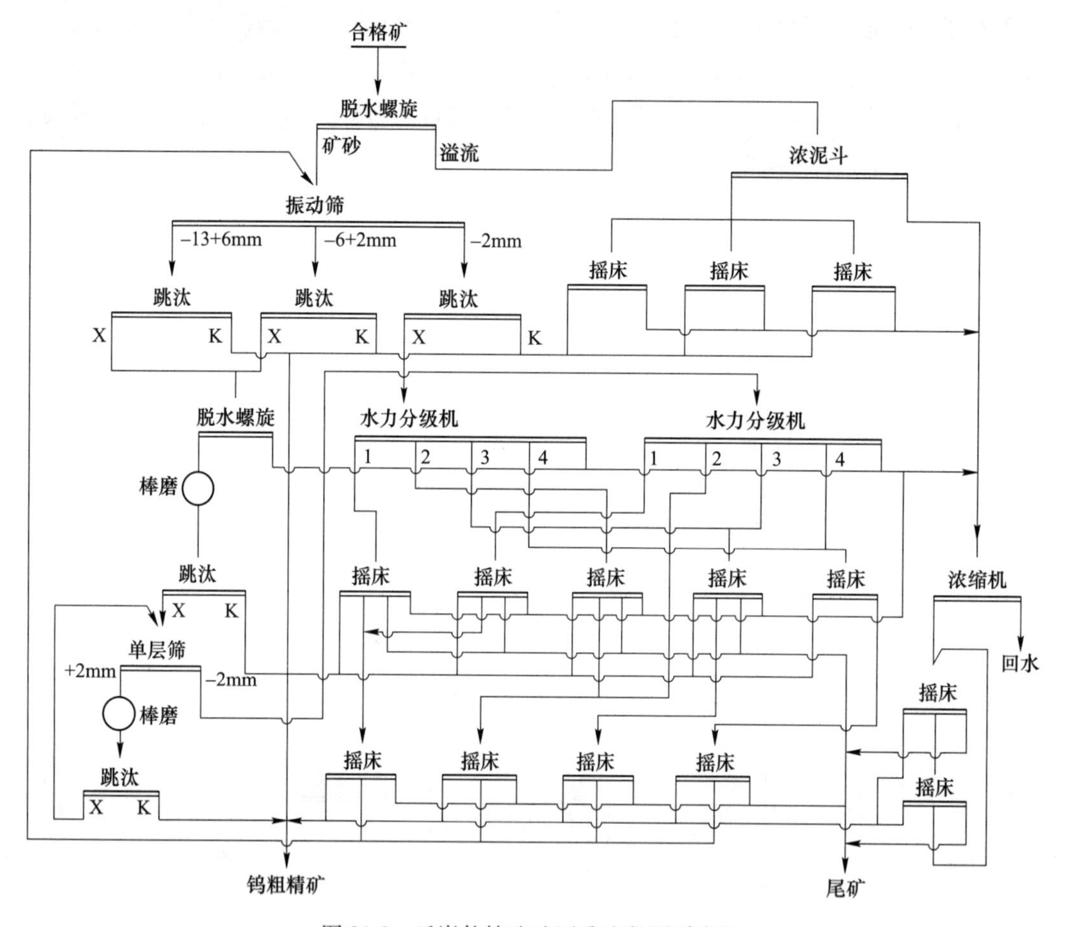

图 81-2　瑶岗仙钨选矿厂重选段原则流程

原生细泥经浓缩后，用刻槽摇床粗选，中矿再摇床扫选丢尾，粗选尾矿进离心选矿机丢弃尾矿，其精矿经离心选矿机再精选一次后到皮带溜槽精选得细泥精矿。图 81-3 为原生细泥选矿流程。

81.4.2.3　精选段工艺

跳汰和摇床粗精矿先经筛分分级，−2+0.2mm 粒级用枱浮选出硫化矿，−0.2mm 的则用浮选脱除硫化矿，继而将精矿干燥，用磁选将黑钨矿与白钨矿、锡石分离。所得黑钨精矿再经熔烧脱除砷、锡，使钨精矿品位达 68%以上，符合一级品商品精矿。磁选尾矿进入磨矿作业，磨矿粒度为−1.32mm，通过电选和浮选使白钨矿与锡石分离，得到白钨与锡石两种精矿。从重选获得的钨细泥低品位精矿，先浮选硫化矿，再湿式强磁选精选，提高精矿品位，锡的含量由 0.88%降至 0.21%。

从枱浮和浮选得到的混合硫化矿，经过磨矿和浮选，综合回收含银铜精矿和毒砂两种副产品，选矿厂精选工段原则流程如图 81-4 所示。

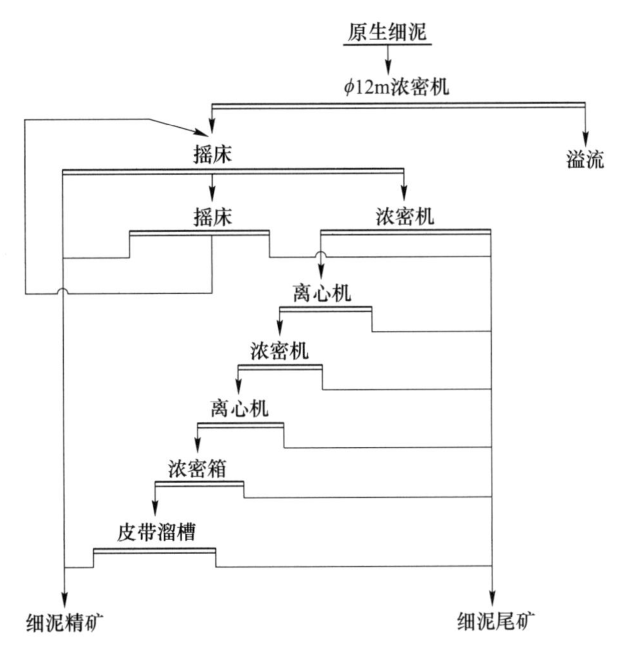

图 81-3 瑶岗仙钨矿原生细泥粗选选矿流程

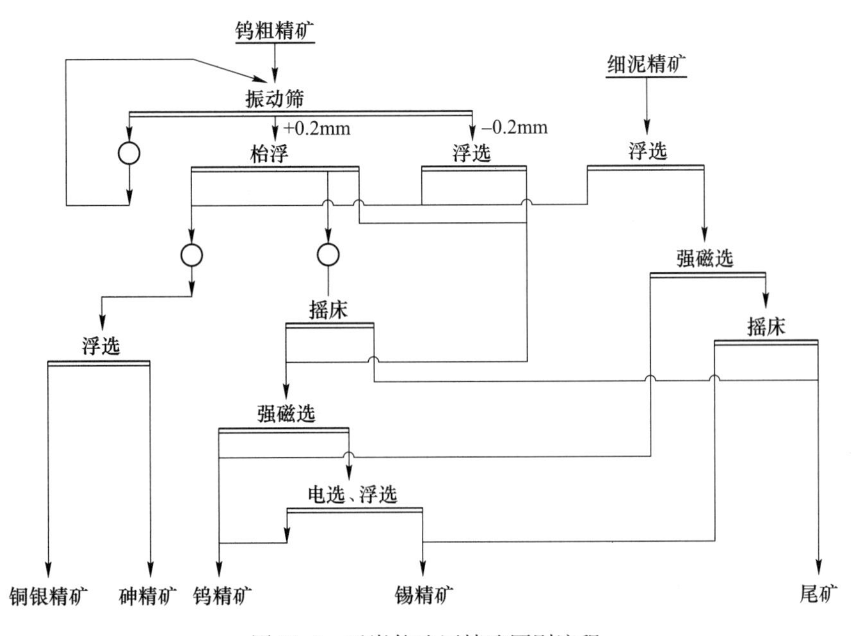

图 81-4 瑶岗仙选厂精选原则流程

81.5 矿产资源综合利用情况

瑶岗仙矿区钨矿，矿产资源综合利用率 51.87%，尾矿品位 WO_3 0.044%。

矿山废石主要集中堆放在排土场。截至 2013 年底，废石场累计堆存废石 502 万吨，

2013 年产生量为 15 万吨。废石利用率为 40%，废石排放强度为 66. 80t/t。

尾矿处置方式为尾矿库堆存，还用作建筑用料。截至 2013 年底，矿山尾矿库累计积存尾矿 322 万吨，尾矿利用率为 28. 78%，2013 年产生量为 27. 7 万吨。尾矿排放强度为 123. 36t/t。

尾矿水进行回水利用，少量尾矿水经澄清等深度处理后排向库外。

82 远 景 钨 业

82.1 矿山基本情况

远景钨业为主要开采钨矿的小型矿山，共伴生有益组分含量很低，均未达到规范中规定的矿床综合评价参考指标，是国家级绿色矿山。矿山前身是川口钨矿，1989 年正式投产，2002 年改为股份制企业。矿区包括杨林坳矿区和窑木岭矿区，位于湖南省衡阳市衡南县，西到衡阳市 55km，北至衡东县城 30km，均有公路相通，交通便利。矿山开发利用简表详见表 82-1。

表 82-1 远景钨业开发利用简表

基本情况	矿山名称	远景钨业	地理位置	湖南省衡阳市衡南县
	矿山特征	国家级绿色矿山	矿床工业类型	岩浆期后高中温热液充填的脉带型黑钨-白钨矿床
地质资源	开采矿种	钨矿	地质储量/万吨	矿石量 5712.2
	矿石工业类型	砂岩型和板岩型矿石	地质品位/%	0.46
开采情况	矿山规模/万吨·a^{-1}	15，小型	开采方式	地下开采
	开拓方式	平硐开拓	主要采矿方法	单层崩落采矿法
	采出矿石量/万吨	23.6	出矿品位/%	0.32
	废石产生量/万吨	1.7	开采回采率/%	86.93
	贫化率/%	21.95	开采深度/m	370~110 标高
	掘采比/m·万吨$^{-1}$	968		
选矿情况	选矿厂规模/万吨·a^{-1}	30	选矿回收率/%	51.24
	主要选矿方法	两段一闭路破碎，一段闭路磨矿，浮选—重选		
	入选矿石量/万吨	23.6	原矿品位/%	0.32
	白钨精矿产量/万吨	0.11	白钨精矿品位/%	65
	尾矿产生量/万吨	23.49	尾矿品位/%	0.16
综合利用情况	综合利用率/%	44.54		
	废石排放强度/t·t^{-1}	15.45	废石处置方式	排土场堆存
	尾矿排放强度/t·t^{-1}	213.54	尾矿处置方式	尾矿库堆存
	废石利用率/%	0	尾矿利用率/%	0

82.2　地质资源

82.2.1　矿床地质特征

远景钨业包括两个彼此相邻的杨林坳矿区和窑木岭矿区，矿床规模属于小型，均属岩浆期后高中温热液充填的脉带型黑钨-白钨矿床。钨矿体产于花岗岩体外接触带杨林坳组砂岩及元古界板溪群五强溪组板岩中，主要受北北西向构造裂隙控制。按照产出形态，分为石英细脉带型矿体和石英大脉型矿体，并以石英细脉型为主。

杨林坳矿区矿体分布于长 1300m、宽 500m 的带状范围内，共有脉带型大小矿体 55 个，其中，大型矿体 5 个，中型矿体 9 个，小矿体 41 个。大型矿体所占资源储量占全区的 80%，矿体编号分别为 1 号、2 号、3 号、4 号、5 号，矿体长 800～1400m，平均长 1080m，延深 85～410m，平均延深 343m，矿体厚 35.58～93.53m，平均厚 57.84m，矿体品位 0.41%～0.64%。

大、中型矿体集中分布于矿区东侧中段。自北向南，矿头出露标高自 400m 左右降为 175m，矿尾标高自 260m 降至 20m，矿带有向南侧伏的趋势。大型矿体矿头埋深为 21～64m，平均埋深 43m，矿尾埋深为 94～201m，平均埋深 166m。

矿体形态受含矿构造裂隙组的影响，裂隙组发育较好的地方，矿体厚大而简单；裂隙组不发育的地方，矿体尖灭侧现、分支复合相当普遍，从而使矿体的形态复杂多样。根据主要矿体统计，矿体倾向 43°～111°，倾角 17°～59°，平均倾向 72°，平均倾角 36°。

受含矿石英脉组的影响，矿体厚度变化极不稳定。在空间上表现为上部（接近地表）矿体厚度较大而稳定；往下部（远离地表）矿体分枝，变薄乃至尖灭；沿走向矿体表现为中部矿体厚度较稳定，向两端矿体变小乃至尖灭；在平面上，沿走向单个矿体厚度南段厚大稳定，北段分枝并且尖灭。

窑木岭区矿体有细脉带型矿体 68 个，其中工业矿体 49 个。矿体中大型 6 个，所占资源储量为全区的 73.8%。大型矿体走向长 400～600m，倾向 70°～80°，平均 75°，倾斜延深 190～520m，倾角 53°～63°，平均 58°，矿体厚 8.07～26.94m，埋藏深度 5～310m，赋存标高-100～255m，矿体品位 0.19%～1.22%，平均品位 0.38%。

大型矿体呈不规则板状，局部膨胀收缩，分枝尖灭。小矿体分布在矿床边部和深部，埋深在 20～550m，赋存标高在 40～230m。

该区矿石类型分为砂岩型和板岩型矿石。

砂岩型矿石主要金属矿物为白钨矿，含微量黑钨矿，次要金属矿物为黄铁矿、辉钼辉铋矿、毒砂、磁铁矿、赤铁矿、褐铁矿、菱铁矿、磁黄铁矿。

板岩型矿石主要金属矿物为白钨矿和黑钨矿（二者比例为 3∶1），次要金属矿物为白铁矿、黄铁矿、黄铜矿、铜蓝、辉钼矿、辉铋矿。

矿石中主要有用元素为钨，全区矿石 WO_3 含量为 0. 15%~3. 00%，平均 0. 46%，品位变化系数为 99%。其中：砂岩型矿石平均含量为 0. 63%，品位变化系数为 76%，板岩型矿石平均含量 0. 40%，品位变化系数 109%。

82. 2. 2 资源储量

远景钨业主要矿种为钨，矿石伴生有益组分含量很低，均未达到规范中规定的矿床综合评价参考指标，截至 2013 年，矿区累计查明钨矿石量 5712. 2 万吨。

82. 3 开采情况

82. 3. 1 矿山采矿基本情况

远景钨业为地下开采的小型矿山，采取平硐开拓，使用的采矿方法为单层崩落采矿法。矿山设计生产能力 15 万吨/a，设计开采回采率为 85%，设计贫化率为 15%，设计出矿品位 0. 3%，钨矿最低工业品位为 0. 2%。

82. 3. 2 矿山实际生产情况

2013 年，矿山实际采出矿量 23. 6 万吨，排放废石 1. 7 万吨。矿山开采深度为 370~110m 标高。具体生产指标见表 82-2。

表 82-2 矿山实际生产情况

采矿量/万吨	开采回采率/%	贫化率/%	出矿品位/%	掘采比/m · 万吨$^{-1}$
23. 6	86. 93	21. 95	0. 32	968

82. 3. 3 采矿技术

早在 1948 年，在川口矿田范围内，先后有多家私营业主开采钨矿。1950 年，人民政府接管和改造所有私营钨矿公司，成立衡湘工程处，1982 年成立川口钨矿，施工勘探坑道并采矿。

1989 年，杨林坳矿区正式投产，建成采选 600t/d 的规模，矿山设计由长沙有色冶金设计研究院完成，主要开采对象是原生矿和半风化矿，区内的风化矿及低品位表外矿石均不能利用。由于矿石难选、采选成本高、市场销售价低、企业负担沉重，矿山长期亏损、负债累累，川口钨矿企业于 2002 年 6 月 6 日被衡阳市中级人民法院裁定关闭破产。2003 年，成立衡阳远景钨业有限责任公司，开采至今，2008 年 4 月，湖南有色控股集团公司整体收购并管理该公司。

杨林坳矿区与窑木岭矿区仅相隔约 500m，同属低山丘陵地区，均属岩浆期后高中温热液充填的脉带型黑钨-白钨矿床。两个矿区的脉带型矿床在空间上均呈北北西向成带分布，矿体产于脉带中。自北向南，地表矿脉出露标高自400m左右降至175m，而矿脉尾部赋存标高为140～-95m。由于是脉带型矿体，并且埋藏较深，故杨林坳矿区与窑木岭矿区均只宜采用地下开采方式进行回采。

杨林坳矿区是衡阳远景钨业公司的一个主要生产矿区，矿体上部采用平窿溜井开拓，主平窿为402m和603m，高程分别为331m和285m，规格为2.4m×2.4m。溜矿井倾角75°，规格为3m×1.5m，中段高差46m。采矿方法为连续回采的分段空场法，其采矿生产规模可达500～600t/d。已开采了一中段（410m）、二中段（370m），现正在开采四中段（330m）、六中段（290m）。

82.4　选矿情况

82.4.1　选矿厂概况

目前具有资源可采的矿区为正在生产的杨林坳矿区和未曾开发的窑木岭矿区。杨林坳矿区是远景钨业公司的一个主要产钨矿区，与杨林坳矿区配套的杨林坳选厂原由湖南有色金属研究院于1988年设计，设计原矿处理规模为600t/d。2006年由长沙有色金属设计研究院对该选厂进行了技术改造设计，将选矿厂原矿处理规模扩大至1500t/d。

改造后的杨林坳选厂继续采用浮选法为主的钨回收生产工艺。改造后的选厂主要采用两段一闭路破碎（含洗矿）系统，最终碎矿产品粒度为-15mm。钨的粗选系统为一次粗选、两次精选和两次扫选。钨的精选采用浓密、加温脱药后进行选别。

2012～2017年，远景钨业公司为提高选厂精矿产量，降低生产成本，开展了原生矿直接选矿、原矿粗粒抛废等多种工艺研究，并取得了较好的研究成果。特别是采用原矿粗粒抛废工艺，可有效抛除混入原矿中的低品位矿石，可提高原矿入选品位、钨回收率和磨矿处理量，从而降低了生产成本。

82.4.2　选矿工艺流程

选矿工艺流程为浮—重联合选别流程，工艺过程包括破碎、筛分、洗矿、磨矿、白钨粗选段和原生溢流的处理、白钨加温精选和脱水干燥等工序。

杨林坳矿区矿石类型为白钨矿，矿山选矿采用浮选工艺。破碎流程为三段一闭路，合格矿粒度为-12mm。磨矿为一段闭路流程，粒度为-0.074mm含量占70%。分级产品首先浮硫，以保证最终产品质量，浮硫尾矿进行浮钨，白钨矿选捕收剂为油酸，矿浆pH值为9.5～10，选别流程为一粗、二精、一扫得到白钨精矿，品位为10%～15%，白钨精选采用“彼得罗夫法”，精浮流程为四精两扫，所得精矿经酸浸脱磷后品位达到71%左右，选矿回收率63%左右，产品为白钨精矿。

选厂工艺流程图如图82-1所示。

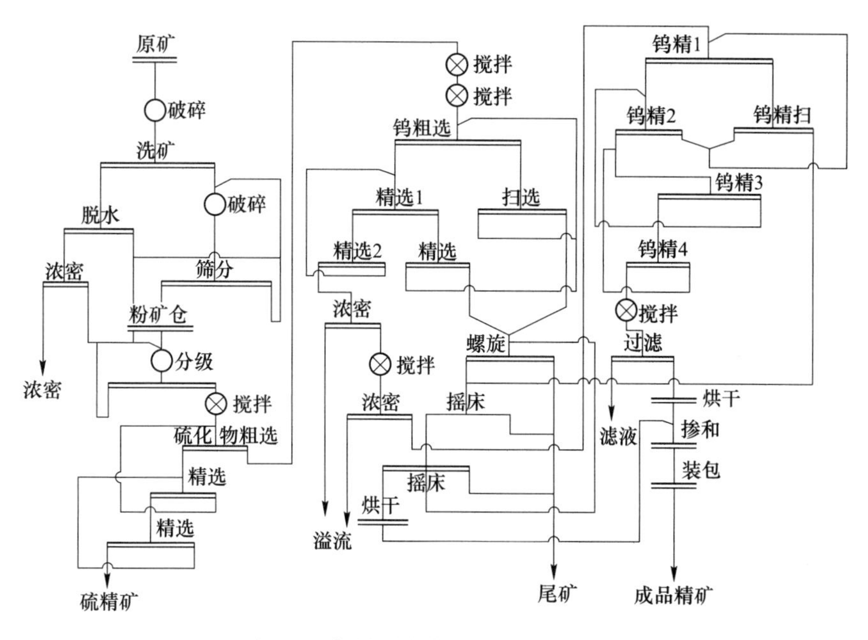

图 82-1 杨林坳白钨矿区选厂工艺流程

82.5 矿产资源综合利用情况

远景钨业，矿产资源综合利用率 44.54%，尾矿品位 WO_3 0.16%。

矿山废石主要集中堆放在排土场。截至 2013 年底，废石场累计堆存废石 9.3 万吨，2013 年产生量为 1.7 万吨。废石利用率为 0%，废石排放强度为 15.45t/t。

尾矿处置方式为尾矿库堆存，未利用。截至 2013 年底，矿山尾矿库累计积存尾矿 65.5 万吨，2013 年产生量为 23.49 万吨。尾矿排放强度为 213.54t/t。

第7篇　锡　矿

XI　KUANG

83 大屯锡矿

83.1 矿山基本情况

大屯锡矿为主要开采锡、铜矿的中型矿山，共伴生矿产为铜、钨、铋、铅锌、铟、银、硫、萤石矿等，除铜矿以外，其他共伴生矿产已全部消耗。矿山前身是松树脚锡矿，较为正规的矿山开采始于 1938 年，1998 年 12 月 20 日分设大屯锡矿和新的松树脚锡矿，1999 年云锡公司改制上市。矿山位于云南省红河哈尼族彝族自治州个旧市，直距个旧市区 14km，公路里程 33km，距省会昆明市 310km，交通较为便利。矿山开发利用简表详见表 83-1。

表 83-1 大屯锡矿开发利用简表

基本情况	矿山名称	大屯锡矿	地理位置	云南省红河州个旧市
	矿山特征	—	矿床工业类型	高-中温热液锡石硫化物矿床
地质资源	开采矿种	锡矿、铜矿	地质储量/万吨	矿石量 2679.2
	矿石工业类型	硫化矿、氧化矿、网脉状矿石	地质品位/%	0.994
开采情况	矿山规模/万吨 · a^{-1}	36，中型	开采方式	地下开采
	开拓方式	平硐-辅助盲竖井-盲斜井联合开拓	主要采矿方法	全面采矿法、浅孔留矿法、切顶房柱法和有底柱分段崩落采矿法
	采出矿石量/万吨	60.52	出矿品位/%	0.48
	废石产生量/万吨	68	开采回采率/%	90.5
	贫化率/%	14.5	开采深度/m	2140~1000 标高
	掘采比/m · 万吨$^{-1}$	530		
综合利用情况	综合利用率/%	90.5	废水利用率/%	100
	废石利用率/%	100	废石处置方式	废石场堆存，回填

83.2 地质资源

83.2.1 矿床地质特征

大屯锡矿矿床规模为中型，矿床类型按成因-工业分类可分为三种类型：矽卡岩型锡铜矿床、层间氧化矿床和含锡白云岩型。矿田内出露地层为以中三叠统个旧组碳酸盐类岩层为主。$T_2g_1^{5-2}$ 为白色至灰白色中厚层状细晶大理岩，层理发育，常有层间矿床分布其中，出露在荷叶坝穹窿核部，厚度 18～44m。$T_2g_1^6$ 为白云质灰岩与石灰岩互层，变质后为白色、粉红色细晶大理岩，在含有白云质大理岩中，层理特别发育。常有多层层间矿分布在本层内。厚度变化大，一般为 22～61m，最厚处达 236m。矿区原生锡矿均为高-中温热液锡石硫化物矿床，各类矿床均集中在荷叶坝穹隆的南东翼，以穹隆的顶部为中心，向南东方向呈扇形分布。矽卡岩型矿床产于花岗岩与大理岩接触带上，层间氧化矿分布在接触以外的碳酸盐类层中，含锡白云岩集中在近地表上部。

矿区内保有 1-11、1-11-4、1-3、6-7、1-10、6-11、6-11-1、6-23、6-26-3、6-8、6-8-1、6-8-2、6-8-3、6-9、9-2 等 15 个矿体，矿体长度 46. 6～660m，矿体宽度 30～231m，矿体厚度 0. 43～11m，矿体主要呈似层状、裂隙矿脉产出。

矿区矿石类型较复杂，除砂锡矿外，原生锡的矿石自然类型有 3 类，即硫化矿、氧化矿、含锡白云岩。工业类型可划分成 4 类，并各具亚型：硫化矿分为矽卡岩亚型和硫化矿亚型；氧化矿按矿体产状分为似层状氧化矿亚型、脉状氧化矿亚型、不规则氧化矿亚型；网状脉矿按矿物不同分为氧化矿网状脉亚型、浸染状亚型；其他类型如云英岩脉、黄铁矿石英脉、毒砂石英脉等，均不具有工业意义。

硫化矿金属矿物主要为磁黄铁矿，含量占 50%以上；氧化矿矿石中褐铁矿、赤铁矿及水赤铁矿占最大数；含铁白云岩矿石主要矿物为锡石、褐铁矿。矿石原生构造主要有浸染状、块状、脉状等。硫化矿石受氧化作用后形成氧化矿石，常见的次生构造有土状、皮壳状、多孔状等。矿石中各种矿物多呈粒状、板状或针状的自形、半自形或它形的晶体并相互包裹、充填组成结合体，在氧化作用条件下，一些金属矿物往往形成一些具有胶状结构的次生矿物。

83. 2. 2 资源储量

大屯锡矿主矿种为锡，矿石工业类型为硫化矿、氧化矿、网脉状矿石等，硫化矿石中伴生的有益组分主要为铜、钨、铋、锌、铟、银、硫、萤石，氧化矿石中伴生的有益组分铜、铅。截至 2013 年，矿区累计查明锡矿资源储量 2679. 2 万吨，金属量 252933t，平均品位 0. 994%；伴生铜矿石量 1798. 8 万吨，金属量 93752t；铅矿石量 309. 9 万吨，金属量 150214t；钨矿石量 1627. 4 万吨，金属量 19724t；铋矿石量 826. 2 万吨，金属量 6020t；锌矿石量 1222. 9 万吨，金属量 183840t；铟矿石量 112. 9 万吨，金属量 172t；银矿石量 262. 7 万吨，金属量 26t；硫矿石量 1651. 2 万吨，金属量 2779496t；萤石矿石量 1377. 2 万吨，矿物量 102t。

83. 3 开采情况

83. 3. 1 矿山采矿基本情况

大屯锡矿为地下开采的中型矿山，采取平硐-辅助盲竖井-盲斜井联合开拓，使用的采矿方法为全面采矿法、浅孔留矿法、切顶房柱法和有底柱分段崩落采矿法。矿山设计生产能力 36 万吨/a，设计开采回采率为 93%，设计贫化率为 16%，设计出矿品位（Sn）0. 43%，锡矿（Sn）最低工业品位为 0. 2%。

83.3.2 矿山实际生产情况

2013年，矿山实际采出矿量60.52万吨，排放废石68万吨。矿山开采深度为2140~1000m标高。具体生产指标见表83-2。

表83-2 矿山实际生产情况

采矿量/万吨	开采回采率/%	贫化率/%	出矿品位/%	掘采比/m·万吨$^{-1}$
60.52	90.5	14.5	0.48	530

83.3.3 采矿技术

矿山采用地下开采，开拓方式为平硐-辅助盲竖井-盲斜井相结合的联合开拓方式。矿山矿体平均倾角5°~60°不等，平均厚度0.5~11m，为薄到中厚矿脉。结合矿山实际，选用全面采矿法、浅孔留矿法、切顶房柱法、有底柱分段崩落采矿法。其中，1-10号矿体采用全面采矿法、房切顶柱法；9-2号、6-23号、6-8号、6-8-1号、6-8-2号、6-8-3号、6-9号、6-11号、6-11-1号、6-26-3号、6-7号、1-11-4号矿体采用浅孔留矿法；6-23号、1-11号、1-3号矿体采用有底柱分段崩落采矿法。

矿山采用的采掘设备主要有：YTP-29A型、YG-40型凿岩机；通风备选用主扇2K60-4a16、辅扇K4013-19、局扇K40A-9、10；耙矿选用55kW、30kW、15kW电耙；坑内矿石运输选用7t、3t电机车1.6m^{3}矿车。具体见表83-3。

表83-3 矿山主要设备表

序号	设备名称及型号	单位	使用	备用	合计
1	凿岩机（YTP-29A）	台	6	3	9
2	凿岩机（YG-40）	台	4	2	6
3	55kW电耙	台	3	2	5
4	30kW电耙	台	2	1	3
5	15kW电耙	台	2	1	3
6	电机车（ZK7-6/250）	辆	2	1	3
7	电机车（ZK3-6/250）	辆	3	1	4
8	YCC-1.6m^{3}侧卸式矿车	辆	50	10	60
9	主扇（2K60-4a16）	台	1	1	2
10	辅扇（K4013-19）	台	2	2	4
11	局扇（K40A-9、10）	台	20	10	30
12	空压机（Atlas GA250-7.5）	台	1	1	2
13	2TPJ-1.6提升机	台	2	1	3
14	Z30装岩机	台	1	2	3
15	混凝土喷射机	台	1	1	2
16	混凝土搅拌机	台	1	1	2

83.4　矿产资源综合利用情况

大屯锡矿，矿产资源综合利用率90.5%。

截至2013年底，矿山废石累计积存量546万吨，集中堆存在废石场，回填井下采空区，均得到利用。2013年产生量为68万吨。

矿坑涌水用于矿山生产用水。

84 高峰矿业

84.1 矿山基本情况

高峰矿业为主要开采锡铜矿的中型矿山，共伴生矿产为锌、铅、锑、银、硫、砷、铟、镉、镓等，是国家级绿色矿山。矿山筹建于1985年，1988年开始探采斜井下掘，1993年正式投产。矿山位于广西壮族自治区河池市南丹县，距南丹县城38km，距河池市81km，距南宁市300km，交通方便。矿山开发利用简表详见表84-1。

表84-1 高峰矿业开发利用简表

基本情况	矿山名称	高峰矿业	地理位置	广西壮族自治区河池市南丹县
	矿山特征	国家级绿色矿山	矿床工业类型	锡石-硫化物型，锡石-铁闪锌矿-脆硫锑铅矿-磁黄铁矿亚型矿床
地质资源	开采矿种	锡矿	地质储量/万吨	矿石量1640
	矿石工业类型	原生锡石-硫盐-硫化物型矿石	地质品位/%	1.96
开采情况	矿山规模/万吨·a^{-1}	33，中型	开采方式	地下开采
	开拓方式	斜井（盲斜井）-竖井-斜坡道联合开拓	主要采矿方法	浅孔落矿法、中深孔落矿法和上向分层充填法
	采出矿石量/万吨	26.84	出矿品位/%	1.56
	废石产生量/万吨	2	开采回采率/%	95.57
	贫化率/%	7.46	开采深度/m	923~-400标高
	掘采比/m·万吨$^{-1}$	221		
选矿情况	选矿厂规模/万吨·a^{-1}	30	选矿回收率/%	Sn 72.61 Pb 87.36 Zn 85.17 Sb 83.43 Cd 85.17 Ag 87.36 In 85.17
	主要选矿方法	二段一闭路破碎，两段闭路磨矿，磁—浮—重联合选别		

续表 84-1

选矿情况	入选矿石量/万吨	26.84	原矿品位	Sn 1.56% Pb 2.34% Zn 11.70% Sb 2.10% Cd 0.07% Ag 228g/t In 0.02%
	Sn 精矿产量/t	5015	Sn 精矿品位/%	50.05
	Zn 精矿产量/t	31142	Zn 精矿品位/%	Zn 45.86 Cd 0.46 In 0.071
	Pb Sb 精矿产量/t	9089	Pb Sb 精矿品位	Pb 25.72% Sb 2.41% Ag 906g/t
	尾矿产生量/万吨	22.31	尾矿品位/%	Sn 0.63 Zn 2.50 Pb 0.67 Sb 0.63
综合利用情况	综合利用率/%	71.58		
	废石排放强度/$t \cdot t^{-1}$	2.20	废石处置方式	充填
	尾矿排放强度/$t \cdot t^{-1}$	24.55	尾矿处置方式	尾矿库堆存
	废石利用率/%	100	尾矿利用率/%	33.41
	废水利用率/%	100		

84.2 地质资源

84.2.1 矿床地质特征

高峰矿床规模为中型矿床，矿床类型为锡石-硫化物型，锡石-铁闪锌矿-脆硫锑铅矿-磁黄铁矿亚型，矿石类型属原生锡石-硫盐-硫化物型矿石。高峰矿床位于大厂矿田西成矿带的南端，主要由 100 号矿体构成。矿区主要出露中、上泥盆统和下石炭统的碎屑岩、碳酸盐岩、硅质岩地层。中泥盆统纳标组生物礁灰岩和罗富组钙质泥岩与泥灰岩构成大厂背斜的核部，呈 NNW 向延长的椭圆形穹丘，西翼陡东翼缓，长轴与背斜走向一致，其中纳标组生物礁灰岩是 100 号矿体的主要赋矿层位。矿区内出露的岩浆岩主要为花岗斑岩岩墙，呈南北走向侵入并切穿了 100 号矿体。矿区褶皱和断裂构造主要为近 NS 向的龙头山断裂和近 NNW 向的大厂倒转背斜和大厂断裂。龙头山断裂和大厂断裂不仅共同控制了生物礁灰岩的分布，而且是重要的导矿构造，成矿晚期则被花岗斑岩脉所充填。大厂断裂为逆掩-脆韧性断裂带，且多位于倒转褶皱轴部，在受到后期构造叠加改造时，形成赋矿条件良好的平移断层与层间破碎带。上述有利的岩性和构造组合共同控制了100号超大型矿体的产出。

高峰矿床100号矿体为一不规则的“S”形似层状矿体，局部呈透镜状，产于大厂背斜轴部的生物礁灰岩之中。另有一些似层状、块状和透镜状矿体产于礁灰岩盖层与礁体之间的断层破碎带或岩溶构造中。矿体以致密块状硫化物矿石为主，矿石中Sn的平均品位为1.79%，Zn为10%，Pb为5.21%，Sb为4.8%。主要金属矿物有锡石、毒砂、磁黄铁矿、铁闪锌矿、黄铁矿、白铁矿、胶黄铁矿、草莓状黄铁矿、脆硫锑铅矿，次有黄铜矿、黝铜矿、黝锡矿、硫锑铅矿、异辉锑铅矿等，脉石矿物有石英、萤石、方解石、石膏、炭质沥青等。

84.2.2 资源储量

高峰矿业开采矿种以锡矿为主，共生矿产有锌、铅、锑、银，伴生矿产有硫、砷、铟、镉、镓等，矿石类型属原生锡石-硫盐-硫化物型矿石。矿区累计查明资源储量矿石量约1640万吨，金属量约320万吨，其中，锡28万吨，锌156万吨，铅73万吨，锑64万吨，银两千多吨。

84.3 开采情况

84.3.1 矿山采矿基本情况

高峰矿业为地下开采的中型矿山，采取斜井（盲斜井）+竖井+斜坡道联合开拓，使用的采矿方法为浅孔落矿法、中深孔落矿法和上向分层充填法。矿山设计生产能力33万吨/a，设计开采回采率为89%，设计贫化率为10%，设计出矿品位（Sn）1.23%，锡矿（Sn）最低工业品位为0.3%。

84.3.2 矿山实际生产情况

2013年，矿山实际采出矿量26.84万吨，排放废石2万吨。矿山开采深度为923~-400m标高。具体生产指标见表84-2。

表84-2 矿山实际生产情况

采矿量/万吨	开采回采率/%	贫化率/%	出矿品位/%	掘采比/m·万吨$^{-1}$
26.84	95.57	7.46	1.56	221

84.3.3 采矿技术

高峰公司（改制前称高峰锡矿）筹建于1985年，1988年正式开始探采斜井下掘，1992年在540m水平标高坑探打到100号矿体，然后分别在500m、450m、400m、350m中段及以下分层进行坑探揭露矿体，并在500m、450m、400m及350m中段，按勘探线将矿体分成若干个采场，使用中孔爆破落矿方式采矿。400m水平以下，由于种种原因，采用每十米开一个探矿分层，采矿使用浅孔落矿方式采矿。在20世纪90年代，公司采用边基建、边探矿、边采矿“三边”结合滚动式发展，使企业不断壮大，1993 年正式投产，生产能力为采选 300t/d，然后边生产边对井下开采系统、选厂进行改造、扩建，1995 年将采选能力从 300t/d 提高到 500t/d，到 1997 年再次将采选能力从 500t/d 提高到 1000t/d，此后，基本维持在这个生产规模，目前采选能力 33 万吨/a。

高峰公司矿山开拓采用斜井（盲斜井）+竖井+斜坡道联合方式。高峰公司矿山共在三个井口，即探采斜井、竖井及通风斜井，探采斜井最初用于探矿及提升用，目前主要用于提升矿石及进风，竖井主要用于人员上下、材料上下、提升废石及进风。风井用于井下通风，将井下的污风抽出地面。

探采斜井从 690m 标高到 380m 标高，通过与 2 号、3 号、7 号四级盲斜井接力，提升系统服务最低标高达-200m。探采斜井分别在 540m、500m、450m、400m 标高设有马头门，上述各中段矿、废石可通过此斜井提升。2 号盲斜井从 450m 到 180m 标高，提升上来的矿、废石通过溜井，直接下放到探采斜井 380m 溜井，与之接力，2 号盲斜井在 350m、300m、200m 中段设有矿石、废石溜井，有联道与中段贯通，服务这些中段的提升。3 号盲斜井从 210m 到-123m 标高，与 2 号盲斜井接力，提升上来的矿石通过溜井直接转由 2 号盲斜井提升。3 号盲斜井在 50m、0m、-50m、-100m 中段设有矿石、废石溜井，有联道与中段贯通，服务这些中段的提升。7 号盲斜井从-50m 到-270m 标高，提升上来的矿石、废石能过溜井直接转到 3 号盲斜井提升。7 号盲斜井在-150m、-200m设有矿石、废石溜井，有联道与中段贯通，服务这些中段的提升。

竖井从 723m 标高到 180m 标高，与 4 号、6 号二级盲斜井接力，下井人员可以乘罐笼、人车到达-200m 标高，同样，材料也是通过此线路下放到井下各工作面。人员、材料从地面通过竖井可到达 400m、250m、200m 中段，在 200m 能过一段平巷，到达 4 号盲斜井（200~-60m 标高），可以乘坐人车（放料用平板车）到达 110m、50m、10m、-50m、-60m 中段、分层，再通过 6 号盲斜井（-60~-200m 标高），可以乘坐人车（放料用平板车）到达-100m、-150m、-200m 中段。

风井从地面下斜井到 450m 标高，从 450m 标高下天井到 350m 标高，从 350m 下斜井到 250m 标高，从 250m 下斜井到 200m，从 200m 斜井到-100m，再从-100m 下天井、斜井到-200m，各斜井与联道边接，形成井下主要通风巷道，完善的通风系统可服务到-200m 标高。

斜坡道从 400m 到 110m 标高，400m 标高通过平巷、斜坡道与铜坑矿巷道连接，铲运机、运输设备以及一些材料等可以从铜坑矿地面开、运输到高峰井下 400m 水平，然后沿斜坡道下到 110m 标高，再通过盲斜井，可以下到深部各工作中段。

排水系统主要由四级泵站组成，泵站分别设在 400m、200m、-50m、-200m 中段，从最低站逐级往上抽，最后从 400m 泵站将井下水泵到地面选矿厂供选矿用。

供电、供风、供水系统从地面往深部供。目前，公司矿山提升、通风、运输、排水、供电、供风、通风、供水系统等开发系统完善，服务范围从地面到最低标高-200m，开拓最低标高为-250m。

为开发 100 号、105 号矿体，高峰公司长期与科研单位合作，由他们提供技术服务，根据实际情况，不断优化采矿工艺流程，解决深部开采所遇到的一系列问题，提高矿石回采率。

先后委托长沙有色设计研究院编制《100号矿体开采设计》《高峰公司100号矿体深部开采设计》《105号矿体开发利用方案》以及一些重点基建工程的设计，共同合作完成一些采矿设计。与中南工大合作，对深井、地压、高温等对影响开采的因素进行研究，找出可行的解决办法。与长沙矿山研究院合作，开展深部、地表地压监测，实时监控地压变化情况，为采矿提供安全保障。与化锡设计研究院合作，进行一些工程设计、矿体单体设计，优化采矿工艺，提高采产效率。与北京矿冶研究院合作，对残矿资源回采进行研究，找出针对不同条件的残矿资源的采矿方法。

总体上，采矿方法采用分段空场嗣后充填法及机械化水平分层充填采矿法，为更好地回收矿产资源，对不同的采段，根据其矿体分布、地质构造的特点，采用不同的采矿方法。如对于完整的矿块，采用中孔爆破落矿，对于受民采破坏严重的矿段，采用浅孔爆破落矿，对于一些被废石人行覆盖、矿废混在一起的残矿资源，采用胶结固化然后再回采等方法。

为提高采矿效率，充分回收残矿资源，高峰公司采矿工作采用了多种先进装备，如竖井提升机配置了德国西门子公司和ABB公司的全数字直流调速系统和计算机控制系统；井下使用瑞典阿特拉斯公司的铲运机和凿岩台车；天井掘进使用国产的AT-2000型天井钻机等，同时辅以耙碴机出矿，运矿车、电车运矿，尽量使用机械化作业，为减轻作业强度，提高作业效率。

400m中段以上，按勘探线划分采场，开采中段高度为50m，主要采用中深孔爆破落矿，采下矿石通过铲运机出矿，利用铲运机及汽车运输，倒到矿石溜井，由提升斜井提到地面。

400m以下，因为民采原因，矿体遭受破坏严重，因此每十米高差掘一个探、控矿分层，各分层利用浅孔爆破落矿，铲运机、装岩机、汽车等装矿、运矿，采用有轨运输与无轨运输相结合，将矿运到溜井，由提升斜井提升出地面。

目前正在开采的105号矿体，深部矿体较完整，将主要采用中深孔爆破落矿。

深部开采，地压活动对工程施工及井巷工程影响较大，采矿形成的空区，全部进行废石充填及胶结充填。公司矿山拥有一个充填站，充填浆从地面充填站通过管路输送到井下各个充填点进行充填。今年投资600多万元对充填站进行技术改造，使充填料浓度大大提高，由原来的50%提高到70%。空区经充填后，周边矿体可以回采，最终不留矿柱、保护层。

84.4 选矿情况

84.4.1 选矿厂概况

高峰公司拥有一个选厂，即巴里选矿厂，经过几次改建扩建，选矿能力与矿山开采能力相匹配，公司矿山采出的矿石全部供巴里选矿厂进行选矿。巴里选矿厂是一个锡、铅、锑、锌、银等多金属综合回收的选矿厂，1958年建厂，到1984年日处理矿石120t，后来又经过4次技改，形成了目前日处理矿石1100t的生产规模。现有的选矿原则流程为磁—浮—重流程。2009~2013年选矿回收率详见表84-3。

表 84-3　2009~2013 年选矿回收率表

年份	选矿回收率/%			
	Sn	Zn	Pb	Sb
2009	76. 29	85. 82	89. 92	86. 76
2010	73. 96	85. 62	90. 39	88. 78
2011	74. 00	84. 93	87. 65	85. 54
2012	72. 75	85. 76	88. 71	86. 71
2013	72. 61	85. 91	87. 36	85. 17

84. 4. 2　选矿工艺流程

84. 4. 2. 1　破碎流程

巴里选矿厂碎矿流程为二段一闭路流程。原矿由粗矿仓输送出，经过棒条筛筛分，粗矿部分进入 PE400×600 颚式破碎机破碎后，与棒条筛筛下的矿物一起进入 SZZ1250×2500 自定中心振动筛进行筛分，筛上矿物进入 PYB1200 圆锥破碎机进行细碎，细碎后返回自定中心振动筛检查筛分。自定中心振动筛筛下物料送往粉矿仓成为最终破碎产品。碎矿处理能力 150~160t/h，产品粒度-30mm。

84. 4. 2. 2　磨矿分级流程

磨矿分级工艺流程比较简单，原矿经预先筛分后，+1. 43mm 筛上产品入 1 号棒磨机，其排矿和预先筛分-1. 43mm 筛下产品由砂泵输送至缓冲斗经取样机进入旋转分矿器分至 8 台圆筒筛进行检查筛分。+0. 25mm 筛上产品入 2 号、3 号棒磨机，其排矿与-0. 25mm 筛下产品进入磁选作业。磨矿分级工艺流程如图 84-1 所示。

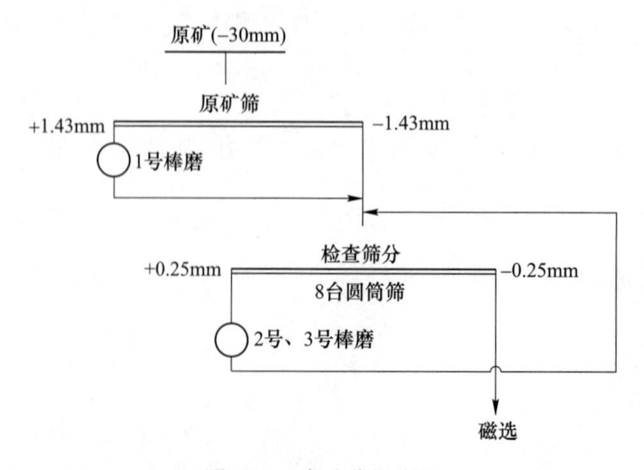

图 84-1　磨矿分级流程

84. 4. 2. 3　选矿流程

现有的选矿原则流程为磁—浮—重流程。流程图如图 84-2 所示。

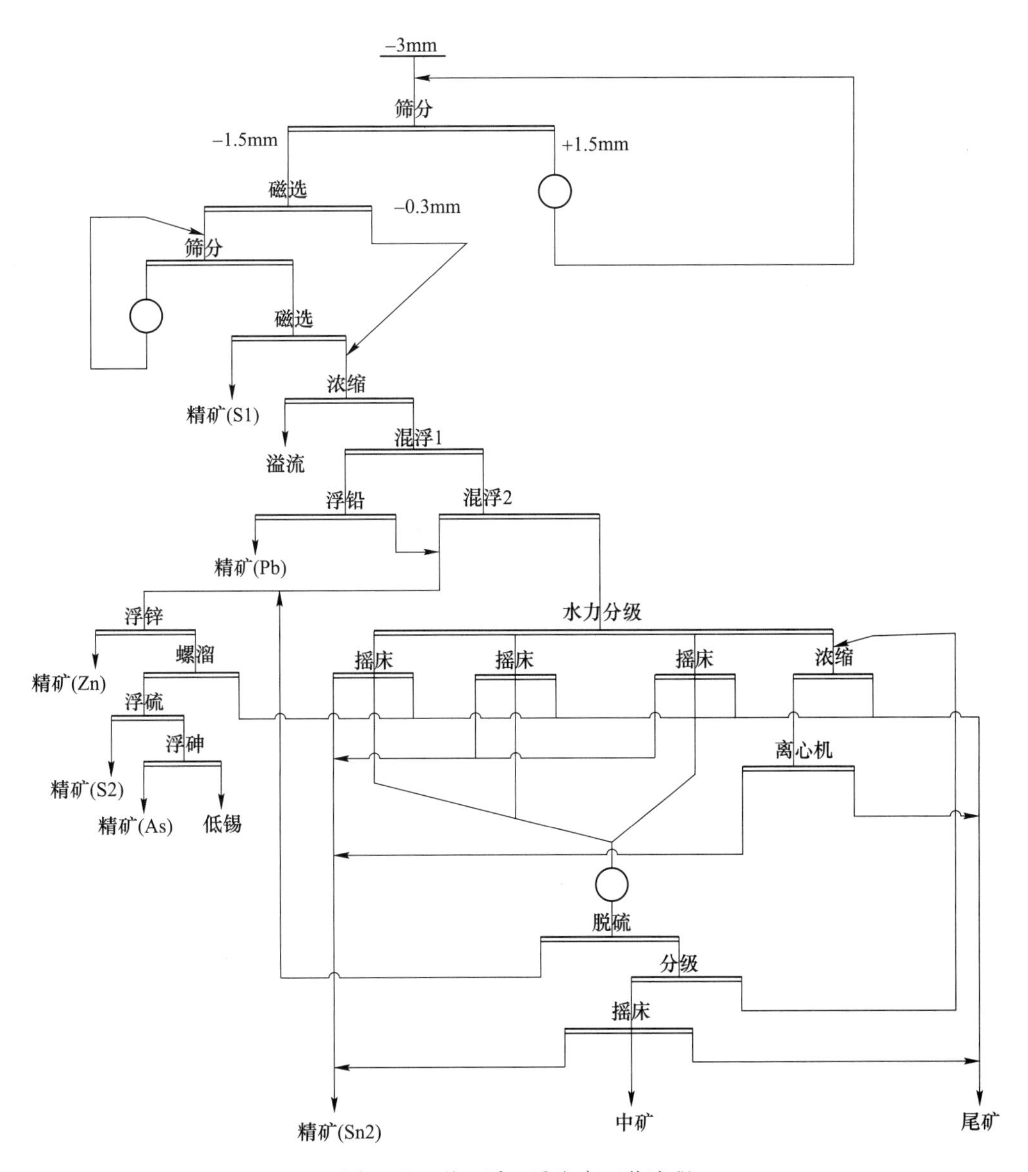

图 84-2 磁—浮—重生产工艺流程

84.5 矿产资源综合利用情况

高峰矿业，矿产资源综合利用率 71.58%，尾矿品位 Sn 0.63%。

矿山废石部分用于井下空区充填出窿，主要作为建筑材料使用。截至 2013 年底，废石场累计堆存废石 40 万吨，2013 年产生量为 2 万吨。废石利用率为 100%，废石排放强度为 2.20t/t。

尾矿再选别，尾砂充填。截至 2013 年底，矿山尾矿库累计积存尾矿 0 万吨。2013 年产生量为 22.31 万吨，尾矿利用率为 33.41%，尾矿排放强度为 24.55t/t。

井下排去地面的水，全部送到选厂供选矿使用。

85　华锡铜坑矿

85.1　矿山基本情况

华锡铜坑矿为主要开采锡铜矿的大型矿山，共伴生矿产为铅、锌、锑、银、铟、砷、硫等，是国家级绿色矿山。矿山于1967年开始进行建设，1979年验收试机试产，1981年6月正式投产。矿山位于广西壮族自治区河池市南丹县，西部出海大通道的高等级公路从矿区穿过，北距南丹县城约50km，东距河池市区90km，南距南宁市约310km，交通非常方便。矿山开发利用简表详见表85-1。

表85-1　华锡铜坑矿开发利用简表

基本情况	矿山名称	华锡铜坑矿	地理位置	广西壮族自治区河池市南丹县
	矿山特征	国家级绿色矿山	矿床工业类型	海底火山喷气同沉积-岩浆叠加改造型矿床
地质资源	开采矿种	锡矿	地质储量/万吨	矿石量5721.6
	矿石工业类型	原生锡石	地质品位/%	0.7
开采情况	矿山规模/万吨·a^{-1}	237.6，大型	开采方式	地下开采
	开拓方式	竖井-盲斜井联合开拓	主要采矿方法	空场法或嗣后充填及组合式崩落法
	采出矿石量/万吨	223.57	出矿品位/%	0.49
	废石产生量/万吨	23.42	开采回采率/%	84.92
	贫化率/%	9.57	开采深度/m	925~150标高
	掘采比/m·万吨$^{-1}$	61.26		
选矿情况	选矿厂规模/万吨·a^{-1}	240	选矿回收率/%	Sn 74.43 Pb 67.64 Zn 78.31 Sb 62.25 Cd 74.12 Ag 62.19 In 74.79
	主要选矿方法	长坡选矿厂：三段一闭路破碎，重—浮—重		
	入选矿石量/万吨	223.57	原矿品位	Sn 0.49% Pb 0.38% Zn 1.81% Sb 0.11% Cd 0.011% Ag 15g/t In 0.0043%

续表 85-1

选矿情况	锡精矿产量/万吨	1.4063	锡精矿品位/%	Sn 48
	锌精矿产量/万吨	5.4523	锌精矿品位/%	Zn 47
	铅锑精矿产量/万吨	1.19	铅锑精矿品位/%	Pb 25.22 Sb 16.78
	尾矿产生量/万吨	204.29	尾矿品位/%	Sn 0.13
综合利用情况	综合利用率/%	62.68		
	废石排放强度/$t \cdot t^{-1}$	16.65	废石处置方式	废石场堆存
	尾矿排放强度/$t \cdot t^{-1}$	145.27	尾矿处置方式	尾矿库堆存
	废石利用率/%	70.07	尾矿利用率/%	0
	回水利用率/%	87	涌水利用率/%	81.67

85.2 地质资源

85.2.1 矿床地质特征

铜坑矿矿床规模为大型，矿床类型为海底火山喷气同沉积-岩浆叠加改造型矿床。矿床位于广西丹池成矿带大厂矿田，该成矿带位于广西北部的丹池褶断带北段，呈 NW-SE 向展布，其中丹池大断裂和丹池复背斜控制了整个成矿带，它与 NE 向断裂相交之处是良好的成矿区域。地表可见到燕山期中酸性岩浆岩常呈岩墙、岩脉状产出。在矿带内，沿 NW 到 SE 方向，相继产出有麻阳、芒场、大厂、北香和五圩等矿田。大厂矿田分为东、中、西三个矿带，其中规模最大的长坡-铜坑锡多金属硫化物矿床即位于西矿带内的北端，沿大厂断裂南东方向还分布着巴力矿和高峰矿。在该成矿带内，主要的赋矿地层是泥盆系生物礁灰岩、硅质岩、条带状灰岩和扁豆状灰岩。

铜坑矿床具有明显的垂直分带特征，从上到下依次发育的矿体为：北东向大裂隙脉锡矿体、细脉带矿体、91 号细脉浸染交代型矿体、92 号网脉型层状矿体和矽卡岩型锌铜矿体。

（1）大裂隙脉型矿体。矿体主要发育在长坡 NW 向倒转背斜轴部隆起部位，地表出露较多，走向 25°~31°，倾向 132°~146°，倾角约 62°~76°，脉厚 20~80cm，为后期热液充填形成的富锡硫化物矿脉，以 0 号、38 号脉为代表。

（2）细脉带矿体。矿体分布在长坡倒转背斜东翼，由密集的北东走向细小节理脉组成，节理脉密度约 6~10 条/m，倾向南东，赋矿地层主要是扁豆灰岩和灰页岩，特征与大裂隙脉近似，但脉厚约 2cm，延伸约 3m，矿体形态主要呈板状，往下与 91 号矿体在 505m 水平一带相交。

（3）91 号矿体。91 号矿体总体形态为似层状，属细脉交代型，赋存于细条带硅质灰岩中，走向延长约 481m，延伸达 476m，矿体平均厚度 16m。矿体上部与扁豆灰岩接触，分界面为 75 号层面脉，下部与宽带灰岩接触，分界面为 77 号层面脉。

（4）92 号矿体。该矿体由细小的北东向裂隙脉和硅质岩层间细矿脉组成，表现为网脉状矿化，总体顺层产出，走向近于东西。矿体延长、延伸达 600～700m，平均厚度约 24m，以规模巨大而著称于世。矿体上部与宽条带灰岩接触，在中心地带与 91 号矿体相连，含锡较高。矿体下部矿化不连续，呈现分支状态，富锌而少锡。

（5）锌铜矿体。目前在 305m、255m 水平坑道揭露了 94 号、95 号矽卡岩型锌铜矿体，位于“东岩墙”以东，含矿地层为 D_2^2 硅质灰岩，受矽卡岩化带控制，呈似层状，两者平行产出，相距约 80m，总体走向 WE，倾向 N，倾角 10°～26°，矿体沿走向和倾向均有膨胀收缩、分枝复合现象。

85.2.2 资源储量

华锡铜坑矿主矿种为锡、铅、锑、锌、硫、砷及伴生的稀贵元素铟、镉、镓、金、银，主要矿石类型为锡石多金属硫化矿类型。至 2012 年，矿山累计查明矿石资源储量为 5721.6 万吨，锡金属 63 万吨，锌金属 211.9 万吨。

85.3 开采情况

85.3.1 矿山采矿基本情况

华锡铜坑矿为地下开采的大型矿山，采取竖井-盲斜井联合开拓，使用的采矿方法为空场法或嗣后充填及组合式崩落法。矿山设计生产能力 237.6 万吨/a，设计开采回采率为 72%，设计贫化率为 16%，设计出矿品位（Sn）0.7%，锡矿（Sn）最低工业品位为 0.3%。

85.3.2 矿山实际生产情况

2013 年，矿山实际采出矿量 223.57 万吨，排放废石 23.42 万吨。矿山开采深度为 925～150m 标高。具体生产指标见表 85-2。

表 85-2 矿山实际生产情况

采矿量/万吨	开采回采率/%	贫化率/%	出矿品位/%	掘采比/m·万吨$^{-1}$
223.57	84.92	9.57	0.49	61.26

85.3.3 采矿技术

采矿方法主要是空场法或嗣后充填及组合式崩落法。凿岩设备主要采用进口的 simba-261 潜孔钻机以及国内先进的宣化钻机，钻凿 ϕ165mm、ϕ110mm 大孔，ϕ90mm 大孔。井下出矿采用进口的 CTX-6B 铲运机，运输采用 18t 大型井下卡车，大块破碎采用进口的 TM16 破碎锤，实现了井下作业无轨化。采出矿石在井下集中粗碎后，经竖井提升到地面进行中、细碎，再经过 5.3km 空中索道送往车河选矿厂处理。

主要采矿方法：铜坑矿为侧翼式主、副井开拓。由竖井、副井、箕斗静井、风井、盲斜井、充填斜井等组成较完整的开拓系统。同时考虑到无轨设备上下及通风的需要，设计了通达地表的主斜坡道。整个开拓系统从井运输升到地面运输，形成两条独立的供矿生产线，即车河供矿生产线和长坡供矿生产线。

（1）1号、2号竖井：井筒规格直径6m，井口标高770m，井底标高335m，井筒深度435m。2号竖井为箕斗、罐笼混合井，布置在矿体东部。井塔高71m，设有载重500kg的电梯及容量700t矿仓和容量300t的废石仓。主提升机采用JKM4×4，多绳摩擦轮提升机，箕斗容积13m^3，载重26t单箕斗，装矿水平为392m水平，提升高度417m，电动机为2000kW，提升采用全自动化系统；副提升采用JKM2.25×4多绳摩擦轮提升机，4000×1476双层单罐笼提升系统，功率500kW。主要用于提升人员、设备和材料。井筒内还布置了主供风管、井下用电电缆、井下排水主水管、通信电缆等。

（2）东副井：井筒直径6.5m，井口标高815m，井底标高223m，井筒深度592m。井塔高41m，主提升采用JKM3.25×4多绳摩擦轮提升机，4500×1600双层单罐笼提升系统，功率2000kW。副提升系统辅助交通罐笼，采用JKM1.35×4多绳摩擦轮提升机，1800×1150双层单罐笼提升系统，功率640kW。主要用于提升人员、设备和材料。

（3）主斜坡道：主斜坡道断面为5.2m×3.9m，地面标高739.7m，设计采用折返式布置，直线段坡度15%，转弯坡度为5%，均与各中段相通，长度约4000m，主要用于无轨设备、人员、材料等上下。

（4）2号、3号风井：井筒直径分别为4.595~4.754m，5.350~5.784m。其中2号风井主要用于细脉带矿体开采的专用回风井，3号风井主要用于91号、92号矿体开采的专用回风井。

（5）1号竖井：井口标高725m，井底标高505m，为3m×5m矩形断面，装有3号罐笼双罐提升，卷扬机功率310kW，目前供人员材料上下。

85.4 选矿情况

85.4.1 选矿厂概况

矿山采出矿石由两个选矿厂处理（车河选矿厂和长坡选矿厂）。车河选矿厂是主要选厂，年处理量约160万吨，长坡约50万吨。

车河选矿厂处理矿石为大厂矿田铜坑锡石多金属矿，包括细脉带、91号、92号矿。生产主流程设计为两大平行系列，均采用“重—浮—重”原则流程，年处理原矿量170万吨；原矿处理品位锡0.5%、锌1.6%、铅锑0.36%，产出有三种精矿，分别为品位48%锡精矿、品位47%锌精矿、品位42%铅锑精矿，回收率分别为72%、75%、58%；2009年开始回收硫铁矿，年产出硫铁精矿8万吨。

长坡选矿厂选矿方法的原则工艺为“重—浮—重”流程。

85.4.2 选矿工艺流程

85.4.2.1 长坡选矿厂破碎流程

采取三段一闭路流程。一段用400×600颚式碎矿机，二段为ϕ1200中型圆锥碎矿机，三段用ϕ1200短头型圆锥碎矿机和一台1500×8000振动筛构成闭路。最终产品粒度为-20mm。

85.4.2.2 长坡选矿厂选矿流程

原矿碎至-20mm后经筛分分成-20~4mm和4~0mm两个粒级，-20~4mm进入重介质旋流器预选，在磨矿前丢弃了产率30%~40%尾矿。尾矿锡、铅品位约0.05%，锡、铅、锌损失率约6%~8%。

重介质旋流器重产品经一段棒磨后采用跳汰预选，跳汰尾矿用2mm振筛筛除+2mm作为废弃尾矿，-2mm进入摇床选别。跳汰和摇床精矿及中矿按品级分成富贫两系统，分别进行再磨并进行混合浮选。混合浮选尾矿进行摇床选别产出合格锡精矿；混合浮选精矿再经细磨进行铅锌分离浮选，并分别产出铅精矿和锌精矿。

重选矿泥进入ϕ300mm旋流器，溢流再经ϕ125mm和ϕ75mm水力旋流器组脱除细泥，沉砂经浓缩、浮选脱硫后进行锡石浮选。

85.4.2.3 车河选矿厂流程

筛分：目的是对原矿和原矿磨矿后的产品进行筛分分级，降低原矿磨矿的负荷，防止已经磨细的产品再次进入磨矿，筛分分为三个产品，大于4.0mm的粗粒矿石进入原矿磨机，小于4.0mm大于2.0mm的中间粒级矿石进入跳汰作业，小于2.0mm的矿石进入圆锥螺溜系统。

跳汰重选：这一作业是对中粒级（-4.0+2.0mm）的矿石进行富集粗选，产出跳汰一室精矿，二室精矿和三室精矿和一个尾矿，这里尾矿经再磨再选后可直接丢出20%的尾矿。

螺旋溜槽重选和枱浮：圆锥溜系统对细粒级（-2.0mm）矿石进行富集选别，产出毛精矿，中矿和尾矿，毛精矿送入枱浮系统进一步选别，产出锡石精矿，中矿进入二段磨，尾矿经再次富集后进入中矿系统和产出最终尾矿。枱浮系统产出最终锡石精矿，中矿和尾矿，其中尾矿经分级富集后一部分进入选择性磨矿，一部分进入二段磨。

磨矿：有原矿磨、二段磨、硫化矿磨、尾矿磨和一台小磨，分别对原矿、跳汰二、三室及尾矿、圆锥螺溜系统中矿、枱浮部分中尾矿、各脱硫浮选作业产生的硫化矿进行磨矿，分别达到不同的粒级要求后进入下一作业。

浮选：共有浮选机136台，分别有混浮脱硫作业、铅锌硫预先混浮选作业、锌硫分离浮选作业、铅锌硫分离浮选作业以及微细粒铅锌絮凝梯级浮选作业，产出产品有铅精矿、锌精矿和进入下一作业的脱硫混尾矿，这里研究应用了大量高新技术，如高浓度无循环高效浮选技术，微细粒铅锌絮凝梯级浮选技术，提高铅锌质量技术、耐磨浮选材料的应用等，高新技术的研究应用，推动了生产的发展，提高了选矿厂经济效益。图85-1为车河选厂生产流程。

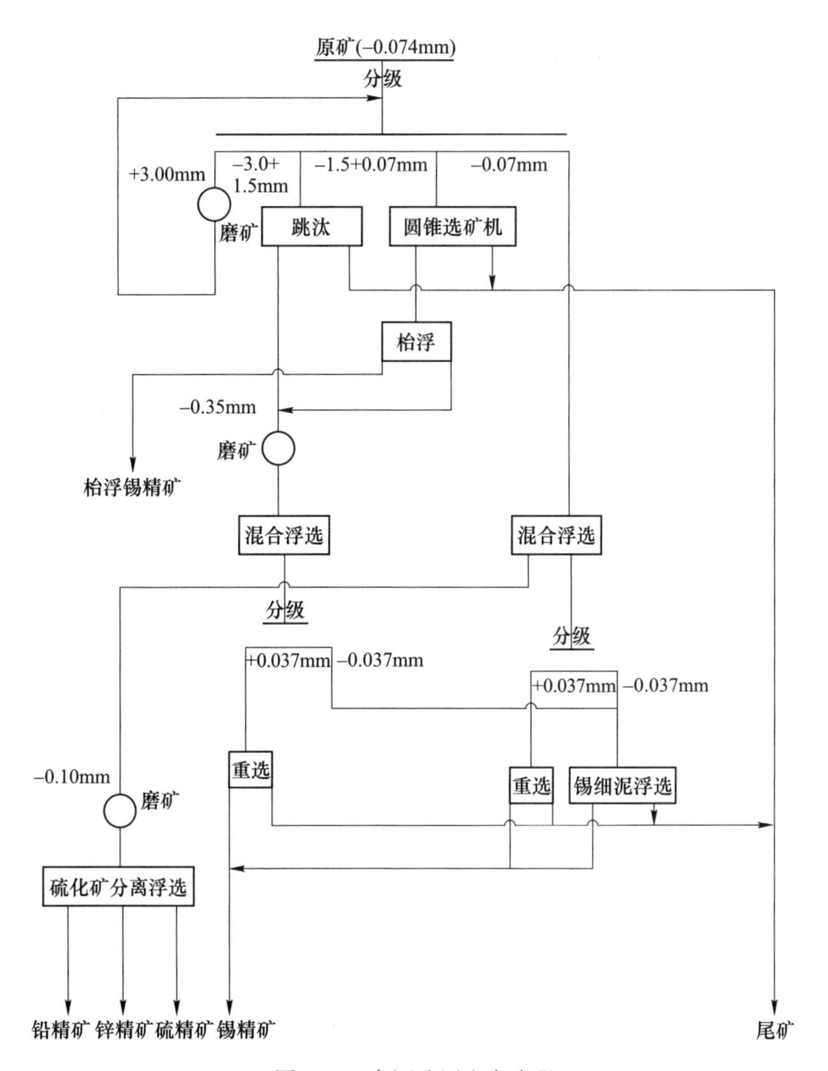

图 85-1 车河选厂生产流程

85.5 矿产资源综合利用情况

华锡铜坑矿，矿产资源综合利用率 62.68%，尾矿品位 Sn 0.13%。

矿山废石主要集中堆放在废石场。截至 2013 年底，废石场累计堆存废石 78.9 万吨，2013 年产生量为 23.42 万吨。废石利用率为 70.07%，废石排放强度为 16.65t/t。

尾矿处置方式为尾矿库堆存，未利用。截至 2013 年底，矿山尾矿库累计积存尾矿 2531.98 万吨。2013 年产生量为 204.29 万吨。尾矿排放强度为 145.27t/t。

86 卡房锡矿

86.1 矿山基本情况

卡房锡矿为主要开采锡铜矿的中型矿山，共伴生矿产为铜、钨、铋、钼、银等。矿山前身是个旧市国营红星锡矿，1959年5月5日与新倡锡矿合并划归云锡公司。矿山位于云南省红河哈尼族彝族自治州个旧市，直距个旧市区14km，公路里程23km，至昆明341km，省道个旧—金平二级公路纵贯区内，交通方便。矿山开发利用简表详见表86-1。

表86-1 卡房锡矿开发利用简表

基本情况	矿山名称	卡房锡矿	地理位置	云南省红河州个旧市
	矿山特征	—	矿床工业类型	残坡积砂锡矿、锡石-硫化物锡铜矿床和含锡花岗岩矿床
地质资源	开采矿种	锡矿	地质储量/万吨	矿石量 1501.4
	矿石工业类型	砂锡矿和脉锡矿	地质品位/%	0.753
开采情况	矿山规模/万吨·a^{-1}	30，中型	开采方式	地下开采
	开拓方式	平硐、溜井、斜上（下）山、盲中段联合开拓	主要采矿方法	全面法、留矿法、房柱法和分段崩落法
	采出矿石量/万吨	37.32	出矿品位/%	0.692
	废石产生量/万吨	35.34	开采回采率/%	93.19
	贫化率/%	5	开采深度/m	2598~1000 标高
	掘采比/m·万吨$^{-1}$	180		
选矿情况	选矿厂规模/万吨·a^{-1}	氧化矿选厂 6.6 硫化矿选厂 30	选矿回收率/%	Sn 57.64 Cu 77.63
	主要选矿方法	氧化矿：洗矿脱泥、阶段选别、次精矿集中复洗 硫化矿：两段开路碎矿，一段闭路磨矿，混合浮选—铜硫分离再磨再选，二段重选—次精矿集中复选		
	入选矿石量/万吨	氧化矿 6.50 硫化矿 30.73	原矿品位/%	氧化矿 Sn 0.555 硫化矿 Sn 0.634 Cu 1.127
	锡精矿产量/万吨	0.3301	精矿品位/%	Sn 40.35
	铜精矿产量/万吨	1.5549	精矿品位/%	Cu 17.29
	尾矿产生量/万吨	35.34	尾矿品位/%	Sn 0.28

续表 86-1

综合利用情况	综合利用率/%	74.88		
	废石排放强度/t·t^{-1}	107.06	废石处置方式	井下充填、废石场堆存
	尾矿排放强度/t·t^{-1}	107.06	尾矿处置方式	尾矿库堆存
	废石利用率/%	100	尾矿利用率/%	0

86.2 地质资源

86.2.1 矿床地质特征

卡房锡矿矿床规模为大型，矿床类型主要有残坡积砂锡矿、锡石-硫化物锡铜矿床和含锡花岗岩矿床。区内地层主要为三叠系中统个旧组（T_2g）碳酸盐岩地层，其次为第四系（Q）地层在山间残留。第四系在靠近原生矿床周围有残积、坡积型锡、铅砂矿床，矿石分选程度差，含泥量高，锡石颗粒度不均匀，品位较富。三叠系中统个旧组（T_2g）为矿区主要含矿地层，分布在整个矿区，在矿区内细分为6个岩性段从东至西由新至老分布。

区内矿床类型主要有残坡积砂锡矿、锡石-硫化物锡铜矿床和含锡花岗岩矿床3类。矿段内有105个矿体，矿体主要形状为似层状、透镜状。矿石的自然类型可划分为氧化矿矿石和硫化矿矿石两种。按矿物组合关系可分为锡石-石英型矿石、锡石-氧化物型矿石、锡石-硫化物型矿石、锡石-磁铁矿型矿石、锡石-矽卡岩型矿石。按共生有用元素组合关系可分为锡矿石、铜矿石、锡铜矿石、锡钨矿石等类型。

矿区原生矿床矿石类型主要有锡石多金属硫化物矿石和锡石氧化物矿石。锡石多金属硫化物矿石主要产于花岗岩接触带，少量分布于碳酸盐地层中，金属矿物主要为黄铁矿和磁黄铁矿，在致密块状矿石中含量占50%以上；锡石-氧化物矿石主要分布在花岗岩株上部碳酸盐类岩层中，部分分布于花岗岩接触带，为锡石-硫化物矿石氧化的产物，金属矿物主要有赤铁矿、褐铁矿、针铁矿、水针铁矿，含量一般在90%以上。

矿石结构主要有自形粒状结构、半自形、它形晶粒状结构、反应边结构、残余结构、似包含结构、压碎结构等。矿石的原生构造有块状、条带状、浸染状、脉状等；氧化矿石常见的次生构造有土状、块状、胶状，多孔状等。

86.2.2 资源储量

矿区内以锡为主，共伴生矿产有铜、钨、铋、钼、银等，主要矿石类型为砂锡矿和脉锡矿。矿区范围内累计查明砂锡资源储量15014kt，锡金属量27715t；累计查明脉锡资源储量12417kt，锡金属量91729kt。

86.3 开采情况

86.3.1 矿山采矿基本情况

卡房锡矿为地下开采的中型矿山，采取平硐、溜井、斜上（下）山、盲中段联合开拓，使用的采矿方法为全面法、留矿法、房柱法和分段崩落法。矿山设计生产能力 30 万吨/a，设计开采回采率为 88%，设计贫化率为 11%，设计出矿品位（Sn）0.65%，锡矿（Sn）最低工业品位为 0.2%。

86.3.2　矿山实际生产情况

2013 年，矿山实际采出矿量 37.32 万吨，排放废石 35.34 万吨。矿山开采深度为 2598～1000m 标高。具体生产指标见表 86-2。

表 86-2　矿山实际生产情况

采矿量/万吨	开采回采率/%	贫化率/%	出矿品位/%	掘采比/m·万吨$^{-1}$
37.32	93.19	5	0.692	180

86.3.3　采矿技术

矿山采用地下开采，开拓方式为平硐、溜井、斜上（下）山、盲中段联合开拓，采矿方法有全面法、留矿法、房柱法、分段崩落法。其中，1-10 号、1-20 号矿群选用全面采矿法、房柱法；10 号矿群选用全面采矿法、房柱法、有底柱分段崩落法；11 号矿群选用全面采矿法、房柱法；13 号矿群选用全面采矿法、房柱法、浅孔留矿法；17 号矿群选用房柱法、有底柱分段崩落法；18-2-1 号矿体选用全面采矿法、房柱法。

86.4　选矿情况

86.4.1　选矿厂概况

矿山建设有配套的选矿厂，即 200t/d 氧化矿选厂和 600t/d 硫化矿选厂。2013 年，选厂共处理矿石 37.23 万吨，原矿平均品位 0.623%，生产锡精矿 0.3301 万吨，精矿品位 40.35%。2013 年，硫化矿选厂处理矿石 30.73 万吨，铜品位 1.127%，生产铜精矿 1.5549 万吨，精矿品位 17.29%，铜选矿回收率为 77.63%。

86.4.2　选矿工艺流程

氧化矿的选矿方法采用重选的方法，工艺流程由洗矿脱泥、阶段选别、次精矿集中复洗和泥矿选别组成。工艺特点为：原矿洗矿分级抛尾减少作业负荷，阶段磨矿、阶段选别，粒级归队、砂泥分选，贫富分选、难易分选、次精矿集中复洗，达到精料入磨精选的目的。具体如图 86-1 所示。

600t/d 硫化矿锡铜共生矿流程为浮—重选矿工艺，其生产流程为：两段开路碎矿，一段闭路磨矿，选别工艺流程为先浮后重，浮选流程为混合浮选，铜硫分离再磨再选，脱硫浮选；重选流程为二段选别，次精矿集中一次复洗，泥矿集中一次选别，最终产出锡精矿、硫精矿，泥矿产出锡富中矿。具体如图 86-2 所示。

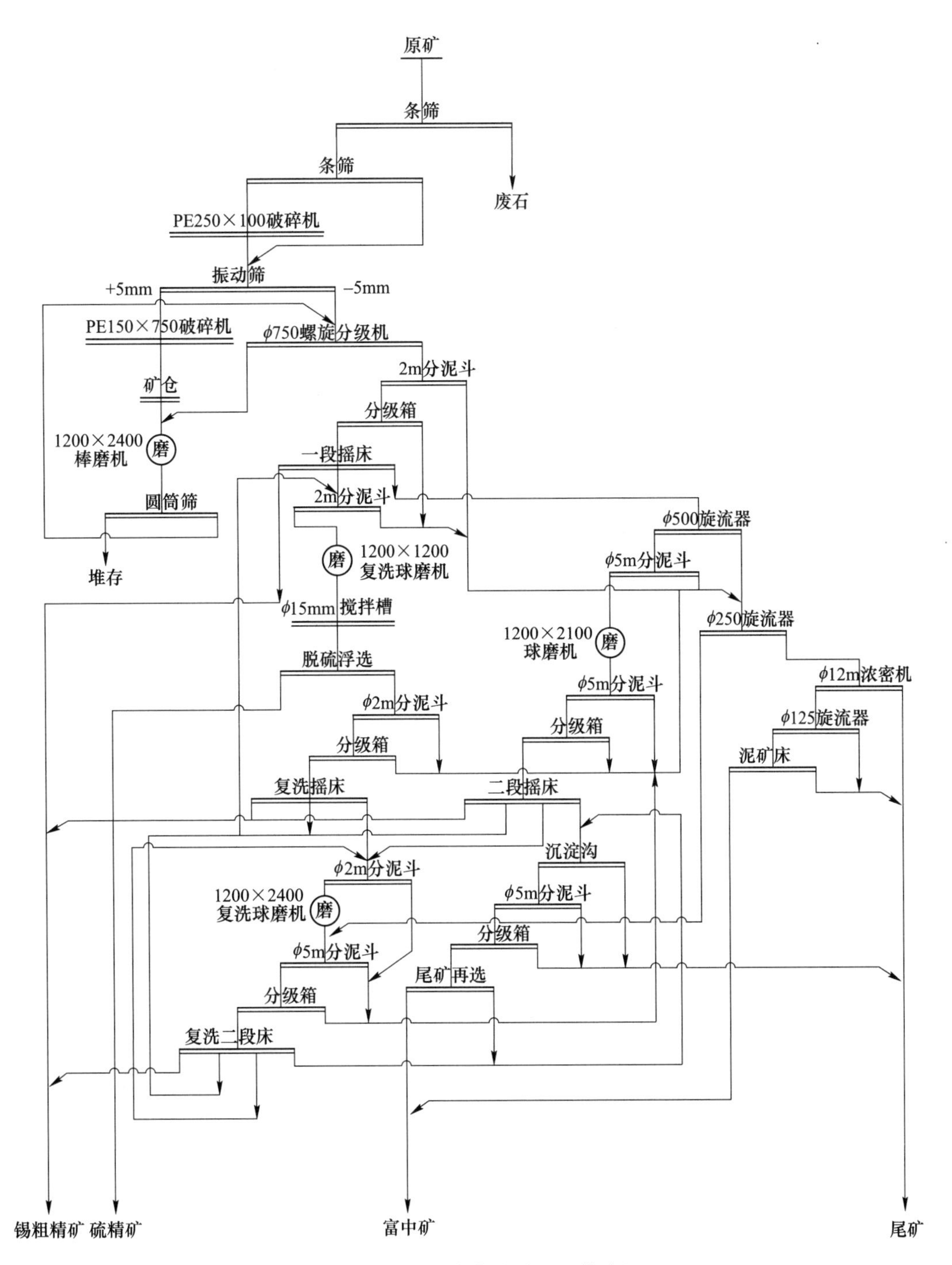

图 86-1 200t/d 氧化矿选厂工艺流程

86.5 矿产资源综合利用情况

卡房锡矿，矿产资源综合利用率 74.88%，尾矿品位 Sn 0.28%。

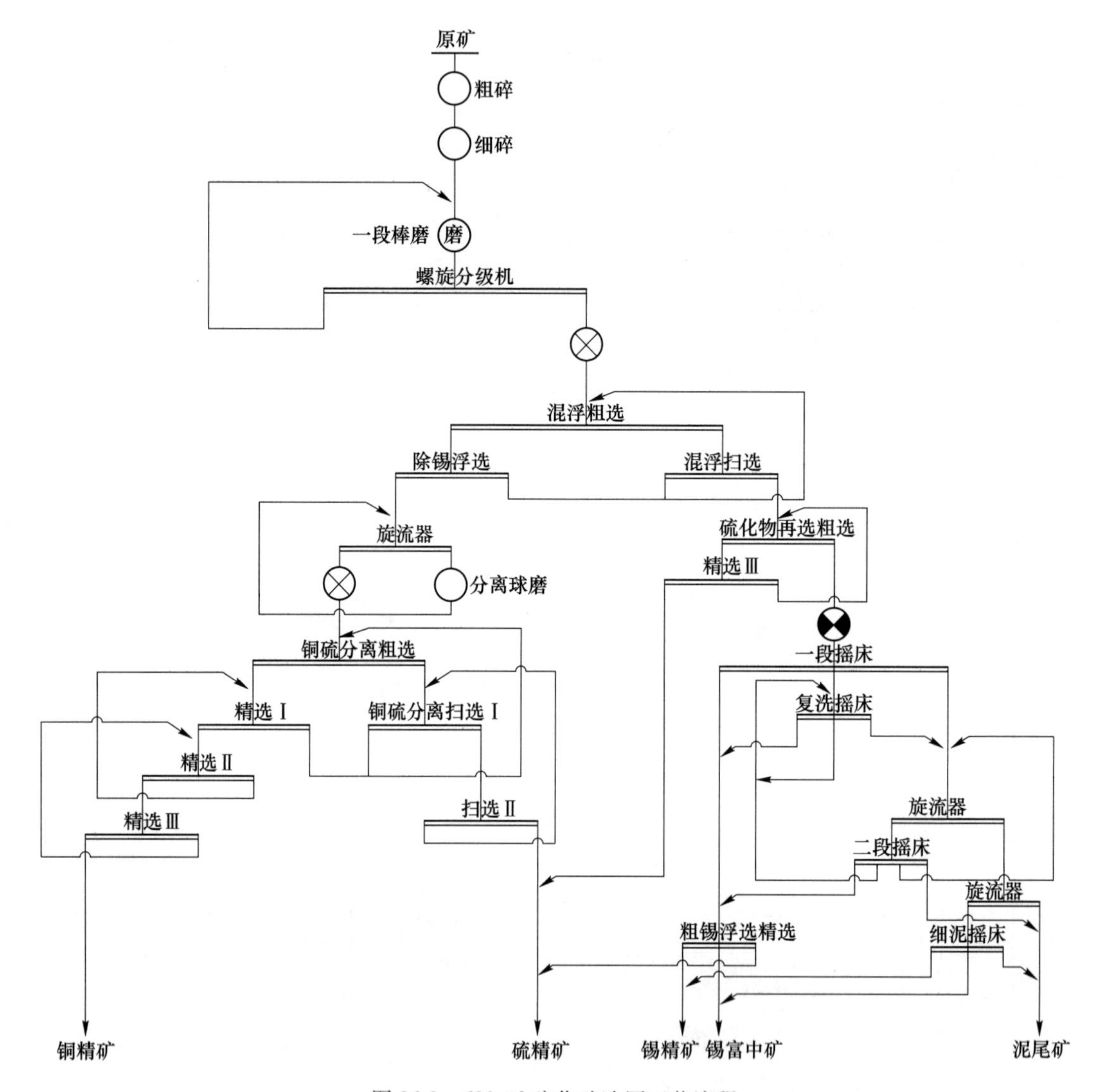

图 86-2　600t/d 硫化矿选厂工艺流程

矿山开采产生的废石一部分用于井下充填采空区，一部分集中堆放在废石场。截至 2013 年底，废石场累计堆存废石 154 万吨，2013 年产生量为 35. 34 万吨。废石利用率为 100%，废石排放强度为 107. 06t/t。

矿山选厂排放的尾矿堆存在尾矿库中，未利用。截至 2013 年底，矿山尾矿库累计积存尾矿 2332 万吨，2013 年产生量为 35. 34 万吨。尾矿排放强度为 107. 06t/t。

87 老厂锡矿

87.1 矿山基本情况

老厂锡矿为主要开采锡铜矿的大型矿山，共伴生矿产为铜、铅、锌、银、硫等。矿山1937年3月进行竖井开拓，1940年11月更名为云南锡业公司老厂锡矿，是个旧矿区开采历史最悠久的矿山之一。矿山位于云南省红河哈尼族彝族自治州个旧市，直距个旧市区12km，公路里程23km，至建水县107km、石屏县126km、蒙自县29km，均有公路相通，与附近矿山也有公路支线相通，交通方便。矿山开发利用简表详见表87-1。

表87-1 老厂锡矿开发利用简表

基本情况	矿山名称	老厂锡矿	地理位置	云南省红河州个旧市
	矿山特征	—	矿床工业类型	锡石-硫化物型矿床
地质资源	开采矿种	锡矿	地质储量/万吨	矿石量3785.6
	矿石工业类型	砂锡矿和硫化矿	地质品位/%	0.782
开采情况	矿山规模/万吨·a^{-1}	250，大型	开采方式	地下开采
	开拓方式	平硐、竖井、盲斜井联合开拓	主要采矿方法	有底柱分段崩落法、无底柱分段崩落法、房柱法、全面法、留矿法、充填法
	采出矿石量/万吨	131.63	出矿品位/%	0.363
	废石产生量/万吨	137.36	开采回采率/%	94.02
	贫化率/%	5	开采深度/m	2641~1000标高
	掘采比/m·万吨$^{-1}$	180		
选矿情况	选矿厂规模/t·d^{-1}	羊坝底选厂3000 大陡山选厂1800	选矿回收率/%	Sn 54.72 Cu 78.38
	主要选矿方法	铜硫化矿：铜硫混合浮选—粗精矿再磨分离—混选尾矿再选硫 锡硫化矿：粗磨—混合浮选—再磨分选，硫化物再选，浮尾阶段磨矿—阶段选别—次精矿集中复洗—泥砂分选 氧化矿：粗粒一段跳汰—二段摇床，次精矿单独复洗，泥矿集中处理		
	入选矿石量/万吨	131.63	原矿品位/%	Sn 0.314 Cu 0.883
	锡精矿产量/t	5876	锡精矿品位/%	Sn 40.05
	精矿产量/t	37425	精矿品位/%	Cu 14.84
	尾矿产生量/万吨	125.51	尾矿品位/%	Sn 0.16

续表 87-1

综合利用情况	综合利用率/%	52.08		
	废石排放强度/t · t^{-1}	31.72	废石处置方式	排土场堆存
	尾矿排放强度/t · t^{-1}	28.99	尾矿处置方式	尾矿库堆存
	废石利用率/%	13.25	尾矿利用率/%	0
	回水利用率/%	97.8	涌水利用率/%	95

87.2　地质资源

87.2.1　矿床地质特征

老厂矿田矿床规模为大型，矿床主要属锡石-硫化物型矿床，其主要矿床类型有含锡白云岩矿床、细脉带（俗称网状矿）矿床、层间氧化矿床、矽卡岩硫化物矿床及变基性火山岩铜等五类矿床。矿区范围内矿体较小，矿体数较多。老厂矿区地层以中三叠统个旧组碳酸盐岩为主，个旧组（T_2g）分布有马拉格段（T_2g_2）、卡房段（T_2g_1）。其中，卡房段是个旧矿区的主要含矿层，按其岩性组合可分为六个层，总厚度 517~840m。

老厂矿田原生矿床矿石，根据地质特征以及加工技术条件，可分为锡石-硫化物矿石、锡石-氧化物矿石两类，局部有含锡云英岩矿石、含锡白云岩矿石和含白钨矿矽卡岩矿石。工业类型为氧化锡矿、氧化锡铜共生矿、氧化锡铅共生矿、硫化锡矿、硫化铜矿、硫化锡铜共生矿（伴生钨、铋、钼、银、硫）等。

矿区矿石类型较复杂，除砂锡矿外，矿石自然类型属原生矿石，按元素组合可分为含铜硫化矿石、含锡硫化矿石、含锡铜硫化矿石、含锡氧化矿石、含锡铜氧化矿石、含锡铅硫化矿石、含锡铅氧化矿石七类。氧化矿石金属矿物主要有褐铁矿、赤铁矿，硫化矿石金属矿物主要为磁黄铁矿，含量占 50%以上。

矿石结构主要有自形粒状结构，半自形、它形晶粒状结构，另有放射状结构、反应边结构、残余结构、交代脉状结构、填隙结构、似包含结构、胶状结构、压碎结构等。矿石构造主要有块状构造稠密浸染状构造、稀疏浸染状构造、条带状构造、另有脉状构造、斑点状构造、网脉状构造、坡壳状构造、多孔状构造、土状构造、骨骼状构造、肾状构造、晶洞构造、同心圆状构造等。

87.2.2　资源储量

老厂矿田矿区内矿床主矿种为锡，共伴生有用组分主要有铜、铅、锌、银、硫等，主要矿石类型为砂锡矿和硫化矿。截至 2013 年，矿区累计查明锡资源储量 37856kt，平均品位 0.782%；累计查明共伴生铜矿石 51135kt，金属量 782544t；铅矿石 836kt，金属量 42900t；伴生锌矿石 29kt，金属量 21600t；银矿石 13421kt，金属量 394t；伴生硫矿石 9695kt，金属量 733926t。

87.3 开采情况

87.3.1 矿山采矿基本情况

老厂锡矿为地下开采的大型矿山，采取平硐、溜井、斜上（下）山、盲中段联合开拓，使用的采矿方法为全面法、留矿法、房柱法和分段崩落法。矿山设计生产能力250万吨/a，设计开采回采率为88%，设计贫化率为11%，设计出矿品位（Sn）0.65%，锡矿（Sn）最低工业品位为0.2%。

87.3.2 矿山实际生产情况

2013年，矿山实际采出矿量131.63万吨，排放废石137.36万吨。矿山开采深度为2641~1000m标高。具体生产指标见表87-2。

表87-2 矿山实际生产情况

采矿量/万吨	开采回采率/%	贫化率/%	出矿品位/%	掘采比/m·万吨$^{-1}$
131.63	94.02	5	0.363	180

87.3.3 采矿技术

矿山采用露天/地下开采，主要为地下开采。除湾子街矿段的大陡山18-1号网状矿为露天开采外，其余保有矿体全部为地下开采。露天开采采用上部直进式、下部螺旋式公路开拓；地下开采采用主平硐、竖井、盲斜井联合开拓。露天采剥工艺采用潜孔钻机穿孔，电铲铲装，台阶式的采剥工艺；地下开采采矿方法有底柱分段崩落法、无底柱分段崩落法、房柱法、全面法、留矿法、充填法等。

87.4 选矿情况

87.4.1 选矿厂概况

矿山开采原矿石分别自身配套选厂与外委选厂处理。矿山配套选厂主要有羊坝底选厂、大陡山选厂，设计选矿能力分别为3000t/d、1800t/d，羊坝底选厂主要处理硫化矿，大陡山选厂主要处理网状矿。

2013年，各选厂合计处理锡矿石136.95万吨，包括主锡61.41万吨，硫化铜共生锡51.17万吨，硫化铜伴生锡23.84万吨，氧化铜伴生锡矿石0.49万吨，铅锌矿伴生锡矿石0.04万吨，入选锡矿石平均品位0.314%，生产锡精矿0.5876万吨，精矿品位40.05%。2013年，各选厂合计处理铜矿石80.24万吨，包括主铜矿78.84万吨，铅锌矿伴生铜1.40万吨，入选矿石品位0.883%，精矿量3.7425万吨，精矿品位14.84%，选矿回收率为78.38%。

87.4.2　选矿工艺流程

硫化矿石一部分为以铜为主的硫化矿，另一部分为以锡为主的硫化矿，选矿按矿石类型不同分别进入两个选矿系列进行分选，从碎矿至磨矿选别完全独立。以铜为主硫化矿的选矿系列生产工艺流程为铜硫混合浮选—粗精矿再磨分离—混选尾矿再选硫，产出铜精矿、硫精矿。以锡为主（锡铜共生）硫化矿的选矿系列生产工艺流程为先浮后重联合流程：原矿粗磨（磨矿细度-0.074mm 含量占 50%）—混合浮选—硫化物再磨分离浮选—硫化物再选—浮选尾矿重选，浮选尾矿重选采用阶段磨矿，阶段选别，次精矿集中复洗，泥砂分选的原则流程，最终产出铜精矿、锡精矿、硫精矿。

网状矿一部分为坑内网状矿，另一部分为露天网状矿。坑内网状矿生产工艺流程为阶段磨矿阶段选别重选流程：粗粒三段摇床，次精矿一段预复洗后再磨二段复洗，泥矿集中处理流程，最终产出锡精矿和富中矿；露天网状矿生产工艺流程为阶段磨矿阶段选别重选流程：粗粒二段跳汰—三段摇床螺旋溜槽扫选，次精矿单独复洗，泥矿集中处理流程，最终产出锡精矿。

氧化矿现生产工艺流程为阶段磨矿阶段选别重选流程：粗粒一段跳汰—二段摇床，次精矿单独复洗，泥矿集中处理，最终产出锡精矿。

87.5　矿产资源综合利用情况

老厂锡矿，矿产资源综合利用率 52.08%，尾矿品位 Sn 0.16%。

矿山废石主要集中堆放在排土场。截至 2013 年底，废石场累计堆存废石 353.1 万吨，2013 年产生量为 137.36 万吨。废石利用率为 13.25%，废石排放强度为 31.72t/t。

尾矿处置方式为尾矿库堆存，截至 2013 年底，矿山尾矿库累计积存尾矿 2357.06 万吨，尾矿利用率为 0，2013 年产生量为 125.51 万吨。尾矿排放强度为 28.99t/t。

88　松树脚锡矿

88.1　矿山基本情况

松树脚锡矿为主要开采锡铜矿的中型矿山，共伴生矿产为铅、银、铜、铟、铋、硫、锡、锌、镉、铁、砷等。矿山开采历史悠久，较为正规的矿山开采始于1938年。1998年12月20日公司将原云锡松树脚锡矿分为云南锡业公司大屯锡矿和松树脚分矿。矿山位于云南省红河哈尼族彝族自治州个旧市，直距个旧市区12km，公路里程30km，距大屯镇3km，距蒙自17km，距昆明320km，均有矿山公路相通，并有一级柏油路与G326昆明—河口等公路相连，交通方便。矿山开发利用简表详见表88-1。

表88-1　松树脚锡矿开发利用简表

基本情况	矿山名称	松树脚锡矿	地理位置	云南省红河州个旧市
	矿山特征	—	矿床工业类型	中（低）温热液锡石硫化物型多金属矿床
地质资源	开采矿种	锡矿	地质储量/万吨	矿石量1467.4
	矿石工业类型	锡石氧化物矿石、银铅氧化物矿石和锡石硫化物矿石	地质品位/%	2.242
开采情况	矿山规模/万吨·a^{-1}	30.7，中型	开采方式	地下开采
	开拓方式	平硐-辅助盲竖井-盲斜井联合开拓	主要采矿方法	分层崩落法、全面采矿法、切顶房柱法、块石胶结嗣后充填采矿法、有底柱阶段空场法
	采出矿石量/万吨	122.02	出矿品位/%	0.774
	废石产生量/万吨	10	开采回采率/%	91
	贫化率/%	15	开采深度/m	2686~900标高
	掘采比/m·万吨$^{-1}$	500		
综合利用情况	综合利用率/%	91	废水利用率/%	100
	废石利用率/%	100	废石处置方式	废石场堆存

88.2　地质资源

88.2.1　矿床地质特征

松树脚锡矿矿床规模为中型，矿床类型为中（低）温热液锡石硫化物型多金属矿床。

矿区内分布的地层为三叠系中统个旧组，上段为白泥洞段（T_2g_3）、中段为马拉格段（T_2g_2）、下段为卡房段（T_2g_1），为一套厚大碳酸盐岩地层。

$T_2g_1^5$层：灰色、浅灰色中厚层状石灰岩，厚度变化大，为330~700余米，是高松矿田的重要含矿层位；$T_2g_1^6$层：灰色、浅灰色中厚层状灰岩与灰质白云岩互层，厚度变化大，为15~200余米，是高松矿田的主要含矿层位；$T_2g_2^1$层：深灰色、灰色厚层状白云岩，地表矿化较弱，地表下300~400m以下矿化增强，局部地段赋存有富银铅矿体，厚20~340余米。$T_2g_1^5$和$T_2g_1^6$成矿元素富集程度最高，是区内最好的含矿层位。

矿山两个矿种以北东向的芦塘坝断裂为界，断裂以东为银铅矿，断裂以西为锡矿。矿体主要由缓倾斜似层状矿体与部分陡倾斜脉状矿体组成层、脉相交平行多层状叠瓦式产出。矿体与围岩界线清楚，主矿体沿走向和倾向连续稳定，一般无夹石存在，矿体较完整。矿区共探明161个矿体，锡矿体142个，铜矿体1个，银铅矿体15个，铅矿体3个。

矿区内矿床的形成与燕山中-晚期花岗岩关系密切，受地层、构造双重控制。其矿床主要形成于岩浆期后气化热液成矿的硫化物阶段，为中（低）温热液锡石硫化物型多金属矿床。

该矿床矿石的自然类型根据氧化程度分氧化矿石和硫化矿石两大类型。

锡石氧化矿石：主要金属硫化物黄铁矿及磁黄铁矿氧化率普遍已达90%以上，其工业类型为可选的氧化锡矿石，组成矿石的金属矿物主要有赤、褐铁矿40%~50%，针铁矿10%~20%；银铅氧化矿石：主要为褐铁矿，次铁矿，针铁矿，含量一般在70%~90%左右；锡石硫化矿石以黄铁矿、磁黄铁矿为主。

该区矿石是金属硫化物矿石经长期氧化作用形成的氧化矿石，故常见者多为次生构造，仅少量可见原生构造。矿石结构主要有自形晶结构、粉晶结构、骸晶结构、胶状结构、结核结构等；矿石构造主要有土状构造、土块状构造、蜂窝状构造等。

88.2.2　资源储量

松树脚锡矿主矿种为锡，共伴生有用元素为铅、银、铜、铟、铋、硫、锡、锌、镉、铁、砷等，锡矿工业类型分为锡石氧化物矿石、银铅氧化物矿石和锡石硫化物矿石。截至2013年，松树脚锡矿累计查明锡矿资源储量14674kt，金属量328984t。

88.3　开采情况

88.3.1　矿山采矿基本情况

松树脚锡矿为地下开采的中型矿山，采取平硐-辅助盲竖井-盲斜井联合开拓，使用的采矿方法为全面采矿法和有底柱分段崩落采矿法。矿山设计生产能力30.7万吨/a，设计开采回采率为93%，设计贫化率为9%，设计出矿品位（Sn）1.77%，锡矿（Sn）最低工业品位为0.2%。

88.3.2　矿山实际生产情况

2013年，矿山实际采出矿量122.02万吨，无废石排放。矿山开采深度为2686~900m标高。具体生产指标见表88-2。

表 88-2　矿山实际生产情况

采矿量/万吨	开采回采率/%	出矿品位/%	贫化率/%	掘采比/m·万吨$^{-1}$
122.02	91	0.774	15	500

88.3.3　采矿技术

矿山采用地下开采，开拓方式为平硐+盲斜井+盲竖井联合开拓。由于开采范围内的每个矿体及同一个矿体在不同部位的产状、形态及开采技术条件均有较大差异，为此，对每一个矿体以及同一个矿体的不同部位视具体情况采用不同的采矿方法。根据矿体地质赋存特征，开采技术条件及松树脚分矿多年来的生产实践经验，选用技术上可行、经济上合理、安全上可靠的五种采矿方法，即分层崩落法、全面采矿法、切顶房柱法、块石胶结嗣后充填采矿法、有底柱阶段空场法。

倾斜至急倾斜薄至中厚矿体，矿、岩不稳固至极不稳固的矿块采用分层崩落法。矿体厚度小于 3m 陡倾斜矿体采用沿走向布置形式，矿体厚度大于 3m 陡倾斜中厚矿体采用垂直走向布置形式。矿体倾角小于 30°，厚度 3m 以下，顶板岩石中等以上的层状矿体采用全面法；矿体倾角小于 30°，厚度 3~6m，顶板岩石中等以上的层状矿体采用切顶房柱法；矿岩中等稳固到稳固，矿体厚度 6~12m，水平和缓倾斜矿体采用块石胶结嗣后充填采矿法；矿岩中等稳固到稳固，矿体厚度大于 12m，水平和缓倾斜矿体采用有底柱阶段空场法。其中，102 号、106 号、119 号、131 号、132 号、133 号、30-14 号等矿体采用分层崩落法；141 号、10 号矿群、20 号矿群、30 号矿群、40-3 号等采用全面采矿法、切顶房柱法、块石胶结嗣后充填采矿法、有底柱阶段空场法。

矿山采用的采掘设备主要有：YT-29A 凿岩机、地下潜孔钻机 T-100；通风设备选用 K40 型风机及 JK55-2N04 型局扇；采场矿石运搬选用 30kW 及 55kW 电耙；坑内矿石运输选用 7t、10t 电机车，1.2m^3 和 1.6m^3 矿车；提升设备选用 JTP1.6×1.2。主要设备见表 88-3。

表 88-3　矿山主要设备表

序号	设备名称及型号	单位	使用	备用	合计
1	凿岩机（YT-29A）	台	19	19	38
2	地下潜孔钻机（T-100）	台	1	1	2
3	55kW 电耙	台	10	3	13
4	30kW 电耙	台	10	3	13
5	电机车（ZK10-6/250）	辆	3	1	4
6	电机车（ZK7-6/250）	辆	4	1	5
7	1.6m^3 矿车	辆	30	15	45
8	1.2m^3 矿车	辆	40	20	60
9	局扇（JK55-2N04）	台	25	5	30
10	提升绞车 JTP1.6×1.2	台	4	1	5

续表 88-3

序号	设备名称及型号	单位	使用	备用	合计
11	装岩机	台	10	2	2
12	混凝土喷射机	台	4	1	5
13	混凝土搅拌机	台	5	1	6
14	空压机	台	10	0	10
15	通风机	台	5	1	6

88.4　矿产资源综合利用情况

松树脚锡矿，矿产资源综合利用率 91%。

矿山废石主要集中堆放在废石场。截至 2013 年底，矿山废石累计积存量 1366 万吨，2013 年产生量为 10 万吨。2013 年废石利用率为 100%。

矿坑涌水用于矿山生产用水。

89 屋场坪锡矿

89.1 矿山基本情况

屋场坪锡矿为主要开采锡铜矿的大型矿山，共伴生矿产为钨、铜、铋、铅、锌、银、铁、硫等。矿山于2006年建矿，2010年4月取得采矿证。矿山位于湖南省郴州市北湖区，直距郴州市区约50km，公路里程约78km，临近京广铁路、京珠高速公路、107国道及S214省道，芙蓉乡至各行政村均有乡间简易公路相通，交通较为方便。矿山开发利用简表详见表89-1。

表89-1 屋场坪锡矿开发利用简表

<table>
<tr><td rowspan="2">基本情况</td><td>矿山名称</td><td>屋场坪锡矿</td><td>地理位置</td><td>湖南省郴州市北湖区</td></tr>
<tr><td>矿山特征</td><td>—</td><td>矿床工业类型</td><td>气成高-中温热液构造蚀变带-矽卡岩复合型锡矿床</td></tr>
<tr><td rowspan="2">地质资源</td><td>开采矿种</td><td>锡矿</td><td>地质储量/万吨</td><td>矿石量555.3</td></tr>
<tr><td>矿石工业类型</td><td>原生锡矿石</td><td>地质品位/%</td><td>0.447</td></tr>
<tr><td rowspan="6">开采情况</td><td>矿山规模/万吨 · a^{-1}</td><td>20，大型</td><td>开采方式</td><td>露天-地下联合开采，以露天开采为主</td></tr>
<tr><td>开拓方式</td><td>公路运输开拓</td><td>主要采矿方法</td><td>组合台阶采矿法</td></tr>
<tr><td>采出矿石量/万吨</td><td>46.2</td><td>出矿品位/%</td><td>0.438</td></tr>
<tr><td>废石产生量/万吨</td><td>80</td><td>开采回采率/%</td><td>94.16</td></tr>
<tr><td>贫化率/%</td><td>3.42</td><td>开采深度/m</td><td>792~580标高</td></tr>
<tr><td>剥采比/t · t^{-1}</td><td>3.46</td><td></td><td></td></tr>
<tr><td rowspan="6">选矿情况</td><td>选矿厂规模/万吨 · a^{-1}</td><td>49.5</td><td>选矿回收率/%</td><td>Sn 64.95
Cu 35.25</td></tr>
<tr><td>主要选矿方法</td><td colspan="3">硫化矿混合浮选和铜、硫分离，磁选除铁，磁选尾矿二段摇床选锡，次精矿脱硫复洗选别</td></tr>
<tr><td>入选矿石量/万吨</td><td>31.6</td><td>原矿品位/%</td><td>Sn 0.438
Cu 0.39</td></tr>
<tr><td>Sn精矿产量/t</td><td>1643</td><td>Sn精矿品位/%</td><td>Sn 40.74</td></tr>
<tr><td>Cu精矿产量/t</td><td>133</td><td>Cu精矿品位/%</td><td>Cu 11.94</td></tr>
<tr><td>尾矿产生量/万吨</td><td>30.88</td><td>尾矿品位/%</td><td>Sn 0.13</td></tr>
</table>

续表 89-1

综合利用情况	综合利用率/%	58.96		
	废石排放强度/t·t^{-1}	486.91	废石处置方式	废石场堆存
	尾矿排放强度/t·t^{-1}	187.95	尾矿处置方式	尾矿库堆存
	废石利用率/%	0.18	尾矿利用率/%	0
	废水利用率	88		

89.2　地质资源

89.2.1　矿床地质特征

屋场坪锡矿矿床规模为中型矿床，矿床工业类型为成因类型属气成高-中温热液构造蚀变带-矽卡岩复合型锡矿床，矿体主要赋存于岩体接触带附近的矽卡岩、大理岩、灰岩、砂页岩中。屋场坪矿区位于芙蓉矿田西部，芙蓉矿田处于骑田岭复式花岗岩体南部内外接触地带、耒阳—临武南北向构造带与茶陵—临武断陷带的复合部位，是南岭多金属成矿带的重要组成部分。区内出露的地层以石炭系、二叠系及白垩系地层为主，仅有少量三叠系地层出露，地层主要分布在矿田南部及东部一带，约占图区总面积的2/5。石炭系以浅海相碳酸盐岩建造为主，夹滨海沼泽相粉砂岩建造；二叠系除底部为碳酸盐岩建造外，大部分为台盆相硅质岩建造及滨海相砂页岩建造；白垩系主要为山麓-湖泊相碎屑、泥质建造；第四纪则为洪冲积、残坡积建造。

矿区位于耒阳—临武南北向构造带东缘与茶陵—临武断陷带的复合部位。区内构造发育，纵横交错，组合复杂，经历了加里东期、海西—印支期、燕山期、喜马拉雅期构造发展阶段，形成了以东西向构造、南北向构造、北东向构造、北西向构造为主的构造格局，褶皱较紧闭，断裂多延伸稳定。矿田内褶皱发育，主要分布在矿田南部，从西至东区域性褶皱主要有仁和复背斜、麻田—石子岭复向斜、腊树坪背斜、宜章复向斜等。矿田内断裂构造纵横交错，组合复杂，大致分为东西向、南北向、北东向、北西向等几组，以北东向、南北向断裂为主。

区内岩浆活动频繁，具多期次、多阶段侵入的特点，从中三叠世至晚侏罗世都有活动，但以晚侏罗世为主，岩体以中深成相为主，浅成相次之。矿田内岩浆岩分布广泛，岩石种类较多，以酸性岩为主，少部分为中酸性岩，属骑田岭复式岩体的一部分。可分解为数十个呈岩基、岩株、岩豆、岩脉等产出的侵入体，归并为印支期菜岭、燕山早期芙蓉两个超单元，樟溪水、两塘口、青山里、礼家洞、五里桥、南溪、将军寨、荒塘岭、回头湾等九个单元以及燕山晚期形成的各类脉岩。其中燕山早期形成的芙蓉超单元及燕山晚期形成的花岗斑岩、石英斑岩、细粒花岗岩脉与成矿有着不可分割的联系。

区内岩石受岩浆热力及构造应力的影响，蚀变普遍且种类多、程度强。计有绢云母化、绿泥石化、钾长石化、云英岩化、矽卡岩化、大理岩化、角岩化、硅化、电气石化、萤石化等，各种蚀变常互相重叠。其中云英岩化、绿泥石化、矽卡岩化与成矿关系密切。

芙蓉矿田是炎陵—郴州—蓝山北东向钨锡铅锌成矿带的重要组成部分。区内岩浆活动频繁，特别是燕山期的岩浆活动，为成矿提供了丰富的物质来源，而异常发育的褶皱、断裂构造为矿液的运移和富集提供了有利场所，因而在岩体内外接触带及岩体中形成了以锡为主的一系列多金属矿产。矿田内目前已发现锡矿床（点）22 个，钨（锡）矿点 5 个，铅锌（锡）矿点 26 个，其中锡矿具有重要的工业价值。

矿田内已发现了不同类型的锡矿体 50 多个，这些矿体大都成群成带分布。根据其空间分布、产出特征、控矿因素及物化探异常特征等，可大致划分为白腊水—安源、黑山里—麻子坪—二尖峰、山门口—狗头岭等三个长 4~8km，宽 1~2km 的北东向锡矿密集带。锡矿成因与骑田岭复式花岗岩体密切相关，属气成高-中温热液锡矿。按目前掌握的资料，可分为蚀变岩体型、构造蚀变带型、构造蚀变带-矽卡岩复合型、矽卡岩型、云英岩型等矿床类型。

地层：出露于矿区中南部地带，主要有二叠系栖霞组碳酸盐岩、当冲组硅质岩、龙潭组砂页岩等。

构造：矿区位于耒阳—临武南北向构造带东缘与茶陵—临武断陷带的复合部位，宜章复式向斜的北西侧。区内岩石以花岗岩为主，地层出露面积较小，故褶皱构造发育不全，而断裂构造十分常见。

岩浆岩：区内岩浆岩为骑田岭复式岩体的一部分，根据 1：50000 永春—宜章幅区调工作对骑田岭岩体岩浆岩种类的划分，结合本次填图工作，本区主要出露有燕山早期芙蓉超单元的礼家洞、五里桥两个单元及晚期的细粒花岗岩、石英斑岩脉等。

围岩蚀变特征：因受岩浆热力及热液活动作用的影响，区内岩石蚀变十分普遍，蚀变程度高，蚀变种类多。岩体中大多见有绿泥石化、绢云母化、钾化、萤石化、云英岩化、电气石化等；破碎带及其两侧、岩体与地层接触部位见有矽卡岩化、大理岩化、角岩化、硅化等。其中矽卡岩化、绿泥石化、云英岩化、萤石化等与锡矿化关系密切，矿化强度与蚀变强度呈正相关关系。

区内矿体矿物成分复杂，现已查明的矿物计 66 种，其中金属矿物 25 种，主要为锡石、磁铁矿、黄铜矿、方铅矿、闪锌矿、毒砂、黄铁矿、白钨矿、辉铋矿；非金属矿物 41 种，主要有石英、绿泥石、透辉石、透闪石、长石等。

矿石结构按成因分为结晶结构、固溶体分离结构、交代结构、填隙结构、压碎结构等。其中结晶结构为矿区矿石基本结构。矿石构造主要有细脉浸染状构造、星点状构造、网脉状构造、团块状构造、条带状构造，块状构造。Sn 主要以锡石的形态存在与分布，其次有少量硫化锡、硅酸锡及胶态锡产出，锡石在矿石中的平均占有率 90. 91%。

矿区中锡石形态多样，晶形大多为它形晶、半自形晶，自形晶比较少见，其单体有粒状、短柱状、长柱状、针状、板状、碎屑状等，其形态与粒度大小有关，往往是颗粒越粗，其晶形则越好；集合体有团粒状、浸染状、斑状，鲕粒状，纤维状、脉状、条带状等。锡石结晶粒度一般为 0. 15~0. 019mm，最大粒径>0. 3mm，最小粒径<0. 005mm。锡石的结合形式较为复杂，几乎与矿样中的所有矿物都有共生关系，相对而言，与脉石的关系更为密切。其中部分锡石以极细微粒径，呈毗邻连生、星散状分布、细微包裹等形态散布于磁黄铁矿、磁铁矿、辉石、绿泥石和石英等矿物中。

89.2.2　资源储量

屋场坪锡矿矿体中主要有用组分为锡，共伴生有用组分为 WO_3、Cu、Bi 、Pb、Fe、Zn、S、Ag 等有益元素，矿石工业类型主要分为原生矿石和风化矿石两种类型。截至 2013 年，屋场坪锡矿累计探明锡矿资源储量矿石量 555.3 万吨，锡金属量 24795t，平均品位 0.447%。伴生钨铋银矿石量 491.5 万吨，WO_3 3455t，平均品位 0.070%；Bi 1334t，平均品位 0.027%；Ag 41t，平均品位 8.34g/t；伴生铜矿石量 351.8 万吨，金属量 Cu 13720t，平均品位 0.39%。

89.3　开采情况

89.3.1　矿山采矿基本情况

屋场坪锡矿为露天-地下联合开采的中型矿山，目前主要为露天开采，采取公路开拓运输，使用的采矿方法为组合台阶法。矿山设计生产能力 20 万吨/a，设计开采回采率为 94%，设计贫化率为 8%，设计出矿品位（Sn）0.567%，锡矿（Sn）最低工业品位为 0.2%。

89.3.2　矿山实际生产情况

2013 年，矿山实际采出矿量 46.2 万吨，排放废石 80 万吨。矿山开采深度为 792～580m 标高。具体生产指标见表 89-2。

表 89-2　矿山实际生产情况

采矿量/万吨	开采回采率/%	出矿品位/%	贫化率/%	露天剥采比/$t \cdot t^{-1}$
46.2	94.16	0.438	3.42	3.46

89.3.3　采矿技术

矿山开采采用露天开采公路运输开拓方式，开采采用的设备有斗容 1.9m^3 的液压挖掘机、BZJ3420 和 BZJ3364 型号自卸载重汽车等。

2013 年开采矿石量 46.2 万吨，地质品位 0.43%，矿山设计开采品位 0.567%。矿石出矿品位为 0.438%，核定开采回采率为 94%，2013 年实际开采回采率为 94.16%，核定采矿贫化率为 8%，实际采矿贫化率为 3.42%，露天剥采比为 3.46t/t。

89.4　选矿情况

89.4.1　选矿厂概况

矿山现有选矿厂一座，年选矿能力为 49.5 万吨，无外购矿石。2013 年入选矿量 31.6 万吨，入选品位 0.438%，设计选矿回收率为 55%，实际选矿回收率为 64.95%。矿山选矿工艺采用“浮—磁—重”流程，可获得锡精矿、铜精矿，品位分别为 40.74%、11.94%，产率分别为 1.23%、0.34%。

89.4.2 选矿工艺流程

采用“浮—磁—重”工艺流程，原矿进行硫化矿混合浮选和铜、硫分离，获得了铜精矿。混浮尾矿磁选再次脱硫除铁，磁选尾矿采用二段摇床选别，其次精矿脱硫复洗选别，产出锡精矿。流程图如图 89-1 所示。选矿设备见表 89-3。

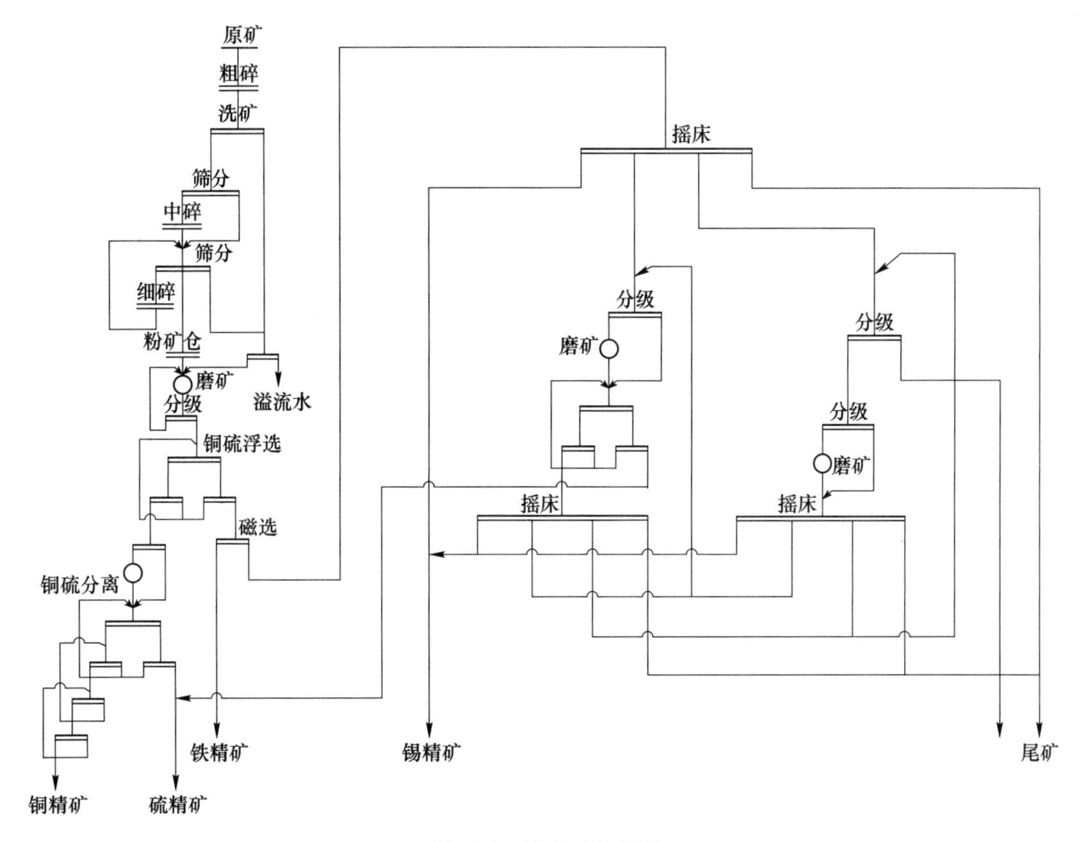

图 89-1 选矿工艺流程

表 89-3 选厂主要设备

序号	作业名称	设备名称及规格	台数
1	粗 碎	颚式破碎机 PD75106	1
2	中 碎	标准圆锥破碎机 ϕ1200	1
3	细 碎	短头圆锥破碎机 ϕ1750	1
4	洗矿筛	直线筛 ZKR1845	1
5	细碎闭路筛	圆振筛 YKR1852	1
6	螺旋分级机	2FG-1.5 高堰式双螺旋	1
7	螺旋分级机	FG-2 高堰式单螺旋	3
8	原矿磨	湿式棒磨 ϕ2.7m×4.0m	3
9	一段床尾矿再磨	湿式溢流球磨 ϕ2.7m×4.0m	1

续表 89-3

序号	作业名称	设备名称及规格	台数
10	一段床尾矿再磨	湿式溢流球磨 ϕ2. 1m×3. 6m	1
11	锡次精矿再磨	湿式溢流球磨 ϕ1. 2m×2. 4m	1
12	一段细砂选别摇床	4. 4m×1. 8m 云锡摇床	84
13	二段选别摇床	4. 4m×1. 8m 云锡摇床	63
14	次精矿复洗摇床	4. 4m×1. 8m 云锡摇床	7
15	粗锡精矿精选摇床	4. 4m×1. 8m 云锡摇床	4
16	尾矿再磨分级机	ϕ250 云锡式水力旋流器	11

89. 5　矿产资源综合利用情况

屋场坪锡矿，矿产资源综合利用率 58. 96%，尾矿品位 Sn 0. 13%。

矿山废石主要集中堆放在废石场。截至 2013 年底，矿山废石累计积存量 430. 23 万吨，2013 年废石利用率为 0. 18%。2013 年产生量为 80 万吨。废石排放强度为 486. 91t/t。

尾矿处置方式为尾矿库堆存，未利用。截至 2013 年底，矿山尾矿库累计积存尾矿 122. 71 万吨，2013 年产生量为 30. 88 万吨。尾矿排放强度为 187. 95t/t。

第8篇 锑矿

TI KUANG

90 久 通 锑 业

90.1 矿山基本情况

久通锑业为主要开采锑矿的小型矿山，共伴生矿产为 Au、As、Cu、Pb、Zn、W 等，但含量低，不可用。矿山开采始于 1895 年，1965 年 5 月桃江县工业局组建板溪锑矿，经历年改造扩建现已发展为锑采、选、冶一条龙联合企业，现公司成立于 2006 年 3 月。矿山位于湖南省益阳市桃江县，直距桃江县城 25km，有公路与益阳—安化 1837 省道相通，西通 207 国道，东接 319 国道，距长沙—石门铁路益阳火车站 56km，距长沙黄花机场 156km，资江马迹塘码头常年可通 20t 以上客货轮，上溯安化、坪口，下达桃江、益阳、岳阳，交通方便。矿山开发利用简表详见表 90-1。

表 90-1 久通锑业开发利用简表

基本情况	矿山名称	久通锑业	地理位置	湖南省益阳市桃江县
	矿山特征	—	矿床工业类型	中低温热液裂隙充填型矿床
地质资源	开采矿种	锑矿	地质储量/万吨	矿石量 65
	矿石工业类型	单一锑矿石	地质品位/%	16.22
开采情况	矿山规模/万吨·a^{-1}	6.6，小型	开采方式	地下开采
	开拓方式	平硐-斜井联合开拓	主要采矿方法	水平分层硐室取石干式充填法
	采出矿石量/万吨	4.23	出矿品位/%	6.6
	废石产生量/万吨	2.96	开采回采率/%	92.62
	贫化率/%	58.87	开采深度/m	383~-1000 标高
	掘采比/m·万吨$^{-1}$	847		
选矿情况	选矿厂规模/万吨·a^{-1}	4	选矿回收率/%	93.05
	主要选矿方法	二段一闭路破碎，手选+分支串流浮选		
	入选矿石量/万吨	4.23	原矿品位/%	6.6
	精矿产量/万吨	0.449	精矿品位/%	60.94
	尾矿产生量/万吨	3.54	尾矿品位/%	0.39
综合利用情况	综合利用率/%	86.19		
	废石排放强度/t·t^{-1}	6.59	废石处置方式	采场充填、排土场堆存
	尾矿排放强度/t·t^{-1}	7.88	尾矿处置方式	尾矿库堆存
	废石利用率/%	18.92	尾矿利用率/%	0
	废水利用率/%	80.35（回水） 35（坑涌）		

90.2　地质资源

久通锑业矿床规模为小型，矿床类型为一受断裂构造控制的中低温热液裂隙充填型矿床。开采矿种为单一锑矿，矿石类型：矿石的自然类型为原生辉锑矿矿石，矿石的工业类型为单一锑矿类型，矿石矿物成分较为简单，金属矿物以辉锑矿、毒砂为主，伴有微粒自然金、黄铁矿、黄铜矿、闪锌矿等，脉石矿物以石英为主，其次是绿泥石、白云石、方解石、绢云母及微量磷灰石、斜长石等；矿石的化学成分比较简单，除主要有用元素 Sb 外，其伴生元素有 Au、As、Cu、Pb、Zn、W 等。矿物硅酸盐分析结果表明属富硅、铝，贫钙矿石。

矿石中有益组分为金，含量（0.27~1.19）$\times 10^{-6}$，平均含量 0.56$\times 10^{-6}$。

矿石中有害组分主要是砷，平均含量 0.70$\times 10^{-6}$。

矿石中的铜、铅锌、钨等元素含量，变化在 0~0.04$\times 10^{-6}$之间。

截至 2013 年矿山累计探明资源储量 Sb 金属量 115446t，矿石量 65 万吨。

90.3　开采情况

90.3.1　矿山采矿基本情况

久通锑业为地下开采的小型矿山，采用平硐-斜井联合开拓，使用的采矿方法为水平分层硐室取石干式充填法。矿山设计生产能力 6.6 万吨/a，设计开采回采率为 88%，设计贫化率为 60%，设计出矿品位（Sb）为 6%，锑矿最低工业品位（Sb）为 2%。

90.3.2　矿山实际生产情况

2013 年，矿山实际采出矿量 4.23 万吨，排放废石 2.96 万吨。矿山开采深度为 383~-1000m 标高。具体生产指标见表 90-2。

表 90-2　矿山实际生产情况

采矿量/万吨	开采回采率/%	出矿品位/%	贫化率/%	掘采比/m · 万吨$^{-1}$
4.23	92.62	6.6	58.87	847

90.3.3　采矿技术

矿山开采方式为地下开采，采矿方法为水平分层硐室取石干式充填法，硐室取石充填采矿法矿房之间不留间柱，矿块连续布置，矿体品位低且厚度较薄的采场下部留 4m 高的底柱，当矿体品位较高或厚度较大时，则在底部构筑人工假巷，除上部巷道需要保护外，一般采场上部不留顶柱。采场下部布置运输平巷和沿脉平巷，两者间用联络平巷连通，平巷规格为 2.0m×2.1m，采场两端各布置一个顺路天井作为行人和运输材料之用，规格为长 1.4m，宽与采幅相同，顺路天井左右两边用片石混凝土砌筑，厚度为 0.6~0.8m，当两端顺路天井上部均未贯通上中段平巷时，则在采场上采约 20m 高度时，在采场中央上掘天井连通上中段巷道，天井断面为1.4m×(1.2~1.5)m，以改善采场通风条件和人员上下及材料运输。每个采场均布三个放矿漏斗，规格与顺路天井相同，漏斗两壁用片石混凝土砌筑，厚度为0.6~0.8m，与采场回采高度同步上升。

回采自底部拉底水平向上分层上采，回采分层高度1.8~2.0m，采幅为1.2~1.5m，当脉幅大于1.2m时，采幅为脉幅宽加0.3m，每采完一分层立即充填，工作空间高度保持在1.8~2.0m。采用上向浅孔落矿，孔深1.6~2.0m，孔距0.6~1.0m，炮孔错开排列，落矿从采场一端向另一端推进。矿石落下后人工进行二次破碎并将矿石人工搬运至最近的放矿漏斗。工作面矿石清理干净后掘进充填硐室，并在硐室内挑顶、削帮准备充填料，先用大块废石砌筑漏斗及顺路井壁，其余废石充填空区至设计高度，再在其上铺一层约0.2m厚的细碴，以减少矿粉损失。充填完毕后即可开始下一分层的回采作业，依此上采至上中段水平，即告采场回采结束。

主要采矿设备见表90-3。

表90-3 主要采矿设备表

设备名称	型号规格	产品编号	数量/台	电机功率/kW
凿岩机	YT28		28	
矿车	YFC0.7（6）		65	
耙矿绞车	ZJP-7.5	DZ55	5	7.5
耙矿绞车	ZJP-15	DZ55	4	15
空压机（1号）	L-42/8		2	250
空压机（2号）	4L-20/8	05014	1	130
空压机（4号）	D4218-9		1	250
架线式电机车	ZK3-6/250-2		2	5.5
架线式电机车	CJ1.5/6-25		1	5.5
畜电池电机车	XK2.5-6/48-2A	S060626	3	3.5
畜电池电机车	XK2.5-6/48-1		12	3.5
主扇风机	DK-6-№15	050708	1	110
主扇风机	FBCDZ-13/2-№18.5	060946	1	37
局部通风机	YBT-5.5kW		11	5.5
局部通风机	YBT-11kW		8	11

90.4 选矿情况

90.4.1 选矿厂概况

矿山现有选矿厂一座，采用两段一闭路破碎流程。破碎前，将矿石过900×1800的双层振动筛进行预筛，最终破碎粒度控制在10~20mm。具体选矿工艺流程按作业过程可分为手选段和机选段两段工艺流程。2009~2012年各年的手选废石量分别为0.11万吨、0.1万吨、0.15万吨、0.16万吨。选矿厂入选矿石均为矿山井下采出矿石，包括正规采场和少量残矿回采，矿石为单一辉锑矿，入选原矿可选成分为单一锑，含量 3%~9%，回收方式为分支串流浮选。主要产品为单一锑精矿，近年入选矿石量、回收率和锑精矿产量及产率等见表 90-4。

表 90-4 选矿厂近年生产指标

年份	2009	2010	2011	2012	2013
入选矿石量/万吨	3.9	3.05	4.13	4.4	4.23
设计选矿回收率/%	93	93	93	93	93
实际选矿回收率/%	93.67	93.42	94.88	93.18	93.05
锑精矿产量/万吨	0.399	0.315	0.369	0.412	0.449
锑精矿品位/%	63.94	63.52	63.97	63.44	63.57
锑精矿产率/%	10.23	10.32	8.94	9.76	9.66

90.4.2 选矿工艺流程

90.4.2.1 手选段工艺流程

井下采掘的矿石经粗矿仓给振动筛按粒度分级，小于 0.5mm 进入分选机，进一步浮选；大于 0.5mm 至 40mm 的进一步破碎分选；大于 40mm 的经人工手选，手选选出块矿、废石，其指标为废石含矿量不大于 0.5%，块矿含锑量不小于 40%，废石由绞车提升排入石场，块矿经人工转入冶炼厂，剩余矿石粗破碎至 40mm 以下，粗碎产品给入振动筛，将大于 15mm 的给入细碎破碎机破碎至 15mm 以下。

90.4.2.2 机选段工艺流程

矿石经给矿皮带进入球磨机和分级机组成的闭路磨矿系统，分级机溢流进入搅拌桶，将浓度调至 30%左右，再加入浓度 6%左右的黑药、浓硫酸、柴油原液。矿浆经过粗选、扫选、精选。浮选精矿选矿回收率不小于 93%，扫选尾矿含锑量小于 0.5%，尾矿由砂泵送入尾砂坝，精选出来的精矿经浓缩池沉淀，由压滤机压干后进入冶炼。

图 90-1 为选矿生产流程，表 90-5 为板溪锑砷（金）选厂主要设备。

表 90-5 选厂主要设备

设备名称	型号规格	数量/台
破碎机	PE250×400	1
破碎机	PE150×750	1
破碎机	PE250×400	1
振动筛	SEZ2125×2500	2
球磨机	MQG1500×1500	2
分级机	ELG-2600 螺旋式	2
浮选机	XJK-0.62-4A	3
压滤机	XYZ-20×65	1

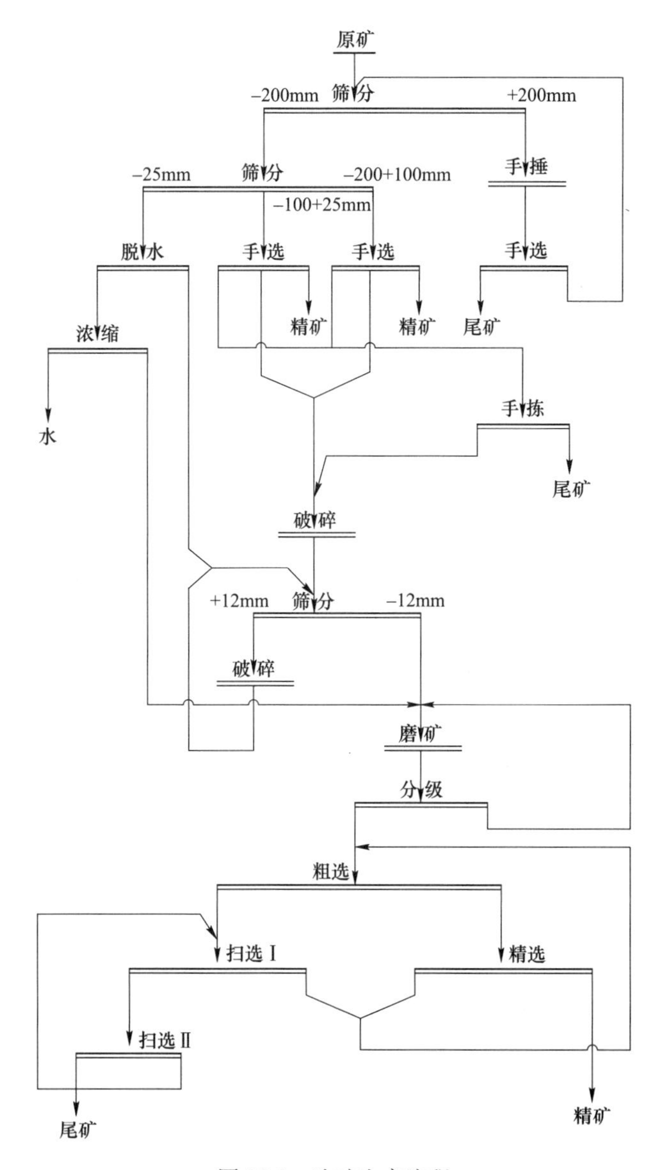

图 90-1 选矿生产流程

90.5 矿产资源综合利用情况

久通锑业，矿产资源综合利用率 86.19%，尾矿品位 0.39%。

废石充填料来源于脉外开拓采准，掘进废石用于采场充填。截至 2013 年底，矿山废石累计积存量 37.85 万吨，2013 年产生量为 2.96 万吨，2013 年废石利用率为 18.92%。废石排放强度为 6.59t/t。

尾矿处置方式为尾矿库堆存，没有进行综合利用，准备用于井下胶结充填。截至 2013 年底，矿山尾矿库累计积存尾矿 85.05 万吨，2013 年产生量为 3.54 万吨。尾矿排放强度为 7.88t/t。

91 木利锑矿

91.1 矿山基本情况

木利锑矿为主要开采锑矿的小型矿山，共伴生矿产为Au、Ag、Se、As、Pb、Zn等，但含量低微达不到工业利用价值。矿山始建于1958年4月，之后小规模零星开采，直到1988年10月才正式大规模投产生产。矿山位于云南省文山州广南县，直距广南县城32km，公路里程约60km，距文山州约240km，距昆明约600km，矿区经富宁县城至广西南宁市有主干公路相通，公路里程约500km，交通方便。矿山开发利用简表详见表91-1。

表91-1 木利锑矿开发利用简表

基本情况	矿山名称	木利锑矿	地理位置	云南省文山州广南县
	矿山特征	—	矿床工业类型	沉积-改造型层控矿床
地质资源	开采矿种	锑矿	地质储量/万吨	矿石量299.81
	矿石工业类型	单一锑矿石	地质品位/%	5.26
开采情况	矿山规模/万吨·a^{-1}	9，小型	开采方式	地下开采
	开拓方式	斜井开拓	主要采矿方法	上向进路充填采矿法
	采出矿石量/万吨	8.99	出矿品位/%	2.98
	废石产生量/万吨	0.37	开采回采率/%	96.04
	贫化率/%	8.01	开采深度/m	812~684标高
	掘采比/m·万吨$^{-1}$	89.59		
选矿情况	选矿厂规模/万吨·a^{-1}	9	选矿回收率/%	82.02
	主要选矿方法	手选—重介质选矿—重选—浮选—重选		
	入选矿石量/万吨	8.4	原矿品位/%	2.98
	精矿产量/万吨	1.56	精矿品位/%	18.68
	尾矿产生量/万吨	6.84	尾矿品位/%	0.66
综合利用情况	综合利用率/%	78.87		
	废石排放强度t·t^{-1}	0.24	废石处置方式	废石山堆存
	尾矿排放强度/t·t^{-1}	4.38	尾矿处置方式	充填采空区，尾矿库堆存
	废石利用率/%	0	尾矿利用率/%	99.17
	废水利用率/%	90.52		

91.2 地质资源

木利锑矿矿床规模为小型，矿床类型为沉积-改造型层控矿床。矿体产于下泥盆统坡脚组中段（D_1p_2），含矿岩石为厚层状燧石岩，并有硅化的蚀变现象，储矿部位为木利背斜鞍部，矿体新月形，与背斜产状一致。矿体形状和产出受地层、构造、岩性诸因素的严格控制。

木利锑矿矿区内共有5个工业矿体，主要矿体为巨大的Ⅰ号矿体，其查明资源量占该总矿段查明资源量的99.52%，其余的Ⅱ、Ⅲ、Ⅳ、Ⅴ四个矿体储量合计不足矿体资源储量总数的百分之一。

Ⅰ号矿体呈新月形连续而稳定产出，矿体长1397m，矿体平均厚度为7.9m，展开宽度（即北东、南西两翼下沿长度）为68.5~309m，平均156m。

矿区矿石自然类型依氧化率分为三类，氧化率小于10%的硫化矿，10%~30%的混合矿，以及氧化率大于30%的氧化矿，其中，氧化矿为主要的矿石类型。

木利锑矿以矿物成分简单，矿石组分单一为特征。金属矿物主要为锑的硫化物（辉锑矿）、氧化物（锑赭石、黄锑华等）、黄铁矿及褐铁矿。锑是矿区矿床主要的也是唯一的有用组分，均以独立矿物形式产出，平均含量为5.34%。伴生有Au、Ag、Se、As、Pb、Zn等，含量低微，既达不到工业利用价值，也不影响选冶。由于矿床为单一的锑矿石组成，矿石矿物和脉石矿物简单，也无影响矿石选冶性能的物质组分，故矿石工业类型为单一锑矿石。

截至2013年，木利锑矿累计查明矿石储量2998.1kt，金属量157735t，平均品位5.26%。

91.3 开采情况

91.3.1 矿山采矿基本情况

木利锑矿为地下开采的小型矿山，采用斜井开拓，使用的采矿方法为上向进路充填采矿法。矿山设计生产能力9万吨/a，设计开采回采率为92%，设计贫化率为8%，设计出矿品位（Sb）为4.99%，锑矿最低工业品位（Sb）为1.5%。

91.3.2 矿山实际生产情况

2013年，矿山实际采出矿量8.99万吨，排放废石0.37万吨。矿山开采深度为812~684m标高。具体生产指标见表91-2。

表91-2 矿山实际生产情况

采矿量/万吨	开采回采率/%	出矿品位/%	贫化率/%	掘采比/m·万吨$^{-1}$
8.99	96.04	2.98	8.01	89.59

91.3.3　采矿技术

目前，矿山采用地下开采方式，上向进路充填采矿法，该方法具有矿石损失、贫化小，地表不会陷落的特点，但缺点是水泥，钢材消耗量大。

采矿工艺简介：

（1）回采工艺。上向式胶结充填采矿法的特点是：自下而上分层回采，每一层的回采是在掘进分层联络道后，以分层全高沿走向（或垂直走向）划分进路，间隔地进行进路回采。

进路在掘进过程中会遇到不稳定岩体，为确保安全，必须进行临时支护。支护材料可以用木材或钢材，木材在当地购买，经林业部批准的指标较少，只能采购到少量原木，其余只能利用钢材进行支护。支护所需钢材则大部分留在采空区内，不能回收利用。

第一批进路回采完毕便立即充填接顶，然后再回采并充填另一批进路，待整个分层的回采和充填工作结束后，再用进路回采和充填上一分层。

工艺流程为凿岩—装药爆破—通风—处理松石—出矿—进路支护—充填。

（2）充填工艺。充填目的：为了不使地表陷落和保持采场周围岩体的应力平衡，采矿结束后的采空区必须进行混凝土充填。

进路回采完毕后，将进路内残留矿石清理干净，在进路入口用原木和木板架设好挡墙，并用水泥废编织袋封严板缝和挡墙周边岩缝。即可进行充填。亦可采用编织袋装填充料堆砌挡墙。

第一批进路回采工艺结束后，开始进路清底，拆除设备及管线，进行充填。

第一批回采的进路采用较高标号混凝土胶结充填，第二批回采的进路采用一定比例的混凝土进行充填。

（3）充填系统。露天充填体混料场—主溜井下料—电机车运输—采场溜井下料—人工手推车运料—工作面充填。

91.4　选矿情况

木利选厂设计年选矿能力 9 万吨，为小型选矿厂。采用手选—重介质选矿—重选—浮选—重选工艺流程。手选得高品位块精矿和富中矿（花矿）并抛弃部分废石。5～15mm 矿石进入重介质选矿得精矿并抛弃尾矿。细粒级矿石进入跳汰、摇床等重选流程得细粒精矿，重选尾矿在磨后入浮选得硫化锑精矿，浮选尾矿进入摇床回收氧化锑。选矿工艺流程如图 91-1 所示。

2013 年，入选矿石量 8.42 万吨，入选矿石平均品位 2.98%，产出精矿量 1.2055 万吨，精矿平均品位 17.03%。矿山选矿情况详见表 91-3。

表 91-3　矿山选矿情况

年份	入选矿石量/万吨	入选矿石品位/%	精矿量/万吨	精矿品位/%
2011	8.53	3.82	1.4483	18.93
2013	8.42	2.98	1.2055	17.03

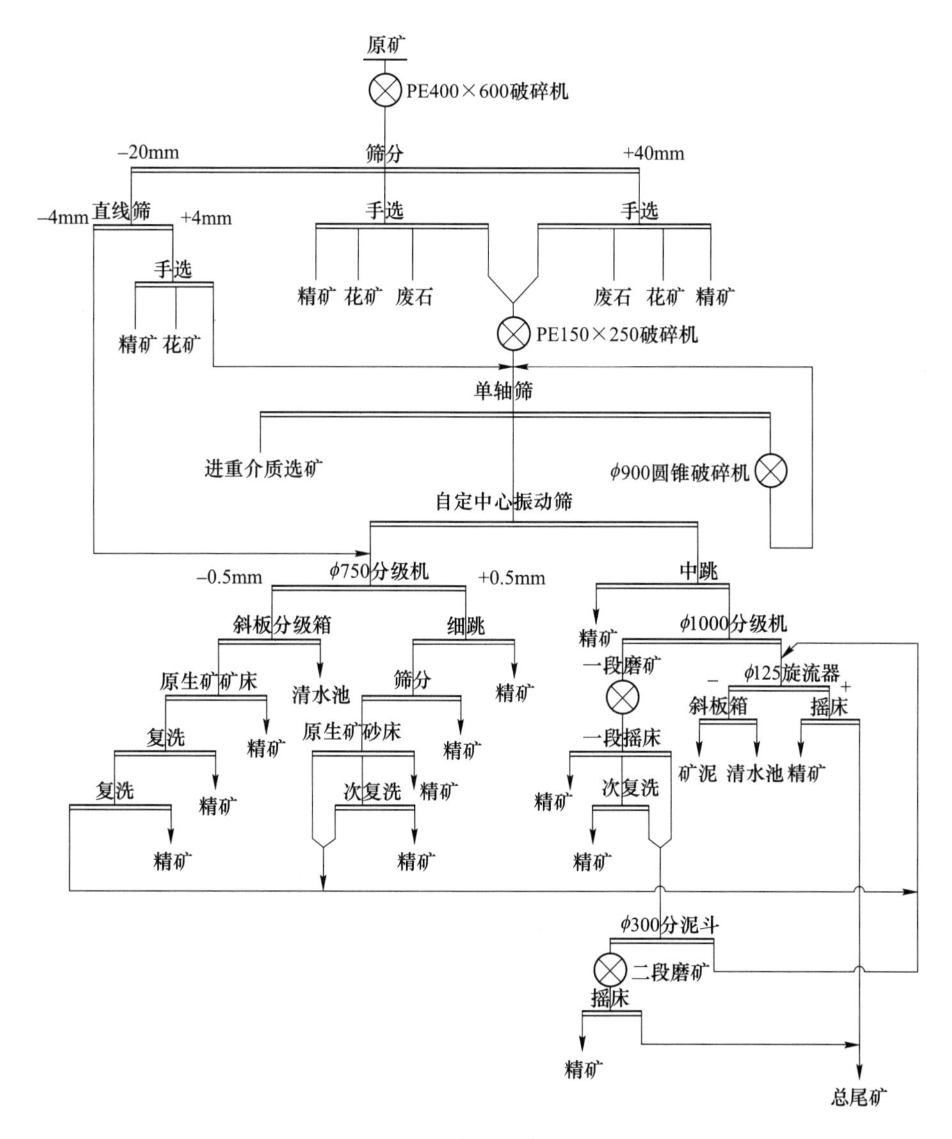

图 91-1 木利锑矿现场生产流程

91.5 矿产资源综合利用情况

木利锑业，矿产资源综合利用率 78.87%，尾矿品位 0.66%。

矿山废石主要集中堆放在废石山，未利用。截至 2013 年底，矿山废石累计积存量 21.67 万吨，2013 年产生量为 0.37 万吨。废石排放强度为 0.24t/t。

选矿厂排放的尾矿一部分用作矿山地下开采空区的充填料，其余堆积在尾矿库中。截至 2013 年底，矿山尾矿库累计积存尾矿 19.62 万吨，尾矿利用率为 99.17%，2013 年产生量为 6.84 万吨。尾矿排放强度为 4.38t/t。

92　青铜沟汞锑矿

92.1　矿山基本情况

青铜沟汞锑矿为主要开采汞锑矿的小型矿山，共伴生有益组分为银、砷、硒等。矿山成立于 2007 年 2 月。矿山位于陕西省安康市旬阳县，直距旬阳县城 30km，距小河镇火车站 45km，距安康市区约 120km，距包茂高速、G211 国道约 40km，交通方便。矿山开发利用简表详见表 92-1。

表 92-1　青铜沟汞锑矿开发利用简表

基本情况	矿山名称	青铜沟汞锑矿	地理位置	陕西省安康市旬阳县
	矿山特征	—	矿床工业类型	热液改造矿床
地质资源	开采矿种	汞锑矿	地质储量/万吨	矿石量 168.3
	矿石工业类型	单一汞矿石、汞锑混合矿石	地质品位/%	0.65
开采情况	矿山规模/万吨 · a^{-1}	9，小型	开采方式	地下开采
	开拓方式	平硐-盲斜井联合开拓	主要采矿方法	留矿采矿法
	采出矿石量/万吨	9.9	出矿品位/%	0.372
	废石产生量/万吨	36.8	开采回采率/%	90
	贫化率/%	11	开采深度/m	960~300 标高
	掘采比/m · 万吨$^{-1}$	481		
选矿情况	选矿厂规模/万吨 · a^{-1}	9	选矿回收率/%	Sb 82.94 Hg 90.54
	主要选矿方法	浮选		
	入选矿石量/万吨	9.28	原矿品位/%	Sb 0.404 Hg 0.414
	Sb 精矿产量/t	3282	Sb 精矿品位/%	Sb 9.47
	Hg 精矿产量/t	927	Hg 精矿品位/%	Hg 36.578
	尾矿产生量/万吨	8.859	尾矿品位/%	0.03
综合利用情况	综合利用率/%	81.22		
	废石排放强度/t · t^{-1}	112.13	废石处置方式	堆存
	尾矿排放强度/t · t^{-1}	26.99	尾矿处置方式	回填
	废石利用率/%	100	尾矿利用率/%	100
	回水利用率/%	100	涌水利用率/%	17

92.2 地质资源

青铜沟汞锑矿矿床规模为小型，矿床类型为热液改造矿床。全矿床有用工业矿体共46个，其中规模较大矿体有5个，包括6、1、3、7、38号矿体。矿床中所见到的矿石构造共有10种类型，其中以角砾状，浸染状最普遍，次有块状，团块状、脉状、条带状、束状及放射状构造，而晶洞状、土状、粉末状、皮壳状等构造仅见于个别地段。矿体主要呈脉状、透镜状、似板状等，矿石矿物主要有辉锑矿、辰砂，脉石矿物主要有石英，白云石，方解石等，矿石结构有它形、半自形、自形结构，围岩蚀变主要为硅化、碳酸盐化。矿体受岩性和构造控制明显，控矿岩性主要为白云岩，由于白云岩性脆，能干性强，节理裂隙发育，给矿液的运移和沉淀富集提供了必要的通道和空间；矿化带总体上发育于褶皱的背斜轴部及近轴翼部，且以褶皱圈闭、倾没端为多，褶皱的规模大小对成矿的控制作用较为明显，一般复式褶皱控制矿带、矿田的展布，次级褶皱控制矿床及矿（化）体的产出；该区断裂以东西向和北西西方向延伸为主，次级断裂北东方向展布，汞锑矿发育于断裂构造及次级构造之中，具有左行张扭性质，研究表明镇旬地区汞锑成矿时处于北北东—南南西应力挤压环境下，矿床受左行走滑断裂形成的构造空间控制明显，次级断裂及行走滑断裂形成的构造空间控制明显，次级断裂及裂隙密集带是其主要的赋矿空间，同时较大的断裂是重要的导矿构造与储矿构造。矿石金属矿物以辉锑矿为主，黄铁矿、白铁矿次之。非金属矿物有石英、方解石、萤石、玉髓、绢云母等。次生氧化矿物有锑锗石、黄锑华、褐铁矿、高岭土等。

青铜沟汞锑矿主要矿种为汞锑，共伴生有益组分为银、砷、硒等，截至2013年，矿山累计查明锑矿石189.32万吨。

92.3 开采情况

92.3.1 矿山采矿基本情况

青铜沟汞锑矿为地下开采的小型矿山，采用平硐-盲斜井联合开拓，使用的采矿方法为留矿采矿法。矿山设计生产能力9万吨/a，设计开采回采率为90%，设计贫化率为10%，设计出矿品位（Sb）为0.303%，锑矿最低工业品位（Sb）为0.12%。

92.3.2 矿山实际生产情况

2013年，矿山实际采出矿量9.9万吨，排放废石36.8万吨。矿山开采深度为960~300m标高。具体生产指标见表92-2。

表92-2 矿山实际生产情况

采矿量/万吨	开采回采率/%	出矿品位/%	贫化率/%	掘采比/m·万吨$^{-1}$
9.9	90	0.372	11	481

92.3.3　采矿技术

矿山采矿方法以浅孔留矿法为主，开拓方式采用平硐+盲竖井联合开拓，目前采矿到 500m 标高，开拓到 300m 标高。矿山井下形成了运输、提升、机械通风、供配电、供排水、调度通信等较为完善的生产系统。目前，HT24 矿体采用房柱法进行了部分回采，在靠近矿体下盘已形成大量的空区。

92.4　选矿情况

92.4.1　选矿厂概况

青铜沟汞锑矿选矿厂于 1998 年 8 月建成并投入试生产。目前，该选矿厂具备日破碎矿石 300t、日磨浮矿石 300t 的生产能力。2013 年选矿厂入选矿石 9.28 万吨，原矿品位 0.372%，浮选锑精矿回收率 92.26%，尾矿品位 0.030%。

92.4.2　选矿技术研发

陕西旬阳汞锑公司于 1987 年开始投资近 200 万元，先后建立了赫式炉和直井窑，试图实现汞锑火法分离，但因环境污染严重，回收率很低，未能正式投入生产。

1997 年完成了汞锑浮选分离的实验室试验和半工业试验，解决了利用选矿方法达到汞锑分离的技术难题。为了使该研究成果尽快得到应用。1998 年 10 月开始在青铜沟日处理 150t 矿石的选矿厂进行了汞锑浮选分离降低重铬酸钾工艺的工业试验。工业试验的技术指标不仅优于 1997 年的半工业试验研究指标，而更关键的是采用新工艺后，重铬酸钾的用量由半工业试验中的 1700g/t 降至 400g/t，大幅度地降低了选矿分离成本，减少了对环境的污染，其社会效益和经济效益十分显著。

92.4.2.1　工艺条件及设计指标

以小型试验为基础，结合青铜沟选厂的实际情况和入选矿石性质变化较大的现状，经综合分析后确定的工艺条件为：生产规模 150t/d；球磨机给矿粒度 8~0mm；球磨机磨矿浓度 75%左右；分级机溢流浓度 30%左右；分级机溢流细度-0.074mm 含量占 80%左右。

92.4.2.2　工业试验流程

破碎：破碎流程是由粗碎（400×600 颚式破碎机）、中碎（200×1000 颚式破碎机）、细碎（ϕ900 旋盘破碎机）和检查筛分构成的一个三段一闭路流程，最终排矿粒度控制在 8mm 以下。

磨矿分级：磨矿分级流程是由 MQG1500×3500 球磨机和 1200 单螺旋分级机组成的一段闭路磨矿流程。

混合浮选：由分级机溢流口排出的矿浆经加药搅拌后进入 SF-2.8 型浮选机进行混合浮选，粗选尾矿经两次扫选后进入尾矿坝，混选精矿经三次精选后给入分离前的脱药作业及选择性抑制作业。

汞锑浮选分离：经脱药和选择性抑制后的汞锑混合精矿，加入适量的药剂后，进入汞锑粗选分离（SF-0.7浮选机），分离后的粗选精矿经三次精选（XJK-0.35浮选机）为最终汞精矿，分离粗选的尾矿（粗选分离的锑精矿），经二次扫选后（SF-0.7浮选机）为最终锑精矿。

浓缩脱水：分离后的汞精矿和锑精矿分别进入中心传动浓密机脱水（NZS-3和NAS-6浓密机），过滤（GW-2和GW-5圆筒外滤式过滤机），最终获水分为14%的汞精矿和锑精矿。

92.4.2.3　工艺试验指标

经连续运转，最终获得了理想的工业试验指标：汞精矿品位74.24%，回收率85.32%；锑精矿品位62.93%，回收率90.12%。

采用新工艺后，按150t/d的处理规模，汞锑分离中的重铬酸钾用量由原来的1700g/t降至400g/t。降低了生产成本，减少了对环境的污染，经济效益和社会效益十分显著。

工业试验选用自制抑制剂，采用混合浮选—混合精矿脱药—选择性抑锑—汞锑浮选分离的工艺流程，降低了有毒药剂重铬酸钾的用量，技术可行，经济合理，技术指标较好。

92.5　矿产资源综合利用情况

青铜沟汞锑矿，矿产资源综合利用率81.22%，尾矿品位0.03%。

废石堆放于矿区。截至2013年底，矿山废石累计积存量23.69万吨，2013年废石利用率为100%。2013年产生量为36.8万吨。废石排放强度为112.13t/t。

尾矿处置方式为尾矿库堆存，还用作矿山地下开采采空区的充填料。截至2013年底，矿山尾矿库累计积存尾矿61万吨，2013年尾矿利用率为100%，2013年产生量为8.859万吨。尾矿排放强度为26.99t/t。

回水利用率为100%，矿坑涌水利用率为17%。

93　闪星锑业

93.1　矿山基本情况

闪星锑业为主要开采锑矿的中型矿山，共伴生矿产为 Au、As、Pb、Zn 等，素有“世界锑都”之称。矿山始采于 1897 年，前身是始建于 1950 年的新湘矿务局，2000 年改制后更为现名，隶属于湖南有色控股集团有限公司。矿山位于湖南省娄底市冷水江市，距冷水江市中心 13km，市内有湘黔铁路和 312 国道通过，交通便利。矿山开发利用简表详见表 93-1。

表 93-1　闪星锑业开发利用简表

基本情况	矿山名称	闪星锑业	地理位置	湖南省娄底市冷水江市
	矿山特征	国家级绿色矿山	矿床工业类型	热液蚀变型矿床
地质资源	开采矿种	锑矿	地质储量/万吨	矿石量 3192.3
	矿石工业类型	单一硫化矿或硫氧混合矿	地质品位/%	3.56
开采情况	矿山规模/万吨 · a^{-1}	45，中型	开采方式	地下开采
	开拓方式	竖井-斜井-平硐联合开拓	主要采矿方法	胶结充填法、普通房柱法、杆柱砂浆充填法、杆柱房柱法
	采出矿石量/万吨	55.49	出矿品位/%	2.05
	废石产生量/万吨	1	开采回采率/%	94.55
	贫化率/%	4.9	开采深度/m	620~-492 标高
	掘采比/m · 万吨$^{-1}$	397.43		
选矿情况	选矿厂规模/万吨 · a^{-1}	南矿选矿厂 30 北矿选矿厂 15	选矿回收率/%	87.51
	主要选矿方法	二段一闭路破碎，手选、重选、浮选联合选别		
	入选矿石量/万吨	64.8658	原矿品位/%	1.59
	精矿产量/万吨	20.96	精矿品位/%	4.3
	尾矿产生量/万吨	43.9	尾矿品位/%	0.21
综合利用情况	综合利用率/%	82.71		
	废石排放强度/t · t^{-1}	0.05	废石处置方式	人工分流，排土场堆存
	尾矿排放强度/t · t^{-1}	2.09	尾矿处置方式	尾矿库堆存
	废石利用率/%	100	尾矿利用率/%	31.44

93.2 地质资源

闪星锑业矿山矿床规模为中型，矿床类型为热液蚀变型矿床。该区主要矿床为锡矿山锑矿，锡矿山锑矿田包括老矿山、童家院、飞水岩及物华等四个工业矿床。锡矿山锑矿田处于多种构造体系复合部位，并经多次不同方向，不同性质的应力作用，使构造变得非常复杂。矿床产于西部入字型断裂下盘几个次一级两端倾没的短轴背斜中。矿床大小及分布范围受背斜形态和大小所控制。主要矿体均赋存在厚110m钙质页岩之下的佘田桥组中段石灰岩的硅化灰岩中，产状为缓倾斜。由于此段灰岩夹有多层黑色页岩起到次屏盖层的作用，矿体也具有多层性，其形态、产状和规模也有差异。第一号矿层中的矿体呈似层状产出，品位富，厚度变化稳定，一般为2~3m，延长数十米至数百米。而产于第二号矿层中的矿体，也多呈似层状，但在边部、下部则呈扁豆体或不规则囊状体产出，厚1~30m，一般7~8m，延长数十米至数百米。产于第三号含矿层中的矿体，有似层状，也有呈不规则的透镜体和矿囊，但在西部断裂F_{75}、F_3侧羽状裂隙发育的地段，各以层状、透镜状、矿囊状产出的矿体往往相互融合，组成以上述断裂带中炭质页岩和页岩为顶板，倾角较陡、沿断裂带走向延伸的又厚又富的矿体。闪星锑业开发利用矿种为锑矿，截至2013年矿山累计查明锑矿资源储量3192.3万吨，金属量1116088t。

93.3 开采情况

93.3.1 矿山采矿基本情况

闪星锑矿为全国唯一在产的地下开采中型锑矿山，采取明竖井-斜井-平硐联合开拓，使用的采矿方法为胶结充填采矿法、杆柱砂浆胶结充填采矿法、上向水平分层充填采矿法、上向连续采矿法和房柱采矿法。矿山设计生产能力45万吨/a，设计开采回采率为72%，设计贫化率为9.1%，设计出矿品位（Sb）2%，锑矿（Sb）最低工业品位为1.5%。

93.3.2 矿山实际生产情况

2017年，矿山实际采出矿量55.49万吨，排放废石1万吨。矿山开采深度为620~−492m标高。具体生产指标见表93-2。

表93-2 矿山实际生产情况

采矿量/万吨	开采回采率/%	贫化率/%	出矿品位/m·万吨$^{-1}$	掘采比/m·万吨$^{-1}$
55.49	94.55	4.9	2.05	397.43

93.3.3 采矿技术

（1）公司矿山开采范围：南矿为飞水岩矿床；采选厂主采童家院矿床，兼采老矿山矿床。

（2）矿山现行开拓方式：采用竖井、斜井、平硐、盲斜井联合开拓方法。

（3）运输提升方式：电耙、电机车、竖井。

两矿中段运输：井下中段车场运输形式为环形式，电机车牵引矿车经翻罐笼或卸矿曲轨卸矿至竖井矿仓。

南矿提升：二竖井，矿石经箕斗提升到地面原矿仓；一竖井，部分矿石经罐笼提升至地面；360m 斜井提升矿石至地面；342m 平巷运输矿石至地面。

采选厂：二竖井，矿石经箕斗提升到地面原矿仓；主斜井，经矿车组将矿石提升至地面。

（4）通风方式。

南矿通风系统自 1954 年采用机械通风以来，通风系统几经变迁，仍保持分区不独立、多风井对角式通风的特点，共分为浅部和深部的东、中、西等五个不独立的系统，采用棋盘式通风网络，随着开采的逐步深移，目前主扇均已转至井下。井下各个中段沿走向每隔 90~120m 在矿体下盘中布置回风天井，每个采区上部布置回风巷道与回风天井相连，构成棋盘式通风网络。该网络能满足多中段同时作业的通风要求。

采选厂通风系统是单翼对角式通风系统，主扇安装在矿体的北端 76 线，主扇型号为 K55-No. 22. 5 型轴流通风机，安装在井下 558m 水平中段，是采选厂的主要通风设备。随着老矿山矿床的采矿，利用辅扇向老窿排风，形成不独立的分区通风系统，通风阻力小，布置灵活。中段通风每隔 150~200m，预留一条通 558m 水平中段的通风巷道，作为下部中段的通风通路，采用栅栏式通风网络，可以满足多中段同时作业的通风要求。

（5）排水系统。

南矿排水系统：飞水岩矿床采用多级排水系统，在 15m 中段设有中央泵房，中央泵房安设 4 台水泵，15m 中段以下的各个中段均设有一个泵房，每个泵房都配有 2 台水泵，然后把水排到 15m 中段中央水泵房，由中央水泵房将水排至地表，净化后送往选厂作生产水用。2 号竖井已掘到 26m 中段，26m 中段建有水泵房，飞水岩矿床深部开掘盲竖井至 31m 中段。深部盲竖井在 31m 中段建立 1 个排水泵房，27m、29m、31m 中段的水都集中至该水泵房水仓，由 31m 中段水泵将水排至 26m 中段水仓，经 26m 中段水仓排至 15m 中段后排出地表。

采选厂排水系统：5m 中段以下建立了排水系统。地下排水系统建在井下最低中段竖井井底车场附近，上部中段涌水引至排水系统所在中段后自流入水仓；2012 年 10m 中段新建一个水仓，安装 3 台 225kW，155D-67×5 型水泵，排水至 4m 中段，然后自流至 8m 中段，经南矿 360m 中段排水至地表。

（6）充填系统。

利用选厂尾砂，通过旋流分级后排至卧式砂仓，滤水后经带式输送机运至搅拌站，加水泥充分搅拌后由充填管路自流或用渣浆泵和充填工业泵加压输送至各采场。南矿建有深部充填系统和浅部充填系统；采选厂建有新系统和老系统各一个。

（7）采矿方法。

主要有胶结充填采矿法、杆柱砂浆胶结充填采矿法、上向水平分层充填采矿法、上向连续采矿法、房柱采矿法。

胶结充填采矿法采场构成要素：采场垂直矿体走向布置，采场跨度 8~10m，回采高度 8m。当矿体厚度超过 8m 时，实行分层回采。

采准：垂直矿体走向布置采准天井，天井规格 2m×2m，与上部中段切巷或横风巷贯穿形成通风、上通路及充填系统。

切割：采场之间沿矿体走向布置切割道，作为拉底切割自由面以及相邻采场的通路。

回采：利用切割道作自由面，沿采准天井进行拉底作业，拉底高度 2.5m 左右，拉底完成后再退回从漏斗口开始刁顶作业，靠近护顶层的最后一层（厚度 1.5m 以下）进行修顶作业。回采顺序为一期回采矿壁，待矿壁充填接顶后，二期回采矿房。

凿岩爆破：两矿一直以来使用的采掘钻机型号为 YT-27 型、YSP-45 型，配套凿岩钎具为 B22 六角中空钎杆和 42 号一字钻头。爆破使用外购的乳化炸药，采用起爆器+爆破母线+起爆针+导爆管的新方法，实行远程起爆。

落矿：采场回采拉底作业，一次崩落矿石 40~70t，刁顶作业落矿 110t，修顶作业落矿 60~80t。大块矿石在采场内采用爆破方式破碎，进入漏斗前大块矿石控制在 0.5m×0.5m 以内。

矿山主要采矿设备见表 93-3。

表 93-3 采矿主要生产设备

设备名称	型 号	数量/台	备注
凿岩机	YT27 气腿式	2	
凿岩机	YT28 气腿式	80	
电扒	2DPJ-7.5（kW）电扒	4	
电扒	2DPJ-14（kW）电扒	12	
电扒	2DPJ-15（kW）电扒	115	
电扒	2DPJ-30（kW）电扒	195	
电扒	2DPJ-7.5（kW）电扒	4	
电扒	2DPJ-55（kW）电扒	2	
装岩机	Z20 型电力装岩机	4	
装岩机	Z30 型电力装岩机	51	
机车	XK2.5-6/48 型蓄电池电机车	5	
机车	ZK3-6/250-2 型架线式电机车	77	
机车	ZK6-6/250 型架线式电机车	2	
机车	ZK7-6/250 型架线式电机车	40	
机车	CCG3.0/600 柴油机车	5	
机车	CAY2.5/6GB48 锂电池机车	2	
合计		600	

93.4 选矿情况

93.4.1 选矿厂概况

闪星锑业有两座选矿厂，南选矿厂和锡矿山采选厂。南选厂于 1968 年建成投产，原矿由南矿 2 号竖井供给。

锡矿山采选厂于 1975 年建成投产，为硫化-氧化混合锑矿选厂，设计能力为 500t/d。原矿由北矿 2 号竖井供给。

93.4.2　选矿工艺流程

93.4.2.1　锡矿山采选厂

锡矿山采选厂目前处理硫氧混合锑矿，该厂处理原矿由井下采场提供，原矿经二段一闭路的破碎流程后，其中+28−150mm 粒级的矿石进入手选，获品位分别为 40%的青砂和 5%以上的花砂，这两种精矿送冶炼厂冶炼，块尾矿运废石坪堆存。−28mm 粒级经细碎至 0~18mm，进重浮联合流程选别，首先由跳汰回收部分精矿，跳汰尾矿与粗碎洗矿作业脱除的泥矿混合进球磨，采用浮选回收硫化锑矿物，浮硫后的尾矿用摇床选收氧化锑矿，重浮总尾矿经分级，沉砂用于井下充填，细泥送入南北合用总尾矿库。选矿工艺流程如图 93-1 所示。

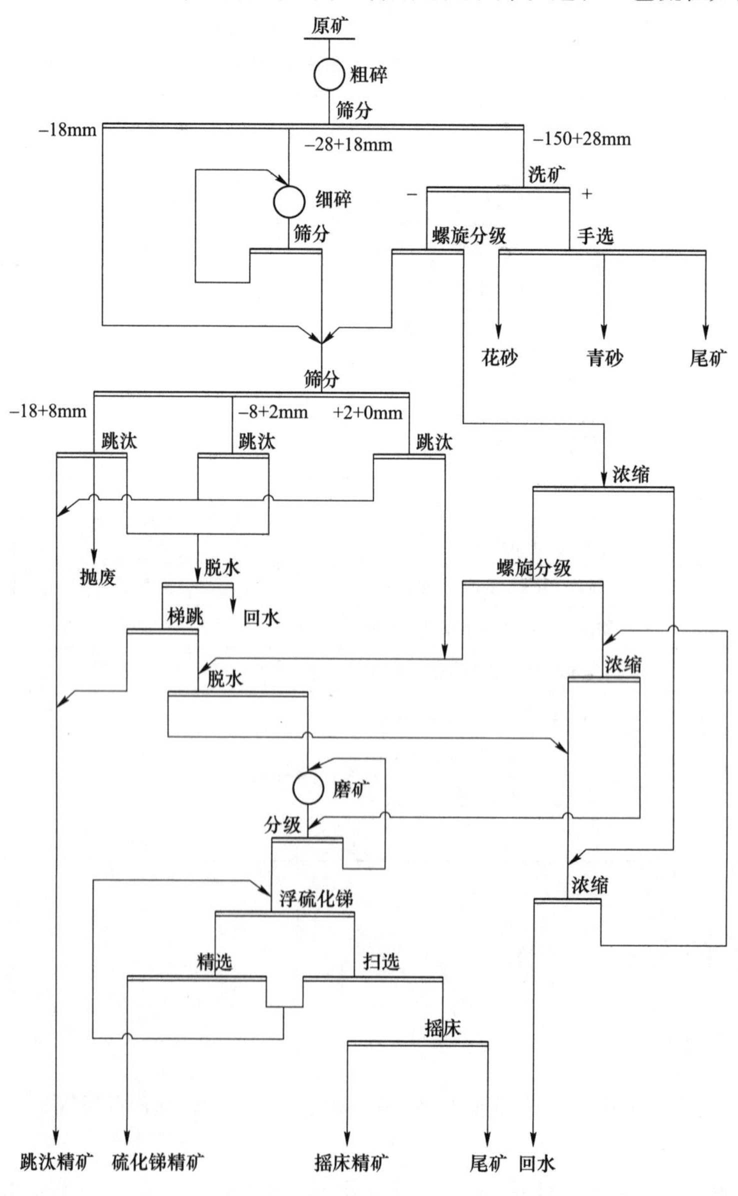

图 93-1　锡矿山采选厂选矿流程

93. 4. 2. 2 南选矿厂

南矿选厂处理硫化锑矿。处理原矿由南矿二直井提升倒入原矿仓，经二段一闭路的破碎流程后，部分矿石进入手选，获品位分别为40%的青砂和5%以上的花砂，青砂送冶炼厂，花砂进入粉矿仓，块尾矿运废石坪堆存。其他矿石破碎至15mm以下进入粉矿仓。磨矿采用一段闭路流程，浮选原矿品位约为2. 0%，浮选经过一次粗选、二次扫选、三次精选后，得到品位为50%的精矿。浮选尾矿用砂泵打往尾矿站进行处理，粗砂进井下充填，矿泥由管道输送至龙王池尾砂库堆存。南选矿厂工艺流程如图93-2所示。

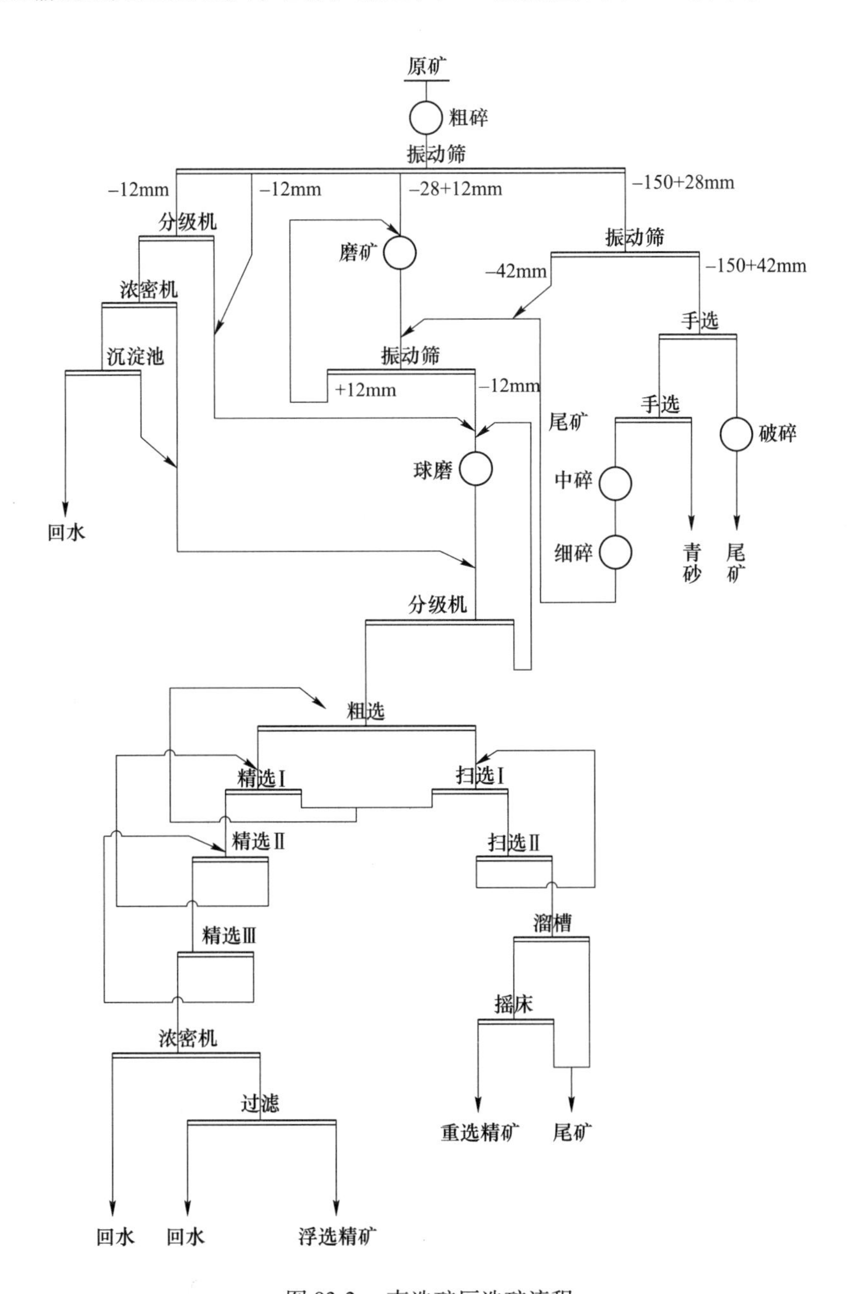

图93-2 南选矿厂选矿流程

93.5　矿产资源综合利用情况

闪星锑业，矿产资源综合利用率82.71%，尾矿品位0.21%。

在低品位矿石采场对废石进行原始的人工分流，以提高矿石出窿品位，截至2013年底，矿山废石累计积存量570.46万吨，2013年废石利用率为100%。2013年产生量为1万吨。废石排放强度为0.05t/t。

设尾矿回收工艺，充分回收利用矿产资源，尾矿还用作矿山地下开采采空区的充填料。截至2013年底，矿山尾矿库累计积存尾矿180.1万吨，尾矿利用率为31.44%，2013年产生量为43.9万吨。尾矿排放强度为2.09t/t。

94 上龙锑矿

94.1 矿山基本情况

上龙锑矿为主要开采锑矿的小型矿山，共伴生有益元素有金、银等，含量较低未达到综合利用要求。矿山成立于1995年6月，为私营独资企业。矿山位于广东省韶关市乐昌市，直距乐昌市约37km，有三级公路往西南24km至坪石镇，与京珠高速公路、坪乳公路相连，并与京广铁路坪石站相接，可通全国各地，交通较为方便。矿山开发利用简表详见表94-1。

表94-1 上龙锑矿开发利用简表

基本情况	矿山名称	上龙锑矿	地理位置	广东省韶关市乐昌市
	矿山特征	—	矿床工业类型	层控-低温热液叠加型锑矿床
地质资源	开采矿种	锑矿	地质储量/万吨	矿石量36.77
	矿石工业类型	原生硫化物锑矿石	地质品位/%	2.62
开采情况	矿山规模/万吨·a^{-1}	3，小型	开采方式	地下开采
	开拓方式	斜井开拓	主要采矿方法	全面采矿法
	采出矿石量/万吨	0.26	出矿品位/%	3.03
	废石产生量/万吨	0.06	开采回采率/%	90.63
	贫化率/%	25.7	开采深度/m	280~220标高
	掘采比/m·万吨$^{-1}$	226.76		
选矿情况	选矿厂规模/万吨·a^{-1}	3	选矿回收率/%	88
	主要选矿方法	两段一闭路破碎，一段闭路磨矿，浮选		
	入选矿石量/t	2560	原矿品位/%	0.8
	精矿产量/t	149	精矿品位/%	12.09
	尾矿产生量/t	2411	尾矿品位/%	0.065
综合利用情况	综合利用率/%	79.75		
	废石排放强度/t·t^{-1}	4.03	废石处置方式	排土场堆存
	尾矿排放强度/t·t^{-1}	16.18	尾矿处置方式	干堆，尾矿库堆存
	废石利用率/%	100	尾矿利用率/%	50.19
	废水利用率/%	97		

94.2　地质资源

94.2.1　矿床地质特征

上龙锑矿矿床规模为小型，矿床成因类型属层控-低温热液叠加型锑矿床。区内出露的地层自下而上的层序为：上泥盆统天子岭组（D_3t）、帽子峰组（D_3m）、下石炭统孟公坳组（C_1ym）、第四系（Q）。地层以碳酸盐岩为主的连续沉积建造。地层产状：一般呈北东 65°走向，倾向南东，倾角 30°~70°。天子岭组（D_3t）为本区的赋矿层位。矿区位于南北向构造大瑶山复背斜的西侧，含矿带受南北向主干断裂的制约，并在南北力偶的对扭作用下，形成一系列斜列式展布的北东向次级倒转倾伏背斜，在背斜轴部和层间剥离构造中，控制着锑矿床硅化体的分布。矿区呈现以褶皱构造最为发育，断裂构造次之的特征。

矿区全区查明硅化带 5 个，含锑矿化硅化体 17 个，其中锑工业矿体 V3、V5、V6、V14 共 4 个。硅化带的空间展布呈北东—南西走向的平行雁行排列，各硅化带间距约为 155m。含工业矿体硅化带 2 条，即：Ⅱ号和Ⅳ号硅化带，其余 3 个（Ⅰ、Ⅲ、Ⅴ）锑矿化微弱，至今未发现锑矿体存在。

Ⅱ号硅化带：产于乐家湾倾伏背斜轴部，赋矿层位为天子岭组（D_3t），分布范围东起 14 线，西至 39 线，延长 45~1175m，宽 3.00~7.95m，斜深 50~244m，NEE 走向，倾向 SE，倾角 48°~60°。由 V3~V8 共 6 个硅化体组成，呈平行侧列展布，其中 V3、V5、V6 构成工业矿体，为本区主要含矿带。

Ⅳ号硅化带：分布于庆云次级新山倾伏背斜轴部，赋矿层位为天子岭组（D_3t）灰岩，由 V14、V15 共 2 个矿化体组成，呈平行排列产出。分布范围东起 0 线，西至 7 线，硅化体长 75~105m，宽 3.5~6m，延深 44m。走向 NE，倾向 SE，倾角 65°~78°。仅 V14 硅化体局部见工业矿化。

本矿段的 V3、V5 等 2 条矿脉分布于Ⅱ号硅化带中。硅化带（体）与矿体产状基本一致，呈 NE65°走向，矿体控制延长一般 150~800m，最长 1000m，厚度一般 2~3m，最宽 4.23m，延深一般 40~170m，最大 180m。V3、V5 号矿体 9~31 线矿段为隐伏矿体，矿体沿纵向自北东向南西侧伏。矿体产于上泥盆统天子岭组灰岩地层中的硅化带（体）内，矿体产状与硅化体基本一致，走向 NE，倾向 SE，倾角 48°~78°。地表出露的硅化蚀变带为直接找矿标志。矿体形态简单，呈扁豆状、似层状产出，仅局部见膨缩、交替现象。

矿石的矿物组分简单，金属矿物以辉锑矿为主，少量黄铁矿，微量方铅矿和闪锌矿。次生矿物有锑华、褐铁矿；非金属矿物以石英为主，少量方解石、地开石、石膏等。

矿石的结构构造：矿石结构主要以半自形至自形、它形粒状结构为主，溶蚀交代残余结构、网状结构为次。矿石构造以团块状、角砾状、浸染状、斑点状构造为主，条带状、细脉状构造为次。矿体上下盘围岩为中厚层含藻泥晶灰岩，炭质泥晶灰岩。岩石硅化坚硬，岩体完整。近矿围岩蚀变为硅化等。

94.2.2　资源储量

上龙锑矿主矿种为锑，共伴生有益组分为银钨等，矿石平均品位：Sb 2.62%，Ag

1.15g/t，W 0.015%。矿床矿物组合简单，属单一辉锑矿建造，矿石自然类型属原生硫化物锑矿石，矿石工业类型属石英-方解石-辉锑矿。上龙锑矿属于乐家湾锑矿区，乐家湾锑矿累计探明资源储量锑金属量60553.7t，上龙锑矿累计查明锑矿石量367720t，锑金属量9724t。

94.3 开采情况

94.3.1 矿山采矿基本情况

上龙锑矿是地下开采的小型矿山，采取斜井开拓，使用的采矿方法为全面采矿法。矿山设计生产能力3万吨/a，设计开采回采率为90%，设计贫化率为25%，设计出矿品位（Sb）1.74%，锑矿（Sb）最低工业品位为1%。

94.3.2 矿山实际生产情况

2017年，矿山实际采出矿量0.26万吨，排放废石0.06万吨。矿山开采深度为280~220m标高。具体生产指标见表94-2。

表94-2 矿山实际生产情况

采矿量/万吨	开采回采率/%	贫化率/%	出矿品位/%	掘采比/m·万吨$^{-1}$
0.26	90.63	25.7	3.03	226.76

94.3.3 采矿技术

目前矿山生产采用斜井开拓，斜井长400m，倾角27°，断面4.88m^2，喷混凝土支护，ϕ1.2m提升机（55kW）。

采矿方法为全面采矿法；采掘选用YT28型凿岩机10台，采掘所需风量9.7m^3/min，选择10m^{3}螺杆机2台。井下采用人工推车方式运输。矿石运到地表后由轻轨（12kg/m）人工推矿车（0.7m^{3}翻转式矿车）至选厂装矿站。

矿井采用机械通风，通风方式为对角抽出式。通风路径为：新鲜风由主斜井进风→分别进入各中段石门→沿中段运输平巷→进入采场→污风经回风小斜巷→至+295m中段的回风风道→回风斜井出地面。在各中段相互之间有小斜井连通，保证了中段之间的通风和采区的安全通道；在井下+295m东部总回风斜井内安装有一台KZC40-4-No.11型轴流式风机作为矿井主要风机（风量760~1300m^3/min，全压风压320~1200Pa）。

94.4 选矿情况

矿区锑矿石有害元素砷、铅、锌、铋、汞等杂质含量均低于限度，矿石宜于浮选，矿山选矿：入选原矿含锑约0.8%~1.5%、尾矿含锑0.10%~0.13%、产品精矿含锑52%以上，锑精粉达到一级品要求，选矿回收率达87%以上。

94.4.1　碎矿流程

依据矿石组合、矿石类型和结构特征，采用常规的两段一闭路碎矿+磨矿流程。

采矿各坑口采出的矿石经矿车运至选矿厂的矿石堆场，经原矿仓通过槽式给矿机进入破碎车间破碎，细碎粉矿送到粉矿仓。

94.4.2　磨浮流程

磨浮锑矿石时，根据矿石性质的特点以及磨矿细度要求，磨矿采用闭路磨矿，浮选采用一次粗选，一次精选，一次扫选工艺流程。

粉矿仓物料采用摆式给矿机及胶带输送机将粉矿给入 MQG2100×3000 球磨机中，球磨排矿矿浆经过尼尔森重选机后，给入 FG-2000 螺旋分级机中，球磨机与分级机构成一段闭路磨矿分级，分级机溢流细度-0.074mm 含量占 80%。分级机溢流通过加药搅拌进入浮选作业，浮选采用 BF-2.8 型浮选机进行粗扫选，用 BF-1.2 浮选机精选，矿浆经过一次粗选、一次精选、一次扫选，得到锑精矿。锑精矿打入压滤工段搅拌压滤后，清水返回使用。

选矿设备见表 94-3。

表 94-3　选厂主要设备

序号	选矿设备	规格型号	数量/台
1	尼尔森选矿机	KC-CDR	2
2	球磨机	MGQ4130	2
3	分级机	FG-4000	2
4	浮选机	BF	4

94.5　矿产资源综合利用情况

上龙锑矿，矿产资源综合利用率 79.75%，尾矿品位 0.065%。

废石堆存在排土场。截至 2013 年底，矿山废石累计积存量 0 万吨，2013 年废石利用率为 100%。2013 年产生量为 0.06 万吨。废石排放强度为 4.03t/t。

尾矿干堆，尾矿库堆存，还用作修筑公路、路面材料、防滑材料、海岸造田等。截至 2013 年底，矿山尾矿库累计积存尾矿 1.68 万吨，尾矿利用率为 50.19%，2013 年产生量为 2411t。尾矿排放强度为 16.18t/t。

95 崖湾锑矿

95.1 矿山基本情况

崖湾锑矿为主要开采锑矿的小型矿山，共伴生矿产为银、砷、硒等。矿山始建于1986年初，为原甘肃省冶金工业厅所属国有企业甘肃锑厂改制而成。矿山位于甘肃省陇南市西和县，距西和县城70km，距陇南市区约110km，距陇南成县机场约100km，交通较为方便。矿山开发利用简表详见表95-1。

表95-1 崖湾锑矿开发利用简表

基本情况	矿山名称	崖湾锑矿	地理位置	甘肃省陇南市西和县
	矿床工业类型	浅变质岩型沉积-改造层控锑矿床		
地质资源	开采矿种	锑矿	地质储量/万吨	矿石量11906.43
	矿石工业类型	原生硫化物锑矿石	地质品位/%	2.56
开采情况	矿山规模/万吨·a^{-1}	3，小型	开采方式	地下开采
	开拓方式	竖井-平硐联合开拓	主要采矿方法	留矿采矿法
	采出矿石量/万吨	13.2	出矿品位/%	1.89
	废石产生量/万吨	3.14	开采回采率/%	80.87
	贫化率/%	15.5	开采深度/m	1970~1460标高
	掘采比/m·万吨$^{-1}$	251		
选矿情况	选矿厂规模/万吨·a^{-1}	13.2	选矿回收率/%	84.46
	主要选矿方法	一段闭路磨矿，浮选		
	入选矿石量/万吨	10.542	原矿品位/%	1.89
	精矿产量/万吨	0.452	精矿品位/%	36
	尾矿产生量/万吨	10.09	尾矿品位/%	0.23
综合利用情况	综合利用率/%	68.30		
	废石排放强度/t·t^{-1}	6.95	废石处置方式	排土场堆存
	尾矿排放强度/t·t^{-1}	22.32	尾矿处置方式	尾矿库堆存
	废石利用率/%	0	尾矿利用率/%	0

95.2　地质资源

95.2.1　矿床地质特征

崖湾锑矿矿床规模为小型锑矿床，矿床类型为浅变质岩型沉积-改造层控锑矿床。矿床处于西秦岭印支褶皱带的东段，秦岭锑汞矿带西部。矿区地层为中三叠统三渡水组，是一套浅变质岩系，主要由板岩、灰岩及少量砂岩组成。矿区构造为单斜构造，断裂构造发育且与成矿关系密切。岩浆岩不发育，仅有闪长岩脉及长英岩脉，且与成矿无关。矿体呈似层状、透镜状及脉状，产于中三叠统三渡水组薄层灰岩夹中厚层灰岩或其与钙质板岩的接触（破碎）带中。区内矿床已控制矿体46个，其中规模较大矿体有4个，以6号矿体规模较大，占矿床中锑储量的78%，矿体长50~1000m，延深70~515m，厚1.0~33.24m。矿石矿物组成较简单，主要矿石矿物为辉锑矿，次为黄铁矿、白铁矿；次生氧化矿物有锑锗石、黄锑华、白锑华、褐铁矿等。矿石主要成分为Sb，平均品位为2.86%，并伴生Se、Ag、Ca、Ge、In、Te等。其中，以Se、Ag含量较高，可综合利用。矿床围岩蚀变较简单，有硅化、方解石化、黄铁矿化、萤石化等，其中以硅化为主，与矿化关系密切。

矿石金属矿物以辉锑矿为主，黄铁矿、白铁矿次之。非金属矿物有石英、方解石、萤石、玉髓、绢云母等。次生氧化矿物有锑锗石、黄锑华、褐铁矿、高岭土等。矿床中所见到的矿石构造共有10种类型，其中以角砾状，浸染状最普遍，次有块状、团块状、脉状、条带状、束状及放射状构造，而晶洞状、土状、粉末状、皮壳状等构造仅见于个别地段。

95.2.2　资源储量

崖湾锑矿主要矿种为锑，伴生元素为银、砷、硒等，截至2013年矿山累计探明锑矿石量11906.43万吨，平均品位为2.56%。

95.3　开采情况

95.3.1　矿山采矿基本情况

崖湾锑矿是地下开采的小型矿山，采取竖井-平硐联合开拓。矿山设计生产能力3万吨/a，设计开采回采率为90%，设计贫化率为25%，设计出矿品位（Sb）1.74%，锑矿（Sb）最低工业品位为1%。

95.3.2　矿山实际生产情况

2017年，矿山实际出矿量13.2万吨，排放废石3.14万吨。矿山开采深度为1970~1460m标高。具体生产指标见表95-2。

表95-2　矿山实际生产情况

采矿量/万吨	开采回采率/%	贫化率/%	出矿品位/%	掘采比/m·万吨$^{-1}$
13.2	80.87	15.5	1.89	251

95.4 选矿情况

从崖湾锑矿建矿生产至2013年底，累计采出矿石250万吨（含民采矿量）。地质品位为2.33%，出矿品位为1.89%。崖湾锑矿所采矿石全部投入本公司选矿厂处理，选矿回收率为84.46%。精矿产品为单一锑精矿，主要化学成分为硫化锑，产品含锑量在36%左右。矿石伴生元素为银、砷、硒等。由于银含量特别小，故在冶炼生产时未做回收。其他元素则进入冶炼渣按国家环保政策要求妥善管理。

95.5 矿产资源综合利用情况

崖湾锑矿，矿产资源综合利用率68.30%，尾矿品位0.23%。

废石堆放在矿区，且未利用，截至2013年底，矿山废石累计积存量41.228万吨，2013年产生量为3.14万吨。废石排放强度为6.95t/t。

尾矿处置方式为尾矿库堆存，未利用。截至2013年底，矿山尾矿库累计积存尾矿124.05万吨，2013年产生量为10.09万吨。尾矿排放强度为22.32t/t。

96　渣滓溪矿业

96.1　矿山基本情况

渣滓溪锑矿为主要开采锑矿的小型矿山，共伴生矿产为钨矿。矿山初采于1906年，1950年8月组建益阳地区渣滓溪锑钨矿公司，1958年5月由县工业科主管，2009年7月20日兼并重组更为现名，属于国资委控股矿山。矿山位于湖南省益阳市安化县，直距安化县城65km，自矿山通有公路（运距2km）至奎溪镇，自奎溪镇沿省道S308线（原1802线）往北东通桃江、益阳等地，往南西通溆浦、怀化等地，奎溪镇距湘黔铁路的低庄火车站运距仅33km，交通较方便。矿山开发利用简表详见表96-1。

表96-1　渣滓溪锑矿开发利用简表

基本情况	矿山名称	渣滓溪锑矿	地理位置	湖南省益阳市安化县
	矿山特征	—	矿床工业类型	中低温热液充填型锑矿床
地质资源	开采矿种	锑矿	地质储量/万吨	矿石量201.6
	矿石工业类型	原生硫化物锑矿石	地质品位/%	9.10
开采情况	矿山规模/万吨·a^{-1}	7.5，小型	开采方式	地下开采
	开拓方式	平硐-斜井联合开拓	主要采矿方法	削壁充填法和留矿法
	采出矿石量/万吨	6.6	出矿品位/%	3.95
	废石产生量/万吨	2.6	开采回采率/%	92.90
	贫化率/%	38.88	开采深度/m	454~-340标高
	掘采比/m·万吨$^{-1}$	356		
选矿情况	选矿厂规模/万吨·a^{-1}	6	选矿回收率/%	94.1
	主要选矿方法	两段一闭路破碎，一段闭路磨矿，浮选		
	入选矿石量/万吨	6.11	原矿品位/%	3.18
	精矿产量/万吨	0.43	精矿品位/%	53
	尾矿产生量/万吨	5.68	尾矿品位/%	0.16
综合利用情况	综合利用率/%	87.42		
	废石排放强度/t·t^{-1}	4.91	废石处置方式	用作修建建筑设施
	尾矿排放强度/t·t^{-1}	13.21	尾矿处置方式	尾砂库堆存
	废石利用率/%	0	尾矿利用率/%	0

96.2 地质资源

96.2.1 矿床地质特征

安化渣滓溪锑钨矿矿床规模为小型，矿床类型为中低温热液充填型锑矿床。矿床处于杨子准地台雪峰山弧形构造带中段与郴州—邵阳北西向基底构造岩浆岩带的交汇部位，构造线由北东向变换为近东西向的转弯内缘处。

区域出露地层主要有板溪群，次为震旦系、寒武系和泥盆系，亦见零星分布的奥陶系、石炭系及二叠系。其中板溪群为区域内主要赋矿地层，次为震旦系及寒武系。与勘查区钨锑成矿最密切相关的地层为板溪群五强溪组（Ptbnw），为一套浅海相复理石建造的浅变质碎屑岩及火山碎屑沉积岩，总厚度大于 1390.04m。

本区域经历了从雪峰至燕山运动等多期次构造活动，形成了以断裂为主，褶皱为次的基本构造格架。区域构造线总体呈北东向展布，由一系列短轴复式背、向斜及逆、冲断层组成，具有典型的断块式构造特征，其抬升断块内北东向、北西向及近东西向次级构造发育，尤以断裂醒目。

渣滓溪矿区赋存锑矿脉分为Ⅰ、Ⅱ、Ⅲ三个脉组，共发现有编号的锑矿脉 77 条（包括盲矿体在内）；边部及矿区外围发现锑矿脉 20 余条；Ⅰ脉组共揭露白钨矿脉 28 条。

渣滓溪矿区金属矿物主要有辉锑矿、白钨矿，次为黄铁矿，微量金属矿物有黑钨矿、闪锌矿；脉石矿物主要为石英，次为碳酸盐矿物（方解石、白云石）、绢云母及少量绿泥石等。

96.2.2 资源储量

渣滓溪矿区主要矿种为锑，共伴生矿种为钨，主要矿石类型为硫化物矿。截至 2013 年底，矿区累计探明锑资源储量矿石量 201.6 万吨，锑金属量 187957.8t。

96.3 开采情况

96.3.1 矿山采矿基本情况

渣滓溪锑矿为地下开采的小型矿山，采取明平硐-斜井联合开拓，使用的采矿方法为削壁充填法和留矿法。矿山设计生产能力 7.5 万吨/a，设计开采回采率为 85%，设计贫化率为 45.6%，设计出矿品位 2.8%，锑矿最低工业品位为 2.0%。

96.3.2 矿山实际生产情况

2017 年，矿山实际采出矿量 6.6 万吨，排放废石 2.6 万吨。矿山开采深度为 454～-340m 标高。具体生产指标见表 96-2。

表 96-2 矿山实际生产情况

采矿量/万吨	开采回采率/%	贫化率/%	出矿品位/%	掘采比/m · 万吨$^{-1}$
6.6	92.90	38.88	3.95	356

96.3.3　采矿技术

渣滓溪矿山矿床开采总体原则：矿体的开采顺序先上后下，先近后远。中段的开采顺序：选择下行式，即先采上部中段，后采下部中段，由上而下逐个中段开采。多中段同时回采：上中段应超前下中段，其超前距离应保证上部顶区的地压已稳定。同一矿块开采顺序：为了减少采动对主要运输、回风井巷的影响，采取后退式回采顺序，即中段内自矿体分布远端向近端推进。

渣滓溪锑（钨）矿矿脉产状为急倾斜矿床，沿走向延长较短，沿倾向延伸较大，矿山现有开拓系统为平硐+斜井联合开拓。

矿山采用潜孔留矿法和削壁充填法两种采矿方法，矿房构成要素、采准切割、回采充填工作如下。

96.3.3.1　浅孔留矿嗣后充填法

阶段高度：矿体规模小，矿体形状为规则矿块，考虑矿房合理布置，确定阶段高度45m。矿房长度：主要取决于工作面的顶板上盘岩石所允许的暴露面积。一般当阶段高度为30~50m时，矿房长度一般为40~60m。顶柱高度：在薄矿脉中，一般只留3~5m。底柱高度：在薄矿脉中为4~6m，其目的是保护运输平巷，承托矿房中存留的矿石和对围岩起暂时的支护作用。间柱宽度：在薄矿脉中，一般不留间柱，若需要留间柱，则在天井两侧各留3m。采幅：为便于工人在采场内作业，当矿体厚度小于1.2m时，采幅取1.2m；矿体厚度大于1.2m时，采幅为矿体厚度。

采准工作包括掘进阶段平巷、天井和联络通道。在薄矿脉中，为便于探矿，阶段平巷和天井沿脉体掘进，联络通道一般沿天井每隔4~5m掘进一条，它的主要作用是使天井与矿房联通，以便人员、设备、材料、风水管和新鲜风流进矿房。

切割工作包括掘进放矿漏斗与拉底。拉底高度一般为2.5m，在薄矿脉中，为顺利放矿，拉底宽度不应小于1.2m。漏斗间距，在极薄-薄矿脉中，一般为4~5m。

本采矿方法回采工序主要包括：凿岩、爆破、通风、局部放矿、撬顶平场、架设顺路天井、大量放矿、充填等。回采工作自下而上分层进行，分层高度2~2.5m，掘水平或垂直炮孔，炮眼深1.5~2.0m，阶段工作长面长2~5m。炮孔排距1~1.2m，间距0.8~1.0m。矿石崩落后，为保证工作空间，要进行局部放矿。局部放矿后人工撬顶处理浮石、平整工作面。然后开始下一轮崩矿。矿房采完后，及时进行最终大量放矿。

回采过程中通风采用机械通风，新鲜风流从本中段的沿脉平巷由人行通道进入采场，然后污风从采场上部排至上中段回风巷，最后汇入风井排出井外。矿块开采完毕后，须对采空区进行充填处理。充填工作主要包括：空区底部、两侧通道口封堵，充填料渗水排水设施的安设，通过充填系统将尾砂、废石充填料充填至采空区，充填的材料主要来源于井下掘进的废石、选矿厂的尾砂。充填工作分层进行。充填工作进行前，必须确认采下矿石已全部放出，可回收的矿柱已全部回收。

96.3.3.2　削壁充填法

阶段高度：阶段高度为45m。矿房长度：主要取决于工作面的顶板上盘岩石所允许的暴露面积。一般当阶段高度为40~50m时，矿房长度一般为60m。顶柱高度：在薄矿脉中，一般只留2~3m。底柱高度：在薄矿脉中为2~3m，其目的是保护运输平巷，承托矿房中存留的矿石和对围岩起暂时的支护作用。溜矿井间柱：10~15m。采幅：为便于工人在采场内的作业，当矿体厚度小于 1.2m 时，采幅取 1.2m。

采场沿矿体走向布置，长 40m，高 40m（水平标高），回采宽度为矿体全厚，加中间夹石。采场两端为探矿天井，贯通上、下 2 个中段。2 条天井下部作为顺路天井用来行人、通风、运输材料等。

在行人天井距采场 1/4 处，各布置 1 条溜矿井和行人井，使运搬距离在 10m 左右。主运输平巷沿脉布置。因矿体倾角较大，属急倾斜矿体，溜矿井和行人井在矿体上布置，采用“铁溜子”沿脉向上随着采场上采一节一节加高。采场留 6m 底柱，在充填井和人行天井相应标高处掘拉底切割平巷，不留间柱，采用顺路天井的形式，边上采、边用板材间壁，形成溜矿井和行人天井。

为了提高采场生产能力，降低采矿损失率和贫化率；设计当矿石易于采掘，有用矿物又易被震落，则先采矿石；反之，先采围岩（一般采下盘围岩）。落两次矿削一次围岩。在落矿之前，应铺设垫板（木板、铁板、废输送带等），以防粉矿落入充填料中。采用小直径炮孔，间隔装药进行爆破，爆下矿石采用人工方式运搬到矿石溜井，爆下岩石铺平就地充填，分层高度控制在 2m 之内，采一层，充一层。回采至距上中段竖直高差 4m 时，矿房回采结束，其余部分作为采场顶柱留好，并进行接顶充填。

作业顺序：落矿—出矿—撤垫板—削底盘废石—充填—平场铺垫板—落矿。采场通风利用矿井通风系统的系统压差来完成。新鲜风流由下中段运输平巷进人行通风天井再进入工作面；污风经先进天井由上中段平巷排除。当采矿中的矿石运搬完毕之后，拆除垫层在围岩中打眼装药并起爆，爆破后崩下的岩石人工填入采空区。如果崩下的岩石过多，则可通过在下部砌筑的废石放矿漏斗口放出多余的矿石，用于调节充填层高度，然后在充填工作面进行平整。当铺设垫层后，即可进行下一个工作循环。

采矿主要设备见表 96-3。

表 96-3 采矿主要生产设备

设备名称	型号	数量/台	备注
装岩机	Z20-C	16	
振动放矿机	FZC2.8/1-3	6	
风机	9-19-5A-11kW	14	
架线式电机车	ZK1.5-6/100	11	
电耙绞车	2DPJ-30kW	9	
电机车	CAY2.5/6GB-48	12	

96.4 选矿情况

96.4.1 选矿厂概况

渣滓溪选矿厂年入选矿石量约为 6 万吨，全部为自产，无外购。设计的选矿工艺流程为：破碎为两段一闭路碎矿流程（含手选作业，与单一锑矿石共用一个破碎系统）；磨矿为一段闭路磨矿分级流程；浮选为先浮锑，后浮钨，锑浮选为“一粗二精二扫”，中矿顺序返回流程；浮选锑精矿用砂泵扬送至冶炼厂进行脱水，流程为浓缩机加陶瓷过滤机两段脱水；浮锑尾矿进行白钨浮选，采用“一粗二精二扫”，中矿顺序返回流程；浮钨粗精矿采用彼得罗夫法加温解析、精选，得到白钨精矿，再经盐酸浸出脱磷、洗涤、脱水，得合格白钨精矿。浮钨尾矿及加工精选尾矿合并后用砂泵输送至尾矿库。

96.4.2　选矿工艺流程

选矿工艺生产过程包括：破碎筛分（含手选）、磨矿分级、配（给）药流程与浮选、精矿脱水和尾矿处理五部分。

（1）破碎筛分。碎矿采用二段闭路破碎流程。原矿仓用 350×350 条格筛控制大块粒度，原矿仓底部出矿用 GZ8 给料机进入皮带进入第一段破碎 C80 破碎机；C80 破碎机破碎产品通过皮带合并进入 2YA1236 圆振动筛；筛上 + 15 - 50mm 产品通过皮带和筛上 +50mm 产品通过手选拣出块矿与废石后共同进入缓冲矿仓；缓冲矿仓下采用 GZ5 电磁振动机给料机出矿进第二段破碎 GP100M 破碎机，第二段破碎产品返回筛分循环；筛下产品通过皮带直接进入 500t 细矿仓。

（2）磨矿分级。采用一段磨矿，选用 1 台 QSZϕ2700×3600 球磨机与 1 台 FLG-24 螺旋分级机形成闭路磨矿。控制磨矿浓度 -0.074mm 含量占 75%，分级机溢流浓度 35%，分级机溢流直接进入浮选的 ϕ2500 调浆搅拌桶。

（3）浮选。配药用搅拌桶，给药采用直接在给药点用管道阀门控制给药；浮选流程采用一粗二扫一精、中矿顺序返回流程，浮选设备为 GF 系列设备，浮选药剂采用丁黄药、MA-1 硝酸铅和 2 号油。

（4）精矿脱水。精矿用砂泵扬送到冶炼厂旁边的浓密机+陶瓷过滤机脱水，控制精矿水分小于 12%进冶炼，余水返回综合循环水池回用。

（5）尾矿净化处理。尾矿用砂泵输送到尾矿库堆存，尾矿水经过自然沉降后，进入污水处理站调节池，再返回综合循环水池回用。选矿工艺流程如图 96-1 所示。

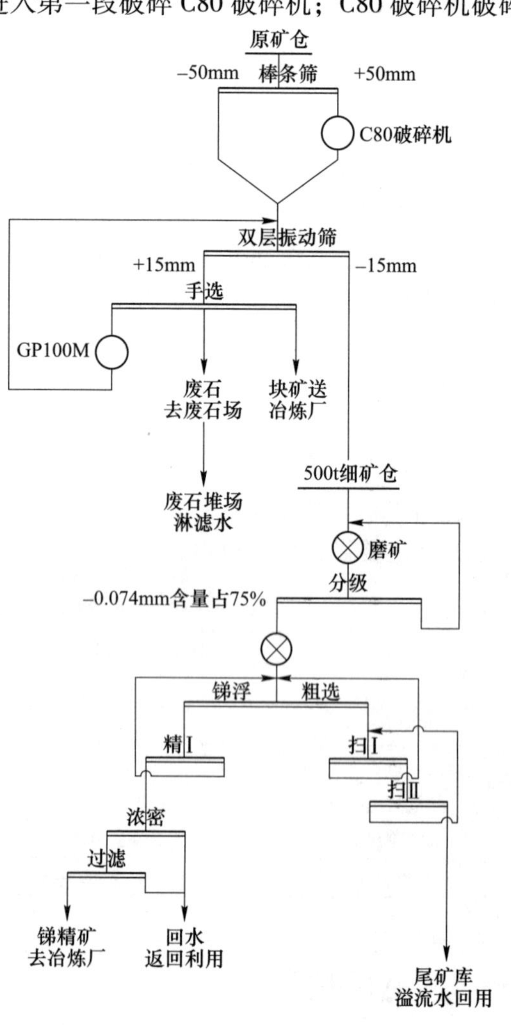

图 96-1　选厂工艺流程

96.4.3　选矿厂工艺技术改造

为了提高选矿工艺，新建了 500t/d 锑选矿厂，单一锑矿石选矿工艺流程和锑钨共生矿石选矿工艺流程如图 96-2 和图 96-3 所示。

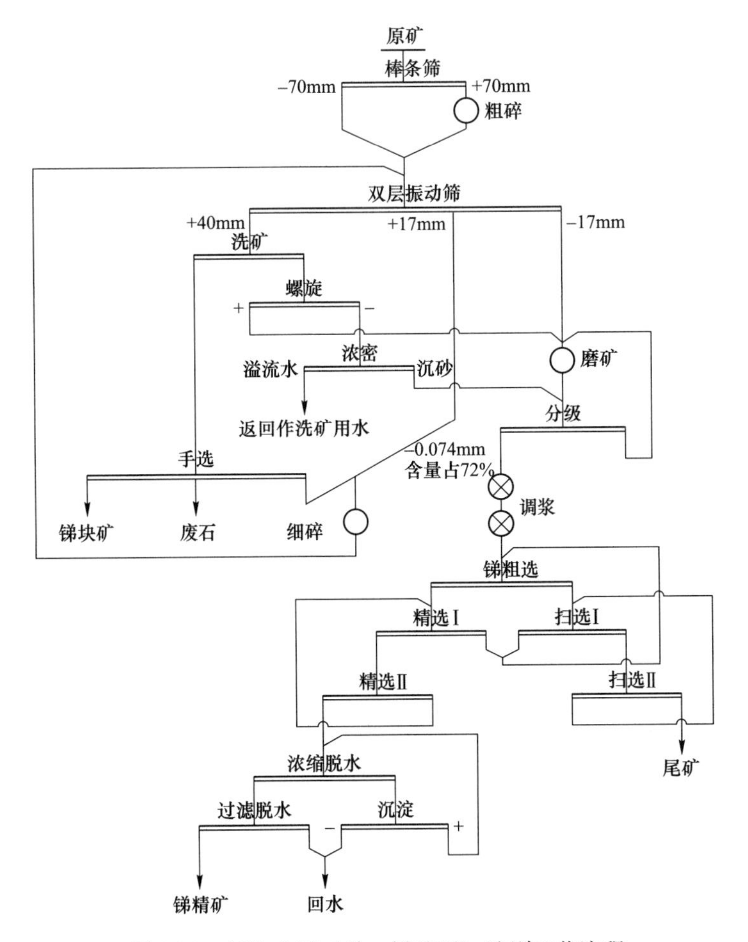

图 96-2　新选矿厂（单一锑矿石）选别工艺流程

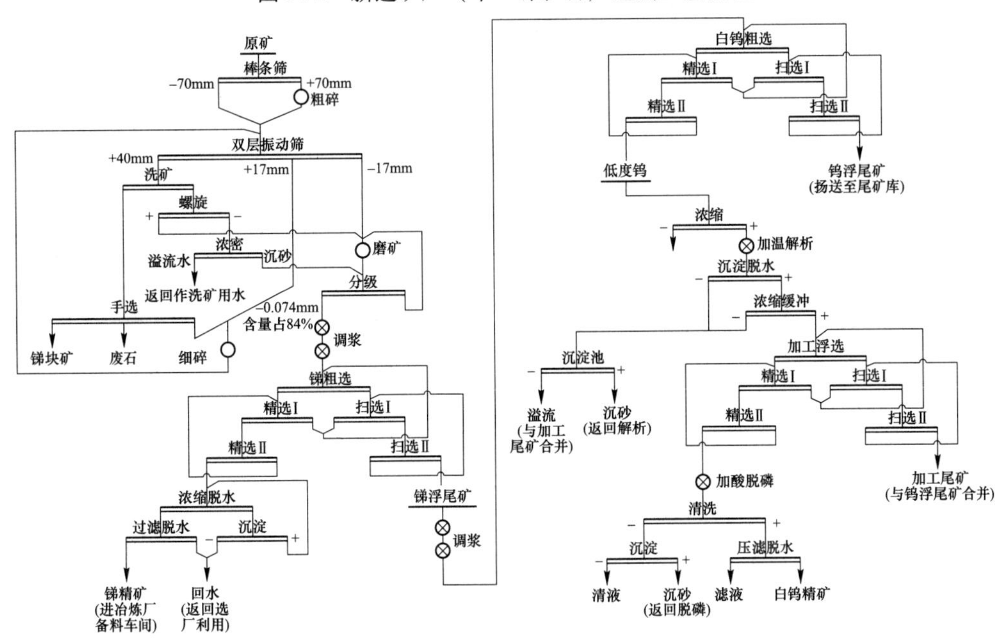

图 96-3　新选矿厂（锑钨共生矿石）选别工艺流程

96.5　矿产资源综合利用情况

渣滓溪锑矿，矿产资源综合利用率 87.42%，尾矿品位 0.16%。

出窿废石主要作为建筑区沟谷充填，其余修建建筑设施。截至 2013 年底，矿山废石累计积存量 117.3 万吨，2013 年废石利用率为 0%，2013 年产生量为 2.6 万吨。废石排放强度为 4.91t/t。

尾矿目前堆存在尾砂库，暂时没有进行综合利用。截至 2013 年底，矿山尾矿库累计积存尾矿 126.47 万吨，2013 年产生量为 5.68 万吨。尾矿排放强度为 13.21t/t。

第9篇 钼矿

MU KUANG

97 大黑山钼业

97.1 矿山基本情况

大黑山钼业为主要开采钼矿的大型露天矿山，共伴生矿产为铜、硫等。矿山建矿时间为1985年8月10日，投产时间为1987年7月10日。矿山位于吉林省吉林市永吉县，距永吉县城约35km，有公路相通，距吉林市区约60km，距G202国道仅5km，交通方便。矿山开发利用简表详见表97-1。

表97-1 大黑山钼业开发利用简表

基本情况	矿山名称	大黑山钼业	地理位置	吉林省吉林市永吉县
	矿山特征	—	矿床工业类型	斑岩型钼矿床
地质资源	开采矿种	钼矿	地质储量/亿吨	矿石量26.12
	矿石工业类型	硫化钼矿石	地质品位/%	0.0566
开采情况	矿山规模/万吨·a^{-1}	445.5，大型	开采方式	露天开采
	开拓方式	公路运输开拓	主要采矿方法	纵运采矿法
	采出矿石量/万吨	476.3	出矿品位/%	0.079
	废石产生量/万吨	159	开采回采率/%	99.9
	贫化率/%	2	开采深度/m	380~210标高
	剥采比/t·t^{-1}	0.33		
选矿情况	选矿厂规模/万吨·a^{-1}	445.5	选矿回收率/%	Mo 80.59 S 42.3 Cu 1.89
	主要选矿方法	三段一闭路破碎，铜钼混合浮选—粗精矿铜钼分离—铜浮选—铜钼混合浮选，尾矿选硫		
	入选矿石量/万吨	476.3	原矿品位/%	Mo 0.079
	Mo精矿产量/t	5551	Mo精矿品位/%	49.71
	Cu精矿产量/t	178	Cu精矿品位/%	15.22
	S精矿产量/t	71357	S精矿品位/%	42.3
	尾矿产生量/万吨	468.59	尾矿品位/%	Mo 0.0154
综合利用情况	综合利用率/%	72.37		
	废石排放强度/t·t^{-1}	286.43	废石处置方式	排土场堆存
	尾矿排放强度/t·t^{-1}	844.15	尾矿处置方式	尾矿库堆存
	废石利用率/%	15.1	尾矿利用率/%	0
	废水利用率/%	80.2		

97.2　地质资源

97.2.1　矿床地质特征

大黑山钼矿矿床规模为大型，矿床类型为斑岩型铜钼矿。大黑山钼矿床位于张广才岭—小兴安岭成矿带南段，矿体主要赋存在花岗闪长岩和花岗闪长斑岩内，该矿山开采的矿段内有1条主要钼矿体，矿体走向长度为800m，矿体倾角为25°，矿体平均厚度为500m，赋存深度平均为5m，矿体属稳固矿岩，围岩稳固，矿床水文地质条件简单。钼矿体赋存在斜长花岗斑岩体中，从岩体边部到中心，钼的含量逐渐增高。矿体形态颇似锅形，工业矿体面积达1.8km^2，延深300~700m不等，矿化最深预计可达900m。

大黑山矿石总体分为硫化矿和混合矿两类，但其矿物种类相近。主要金属矿物有黄铁矿、辉钼矿、黄铜矿及少量方铅矿、闪锌矿、赤铁矿、钛铁矿等，辉钼矿为回收的目的矿物。非金属矿物主要有石英、长石、黑云母、白云母、绢云母、方解石、高岭土、萤石等。主要金属矿物特征为：(1) 黄铁矿为矿石中产出较多的金属矿物。黄铁矿在矿石中主要以它形粒状及其集合体产出最多；少部分以半自形晶粒状产出。黄铁矿多被其他金属矿物交代；在其压碎裂缝处有黄铜矿、闪锌矿及脉石充填胶结，并且有交代作用。在黄铁矿颗粒边缘及其裂隙有辉钼矿充填交代。另有黄铁矿颗粒被辉钼矿包裹。黄铁矿与辉钼矿二者关系比较密切。(2) 黄铜矿在矿石中多以它形粒状浸染在脉石中。黄铜矿颗粒常被辉铜矿、铜蓝、斑铜矿等交替在其颗粒边缘形成薄膜状反应边结构；另外黄铜矿对黄铁矿具有交代作用，并沿黄铁矿裂缝侵入充填胶结形成交代溶蚀结构。黄铜矿与其他金属矿物关系不甚密切。(3) 辉钼矿：为矿石中主要回收矿物。辉钼矿在矿石中主要以板状、厚板状、板条状、叶片状、星散状及其集合体产出，并以前者产出形态较多，尤其在富矿石中多以厚板状及集合体沿脉石矿物和后期石英裂隙侵入，以脉状、条带状构造产出。这样产出的辉钼矿不但含量高，而且粒度也较粗大，在硫化矿石中较常见。辉钼矿对黄铁矿有交代作用，并沿裂缝穿插，有的辉钼矿包裹黄铁矿颗粒。但绝大部分辉钼矿多浸染在脉石矿物或沿脉石裂缝侵入，与脉石矿物关系密切。辉钼矿在矿石中主要嵌布在脉石中且粒度不均，较富的硫化矿中大于0.1mm嵌布占67.53%，小于0.037mm占11.57%，而较贫的混合矿石中大于0.1mm占11.99%，小于0.037mm占34.36%。

矿石结构主要有自形晶结构、半自形晶结构、它形粒状结构、反应边结构等。矿石构造主要有浸染状构造、脉状构造、条带状构造、斑点状构造等。

矿石主要有用元素为Mo，其含量为0.017%~0.226%，伴生有益组分含量为：Cu 0.004%~0.149%，S 0.86%~4.00%。还有少量的铅、锌、银、镓、铼。矿石中伴生的有害组分有P、As、SiO_2、Sn等。

97.2.2　资源储量

大黑山钼矿主要开采矿种为钼，共伴生矿种为铜，主要矿石类型为硫化钼矿石。截至2013年，矿山保有钼矿矿石资源储量为2612295.74kt，保有钼金属量为1476420.96t，钼矿平均地质品位为0.0566%；保有硫铁矿矿石量为2195397.74kt，保有硫非金属量为

35703.99kt，伴生硫的平均地质品位为1.53%；累计查明铜金属量为2219.74t，铜矿平均地质品位为0.03%。

97.3　开采情况

97.3.1　矿山采矿基本情况

大黑山钼矿为露天开采的大型矿山，采用公路运输开拓，使用纵运采矿法。矿山设计生产能力445.5万吨/a，设计开采回采率为98%，设计贫化率为2%，设计出矿品位（Mo）0.074%，钼矿最低工业品位（Mo）为0.06%。

97.3.2　矿山实际生产情况

2013年，矿山实际采出矿量476.3万吨，排放废石159万吨。矿山开采深度为380~210m标高。具体生产指标见表97-2。

表97-2　矿山实际生产情况

采矿量/万吨	开采回采率/%	出矿品位/%	贫化率/%	露天剥采比/$t \cdot t^{-1}$
476.3	99.9	0.079	2	0.33

97.3.3　采矿技术

大黑山钼矿采矿主要设备型号及数量见表97-3。

表97-3　采矿主要设备型号及数量

序号	设备名称	规格型号	使用数量/台（套）
1	挖掘机	W-4	6
2	挖掘机	WD-400A	6
3	牙轮钻机	KY-200	8
4	牙轮钻机	KY-250D	4
5	履带式高压气动钻机	CL-351	1
6	电铲	WK-12	2
7	推土机	SD320	3
8	螺杆空压机	OPQ750RHCOM	1
9	螺杆空压机	OPQ780RHCOM	1
10	45t自卸汽车	TR3307	18
11	离心泵	200S-95	2
12	单级双吸中开式离心泵	350S-75A	2
13	液压碎石机	CAT320	3
14	压路机	YZ18C	1
15	平路机	PY180G	1
16	洒水车	$10m^3$	1
合计			60

97.4　选矿情况

97.4.1　选矿厂概况

大黑山钼矿选矿厂设计年处理矿石能力为445.5万吨，设计主矿种入选品位为0.074%，最大入磨粒度为14mm，磨矿细度为-0.074mm含量占50%。2013年矿山选矿情况见表97-4。

表97-4　矿山选矿情况

入选量/万吨	入选品位/%	选矿回收率/%	选矿耗水量/$t \cdot t^{-1}$	选矿耗新水量/$t \cdot t^{-1}$	选矿耗电量/$kW \cdot h \cdot t^{-1}$	磨矿介质损耗/$kg \cdot t^{-1}$	选矿产品产率/%
476.3	0.079	80.59	2.56	0.51	22.52	0.98	0.1165

大黑山钼矿选矿方法为浮选法，选矿产品为钼精矿、硫精矿、铜精矿。2013年选矿产品钼精矿品位为49.71%，选矿回收率为80.59%；硫精矿品位为42.3%，选矿回收率为42.3%；铜精矿品位为15.22%，选矿回收率为1.89%。

碎矿工艺为典型的三段一闭路工艺，粗磨后采用铜钼混合浮选—粗精矿铜钼分离—铜浮选—铜钼混合浮选，尾矿选硫流程。

97.4.2　选矿工艺流程

97.4.2.1　碎磨流程

采矿厂用载重45t自卸矿车，将1000mm的原矿给入液压旋回破碎机进行粗碎。将矿石破碎至300mm，经皮带运输机给入1台标准型圆锥破碎机中碎至矿石粒度为51mm。经皮带运输机将矿石送入5台振动筛，筛上产品由皮带运输机给入2台短头型圆锥破碎机细碎后，再经皮带运输机返回振动筛，筛下产品14mm，给入粉矿仓供磨浮生产工序。来自破碎车间的原矿石从粉矿仓经圆盘给料机、皮带给入由MQY5030×6408湿式溢流型球磨机和FX660水力旋流器组组成的闭路磨矿系统，进行磨矿。磨矿系统排出的产品细度为-0.074mm含量占55%，溢流浓度为35%。

97.4.2.2　选矿流程

浮选与磨矿系统相对应，分为两个对称系列，系列1处理来自于1号磨矿系统矿浆，矿浆经高效搅拌槽调浆后给入浮选机组进行浮选，经两次扫选后尾矿进入选硫系统，选硫后排入尾矿坝。

钼粗选精矿进行粗精选后给入ϕ150水力旋流器组和再磨系统，产品细度-0.074mm含量占92%。再磨后的矿浆给入浮选机组进行分离精选，经两次扫选、三次精选得到钼精矿。铜钼分离尾矿经一次粗选、两次扫选、一次精选得到铜精矿。选矿工艺流程如图97-1所示，选矿主要设备型号及数量见表97-5。

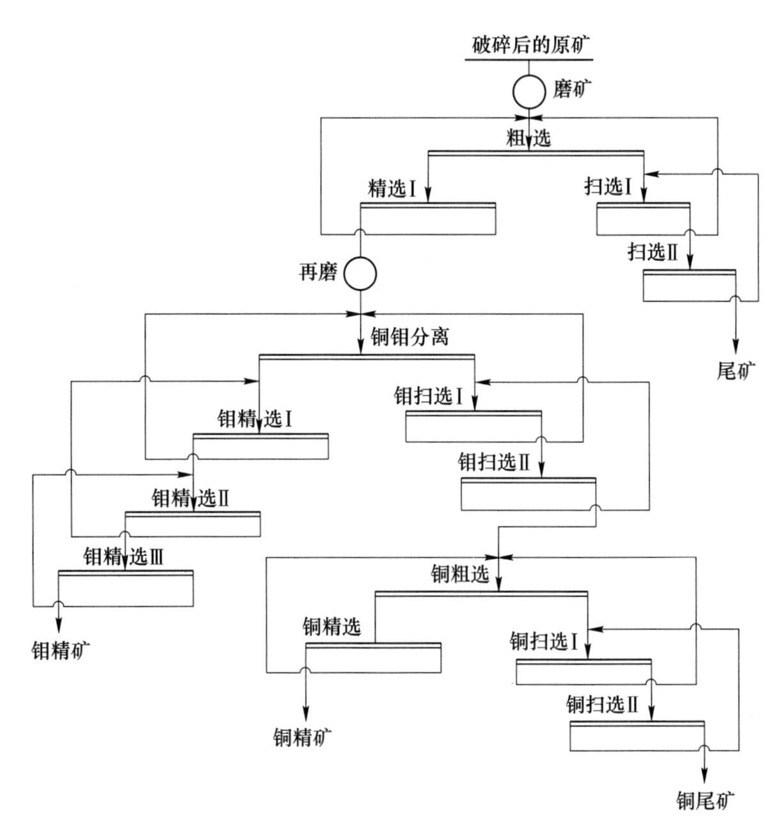

图 97-1 大黑山钼矿选矿工艺流程

表 97-5 大黑山钼矿选矿厂主要设备型号及数量

序号	设备名称	设备型号	台数
1	旋回破碎机	PXZ1417	1
2	圆锥破碎机	HP500	3
3	振动筛	YA2470	5
4	振动给料机	GZG160-350Z	2
5	振动给料机	GZG130-300Z	6
6	溢流型球磨机	MQY5064	2
7	移动式胶带机	SHR1200	2
8	螺旋输送机	LS250	3
9	水力旋流器	600×7	2
10	水力旋流器	150×8	1
11	浮选机	$16m^3$	6
12	浮选机	$8m^3$	8
13	浮选机	KYF-100	14
14	浮选柱	KYZ-3012	1
15	浮选柱	KYZ-2012	1

续表 97-5

序号	设备名称	设备型号	台数
16	浮选柱	KYZ-1812	1
17	高效浓缩机	NTD-53B	3
18	压滤机	XMZ80/1000U	2
19	压滤机	XAZ60/1000-U	1
20	塔式磨浸机	TW-50	2

97.5　矿产资源综合利用情况

大黑山钼矿，矿产资源综合利用率 72.37%，尾矿品位 Mo 0.0154%。

废石堆存在排土场，截至 2013 年底，矿山废石累计积存量 378 万吨，2013 年废石利用率为 15.1%。2013 年产生量为 159 万吨。废石排放强度为 286.43t/t。

尾矿处置方式为尾矿库堆存，未利用，截至 2013 年底，矿山尾矿库累计积存尾矿 2131 万吨，2013 年产生量为 468.59 万吨。尾矿排放强度为 844.15t/t。

选矿回水利用率为 80.2%。

98 东沟钼矿

98.1 矿山基本情况

东沟钼矿为主要开采钼矿的大型露天矿山，共伴生矿产为铁矿。矿山成立于2004年初，2008年12月取得采矿权证。矿山位于河南省洛阳市汝阳县，矿区西边界紧邻洛阳—汝阳—车村主干公路，北距汝阳县城35km，距太澳高速公路57km，距焦枝线临汝镇火车站58km，距陇海线洛阳火车站90km，交通方便。矿山开发利用简表详见表98-1。

表98-1 东沟钼矿开发利用简表

基本情况	矿山名称	东沟钼矿	地理位置	河南省洛阳市汝阳县
	矿山特征	国家级绿色矿山	矿床工业类型	斑岩型钼矿床
地质资源	开采矿种	钼矿	地质储量/亿吨	矿石量6.49
	矿石工业类型	单一钼矿石	地质品位/%	0.11
开采情况	矿山规模/万吨·a^{-1}	660，大型	开采方式	露天开采
	开拓方式	公路运输开拓	主要采矿方法	组合台阶采矿法
	采出矿石量/万吨	182.47	出矿品位/%	0.153
	废石产生量/万吨	279.18	开采回采率/%	97.39
	贫化率/%	3	开采深度/m	950~250标高
	剥采比/t·t^{-1}	1.53		
选矿情况	选矿厂规模/t·d^{-1}	5000	选矿回收率/%	Mo 87 Fe 50
	主要选矿方法	三段一闭路破碎，粗选选钼，粗精矿再磨再选，钼尾矿磁选选铁，粗精矿再磨再选		
	入选矿石量/万吨	150	原矿品位/%	Mo 0.124
	Mo精矿产量/t	3380	Mo精矿品位/%	Mo 51
	Fe精矿产量/t	35000	Fe精矿品位/%	TFe 61
	尾矿产生量/万吨	146.16	尾矿品位/%	Mo 0.016
综合利用情况	综合利用率/%	84.30		
	废石排放强度/t·t^{-1}	825.98	废石处置方式	排土场堆存
	尾矿排放强度/t·t^{-1}	432.42	尾矿处置方式	尾矿库堆存
	废石利用率/%	0	尾矿利用率/%	0

98.2　地质资源

98.2.1　矿床地质特征

东沟钼矿矿床规模为大型，矿床类型为斑岩型钼矿。矿区位于华北地台南缘成矿带华熊台缘坳陷成矿亚带的熊耳山—外方山成矿区。区域构造以断裂为主，褶皱不甚发育，断裂主要以近 EW 向、NE 向和 NW 向为主；区域地层为中元古界长城系熊耳群中基性、中酸性火山岩；区域岩浆岩有中元古代晚期的石英闪长岩、石英二长岩、闪长细晶岩和燕山期的黑云母花岗岩、花岗斑岩等，后者形成太山庙复式花岗岩体及下铺花岗斑岩体。矿区构造为近 EW 向、NE 向和 NW 向的断层主要以 NE 向断层为主。矿区位于拔菜坪背斜南翼，仅出露中元古界熊耳群鸡蛋坪组二段杏仁状玄武安山岩、英安流纹岩、安山岩、英安岩及凝灰质粉砂岩等。地层总厚度约 800m，呈单斜产出，产状 165°~220°∠20°~30°，为一套火山岩夹少量薄层火山碎屑岩。矿区位于太山庙复式花岗岩体北约 10km，主要出露侵入岩为下铺花岗斑岩体，为呈 60°方向延伸的透镜状小岩珠，岩石类型为花岗斑岩。矿区矿石类型属钠长斑岩型辉钼矿，矿石主要目的矿物是辉钼矿，其他金属矿物为磁铁矿、黄铁矿、钛铁矿、赤铁矿、褐铁矿、方铅矿等，非金属矿物主要有长石、石英、黑云母等，其次为绿泥石、角闪石等。

98.2.2　资源储量

东沟钼矿主矿种为钼，伴生矿产为磁性铁，矿床矿石工业类型主要为单一的钼矿石。截至 2013 年矿区累计查明钼矿石量 64863.19 万吨，钼金属量 689832t，平均品位 0.11%。

98.3　开采情况

98.3.1　矿山采矿基本情况

东沟钼矿为露天开采的大型矿山，采用公路运输开拓，使用组合台阶采矿法。矿山设计生产能力 660 万吨/a，设计开采回采率为 97%，设计贫化率为 3%，设计出矿品位（Mo）0.12%，钼矿最低工业品位（Mo）为 0.06%。

98.3.2　矿山实际生产情况

2013 年，矿山实际采出矿量 182.47 万吨，排放废石 279.18 万吨。矿山开采深度为 950~250m 标高。具体生产指标见表 98-2。

表 98-2　矿山实际生产情况

采矿量/万吨	开采回采率/%	出矿品位/%	贫化率/%	露天剥采比/$t \cdot t^{-1}$
182.47	97.39	0.153	3	1.53

98.3.3 采矿技术

2012~2014年东沟钼矿属于矿山基建期；截至2013年12月基建剥离副产累计开采矿石量490.84万吨，2013年开采矿石量182.47万吨，设计开采品位0.125%，矿石出矿品位0.153%，设计开采方式为露天开采，开拓方案为公路开拓，汽车运输。矿石设备有挖掘机、装载机、运输车、潜孔钻机、移动式空气压缩机、洒水车、加油车、破碎锤、江铃（皮卡）等设备。

98.4 选矿情况

98.4.1 选矿厂概况

金堆城钼业汝阳有限责任公司选矿产能5000t/d，年入选矿石量150万吨。该选矿厂从2006年开始进行可行性研究，2008年5月开始施工、2011年6月基本建成、7月开始试车、11月26日开始试生产。2012年年底实现达产达标目的并实现平稳运行。

主要产品：钼精矿，产能5000t/d，原矿品位0.124%，精矿品位51%，实际回收率87%，年产钼精矿3380t；铁精矿品位61%，实际回收率50%，年产铁精矿35000t。

98.4.2 选矿工艺流程

98.4.2.1 *破碎筛分流程*

碎矿段采用三段一闭路破碎筛分流程。

露天采场采出的矿石最大粒度为1200mm，通过卡车运至粗碎车间进行一次破碎，粗碎采用1台ϕ1200mm旋回破碎机，破碎后产品（≤250mm）通过重型铁板给矿机给矿至带式输送机上，然后运至粗碎仓进行储存，用于调节选矿厂与采矿生产的不均衡性。

粗矿仓下设振动放矿机向皮带给矿，然后由皮带向筛分破碎厂房供矿。由于受场地限制，筛分破碎厂房采用重叠配置，矿流方向为：皮带—缓冲矿仓—给矿设备—筛分设备—破碎设备—皮带。预先筛分采用圆振动筛，筛下合格产品由皮带输送至粉矿仓，筛上产品给入中碎破碎机进行破碎。闭路筛分采用直线振动筛，筛下合格产品排入粉矿仓，筛上产品给入细碎破碎机。中细碎破碎机破碎产品排至皮带，通过转运站及皮带，返回至筛分破碎厂房进行闭路筛分。

粉矿仓下设振动放矿机，分别向皮带供矿，直接向磨选厂房的粗磨球磨机供矿。破碎筛分系统最终产品粒度为≤10mm。

98.4.2.2 *磨浮流程*

粗磨采用1台MQY5030×6400球磨机，分级设备采用1组水力旋流器。粗选系统包括一粗、一精、二扫，粗扫选浮选机为KYF-50型，粗精选浮选机为BF-12型。精矿再磨再选回路采用浮选柱与浮选机相结合。粗精选泡沫产品通过1台再磨机与旋流器组形成的一段再磨分级闭路系统。一次再磨后的旋流器溢流经过浮选柱进行精一选，其泡沫精矿进行二次再磨，其底流通过两次精扫选 BF-12 浮选机后产生部分合格尾矿。二次再磨采用再磨机与其形成闭路的旋流器组形成二次再磨分级系统。其溢流经 1 台浮选柱进行精二选，其泡沫精矿再经 1 台浮选柱进行精三选，得到最终钼精矿。

98. 4. 2. 3　脱水作业

钼精矿脱水作业设计采用浓缩+过滤+干燥三段流程。设计精三浮选泡沫经 1 台 ϕ12m 浓密机浓缩后，再经 1 台过滤机过滤、干燥机干燥后等到最终干钼精矿，含水量≤8%。

98. 4. 2. 4　尾矿排放

选矿厂的尾矿矿浆由泵输送至分级机进行分级，粗颗粒矿浆经带式过滤机过滤脱水形成废渣，经胶带输送机、汽车运至废渣堆场堆存；细粒矿浆经浓密机浓缩后通过压滤机进行高压脱水形成废渣，形成的溢流水和滤液进行循环利用。

选矿流程如图 98-1 所示。

98. 4. 3　选矿工艺技术改造

在矿产品综合利用方面，采取从浮钼尾矿中综合回收磁铁矿，选铁工艺采取阶段磨矿、阶段选别的磁选原则流程。随着选钼产能的不断提升，选铁工艺也经过多次改造，都是由公司自主设计改造，实现矿产品综合利用的最大化。

在实际的生产情况下，选铁车间是在衔接 5000t/d 选铁粗磁选系统和原 2000t/d 选铁精磁选系统的基础上开车运行的，运行半年后出现粗选回收率低、铁精矿脱水使用沉淀池脱水沉降速度慢且工艺落后等一系列问题。为解决这些问题选矿厂于 2012 年 10 月至 2013 年 5 月对选铁车间进行了改造。

改造后的选铁车间工艺流程：浮钼尾矿经 4 台串联磁选机粗选后，其粗精矿进入由旋流器和磨机组成的一段分级磨矿系统，分级溢流进入 2 组滚筒磁选机，精矿进入磁选柱脱泥、二段分级磨矿系统、再次脱泥、三次磁选机进行精选后进入压滤前溢流桶，脱水系统采用压滤机，产品用皮带输送至铁粉料场待售。

工艺流程改造后工艺顺畅，指标相对稳定，粗选磁性铁回收率较改造前提高了 25 个百分点；总磁性铁回收率达 50%，较改造前提高了近 10 个百分点；在保证铁精矿品位 61%以上的基础上，铁精矿标量由改造前的 1800t/m 提高到目前的 3500t/m 以上，改造效果显著。

98. 5　矿产资源综合利用情况

东沟钼矿，尾矿品位 Mo 0. 016%。

废石堆存在排土场，截至 2013 年底，矿山废石累计积存量 630 万吨，废石利用率为 0。2013 年产生量为 279. 18 万吨。废石排放强度为 825. 98t/t。

尾矿处置方式为尾矿库堆存，未利用，截至 2013 年底，矿山尾矿库累计积存尾矿 341 万吨，2013 年产生量为 146. 16 万吨。尾矿排放强度为 432. 42t/t。

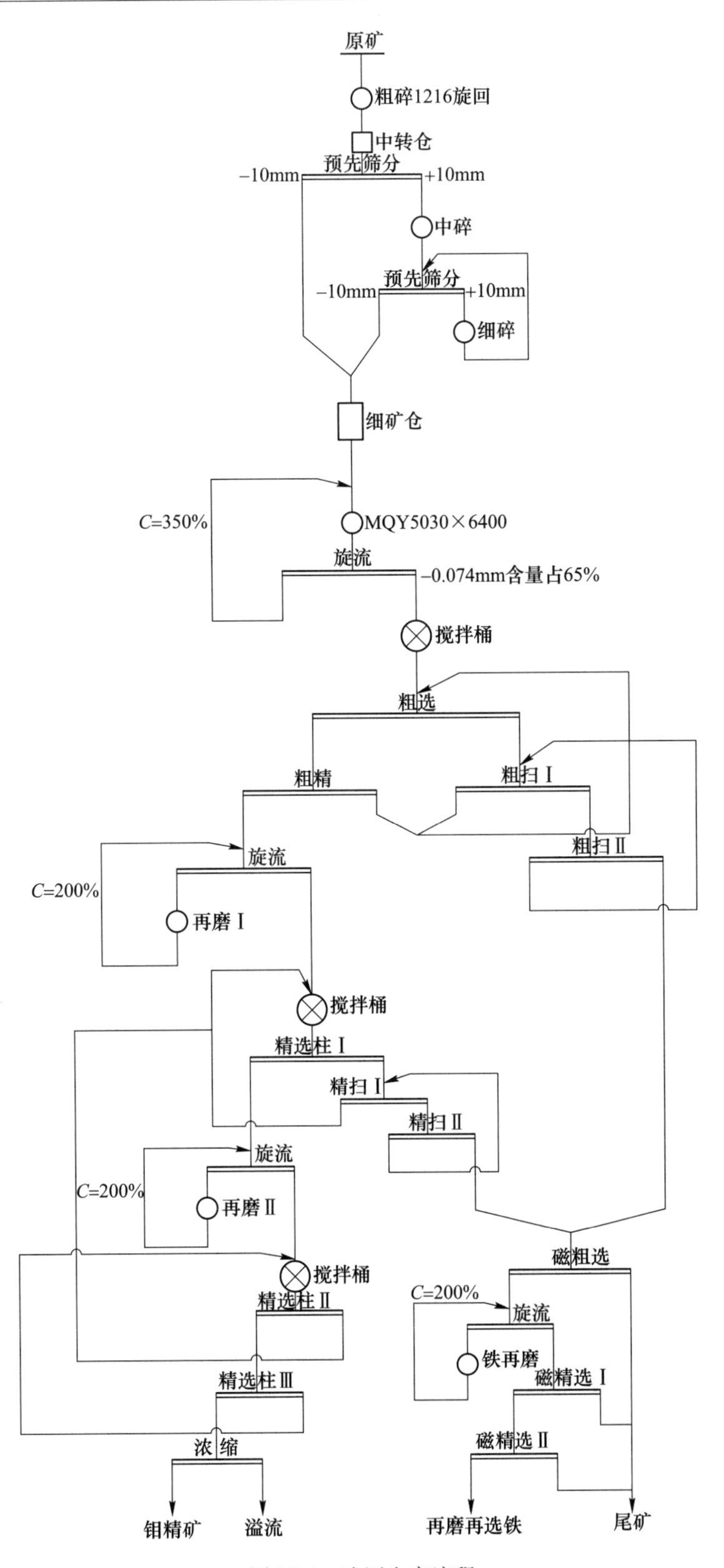
原矿
粗碎1216旋回
中转仓
预先筛分
−10mm
+10mm
中碎
预先筛分
−10mm
+10mm
细碎
细矿仓
C=350%
MQY5030×6400
旋流
−0.074mm含量占65%
搅拌桶
粗选
粗精
粗扫Ⅰ
粗扫Ⅱ
旋流
C=200%
再磨Ⅰ
搅拌桶
精选柱Ⅰ
精扫Ⅰ
精扫Ⅱ
旋流
C=200%
再磨Ⅱ
搅拌桶
精选柱Ⅱ
精选柱Ⅲ
浓缩
钼精矿
溢流
磁粗选
C=200%
旋流
铁再磨
磁精选Ⅰ
磁精选Ⅱ
再磨再选铁
尾矿

图98-1 选厂生产流程

99　丰源钼业

99.1　矿山基本情况

丰源钼业为主要开采钼矿的中型露天矿山，共伴生矿产为铜、硫铁矿，但含量低。矿山成立于 2004 年 4 月，2005 年 3 月动工兴建，同年 12 月建成投产。矿山位于河南省洛阳市嵩县西北部，距嵩县县城约 18km，自矿区经德亭乡有水泥路面公路与洛阳—栾川公路相连，距洛阳市约 110km，自洛阳有陇海铁路和焦枝铁路与全国相通，交通便利。矿山开发利用简表详见表 99-1。

表 99-1　丰源钼业开发利用简表

基本情况	矿山名称	丰源钼业	地理位置	河南省洛阳市嵩县
	矿山特征	国家级绿色矿山	矿床工业类型	斑岩型钼矿床
地质资源	开采矿种	钼矿	地质储量/万吨	矿石量 1724. 36
	矿石工业类型	单一钼矿石	地质品位/%	0. 096
开采情况	矿山规模/万吨 · a^{-1}	99，中型	开采方式	露天开采
	开拓方式	公路运输开拓	主要采矿方法	组合台阶采矿法
	采出矿石量/万吨	99. 09	出矿品位/%	0. 097
	废石产生量/万吨	77. 70	开采回采率/%	98
	贫化率/%	0. 25	开采深度/m	822～300 标高
	剥采比/t · t^{-1}	0. 8		
选矿情况	选矿厂规模/万吨 · a^{-1}	99	选矿回收率/%	85
	主要选矿方法	三段两闭路破碎，一段闭路磨矿，浮选		
	入选矿石量/万吨	97. 13	原矿品位/%	0. 097
	精矿产量/万吨	0. 2133	精矿品位/%	45
	尾矿产生量/万吨	96. 91	尾矿品位/%	0. 013
综合利用情况	综合利用率/%	83. 3		
	废石排放强度/t · t^{-1}	364. 28	废石处置方式	排土场堆存
	尾矿排放强度/t · t^{-1}	454. 34	尾矿处置方式	尾矿库堆存
	废石利用率/%	0	尾矿利用率/%	0
	废水利用率/%	75		

99.2 地质资源

99.2.1 矿床地质特征

丰源钼业矿体属于雷门沟大型中低品位钼矿床一部分，矿床类型为斑岩型钼矿床。矿区出露地层为太古宇太华群片麻岩系，雷门沟细-微粒斑状花岗岩体及爆发角砾岩产于其中。钼矿体呈半环状产于花岗岩、角砾岩及其围岩蚀变带中。区内岩石蚀变强烈，断裂构造发育，表现为多期多次活动，其力学性质出现多次转变。

矿区内出露地层主要为太古宇太华群片麻岩系，其主要岩性为黑云斜长片麻岩、角闪斜长片麻岩和黑云角闪斜长片麻岩。从矿物成分、岩石化学特征及副矿物特征看，以上岩石多为沉积变质而成。地层片麻理产状一般为120°~135°∠25°~35°，局部受岩体侵入影响，岩石蚀变强烈，地层片麻理产状不清或产状紊乱。第四系在矿区内零星出露，主要为缓坡上的残坡积物及沟谷中的冲积物。其岩性为亚砂土和碎石，厚度1~10m。

矿区内岩浆岩活动频繁，主要时代为元古宙中晚期及燕山晚期。前者以中基性岩脉为主，后者为中酸性-酸性的岩基及小岩株。其中雷门沟斑状花岗岩体呈小岩珠状，是钼成矿母岩。平面上呈近东西向的纺锤形。地表部分东西长2210m，向西延出区外，南北宽200~450m，面积0.77km^2。在空间上岩体呈向南陡倾并向西侧伏的漏斗状。与岩体有直接成因联系的爆发角砾岩断续出露在岩体边部。岩体具分相特点，自中心向外可分为：斑状花岗岩相，二长斑状花岗岩相和花岗斑岩相。各相带间呈过渡关系。成矿后有角闪二长斑岩脉侵入，影响矿体的完整性。各种岩浆岩的展布方向主要受北西西方向的构造控制，与区域构造线方向一致。

矿区内爆发角砾岩的分布，在时间上和空间上与雷门沟花岗岩体关系密切，其展布方向和分布范围严格受花岗岩体控制。其形态各异，呈半圆状、椭圆状、透镜状和不规则状分布在花岗岩体边部，大小不一，悬殊很大。按其在花岗岩体内的产出位置，可分为岩体顶盖角砾岩，岩体边部角砾岩和岩体内部角砾岩。

矿区位于太古宇太华群片麻群中，地层呈单斜产出，其片麻理走向与区域片麻理走向一致，呈北东—南西向，其产状为倾向120°~135°，倾角25°~35°。区内断裂构造发育，具多期多次活动特点，造成力学性质多次转变。矿区内主断裂构造形迹可分为：近东西向断裂、北北东向断裂、北东向断裂和北西向断裂四组。

燕山晚期的雷门沟细-微粒斑状花岗岩体侵入于太古宇太华群片麻岩系之中，形成宽广的面型蚀变，钼矿体呈半环状赋存在花岗岩体的内外接触带附近，并且有矿体规模巨大、形态简单、品位较贫等特点，属斑岩型钼矿床。矿区主要矿体集中分布于横1-7线之间，向西变薄、变窄，向东矿体变薄，出现分支。矿石品位变化大，品位在0.04%~0.08%之间，大于0.1%以上矿段相对较少。矿体中有富矿窝存在，其钼品位局部可高达0.5%以上，但分布范围小，矿量不大。整体上矿体平均品位0.093%，总体属中低品位矿石。总的来说，丰源钼业中上部矿体矿石相对稍富，下部变贫，矿体中间较富，向南北两侧变贫，花岗斑岩中矿石相对较富但变化大，而斜长角闪片麻岩及黑云斜长片麻岩中矿石相对较贫，但品位相对稳定，变化小。

99.2.2 资源储量

丰源钼业矿区内主要矿种为钼，矿石工业类型为矿化钼矿石，属单一钼矿矿产，平均地质品位在 0.10%左右。全矿区范围内累计查明工业矿矿石量 1724.36 万吨，钼金属量 16624.22t，平均品位 0.096%。

99.3 开采情况

99.3.1 矿山采矿基本情况

丰源钼业为露天开采的中型矿山，采用公路运输开拓，使用组合台阶采矿法。矿山设计生产能力 99 万吨/a，设计开采回采率为 95%，设计贫化率为 4%，设计出矿品位（Mo）0.04%，钼矿最低工业品位（Mo）为 0.06%。

99.3.2 矿山实际生产情况

2013 年，矿山实际采出矿量 99.09 万吨，排放废石 77.70 万吨。矿山开采深度为 822~300m 标高。具体生产指标见表 99-2。

表 99-2 矿山实际生产情况

采矿量/万吨	开采回采率/%	出矿品位/%	贫化率/%	露天剥采比/$t \cdot t^{-1}$
99.09	98	0.097	0.25	0.8

99.3.3 采矿技术

矿山设计 606m 标高以上为露天开采，台阶高度 12m，台阶坡面角 60°~65°，安全清扫平台宽度为 10m，最终边坡角 45°，开拓方式为公路运输开拓，采矿方法为组合台阶采矿法，设计生产能力为 99 万吨/a，设计资源利用率 95%，设计采矿贫化率为 4%，设计开采回采率为 95%，设计出矿品位 0.08%，主矿种最低工业品位 0.06%，采矿平均耗电量 2kW · h/t。

剥采装备有 JK580 潜孔钻两台，神钢 260 挖掘机两台，3t、5t 铲车各一台，后八轮车 8 辆。

99.4 选矿情况

99.4.1 选矿厂概况

丰源钼业选矿厂设计年选矿能力为 99 万吨，设计主矿种入选品位 0.104%，选矿方法为浮选，选矿品位名称为钼精矿，最大入磨粒度 12mm，磨矿细度为-0.074mm 含量占 65%，精矿产率 0.17%，选矿回收率在 85%左右，选矿耗水量 260t/t，磨矿介质为钢球，损耗为 1kg/t。

矿山采出的矿石经破碎、磨矿、选矿、压滤、烘干得钼精粉，尾矿输送到尾矿坝堆存。

99.4.2 选矿工艺流程

99.4.2.1 *碎矿流程*

采用三段两闭路碎矿流程，即小于 600mm 的矿石由原矿仓进入栅条给矿机，经颚式破碎机破碎后通过皮带到振动筛进行筛分，35mm 以上的进入中碎圆锥破碎机，12~35mm 的进入细碎圆锥破碎机，中碎细碎后经皮带运输到振动筛筛分，12mm 以下的进入粉矿仓，供球磨机处理。

主要破碎筛分设备有：B13-56-2V 栅条给矿机 1 台、C-125 颚式破碎机 1 台、2DYKB3072 振动筛 1 台、HP300 圆锥破碎机 2 台、GZC1003 振动给料机 2 台。

99.4.2.2 *磨矿流程*

采用一段闭路磨矿流程，粉矿仓的矿石通过皮带给料机给入球磨机磨矿，溢流矿浆通过渣浆泵送到旋流器进行分级，粗者进入球磨机再磨，细者到浮选车间进行浮选。

主要磨矿分级设备有：MQY4270×6100 湿式溢流型球磨机 1 台、10/8ST-HH 渣浆泵 2 台、FX500-PUX6 旋流器组 1 台、皮带给料机 7 台。

99.4.2.3 *选矿*

浮选流程为一次粗选、两次扫选、一次预精选、三次精选，精一的尾矿进入精扫选车间进行选别，三次精选精矿为最终精矿，经压滤、烘干后得钼精粉。

主要设备有：XCF/KYF-30 浮选机 12 台、XCF/KYF-8 浮选机 11 台、JBC3.5m×3.5m 搅拌桶 1 台、JM-1200 螺旋搅拌磨矿机 1 台、JM-800 螺旋搅拌磨矿机 2 台、KYZ1612 型浮选柱 1 台、KYZ1212 型浮选柱 1 台、KYZ912 型浮选柱 1 台、SKSZ45 螺旋闪蒸干燥机 1 台、EXMY50/870-CGb 压滤机 3 台。

99.4.2.4 *尾矿输送*

二次扫选和精扫选的尾矿合并后通过管道自流到砂泵站，再通过柱塞泵打到尾矿库堆存。

选厂生产流程如图 99-1 所示。

99.4.3 选矿工艺技术改造

矿山立足于以科技求发展，向科技要效益，加大投入力度，积极开展科技创新和技术革新，不断改进和优化工艺流程，提高选矿回收率和资源利用率，已累计投入改进和优化资金 700 多万元。

（1）精扫选开路工艺。投资 250 万元高标准建成新精扫车间，安装新型 XCF-KYF 充气浮选机和 GF 节能浮选机，改善了精扫尾矿对主系统的干扰，使系统回收率提高 2%~3%，同时拓宽了原矿石范围，大量利用低品位难选矿石。

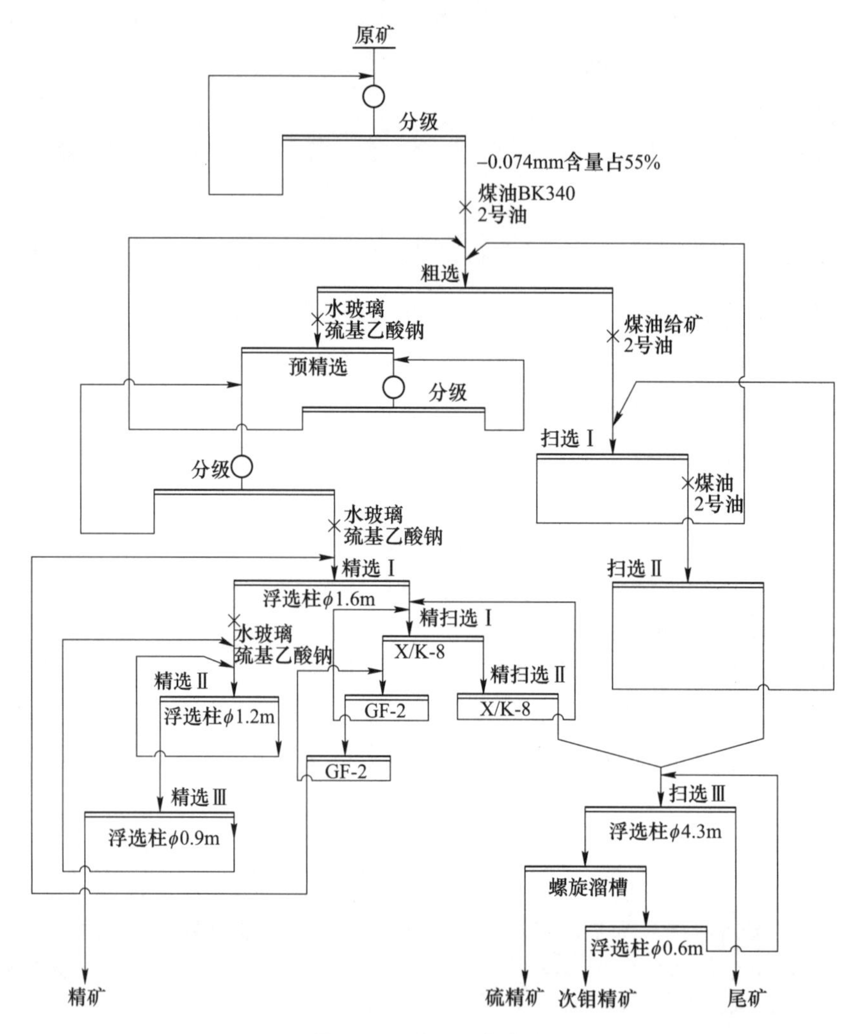

图 99-1　选厂工艺流程

（2）延长二精浮选时间工艺。通过相关研究实验，投资 60 万元对原二精装备进行扩容，延长了精选富集时间，提高系统精选段产率，增大了处理量，同时能提高主系统回收率，稳定了产品质量。

（3）强化扫选工艺。针对主系统尾矿中含有微细粒有用矿物，为最大化提高资源利用率，公司投资 300 万元建成尾矿强化扫选车间，确定了浮选—重选—浮选联合选矿工艺配置方案，提高钼回收率 2. 5%，并且为综合回收硫元素奠定基础。

（4）新型辅助药剂的引用。针对公司矿山的难选钼矿，积极加强与北京矿冶研究总院合作研究，投资 20 万元，成功试验并引进新型捕收剂 BK340 和新型起泡剂 MIBC，能提高回收率和稳定精矿品位。

（5）漂浮虹吸回水技术。针对原回水质量不稳，动耗大，公司通过论证实践，投资 60 万元，成功实施了新的无动力节能回水工艺，极大改善稳定了回水质量，回水无污浊、不卡流，为提高系统回收率奠定了良好条件。

99.5 矿产资源综合利用情况

丰源钼业，矿产资源综合利用率 83.3%，尾矿品位 Mo 0.013%。

废石堆放在排土场，截至 2013 年底，矿山废石累计积存量 492 万吨，2013 年废石利用率为 0。2013 年产生量为 77.70 万吨。废石排放强度为 364.28t/t。

尾矿处置方式为尾矿库堆存，未利用，截至 2013 年底，矿山尾矿库累计积存尾矿 854 万吨，尾矿利用率为 0。2013 年产生量为 96.91 万吨。尾矿排放强度为 454.34t/t。

100　福安堡钼矿

100.1　矿山基本情况

福安堡钼矿为主要开采钼矿的大型露天矿山，共伴生矿产为钨矿。矿山建矿时间为 2007 年 7 月 1 日，投产时间为 2007 年 10 月 10 日。矿山位于吉林省吉林市舒兰市，直距舒兰市 26km，矿区内有公路通往舒兰市，吉黑高速、S205、S210 从舒兰市区通过，交通方便。矿山开发利用简表详见表 100-1。

表 100-1　福安堡钼矿开发利用简表

基本情况	矿山名称	福安堡钼矿	地理位置	吉林省吉林市舒兰市
	矿山特征	—	矿床工业类型	斑岩型钼矿床
地质资源	开采矿种	钼矿	地质储量/亿吨	矿石量 2.74
	矿石工业类型	硫化钼矿石	地质品位/%	0.073
开采情况	矿山规模/万吨 · a^{-1}	132，大型	开采方式	露天开采
	开拓方式	公路运输开拓	主要采矿方法	组合台阶采矿法
	采出矿石量/万吨	16.9	出矿品位/%	0.0733
	废石产生量/万吨	125.2	开采回采率/%	98.0
	贫化率/%	3.2	开采深度/m	465~0 标高
	剥采比/t · t^{-1}	7.46		
选矿情况	选矿厂规模/万吨 · a^{-1}	132	选矿回收率/%	82.74
	主要选矿方法	三段一闭路破碎，两段闭路磨矿，粗精矿再磨再选		
	入选矿石量/万吨	25.5	原矿品位/%	0.071
	精矿产量/t	282	精矿品位/%	53.03
	尾矿产生量/万吨	28.17	尾矿品位/%	0.011
综合利用情况	综合利用率/%	81.1		
	废石排放强度/t · t^{-1}	4439.71	废石处置方式	堆存
	尾矿排放强度/t · t^{-1}	998.94	尾矿处置方式	尾矿库堆存
	废石利用率/%	0	尾矿利用率/%	0
	废水利用率/%	78.08		

100.2　地质资源

100.2.1　矿床地质特征

福安堡钼矿床规模为大型，矿床类型为斑岩型钼矿。吉林福安堡钼矿位于兴蒙造山带东缘，处于西拉沐伦—长春—延吉缝合带和小兴安岭—张广才岭成矿带的交汇部位。矿体以石英脉形式产于燕山期黑云母花岗闪长岩内，受断裂构造控制。矿石自然类型包括蚀变似斑状二长花岗岩型、构造角砾岩型、石英脉型以及地表氧化型。矿石结构主要为似斑状结构、压碎结构、斑状结构及半自形晶粒结构等。矿石构造主要有稀疏浸染状构造、稠密浸染状构造、细脉浸染状构造、斑点状构造、网脉状构造、角砾状构造以及块状构造等。

矿石中主要金属矿物为辉钼矿，其次为黑钨矿及黄铁矿，另有少量钛铁矿、黄铜矿、闪锌矿、磁铁矿等。矿石矿物主要为辉钼矿，次为黑钨矿；脉石矿物主要为碱长石、斜长石、石英、黑云母及少量金属矿物等。

钼元素主要以辉钼矿（MoS_2）状态存在，在地表氧化带中部分呈钼华（MoO_3）状态存在。其中辉钼矿全部以单矿物产出，呈三种状态存在：（1）铅灰色，半自形-它形，片状、微细粒浸染状分布。粒度0.1~0.2mm，少量1.0~2.0mm；（2）铅灰色，半自形-它形，片状、板状、柱状集合体，细脉状、网脉状分布，脉宽1.0~3.0mm；（3）铅灰色，半自形-它形，片状集合体，呈几毫米的团块状（斑点状）分布。

100.2.2　资源储量

福安堡钼矿主要矿种为钼，矿石工业类型为硫化钼矿石，矿石中伴生的有益组分为钨。截止到2013年底，矿山累计查明钼矿矿石资源储量为274102.49kt，查明钼金属量为202591.51t，钼矿平均地质品位为0.073%。

100.3　开采情况

100.3.1　矿山采矿基本情况

福安堡钼矿为露天开采的大型矿山，采用公路运输开拓，使用组合台阶采矿法。矿山设计生产能力132万吨/a，设计开采回采率为98%，设计贫化率为5%，设计出矿品位（Mo）0.076%，钼矿最低工业品位（Mo）为0.06%。

100.3.2　矿山实际生产情况

2013年，矿山实际采出矿量16.9万吨，排放废石125.2万吨。矿山开采深度为465~0m标高。具体生产指标见表100-2。

表100-2　矿山实际生产情况

采矿量/万吨	开采回采率/%	出矿品位/%	贫化率/%	露天剥采比/$t \cdot t^{-1}$
16.9	98.00	0.0733	3.2	7.46

100.3.3　采矿技术

矿山采矿设备见表 100-3。

表 100-3　福安堡钼矿采矿设备型号及数量

序号	设备名称	规格型号	使用数量/台（套）
1	挖掘机	沃尔沃 360	8
2	挖掘机	沃尔沃 210	1
3	挖掘机	小松 220	2
4	铲车	厦工 50t	2
5	推土机	山推 D50	2
6	空压机	美国寿力	2
7	自卸车	红岩 25t	16
8	自卸车	解放 25t	4
9	钻机	宣科 358	2
10	凿岩机	YT-28	4
11	装载机	LW120K	2
12	装载机	ZL-50	3
13	液压破碎锤	MB1700	2
合计			50

100.4　选矿情况

100.4.1　选矿厂概况

福安堡钼矿选矿厂设计年处理矿石能力为 132 万吨，设计主矿种入选品位为 0.128%，最大入磨粒度为 18mm，磨矿细度为-0.074mm 含量占 55%。选矿厂采用选矿方法为浮选法，选矿产品为钼精粉，2013 年选矿产品品位为 53.03%，选矿回收率为 82.74%。矿山选矿情况见表 100-4。

表 100-4　矿山选矿情况

入选量/万吨	入选品位/%	选矿回收率/%	选矿耗水量/$t \cdot t^{-1}$	选矿耗新水量/$t \cdot t^{-1}$	选矿耗电量/$kW \cdot h \cdot t^{-1}$	磨矿介质损耗/$kg \cdot t^{-1}$	选矿产品产率/%
25.5	0.071	82.74	2.5	0.55	21	0.737	0.11

100.4.2　选矿工艺流程

100.4.2.1　*碎矿流程*

钼矿石通过运矿汽车运到原矿仓，进入矿仓的矿石经过格筛、重板运输机给入颚式破碎机粗碎。粗碎产品通过皮带运输机给入中碎破碎机，中碎后筛分，筛下产品给入粉矿仓。筛上产品进入细碎破碎机。细碎破碎机排矿返回筛分构成闭路。

100.4.2.2　*磨选流程*

粉矿仓内的物料经圆盘给料机、胶带运送机给入球磨机与分级机组成的闭路磨矿系统。合格磨矿产品在搅拌槽加入药剂，经充分搅拌后进入浮选，经一粗、一细、三扫后获得浮选粗精矿。粗精矿经再磨分级后，合格物料再经过八次精选，获得钼≥45%精矿。精矿经压滤后包装外销。扫选后的尾矿作为最终尾矿外排到尾矿库堆存。

选矿工艺流程如图 100-1 所示，选矿主要设备型号及数量见表 100-5。

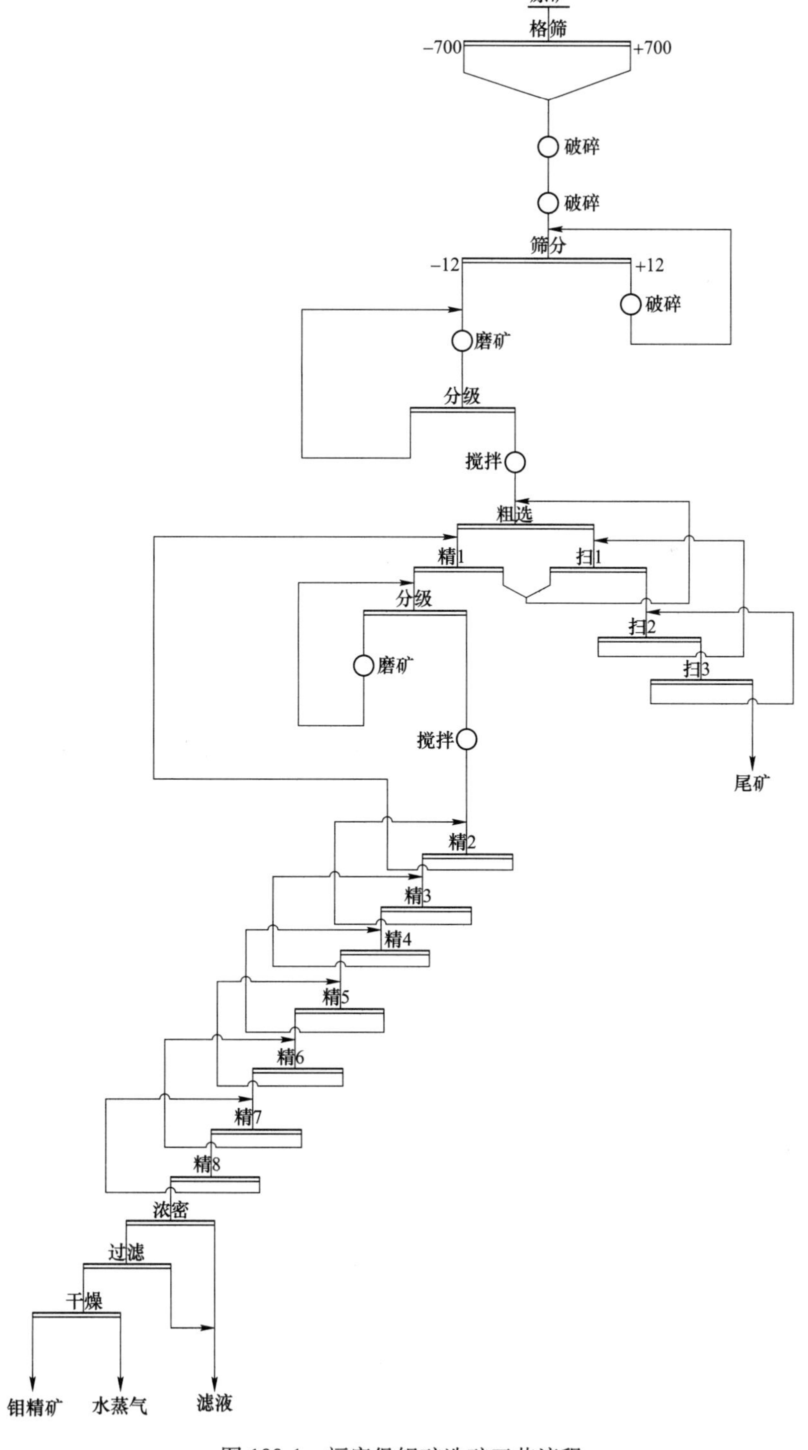

图 100-1 福安堡钼矿选矿工艺流程

表 100-5　福安堡钼矿选矿厂主要设备型号及数量

序号	设备名称	设备型号	台数
1	复摆式颚式破碎机	PEF-900×1200	1
2	圆锥破碎机	S240（B）	1
3	圆振动筛	2YA2160	1
4	圆锥破碎机	S240（D）	1
5	湿式溢流式球磨机	MQY3245	2
6	湿式溢流式球磨机	MQY3645	1
7	高堰式螺旋分级机	2FG-24	1
8	充气式浮选机	XCF/KYF-16	8
9	水力旋流器	FX-150	1
10	立式再磨机	ZM-1000	2
11	自吸式浮选机	BF-2	8
12	自吸式浮选机	BF-4	1
13	自吸式浮选机	XJ-0. 62	1
14	箱式压滤机	XMYZL60/1000UKG	1

100. 5　矿产资源综合利用情况

福安堡钼矿，矿产资源综合利用率 81. 1%，尾矿品位 Mo 0. 011%。

废石全部堆放在矿区，未利用。截至 2013 年底，矿山废石累计积存量 981. 5 万吨，2013 年产生量为 125. 2 万吨。废石排放强度为 4439. 71t/t。

尾矿处置方式为尾矿库堆存，未利用，截至 2013 年底，矿山尾矿库累计积存尾矿 433. 7 万吨，尾矿利用率为 0。2013 年产生量为 28. 17 万吨。尾矿排放强度为 998. 94t/t。

101　鸡冠山铜钼矿

101.1　矿山基本情况

鸡冠山铜钼矿为主要开采钼矿的大型露天矿山，共伴生矿产为铜矿。矿山始建于2007年7月29日，2009年9月8日正式投产。矿山位于内蒙古自治区赤峰市松山区，距赤峰市35km，西距赤峰市松山区20km，南距G111国道10km，矿区附近县、乡间均有公路相连，交通十分方便。矿山开发利用简表详见表101-1。

表101-1　鸡冠山铜钼矿开发利用简表

基本情况	矿山名称	鸡冠山铜钼矿	地理位置	内蒙古自治区赤峰市松山区
	矿山特征	—	矿床工业类型	斑岩型铜钼矿床
地质资源	开采矿种	铜矿、钼矿	地质储量/亿吨	矿石量1.18
	矿石工业类型	硫化钼矿石	地质品位/%	0.075
开采情况	矿山规模/万吨·a^{-1}	180，大型	开采方式	露天开采
	开拓方式	公路运输开拓	主要采矿方法	组合台阶采矿法
	采出矿石量/万吨	126.57	出矿品位/%	0.072
	废石产生量/万吨	262	开采回采率/%	97.41
	贫化率/%	2.1	开采深度/m	814~210标高
	剥采比/t·t^{-1}	2.78		
选矿情况	选矿厂规模/万吨·a^{-1}	273.00	选矿回收率/%	Mo 86.88
	主要选矿方法	三段一闭路破碎、一段磨矿、一次粗选、两次扫选、四次精选		
	入选矿石量/万吨	126.57	原矿品位/%	0.072
	精矿产量/万吨	0.2	精矿品位/%	39.84
	尾矿产生量/万吨	126.37	尾矿品位/%	0.012
综合利用情况	综合利用率/%	84.63		
	废石排放强度/t·t^{-1}	1310.00	废石处置方式	废石场堆存
	尾矿排放强度/t·t^{-1}	631.85	尾矿处置方式	尾矿库堆存
	废石利用率/%	0	尾矿利用率/%	0
	废水利用率/%	80		

101.2 地质资源

101.2.1 矿床地质特征

鸡冠山铜钼矿矿床规模为大型，矿床类型为斑岩型铜钼矿，开采深度 814～210m 标高。鸡冠山矿区位于内蒙古兴安华力西晚期褶皱带的南部，两个四级构造单元翁牛特隆起与赤峰元宝山拗陷的接壤地带。

矿区出露主要地层为二叠系青凤山组（P_1q_2）浅变质火山熔岩、火山碎屑岩、砂板岩和于家北沟组变质砂岩、砾岩、杂砂岩、灰岩及早白垩纪下部满克头鄂博流纹质角砾凝灰岩、流纹岩。白垩纪火山岩与二叠纪地层呈侵出不整合接触。

断裂构造主要见北东东向、北东向、北西向和北北西向四组，较大断裂有北东东向 F_2、北东向断裂 F_1、北西向 F_4、F_5、F_6、F_8、F_{12}、F_{13}及北北西向 F_3，断裂构造均具有多期性和继承性。矿区侵入岩以脉岩为主，仅在东北部零星见燕山早期第一次侵入岩钾长花岗岩出露。

区内脉岩侵入活动十分强烈，从海西期～燕山期，酸性～基性均有出露。主要分布在二叠系青凤山组地层中，所见脉岩以粗粒蚀变辉绿岩和闪长岩为主；而在白垩纪火山岩中则以细粒蚀变辉绿岩、石英斑岩及花岗斑岩为主。

101.2.2 资源储量

鸡冠山铜钼矿主矿种为钼，共伴生矿产为铜，截至 2013 年，鸡冠山铜钼矿累计查明资源储量（矿石量）11786.92 万吨，其中：Mo 金属量 88401.9t，平均品位 0.075%；伴生 Cu 金属量 283356.47t，平均品位 0.24%。

101.3 开采情况

101.3.1 矿山采矿基本情况

鸡冠山铜钼矿为露天开采的大型矿山，采用公路运输开拓，使用组合台阶采矿法。矿山设计生产能力 180 万吨/a，设计开采回采率为 97%，设计贫化率为 2.10%，设计出矿品位（Mo）0.073%，钼矿最低工业品位（Mo）为 0.06%。

101.3.2 矿山实际生产情况

2013 年，矿山实际采出矿量 126.57 万吨，排放废石 262 万吨。矿山开采深度为 814～210m 标高。具体生产指标见表 101-2。

表 101-2 矿山实际生产情况

采矿量/万吨	开采回采率/%	出矿品位/%	贫化率/%	露天剥采比/$t \cdot t^{-1}$
126.57	97.41	0.072	2.10	2.78

101.3.3　采矿技术

鸡冠山铜钼矿为露天开采，螺旋道路开拓。

101.4　选矿情况

101.4.1　选矿厂概况

鸡冠山铜钼矿设计选矿能力为273.00万吨/a，设计钼入选品位0.065%，最大入磨粒度15mm，磨矿细度-0.074mm含量占65%。选矿方法为单一浮选工艺，工艺流程为三段一闭路破碎、一段磨矿、一次粗选、两次扫选、四次精选的浮选工艺。2013年主矿种入选矿石量126.57万吨，入选品位0.072%，选矿回收率Mo 86.88%。

101.4.2　选矿工艺流程

选矿厂原有规模为1000t/d，选矿破碎工艺为两段-闭路，磨选为阶段磨矿阶段选别，工艺流程如图101-1所示。

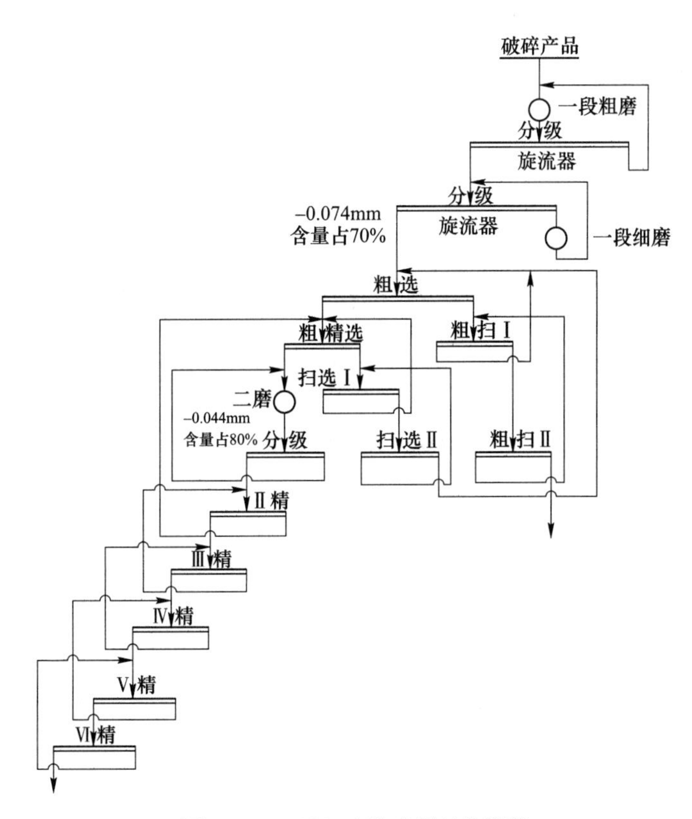

图101-1　1000t/d选矿厂工艺流程

后来决定对原有选厂进行扩建，建设规模为10000t/d，分为两个系列，沿用了原有的选矿工艺流程，只是将原有的粗磨的两段连续磨矿改为一段磨矿，选厂建设依照设计进行建设，并于2008年10月建成。建成后的选矿厂工艺流程如图101-2所示。

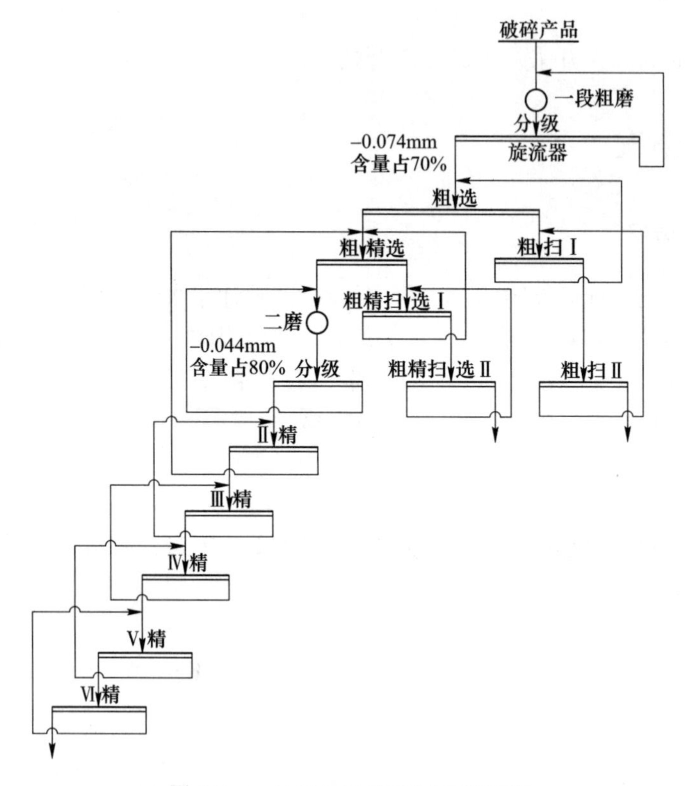

图101-2　10000t/d选矿厂工艺流程

原矿经颚式破碎机粗破碎、圆锥破碎机细破碎、重型圆振筛筛分，产品粒度-12mm。进入球磨机与旋流器构成磨矿系统后，产品细度达-0.044mm含量占80%。溢流产品进入浮选系统，经一次粗选、五次精选、一次扫选获得钼精矿产品。钼精矿脱水采用浓缩、压滤、干燥工艺流程。采用高效化改造浓密机浓缩、箱式压滤机压滤，压滤精矿加热烘干。

101.5　矿产资源综合利用情况

鸡冠山铜钼矿，矿产资源综合利用率84.63%，尾矿品位Mo 0.012%。

废石基本全部排入废石场堆存，仅有少量废石用于修筑矿区道路。截至2013年底，矿山废石累计积存量2278万吨，废石利用率为0，2013年产生量为262万吨。废石排放强度为1310.00t/t。

尾矿处置方式为尾矿库堆存，还用作修筑公路、路面材料、防滑材料、海岸造田等，截至2013年底，矿山尾矿库累计积存尾矿1567.4万吨，2013年尾矿利用率为0。2013年产生量为126.37万吨。尾矿排放强度为631.85t/t。

102　金堆城钼矿

102.1　矿山基本情况

金堆城钼矿为主要开采钼矿的大型露天矿山，共伴生矿产为硫、铜、铁等。矿山成立于1958年6月并开始筹建，1959年建成日处理500t矿石的小厂，此后规模不断扩大，目前采选规模已达到680万吨。矿山位于陕西省渭南市华州区，距华州区约60km，有公路相连，距渭南市约85km，连霍高速、G310国道从市区经过，交通十分方便。矿山开发利用简表详见表102-1。

表102-1　金堆城钼矿开发利用简表

基本情况	矿山名称	金堆城钼矿	地理位置	陕西省渭南市华州区
	矿山特征	—	矿床工业类型	斑岩型钼矿床
地质资源	开采矿种	钼矿	地质储量/亿吨	矿石量10.23
	矿石工业类型	硫化钼矿石	地质品位/%	0.099
开采情况	矿山规模/万吨·a^{-1}	680，大型	开采方式	露天开采
	开拓方式	公路运输开拓	主要采矿方法	组合台阶采矿法
	采出矿石量/万吨	1436.6	出矿品位/%	0.126
	废石产生量/万吨	1273.4	开采回采率/%	99.2
	贫化率/%	0.19	开采深度/m	1619~1019标高
	剥采比/t·t^{-1}	0.88		
选矿情况	选矿厂规模/万吨·a^{-1}	百花岭选矿厂：495 三十亩地选矿厂：185	选矿回收率/%	Mo 87.44 S 74.5 Cu 80 TFe 52
	主要选矿方法	一段闭路磨矿，一粗一精两扫浮选，粗精矿再磨八次精选、两次精扫选		
	入选矿石量/万吨	1182.3	原矿品位/%	Mo 0.131 S 2.36 Cu 1.264 TFe 0.64
	Mo精矿产量/万吨	2.72	精矿品位/%	Mo 45
	S精矿产量/万吨	34.60	精矿品位/%	S 35
	Cu精矿产量/t	95669	精矿品位/%	Cu 18
	Fe精矿产量/万吨	7.04	精矿品位/%	TFe 62
	尾矿产生量/万吨	1128.7	尾矿品位/%	Mo 0.017

续表 102-1

综合利用情况	综合利用率/%	85.50		
	废石排放强度/t · t^{-1}	468.16	废石处置方式	排土场堆存
	尾矿排放强度/t · t^{-1}	414.96	尾矿处置方式	尾矿库堆存
	废石利用率/%	0	尾矿利用率/%	0
	回水利用率/%	85	涌水利用率/%	26

102.2　地质资源

102.2.1　矿床地质特征

金堆城钼矿矿床规模为大型，矿床类型为斑岩型钼矿。矿床位于豫西断隆区金堆城凹陷的西北边缘地带，老牛山岩体外接触带之东南部，青岗坪在断裂南东侧，与区域内石家湾钼矿床、大石沟钼矿床、桃园钼矿、秦岭沟钼矿等处于同一地质构造背景。矿区出露地层为中元古界熊耳群及高山河组。矿区褶皱简单，草链岭—黄龙铺背斜从矿区北部通过；断裂构造较为发育，主要有北东—北东东向和北西—北西西向 2 组。矿区燕山期岩浆活动强烈。主要有老牛山二长花岗岩体、金堆城花岗斑岩体。

矿体以金堆城花岗斑岩体为主体，并向外围辐射于熊耳群中，少量延伸至高山河中，矿体形态与金堆城花岗斑岩体形态基本相似，呈巨大的“舌状”沿 325°~145°方向延伸。矿体在北西端最为厚大，向南东逐渐变薄。同时在平面上，中心部最为厚大，向边部变薄。沿倾向在南西、北东两侧出现分枝现象，沿走向在南东侧高山河组中也出现分枝现象。矿体以金堆城含矿斑岩体为核心向四周延伸至围岩内，已控制长度大于 2000m，宽 580~850m，赋矿标高主要为 350~1300m，在岩体四周及深部矿体变成脉状矿体。

矿体主要由花岗斑岩、安山（玢）岩，以及板岩、石英砂岩夹石英细脉组成，矿化强度与纵横交错的细网脉发育密集程度有关，细脉厚度一般为 2~5mm。表现为在花岗斑岩内部及外接触带附近，矿脉密度较大（可达 70%），矿石中 Mo 品位较高；向外围安山（玢）岩中矿脉密度逐渐变稀，Mo 品位逐渐变贫；至石英砂岩中矿体逐步变为条带状、脉状，Mo 品位相对变低，但伴生的 Pb 品位有所增高。向岩体深部至黑云母二长花岗岩中，矿石品位也有变贫的趋势。总体表现为矿体中部富，向外围及深部渐次降低，之后过渡为围岩，一般在远离岩体 600m 后，围岩基本不再含矿。矿体与围岩无明显界线，二者呈渐变状态。

根据矿物组合，金堆城矿床中的细脉大体可分为：黄铁矿-石英细脉、黄铁矿-钾长石-石英细脉、黄铁矿-辉钼矿-石英细脉、黄铁矿-辉钼矿-钾长石-石英细脉、白云母-萤石-黄铁矿-辉钼矿-石英细脉等。各种网脉在斑岩体及其围岩中相互交切，而远离岩体后，则逐渐呈沿安山（玢）岩节理或石英砂岩层理、节理平行分布的单脉产出，反映了成矿过程的长期性和多期性，也反映了成矿可能与斑岩热液系统演化有密切关系。

矿石类型主要有花岗斑岩型（占矿床资源量的 20%）、安山（玢）岩型（约占 75%），板岩-石英岩型（约占 5%）。矿石结构主要为角岩结构与斑状结构，矿石构造主要为网脉状、脉状、浸染状构造。

矿石矿物主要为黄铁矿、辉钼矿，其次为磁铁矿、黄铜矿，少量为辉铋矿、方铅矿、闪锌矿、锡石；脉石矿物主要有石英、微斜长石、微斜条纹长石、斜长石，其次为萤石、白云母、黑云母、绢云母、绿柱石、铁锂云母、方解石等；表生矿物为褐铁矿、针铁矿、黄钾铁矾、高岭土和孔雀石等。伴生有益元素有 Cu、S、Re 等，含量稳定均匀。

102.2.2　资源储量

金堆城钼矿主要矿种为钼，共伴生有益组分为硫、铜、铁等，主要矿石类型为硫化钼矿石，截至 2013 年金堆城钼矿累计探明储量金属量达 97.8 万吨，钼品位 0.099%。

102.3　开采情况

102.3.1　矿山采矿基本情况

金堆城钼矿为露天开采的大型矿山，采用公路运输开拓，使用组合台阶采矿法。矿山设计生产能力 680 万吨/a，设计开采回采率为 95%，设计贫化率为 5%，设计出矿品位（Mo）0.105%，钼矿最低工业品位（Mo）为 0.03%。

102.3.2　矿山实际生产情况

2013 年，矿山实际采出矿量 1436.6 万吨，排放废石 1273.4 万吨。矿山开采深度为 1619~1019m 标高。具体生产指标见表 102-2。

表 102-2　矿山实际生产情况

采矿量/万吨	开采回采率/%	出矿品位/%	贫化率/%	露天剥采比/$t \cdot t^{-1}$
1436.6	99.2	0.126	0.19	0.88

102.3.3　采矿技术

金堆城钼矿床采用露天分期开采方式，其初步规划设计方案为“小北露天→南露天→全露天”开采。目前，正在开采的小北露天采矿场 1966 年正式投产，20 世纪 90 年代初达到设计出矿能力。

采场矿床开拓方式采用汽车运输移动坑线开拓，其主要生产工艺包括穿孔、爆破、铲装和运输，已经全部实现了机械化。采场爆破松动矿岩经铲装后，通过各阶段运输平台、东西帮固定运输坑线，由矿用自卸汽车运出采场。其中，岩石直接运往各排废场；三十亩地选矿厂所需矿石由汽车直接运往；百花岭选矿厂所需矿石经东、西两个倒装站二次倒装后，由电力机车运往。

小北露天采矿场主要工艺设备有穿孔设备 YZ-35 牙轮钻，炸药生产设备 BCRH-15 型现场混装乳化炸药车，铲装设备 WK-4 电铲和 195B 电铲，运输设备有 42t 级以上自卸汽车、ZG150-1500 型电力机车等。

102.4　选矿情况

102.4.1　选矿厂概况

金堆城钼矿是我国钼精矿生产基地之一，拥有三个选矿厂：一选厂现为试验厂，二选厂和三选厂为生产厂。

三选厂为百花岭选矿厂，是我国规模最大的选钼厂，日处理矿石 20000~25000t。矿石中主要金属矿物有辉钼矿、黄铁矿、黄铜矿，非金属矿物主要有黑云母、石英和长石，原矿含钼 0.1%左右。

原矿经一段闭路磨矿后，分级溢流-0.074mm 含量占 50%~58%，调浆搅拌后，经一粗一精两扫得到含钼 8%~14%的粗精矿。粗精矿经分级再磨，再磨细度为-0.043mm 含量占 70%左右，再磨粗精矿经八次精选、两次精扫选作业，得到含钼 53%左右的最终钼精矿，总回收率在 85%~87%之间。

102.4.2　选矿工艺流程

102.4.2.1　一选厂

1962 年投产的一选厂，破碎采用二段开路流程，使用 400×600 颚式破碎机和 ϕ900 圆锥破碎机各一台。碎矿最终产品粒度为小于 25mm。

磨矿用 2400×1200 球磨机二台，配 ϕ1500 高堰式单螺旋分级机。磨矿细度-0.074mm 含量占 60%~65%。

浮选分两个系列，采用优先选钼然后选硫的流程。粗选用 XJK-0.62 浮选机 10 槽，两次扫选用 XJK-0.62 浮选机 10 槽。1~3 次精选用 XJK-0.35 浮选机 14 槽。三精精矿含钼 5%，进入 ϕ6m 浓缩机，沉砂经 MQG1500×3000 格子型球磨机再磨，溢流细度为-0.036mm 含量占 75%，经两次精选后，精矿进入第二次再磨，然后又经九次精选得到最终钼精矿，钼精矿泡沫用 1m^2 吸滤器过滤，滤饼用电热坑干燥。

102.4.2.2　二选厂

二选厂 1971 年 9 月投产，1981 年改扩建。改建前破碎为三段开路流程，最终碎矿产品粒度小于 25mm。改建后成闭路碎矿，最终产品粒度小于 15mm。改建时仍保留了开路流程，可根据需要进行开路或闭路作业，改建前后的破碎流程如图 102-1 所示，破碎主要设备见表 102-3。

表 102-3　破碎筛分设备

工序	设备名称	规格型号	数量/台
粗碎	颚式破碎机	1500×2100	1
中碎	标准圆锥破碎机	ϕ2200	1
细碎	短头圆锥破碎机	ϕ2200	3

续表 102-3

工序	设备名称	规格型号	数量/台
预筛分	自定中心振筛机	1800×3600	3
控制筛分	振动筛	2100×6000	2

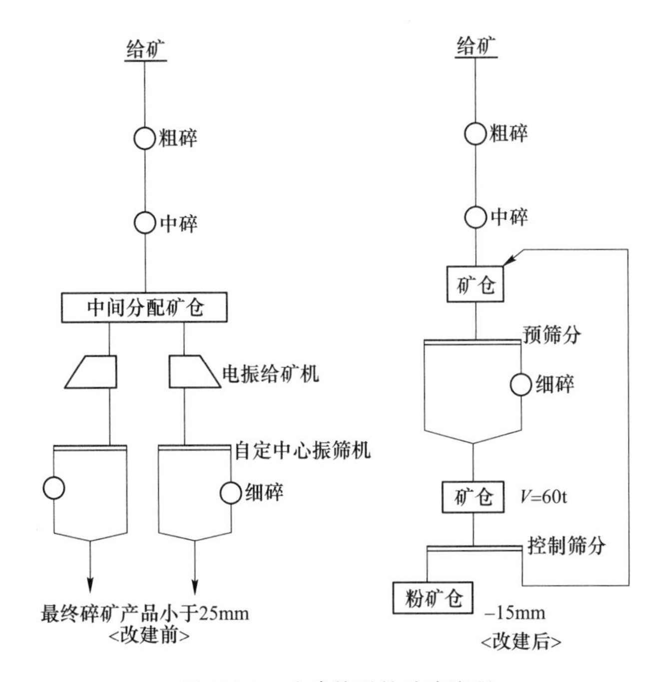

图 102-1　改建前后的破碎流程

浮选采用优先选钼，然后选硫的流程。磨矿分 4 个系列，选用 ϕ3600×4000 球磨机，配以 ϕ3000×12500 双螺旋分级机构成闭路，溢流细度为-0.074mm 含量占 60%~65%。

粗选分 4 个系列，分别与 4 个磨矿系统相搭配，使用 CHF-X14m^3 浮选机，经一粗一扫一精得到钼粗精矿，含钼品位 1.5%~3.0%。4 个系列的粗精矿合并后进入再磨机，再磨分两个系列，溢流细度为-0.074mm 含量占 96%，然后经 10 次精选得到最终钼精矿，含钼大于 45%。钼精矿的脱水采用浓缩、过滤和干燥三段作业。二选厂磨浮作业主要设备如表 102-4 所示。

表 102-4　二选厂主要磨浮设备

工序	设备名称	规格型号	数量/台（槽）
粗磨	格子型球磨机	MQG3600×4000	4
粗磨分级	双螺旋分级机	GSF-3000 高堰式	4
再磨	溢流型球磨机	MQY1500×3000	2
		MQY2100×3000	1
再磨分级	水力旋流器	ϕ300	4
		ϕ250	8

续表 102-4

工序	设备名称	规格型号	数量/台（槽）
浮选	浮选机	CHF-X14m^3	60
		XJK-2. 8	30
		XJK-1. 1	8
		XJK-0. 62	8
		XJK-0. 23	2
浓缩	浓缩机	TNZ-6	2
		TNZ-9	1
		TNB-18 周边传动式	1
过滤	过滤机	5m^2	1
		10m^2	1
		40m^2 内滤式	1
干燥	圆筒干燥机	ϕ1500×12000 间接加热式	1

102. 4. 2. 3　三选厂

三选厂于 1984 年 9 月投产。采场的矿石用卡车运到转运站，再用电机车送到选厂破碎厂房。破碎采用三段一闭路流程。有粗碎 1200/180 旋回破碎机 1 台，粗碎产品经一次筛分（用 1750×3500 重型振动筛 2 台），粗粒进入 2 台 ϕ2200 标准型圆锥破碎机中碎。细碎用 ϕ2200 短头圆锥破碎机 6 台，与 1500×4000 自定中心振动筛 12 台构成闭路作业。最终碎矿产品粒度小于 15mm。

磨浮流程：采用优先选钼，然后选硫工艺。流程的确定参考了二选厂改建后的生产实践及技术改造试验的结果。

磨矿分 9 个系列，分别由 9 台 ϕ3600×4000 球磨机与 9 台 ϕ2400 沉没式双螺旋分级机构成闭路，溢流细度为-0. 074mm 含量占 60%~65%。

粗选有 9 个系列与球磨机相搭配，经一粗二扫三精得到钼粗精矿。粗精矿合并后再磨，分成 3 个系列，经 2 次精选后，进入第二次再磨，再经 8 次精选得到最终钼精矿。磨浮流程如图 102-2 所示。

三选厂磨浮作业主要设备如表 102-5 所示。

表 102-5　三选厂主要磨浮设备

工序	设备名称	规格型号	数量/台（槽）
粗磨	格子型球磨机	MQG3600×4000	9
粗磨分级	双螺旋分级机	2FLC-2400A 型沉没式	9
再磨	溢流型球磨机	MQY2100×3000	3
再磨分级	水力旋流器	ϕ300	12
浮选	浮选机	XJK-5. 8	270
		XJK-2. 8	96
		XJK-0. 62	60

续表 102-5

工序	设备名称	规格型号	数量/台（槽）
浓缩	浓缩机	ϕ9000	3
		ϕ30	2
过滤	过滤机	5m^2 圆筒型外滤式	4
		40m^2 圆筒型外滤式	4
干燥	圆筒干燥机	ϕ2200×15000 间接加热式	2

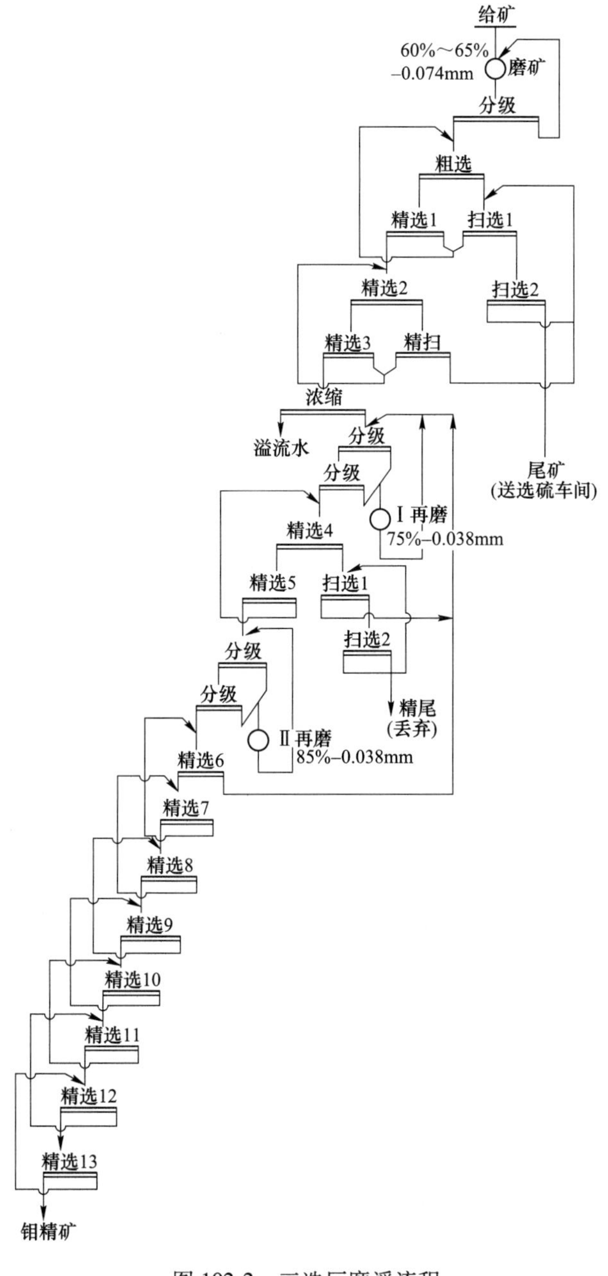

图 102-2　三选厂磨浮流程

102.5　矿产资源综合利用情况

金堆城钼矿，矿产资源综合利用率 85.50%，尾矿品位 Mo 0.017%。

废石全部堆放在矿区，未利用。截至 2013 年底，矿山废石累计积存量 21395.7 万吨，2013 年产生量为 1273.4 万吨。废石排放强度为 468.16t/t。

尾矿处置方式为尾矿库堆存，未利用，截至 2013 年底，矿山尾矿库累计积存尾矿 24624.6 万吨，尾矿利用率为 0。2013 年产生量为 1128.7 万吨。尾矿排放强度为 414.96t/t。

回水利用率为 85%，矿坑涌水利用率为 26%。

103 龙 宇 钼 业

103.1 矿山基本情况

龙宇钼业为主要开采钼矿的大型露天矿山，共伴生矿产为钨、硫、铼等。矿山成立于2005年5月，2007年8月开始全面建设期，一期工程已于2008年底完工投产。矿山位于河南省洛阳市栾川县，距栾川县20km，有公路相通，距洛阳市约150km，洛栾高速、郑栾高速直通栾川，交通十分方便。矿山开发利用简表详见表103-1。

表 103-1 龙宇钼业开发利用简表

基本情况	矿山名称	龙宇钼业	地理位置	河南省洛阳市栾川县
	矿山特征	—	矿床工业类型	斑岩型钼矿床
地质资源	开采矿种	钼矿	地质储量/亿吨	矿石量7
	矿石工业类型	硫化钼矿石	地质品位/%	0.075
开采情况	矿山规模/万吨·a^{-1}	495，大型	开采方式	露天开采
	开拓方式	公路运输开拓	主要采矿方法	组合台阶采矿法
	采出矿石量/万吨	126.57	出矿品位/%	0.072
	废石产生量/万吨	262	开采回采率/%	97.41
	贫化率/%	2.1	开采深度/m	1604~630标高
	剥采比/t·t^{-1}	2.78		
选矿情况	选矿厂规模/万吨·a^{-1}	330	选矿回收率/%	94.56
	主要选矿方法	三段破碎、两段磨矿、一次粗选、三次精选、四次扫选		
	入选矿石量/万吨	445.6	原矿品位/%	0.114
	精矿产量/万吨	0.98	精矿品位/%	49
	尾矿产生量/万吨	444.62	尾矿品位/%	0.0099
综合利用情况	综合利用率/%	92.01		
	废石排放强度/t·t^{-1}	267.35	废石处置方式	排土场堆存
	尾矿排放强度/t·t^{-1}	453.69	尾矿处置方式	尾矿库堆存
	废石利用率/%	100	尾矿利用率/%	100

103.2 地质资源

103.2.1 矿床地质特征

龙宇钼业主要矿床为南泥湖矿床，矿床规模为大型，矿床类型为斑岩型钼矿。矿区处于秦岭纬向构造带东段的南亚带，淮阳山字型构造南弧转折的部位。区内地层、构造、岩浆岩及变质带均呈北西西向展布。

区内出露地层主要为中元古界蓟县系上栾川群的变质岩系，地层自老至新分为白术沟组、三川组、南泥湖组及煤窑沟组，均呈整合接触。主要岩性有千枚岩、角岩、片岩、石英岩、矽卡岩及不纯大理岩等。其中，南泥湖组中段（Jx^{n2}）黑云母长英角岩、阳起石透辉石长英角岩及三川组上段（Jx^{s2}）透辉石斜长石角岩、矽卡岩为矿区主要含矿层位。

矿区褶皱断裂均较发育，中部和北部褶皱开阔，南部断裂发育。

区内出露的岩浆岩以变辉长岩类和斑状二长花岗岩~斑状黑云母花岗闪长岩为主，另有少数细粒（斑状）花岗岩脉和变质火山岩。变辉长岩类包括变辉长岩和变辉长辉绿岩。主要分布在矿区西部和南部边缘，侵入于南泥湖组中段和煤窑沟组下段地层中。平面上呈不规则带状及脉状，沿北西西向断裂及层间侵入，与构造线方向一致。变辉长岩中富含磁黄铁矿，局部可构成矿体。南泥湖岩体是由斑状二长花岗岩~斑状黑云母花岗闪长岩组成的复式岩体，出露于矿区东南部的程家沟、常家沟一带，位于南庄口-三道庄岭箱状背斜的南东翼，侵入于南泥湖组中段地层。地表呈近似菱形的不规则椭圆状，长轴 450m，短轴 300m。剖面上岩体产状不对称，南东、北东接触面倾斜陡，倾角 50°~80°；北西、南西接触面倾斜缓，倾角 20°~40°，空间形态呈一向北西侧伏，脊线起伏不平的复杂小岩株。岩体富钾和属于钙碱性岩石，对钼矿化有利，属成矿母岩。

区内围绕南泥湖岩体形成较宽的热接触变质带，岩石为长英角岩类、石英岩类及钙硅酸角岩~钙硅酸大理岩等。三川组上段不纯大理岩与岩体接触带受气化高温热液的接触交代变质作用，产生矽卡岩化。此外，近矿围岩蚀变还有钾长石化、硅化、碳酸岩化、阳起石化及绿泥石化等，蚀变强烈的部位矿化较为富集。

矿体产出受南泥湖斑状二长花岗岩侵入体向北侧伏、产状变缓部位的顶部接触带的控制。含矿地层主要为南泥湖组中段黑云母长英角岩和阳起石透辉石长英角岩（钼矿体），其次为三川组上段矽卡岩和透辉石斜长石角岩（钼钨矿体）。矿床成因类型属斑岩-矽卡岩型钼矿床。

矿石中矿物组成较复杂，金属矿物主要有黄铁矿、磁黄铁矿；次要有辉钼矿、白钨矿；微量有磁铁矿、黄铜矿、方铅矿、闪锌矿、赤铁矿、钛铁矿、斑铜矿、钼钙矿、褐铁矿、钼华等。脉石矿物主要为石英、钾长石、斜长石、透辉石、钙铁榴石；次要的有黑云母、阳起石、绿帘石、硅灰石、萤石、沸石、绿泥石等。不同钼矿石类型、矿物种类及含量有较大的变化。

矿石结构有鳞片状、片状、放射状结构、镶嵌结构、自形-它形粒状结构、包体结构等。矿石构造有细脉状、脉状构造、浸染状构造及细脉浸染状构造。

钼是主要有用组分，以辉钼矿产出为主，少量赋存在钼华、钼钙矿和水钼铁华等钼的氧化物中，微量存在于石英、石榴石、透辉石、钾长石、萤石、黄铁矿等矿物中。氧化钼难以利用，故辉钼矿为唯一的工业矿物。钼的品位变化在不同矿石类型之间稍有变化，但无明显变化规律。除三川组上段的矽卡岩类和顶部透辉石斜长石角岩中的钼品位略高之外，其他矿石类型无明显变化。钨以白钨矿形式存在，在矽卡岩和透辉石斜长石角岩中含量最高，达 0.031%~0.106%。硫主要赋存于黄铁矿和磁黄铁矿中，少量赋存于其他硫化矿物中，可考虑综合回收。铼主要以类质同象赋存在辉钼矿中，钼精矿中含铼为

0.0005%~0.0035%。矿石自然类型主要有长英角岩型、透辉石斜长石角岩型、矽卡岩型、花岗岩型。

103.2.2 资源储量

龙宇钼业南泥湖钼矿主要矿种为钼，主要矿石类型为硫化钼矿石，矿区共伴生钨、硫、铼等矿产。矿区内保有钼金属储量超过 50 万吨，共伴生白钨金属储量 8.6 万吨，矿石量超过 7 亿吨。

103.3 开采情况

103.3.1 矿山采矿基本情况

龙宇钼业为露天开采的大型矿山，采用公路运输开拓，使用组合台阶采矿法。矿山设计生产能力 495 万吨/a，设计开采回采率为 95%，设计贫化率为 5%，设计出矿品位（Mo）0.105%，钼矿最低工业品位（Mo）为 0.03%。

103.3.2 矿山实际生产情况

2013 年，矿山实际采出矿量 126.57 万吨，排放废石 262 万吨。矿山开采深度为 1604~630m 标高。具体生产指标见表 103-2。

表 103-2 矿山实际生产情况

采矿量/万吨	开采回采率/%	出矿品位/%	贫化率/%	露天剥采比/t·t^{-1}
126.57	97.41	0.072	2.1	2.78

103.3.3 采矿技术

矿山采用高风压液压潜孔钻穿孔、电铲铲装、汽车运输的采剥工艺。

为充分利用矿山已有设备，尽量减少基建剥离，根据露采现状，采用陡帮剥离、缓帮采矿的采剥方法。开段沟位置根据台阶出入沟口位置决定。每个台阶出入沟口至采场间挖掘开段沟，其宽度为 40m，长度为 80~150m。

采剥台阶工作面主要结构要素：同时工作的台阶一般为 2~3 个，扩帮时台阶会增加 2~3 个。15m 台阶高度，工作台阶坡面角 70°~75°，最小工作平台宽 40m，陡帮作业时的临时非工作平台宽度 15m，扩帮开采工作帮坡角一般为 25°~35°，挖掘机工作线长度最小为 250m。

103.4 选矿情况

103.4.1 选矿厂概况

公司选厂为小庙岭选厂，选矿采用三段破碎、两段磨矿、1 次粗选、3 次精选、4 次扫选的工艺流程。其中球磨、粗选、扫选为双系统，精选及再磨为单系统。

103.4.2　选矿工艺流程

103.4.2.1　*碎矿流程*

碎矿采用三段（选厂为二段）一闭路碎矿流程。粗碎设在露天采场附近的粗碎站，粗碎后的矿石粒度为-300mm，经胶带输送机（1700m）运至选厂原矿仓；经中、细碎后，最终产品粒度为-10mm。

103.4.2.2　*磨矿流程*

磨矿采用一段闭路磨矿流程，由MQY4800×7000溢流型球磨机与旋流器（6×660）组成，磨矿细度为-0.074mm含量占60%。中矿再磨为一段闭路磨矿流程，系统同样为球磨机与旋流器组成，磨矿细度为-0.074mm含量占90%；粗精矿再磨采用搅拌磨，也与旋流器构成闭路磨矿，磨矿细度为-0.074mm含量占98%。

103.4.2.3　*钼选别流程*

采用浮选柱为主的浮选流程，一次粗选、三次精选、四次扫选、一次精扫选，粗扫选精矿和精扫选尾矿集中返回到粗选。该流程除扫选作业采用充气式浮选机外，其他作业全部采用浮选柱进行选别。

103.4.2.4　*精矿脱水流程*

此流程为浓密、过滤及干燥三段脱水，干燥。压滤的滤饼经过粉碎后进入电磁螺旋干燥机干燥。最终的精矿成品自动包装为统一的规格和质量。

103.4.2.5　*尾矿浓缩流程*

因尾矿库离选厂的位置比较远，且高差大，尾矿采用厂前浓缩回水流程。厂前回水采用两段浓缩机串联作业，即扫选尾矿自流进第一段浓缩机，第一段浓缩机的溢流自流到第二段浓缩机再进行沉淀，第一和第二段的底流合并自流到尾矿库；第二段的溢流进回水池厂内循环利用。

103.4.2.6　*主要设备*

碎矿系统采用C160颚式破碎机、HP500圆锥破碎机，磨矿系统采用国产MQY4800×7000溢流型球磨机，浮选设备采用比较先进的CCF系列浮选柱，扫选采用KYF-40m^{3}大型充气搅拌式浮选机。干燥设备首创性采用电磁螺旋干燥机。

工艺流程如图103-1所示。

103.4.3　选矿工艺流程改造

选矿工艺流程改造包括：

（1）工艺流程优化改造。第一次为添加精扫Ⅱ浮选柱。于2011年3月底完成新增浮选柱组装和管道改造，2011年4月底投入运行。主要针对原设计的精选系统循环闭路流程存在精矿含铜量呈现周期性超标，且消耗大量的抑铜药剂，对于稳定、经济、高效生产造成一定制约的现象。通过改变原设计的精选系统选矿流程，将闭路流程改为开路流程，增加一次精扫选工艺（ϕ1500×12000的精扫Ⅱ浮选注），使精扫选Ⅰ的尾矿进入精扫选Ⅱ，精扫选Ⅱ的底流直接进入粗扫选，这样延长了精扫选的流程，增加了浮选时间，精扫Ⅱ底

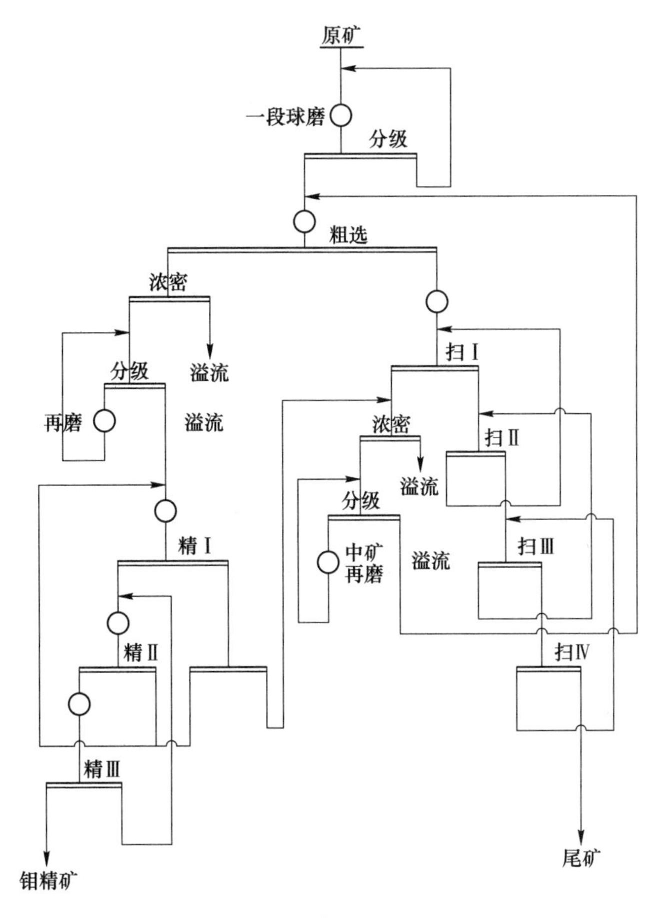

图 103-1 磨浮工艺流程

流直接进入粗扫Ⅳ，实现开路流程，达到降低精矿中铜含量的目的，同时也给尾矿指标的保持提供了更好的条件。

第二次为磨浮车间精矿和中矿浓密系统工艺改造。于 2011 年 6 月开始，至 7 月底整个工艺改造完成。主要交换 30m 中矿浓密池和 18m 粗精矿浓密池的入料管道，互换两者的功能，使用 30m 浓密池来浓密和缓冲粗精矿，改造后 30m 浓密池的溢流直接进入 1 号泵池，摒弃了中矿浓密系统，使 18m 浓密池及与其配套的 2 台泵处于停运状态，实现了电力节约。同时，该项目的实施解决了系统中存在的粗精矿浓密系统缓冲能力不足问题，使浓密系统不再溢流钼精粉。解决了粗精矿在粗选-浓密-泵池-粗选系统中做无效循环的问题，降低了粗选金属循环率。

第三次为添加精Ⅲ浮选柱。于 2012 年 5 月 11 日开始，至 7 月 14 日安装调试完毕，新增精Ⅲ浮选柱突破了生产瓶颈，扩大了产能，改善了精选系统与整个工艺系统不匹配的矛盾，对稳定指标、提高产量、优化浮选大有裨益。该项目实施四个多月以来，效果良好。

第四次为 8 号泵池改造。于 2011 年 8 月完成渣浆泵的更换工作，有效解决了 8 号泵池经常溢流的状况，对扩大产能及生产的连续稳定都有很大的作用。

（2）在线分析仪在钼选矿中的应用。2011 年 5 月引进在线分析仪，并于同年 7 月完成全部的安装调试投入到正常的使用中，目前在线分析仪与生产工艺达到了完美的结合，实现了优质高效的生产。

（3）新药剂替代及药剂制度优化。新药剂替代于2011年12月份进行了实验室实验，初步确立合适的药剂制度，为工业实验提供理论支撑。2012年1月份开始进行药剂替代工业试验至今，主要为巯基乙酸钠替代氰化钠及煤油、2号油的药剂制度优化，现已取得阶段性成功，巯基乙酸钠基本能够完全替代氰化钠，同时煤油、2号油的单位消耗有了大幅度的下降。

103.5　矿产资源综合利用情况

龙宇钼业，矿产资源综合利用率92.01%，尾矿品位0.0099%。

废石全部堆放在排土场，2013年产生量为262万吨，废石排放强度为267.35t/t，废石利用率为100%。截至2018年底，矿山废石累计积存量4698.3万吨。

尾矿处置方式为尾矿库堆存，2013年产生量为444.62万吨，尾矿排放强度为453.69t/t，尾矿利用率为100%。截至2018年底，矿山尾矿库累计积存尾矿3798.22万吨。

104 撒岱沟门钼矿

104.1 矿山基本情况

撒岱沟门钼矿为主要开采钼矿的中型露天矿山，无共伴生矿产，是国家级绿色矿山。矿山始建于2003年10月，2005年10月第一选厂建成投产。矿山位于河北省承德市丰宁满族自治县，直距县城8km处，距111国道与112国道交汇处的撒岱沟门村仅0.5km，南距沙通铁路线虎什哈车站76km，交通十分方便。矿山开发利用简表详见表104-1。

表104-1 撒岱沟门钼矿开发利用简表

基本情况	矿山名称	撒岱沟门钼矿	地理位置	河北省承德市丰宁县
	矿山特征	国家级绿色矿山	矿床工业类型	斑岩型钼矿床
地质资源	开采矿种	钼矿	地质储量/万吨	矿石量4350.17
	矿石工业类型	硫化钼矿石	地质品位/%	0.058
开采情况	矿山规模/万吨·a^{-1}	45，中型	开采方式	露天开采
	开拓方式	公路运输开拓	主要采矿方法	组合台阶采矿法
	采出矿石量/万吨	170.18	出矿品位/%	0.062
	废石产生量/万吨	910	开采回采率/%	98
	贫化率/%	2.0	开采深度/m	885~716标高
	剥采比/t·t^{-1}	2.3		
选矿情况	选矿厂规模/万吨·a^{-1}	500	选矿回收率/%	83
	主要选矿方法	三段一闭路破碎		
	入选矿石量/万吨	170.181	原矿品位/%	Mo 0.062
	精矿产量/万吨	0.26	精矿品位/%	Mo 45
	尾矿产生量/万吨	169.926	尾矿品位/%	Mo 0.0105

续表 104-1

综合利用情况	综合利用率/%	81.34		
	废石排放强度/t · t^{-1}	3500	废石处置方式	排土场堆存
	尾矿排放强度/t · t^{-1}	653.56	尾矿处置方式	尾矿库堆存
	废石利用率/%	0.08	尾矿利用率/%	0
	回水利用率/%	91		

104.2 地质资源

104.2.1 矿床地质特征

撒岱沟门钼矿矿床规模为中型，矿床类型为斑岩型钼矿。矿区地层主要为早元古界红旗营子群，其次沿沟谷、河床低洼处分布有第四系风积、冲积和洪积层。在外围南部羊蹄子山及北部土城子一带分布有上侏罗统火山碎屑岩。红旗营子群岩性主要由斑状混合岩和变斑状混合岩组成，二者渐变过渡。

矿区及近外围岩浆岩发育，大体有三期。一期为吕梁—五台期的中酸性岩，分布于近外围的潮河东部和撒二营南部，主要由黑云闪长岩、斜长花岗岩、花岗闪长岩组成。二期为海西期二长花岗岩，分布于土城子、撒二营及撒岱沟门一带，侵入于红旗营子群，并被上侏罗统火山岩覆盖，是主要含矿岩体。三期为燕山期中酸性岩，分布于四道营子、五道营子一带，有二长花岗岩、石英正长斑岩等，均呈岩株状、岩墙状产出。

矿区构造以断裂和节理裂隙为主，据和岩、矿关系分为控岩、控矿构造及矿前、矿后构造。主要控岩构造为上黄旗—棋盘山北东向断裂和丰宁（潮河）南北向大断裂。撒岱沟门二长花岗岩体即沿两大断裂交汇的锐角部位侵入。控矿构造主要为节理裂隙和叠加其上的碎裂岩带。

矿区围岩蚀变发育，多阶段蚀变叠加明显，时间上由早到晚，空间上由里向外，蚀变类型大体可分为：硅化、微斜长石化-石英、白云母、微斜长石化-绢云母化-萤石化、碳酸盐化、黄铁矿化四个带。钼矿化在空间上与硅化、微斜长石化-石英、白云母、微斜长石化及绢云母化密切。蚀变强度和矿化强度一致，主要体现在碱交代和酸交代上。

104.2.2 资源储量

撒岱沟门钼矿为单一钼矿山，矿床的矿石工业类型为硫化钼矿石。截至 2013 年，撒岱沟门钼矿累计查明资源储量（矿石量）4350.17 万吨，钼金属量 25169.0t。

104.3 开采情况

104.3.1 矿山采矿基本情况

撒岱沟门钼矿为露天开采的中型矿山，采用公路运输开拓，使用组合台阶采矿法。矿山设计生产能力 45 万吨/a，设计开采回采率为 98%，设计贫化率为 2%，设计出矿品位（Mo）0.07%，钼矿最低工业品位（Mo）为 0.03%。

104.3.2 矿山实际生产情况

2013 年，矿山实际采出矿量 170.18 万吨，排放废石 910 万吨。矿山开采深度为 885~716m 标高。具体生产指标见表 104-2。

表 104-2 矿山实际生产情况

采矿量/万吨	开采回采率/%	出矿品位/%	贫化率/%	露天剥采比/$t \cdot t^{-1}$
170.18	98	0.062	2	2.3

104.3.3 采矿技术

撒岱沟门钼矿开采方式为露天开采，公路运输开拓（采场内采用固定线路，采场外采用折返式布置），组合台阶陡帮开采。

104.4 选矿情况

104.4.1 选矿厂概况

撒岱沟门钼矿建有三座选矿厂，选矿生产线 4 条，选矿规模达到选钼矿石 500 万吨、年产钼精粉 5550t。该矿选矿方法为单一浮选工艺，设计选矿能力为 400 万吨/a，设计主矿种（Mo）入选品位 0.07%，最大入磨粒度 16mm，磨矿细度-0.045mm 含量占 60%。2013 年入选矿石 170.181 万吨、入选品位（Mo）0.062%、选矿回收率为 83%。

104.4.2 选矿工艺流程

104.4.2.1 *破碎筛分流程*

原矿石由采场采出，最大块径为 1000mm。矿石首先由汽车运输到现有选矿厂，直接卸入原矿仓，经皮带廊输送到破碎系统，经过三段一闭路破碎后输送至细料仓中存储；缓冲料仓内的矿石经皮带机向球磨机中输送。

104.4.2.2 *磨浮流程*

矿石经球磨机与旋流器构成的磨矿系统磨至-0.045mm 含量占 60%后进入浮选工序。浮选过程中用变压器油作捕收剂、松醇油作起泡剂进行粗选、精选。粗精矿经过 1 次预精选、2 次精选和 3 次扫选完成精选工段的流程，得到的钼精粉经压滤机脱水后成为钼精粉。压滤废水进入精浮选柱中循环使用。粗选尾矿经 2 次扫选后打入到尾矿库。选矿工艺流程如图 104-1 所示，选厂主要设备见表 104-3。

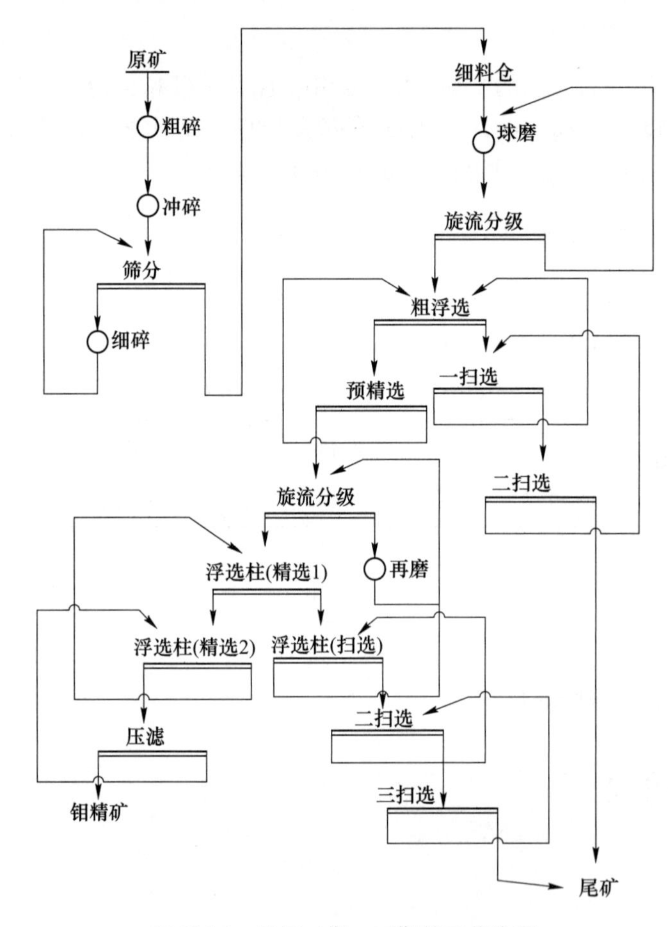

图 104-1　选厂二期、三期的工艺流程

表 104-3　选厂主要设备

选矿厂	设备名称	规格型号	数量/台（组）	作业
一选厂	颚式破碎机	600×900	1	粗碎
		500×750	1	
	圆锥破碎机	ϕ1750	2	中碎
	短头圆锥破碎机	ϕ1570	1	细碎
	筛分机	振动筛	1	筛分
	球磨机	2700×4000	2	一段球磨
		MQS2740	1	
		1500×3000	1	二段球磨
	螺旋分级机	ϕ1. 2m	3	
	粗浮选机		15	预精选

续表 104-3

选矿厂	设备名称	规格型号	数量/台（组）	作业
一选厂	浮选柱	ϕ1200×11000	1	精浮选
		ϕ800×11000	1	
		ϕ1200×11000	3	扫选
	浮选机	$8m^3$	3	精浮选
		$0.7m^3$	10	扫选
	粗选工段扫选机		15	精浮选
	板框压滤机	$30m^2$	2	扫选
二选厂	颚式破碎机	PA750×1060	1	粗碎
	中型圆锥破碎机	PYZ-1750	1	
	振动筛	YA2148	2	中碎
	圆锥破碎机	H4800F	1	细碎
	球磨机	MQS2740	3	一段球磨
		MQY1230	2	二段球磨
	旋流沉砂器	ϕ500	6	
	旋流沉砂器	ϕ250	2	二段球磨
	浮选机	XCF-16	5	浮选
		KYF-16	10	
		XCF-6	1	
		KYF-6	1	
		GF-2	8	
	浮选柱	ϕ1200×11000	2	
		ϕ800×11000	1	
	机械式压滤机	XJ630-U($30m^2$)	2	
三选厂	颚式破碎机	PA120×150	1	
	圆锥破碎机	PYB-2200	1	
	振动筛	ZXF-3061/5	1	
	短头圆锥破碎机	PYD2200	1	
	格子型球磨机	MQS3645	3	
	球磨机	MQY1840	1	
	旋流器	ϕ500	3	
	旋流器	ϕ150、ϕ100	2	
	浮选机	XCF-50	4	
		KYF-50	10	
		XCF-6	3	
		KYF-6	6	

续表 104-3

选矿厂	设备名称	规格型号	数量/台（组）	作业
三选厂	浮选柱	ϕ2200×11000	1	
		ϕ1500×11000	1	
		ϕ1200×11000	1	
		ϕ2000×11000	1	
	液压隔膜式压滤机		2	

104.5　矿产资源综合利用情况

撒岱沟门钼矿，矿产资源综合利用率 81.34%，尾矿品位 Mo 0.0105%。

废石堆放在矿区，少量采矿废渣用于修路。截至 2011 年底，矿山废石累计积存量 3728 万吨，当年产生量为 910 万吨、废石利用率为 0.08%。废石排放强度为 3500t/t。

尾矿均堆存于尾矿库，截至 2011 年底，矿山尾矿库累计积存尾矿 1600 万吨，产生量为 169.926 万吨，尾矿利用率为 0。尾矿排放强度为 653.56t/t。

选矿废水利用率为 91%。

105　三道庄钼矿

105.1　矿山基本情况

三道庄钼矿为主要开采钼矿的大型露天矿山，共伴生矿产主要为钨、铼、硫、铁、钴等，是全球三大钼矿之一，也是中国第二大白钨矿床。矿山开发始于1969年8月，由冶金部于1972年4月在冷水投资建成一座采选50t/d的小型实验厂，1972年5月正式投产。矿山位于河南省洛阳市栾川县，直距县城30km，北西有经冷水、三川、卢氏到达灵宝、三门峡的干线公路，全程140km，与陇海铁路灵宝站相接；向南经冷水有简易公路通往陶湾，到达洛阳—栾川、栾川—南阳、栾川—鲁山国道及洛阳—栾川快速通道，交通极为便利。矿山开发利用简表详见表105-1。

表105-1　三道庄钼矿开发利用简表

基本情况	矿山名称	三道庄钼矿	地理位置	河南省洛阳市栾川县
	矿山特征	国家级绿色矿山	矿床工业类型	矽卡岩型钼矿床
地质资源	开采矿种	钼矿、钨矿	地质储量/亿吨	矿石量8.8
	矿石工业类型	辉钼矿、白钨矿石	地质品位/%	0.084
开采情况	矿山规模/万吨·a^{-1}	990，大型	开采方式	露天开采
	开拓方式	汽车-破碎-平窿溜井运输联合开拓	主要采矿方法	组合台阶采矿法
	采出矿石量/万吨	1884	出矿品位/%	0.119
	废石产生量/万吨	2382	开采回采率/%	96.87
	贫化率/%	2.23	开采深度/m	1600~1072标高
	剥采比/t·t^{-1}	1.04		
选矿情况	选矿厂规模/万吨·a^{-1}	990	选矿回收率/%	Mo 85
	主要选矿方法	二段一闭路破碎、一段磨矿、一次粗选、二次粗扫选、粗精矿再磨、八次精选、三次精扫选		
	入选矿石量/万吨	1666	原矿品位/%	Mo 0.1207 WO_3 0.0927
	Mo精矿产量/万吨	3	Mo精矿品位/%	Mo 49.94
	W精矿产量/万吨	3.85	W精矿品位/%	WO_3 28.33
	尾矿产生量/万吨	1659.15	尾矿品位/%	Mo 0.0209 WO_3 0.031
综合利用情况	综合利用率/%	79.98		
	废石排放强度/t·t^{-1}	794	废石处置方式	排土场堆存
	尾矿排放强度/t·t^{-1}	553.05	尾矿处置方式	尾矿库堆存
	废石利用率/%	0	尾矿利用率/%	0

105.2　地质资源

105.2.1　矿床地质特征

三道庄钼矿矿床规模为大型，矿床类型为矽卡岩型钼矿床。矿区内矿体形态、产状受岩性、构造控制较为明显，工业矿体主要赋存在箱状背斜的轴部及其两翼，呈扇形产于岩体外接触带三川组上段的矽卡岩、钙硅酸角岩及南泥湖组中、下段的长英角岩、黑云母长英角岩中。主矿体形态比较简单，为一厚大的似层状矿体，在主矿体顶、底部有少数零星小矿体分布。矿区主要工业矿体走向280°~310°，倾向南西，倾角较平缓，在箱状背斜轴部为5°~10°，两翼产状较陡，为40°~90°，且底板大于顶板。主矿体走向长大于1420m，倾向延深大于1120m，厚度一般为80~150m，最大厚度达364.56m，平均厚度为125.56m。钼、钨矿体的空间分布与构造、岩性及热液交代作用的强度有关。钼矿体不仅赋存于三川组上段的矽卡岩、钙硅酸角岩内，在其顶、底板长英角岩构造有利部位（背斜轴部）亦可成矿，与矽卡岩、角岩内的矿体一起构成完整的钼矿体，但其品位明显地低于矽卡岩、钙硅酸角岩。在水平方向上，钼矿化强度沿走向表现为东强西弱，沿倾向表现为北强南弱；在垂直方向上，呈现上贫下富的规律性变化。其矿化强度与矿石自然类型有关，矽卡岩型矿石钼品位高于石榴石硅灰石角岩、透辉石斜长石角岩。

钨矿体主要分布在钼矿体之间的矽卡岩及钙硅酸角岩中，一般钼矿体大于钨矿体。在矿体中部，钼、钨矿体在矽卡岩中的分布范围与形态基本相似，而边部相差较大，一般钨矿体多出现在钼矿体的下部。钨矿化强度在水平方向上的变化是：南强北弱，西强东弱；在垂直方向上表现为上贫下富。

三道庄钼矿金属矿物有黄铁矿、磁黄铁矿、辉钼矿、白钨矿、磁铁矿、黄铜矿、闪锌矿、斑铜矿、钛铁矿、赤铁矿、方铅矿等，主要有用矿物为辉钼矿、白钨矿。

脉石矿物主要有钙铁榴石、钙铝榴石、钙铁辉石、透辉石、硅灰石、石榴石、斜长石、钾长石等；次要矿物有石英、黑云母、阳起石等；少数的萤石、方解石、符山石、角闪石、沸石、方柱石、绿帘石等；微量的磷灰石、榍石、锆石、褐帘石、金红石、电气石、独居石等。矿石结构有片状、束状、放射状结构，自形-半自形粒状结构，镶嵌结构，包体结构，交代残余结构，充填结构，它形粒状结构，胶状结构，充填胶状结构。矿石构造有稀疏浸染状构造，细脉状构造，角砾状构造。

矿石自然类型有矽卡岩型矿石，透辉石斜长石角岩型矿石，长英角岩型矿石，斑状花岗岩型矿石，变细晶正长岩型矿石。以矽卡岩型矿石为主，其矿石储量比例占全区的73%。

钼主要矿物为辉钼矿，少量的氧化物-钼钙矿、铁钼华或以类质同象存在于白钨矿中。钨在各类型矿石中矿化程度不一，在矽卡岩型中含量高，角岩型中含量低。

105.2.2　资源储量

三道庄钼矿矿石主要有用组分为钼和钨，伴生有用组分为铼、硫、铁、钴等，主要矿石类型为白钨矿。截至2013年，矿区内累计查明矿石资源储量8.8亿吨，钼金属量74.4

万吨，平均品位 0.084%，伴生白钨金属量 45 万吨，平均品位 0.118%。

105.3 开采情况

105.3.1 矿山采矿基本情况

三道庄钼矿为露天开采的大型矿山，采用是汽车-破碎-平窿溜井运输联合开拓，使用组合台阶采矿法。矿山设计生产能力 990 万吨/a，设计开采回采率为 97%，设计贫化率为 3%，设计出矿品位（Mo）0.125%，钼矿最低工业品位（Mo）为 0.03%。

105.3.2 矿山实际生产情况

2013 年，矿山实际采出矿量 1884 万吨，排放废石 2382 万吨。矿山开采深度为 1600~1072m 标高。具体生产指标见表 105-2。

表 105-2 矿山实际生产情况

采矿量/万吨	开采回采率/%	出矿品位/%	贫化率/%	露天剥采比/$t \cdot t^{-1}$
1884	96.87	0.119	2.23	1.04

105.3.3 采矿技术

三道庄钼矿区已有三十多年的开采历史，20 世纪 80 年代中期至 90 年代初期是该矿区无序开采、滥采乱挖的高峰期，进入矿区开采的企业达 96 家，坑口 200 多个，从而形成了形态千奇百怪、上下重叠多层，总容积达 12213.56km^3 的地采空区，这些空区均未进行充填。1990 年由长沙有色冶金设计研究院进行三道庄露天开采设计，编制了《三道庄钼矿 5000t/d 露采设计》，并于 1991 年开始筹建，1997 年底达到 5000t/d 生产能力。2003 年 11 月开始扩建 15000t/d 露采，该工程是由长沙有色冶金设计研究院设计的，设计基建期三年，至 2005 年 8 月底，已具备达产的条件和能力。30000t/d 露采扩建工程是在 15000t/d 露采达产状态的基础上开始实施的，于 2006 年 4 月底达产。

105.3.3.1 *矿床开采范围和开采方式*

三道庄矿区开采范围为采矿证范围以内纵Ⅺ~ⅩⅩⅥ，横 12~19 线，采用露天开采。

105.3.3.2 *露天开采参数*

采场边坡参数如下：台阶高度 12m；终了并段台阶高度 24m；终了台阶坡面角 75°；清扫运输平台宽度 10.5m；运输道路宽度 16.5m；最终边坡角：30000t/d 前期境界为 50°；终了境界东北角为 50°，其余地段边坡角为 53°。

105.3.3.3 *露天采场分期建设和扩帮开采*

该矿床矿体产状为一厚大的似层状矿体，倾向南西，倾角较平缓，在箱状背斜轴部为 5°~10°，两翼产状较陡，为 40°~90°，底板大于顶板，矿体走向长大于 1420m，倾向延伸大于 1120m，厚度一般为 80~150m，最大厚度达 364.56m，平均厚度为 125.56m。矿体平面范围大，上部有三道庄岭等高山，采用分期建设可降低基建剥离量和均衡生产剥采比。

105.3.3.4　开拓运输系统

开拓运输：三道庄矿体出露标高1510m，而马圈选厂受矿标高1258m，高差达252m，露天采场现在采用的是汽车-破碎-平窿溜井运输矿石，汽车运输废石的开拓运输方式。

105.3.3.5　运输设备

选用WK10电铲（斗容$12m^3$）、选定北方重型汽车有限公司的EREX3307自卸汽车（载重45t）、选用WK10电铲。

105.3.3.6　采剥方法

由于矿岩都很坚硬，矿山采用12m台阶高度，KY-250牙轮钻中深孔穿孔、多排微差爆破、电铲铲装的采剥方法。开段沟位置根据台阶出入沟口位置决定。以每个台阶出入沟口至采场间挖掘开段沟，其宽度为40m，长度为80~150m。

扩帮工程采用陡帮组合台阶式剥离，各个台阶主要从东南至西北方向推进。整体从东往西向30000t/d前期境界边界推进。

采剥台阶工作面主要结构要素：同时工作的台阶一般为8个，扩帮时台阶会增加3~4个。12m台阶高度，工作台阶坡面角75°，最小工作平台宽40m，陡帮作业时的临时非工作平台宽度15m，扩帮开采工作帮坡角一般为25°~35°，挖掘机工作线长度一般为150m。

105.3.3.7　采剥工艺的简述

穿孔、爆破作业：矿岩均非常坚硬，抗压强度大部分在120MPa以上，节理较发育，爆破性较差，易成大块。本次设计根据矿山经验采用12m台阶高度，KY-250牙轮钻机，中深孔穿孔，多排微差爆破。

装载作业：选用WK10电铲，并选定北方重型汽车有限公司的EREX45自卸汽车与之匹配。

辅助作业：电铲和牙轮钻机作业场地平整，道路敷设及维修，加工炸药，场内材料的运输及堆场矿石装载等作业选用下列辅助设备：推土机、前端式装载机、炸药车、油罐车1台、洒水车等。

105.4　选矿情况

105.4.1　选矿厂概况

洛钼集团目前有下属六个选矿企业，三个分公司和三个控股公司，钼选矿综合能力30000t/d，矿石均来源于三道庄露天矿。

选矿一公司位于栾川县冷水镇，选矿能力4150t/d；选矿二公司位于洛阳市栾川县城西北25km的赤土店镇马圈村，选矿能力15000t/d；选矿三公司位于赤土店镇清和堂村，选矿能力7300t/d；大东坡钨钼矿业位于赤土店镇清和堂村，选矿能力3100t/d；三强钼钨有限公司位于栾川县冷水镇，选矿能力2700t/d；九扬矿业位于赤土店镇赤土店村，选矿能力2000t/d。

钼选矿工艺：均采用一般浮选法，工艺流程为矿石来自三道庄露天矿山破碎站，经二段一闭路破碎、一段磨矿、一次粗选、二次粗扫选、粗精矿再磨、八次精选、三次精扫选、脱水、压滤、干燥后包装成钼精矿产品。选矿厂技术指标见表 105-3，钼产品分类及各类产品品位、杂质含量见表 105-4。

表 105-3　选矿厂技术指标

设计年选矿能力/万吨	入选矿石量/万吨	选矿回收率/%	选矿耗水量/$t \cdot t^{-1}$	选矿耗新水量/$t \cdot t^{-1}$	选矿耗电量/$kW \cdot h \cdot t^{-1}$	磨矿介质损耗/$kg \cdot t^{-1}$
990	1666	85	2.975	0.325	21.93	0.8

表 105-4　钼产品分类及各类产品品位、杂质含量

分类	Mo/%	WO_3/%	Cu/%	Pb/%	在年生产中占的比例/%
特级	51.96	0.047	0.1	0.092	7.23
一级品	49.85	0.095	0.183	0.089	20.75
二级品	47.25	0.151	0.189	0.149	61.13
三级品					10.89

105.4.2　选矿工艺流程

105.4.2.1　碎磨流程

碎矿采用二段一闭路碎矿流程，矿石粒度由 300mm 碎至-10mm，碎矿比 $i=30$，两段碎矿设备均选用进口圆锥破碎机。磨破采用一段闭路磨矿流程，由球磨机与旋流器组成。

105.4.2.2　浮选流程

钼选别流程为单一浮选流程，流程结构为一次粗选、二次精选、一次精扫选。该流程的粗、精选及精扫选Ⅰ选用浮选柱进行选别，粗扫选设备为 XCF-KYFⅠ-50m³ 大型充气式浮选机，精扫选设备除精扫Ⅰ外均用 BF-4 浮选机。

105.4.2.3　精矿脱水干燥流程

此流程为浓密、过滤、干燥三段脱水干燥，最后进行包装入库。精矿过滤用压滤机，精矿干燥用蒸汽干燥箱及粉体干燥系统。

105.4.3　选矿技术设备改造

105.4.3.1　浮选柱浮钼技术的成功引进开发和应用

2003 年 3 月成功开发出“自动化大型浮选柱全流程联合选钼技术工艺”。公司以此技术对所属钼选厂进行升级改造，大幅提升了选矿回收率，显著提高了精矿品位，浮选工艺能耗显著降低，实现了钼浮选作业控制自动化，彻底解除了浮选作业工人体力劳动。与传统浮选机技术工艺相比，钼回收率提高 2~6 个百分点，精矿品位提高 5.4 个百分点，节电 46%以上，实现了钼选厂直接生产高纯度钼精矿。目前该技术已在国内成功推广。

105.4.3.2　钼精矿自热式焙烧方法及其装置

“钼精矿自热式焙烧方法及其装置”和引进改良的多膛炉焙烧技术，实现了冶炼回收率的大幅提升。以此工艺及装备，公司新建四道沟 20000t/a 钼冶炼厂和洛阳 20000t/a 钼冶炼厂，淘汰了原反射炉技术工艺，实现了生产方式的转变和冶炼产业升级，两厂钼冶炼回收率由原有工艺的95%左右提升到现在的98.5%和98.9%；同时，回转窑焙烧过程实现了无煤焙烧。

105.4.3.3 低品位钨精矿的综合回收钨钼磷新技术

研发的低品位钨精矿的综合回收钨钼磷新技术，全面回收了低品位钨精矿中钨钼磷，实现了固体废渣零排放。洛钼集团综合回收的钨精矿是一种以钨为主富磷含氧化钼的复合精矿，经过近三年的技术攻关，开发出了一种“栾川低品位复杂白钨矿资源高效清洁综合利用技术工艺”，该工艺三氧化钨回收率≥96%，氧化钼回收率≥95%（相当于三道庄钼矿钼金属总回收率提高5个百分点），磷回收率≥99%，水循环利用率可达到95%以上，无废渣排放，生产出符合国标的钨、钼化工产品和用于生产磷肥的磷矿粉。工业试验已经完成，目前正在进行初步设计和项目建设的前期工作。

105.5 矿产资源综合利用情况

三道庄钼矿，矿产资源综合利用率79.98%，尾矿品位Mo 0.0209%。

废石全部堆放在排土场。截至2013年底，矿山废石累计积存量25114万吨，2013年产生量为2382万吨。废石排放强度为794t/t。

尾矿处置方式为尾矿库堆存，未利用，截至2013年底，矿山尾矿库累计积存尾矿116555万吨，尾矿利用率为0。2013年产生量为1659.15万吨。尾矿排放强度为553.05t/t。

106　上房沟钼矿

106.1　矿山基本情况

上房沟钼矿为主要开采钼矿的大型露天矿山，共伴生矿产主要为铁、硫、铼等。矿山1988年7月14日获得采矿许可证，1993年12月1000t/d地采和焦树凹选厂建成投产，2003年9月国有企业改制。矿山位于河南省洛阳市栾川县，直距县城约31km，有经冷水、三川、卢氏到达灵宝、三门峡的干线公路，全程140km，与陇海铁路灵宝站相接；向南经冷水有简易公路通往陶湾，到达洛阳—栾川、栾川—南阳、栾川—鲁山国道及洛阳—栾川快速通道，交通极为便利。矿山开发利用简表详见表106-1。

表106-1　上房沟钼矿开发利用简表

基本情况	矿山名称	上房沟钼矿	地理位置	河南省洛阳市栾川县
	矿山特征	国家级绿色矿山	矿床工业类型	斑岩-矽卡岩复合型钼-铁矿床
地质资源	开采矿种	钼矿	地质储量/亿吨	矿石量1.75
	矿石工业类型	硫化钼矿石	地质品位/%	0.131
开采情况	矿山规模/万吨·a^{-1}	165，大型	开采方式	露天开采
	开拓方式	公路运输开拓	主要采矿方法	组合台阶采矿法
	采出矿石量/万吨	239.39	出矿品位/%	0.113
	废石产生量/万吨	135	开采回采率/%	95.7
	贫化率/%	25	开采深度/m	1520~1154标高
	剥采比/t·t^{-1}	1.87		
选矿情况	选矿厂规模/万吨·a^{-1}	75	选矿回收率/%	Mo 59.35 TFe 47.72
	主要选矿方法	两段一闭路碎矿，一段磨矿，磁选—浓缩脱泥—粗选—十精四精扫—粗尾三扫—中矿精选		
	入选矿石量/万吨	54.61	原矿品位/%	Mo 0.194 TFe 12.63
	Mo精矿产量/t	1365	精矿品位/%	Mo 45
	Fe精矿产量/万吨	15.21	精矿品位/%	TFe 51.9
	尾矿产生量/万吨	51.68	尾矿品位/%	Mo 0.06
综合利用情况	综合利用率/%	56.70		
	废石排放强度/t·t^{-1}	989.01	废石处置方式	堆存
	尾矿排放强度/t·t^{-1}	378.61	尾矿处置方式	尾矿库堆存
	废石利用率/%	0	尾矿利用率/%	0
	废水利用率/%	80		

106.2　地质资源

106.2.1　矿床地质特征

河南上房沟钼矿为大型钼矿，矿床类型为斑岩-矽卡岩复合型钼-铁矿床。矿床位于东秦岭栾川钼矿田内，矿床平均钼品位0.135%，矿化发生于上房沟岩体及其围岩栾川群煤窑沟组中段白云质大理岩夹碳质页岩地层中。钼矿体主要产于上房沟花岗斑岩体内部、岩体与白云质大理岩的接触带矽卡岩及蚀变白云质大理岩内。矿体形态受斑岩体及接触带的控制，平面上呈环带状、剖面，上呈不规则的倒杯状；矿体产状与地层产状相近，南部矿体走向290°，SW方向侧伏，北部矿体深部边界倾角大于地层倾角。花岗斑岩中心矿化较弱，甚或矿化不明显。矿区北部靠近花岗岩体的变辉长岩也发生矿化，并成为矿体的一部分。上房沟钼矿床伴随矽卡岩型铁矿化，铁矿体主要产于花岗斑岩与白云质大理岩外接触带中，多产于低品位钼矿体中，个别为独立的铁矿体。但就铁矿体或铁矿化而言，总体呈似层状顺层分布，走向290°，倾向南西，倾角0°~60°。根据矿床不同容矿围岩的特征可将矿石划分为蚀变碳酸盐岩型、花岗斑岩型、辉长岩型和角岩型四种自然类型。蚀变碳酸盐岩型矿石分布于花岗斑岩体的上盘（南侧）及东西两侧，围绕岩体分布，岩体下盘也有少量分布，是矿床的主要矿石，平均品位0.147%，矿石量占总矿石量的53.27%。花岗斑岩型是岩体内的岩体、岩枝，是成矿母岩，岩体矿化由接触带内逐渐减弱出现无矿核，除无矿核外全部构成花岗斑岩型钼矿石。该类型钼品位大于0.03%，工业平均品位0.014%，占矿石总量的17.12%。北部的辉长岩型矿石组成主矿体的一部分，工业矿体平均品位0.094%，占总矿石量的9.96%。角岩型位于矿床北部，分布于变辉长岩下部，占总矿石量的19.65%。

矿区矿石矿物有辉钼矿、磁铁矿、黄铁矿，次为黄铜矿、闪锌矿、方铅矿、磁黄铁矿。脉石矿物主要为石英、透辉石、透闪石、斜（粒）硅镁石、滑石、蛇纹石、绿泥石、金云母、长石、阳起石、冰长石等，次为绢云母、碳酸盐、萤石等。在矿石中辉钼矿呈细脉状及浸染状产出；磁铁矿呈浸染状稠密浸染状及条纹状产出。

矿石结构以自形-半自形粒状-它形粒状结构为主，交代残余结构次之。矿石构造以细脉-网脉状构造为主，浸染状构造次之，偶见条带状和块状构造。

106.2.2　资源储量

上房沟钼矿是以钼为主，伴生有铁、硫、铼等多种有用组分，主要矿石类型为硫化钼矿石。矿山累计查明矿石量17534万吨，钼金属量228822t，平均品位0.131%；低品位矿矿石量2622万吨，钼金属量为9693t，平均品位为0.037%。共伴生铁矿石量4066.934万吨，平均品位为15.54%；铼金属量27.12t。

106.3　开采情况

106.3.1　矿山采矿基本情况

上房沟钼矿为露天开采的大型矿山，采用公路运输开拓，使用组合台阶采矿法。矿山设计生产能力165万吨/a，设计开采回采率为95%，设计贫化率为5%，设计出矿品位（Mo）0.155%，钼矿最低工业品位（Mo）为0.06%。

106.3.2　矿山实际生产情况

2013年，矿山实际采出矿量239.39万吨，排放废石135万吨。矿山开采深度为1520~1154m标高。具体生产指标见表106-2。

表106-2　矿山实际生产情况

采矿量/万吨	开采回采率/%	出矿品位/%	贫化率/%	露天剥采比/t·t^{-1}
239.39	95.7	0.113	25	1.87

106.3.3　采矿技术

1989年河南省计委批复1000t/d采选工程项目，上房沟钼矿项目正式启动实施。1993年12月1000t/d地采和焦树凹选厂建成投产，设计采选矿石规模为33万吨/a。主要产品为钼精矿。地采采用1202m中段主运输平硐开拓，平硐全长2300m，宽3.6m，双轨7t电机车运输。主要采用浅孔留矿法和分段空场法，开采1154m、1202m和1262m中段。截至2004年累计采出矿石量289.48万吨，回收钼金属量5813.84万吨。1996年开始小规模露天剥离和生产，至2002年底形成1000t/d的露天采矿生产能力。2004年地下开采全部停止，转为组合台阶法露天开采方式，公路运输开拓。2004年开发利用方案设计完成并备案，最终境界内设计利用地质储量9375.909万吨，平均品位0.155%，金属量145498t，前期境界剥采比1.87t/t，最终境界剥采比1.3t/t，回采率95%，贫化率5%，选矿回收率75%。2005年5000t/d初步设计及施工图设计完成。2006年12月采矿许可证生产规模变更为165万吨/a。2007年形成5000t/d露天采矿能力。主要采矿设备有150型潜孔钻机、液压挖掘机和20t自卸汽车。目前形成的露天采坑东西长约900m，南北宽400m，坑底台阶标高1290m。

106.4　选矿情况

106.4.1　选矿厂概况

该矿现选矿厂有三个，分别是焦树凹一选厂、焦树凹二选厂和三川选矿试验厂，设计选矿规模均为25万吨/a。焦树凹一、二选厂钼中矿品位为16%左右，中矿回收率一般在66%左右，再由精选厂进行精选以达到45%以上钼精矿品位，精选回收率94%左右，总回收率60%。

焦树凹选矿厂的工艺流程为两段一闭路碎矿——一段磨矿—磁选—浓缩脱泥—粗选—十精四精扫—粗尾三扫—中矿精选—精矿。流程如图 106-1 所示。

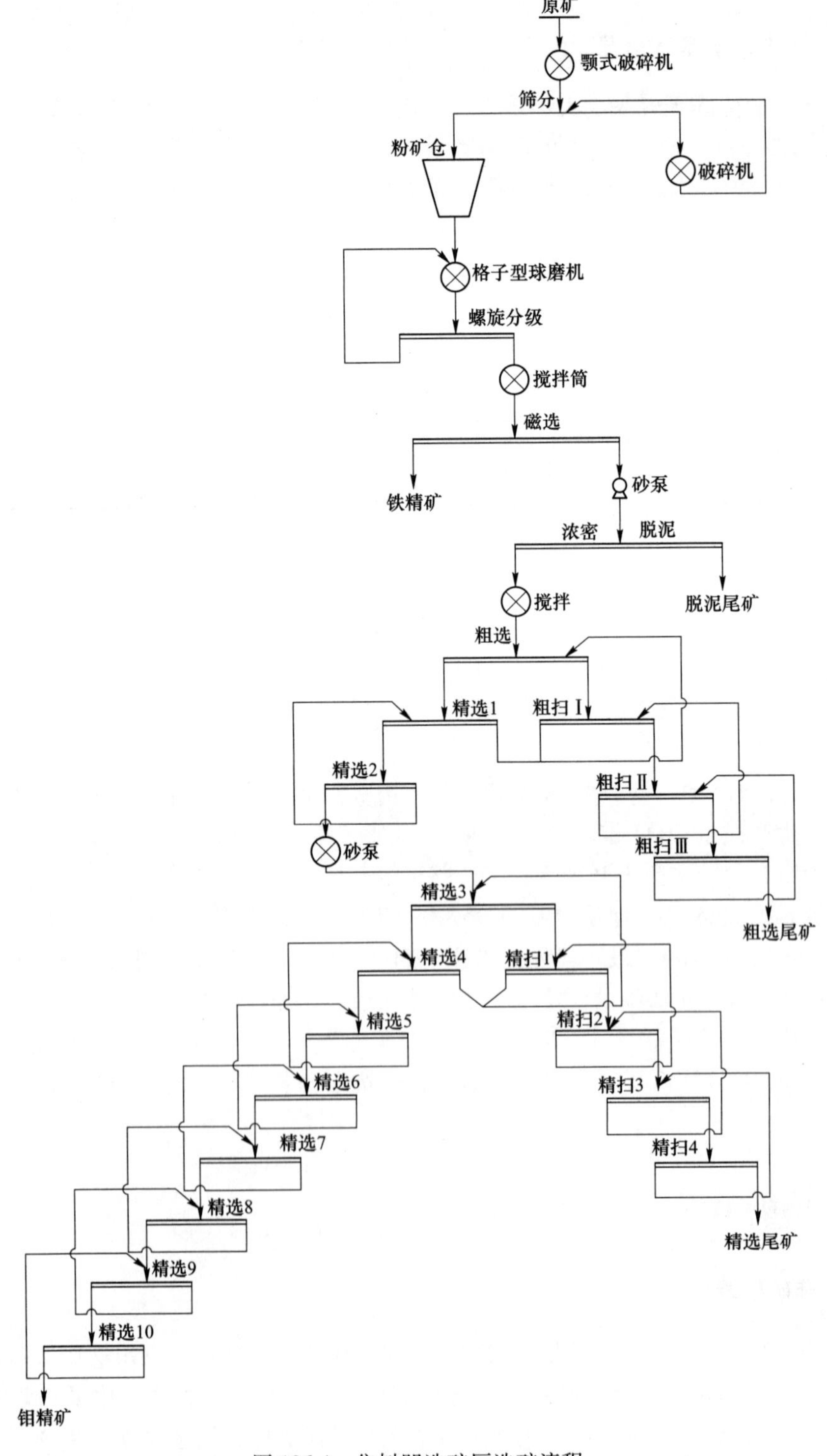

图 106-1　焦树凹选矿厂选矿流程

106.4.2 选矿工艺流程

106.4.2.1 精选厂工艺流程

磨矿：采用一段闭路磨矿流程，单系列生产，选用 JM-1000 立式螺旋搅拌磨机与 FX150 旋流器构成闭路，磨矿细度为-0.036mm 含量占 90%。

浮选：进行一次粗选、六次扫选和八次精选。粗、扫选设备采用 GF-3 浮选机十五槽。精选设备采用浮选机 GF1.1 十槽。

过滤和干燥：浮选产出的钼精矿进入 BPF-30 板框压滤机过滤，滤饼卸入 WH-20 金属矿精粉干燥机进行干燥，干燥后钼精粉含水小于 4%。

主要工艺设备见表 106-3。

表 106-3 精选厂主要设备

设备名称	型号	数量/台（槽）	设备名称	型号	数量/台（槽）
搅拌磨机	JM-1000	1	旋流器	FX150	2
浮选机	GF-3	15	浮选机	GF1.1	10
板框压滤机	BPF-30	2	干燥机	WH-20	1

106.4.2.2 三川选矿试验厂

三川选矿试验厂是为进行难选钼矿石的选矿试验研究而建设的选厂，主要采用粗细分选工艺。主要产品为 45%的钼精矿和 8%的低品位钼精矿，铁精矿品位 63%以上。试验厂钼回收率 70%，全铁回收率 60%。主要工艺流程如图 106-2 所示，设备见表 106-4。

表 106-4 三川选矿试验厂主要设备

序号	设备名称	规格型号	单位	数量	序号	设备名称	规格型号	单位	数量
1	振动给矿机	GLJ1645	台	1	13	浮选柱	ϕ0.6×4.5	台	4
2	颚式破碎机	C80	台	1	14	浮选柱	ϕ0.3×4.5	台	6
3	圆锥破碎机	GP100MF	台	1	15	钼精矿再磨机	JM-600	台	4
4	圆振筛	Y1836	台	1	16	压滤机	XMGY60	台	2
5	溢流球磨机	QMY2130	台	2	17	磁性筛		台	1
6	溢流球磨机	QMY2150	台	1	18	弱磁磁选机	CTB1021	台	2
7	溢流球磨机	QMY1530	台	2	19	双筒磁选机	CTB918	台	2
8	弱磁选机	TCT-35T	台	2	20	高频细筛	HGZS-55	台	1
9	斜板分级机	CKLM-6000	台	1	21	水力旋流器	4-ϕ250	套	1
10	复式流化分级机	AFX-100	台	1	22	水力旋流器	4-ϕ100	套	1
11	浮选机	XCF/KYF-8	台	28	23	水力旋流器	12-ϕ100	套	1
12	浮选机	XCF/KYF-1.0	台	16	24	水力旋流器	2-ϕ100	套	1

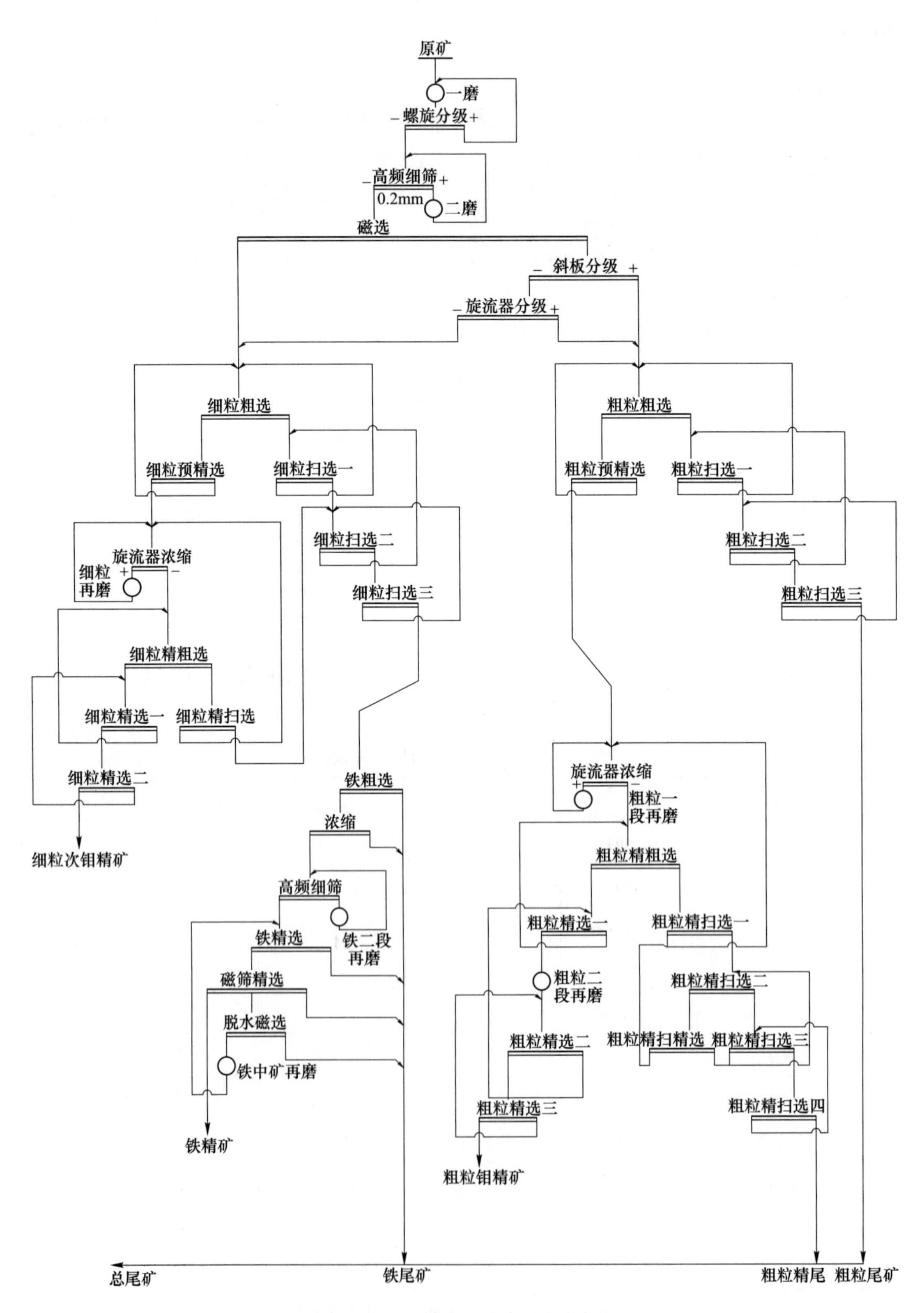

图 106-2　三川选矿试验厂选矿流程

106.4.3 选矿工艺技术改造

上房沟钼矿矿石是公认的滑石难选型钼矿石，自开发利用以来矿山从未间断过选矿的试验研究，先后与北京矿冶研究总院、长沙矿冶研究院、长沙有色冶金设计研究院、湖南有色研究院、郑州矿产综合利用研究所等国内十几家科研单位合作，列入国家科技支撑攻关项目和综合利用示范工程项目，尚未达到国家规定的硫化矿回收率标准。

郑州矿产综合利用研究所对栾川上房沟难选钼矿选矿新工艺进行了多年的试验研究，2010 年 12 月提交的上房沟钼矿选矿关键技术中间试验研究报告是目前选矿技术指标最好的。试验采用磁选滑石分离、斜板分级机进行细粒分离、粗精矿高效再磨、高效滑石抑制剂、细粒辉钼矿高效捕收剂等关键技术。在原矿钼品位 0.17%，铁品位 12.84%，硫 1.80%的情况下，取得了钼精矿品位 45.61%，回收率 72.41%，次钼精矿品位 10.12%，回收率 7.73%，总回收率 80.14%的技术指标，在 72h 连续运转试验下获得钼粗选回收率 84.82%，粗精矿品位 3.58%的选矿技术指标。同时综合回收铁精矿品位 65.45%，全铁回收率 64.38%，硫精矿品位 48.56%，硫回收率 80.93%。

该工艺技术对于解决上房沟钼矿和其他同类型滑石型矿石选矿具有重要意义，具有对矿石变化适应性强，过程稳定的特点。该工艺流程已在三川 1000t/d 选矿厂进行工业试验，目前试验正在进行中，前期试验效果明显。试验结果将为今后上房沟钼矿的开发提供技术支持。

106.5 矿产资源综合利用情况

上房沟钼矿，矿产资源综合利用率 56.70%，尾矿品位 Mo 0.06%。

废石全部堆放在矿区，未利用。截至 2013 年底，矿山废石累计积存量 3434 万吨，2013 年产生量为 135 万吨。废石排放强度为 989.01t/t。

尾矿处置方式为尾矿库堆存，未利用，截至 2013 年底，矿山尾矿库累计积存尾矿 1830 万吨，2013 年产生量为 51.68 万吨。尾矿排放强度为 378.61t/t。

107　上 河 钼 矿

107.1　矿山基本情况

上河钼矿为主要开采钼矿的大型矿山，共伴生矿产主要为硫、铅。矿山成立于2003年5月，2004年8月开始建设，2005年4月进入试生产阶段，2005年7月全面量产。矿山位于陕西省商洛市洛南县，南距洛南县城约40km，北距陇海铁路罗夫站和西潼高速公路均为36km，西到金堆城12km，经渭南至西安109km，洛南至华阴县公路经过矿区，交通十分方便。矿山开发利用简表详见表107-1。

表107-1　上河钼矿开发利用简表

基本情况	矿山名称	上河钼矿	地理位置	陕西省商洛市洛南县
	矿山特征	—	矿床工业类型	石英碳酸盐脉型钼矿床
地质资源	开采矿种	钼矿	地质储量/亿吨	矿石量1.38
	矿石工业类型	硫化钼矿石	地质品位/%	0.093
开采情况	矿山规模/万吨·a^{-1}	130，大型	开采方式	地下开采
	开拓方式	平硐-斜坡道联合开拓	主要采矿方法	崩落采矿法
	采出矿石量/万吨	81.3	出矿品位/%	0.078
	废石产生量/万吨	2.1	开采回采率/%	85
	贫化率/%	15	开采深度/m	1674~1200标高
	掘采比/m·万吨$^{-1}$	58.537		
选矿情况	选矿厂规模/万吨·a^{-1}	50	选矿回收率/%	Mo 94.85
	主要选矿方法	三段一闭路破碎，铅钼混合浮选，粗精矿再磨再选分离		
	入选矿石量/万吨	85	原矿品位/%	Mo 0.097
	精矿产量/万吨	0.2	精矿品位/%	Mo 40
	尾矿产生量/万吨	84.8	尾矿品位/%	Mo 0.013
综合利用情况	综合利用率/%	80.62		
	废石排放强度/t·t^{-1}	10.5	废石处置方式	排土场堆存
	尾矿排放强度/t·t^{-1}	424	尾矿处置方式	尾矿库堆存
	废石利用率/%	0	尾矿利用率/%	0
	废水利用率/%	90		

107.2 地质资源

107.2.1 矿床地质特征

上河钼矿矿床规模为大型，矿床类型为石英碳酸盐脉型钼矿床。矿床范围出露地层为黄龙铺组上亚组二至四岩性段（$Pt_2xn_3h_{22}$ ~ $Pt_2xn_3h_{24}$）和高山河组下亚组一至三岩性段（Pt_2g_{11} ~ Pt_2g_{13}）。二者呈角度不整合接触。均为北东倾，倾角30°~75°。

上河钼矿段赋矿围岩西南部以 $Pt_2xn_3h_2^4$ 为主，$Pt_2xn_3h_2^3$ 次之，岩性为细碧岩、绢云千枚岩、凝灰质板岩及黑云微晶片岩；北东部以高山河组下亚组 Pt_2g_{11} 为主，岩性为变石英砂岩、石英岩及绢云母板岩。

矿床位于熊耳期曹家沟—石家湾背斜倾没端北翼，加里东期板岔梁—蚂蚁山背斜翘起端。主要控矿断裂有北西向 FB_1、FB_9 及北东向 FC_1、FC_2、FC_{11}、FC_{12} 等，两组断层交汇形成的多个“构造框”控制着各矿段的分布范围。成矿后断层有北北东向 FD_2 及北北西向 FE_4，对矿体无明显破坏作用。控脉裂隙构造发育，密集分布于“构造框”内，为主要的容矿构造。

矿石结构主要有半自形片状结构、聚片结构、网状结构。半自形片状结构：辉钼矿呈晶片状分布于石英团块与方解石粒间或集合体中。聚片结构：三至五个辉钼矿晶片聚集，充填于方解石、石英裂隙中，构成冰花状聚晶或片状聚晶。网状结构：辉钼矿片状聚晶沿方解石不同方向的解理、裂隙充填交代，形成网状结构。矿石构造有细脉浸染状构造和不规则团块状构造。细脉浸染状构造矿石中辉钼矿呈细脉浸染状分布于石英团块与碳酸盐矿物的接触部位，且以碳酸盐矿物集合体中较多。不规则团块状构造矿石中辉钼矿片状聚晶呈不规则团块状分布在脉石矿物石英、方解石粒间，构成不规则团块状构造。

矿区主要矿体整体呈较规则的巨厚块状体，次要矿体呈似层状，矿体内部单矿脉分枝复合现象较为普遍，造成矿体存在夹石。各单矿脉间及单矿脉内的夹石主要依据样品的分析结果进行圈定。单矿脉内夹石普遍存在，厚度一般在2~20m以内，多呈透镜状成组产于单矿脉内部。单矿脉间或各矿体间夹石呈似层状产出，厚度一般在10~20m之间，08行以西~04行之间夹石厚度较大，一般在20m左右，最厚达60余米。矿体内矿脉虽然分枝复合现象较为普遍，造成矿体存在夹石，但矿脉走向、倾向延伸均较为稳定，而夹石多呈透镜状并与矿脉平行，对矿体的完整性影响不大。矿体夹石岩性以细碧岩为主，次为微晶状钠长石黑云片岩。

107.2.2 资源储量

上河钼矿主要矿种为钼，共伴生矿种为硫、铅，主要矿石工业类型为硫化钼矿。截至2013年，上河钼矿累计查明资源储量矿石量13809万吨，平均地质品位0.093%。

107.3　开采情况

107.3.1　矿山采矿基本情况

上河钼矿为地下开采的大型矿山，采用平硐-斜坡道联合开拓，使用崩落采矿法。矿山设计生产能力 130 万吨/a，设计开采回采率为 85%，设计贫化率为 15%，设计出矿品位（Mo）0.093%，钼矿最低工业品位（Mo）为 0.06%。

107.3.2　矿山实际生产情况

2013 年，矿山实际采出矿量 81.3 万吨，排放废石 2.1 万吨。矿山开采深度为 1674~1200m 标高。具体生产指标见表 107-2。

表 107-2　矿山实际生产情况

采矿量/万吨	开采回采率/%	出矿品位/%	贫化率/%	掘采比/m · 万吨$^{-1}$
81.3	85	0.078	15	58.537

107.3.3　采矿技术

目前矿山采矿规模为日采钼矿石 500t，采用地下开采方式。阶段平硐开拓，各平硐分别出矿，无轨运输。采选联结使用汽车运输。

采矿方法前期主要是分段空场法和浅孔留矿法。在生产过程中，遇到较厚大矿体，拟采用无底柱分段崩落法。矿井通风采用对角式布置、抽出式机械通风。主要采矿设备有 YT24 凿岩机 26 台，YSP45 凿岩机 6 台，20m^3 空压机 5 台。

本矿采用的是无底柱分段崩落采矿法。简述如下。

矿块构成要素：阶段高度 30~40m，长度 50m，宽度为矿体厚度，分段高度 10m，进路间距 8m。

采准切割：阶段运输平巷一般布置于矿体下盘脉外，且在下阶段矿体回采错动界线以外。溜矿井、人员材料设备井相应布置于下盘围岩中。根据所采用的出矿设备及溜井负担范围，确定溜井间距 50m，即每个矿块设一条溜矿井。少量废石可利用附近矿块矿石溜井下放；每两个矿块设一人员材料设备井，人员和设备提升共用一个天井。回采进路垂直矿体走向布置。上下相邻的分段，回采进路呈菱形布置。为减少矿石损失，改善通风条件，进路之间的联络巷（沿脉分段平巷）布置在底盘岩石中。为了形成切割槽，在回采进路的顶端，需开凿切割平巷和切割天井，切割平巷位于矿体上盘脉内。根据岩石情况进行喷砼或砼支护。

回采工作：一般情况下，回采进路垂直矿体走向布置，回采工作由上盘向下盘方向推进。对于部分特别厚大的矿体，沿脉运输巷道与回采进路在平面上呈棋盘状布置，分别从上盘和下盘向中央方向推进。正常情况下，一个矿块中有两个分段做采准切割，一个分段进行凿岩崩矿，为了减少贫化，同一个分段中各进路的回采应尽可能保持在一条直线上。

矿石运搬：采下矿石用装运机运至采场矿石溜井下放到中段运输平巷。每六条进路配一台装运机。

覆盖层及地压管理：在回采初期，可将上部分段（或中段）的矿柱崩掉，形成覆盖层；上部没有矿柱，可崩落上盘围岩形成覆盖层；覆盖层的厚度一般要大于20m，覆盖层厚度不足时，要放顶补充。未降低采矿贫化率和减少损失率，可利用上部氧化矿做为覆盖层。

矿块通风：无底柱分段崩落法是在独头巷道中作业，通风困难；因此，在采准、切割、回采（凿岩、装矿）等工作面要用局扇进行辅助通风。回采进路中安装 JK58-1No. 4. 5（高效、节能、低噪声）矿用局扇和风筒，采用压入式通风。风流清洗工作面后经回采进路，人员材料设备井进入回风平巷，经回风井排出地表。采准、切割等掘进工作面也要采用局扇进行辅助通风。

除尘：除了用辅扇和局扇进行通风以外，回采工作面和掘进工作面均采用湿式凿岩，出渣和出矿工作面进行喷雾洒水，溜井和装卸矿地点采取净化措施。此外设置专职通风管理机构和人员，负责通风防尘工作，建立健全通风制度。

主要采矿设备：共有 10 台 4m^3 铲运机，6 台液压凿岩台车，28 台 YT24 凿岩机，7 台 YSP45 凿岩机，4 台 10t 架线电机车，3 台 7t 架线电机车，39 台 2m^3 曲轨矿车，18 台 0. 7m^3 矿车，3 台装药机，3 台 40m^3 空压机。

107. 4 选矿情况

107. 4. 1 选矿厂概况

上河钼矿已建成钼选矿厂——石幢沟钼矿选厂，其实际处理能力已达到 2000t/d。采用浮选工艺流程，选矿回收率达到 86%以上，钼精矿品位 45%，同时回收铅精矿和硫精矿。

107. 4. 2 选矿工艺流程

107. 4. 2. 1 *破碎流程*

采用三段一闭路流程，给矿最大块度 350mm，最终产品粒度为 12~0mm。采矿后的矿石输送至井下原矿仓，原矿仓底部设有棒条式振动给矿机，对矿石进行预筛分，筛除原矿中 0~100mm 的细粒矿石，避免细粒矿石影响粗碎机的生产和对粗碎机衬板的磨损。粗碎选用 1 台 C110 型颚式破碎机，给矿口尺寸 1100mm×850mm，最大给矿块度 1000mm×850mm×750mm，排矿口范围 70~300mm。粒度 0~200mm 的粗碎产品提升、输送至中碎缓冲料仓。中碎选用 1 台 HP300 型液压圆锥破碎机，排矿口 30~40mm，排矿粒度 0~65mm。中碎产品由带式输送机送至 3. 0m×6. 1m 双层振动筛进行分级，0~12mm 粒级筛下产品作为最终破碎产品送至粉矿仓；12~65mm 的产品由带式输送机送入细碎缓冲料仓。细碎选用 1 台 HP400 型液压圆锥破碎机，排矿口 16mm，处理量达到 230~300t/h，70%的排矿粒度为 12mm。细碎机的排矿产品与中碎机的排矿产品均由同一带式输送机给入筛分机作业。细碎机与双层振动筛构成闭路作业循环。

107. 4. 2. 2　选别流程

一段磨矿细度为-0. 074mm 含量占 70%，采用优选浮选得到钼铅混合精矿，尾矿再浮选硫精矿；钼铅混合精矿一次脱铅再磨后进行钼、铅分离，分别得钼精矿和铅精矿。

107. 4. 2. 3　脱水流程

钼精矿、铅精矿、硫精矿均为两段脱水，即浓缩、过滤。

107. 5　矿产资源综合利用情况

上河钼矿，矿产资源综合利用率 80. 62%，尾矿品位 Mo 0. 013%。

废石全部堆放在矿区，未利用。截至 2013 年底，矿山废石累计积存量 2. 1 万吨，2013 年产生量为 2. 1 万吨。废石排放强度为 10. 5t/t。

尾矿处置方式为尾矿库堆存，未利用，截至 2013 年底，矿山尾矿库累计积存尾矿 243. 04 万吨，尾矿利用率为 0。2013 年产生量为 84. 8 万吨。尾矿排放强度为 424t/t。

108 王河沟钼矿

108.1 矿山基本情况

王河沟钼矿为主要开采钼矿的大型矿山，共伴生矿产主要为硫矿。矿山始建于 1997 年 4 月，初期由几家小型集体企业开采，2001 年进行第一次整合，2006 年 7 月重组成立现公司。矿山位于陕西省商洛市洛南县，洛南—华县公路经过矿区东侧，经渭南至西安 144km，北至陇海铁路线罗夫车站 39km，南到洛南县城 41km，经洛南县城至商洛市火车站交西南铁路线 80km，西至金堆城钼矿 12km，其间均有省级公路相通，交通十分方便。矿山开发利用简表详见表 108-1。

表 108-1 王河沟钼矿开发利用简表

基本情况	矿山名称	王河沟钼矿	地理位置	陕西省商洛市洛南县
	矿山特征	—	矿床工业类型	斑岩型钼矿床
地质资源	开采矿种	钼矿	地质储量/亿吨	矿石量 1.53
	矿石工业类型	硫化钼矿石	地质品位/%	0.081
开采情况	矿山规模/万吨 · a^{-1}	300，大型	开采方式	露天-地下联合开采
	开拓方式	汽车运输开拓	主要采矿方法	组合台阶采矿法
	采出矿石量/万吨	180.1	出矿品位/%	0.085
	废石产生量/万吨	603	开采回采率/%	96
	贫化率/%	4.8	开采深度/m	1540~1040 标高
	剥采比/t · t^{-1}	3.35		
选矿情况	选矿厂规模/万吨 · a^{-1}	180	选矿回收率/%	Mo 76.8 S 76.6
	主要选矿方法	三段一闭路破碎、三段磨矿、一粗—二扫—十精浮选		
	入选矿石量/万吨	240	原矿品位/%	Mo 0.098 S 2.63
	Mo 精矿产量/t	3792	Mo 精矿品位/%	Mo 45
	S 精矿产量/万吨	11.62	S 精矿品位/%	S 42
	尾矿产生量/万吨	228	尾矿品位/%	Mo 0.025
综合利用情况	综合利用率/%	73.73		
	废石排放强度/t · t^{-1}	1590.19	废石处置方式	排土场堆存
	尾矿排放强度/t · t^{-1}	601.27	尾矿处置方式	尾矿库堆存
	废石利用率/%	0	尾矿利用率/%	0
	废水利用率/%	80		

108.2　地质资源

108.2.1　矿床地质特征

王河沟钼矿矿床规模为大型，矿床类型为斑岩型钼矿床。矿区位于华北地块南缘，太古隆起与洛南—卢氏沉降过渡带的路家街—白花岭向斜北翼。褶皱、断裂及岩浆岩发育。岩石地层建造具有前寒武纪地层为结晶基底，中元古代地层为沉积盖层。前寒武纪基底建造由太古代太华群杂岩（Arth）组成。盖层岩石建造主要包括中元古界熊耳群（Pt_2xn）和中上元古界高山河组陆相沉积岩层。后两套地层为区内钼矿赋矿层位。矿体钼平均品位为0.072%，品位变化系数64.30%，变化较均匀。钼的品位变化与二长花岗斑岩体、含矿碳酸岩脉的发育程度关系密切。沿矿体长轴方向，由北西向南东钼品位递降。地表品位略高于地下，但在二长花岗斑岩体两侧和下接触带附近品位则相对增高。

矿床位于区域板岔梁—蚂蚁山背斜偏南翼。王河沟钼矿区域构造线总体呈北东向及近东西向展布。主体部位有海西-印支期叠加形成的王河沟脑北西向隐伏倒转背斜及其北东翼上的次级王河梁向斜、大王河沟背斜等。

王河沟钼矿位于黄龙铺石家湾矿床的主体部分。分别由海西-印支期碳酸岩脉型Ⅱ号矿体带和燕山期斑岩型Ⅰ号矿体组成。

108.2.2　资源储量

王河沟钼矿主矿种为钼，主要矿石类型为硫化钼矿石，矿山累计查明钼矿石资源储量15265.2万吨，平均地质品位0.081%。

108.3　开采情况

108.3.1　矿山采矿基本情况

王河沟钼矿为露天开采的大型矿山，采用联合开拓，使用组合台阶法。矿山设计生产能力300万吨/a，设计开采回采率为95%，设计贫化率为5%，设计出矿品位（Mo）0.076%，钼矿最低工业品位（Mo）为0.06%。

108.3.2　矿山实际生产情况

2013年，矿山实际采出矿量180.1万吨，排放废石603万吨。矿山开采深度为1540～1040m标高。具体生产指标见表108-2。

表108-2　矿山实际生产情况

采矿量/万吨	开采回采率/%	出矿品位/%	贫化率/%	露天剥采比/$t \cdot t^{-1}$
180.1	96	0.085	4.8	3.35

108.3.3　采矿技术

矿山的经济合理采比为：7.2m^3/m^3，最终边坡角≤43.9°，台阶高度为12m。安全平台、清扫平台10m，运输平台10m，最终边坡台阶坡面角60°。每两个安全平台设一个清扫平台，线路坡度8%，最小回头转弯半径15m。按上述指标圈定露天开采境界范围如下：露天采场底标高为1280m，封闭圈标高1352m，1352m以上为山坡露天，1352m以下为深凹露天。最高台阶标高1616m，露天底最小宽度约36m，长约264m；上口长约1120m，宽约706m。

108.4　选矿情况

108.4.1　选矿厂概况

王河沟钼矿先后建成了下铺2000t选厂、桥河1500t选厂、荣森2000t选厂、鑫城1000t选厂。

破碎系统采用三段一闭路、磨矿采用三段磨矿、选矿采用一粗、二扫、十精的浮选工艺。

108.4.2　选矿工艺流程

荣森选厂工艺流程如下。

（1）破碎筛分流程。原料由汽车运至原矿仓，由GZG-1500~3500电机振动给矿机将原矿送到C100颚式破碎机中进行粗碎，粗碎产品由皮带运输机输送到中转仓，后由皮带运输机输送到HP300中碎圆锥破碎机中进行中碎，中碎产品由皮带运输机经中转仓输送至2YHA2160振动筛，振动筛上层产品进入HP300细碎圆锥破碎机进行细碎，破碎产品返回振动筛，构成闭路破碎筛分流程。筛下产品由皮带运输进入3个粉矿仓。

（2）磨选流程。每个粉矿仓中的物料分别由4台GZG-800~1200电振给矿机、皮带运输机输送到MQGZ2700×4000格子型球磨机中进行磨矿，磨矿排矿自流到2FG-20高堰式双螺旋分级机进行分级，分级沉砂返回到格子型球磨机中，分级溢流经搅拌加药调浆后，矿浆由渣浆泵打到2台ϕ3600×11000浮选柱中进行粗选，粗选尾矿流到18台16m^3浮选机中进行三次扫选作业，每次扫选尾矿进入下一次扫选作业，三扫尾矿进入硫选别流程。三次扫选的精矿与粗选精矿合并后由泵打入ϕ150×4旋流器组，旋流器底流进入2台ϕ1500×3000球磨机与旋流器构成的闭路磨矿系统进行再磨。旋流器溢流进入ϕ1500×12000、ϕ1200×12000、ϕ1000×11000浮选柱进行三次精选，精选尾矿逐级返回到上一作业中，精选精矿为最终精矿。

钼扫选尾矿进入硫选别流程，分别选用16m^3浮选机18台和4m^3浮选机8台进行一次粗选二次扫选、三次精选作业，扫选尾矿为最终尾矿，尾矿由泵输送至尾矿库。

（3）脱水流程。精矿脱水采用浓密—压滤两段脱水工艺，浮选钼精矿由砂泵打入到1台JNZ-ϕ10m浓缩机进行一段脱水，浓缩机底流由泵打入XAZ100-1500/70厢式压滤机进行二段脱水，经压滤得到最终精矿，滤液经砂泵返回浓缩机。

108.5　矿产资源综合利用情况

王河沟钼矿，矿产资源综合利用率 73.73%，尾矿品位 Mo 0.025%。

废石全部堆放在排土场，未利用。截至 2013 年底，矿山废石累计积存量 3349 万吨，2013 年产生量为 603 万吨。废石排放强度为 1590.19t/t。

尾矿处置方式为尾矿库堆存，未利用，截至 2013 年底，矿山尾矿库累计积存尾矿 1369.41 万吨，尾矿利用率为 0。2013 年产生量为 228 万吨。尾矿排放强度为 601.27t/t。

109 新华钼矿

109.1 矿山基本情况

新华钼矿为主要开采钼矿的中型矿山，共伴生矿产主要为铁矿。矿山建矿时间为 1979 年 7 月 12 日，投产时间为 1984 年 7 月 1 日。矿山位于辽宁省朝阳市喀左县，南距 101 国道和沈承铁路公营子站 25km，距建平县城叶柏寿 49km，其间有县级公路直通，交通比较便利。矿山开发利用简表详见表 109-1。

表 109-1 新华钼矿开发利用简表

基本情况	矿山名称	新华钼矿	地理位置	辽宁省朝阳市喀左县
	矿山特征	—	矿床工业类型	矽卡岩型矿床
地质资源	开采矿种	钼矿、铁矿	地质储量/万吨	矿石量 1863.71
	矿石工业类型	硫化钼矿石	地质品位/%	0.228
开采情况	矿山规模/万吨·a^{-1}	60，中型	开采方式	地下开采
	开拓方式	竖井开拓	主要采矿方法	崩落采矿法和浅孔留矿采矿法
	采出矿石量/万吨	51.41	出矿品位/%	0.172
	废石产生量/万吨	3.4	开采回采率/%	90.25
	贫化率/%	13	开采深度/m	875~80 标高
	掘采比/m·万吨$^{-1}$	1157		
选矿情况	选矿厂规模/万吨·a^{-1}	60	选矿回收率/%	Mo 87.3 Fe 92.18
	主要选矿方法	两段一闭路破碎，两段闭路磨矿，浮选—磁选		
	入选矿石量/万吨	48.04	原矿品位/%	Mo 0.172 TFe 23.14
	Mo 精矿产量/t	935.2	Mo 精矿品位/%	Mo 44.04
	Fe 精矿产量/t	92157	Fe 精矿品位/%	TFe 63.96
	尾矿产生量/万吨	38.73	尾矿品位/%	Mo 0.022
综合利用情况	综合利用率/%	83.16		
	废石排放强度/t·t^{-1}	36.36	废石处置方式	废石堆堆存
	尾矿排放强度/t·t^{-1}	414.14	尾矿处置方式	尾矿库堆存
	废石利用率/%	0	尾矿利用率/%	0
	废水利用率/%	84（涌水） 100（回水）		

109.2　地质资源

109.2.1　矿床地质特征

新华钼矿矿床规模为中型，矿床类型为矽卡岩型钼矿。矿区主要矿物成分有辉钼矿、黄铜矿、磁铁矿、方铅矿、闪锌矿、黄铁矿、磁黄铁矿等。氧化矿物有褐铁矿、孔雀石、铁钼华、兰铜矿、钼酸铅矿等，脉石矿物有长石、橄榄石、透闪石、透辉石、阳起石、金云母、绿帘石、石榴石、方解石、石英等。其中，辉钼矿多呈菊花状、细小页片状及其集合体。在岩浆岩中，呈粗大页片状，少许呈火花状、散点状、针状及细脉状等产出在柘榴石、透辉石、透闪石的孔隙及裂隙中，以及长石、辉石、绿泥石、方解石等脉石矿物的边裂处。它包裹矽卡岩矿物呈包含状结构，在脉石中主要呈浸染状构造，少许呈细脉状构造，偶见辉钼矿包裹磁铁矿呈包含结构和溶蚀结构，偶见黄铁矿、磁黄铁矿及黄铜矿在它的边部或裂隙中产出。黄铁矿多数浸染在脉石矿物中，偶见黄铁矿在辉钼矿边部和裂隙处产出。磁铁矿多浸染在脉石矿物中，偶见被辉钼矿包裹呈包含状结构和溶蚀结构，与辉钼矿关系不紧密。其他金属矿物，含量少，形态简单，并与辉钼矿很少接触。

矿石结构主要有结晶结构、交代结构、固熔体分离结构。矿石构造类型主要有浸染状构造、细脉浸染状构造、条带状构造、块状构造、团块状构造等。

矿石中 SiO_2 含量平均为 15.49%，MgO 含量平均为 13.28%，CaO 含量平均为 6.26%，Mn 含量平均为 0.95%，Al_2O_3 含量平均为 1.7%，TiO_2 含量平均为 0.2%，P 含量平均为 0.15%，Fe 含量平均为 30.9%，S 含量平均为 1.15%。矿石工业类型有三种，为单一钼矿石、铁钼矿石、磁铁矿石，以单一钼矿石为主。

109.2.2　资源储量

新华钼矿主要矿种为钼，共伴生矿种为铁，钼矿石工业类型为硫化钼矿石。截至 2013 年，矿山累计查明钼矿矿石量为 18637kt，金属量为 42492t，钼矿平均地质品位（Mo）为 0.228%；累计查明共生矿产铁矿矿石量为 7374.7kt，铁矿平均地质品位（TFe）为 33.4%。

109.3　开采情况

109.3.1　矿山采矿基本情况

新华钼矿为地下开采的中型矿山，采用竖井开拓，使用的采矿方法为崩落采矿法和浅孔留矿采矿法。矿山设计生产能力 60 万吨/a，设计开采回采率为 80%，设计贫化率为 20%，设计出矿品位（Mo）0.158%，钼矿最低工业品位（Mo）为 0.06%。

109.3.2　矿山实际生产情况

2013 年，矿山实际采出矿量 51.41 万吨，排放废石 3.4 万吨。矿山开采深度为 875～80m 标高。具体生产指标见表 109-2。

表 109-2　矿山实际生产情况

采矿量/万吨	开采回采率/%	出矿品位/%	贫化率/%	掘采比/m·万吨$^{-1}$
51.41	90.25	0.172	13	1157

109.3.3　采矿技术

矿山采矿设备见表 109-3。

表 109-3　矿山采矿设备型号及数量

序号	设备名称	规格型号	使用数量/台（套）
1	3M 卷扬机	2JK-3/11.5	1
2	主井卷扬机	2JK-2.5/11.5	1
3	盲井卷扬机	2JK-2.5/11.5	1
4	2t 电机车	2K2-6/100	7
5	3t 电机车	3K-6/250	14
6	空压机	5L-40	4
7	螺杆式空压机	350A	1
8	高压水泵	MD280-65X8	4
9	高压水泵	MD280-65X5	3
10	电耙子	2JP-30	17
11	装载机	Z-17	14
12	铲运机	XYWJD-0.75	3
13	铲运机	XYWJD-1.5	2
合计			72

109.4　选矿情况

109.4.1　选矿厂概况

矿山选矿厂设计年选矿能力为 60 万吨，设计入选品位（Mo）为 0.158%，最大入磨粒度为 12mm，磨矿细度为-0.074mm 含量占 60%。选矿产品为钼精矿、铁精矿。钼采用浮选法回收，钼精矿品位（Mo）为 44.04%~46.28%；铁采用磁选法回收，铁精矿品位（TFe）为 63.96%~64.49%。2013 年铁矿入选品位（TFe）为 23.14%，选矿回收率为 92.18%，铁精矿的产率为 33.35%。2013 年选矿情况见表 109-4。

表 109-4　新华钼矿选矿情况

入选量/万吨	入选品位/%	选矿回收率/%	选矿耗水量/t·t^{-1}	选矿耗新水量/t·t^{-1}	选矿耗电量/kW·h·t^{-1}	磨矿介质损耗/kg·t^{-1}	产率/%
48.04	0.172	87.3	2.6	0.2	44.55	0.75	0.19

109.4.2　选矿工艺流程

109.4.2.1　碎磨流程

破碎筛分流程为两段一闭路流程。原矿经颚式破碎机破碎后进入惯性振动筛筛分，筛下产品进入矿仓，筛上产品进入圆锥破碎机破碎返回振动筛形成闭路。磨矿分级流程为两段两闭路，振动筛筛下产品进入一段球磨，球磨排矿进入分级机，经过分级机分级后，返砂返回一段球磨，溢流进入旋流器，经旋流器溢流直接进入浮选作业。

109.4.2.2　选矿流程

一系列浮选流程为一次粗选、四次扫选、三次粗选。粗精选得到的粗精矿进入钼的精选作业，扫选的尾矿如果是选单一钼矿石则直接进入尾矿输送系统，如果选铁钼矿石则进入磁选作业。二系列粗精次数为两次、三系列扫选次数为五次，粗选次数两次。

一、二、三系列的钼粗精矿均进入统一的钼精选系统进行选别，钼精选流程为六次精选，一次扫选，钼粗精矿经精选后得到钼精矿，精扫选的尾矿返回粗选。

一、二系列处理铁钼矿石时，铁粗精矿进入同一铁精选系统进行选别，铁粗精矿首先集中进入旋流器，经旋流器分级后，沉砂进入球磨机，球磨机排矿返回旋流器，而旋流器溢流则进入磁精选，铁粗精矿经浓密、过滤、干燥后得到铁精矿。钼精矿经浓密、过滤、干燥后得到钼产品。钼矿选矿工艺流程如图109-1所示。选矿主要设备型号及数量见表109-5。

表109-5　选矿主要设备型号及数量

序号	设备名称	规格型号	使用数量/台（套）
1	颚式破碎机	C140	1
2	圆锥破碎机	PYD1750	1
		PYD1650	1
		1200	2
3	惯性振动筛	SZ1500×3000	3
4	球磨机	MQG2700×3600	1
		MQY2700×3600	1
		MQG2700×2100	2
		MQG2700×3000	2
		MQY1500×3000	1
5	分级机	2FG-20	3
6	浮选机	6A	26
		SF-4	13
		JJF-4	22
		SF-1.2	2
		4A	9
		2A	2

续表 109-5

序号	设备名称	规格型号	使用数量/台（套）
7	磁选机	CTB-718	2
		CTB-715	2
8	浓密机	NZ-6	2
9	盘式过滤机	ZPG-30	1
10	外滤式筒形真空过滤机	$5m^2$	1

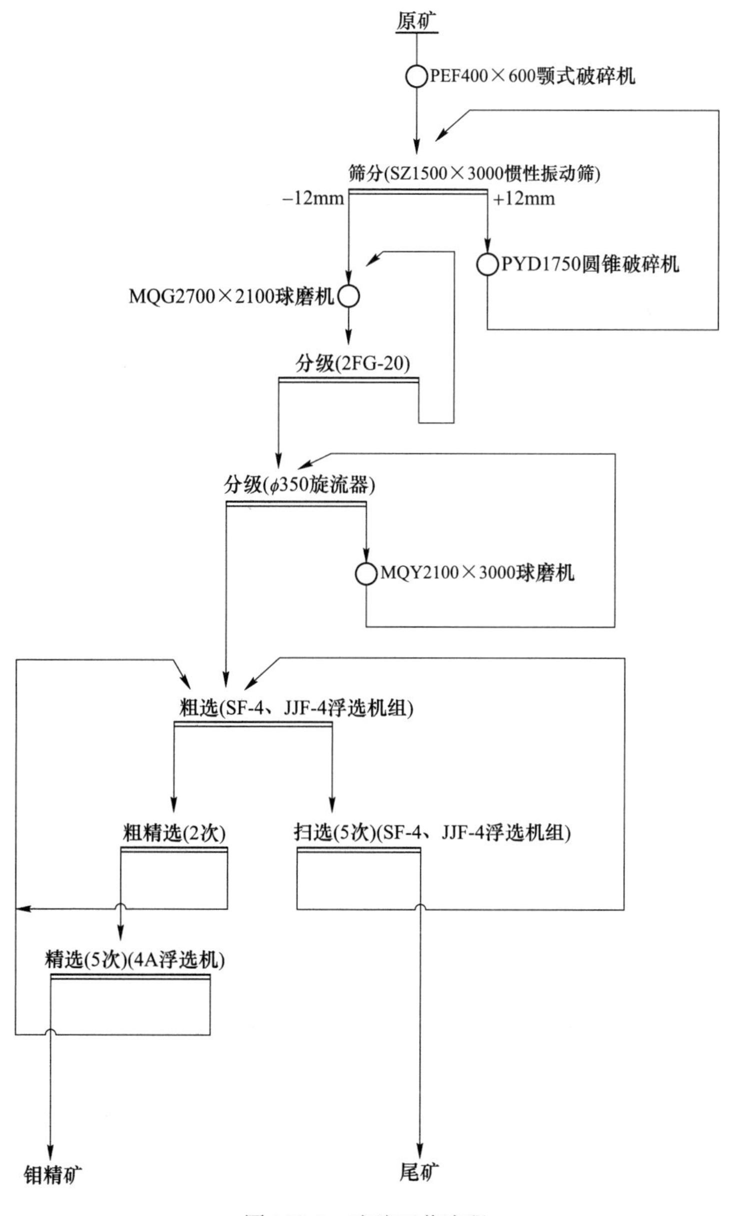

图 109-1　选矿工艺流程

109.5　矿产资源综合利用情况

新华钼矿，矿产资源综合利用率 83.16%，尾矿品位 Mo 0.022%。

废石全部堆放在矿区，未利用。截至 2013 年底，矿山废石累计积存量 81.2 万吨，2013 年产生量为 3.4 万吨。废石排放强度为 36.36t/t。

尾矿全部堆存在尾矿库，未利用，截至 2013 年底，矿山尾矿库累计积存尾矿 805 万吨，2013 年产生量为 38.73 万吨。尾矿排放强度为 414.14t/t。

选矿回水利用率为 100%，矿坑涌水利用率为 84%。

第 10 篇　稀 土 矿

XITU KUANG

110　牦牛坪稀土矿

110.1　矿山基本情况

牦牛坪稀土矿为主要开采轻稀土矿的大型露天矿山，伴生组分为Pb、Mo、Ag、Nb、$BaSO_4$、CaF_2及Th。矿山开发始于20世纪80年代末，2000年以前主要被数十家中小型企业开采，规模较小，2002年以后逐年整顿，到2006年整合为7家，2007年10月整合为一个矿权。矿山位于四川省凉山州冕宁县，平距冕宁县城22km，矿区有13km的矿山公路与冕宁—九龙公路相通，沿其向东24km至冕宁县城与108国道相接，通过108国道至成—昆铁路线上的冕宁（原泸沽）火车站仅35km，该站北距成都514km，南距西昌50km、攀枝花256km，交通极为方便。矿山开发利用简表详见表110-1。

表110-1　牦牛坪稀土矿开发利用简表

基本情况	矿山名称	牦牛坪稀土矿	地理位置	四川省凉山州冕宁县
	矿山特征	国家级绿色矿山	矿床工业类型	碱性伟晶岩型氟碳铈矿稀土矿床
地质资源	开采矿种	轻稀土	地质储量/万吨	5897.6，REO 175.09
	矿石工业类型	单一型氟碳铈型矿石	地质品位/%	2.97
开采情况	矿山规模/万吨·a^{-1}	135，大型	开采方式	露天开采
	开拓方式	公路运输开拓	主要采矿方法	水平台阶开采工艺，陡帮剥离、缓帮采矿
	采出矿石量/万吨	121.74	出矿品位/%	1.86
	废石产生量/万吨	934	开采回采率/%	96.07
	贫化率/%	35.49	开采深度	3100~2500标高
	剥采比/t·t^{-1}	9.58		
选矿情况	选矿厂规模/万吨·a^{-1}	135	选矿回收率/%	71.92
	主要选矿方法	粗碎—半自磨—顽石破碎，磁—重—浮流程		
	入选矿石量/万吨	74.28	原矿品位/%	REO 1.84
	精矿产量/万吨	1.45	精矿品位/%	REO 67.86
	尾矿产生量/万吨	72.83	尾矿品位/%	REO 0.53
综合利用情况	综合利用率/%	69.09		
	废石排放强度/t·t^{-1}	644.14	废石处置方式	废石山堆存
	尾矿排放强度/t·t^{-1}	50.23	尾矿处置方式	尾矿库堆存
	废石利用率/%	0	尾矿利用率/%	0

110. 2　地质资源

110. 2. 1　矿床地质特征

牦牛坪稀土矿矿床规模为大型，矿床类型为碱性伟晶岩型氟碳铈矿稀土矿床。区内岩浆岩发育，主要为燕山期流纹岩-碱长花岗岩系列和喜山期含矿碱性杂岩体。喜山期含矿碱性杂岩体岩石组合有云煌岩、辉绿岩、霓石英碱性正长石、正长霓辉伟晶岩、重晶霓辉伟晶岩、方解石碳酸岩、含霓石碱性花岗斑岩等。其中，以霓石英碱性正长石为主体，呈岩株状产出，为稀土矿成矿母岩；正长霓辉伟晶岩、重晶霓辉伟晶岩、方解石碳酸岩呈岩脉产出，为含矿岩脉，产状受裂隙构造控制，是矿区稀土矿元素的主要富集体。

牦牛坪稀土矿为受断裂和英碱正长岩控制的碱性伟晶岩型氟碳铈矿稀土矿床。矿区内圈定矿体 89 个，主要矿体为 1、2、16、17、18 号矿体，长度几十米~1340m，矿体厚度 1. 23~45. 92m，延伸 10~400m，矿体呈带状、透镜状产出。

牦牛坪稀土矿矿石自然类型划分为：碱性伟晶岩型稀土矿石、方解石碳酸岩型稀土矿石、细网脉（浸染）型稀土矿石。其中，碱性伟晶岩型稀土矿石以重晶霓辉石型稀土矿石为主，上述两类矿石分布广，是组成工业矿体的主要矿石类型。组成矿石的工业稀土矿物除氟碳铈外，还有硅钛铈矿和氟碳钙铈矿，但分布零星含量低；其他共生矿物不影响矿石的选、冶工艺和技术经济指标。

矿山范围内稀土矿石工业类型为单一型氟碳铈型矿石，稀土矿物主要为氟碳铈矿，占稀土矿物总量的 76%~92%。矿石有用组分主要为稀土元素；伴生 Pb、Mo、Ag、Nb、$BaSO_4$、CaF_2 及 Th；有害组分为 Fe、Ga、P、F 和 U 等。

110. 2. 2　资源储量

牦牛坪稀土矿有用组分主要为稀土元素，伴生 Pb、Mo、Ag、Nb、$BaSO_4$、CaF_2 及 Th，矿石工业类型划分为单一型氟碳铈型矿石。牦牛坪稀土矿矿山查明资源储量 58976kt，平均品位为 2. 97%。其中，工业矿石（品位≥2%）35711kt，占比 60. 55%，平均品位 3. 95%；低品位矿石（1%≤品位<2%）23265kt，占比 38. 45%，平均品位 1. 47%。

110. 3　开采情况

110. 3. 1　矿山采矿基本情况

牦牛坪稀土矿为露天开采的大型矿山，采用公路运输，使用的采矿方法组合台阶法。矿山设计生产能力 135 万吨/a，设计开采回采率为 95%，设计贫化率为 5%，设计出矿品位（REO）2. 85%，铜矿最低工业品位（REO）为 2%。

110. 3. 2　矿山实际生产情况

2015 年，矿山实际采出矿量 121. 74 万吨，排放废石 934 万吨。矿山开采深度为 3100~2500m 标高。具体生产指标见表 110-2。

表 110-2 矿山实际生产情况

采矿量/万吨	开采回采率/%	出矿品位/%	贫化率/%	露天剥采比/t·t^{-1}
121.74	96.07	1.86	35.49	9.58

110.3.3 采矿技术

矿山采用折返坑线布置运输道路，局部采用螺旋坑线布置，以减少扩帮剥离量。矿石运输采用45t自卸式汽车直接运输至选矿厂。露天采场剥离废石通过91t自卸汽车运输矿区南部排土场排弃。

露天境界主要边坡参数如下：

阶段高度，12m（开采终了并段后24m）；

阶段坡面角，60°（封闭圈以下），55°（封闭圈以上）；

平台宽度，8~11m（开采终了并段后平台宽度14~20m）；

运输道路宽，20m（双车道），14m（单车道）；

最小转弯半径，40m；

运输道路最大纵坡，8%；

缓坡段长度（坡度：0），40~60m。

矿山采矿设备见表110-3。

表 110-3 矿山采矿设备明细表

序号	设备名称	规格型号	数量	备注
1	挖掘机	小松360	1	
2	挖掘机	神钢350	1	
3	挖掘机	神钢460	1	
4	装载机	柳工856	6	
5	装载机	柳工816	2	
6	运输车	红岩金刚	8	
7	装载机	LG953	4	
8	重型自卸货车	CQ3254STG384	13	
9	成工装载机	OG956C	2	
10	山工装载机	山工50	4	
11	装载机	成工955	2	
12	装载机	LG956L	3	
13	装载机	50C	1	
14	装载机	955	4	
15	装载机	50-E	61	
16	装载机	L816	2	
17	重型自卸车	LX3255QR404	1	
18	重型自卸货车	EQ3190F	1	
19	重型自卸货车	ZZ3267N3867C1	2	
合计			119	

110.4 选矿情况

110.4.1 选矿厂概况

矿山选矿厂原设计年选矿能力 75 万吨，矿山及选厂改扩建后，矿山采选能力将达到 135 万吨/a。选矿工艺流程为：粗碎—半自磨—顽石破碎，磁—重—浮流程。

110.4.2 选矿工艺流程

矿山改扩建工程完成以后，将采用“磁—重—浮”稀土选别流程，原工艺如图 110-1

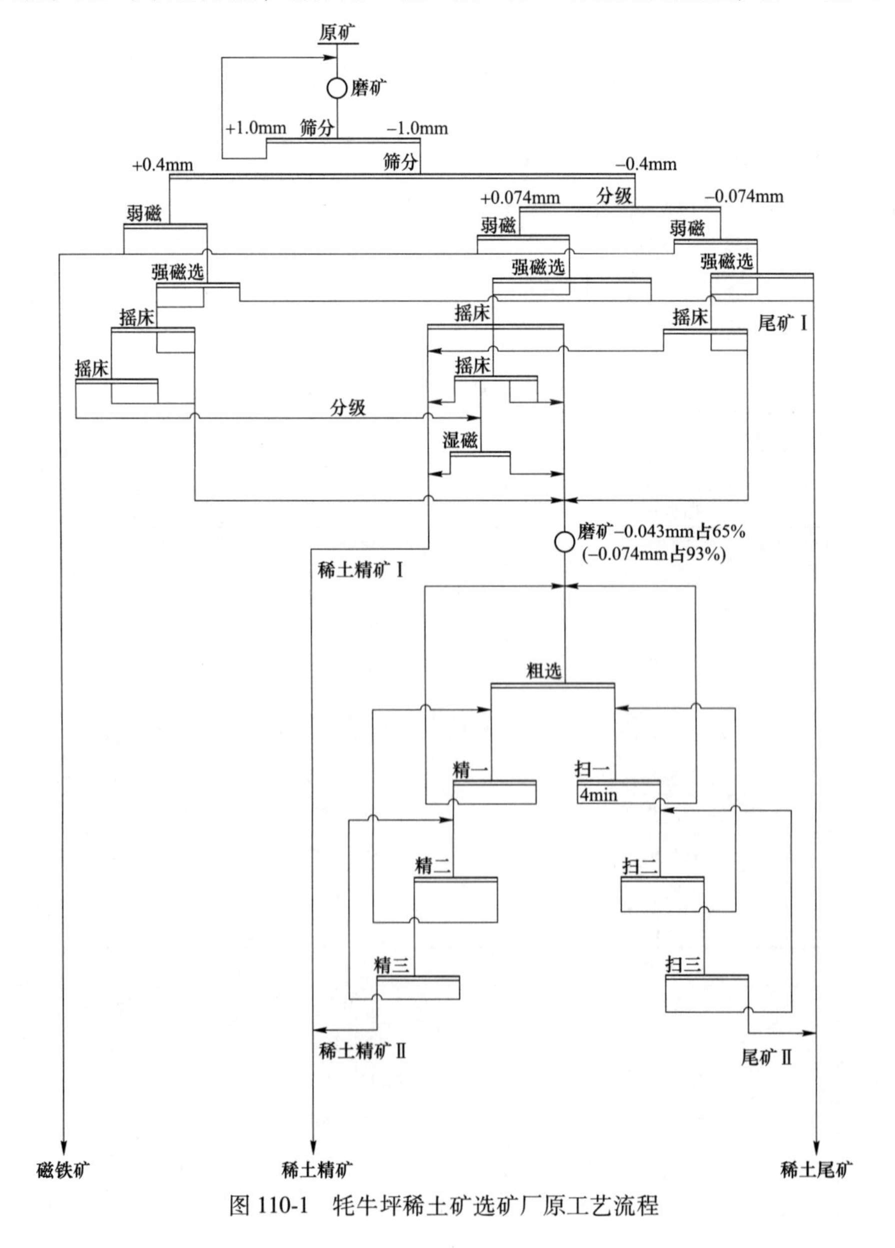

图 110-1　牦牛坪稀土矿选矿厂原工艺流程

所示，改扩建后工艺如图 110-2 所示。选矿厂主要设备见表 110-4。

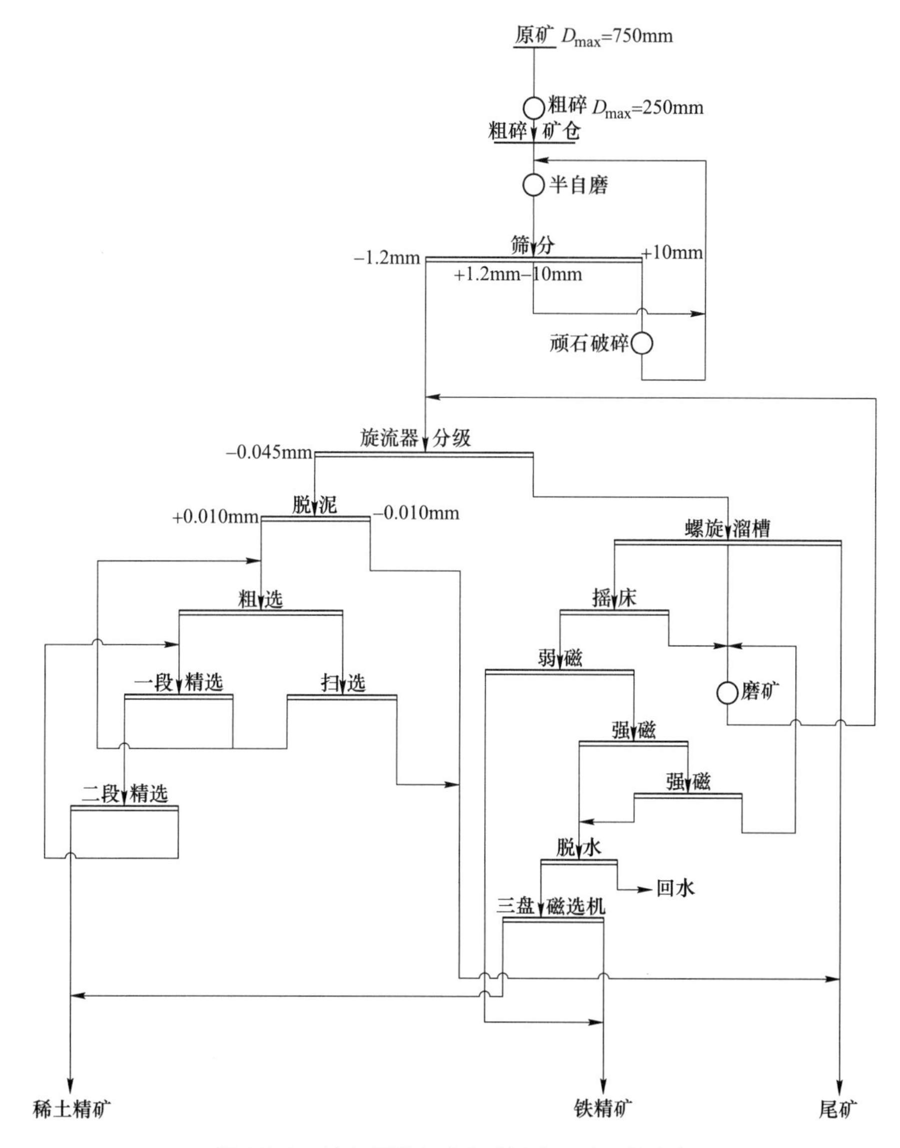

图 110-2 牦牛坪稀土矿选矿厂改造后工艺流程

110.4.2.1 碎磨工艺

采用粗碎—半自磨—顽石破碎流程，原矿块度-750mm。露天采场原矿经 PA100×120 颚式破碎机破碎至-250mm 送至粗矿仓。粗矿仓内的碎后矿石给入 3.6m×7.5m 直线振动筛筛分，筛上产品送入 ϕ5.5m×2.7m 半自磨机进行磨矿，半自磨机的排矿返回到筛分作业。振动筛筛下产品直接流入泵池。

110.4.2.2 选别作业

矿石经本自磨闭路磨矿后，进行一段弱磁除渣，两段湿式强磁抛尾，精矿分组粒级进行摇床精选，中细粒级的磁选精矿进行两段摇床选别得到重选稀土精矿，粗粒级磁选精矿经两段摇床选别后经一段湿式强磁精选得到粗粒级磁选精矿。摇床尾矿及强磁精选尾矿再磨进行“一粗三扫三精”的稀土浮选流程得到浮选精矿。强磁抛尾的尾矿经脱泥再磨后与浮选尾矿一起进行“一粗四精”的重晶石选别，重晶石尾矿再进行“一粗四精”的萤石选别。

表 110-4　选矿厂主要设备

序号	设备名称	规格型号	数量/台（套）
1	颚式破碎机	PE1200×1500	1
2	半自磨机	ϕ7. 5m×2. 5m	1
3	直线振动筛	ZK3060	2
4	圆锥破碎机	HP100	1
5	球磨机	MQY3867	1
6	水力旋流器	ϕ350-4	1
7	水力旋流器	ϕ150-20	1
8	水力旋流器	ϕ500-4	1
9	高梯度湿式强磁选机	SSS-I-2500	
10	高梯度湿式强磁选机	SSS-I-800	
11	摇床	6S	126
12	浮选机	BF-28m^3	14
13	浮选机	BF-20m^3	32
14	浮选机	BF-2. 8m^3	7

110. 5　矿产资源综合利用情况

牦牛坪稀土矿，矿产资源综合利用率 69. 09%，尾矿品位 REO 0. 53%。

矿山废石主要集中堆放在废石山，未利用。截至 2013 年底，矿山废石累计积存量 2348 万吨，2013 年产生量为 934 万吨。废石排放强度为 644. 14t/t。

尾矿处置方式为尾矿库堆存，未利用，截至 2013 年底，矿山尾矿库累计积存尾矿 50 万吨，2013 年产生量为 72. 83 万吨。尾矿排放强度为 50. 23t/t。